MATEMÁTICAS PRÁCTICAS

Aritmética, Álgebra, Geometría, Trigonometría y Regla de cálculo

MATEMÁTICAS PRÁCTICAS

Aritmética, Álgebra, Geometría, Trigonometría y Regla de cálculo

Segunda edición

CLAUDE IRWIN PALMER
Profesor de Matemáticas
y Decano del Instituto
de Tecnología Armour.
(Fallecido)

SAMUEL FLETCHER BIBB
Antiguo Profesor Adjunto
de Matemáticas del Instituto
de Tecnología de Illinois

Revisada por

JOHN A. JARVIS
Vicepresidente de la
Junta Académica de
la Universidad Estatal
de Stout, Menomonie,
Wisconsin

LEONARD A. MRACHEK
Director del Departamento
de Matemáticas del Instituto
Técnico y Profesional de la
Región de St. Paul,
St. Paul, Minnesota

EDITORIAL REVERTÉ, S. A.

Barcelona - Bogotá - Buenos Aires - Caracas - México - Rio de Janeiro

Título de la obra original:
Practical Mathematics

Edición original en lengua inglesa publicada por:
McGraw-Hill Book Company, New York

Versión española por:
Pilar Pereda Vinuesa
Dra. en Ciencias Matemáticas
Profesora de la Sección de Matemáticas
de la Universidad Complutense de Madrid

Revisada por:
Dr. Enrique Linés Escardó
Catedrático de Análisis de la Facultad de Ciencias
de la Universidad de Madrid

Propiedad de:
EDITORIAL REVERTÉ, S. A.
Loreto, 13-15, Local B
08029 Barcelona
Tel: (34) 93 419 33 36
Fax: (34) 93 419 51 89
E-mail: reverte@reverte.com
Internet: http://www.reverte.com

REIMPRESIÓN: Agosto de 2003

ISBN: 84-291-5112-5

Depósito legal: SE-2917-2003

www.publidisa.com – (+34) 95.458.34.25

Prólogo

La primera edición de este libro fue escrita por el ya fallecido Claude Palmer, revisada tres veces por Palmer y más tarde por Samuel Bibb. El libro se escribió originalmente para clases prácticas de Matemáticas a las que asistían empleados de muchas profesiones y oficios. En el texto original y en las revisiones se incluyeron todos los temas matemáticos de interés para ellos.

Al preparar la quinta edición se han añadido diversas sugerencias y observaciones hechas por los estudiantes, se han redactado de nuevo muchas de las explicaciones y se han efectuado algunas correcciones. Las interpretaciones, sugerencias y observaciones de los estudiantes son valiosas, ya que han ayudado de forma incalculable a los revisores de este libro.

En algunas partes del texto se han incluido pruebas empíricas en lugar de demostraciones teóricas especialmente en la parte de Geometría. En algunos casos se dan ambas pruebas, destinadas a proporcionar al lector la comprensión de los principios que se explican.

Esta quinta edición tiene cinco partes: Aritmética, Álgebra, Geometría, Trigonometría y Regla de Cálculo. Cada una de estas partes es independiente y el estudiante puede utilizarlas del modo más conveniente a sus necesidades.

La característica principal de la Parte Primera, Aritmética, es la revisión de las operaciones de Aritmética fundamental: suma, resta, multiplicación y división de números, quebrados y decimales. El propósito es ayudar al estudiante para que sea más eficaz en dichas operaciones, de forma que pueda operar mejor con la Aritmética que tenga que aplicar en su profesión.

La Parte Segunda, Álgebra, ha sido revisada y puesta al día. Se ha puesto especial interés en ejercitar en las diversas operaciones algebraicas; en las fórmulas y transformaciones y en aplicaciones gráficas. Las operaciones de logaritmos vienen en la parte de Álgebra, en el capítulo siguiente a exponentes.

La Parte Tercera, Geometría, ha sido también extensamente revisada y puesta al día para hacer frente a las exigencias actuales de la Industria. Se ponen de relieve las definiciones y la Geometría práctica y la forma de aplicar los principios básicos de la Geometría para solucionar problemas geométricos. No se dan demostraciones teóricas; sin embargo, se han intentado explicar los principios geométricos de tal forma que su verdad sea evidente y, como tal, aceptada por el estudiante.

La Parte Cuarta, Trigonometría, trata la Trigonometría práctica según se aplica en la Industria —como instrumento para resolver ciertos problemas típicos—. Una vez más se ha hecho hincapié en la aplicación práctica corriente de la Trigonometría. Hay muchos ejemplos e ilustraciones de los principios de la Trigonometría, incluyendo una tabla de funciones trigonométricas.

En la Parte Quinta, Regla de Cálculo, se dan explicaciones y ejemplos que pueden aplicarse a muchas reglas de tipo convencional. Se explica la relación entre las escalas de la reglilla, de los exponentes y de los logaritmos, con la esperanza de que el estudiante llegue a comprender cómo y por qué funciona la regla de cálculo.

Hemos de expresar nuestro agradecimiento especial a la Compañía Frederick Post por habernos permitido fotografiar las reglas que ilustran la Parte Quinta; a la División de Control de Métodos de Instrumentos Taylor, Sybron Corporation, por el permiso concedido para reproducir su gráfica de 24 horas y a Elliot Nickelson, 8 000 South Phillips Avenue, Chicago, Illinois, por su gran número de sugerencias y observaciones.

Los revisores de esta edición han trabajado con números durante muchos años y son conscientes de que, aunque se han tomado toda clase de precauciones, habrá errores, cuya responsabilidad total asumen los autores. Agradeceremos cualquier comentario y cualquier sugerencia que nos hagan los usuarios de esta quinta edición de MATEMÁTICAS PRÁCTICAS.

John A. Jarvis
Leonard A. Mrachek

Al estudiante

Se ha dicho que todos los problemas, en su resolución, llegan a tener carácter matemático. Probablemente, esto es una exageración pero da idea de la gran importancia de las Matemáticas en la resolución de problemas prácticos.

Desgraciadamente, no muchos de los trabajadores pueden aplicar los principios matemáticos a la resolución de problemas prácticos y técnicos; aquéllos que pueden, tienen una gran ventaja. Hay que aprender a manejar ciertos conocimientos prácticos importantes para preparar trabajos técnicos tal como se presentan en la realidad; pero la mayor parte de ellos se aprenden rápidamente. Cualquier obrero cualificado debe saber realizar las operaciones necesarias en su especialidad; pero un artesano especializado debería también poder resolver problemas con la ayuda de las Matemáticas y otras materias relacionadas con su trabajo.

El estudiante ha de comprender que para él las Matemáticas son otro instrumento importante de su equipo de herramientas. Para aplicar las Matemáticas ha de entender y realizar con seguridad muchas operaciones y para obtener destreza debe trabajar mucho en el proceso de las mismas. El estudiante tiene que ejercitarse en las operaciones fundamentales —suma, resta, multiplicación, división, resolución de ecuaciones típicas, construcción y lectura de diagramas, etc...— hasta que estas operaciones lleguen a ser prácticamente mecánicas.

Cierto es que aprender no es fácil, es trabajo duro y a veces aburrido. El estudiante deberá aceptar esta realidad y recordar que aquellos que han conseguido el éxito en cualquier campo, han estado dispuestos a emplear el tiempo y esfuerzo necesarios hasta dominar la materia. Para la mayor parte de las personas el hacer ejercicios es un fastidio, pero aquellos que con voluntad hacen los ejercicios necesarios tienen la recompensa de una ventaja indiscutible en competencia con los otros.

Es evidente que estas ideas no son nuevas como lo demuestra la siguiente cita extraída de un texto de Aritmética impreso hace casi trescientos años: «Por lo tanto amable lector, si intentas ser experto en Matemáticas, empieza con gusto, avanza poco a poco y con ánimo y al final verás tus esfuerzos coronados por el éxito. No seas estudiante perezoso ni digas "non plus ultra" a cada dificultad con que tropieces, porque el trabajo y la laboriosidad vencerán las mayores dificultades. Finalmente, espero que puedas leer y comprender, hasta llegar a ser un experto. Es el mayor deseo de aquel que quiere tu bienestar y el progreso de la Ciencia. Desde mi escuela en la Iglesia de San Jorge de Southwark, a 27 de octubre de 1684».

John A. Jarvis
Leonard A. Mrachek

Índice analítico

4. TRIGONOMETRÍA

5. LA REGLA DEL CÁLCULO

1

ARITMÉTICA

1/Repaso

El lenguaje de las matemáticas es un lenguaje universal; todos los símbolos matemáticos tienen el mismo significado, aunque el idioma sea diferente, en las distintas partes del mundo civilizado.

Muchos estudiantes no llegan a dominar los principios matemáticos que estudian porque fallan en el aprendizaje y la comprensión del lenguaje matemático y de ciertas definiciones esenciales o de términos técnicos. Si se desea tener éxito en Matemáticas, ha de tenerse en cuenta que no hay atajos para aprender esta asignatura de capital importancia y que por lo tanto hay que prepararse para trabajar en firme.

Recomendamos que las sugerencias que a continuación exponemos sean estudiadas con detenimiento, ya que no cabe duda sobre su utilidad:

1. Estudiar concienzudamente cada punto, hasta su perfecta comprensión, antes de pasar a la lección siguiente.
2. Leer con cuidado cada explicación; después, hacer de nuevo los ejemplos completamente resueltos que vienen en el texto, de forma que se comprenda perfectamente el principio general en que se basan o que se aplica.
3. Estudiar cada regla hasta que pueda ser escrita con las mismas palabras.
4. Los problemas prácticos son una prueba de que se ha entendido el principio matemático. Para resolver un problema es preciso haber comprendido antes su enunciado con toda perfección y trazar, si es posible, un dibujo o esquema del enunciado. En un nivel matemático algo elevado es muy difícil, o casi imposible, resolver un problema sin la ayuda del correspondiente esquema.
5. Repasar todas las operaciones que se efectúen y comprobar los resultados obtenidos.

1-1 DEFINICIONES DE LOS TÉRMINOS UTILIZADOS AL TRABAJAR CON NÚMEROS ENTEROS

Los números arábigos son 0, 1, 2, 3, 4, 5, 6, 7, 8 y 9. En Aritmética se llaman *dígitos*.
Los signos de las operaciones fundamentales son estos:

Suma: +
Resta: −
Multiplicación: ×
División: :
Los signos de agrupación son:
Paréntesis: ( )
Corchetes: [ ]
Llaves: { }
Raya: ——
Los demás símbolos se explicarán a medida que vayan apareciendo en el texto.

1-2 NÚMEROS

La Aritmética utiliza relaciones entre números y combinaciones de éstos para resolver problemas prácticos. Todos los días se usan los números para contar cosas de todo tipo y, por tanto, los podemos emplear como representación de las cosas contadas. Los números también pueden ser considerados como la distancia existente entre puntos fijos de una línea recta, tal como muestra la figura 1-1.

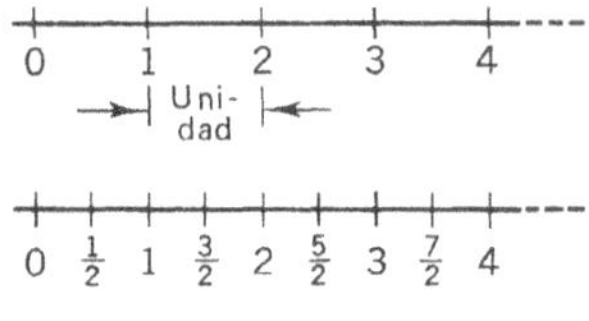

Figura 1-1

1-3 DEFINICIONES DE LOS CONCEPTOS

La principal y al mismo tiempo la más simple causa del fallo en entender y apreciar las Matemáticas es el no saber las definiciones ni la terminología empleada. En Matemáticas más que en ninguna otra asignatura, cada palabra utilizada, tiene un *significado fijo y definido.*

Las siguientes definiciones son conceptos básicos que deben ser recordados:

Un *entero, o número entero,* es un número exacto e íntegro. Así 1, 2, 3, 4, 5, 6, 7, 8, 9, 10, 11 son los once primeros números enteros positivos.

Un *factor,* o *divisor,* de un número entero es otro número entero que lo divide exactamente. Así 3 es un divisor de 12, ya que 12 : 3 = 4. ¿Será 4 divisor de 12? Indicar otro factor de 12.

Un *número par* es un número exactamente divisible por 2. Así 2, 4, 6, 8, 10 y 12 son números enteros pares.

Un *número impar* es un entero que no es divisible exactamente por 2. Así 1, 3, 5, 7, 9 y 11 son impares enteros.

Un *número primo* en Aritmética es un número que no posee ningún divisor excepto él mismo y la unidad.

Un *número compuesto* es un número que posee otros divisores además de él mismo y la unidad.

Un *factor común,* o *común divisor,* de dos o más números, es un factor que divide exactamente a todos ellos. Si este factor es el mayor posible, se denomina *máximo común divisor* (en abreviatura MCD). Así 4 es un común divisor de 16 y 24, pero 8 es el MCD de estos dos números.

Un *múltiplo* de un número dado es otro número que le contiene un número exacto de veces; por tanto será divisible por ese número. Si un número es exactamente divisible por dos o más números es un común múltiplo de ellos. El menor de estos múltiplos se denomina mínimo común múltiplo (en abreviatura mcm), por tanto, 36 y 72 son comunes múltiplos de 12, 4 y 9, pero 36 es el mínimo común múltiplo de estos tres números.

Un *producto* es el resultado de multiplicar dos o más números entre sí. Es decir, 39 es el producto de 3 × 13.

Un *cociente* es el resultado de dividir un número por otro.

Un *dividendo* es el número que se ha de dividir; y *divisor* es el número por el que se divide. Por ejemplo, en 100 : 25 = 4, 100 es el *dividendo,* 25 el *divisor* y 4 el *cociente.*

Ejercicios

1-1. El día del mes en que ha nacido es un número. ¿Par o impar? ¿Primo o compuesto? Respóndase a las mismas preguntas respecto al número del año.

1-2. Escribir los 26 números primos menores que 100. (Hay 26.) ¿Cuántos hay entre 0 y 10? ¿Entre 10 y 20? ¿Entre 20 y 30?, etc...

1-3. Díganse, además del 1 y el mismo número, todos los divisores de: 6, 24, 120, 720, 5 040, 10, 70, 770.

1-4. ¿Son 39, 915 y 800 divisibles por 2? ¿Por 3? ¿Por 4? ¿Por 5? ¿Por 6? ¿Por 7? ¿Por 8? ¿Por 9? ¿Por 10? ¿Por 11?

1-5. Hallar los divisores comunes y el máximo común divisor de cada uno de los siguientes grupos de números, de *a* hasta *f*.

Ejemplo: Hallar el máximo común divisor de 72, 108 y 180.

$$72 = 2 \times 2 \times 2 \times 3 \times 3$$
$$108 = 2 \times 2 \times 3 \times 3 \times 3$$
$$180 = 2 \times 2 \times 3 \times 3 \times 5$$

Los factores comunes son 2, 2, 3, 3 y su producto, que es $2 \times 2 \times 3 \times 3 = 36$, será el máximo común divisor o MCD.

(a) 12, 16, 24	**(c)** 9, 27, 144	**(e)** 24, 720, 5 040
(b) 16, 24, 32	**(d)** 110, 220, 330	**(f)** 65, 780, 1 190

1-6. Un almacenista de café desea empaquetar 345 Kg de una clase de café, 483 Kg de otra y 609 Kg de una tercera. Para ello usa paquetes del mismo tamaño, el mayor posible, de forma que llena todos los paquetes y no le sobra café. ¿Cuántos kilogramos contiene cada paquete? ¿Cuántos paquetes necesita?

1-7. Hallar los factores primos de los números siguientes: 1 188, 148 225 y 89 964.

Solución: Para calcular con más seguridad los factores, se selecciona en primer lugar el factor primo más pequeño, dejando para el final el cálculo de los factores primos mayores. Para calcular los factores primos de 1 188:

```
2)1 188
  2) 594
  3)297
   3) 99
   3) 33
      11
```

Luego los factores primos de 1 188 son 2, 2, 3, 3, 3 y 11.

1-8. ¿Cuál es el mayor número que divide exactamente a 120 y 150?

1-4 OPERACIONES EN SERIE

Una serie de *sumas* puede realizarse en cualquier orden. Así, se tiene que $4 + 5 + 7 + 3 = 19$, ó $7 + 5 + 4 + 3 = 19$.

Una serie de *restas* debe realizarse en el orden en que está escrita. Así 100 − 20 − 10 − 3 = 67, o por pasos, 100 − 20 = 80, 80 − 10 = 70, 70 − 3 = 67. Obsérvese que el resultado obtenido es diferente cuando la resta no se efectúa en este orden: 10 − 3 = 7, 20 − 7 = 13, 100 − 13 = 87. Dado que este resultado no concuerda con el antes obtenido, nos sirve para demostrar la regla de que las sustracciones deben realizarse según el orden en que están escritas.

Una serie de *multiplicaciones* puede realizarse en cualquier orden. Así 2 × 3 × 5 × 6 = 180 al igual que 5 × 2 × 6 × 3 = 180.

Una serie de *divisiones* debe realizarse en el orden en que esté escrita. Así 100 : 10 : 2 = 5, ya que si operamos en orden distinto 10 : 2 = 5, 100 : 5 = 20, el resultado obtenido no concuerda con el verdadero.

En una serie de diferentes operaciones, la multiplicación ha de efectuarse en primer lugar, a continuación la división y las sumas y restas en último lugar y según el orden en que están escritas.

Ejemplo 1: 12 + 3 − 2 + 9 + 7 − 3 = 26, operando según el orden en que están escritas las operaciones.

Ejemplo 2: 120 : 3 × 5 × 2 : 2 = 2. En este caso se realizan primero las multiplicaciones y luego las divisiones según el orden en que están escritas.

Ejemplo 3: $(12 : 3) + (8 \times 2) - (6 : 2) + (7 \times 2 \times 3) - 9 = ?$

$$4 + 16 - 3 + 42 - 9 = 50$$

Aquí se han realizado en primer lugar las multiplicaciones y divisiones y por último las sumas y restas.

NOTA: Para una mayor seguridad en el cálculo conviene agrupar entre paréntesis las distintas operaciones, según se indica en el ejemplo.

Ejemplo 4: En operaciones en serie, los paréntesis ( ) y corchetes [ ] se emplean para agrupar las distintas operaciones según el orden en que deben efectuarse. Así: 120 : 3 × 5 × 2 : 2 = [120 : (3 × 5 × 2)] : 2 = [120 : 30] : 2 = 4 : 2 = 2.

Ejercicios

NOTA: Recuérdese que de los Ejercicios 1-9 al 1-17 se han de efectuar en primer lugar las operaciones *incluidas dentro* de los signos de agrupación.

1-9. $(18 + 19 - 8) + (12 - 8 - 4) = ?$

1-10. $[21 : (7 \times 3)] + (4 \times 5) = ?$

$$[21 : 21] + (20) = ?$$

$$1 + 20 = 21$$

1-11. $18 - [(3 + 6 + 9) : (9 - 6)] - 12 = ?$

1-12. $[(25 - 4 - 6) : (3 \times 5)] + 4 \times 3 = ?$

1-13. $(27 - 7) - [(2 \times 3) : (3 \times 2)] - 3 \times 6 = ?$

1-14. $[(55 - 10) \times (3 \times 6 \times 9)] : [(4 \times 10) + 5] = ?$

1-15. $[256 : (16 \times 16)] + [225 : (15 \times 1)] = ?$

1-16. $(720 : 360) + (180 \times 2) + 1 = ?$

1-17. Efectuar las divisiones siguientes y comprobar el resultado obtenido hallando el producto del divisor por el cociente y sumando el resto si lo hay. El número así obtenido ha de ser igual al dividendo. Veamos un caso totalmente resuelto:

(a) 93 462 : 79

Se escribe la división con las dos notaciones*

```
     1 183               93 462 | 79
79)93 462                79       1 183
   79                    144
   14 4                   79
    7 9                   656
    6 56                  632
    6 32                   242
      242                  237
      237                    5
        5
```

El resultado es 1 183 $^{5}/_{79}$; el método para comprobar el resultado es el siguiente:

```
  1 183
    ×79
  10647
  8281
  93457
     +5
 93 462
```

El resultado de multiplicar 1 183 por 79 y sumar 5 es igual al dividendo 93 462; por tanto cabe esperar que la división esté bien hecha.

(b) 637 842 : 2 327
(c) 647 847 : 353
(d) 9 963 486 : 573

1-18. La suma de dos números es 76. Si uno de ellos es 12. ¿Cuál es el otro?

1-19. El producto de dos números es 863. Si uno de los números es 3. ¿Cuál es el otro?

1-20. Una sierra circular tiene 75 dientes separados entre sí 1 dm. Para que la sierra corte perfectamente, sus dientes han de ir a una velocidad de 9.225 metros por minuto. ¿A cuántas rpm (revoluciones por minuto) ha de girar la sierra?

Solución: El problema puede comprenderse fácilmente si observamos el esquema de la figura 1-2.

Si hay 75 dientes separados por 1 dm, la circunferencia de la sierra medirá 75 dm.

Para hallar el número de decímetros que los dientes de la sierra deben recorrer por minuto, se ha de multiplicar 9 225 por 10:

9 225 × 10 = 92 250.

Para hallar el número de rpm basta con dividir este valor por 75, que es la longitud de la circunferencia:

92 250 : 75 = 1 220 rpm.

Nota: La disposición del dividendo, divisor y cociente en el cálculo de la división, es distinta según las costumbres y culturas. Por este motivo, en este texto se realizará ordinariamente esta operación, según la disposición anglosajona, y la empleada frecuentemente en los países latinos. **(N. del T.)**

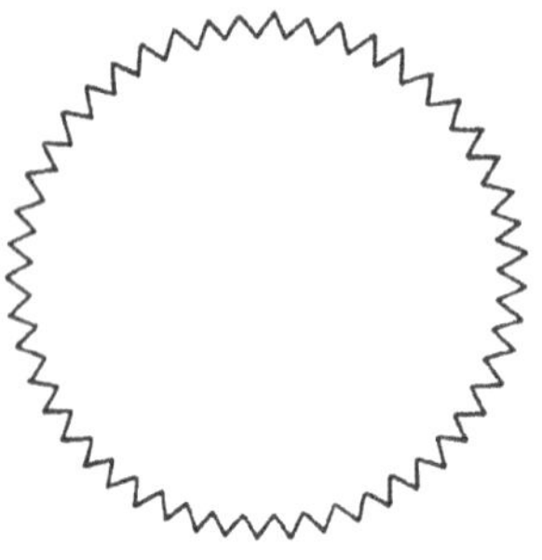

Figura 1-2. Ejercicio 1-20: Hoja de sierra circular

1-21. La circunferencia de la rueda motriz de una locomotora es de 22 dm. Si una milla tiene 16 094 dm. ¿Cuántas vueltas dará la rueda en 286 millas?

1-22. Un hombre da pasos de 70 cm y camina en 2 horas, 7 Km. Hallar cuántos pasos da por minuto.

1-23. Si en un país hay 21 accidentes por minuto. ¿Cuantos accidentes habrá en 365 días?

1-5 APLICACIÓN DE REGLAS

Por lo general basta aplicar una regla para resolver un problema. Esta regla la podemos conocer aprendiéndola de otra persona (un compañero, por ejemplo) o descubriéndola en cualquier libro. Siempre la regla es lógica aunque algunas veces no lo parezca. Aquellas reglas que a primera vista parecen carecer de sentido suelen ser el resultado de experiencias y experimentos o, simplemente, porque han sido definidas de esa forma.

Siempre hay que esforzarse por comprender las reglas matemáticas de modo que uno mismo sea capaz de enunciarlas. Sin embargo, no conviene aprender de memoria, palabra por palabra, la regla que nos sirve para la resolución de un problema, ya que de este modo resulta casi imposible aplicarla a la resolución de problemas que difieran del ejemplo dado.

Léanse con atención las reglas que a continuación damos y resuélvanse los problemas que las acompañan; de este modo podrán ser resueltos cualquier tipo de problemas sobre estas materias.

Regla: Para hallar el número de vueltas que da una rueda dentada que es movida por otra, se multiplica el número de dientes de la rueda motriz por el número de vueltas que da en la unidad de tiempo y este número se divide por el de dientes de la rueda movida.

Ejemplo: Una rueda de 16 dientes, gira a 30 rpm al mismo tiempo que mueve a otra de 32 dientes. Hallar las rpm a que gira esta segunda rueda.

Para resolver este problema sin ningún error es conveniente dibujar un esquema del mismo y responder a una serie de preguntas que lleven al resultado final. La figura 1-3 nos muestra el esquema del enunciado.

La pregunta que habría que responder es: ¿Girará más o menos rápidamente la rueda *B* que la *A*? La respuesta es que *debe* girar más despacio. ¿Por qué?

Aplicando la regla, las rpm que daría *B* son: $(16 \times 30)/32 = 15$ rpm.

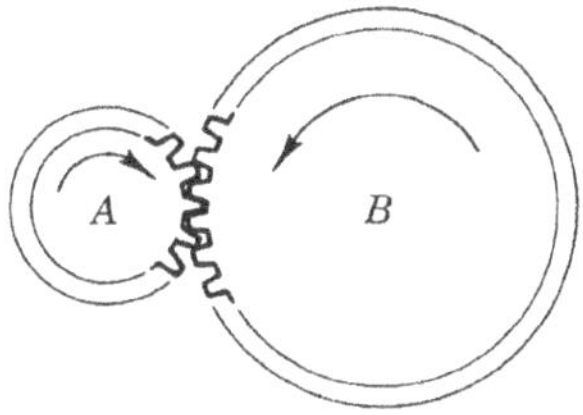

Figura 1-3. Esquema de dos ruedas dentadas

Ejercicios

1-24. Una rueda de 24 dientes gira a 100 rpm y mueve a otra de 96 dientes. Hallar las rpm de esta última rueda.

1-25. Una rueda de 42 dientes está movida por otra de 84 dientes que gira a 850 rpm. ¿A qué velocidad gira la rueda movida?

1-26. Un motor lleva en su eje una rueda de 23 dientes que gira a 1 700 rpm. ¿Cuántos dientes tendrá la rueda que ha de estar engranada si la máquina que mueve ha de girar a 425 rpm?

SUGERENCIA: Dibújese un esquema. Indíquese si la rueda a colocar en el eje de la máquina ha de tener más o menos de 23 dientes.

1-27. Una máquina especial ha de girar a 360 rpm mientras que el motor que ha de moverla gira a 1 800 rpm. Si la máquina lleva una rueda dentada de 120 dientes: ¿Cuántos dientes ha de tener la rueda que va unida al eje del motor?

1-28. La figura 1-4 representa un tren de engranajes.

- **(a)** Si la rueda *A* gira a 1 200 rpm. ¿A qué velocidad gira la rueda *C*?
- **(b)** Si la rueda *C* gira a 600 rpm. ¿A qué velocidad gira la rueda *A*?
- **(c)** Si la rueda *B* gira a 1 800 rpm. ¿A qué velocidad giran las ruedas *A* y *C*?

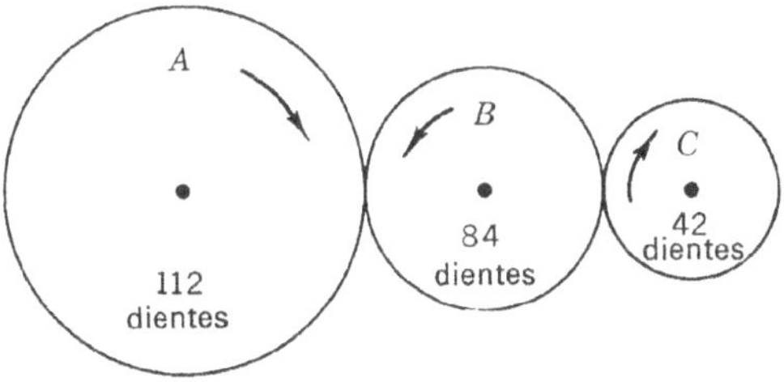

Figura 1-4. Tren de engranajes, Ejercicio 1-28

Es posible modificar la regla anterior para que pueda ser aplicada en problemas de poleas unidas por correas de transmisión.

Regla: Para hallar el número de vueltas que da una polea unida a otra en la unidad de tiempo, se multiplica el diámetro de la polea motriz por el número de vueltas que da en la unidad de tiempo, y el producto se divide por el diámetro de la polea movida.

Ejercicios

1-29. Una polea de 45 cm gira a 68 rpm y mueve una polea de 51 cm de diámetro. Hallar las rpm de esta polea.

1-30. Hallar las rpm de una polea de 9 cm de diámetro movida por una de 24 cm de diámetro que gira a 48 rpm.

1-31. Hallar las rpm de una polea de 52 cm de diámetro movida por otra de 36 cm de diámetro que gira a 78 rpm.

Regla: Según la Ley de Ohm, la caída de tensión (diferencia de potencial) en un circuito es igual a la intensidad de corriente en amperios multiplicada por la resistencia del circuito en ohmios. Esta ley escrita en términos matemáticos sería:

$$\text{diferencia de potencial (voltios)} = \text{amperios} \times \text{ohmios}^{*}$$

Ejercicios

Resolver los problemas 1-32, 1-33 y 1-34 aplicando la Ley de Ohm.

1-32. Hallar la diferencia de potencial de un circuito por el que circula una intensidad de corriente de 6 amperios, si su resistencia es de 2 ohmios.

1-33. Hallar la intensidad de corriente que circula por un circuito, si la diferencia de potencial a que está sometido es de 10 voltios y su resistencia es de 5 ohmios.

1-34. Hallar la resistencia de un circuito que, a un potencial de 25 voltios, permite el paso de 100 amperios.

1-35. Escribir una variante de la regla dada (Ley de Ohm) para resolver los problemas 1-33 y 1-34. Escribir las correspondientes fórmulas en términos de voltios, amperios y ohmios.

1-36. Escribir una variante de la regla utilizada para problemas de ruedas dentadas en función de los siguientes términos: rueda movida y rueda motriz, rpm y número de dientes.

Solución:

$$\text{rpm de la rueda movida} = \frac{\text{dientes de la rueda motriz} \times \text{rpm de la rueda motriz}}{\text{dientes de la rueda movida}}$$

1-37. Escribir una variante de la regla aplicada a la resolución de problemas de poleas en función de los términos siguientes: polea movida, rpm, diámetro y polea motriz.

* Otra forma de la Ley de Ohm será explicada más adelante, en la sección de Álgebra del texto.

2/Fracciones comunes

Si dividimos el número 6 por 3 obtenemos un cociente exacto: 2. Esta división puede escribirse de la forma $^{6}/_{3} = 2$. Sin embargo, si se intenta dividir 6 por 7, es imposible hallar un cociente exacto, por lo que esta división ha de escribirse $^{6}/_{7}$. A esta división indicada se le denomina *fracción* o *quebrado*. La fracción $^{6}/_{7}$ representa un número que no es entero, por tanto hemos de ampliar la idea de número para incluir en ella a las fracciones.

«Un séptimo» indica que la unidad ha sido dividida en siete partes iguales. La fracción $^{6}/_{7}$ («seis séptimos») quiere decir que de las siete partes iguales hemos tomado seis. Esto es cierto siempre y cuando los números situados encima y debajo de la raya sean enteros

2-1 DEFINICIONES

La *fracción* es una división indicada, en general a/b, siendo a y b números enteros, e indica una o más de las partes en que se ha dividido a la unidad.

El divisor, número que se halla bajo la raya del quebrado, recibe el nombre de *denominador* de la fracción y si es entero, indica en cuántas partes se ha dividido la unidad.

El dividendo, número sobre la raya del quebrado, se llama *numerador* de la fracción, e indica, si es entero, el número de partes de la unidad dividida que se toman.

Numerador y denominador, reciben el nombre de *términos* de la fracción.

La fracción $^{3}/_{4}$ se lee «tres cuartos». El denominador indica que la unidad está dividida en cuatro partes y el numerador, que de estas cuatro partes tomamos tres.

En la regla representada en la figura 2-1, cada centímetro está dividido en cuatro partes iguales. Tres cuartos de centímetro ($^{3}/_{4}$) serían tres de esas cuatro partes, longitud que está representada en la figura 2-1 por la fracción $^{3}/_{4}$.

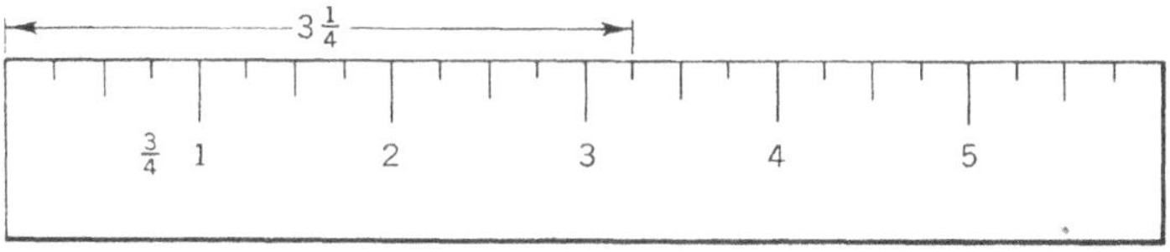

Figura 2-1. Regla

2-2 NÚMEROS MIXTOS

Al igual que hay números enteros y fraccionarios, existen números formados por un entero y una fracción, números estos que reciben el nombre de *mixtos*. El número mixto $3\,^{1}/_{4}$, que se lee «tres y un cuarto», quiere decir $3 + ^{1}/_{4}$. Este número se halla también representado en la figura 2-1.

2-3 FRACCIONES PROPIAS E IMPROPIAS

Si el numerador de una fracción es menor que el denominador de la misma, el valor de la fracción es menor que 1; si los dos términos son iguales, el valor de la fracción es 1 y si el numerador es mayor que el denominador, el valor de la fracción es mayor que 1; por tanto, $^3/_4$ es menor que 1; $^4/_4$ es igual a 1 y $^7/_4$ es mayor que 1.

Una *fracción propia* es aquella cuyo numerador es menor que el denominador.

Fracción impropia es aquella en la que el numerador es igual o mayor que el denominador.

En los casos antes expuestos, $^3/_4$ es una fracción propia, mientras que $^4/_4$ y $^7/_4$ son fracciones impropias.

2-4 SIMPLIFICACIÓN DE FRACCIONES

Una fracción está simplificada o reducida a su mínima expresión cuando numerador y denominador son primos entre sí; es decir, cuando no tienen ningún divisor común; entonces se dice que la fracción es irreducible.

Si se quiere simplificar una fracción, se dividen numerador y denominador por el mismo número. Obsérvese que el valor de la fracción no varía al dividir ambos términos por el mismo número. La simplificación es útil siempre que se trate de efectuar una suma o resta de fracciones.

Ejemplo 1: Simplificar $^4/_8$

Dividiendo numerador y denominador por 4, que es un divisor común:

$$\frac{\overset{1}{\cancel{4}}}{\underset{2}{\cancel{8}}} = \frac{1}{2}$$

Ejemplo 2: Convertir en irreducible la fracción $^{16}/_{48}$.

Dividiendo el numerador y el denominador por el divisor común 16.

$$\frac{\overset{1}{\cancel{16}}}{\underset{3}{\cancel{48}}} = \frac{1}{3}$$

2-5 REDUCCIONES DE UNA FRACCIÓN IMPROPIA A UN NÚMERO ENTERO O MIXTO

Ejemplo 1: Transformar $^{32}/_4$ en un número entero.

Dividiendo el numerador y el denominador por el divisor común 4.

$$\frac{32}{4} = \frac{8}{1} \quad \text{(u 8)}$$

Ejemplo 2: Reducir $^{47}/_9$.

Efectuando la división indicada.

$$\begin{array}{r} 5 \\ 9\overline{)47} \\ \underline{45} \\ 2 \end{array}$$

El resultado es el número mixto $5\,^2/_9$.

2-6 CONVERSIÓN DE UN NÚMERO ENTERO O MIXTO EN UNA FRACCIÓN IMPROPIA

Ejemplo 1: Convertir 5 en una fracción impropia de denominador 6. Cada una de las cinco unidades será igual a $^6/_6$; luego 5 convertido en fracción con 6 como denominador es

$$5 \times \frac{6}{6} = \frac{30}{6}$$

Ejemplo 2: Convertir $7\,^3/_5$ en fracción impropia que tenga como denominador 5.

$$1 = \frac{5}{5}$$

$$7 \times \frac{5}{5} = \frac{35}{5}$$

$$\frac{35}{5} + \frac{3}{5} = \frac{38}{5}$$

2-7 REDUCCIÓN DE DOS O MÁS FRACCIONES A UN COMÚN DENOMINADOR

Cuando se han de sumar o restar fracciones, éstas han de modificarse de tal forma que todas posean el mismo denominador. Para hallar un denominador común, pueden multiplicarse todos los denominadores de las fracciones, como se ve en el ejemplo siguiente.

Ejemplo: Convertir las fracciones $^1/_4$ y $^1/_2$ en otras que tengan el mismo denominador.

1. Multiplicar los denominadores: $2 \times 4 = 8$.
2. El denominador común es, pues, 8.
3. Convertir la fracción $^1/_4$ en otra de denominador 8 (?/8). Como el denominador se ha multiplicado por 2, ha de multiplicarse también por 2 el numerador para que su valor no varíe: $2 \times 1 = 2$.
4. La fracción $^1/_4$ es equivalente a la fracción $^2/_8$.
5. Repetir el mismo proceso para $^1/_2$.
6. $^1/_2 = ?/_8 = {}^4/_8$.
7. Las fracciones son por lo tanto $^2/_8$ y $^4/_8$.

Este método es útil para cualquier número de fracciones. Obsérvese que el valor de las fracciones no ha variado, ya que numerador y denominador han sido multiplicados por el mismo número. Es decir: $^1/_4 = {}^2/_8$, ya que 1 y 4 han sido multiplicados por el mismo número 2; y $^1/_2 = {}^4/_8$ porque 1 y 2 han sido multiplicados también por el mismo número, en este caso 4.

2-8 CÁLCULO DEL MÍNIMO COMÚN DENOMINADOR

Antes hemos hallado un denominador común, 8, multiplicando todos los denominadores. Por lo general, para sumar o restar fracciones no suele prefijarse un denominador común y lo que se hace es reducir las fracciones al mínimo común múltiplo de los denominadores de todas las fracciones. Este mínimo común múltiplo recibe el nombre de *mínimo común denominador* (mcd) de las fracciones.

Ejemplo 1: Convertir $^4/_9$, $^7/_{12}$, y $^{13}/_{14}$ en fracciones con el mcd.

El mínimo común múltiplo de 9, 12 y 24 es 72. Si dividimos 72 por cada denominador, obtendremos el número por el que hay que multiplicar el numerador de cada una de las fracciones para que no varíen su valor al cambiar de denominador.

$$\frac{4}{9} = \frac{32}{72}$$

$$\frac{7}{12} = \frac{42}{72}$$

$$\frac{13}{24} = \frac{39}{72}$$

NOTA: Por lo general, el mcd puede calcularse mentalmente. Aunque es recomendable que siempre se haga así, si debido a cualquier causa no puede hallarse mentalmente calcúlese del modo siguiente:

Descompónganse los denominadores en sus factores primos y tómese cada factor primo el mayor número de veces que aparezca en uno de los varios denominadores. El producto de todos esos factores será el mínimo común denominador.

Ejemplo 2: Hallar el mcd de $^{11}/_{30}$, $^7/_{45}$, $^{14}/_{135}$ y $^{13}/_{25}$.

$$30 = 2 \times 3 \times 5$$
$$45 = 3 \times 3 \times 5$$
$$135 = 3 \times 3 \times 3 \times 5$$
$$25 = 5 \times 5$$

Ahora, de los factores primos se toman: 2 una vez, 3 tres veces y 5 dos veces. El mcd será su producto: $2 \times 3 \times 3 \times 3 \times 5 \times 5 = 1\,350$.

Ejercicios

2-1. Simplificar las fracciones

(a) $\frac{5}{15}, \frac{4}{12}, \frac{15}{25}, \frac{8}{24}$ (e) $\frac{448}{484}$

(b) $\frac{18}{26}, \frac{19}{38}, \frac{28}{49}, \frac{14}{16}$ (f) $\frac{270}{360}$

(c) $\frac{8}{40}, \frac{35}{45}, \frac{28}{35}, \frac{14}{64}$ (g) $\frac{120}{1\,680}$

(d) $\frac{74}{100}, \frac{20}{155}, \frac{17}{51}, \frac{100}{255}$ (h) $\frac{231}{924}$

2-2. Simplificar las fracciones

(a) $\frac{8}{12}$ (c) $\frac{25}{125}$

(b) $\frac{6}{18}$ (d) $\frac{81}{108}$

2-3. Convertir los números fraccionarios impropios en mixtos

(a) $\frac{17}{8}$ (e) $\frac{88}{9}$

(b) $\frac{19}{12}$ (f) $\frac{14}{3}$

(c) $\frac{36}{7}$ (g) $\frac{19}{6}$

(d) $\frac{125}{20}$ (h) $\frac{27}{2}$

2-4. Efectuar los cambios indicados.

(a) $\frac{1}{2}, \frac{1}{3},$ y $\frac{1}{6}$ a doceavos.

(b) $\frac{1}{2}, \frac{1}{6},$ y $\frac{1}{7}$ a cuarenta y dosavos.

(c) $\frac{2}{3}, \frac{4}{5},$ y $\frac{5}{6}$ a treintaavos.

(d) $\frac{3}{4}, \frac{5}{6},$ y $\frac{7}{8}$ a veinticuatroavos.

2-9 SUMA DE FRACCIONES

Ejemplo 1: Sumar $^7/_{12}$, $^5/_{12}$ y $^{11}/_{12}$.

Al igual que 7 manzanas + 5 manzanas + 11 manzanas = 23 manzanas, 7 doceavos + 5 doceavos + 11 doceavos = 23 doceavos. Esto puede escribirse así:

$$\frac{7}{12} + \frac{5}{12} + \frac{11}{12} = \frac{23}{12} = 1\frac{11}{12}$$

Ejemplo 2: Calcular la suma de $^7/_{12}$, $^8/_{15}$ y $^{17}/_{30}$.

Aquí deben reducirse las fracciones a común fenominador. Como el mcd de 12, 15, y 30 es 60, entonces:

$$\frac{7}{12} + \frac{8}{15} + \frac{17}{30} = \frac{35}{60} + \frac{32}{60} + \frac{34}{60} = \frac{101}{60} = 1\frac{41}{60}$$

Ejemplo 3: Sumar los números mixtos $3\,^3/_4$, $5\,^4/_7$, $2\,^9/_{14}$ y $7\,^1/_2$.

Se suman *por separado* los números enteros y las fracciones y luego se efectúa la suma total. Escrito quedaría así:

$$\begin{aligned} &3\tfrac{3}{4} + 5\tfrac{4}{7} + 2\tfrac{9}{14} + 7\tfrac{1}{2} \\ &= 3\tfrac{21}{28} + 5\tfrac{16}{28} + 2\tfrac{18}{28} + 7\tfrac{14}{28} \\ &= 17\tfrac{69}{28} = 17 + 2\tfrac{13}{28} = 19\tfrac{13}{28} \end{aligned}$$

Un modo más práctico de sumar números mixtos es colocarlos unos debajo de otros y realizar la suma de modo análogo a la de números enteros.

$$\begin{array}{lcl} 3\tfrac{3}{4} & = & 3\tfrac{21}{28} \\ 5\tfrac{4}{7} & = & 5\tfrac{16}{28} \\ 2\tfrac{9}{14} & = & 2\tfrac{18}{28} \\ 7\tfrac{1}{2} & = & \underline{7\tfrac{14}{28}} \\ & & 17\tfrac{69}{28} = 19\tfrac{13}{28} \end{array}$$

Ejercicios

2-5. Efectuar las sumas que a continuación se indican y expresar el resultado de la forma más simplificada posible:

(a) $\frac{3}{7} + \frac{8}{7} + \frac{11}{7} + \frac{4}{7}$

(b) $\frac{2}{9} + \frac{5}{9} + \frac{19}{9} + \frac{23}{9}$

(c) $\frac{5}{14} + \frac{9}{14} + \frac{27}{14} + \frac{11}{14}$

(d) $\frac{4}{5} + \frac{5}{6} + \frac{7}{16}$

(e) $8 + \frac{7}{4} + \frac{8}{3} + \frac{7}{2}$

(f) $9\frac{1}{6} + 8\frac{5}{9} + 7$

(g) $14\frac{3}{4} + 30\frac{1}{2} + 4$

(h) $7\frac{2}{3} + 9\frac{3}{4} + 11\frac{1}{2}$

(i) $\frac{9}{10} + \frac{7}{12} + \frac{5}{4} + \frac{2}{3}$

(j) $\frac{7}{2} + \frac{2}{7} + \frac{9}{14} + \frac{11}{28}$

(k) $\frac{222}{8} + \frac{333}{2} + \frac{100}{6}$

(l) $\frac{13}{7} + \frac{23}{4} + \frac{111}{14}$

2-6. Una varilla de latón se corta en trozos de $4\,^1/_4$, $3\,^5/_8$, $6\,^1/_2$, $7\,^9/_{16}$ y $2\,^3/_4$ cm. ¿Qué longitud tenía inicialmente la varilla si en cada corte se pierde $^1/_{16}$ cm?

SUGERENCIA: Dibújese un esquema antes de iniciar la resolución del problema.

2-7. Tres bombillas están conectadas en serie; esto es, una después de otra; siendo sus resistencias de $1\,^1/_3$, $^2/_5$ y $^1/_6$ ohmios. Si la resistencia total es igual a la suma de las resistencias de cada bombilla, calcúlese su valor.

2-8. Para lograr hacer unos hoyos, un jugador de golf lanza la pelota a una distancia en metros de $205\,^1/_3$, $197\,^1/_2$, $182\,^3/_4$ y $220\,^1/_6$. ¿Cuál es el trayecto recorrido por la pelota?

2-9. Cinco piezas de fundición tienen un peso de $31\,^1/_2$, $102\,^1/_5$, $97\,^1/_3$, $88\,^1/_{10}$ y $203\,^1/_5$ Kg. ¿Cuál es el peso total de las piezas?

2-10 RESTA DE FRACCIONES

Para comprender de una manera más clara cómo se restan quebrados veamos algunos ejemplos.

Ejemplo 1: Restar $^4/_{11}$ de $^9/_{11}$.

Esta diferencia puede realizarse directamente, ya que ambas fracciones tienen el mismo denominador. Como la diferencia entre los numeradores de las fracciones es de 5, el resultado será:

$$\frac{9}{11} - \frac{4}{11} = \frac{5}{11}$$

Ejemplo 2: Restar $^7/_{11}$ de $^2/_3$.

En este caso, las fracciones no tienen el mismo denominador por lo que para poder realizar la sustracción hemos de reducirlas a un común denominador, con lo que obtendríamos la siguiente expresión:

$$\frac{2}{3} - \frac{7}{11} = \frac{22}{33} - \frac{21}{33} = \frac{1}{33}$$

Ejemplo 3: Hallar la diferencia $7\,^2/_3 - 3\,^3/_5$.

Teniendo en cuenta que

$$7\frac{2}{3} = 7 + \frac{2}{3} = 7 + \frac{10}{15}$$

$$3\frac{3}{5} = 3 + \frac{3}{5} = 3 + \frac{9}{15}$$

El resultado será:

$$\begin{array}{r} 7\frac{2}{3} = 7\frac{10}{15} \\ -3\frac{3}{5} = 3\frac{9}{15} \\ \hline 4\frac{1}{15} \end{array}$$

En este caso, el numerador de la fracción sustraendo (9), es menor que el de la fracción minuendo (10), con lo que podemos restar directamente la parte fraccionaria y, en último lugar, la parte entera de los números mixtos.

Ejemplo 4: $7\frac{1}{2} - 3\frac{2}{3} = ?$

Solución:

$$\begin{array}{r} 7\frac{1}{2} = 7\frac{3}{6} = 6\frac{9}{6} \\ -3\frac{2}{3} = 3\frac{4}{6} = 3\frac{4}{6} \\ \hline 3\frac{5}{6} \end{array}$$

En este caso, el numerador de la fracción minuendo es menor que el de la fracción sustraendo, pues 3 es menor que 4. Para salvar esta dificultad, se resta una unidad a la parte entera del número mixto y se suma a su parte fraccionaria, con lo que el valor no varía. Aquí se ha restado 1 a la parte entera 7 y se han sumado $^6/_6$ a la parte fraccionaria del mismo número mixto, de modo que sin variar el valor de los términos a restar, la fracción minuendo tiene ahora el numerador mayor que la fracción sustraendo, lo que nos coloca en una situación análoga a la del caso anterior.

Ejemplo 5: $8 - 2\frac{3}{16} = ?$

Solución:

$$\begin{array}{rcl} 8 & = & 7\frac{16}{16} \\ -2\frac{3}{16} & = & 2\frac{3}{16} \\ \hline & & 5\frac{13}{16} \end{array}$$

Ejercicios

2-10. Efectuar las siguientes restas y expresar el resultado en la forma más simplificada posible:

(a) $\frac{2}{3} - \frac{1}{3}$
(b) $\frac{2}{3} - \frac{1}{6}$
(c) $\frac{7}{8} - \frac{3}{4}$
(d) $\frac{9}{10} - \frac{3}{5}$
(e) $\frac{11}{16} - \frac{1}{2}$
(f) $3\frac{1}{3} - 2\frac{2}{3}$
(g) $7\frac{3}{5} - 3\frac{9}{10}$
(h) $13 - 12\frac{11}{12}$
(i) $16 - 14\frac{23}{32}$
(j) $\frac{47}{18} - \frac{74}{90}$
(k) $\frac{19}{131} - \frac{2}{19}$
(l) $\frac{11}{36} - \frac{31}{72}$

2-11. Efectuar las sumas y restas indicadas dando el resultado final en la forma más simplificada posible:

(a) $21\frac{3}{4} + 19\frac{2}{7} - 10\frac{13}{28}$
(b) $6\frac{6}{7} + 5\frac{13}{20} - 10$
(c) $7\frac{3}{4} - \frac{4}{5} + 2\frac{17}{20}$
(d) $5\frac{12}{13} - \frac{5}{26} - \frac{11}{13} + 19$
(e) $13\frac{3}{5} + \frac{7}{8} - 7\frac{3}{4} - \frac{1}{8} + 2$
(f) $13 - (6\frac{7}{8} - \frac{3}{8}) + \frac{1}{2} - \frac{5}{8}$

2-12. Si se suma 6 al numerador y denominador de la fracción $^2/_3$ su valor ¿aumenta o disminuye? ¿Cuánto?

2-13. Hallar la suma y diferencia de $3\,^5/_9$ y $1\,^7/_{24}$.

2-14. Una deuda se paga del siguiente modo: $^1/_3$ en el primer año, $^3/_5$ en el segundo año, y el resto en el tercer año. ¿Cuánto debe pagarse durante el tercer año?

2-15. La distancia entre los puntos más alejados de dos agujeros circulares en una chapa de acero es de $6\,^2/_3$ cm. Si un agujero tiene $1\,^1/_6$ cm de diámetro y el otro $2\,^1/_{24}$ cm, hallar la distancia que existe entre los puntos más próximos de los agujeros.

2-16. La longitud de una barra de hierro de sección cuadrada es $18\,^7/_8$ cm. Si $9\,^{11}/_{16}$ cm se moldean para darle forma cilíndrica, hallar la longitud de barra que permanece aún cuadrada.

2-17. Un circuito eléctrico está formado por resistencias de $2\,^1/_8$, $3\,^1/_4$ y $15\,^1/_2$ ohmios. Si todas ellas están unidas en serie, hallar la resistencia total del circuito, igual a la suma de las resistencias que lo integran.

2-18. Tres piezas de fundición pesan $10\,^1/_8$, $20\,^1/_3$ y $40\,^1/_4$ Kg. Al trabajar estas piezas se pierden $15\,^1/_{16}$ Kg de metal. ¿Cuál es el peso de las tres piezas una vez trabajadas?

2-11 MULTIPLICACIÓN DE FRACCIONES

Para multiplicar dos fracciones se multiplican sus numeradores para obtener el numerador del producto y los denominadores para obtener el denominador de la fracción producto.

Ejemplo 1: Multiplicar $^2/_3$ por $^5/_7$.

$$\frac{2 \times 5}{3 \times 7} = \frac{10}{21}$$

Ejemplo 2: Multiplicar 4 por $^3/_5$.

$$\frac{4 \times 3}{1 \times 5} = \frac{12}{5} = 2\frac{2}{5}$$

Ejemplo 3: Multiplicar $8\,^1/_3$ por $3\,^2/_5$.
Para multiplicar estos números mixtos se transforman en fracciones impropias y se efectúa el producto como en los casos anteriores.

$$8\frac{1}{3} = \frac{25}{3} \quad \text{y} \quad 3\frac{2}{5} = \frac{17}{5}$$

$$\frac{25}{3} \times \frac{17}{5} = \frac{25 \times 17}{3 \times 5} = \frac{425}{15} = 28\frac{5}{15} = 28\frac{1}{3}$$

Ejemplo 4: Multiplicar $5\,^1/_4$ por 3 y por $3\,^1/_3$.

$$5\frac{1}{4} \times 3 \times 3\frac{1}{3} = \frac{21}{4} \times \frac{3}{1} \times \frac{10}{3} = \frac{21 \times 3 \times 10}{4 \times 1 \times 3} = \frac{630}{12}$$

$$= 52\frac{6}{12} = 52\frac{1}{2}$$

Ejemplo 5: Multiplicar $7\,^3/_5$ por 6.

$$7\frac{3}{5} \times 6 = \frac{38}{5} \times 6 = \frac{38 \times 6}{5 \times 1} = \frac{228}{5} = 45\frac{3}{5}$$

Ejemplo 6: Multiplicar 47 por $16\,^4/_5$.

```
     47
   × 16 4/5
  ---------
 5)188
  ---------
     37 0/5
    282
    47
   --------
    798 3/5
```

EXPLICACIÓN:

1. Multiplicar 47 por $^4/_5$; esto es, multiplicar 47 por 4 y dividir por 5; el resultado final es $37\,^3/_5$.
2. Multiplicar 47 por 16 como si fuesen números enteros.
3. Hallar la suma total de los productos parciales; el resultado obtenido será $789\,^3/_5$.

Este mismo proceso puede seguirse para multiplicar números mixtos.

Ejemplo 7: Multiplicar $25\,^2/_5$ por $6\,^1/_3$.

$$\begin{array}{r} 25\frac{2}{5} \\ \times 6\frac{1}{3} \\ \hline \frac{2}{15} \\ 8\frac{1}{3} \\ 2\frac{2}{5} \\ 150 \\ \hline 160\frac{13}{15} \end{array}$$

EXPLICACIÓN:

1. Multiplicar $^1/_3$ por $^2/_5$; el resultado es $^2/_{15}$.
2. Multiplicar $^1/_3$ por 25; el resultado es $8\,^1/_3$.
3. Multiplicar $^2/_5$ por 6; el resultado es $2\,^2/_5$.
4. Multiplicar 25 por 6; el resultado es 150.
5. Sumar estos productos parciales; se obtendrá $160\,^{13}/_{15}$.

Ejercicios

Efectuar los productos siguientes:

2-19. $\frac{3}{4} \times 5$	**2-24.** $\frac{3}{20} \times \frac{1}{6}$	**2-29.** $5\frac{1}{3} \times 6$
2-20. $\frac{2}{5} \times 10$	**2-25.** $\frac{11}{5} \times \frac{2}{3}$	**2-30.** $8\frac{1}{4} \times 5\frac{2}{6}$
2-21. $\frac{7}{8} \times 3$	**2-26.** $\frac{7}{2} \times \frac{3}{4}$	**2-31.** $5 \times 1\frac{1}{6} \times \frac{7}{5}$
2-22. $\frac{5}{9} \times 9$	**2-27.** $1\frac{1}{3} \times 12$	**2-32.** $1\frac{3}{4} \times 2\frac{2}{3} \times 5\frac{1}{2}$
2-23. $\frac{7}{21} \times 5$	**2-28.** $1\frac{7}{10} \times 1\frac{1}{3}$	**2-33.** $2\frac{1}{8} \times 7 \times 7\frac{3}{4}$

2-12 SIMPLIFICACIÓN

Al resolver problemas resultan con frecuencia expresiones fraccionarias, como por ejemplo:

$$\frac{64 \times 25}{48 \times 15}$$

Si realizamos en *primer lugar* las multiplicaciones indicadas en el numerador y denominador de la fracción y *luego* dividimos los resultados obtenidos, hallaremos la solución verdadera. Sin embargo, es posible evitarse mucho trabajo aplicando el siguiente principio: El valor de una fracción no varía si numerador y denominador se multiplican o dividen por un mismo número.

Por tanto, si aplicamos este principio al ejemplo anterior obtendremos:

$$\frac{\overset{4}{\cancel{64}} \times \overset{5}{\cancel{25}}}{\underset{3}{\cancel{48}} \times \underset{3}{\cancel{15}}} = \frac{20}{9} = 2\frac{2}{9}$$

EXPLICACIÓN:

1. Se divide 48 y 64 por 16.
2. Se divide 25 y 15 por 5.
3. Se multiplican 4 por 5 y 3 por 3.
4. Se simplifica el resultado dividiendo 20 por 9.

Veamos un segundo ejemplo:

$$\frac{\overset{1}{\cancel{8}} \times \overset{1}{\cancel{12}} \times \overset{1}{\cancel{17}}}{\underset{4}{\cancel{32}} \times \underset{1}{\cancel{17}} \times \underset{2}{\cancel{24}}} = \frac{1}{8}$$

EXPLICACIÓN:

1. Se divide ambos 17 por 17.
2. Se divide 12 y 24 por 12.
3. Se divide 8 y 32 por 8.
4. Se multiplica 1 por 1 por 1 y 4 por 1 por 2.

Ejercicios

Hallar los productos siguientes simplificando al máximo posible las operaciones:

2-34. $18 \times \frac{2}{9}$	**2-37.** $5\frac{1}{3} \times 6$	**2-40.** $9\frac{5}{8} \times 1\frac{1}{11}$
2-35. $7 \times \frac{1}{3}$	**2-38.** $8\frac{1}{3} \times 5\frac{1}{5}$	**2-41.** $2\frac{1}{6} \times 1\frac{1}{13}$
2-36. $4\frac{1}{2} \times \frac{1}{9}$	**2-39.** $10\frac{1}{2} \times \frac{3}{7}$	**2-42.** $18\frac{1}{2} \times \frac{3}{74}$

2-43. La circunferencia mide aproximadamente $3\,^1/_7$ veces el diámetro. Según esto, calcúlese la longitud de la circunferencia de un círculo de: 14, 28 y $^1/_{22}$ metros de diámetro.

2-44. La diagonal de un cuadrado es aproximadamente $1\,^5/_{12}$ veces la longitud del lado. Hallar la longitud de la diagonal de un cuadrado de 24 cm de lado; 18 cm de lado y 840 m de lado.

2-45. La aleación de unos cojinetes para máquinas está formada por $^{24}/_{29}$ de cobre, $^4/_{29}$ de estaño y $^1/_{29}$ de cinc. ¿Cuántos Kg de cada metal serán precisos para obtener 348 Kg de aleación?

2-46. Un metal antifricción está formado por $^{37}/_{1.000}$ de cobre; $^{111}/_{125}$ de estaño y $^3/_{40}$ de antimonio. Hallar el peso de cada metal que hay en 1 250 Kg de aleación.

2-47. Si un motor tiene un régimen de 2 100 rpm ¿cuántas vueltas da en $^3/_4$ de hora?

2-48. Un artículo se vende a 250 ptas; $^3/_5$ del precio es el coste de fabricación y $^1/_{50}$ la ganancia. Si el resto se dedica a publicidad sobre el artículo, hallar qué cantidad se destina a cada uno de estos tres conceptos.

2-49. Un depósito que contiene 300 litros puede vaciarse mediante un tubo en 4 horas. ¿Cuántos litros quedarán en el depósito al cabo de 2 horas?

2-50. Si una manzana de casas de una ciudad mide $^1/_8$ Km, ¿cuánto ha caminado un hombre que ha recorrido 5 manzanas en dirección Este y $11\,^1/_2$ en dirección Norte?

2-51. Una compañía paga a 165 obreros, $120\,^{1}/_{5}$ ptas por hora de trabajo, a 228 obreros, $60\,^{3}/_{4}$ ptas y a 560 obreros, $60\,^{1}/_{20}$ ptas. ¿Cuál será el total diario de la nómina, si los obreros trabajan 8 horas al día?

2-52. ¿Cuánto es $^{1}/_{4}$ de 12 ptas? ¿La respuesta será mayor o menor que 12 ptas?

2-53. Un depósito está lleno en sus $^{5}/_{6}$ partes de gasolina. Si se saca $^{1}/$[illegible] de la gasolina. ¿Qué parte del depósito se ha extraído? Calcular cuánta gasolina queda aún en el depósito.

2-13 DIVISIÓN DE FRACCIONES

Para dividir un número por una fracción, se invierte el divisor y se procede como si se tratase de una multiplicación.

Ejemplo 1: Dividir $^{3}/_{4}$ por $^{1}/_{2}$.

$$\frac{3}{4} : \frac{1}{2} = \frac{3}{4} \times \frac{2}{1}$$

$$\frac{3 \times \overset{1}{\cancel{2}}}{\underset{2}{\cancel{4}} \times 1} = \frac{3}{2} = 1\frac{1}{2}$$

Ejemplo 2: Dividir $^{3}/_{7}$ por 4.

$$\frac{3}{7} : 4 = \frac{3}{7} : \frac{4}{1} = \frac{3}{7} \times \frac{1}{4} = \frac{3 \times 1}{7 \times 4} = \frac{3}{28}$$

Ejemplo 3: Dividir 6 por $^{2}/_{3}$.

$$\frac{6}{1} : \frac{2}{3} = \frac{6}{1} \times \frac{3}{2} = \frac{\overset{3}{\cancel{6}} \times 3}{1 \times \underset{1}{\cancel{2}}} = \frac{9}{1} = 9$$

Ejemplo 4: Dividir $7\,^{2}/_{3}$ por $9\,^{1}/_{5}$.

$$7\frac{2}{3} : 9\frac{1}{5} = \frac{23}{3} : \frac{46}{5} = \frac{23}{3} \times \frac{5}{46} = \frac{\overset{1}{\cancel{23}} \times 5}{3 \times \underset{2}{\cancel{46}}} = \frac{5}{6}$$

EXPLICACIÓN:

1. Si alguno de los números de la división es entero, considérese como una fracción de denominador unidad.
2. Si alguno de los números de la división es mixto, escríbase como una fracción impropia.
3. Inviértase el divisor y efectúese el producto de las dos fracciones.

Ejercicios

2-54. Efectuar las divisiones siguientes, evitando en todo lo posible realizar las operaciones por escrito:

(a) $5/7 : 10$	**(h)** $16/3 : 32$	**(n)** $27/32 : 3/4$	**(t)** $52\frac{1}{4} : 4$
(b) $15/14 : 5$	**(i)** $13 : 1/3$	**(o)** $18/5 : 16/5$	**(u)** $84\frac{2}{3} : 7$
(c) $33/13 : 3$	**(j)** $14 : 7/8$	**(p)** $16\frac{1}{2} : 4$	**(v)** $321\frac{3}{5} : 3$
(d) $8/13 : 6$	**(k)** $1/3 : 4/3$	**(q)** $362\frac{4}{5} : 2$	**(w)** $72\frac{5}{8} : 5$
(e) $24/17 : 8$	**(l)** $5/8 : 15/16$	**(r)** $674\frac{2}{3} : 1/3$	**(x)** $46\frac{3}{8} : 3$
(f) $225/11 : 25$	**(m)** $3/5 : 4/15$	**(s)** $27\frac{3}{5} : 9$	**(y)** $159\frac{7}{8} : 4$
(g) $169/15 : 13$			

2-55. Si el denominador de una fracción se multiplica por 4, ¿en cuánto varía el valor de la fracción? ¿Y si se multiplica por 8? ¿Y por 7?

2-56. Si $1/10$ cm en un mapa representan 49 Km, ¿cuántos Km están representados en 3 cm de mapa?

2-57. En el plano de una casa, $1/4$ cm representa 1 m en la realidad. Hallar las medidas de las habitaciones que en el plano son de $2\,1/2$ por $2\,1/2$ cm; $4\,1/8$ por $4\,5/8$ cm; $5\,3/8$ por 6 cm y $3\,1/16$ por $4\,10/32$ cm.

2-58. ¿Cuál es la diferencia entre la suma de $2/21$ y $3/35$ y el producto de $3/7$ y $28/83$?

2-14 FRACCIONES COMPLEJAS

Para resolver muchos problemas prácticos es preciso operar con fracciones complejas. En este tipo de problemas se incluyen sumas, restas y numeradores o denominadores, que son a su vez fracciones.

Algunos tipos de fracciones complejas se hallan totalmente resueltos en los ejemplos que a continuación se exponen, para que sirvan de orientación en orden a resolver problemas en los que se incluyan fracciones complejas.

Ejemplo 1: Hallar la resistencia de un circuito en paralelo compuesto por tres resistencias de 5, 10 y 15 ohmios. Para resolver este problema utilícese la fórmula siguiente:

$$\text{Resistencia total} = \frac{1}{1/R_1 + 1/R_2 + 1/R_3}$$

Sustituyendo R_1, R_2 y R_3 por 5, 10 y 15, nos queda:

$$R = \frac{1}{1/5 + 1/10 + 1/15}$$

El valor de R se puede calcular rápidamente, si se reducen todas las fracciones del denominador a su mínimo común denominador:

$$R = \frac{1}{6/30 + 3/30 + 2/30}$$

$$R = \frac{1}{11/30}$$

$$R = 1 \ : \ \frac{11}{30} = \frac{1}{1} \times \frac{30}{11} = \frac{30}{11} = 2\frac{8}{11} \text{ ohmios}$$

Ejemplo 2: Calcular el valor de $(4\,^1/_3 + 3\,^1/_6)/(2 + 3\,^1/_6)$.

$$\frac{4\frac{1}{3} + 3\frac{1}{6}}{2 + 3\frac{1}{6}} = \frac{\frac{13}{3} + \frac{19}{6}}{\frac{12}{6} + \frac{19}{6}} = \frac{\frac{26}{6} + \frac{19}{6}}{\frac{12}{6} + \frac{19}{6}} = \frac{\frac{45}{6}}{\frac{31}{6}} = \frac{45}{\cancel{6}_{\,1}} \times \frac{\overset{1}{\cancel{6}}}{31} = \frac{45}{31} = 1\frac{14}{31}$$

El mismo resultado se puede obtener de otro modo, si a partir del tercer paso se procede de esta forma:

$$= \frac{\dfrac{26}{\cancel{6}_{\,1}} + \dfrac{19}{\cancel{6}_{\,1}}}{\dfrac{12}{\cancel{6}_{\,1}} + \dfrac{19}{\cancel{6}_{\,1}}} = \frac{\frac{45}{1}}{\frac{31}{1}} = \frac{45}{1} \times \frac{1}{31} = \frac{45}{31} = 1\frac{14}{31}$$

Los 6 se simplifican; es decir, el numerador y el denominador de la fracción han sido multiplicados por el mismo número (en este caso 6) con lo que el valor de la fracción no varía. Por eso el resultado obtenido $(1\,^{14}/_{31})$ es el mismo.

Un error que suele cometerse a menudo en este tipo de problemas es el siguiente, donde se han simplificado las fracciones como vemos a continuación (cálculo de la misma fracción):

$$\frac{4\frac{1}{3} + \overset{1}{\cancel{3\frac{1}{6}}}}{2 + \underset{1}{\cancel{3\frac{1}{6}}}} = \frac{5\frac{1}{3}}{3} = \frac{16}{3} \ : \ 3 = \frac{16}{3} \times \frac{1}{3} = \frac{16}{9} = 1\frac{7}{9}$$

El resultado así obtenido, $1\,^7/_9$, es mayor que el verdadero valor $1\,^{14}/_{31}$. La razón de esta desigualdad de los resultados es que es este último caso, numerador y denominador no han sido multiplicados por el mismo número. Cuando simplificamos $3\,^1/_6$, solamente *parte* del numerador y *parte* del denominador han sido divididos por $3\,^1/_6$.

Ejemplo 3: Hallar el valor de la siguiente expresión:

$$\frac{(4\frac{1}{3} - 3\frac{1}{6}) \ : \ 2\frac{3}{4}}{(3\frac{1}{2} + \frac{1}{3}) \ : \ \dfrac{23}{\frac{1}{6}}}$$

$$= \frac{(\frac{13}{3} - \frac{19}{6}) \ : \ \frac{11}{4}}{(\frac{7}{2} + \frac{1}{3}) \ : \ \dfrac{23}{\frac{1}{6}}} = \frac{(\frac{26}{6} - \frac{19}{6}) \ : \ \frac{11}{4}}{(\frac{21}{6} + \frac{2}{6}) \ : \ \dfrac{23}{\frac{1}{6}}} = \frac{\frac{7}{6} \ : \ \frac{11}{4}}{\frac{23}{6} \ : \ \dfrac{23}{\frac{1}{6}}}$$

$$= \frac{\frac{7}{6} \ : \ \frac{11}{4}}{\frac{23}{6} \ : \ 23 \times 6} = \frac{\frac{7}{6} \ : \ \frac{11}{4}}{\frac{23}{6} \ : \ 138} = \frac{\frac{7}{6} \times \frac{4}{11}}{\frac{23}{6} \times \frac{1}{138}} = \frac{\frac{28}{66}}{\frac{23}{828}} = \frac{28}{66} \times \frac{828}{23}$$

$$= \frac{14}{33} \times \frac{\overset{36}{\cancel{828}}}{\underset{1}{\cancel{23}}} = \frac{14}{\underset{11}{\cancel{33}}} \times \frac{\overset{12}{\cancel{36}}}{1} = \frac{168}{11} = 15\frac{3}{11}$$

Obsérvese bien que los primeros pasos para la resolución del problema han sido realizar las sumas y restas del numerador y el denominador. Sin embargo, es posible obtener la misma solución, $15\,{}^{3}/_{11}$, por otros procedimientos distintos. El alumno no debe limitarse sólo a leer y estudiar este ejemplo, sino también hacerlo por sí mismo.

Ejercicios

Realizar las operaciones indicadas en los siguientes problemas y expresar el resultado final de la forma más simplificda posible.

2-59. $\frac{1}{3} + \frac{1}{4}$

2-60. $1\frac{1}{5} + 3\frac{1}{7}$

2-61. $8\frac{1}{2} + 7$

2-62. $\frac{1}{5} - \frac{1}{10}$

2-63. $10\frac{1}{9} - 8\frac{1}{18}$

2-64. $1\frac{1}{2} + 3\frac{1}{4} - 1\frac{1}{8}$

2-65. $\frac{1}{3} \times \frac{1}{8}$

2-66. $1\frac{1}{6} : 6$

2-67. $2\frac{1}{3} : \frac{1}{3}$

2-68. $2\frac{1}{4} : 6\frac{1}{16}$

2-69. $2\frac{1}{9} \times 8\frac{1}{3}$

2-70. $9\frac{1}{7} \times \frac{1}{3}$

2-71. $\dfrac{2\frac{1}{3}}{\frac{5}{2}}$

2-72. $\dfrac{1}{\frac{1}{7} + \frac{1}{8} + \frac{3}{28}}$

2-73. $\dfrac{(2\frac{1}{8} : 8) \times 2}{2 - (\frac{1}{8} : 5)}$

2-74. $\dfrac{\frac{2}{3} + \frac{2}{9}}{4\frac{1}{3} - 3\frac{2}{3}}$

2-75. $\dfrac{1}{2\frac{3}{4} + 5\frac{6}{7} - 1}$

2-76. $\dfrac{8\frac{1}{3} \times 3}{12\frac{1}{2} + 4\frac{1}{9}}$

2-77. $\dfrac{(2\frac{1}{2} \times 12\frac{1}{3}) - 3}{8\frac{1}{9} + 2\frac{1}{2}}$

2-78. ¿Cuántos objetos, a ${}^{3}/_{5}$ ptas cada uno, pueden comprarse con $16\,{}^{1}/_{5}$ ptas?

2-79. Un conductor hace 415 Km en 10 horas 15 minutos. Si va siempre a la misma velocidad, ¿cuántos Km recorrerá en $18\,{}^{1}/_{6}$ horas?

2-80. El precio al por mayor de un artículo incluye el coste del material: 12 ptas; de la mano de obra: 45 ptas; de la publicidad: 4 ptas y del transporte: 3 ptas. ¿Qué parte del precio total representa cada uno de esos gastos?

2-81. Una pieza metálica fundida pesa $214\,{}^{1}/_{2}$ Kg. Una vez trabajada pesa $156\,{}^{3}/_{4}$ Kg. El coste de fundición es de $16\,{}^{1}/_{2}$ ptas Kg y los restos metálicos obtenidos al efectuar el acabado se venden como chatarra al precio de $3\,{}^{1}/_{4}$ ptas Kg. Hallar el precio neto del metal en la pieza una vez acabada y su precio por Kg.

2-82. Una taladradora de ${}^{7}/_{16}$ cm gira a 130 rpm cuando perfora acero. ¿Cuánto tardará en perforar una lámina de acero de $^5/_8$ cm de espesor si con 120 vueltas es capaz de perforar una chapa de acero de 1 cm de espesor?

2-83. Para perforar una lámina de hierro dulce de 1 $^5/_8$ cm de espesor se emplea un taladro que perfora un cilindro de 1 cm de diámetro en 1 $^3/_4$ minutos. Hallar la velocidad de perforación por minuto del taladro en hierro dulce.

2-84. Si la resistencia de un circuito en serie y paralelo viene dada por la expresión:

$$5\frac{1}{8} + 2\frac{1}{3} + \frac{1}{1/6 + 1/2 + 2/3} \text{ ohmios}$$

Calcúlese la resistencia total del circuito.

2-85. En la figura 2-2 la distancia entre caras, *F*, en la cabeza de un tornillo o en una tuerca, cuadradas o hexagonales, es igual a 1 $^1/_2$ por el diámetro del tornillo en pulgadas (in) más $^1/_8$ in.

Si el diámetro del tornillo es $^3/_8$ in, ¿cuánto mide *F*?

Si el diámetro del tornillo es 1 $^3/_4$ in, ¿cuánto mide *F*?

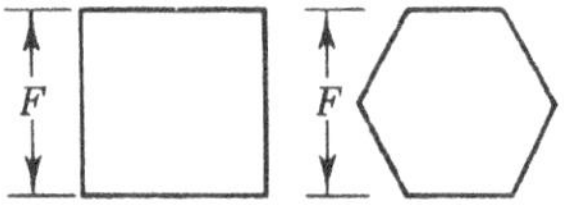

Figura 2-2. Cabezas de tornillos

2-86. La altura interior de una estantería para libros es de 2 m 6 $^1/_8$ cm. En esta estantería se han de colocar seis estantes de 1 $^5/_8$ cm de espesor, de tal modo que el espaciado sea uniforme. Hallar la separación entre los estantes.

2-87. Un carpintero ha de cortar 9 estantes de 2 $^8/_{12}$ m de longitud. Puede elegir entre tablas de 10, 12, 14 y 16 m de longitud para cortar los tablones. Para que los restos de madera sean lo menor posible, ¿qué tablas ha de elegir para cortar?

2-88. Un pintor con experiencia puede pintar un garaje en 8 horas y su hijo en 12 horas. ¿Qué parte del garaje puede pintar cada uno de ellos en una hora? Si padre e hijo trabajan juntos, ¿cuánto tardarán en pintar el garaje?

3/Fracciones decimales

Las fracciones decimales están consideradas hoy como un gran invento para facilitar los cálculos. Cabría suponer que las fracciones o números decimales son consecuencia lógica y natural del sistema de numeración hindú; sin embargo, después de que éste se hubiese perfeccionado, tendrían que transcurrir más de mil años hasta que se inventasen las fracciones decimales, y aún cien años más para que fuesen de uso común en Aritmética.

3-1 DEFINICIÓN

Fracción decimal es una fracción cuyo denominador es 10, 100, 1 000, 10 000 o cualquier otro múltiplo de 10 de esta forma. Así: ${}^{53}/_{100}$, ${}^{3\,756}/_{10\,000}$ ${}^{76}/_{1\,000}$, ${}^{4\,326}/_{1\,000}$, etc... son fracciones decimales.

Al escribir una fracción decimal se suele omitir el denominador y para indicar cuál es su valor, se coloca un signo (,) llamado *coma decimal* en el número del numerador de modo que a la derecha de la coma hay tantas cifras como ceros siguen a la unidad en el denominador correspondiente. Así ${}^{53}/_{100}$ se escribe 0,53; la fracción ${}^{3\,756}/_{10\,000}$ se escribiría 0,3756; ${}^{76}/_{1\,000}$ = 0,076; ${}^{4\,326}/_{1\,000}$ = 4,326, etc...

En la bibliografía inglesa y norteamericana la notación es diferente. Los espacios que indican unidades de millar son para ellos comas y la coma decimal es un punto; además, si un número decimal carece de unidades, no escriben el cero de las unidades; es decir, para ellos:4 326 = 4,326; 4,4 = 4.4 y 0,53 = .53. Aunque se ha tratado de evitar en lo posible que aparezca esta notación, puede encontrarse en algunas tablas del Apéndice donde apenas existe riesgo de error al efectuar las lecturas.

Cuando en el numerador hay menos cifras que ceros siguen a la unidad en el denominador, se añaden ceros a la izquierda del numerador hasta alcanzar el mismo número de cifras que ceros tiene el denominador. Así: ${}^{76}/_{1\,000}$ = 0,076 y ${}^{3}/_{1\,000}$ = 0,003.

Si cambia el lugar de la coma decimal, cambia el valor de la fracción; ya que por cada lugar que la coma se desplace hacia la derecha, la fracción queda multiplicada por 10, y por cada lugar que se desplace hacia la izquierda, la fracción queda con su numerador dividido por 10. Así, si a 2,75 le corremos la coma un lugar a la derecha, su valor queda multiplicado por 10: 27,5; y si se corre un lugar a la izquierda, su valor queda dividido por 10: 0,275.

Conviene insistir en que si se tiene un número tal como 3 333, escrito todo él con la misma cifra, el valor que simboliza cada una de esas cifras varía según su posición. Por cada lugar que se corra el 3 a su derecha, su valor se divide por 10, y por cada lugar que el 3 se corra a la izquierda, su valor queda multiplicado por 10. Es decir, un 3 tiene un valor diez veces mayor que el 3 que se halla a su derecha y diez veces menor que el 3 que se halla a su izquierda. Esta relación es también válida para números que se hallen a la derecha de la coma decimal o números que incluyan coma decimal.

Según la posición del número tendremos los valores siguientes:

unidades de millar	centenas	decenas	unidades	coma decimal	décimas	centésimas	milésimas	diezmilésimas	cienmilésimas	millonésimas	diezmillonésimas	cienmillonésimas
0	0	0	0	,	0	0	0	0	0	0	0	0

3-2 LECTURA DE UN NÚMERO DECIMAL

El número entero 23 676 se lee «veintitrés mil seiscientos setenta y seis».

Un decimal se lee como un número entero, salvo que al final de la lectura del número se da el orden del lugar que corresponde al último lugar del número.

Por ejemplo, el número 0,7657 se lee «siete mil seiscientas cincuenta y siete diezmilésimas».

Si se hallan combinados un número entero y una fracción decimal, se usa la palabra «con» para unir las dos partes. Así el número 73,2658 se lee «setenta y tres con dos mil seiscientas cincuenta y ocho diezmilésimas», aunque resulta más claro decir «setenta y tres coma dos mil seiscientos cincuenta y ocho» o «siete tres coma dos seis cinco ocho».

3-3 CONVERSIÓN DE UNA FRACCIÓN COMÚN EN DECIMAL

Una fracción común es una división indicada, y por tanto es posible convertirla en decimal si realizamos esa división.

Ejemplo 1: Convertir en decimal la fracción común $^2/_5$.
Efectuando la división obtendremos:

```
   0,4
5) 2,0
   2 0
```

Este decimal se lee «cuatro décimas». La fracción común $^4/_{10}$ se lee «cuatro décimos» y es equivalente a la fracción dada $^2/_5$, pues para obtenerla basta dividir numerador y denominador por 2.

Muchas fracciones comunes, como $^2/_5$, pueden convertirse en fracciones decimales exactas; he aquí algunos ejemplos:

Ejemplo 2: Transformar en decimal $^7/_8$.

```
   0,875
8) 7,000
   6 4
     60
     56
      40
      40
```

Ejemplo 3: Convertir en decimal $^3/_4$.

```
   0,75
4) 3,00
   2 8
     20
     20
```

Ejemplo 4: Transformar en decimal $^1/_{11}$.

```
    0,090909
11) 1,000000
      99
       100
        99
         100
          99
           1
```

Los pasos a seguir para convertir una fracción común en decimal son los siguientes:

1. Situar el numerador de la fracción como dividendo y el denominador como divisor.
2. Colocar la coma decimal detrás de la última cifra del dividendo.
3. Colocar la coma decimal en el cociente cuando en la división se considere la primera cifra decimal del dividendo.
4. Añadir ceros que hagan las veces de cifras decimales a la derecha de la coma decimal del dividendo.
5. Efectuar la división hasta que el resto sea nulo o se cumplan las condiciones impuestas.
6. Todas las fracciones comunes dan como resto cero (ejemplos 1, 2, 3) o un cociente en el que se repiten los decimales, como en el ejemplo 4.

Las fracciones impropias y los números mixtos pueden convertirse por división en fracciones decimales. Veamos algunos ejemplos:

Ejemplo 1: Convertir en decimal $^{11}/_8$.

```
    1,375
8) 11,000
    8
    30
    2 4
      60
      56
       40
       40
```

Ejemplo 2: Convertir en decimal $1\,^4/_5 = ^9/_5$.

```
   1,8
5) 9,0
   5
   40
   4 0
```

o de otra manera, considerando la parte fraccionaria del número mixto

$$\begin{array}{r} 0{,}8 \\ 5\overline{)4{,}0} \\ \underline{4\,0} \end{array}$$

Sumando $1 + 0{,}8 = 1{,}8$.

3-4 CONVERSIÓN DE UNA FRACCIÓN DECIMAL EN COMÚN

La conversión de una fracción decimal en común no es siempre tan sencilla como el paso inverso.

Para transformar una fracción decimal se escribe como una fracción propia de denominador igual a la unidad seguida de tantos ceros como cifras decimales tiene el número, y de numerador igual al número dado pero sin coma decimal. Al leer el número decimal podemos saber inmediatamente si el denominador de la fracción ha de ser 10, 100, 1 000, etc... El decimal 0,625 se lee «seiscientas veinticinco milésimas», el denominador por tanto será 1 000, etc... Una vez escrita la fracción decimal de esta forma, se simplifica todo cuanto sea posible.

Obsérvese a través de estos ejemplos el mecanismo de conversión en fracción común de las fracciones decimales:

Ejemplo 1:

$$0{,}625 = \frac{625}{1\,000} = \frac{25}{40} = \frac{5}{8}$$

Ejemplo 2:

$$0{,}25 = \frac{25}{100} = \frac{1}{4}$$

Ejemplo 3:

$$0{,}4375 = \frac{4\,375}{10\,000} = \frac{175}{400} = \frac{7}{16}$$

Una fracción común puede convertirse en decimal y ésta de nuevo a común obteniendo la misma fracción, si y sólo si el resto de la división que representa es cero. Es decir, si el denominador está contenido en el numerador un número exacto de veces.

Por ejemplo: $^3/_8$

$$\frac{3}{8} = \begin{array}{r} 0{,}375 \\ 8\overline{)3{,}000} \\ \underline{2\,4} \\ 60 \\ \underline{56} \\ 40 \\ \underline{40} \end{array} \qquad \text{y} \qquad 0{,}375 = \frac{375}{1\,000} = \frac{15}{40} = \frac{3}{8}$$

En cambio $^{2}/_{3}$

$$\frac{2}{3} = 3\overline{)\,2{,}000}\quad\text{cociente } 0{,}666 \qquad \text{y} \qquad 0{,}666 = \frac{666}{1\,000} = \frac{333}{500}$$

$$\begin{array}{r} 0{,}666 \\ 3\,)\,2{,}000 \\ \underline{1\,8} \\ 20 \\ \underline{18} \\ 20 \\ \underline{18} \\ 2 \end{array} \ \text{(resto)}$$

La fracción $^{333}/_{500}$ no es exactamente igual a $^{2}/_{3}$, ya que hemos despreciado el resto 2 de la división. Veamos el mismo problema pero sin despreciar el resto:

$$\frac{2}{3} = \begin{array}{r} 0{,}666 \\ 3\,)\,2{,}000 \\ \underline{1\,8} \\ 20 \\ \underline{18} \\ 20 \\ \underline{18} \\ 2 \end{array} = 0{,}666\frac{2}{3}$$

$$0\,666\frac{2}{3} = \frac{666\,^{2}/_{3}}{1\,000} = \frac{^{2\,000}/_{3}}{1\,000} = \frac{2\,000}{3\,000} = \frac{2}{3} = \text{que sí es la fracción original.}$$

3-5 EQUIVALENCIAS DECIMALES

Para convertir una fracción común en decimal, es de gran utilidad el uso de una tabla de equivalencias decimales, ya que nos evita efectuar todos los cálculos que se indicaban en la Sección 3-3. Este tipo de tablas es muy útil en operaciones de cambio, medidas de planos, maquinaria, etc... Una tabla de este tipo es la Tabla 3-1.

Mediante el empleo de la Tabla 3-1, puede hallarse el valor decimal de una fracción común conocida y viceversa. Algunas de estas fracciones son exactamente equivalentes. Por ejemplo, $^{3}/_{8}$ es exactamente igual a 0,3750. Otras, sin embargo, son solamente aproximadas; tal es el caso de $^{43}/_{64}$ cuyo valor aproximado es de 0,6718. La tabla tiene una exactitud de hasta 0,0001 para todos los valores que contiene. Dado que la mayoría de las medidas se realizan en forma decimal usando escalas decimales o micrómetros podemos saber rápidamente qué parte de la unidad corresponde a la medida efectuada. Sin embargo, si una medida se realiza en forma fraccionaria (por ejemplo con una escuadra de carpintero dividida en pulgadas) la operación que nos permite realizar la tabla es la inversa; la conversión en decimal de un valor fraccionario.

Esta tabla es válida incluso para números mixtos o fracciones impropias. Para ello basta reducir la fracción impropia a número mixto, mirando en la tabla la equivalencia decimal de la parte fraccionaria del mismo y sumándola a la parte entera. Así $2\,^{3}/_{8}$, se convierte en 2,375, ya que según la tabla $^{3}/_{8}$ equivale a 0,375; que más dos unidades nos da 2,375. Si algún valor no se halla en las tablas de equivalencia, se sustituye por el valor más próximo que en ellas se encuentre. Así 1,7885 se convertiría en el número mixto más aproximado $1\,^{51}/_{64}$, ya que

Tabla 3-1. Equivalencias decimales

$1/64$ = 0,0156	$17/64$ = 0,2656	$33/64$ = 0,5156	$49/64$ = 0,7656
$1/32$ = 0,0312	$9/32$ = 0,2812	$17/32$ = 0,5312	$25/32$ = 0,7812
$3/64$ = 0,0468	$19/64$ = 0,2968	$35/64$ = 0,5468	$51/64$ = 0,7968
$1/16$ = 0,0625	$5/16$ = 0,3125	$9/16$ = 0,5625	$13/16$ = 0,8125
$5/64$ = 0,0781	$21/64$ = 0,3281	$37/64$ = 0,5781	$53/64$ = 0,8281
$3/32$ = 0,0937	$11/32$ = 0,3437	$19/32$ = 0,5937	$27/32$ = 0,8437
$7/64$ = 0,1093	$23/64$ = 0,3593	$39/64$ = 0,6093	$55/64$ = 0,8593
$1/8$ = 0,1250	$3/8$ = 0,3750	$5/8$ = 0,6250	$7/8$ = 0,8750
$9/64$ = 0,1406	$25/64$ = 0,3906	$41/64$ = 0,6406	$57/64$ = 0,8906
$5/32$ = 0,1562	$13/32$ = 0,4062	$21/32$ = 0,6562	$29/32$ = 0,9062
$11/64$ = 0,1718	$27/64$ = 0,4218	$43/64$ = 0,6718	$59/64$ = 0,9218
$3/16$ = 0,1875	$7/16$ = 0,4375	$11/16$ = 0,6875	$15/16$ = 0,9375
$13/64$ = 0,2031	$29/64$ = 0,4531	$45/64$ = 0,7031	$61/64$ = 0,9531
$7/32$ = 0,2187	$15/32$ = 0,4687	$23/32$ = 0,7187	$31/32$ = 0,9687
$15/64$ = 0,2343	$31/64$ = 0,4843	$47/64$ = 0,7343	$63/64$ = 0,9843
$1/4$ = 0,25	$1/2$ = 0,5	$3/4$ = 0,75	1 = 1,0

0,7968 es el valor de la tabla más cercano a 0,7885.

Ejercicios

3-1. Escribir los números siguientes:

(a) Veintitrés milésimas, tres centésimas, noventa y siete cienmillonésimas.
(b) Seiscientos con cuarenta y una diezmillonésimas.
(c) Diez con diecinueve diezmilésimas.
(d) Cincuenta con ochenta y cinco milmillonésimas.
(e) Ochocientos millones con noventa y seis diezmillonésimas.

3-2. Leer y escribir con números las cantidades siguientes:

(a) Tres décimas.
(b) Cinco centésimas.
(c) Cuatro con dos décimas.
(d) Tres con tres centésimas.
(e) Doscientas cincuenta y seis diezmilésimas.
(f) Trescientas cincuenta y seis diezmilésimas.
(g) Doscientas cincuenta y seis con veintitrés milésimas.
(h) Ciento cincuenta y cinco con veintitrés milésimas.
(i) Cuatrocientas cincuenta y seis milésimas.
(j) Trescientos veinticinco con veinticinco diezmilésimas.

3-3. Leer y escribir con letra los números siguientes:

(a) 0,8	**(c)** 0,407	**(e)** 45,0013	**(g)** 5,21357
(b) 0,90	**(d)** 0,005009	**(f)** 21,20200202	**(h)** 12 000,00012

3-4. Convertir en decimales, efectuando la división, los quebrados siguientes:

(a) $3/5$	**(c)** $3/8$	**(e)** $3/16$	**(g)** $7/125$
(b) $1/4$	**(d)** $3/20$	**(f)** $6/11$	**(h)** $1\,8/9$

3-5. Convertir en fracciones comunes o números mixtos, simplificando en la medida que sea posible, los números:

(a) 0,125 **(c)** $0{,}37\frac{1}{2}$ **(e)** $12{,}095\frac{5}{8}$
(b) $0{,}18\frac{3}{4}$ **(d)** $0{,}49\frac{1}{8}$ **(f)** $22{,}71\frac{2}{3}$

3-6. Convertir en fracciones comunes, simplificadas al máximo, los decimales:

(a) 0,625 **(b)** 0,875 **(c)** 0,734375 **(d)** 0,00125 **(e)** 0,453125

3-7. Según las medidas normalizadas en los EE. UU., el tipo y espesor de los laminados metálicos son los siguientes: N.° 00: 0,34375 in (pulgadas); N.° 2: 0,265625 in; N.° 4 0,234375 in; N.° 7: 0,1875 in; N.° 13: 0,09375 in; N.° 28: 0,015625 in. Utilizando la tabla de equivalencias decimales calcúlese el espesor aproximado de cada lámina en fracciones de pulgada.

3-8. Utilizando la tabla de equivalencias decimales, convertir los siguientes decimales en fracciones de denominador 64: 0,394; 0,709; 1,416 y 1,89.

3-6 SUMA DE DECIMALES

La suma de decimales se efectúa como aparece en el siguiente problema:

Ejemplo: Sumar 36,036; 7,004; 0,00236 y 723,0036.

$$\begin{array}{r} 36{,}036 \\ 7{,}004 \\ 0{,}00236 \\ \underline{723{,}0026} \\ 766{,}04496 \end{array}$$

EXPLICACIÓN:

1. Colocar los números a sumar en columna, de modo que las comas decimales coincidan una debajo de otra.
2. Sumar como si fuesen números enteros.
3. Colocar la coma decimal en la suma total debajo de las otras comas.

3-7 RESTA DE DECIMALES

Veamos un problema de resta de decimales:

Ejemplo: Restar 46,8324 a 437,421.

$$\begin{array}{r} 437{,}421 \\ \underline{-46{,}8324} \\ 390{,}5886 \end{array}$$

EXPLICACIÓN:

1. Escribir los números de tal modo que sus comas decimales queden una debajo de otra.
2. Restar como si se tratase de números enteros.
3. Colocar la coma decimal en la diferencia debajo de las otras comas decimales.

3-8 MULTIPLICACIÓN DE DECIMALES

La multiplicación de números enteros y decimales son idénticas excepto por la colocación de la coma decimal en el producto. El modo de colocar la coma queda explicado en los siguientes ejemplos:

Ejemplo 1: Multiplicar 7,32 por 0,032.

```
      7,32  (factor)
    0,0 32  (factor)
    ------
    1 4 64
   21 9 6
   -------
 0,23 4 24  (producto)
```

Ejemplo 2: Multiplicar 0,00264 por 0,000314.

```
        0,00264  (factor)
       0,000314  (factor)
  -------------
           1056
           264
          792
  -------------
  0,00000082896  (producto)
```

EXPLICACIÓN:

1. Multiplicar ambos factores como si fuesen números enteros.
2. Separar en el producto tantas cifras decimales como en los dos factores juntos.

Obsérvese que, en el Ejemplo 1, hay cinco cifras decimales entre los dos factores; por tanto, la coma habrá de colocarse en el producto a la izquierda de la quinta cifra, empezando a contar por la derecha. En el Ejemplo 2, los dos factores suman 11 cifras decimales; la coma habrá de colocarse a la izquierda de la undécima cifra a partir de la derecha. Como una vez efectuada la multiplicación solamente hay 5 cifras (82896), habrá que añadir seis ceros a la izquierda del número antes de colocar la coma.

3-9 DIVISIÓN DE DECIMALES

Para dividir decimales, al igual que para multiplicarlos, se procede como si se tratase de números enteros, teniendo en cuenta que en el lugar apropiado del cociente ha de colocarse la coma decimal. Veamos unos ejemplos de división de números decimales:

Ejemplo 1: Dividir 0,4375 por 0,125.

```
                      3,5
divisor →    125 ) 437,5  ← dividendo
                   375
                    62 5
                    62 5
```

Ejemplo 2: Dividir 4 365 por 0,005.

```
                 873,000   ← cociente
divisor →    5 ) 4 365 000 ← dividendo
                 40
                  36
                  35
                   15
                   15
```

EXPLICACIÓN:

1. Correr la coma del divisor hacia la derecha hasta que éste sea un número entero.
2. Correr la coma del dividendo tantos lugares a la derecha como se ha corrido la del divisor.
3. Efectuar la división de estos dos números.
4. Colocar la coma en el cociente cuando, para proseguir la división, sea preciso añadir un cero más al dividendo, o cuando intervenga ya su primera cifra decimal.

Obsérvese que en el Ejemplo 1 la coma ha sido corrida tres lugares a la derecha en el dividendo y divisor. En el Ejemplo 2, se ha corrido tres lugares a la derecha en el divisor, y como debe correrse tres lugares a la derecha también en el dividendo, ha debido añadirse tres ceros al 4 365, quedando la coma situada detrás del tercer cero.

3-10 APROXIMACIÓN DE NÚMEROS

A menudo es preciso saber hasta qué punto es exacto un número decimal: Si en un problema se obtiene el resultado 47,264735, es muy probable que las últimas cifras estén afectadas de error, y por ello se suele escribir con un número menor de cifras decimales. Si se quiere escribir con tres cifras decimales, el resultado sería $47{,}265_-$; con dos decimales sería $47{,}26_+$; con un decimal sería $47{,}3_-$ y con cinco decimales $47{,}26474_-$.

Con dos decimales $2{,}355 = 2{,}36_-$ y $2{,}345 = 2{,}34_+$.

El signo + indica que el valor se ha aproximado por defecto, o lo que es lo mismo, que el valor obtenido es mayor que el dado. El signo − se emplea para indicar que el valor obtenido es menor que el dado, o lo que es lo mismo, que el resultado ha sido dado aproximándolo por exceso.

Ejercicios

3-9. Sumar y comprobar el resultado sumando en orden inverso:

(a) 4,1 **(b)** 146,9 **(c)** 47,25

67,5	0,00412	5,00695
42,001	31,416	193,5
13,18	125,001	5,875
0,0004	231,8	9,0000105

3-10. Escribir en forma decimal y sumar:

(a) $10\frac{1}{4} + 8{,}9\frac{1}{2} + 3{,}02 + 135{,}24 + 185{,}64$
(b) $1{,}35 + 16\frac{1}{5} + 2{,}37\frac{1}{2} + 56\frac{1}{4} + 2000$
(c) $13\frac{1}{4} + 14\frac{1}{3} + 77\frac{1}{2} + 12{,}5 + 28{,}675 + 15\frac{2}{3} + \frac{1}{2}$
(d) $11\frac{1}{9} + 66\frac{2}{3} + 1\frac{2}{9} + 125{,}125 + 375{,}375 + 10\frac{1}{2}$
(e) $78{,}808 + 202{,}202 + 62\frac{1}{2} + 98\frac{3}{20} + 10\frac{3}{4} + 111{,}1$

3-11. Restar y comprobar el resultado sumando la diferencia al sustraendo:

(a) $1 - 0{,}66897$

Solución:

$$\begin{array}{rl} 1{,}00000 & \\ \underline{0{,}66897} & \text{(sustraendo)} \\ 0{,}33103 & \text{(diferencia)} \end{array}$$

Que sumados dan 1,00000.

(b) $1 - 0{,}69897$ **(e)** $3{,}1416 - 1{,}4142$
(c) $2 - 1{,}30103$ **(f)** $1{,}73205 - 1{,}44225$
(d) $4{,}641588 - 4{,}626$ **(g)** $75{,}7575 - 55{,}1\frac{1}{5}$

3-12. Restar a cien, siete milésimas.

3-13. Restar novecientos con nueve milésimas a nueve millones nueve.

3-14. De cien con una décima, restar uno con una diezmilésima.

3-15. Un cuarto (qt), medida inglesa de líquidos, es 57,75 cu in (pulgadas cúbicas) y 1 qt, medida inglesa de áridos, son 67,200625 cu in. ¿Cuántas pulgadas cúbicas es mayor el cuarto de áridos que el de líquidos?

3-16. Efectuar las multiplicaciones siguientes:

(a) $3{,}62 \times 0{,}0037$ **(d)** $2{,}236 \times 799$
(b) $7{,}789 \times 4{,}924$ **(e)** $0{,}00076 \times 0{,}0015$
(c) $2{,}53 \times 0{,}00635$ **(f)** $2{,}967 \times 2{,}967$

3-17. $8{,}943 \times 1\frac{2}{3} = ?$

Solución:

$$\begin{array}{rl} 8{,}943 & \\ \underline{1\frac{2}{3}} & \\ 5{,}962 & \left\{\begin{array}{l} 2{,}981 = \frac{1}{3} \text{ de } 8{,}943 = 2{,}981 \\ \frac{2}{3} \text{ de } 8{,}943 = 5{,}962 \end{array}\right. \\ \underline{8{,}943} & 1 \times 8{,}943 \\ 14{,}905 & \end{array}$$

NOTA: ¿Por qué es preferible *no* convertir $1\,^2/_3$ en decimal para efectuar la multiplicación?

3-18. Resolver las operaciones siguientes:

(a) $2{,}55 \times 4\frac{3}{5} = ?$
(b) $1\frac{2}{5} \times 1{,}4142 \times 61 \times 6{,}5 = ?$
(c) $0{,}0506 \times 10\frac{1}{2} = ?$
(d) $8.4 \times 0{,}0105 \times 1{,}0055 = ?$
(e) $9876{,}5 \times 0{,}0011 \times 0{,}091 = ?$
(f) $0{,}6\frac{5}{8} \times 8\frac{5}{8} \times 6{,}6705 = ?$

3-19. Multiplicar $5\,^3/_4$ milésimas por $5\,^3/_4$ centésimas.
3-20. Si 1 Kg es igual a 2,2046 libras (lb): ¿Cuántas lb son 106,5 Kg?
3-21. Resolver las operaciones siguientes:

(a) $33(6{,}25) : 8{,}25 = ?$
(b) $90{,}58 \times 2{,}2046 = ?$

3-22. Dividir 43,769 por 4,76 y dar el resultado con cuatro decimales exactos.

Solución:

```
          9,1951
476) 4376,9000
     42 84
        92 9
        47 6
        45 30
        42 84
         2 460
         2 380
            800
            476
            324
```

EXPLICACIÓN:
Puesto que el cociente ha de tener cuatro cifras exactas, el dividendo deberá poseer cuatro decimales más que el divisor. Para alcanzar este número han de añadirse ceros al dividendo. Como la quinta cifra decimal del cociente es mayor que 5 (6), el resultado con cuatro cifras decimales exactas será: 9,1952...

3-23. Resolver los siguientes ejercicios dando el resultado con cuatro cifras decimales exactas:

(a) $9{,}375 : 4{,}76 = ?$
(b) $89{,}7201 : 3{,}276 = ?$
(c) $34{,}675 : 4{,}375 = ?$
(d) $43{,}45 : 3{,}1416 = ?$
(e) $3{,}1416 : 6{,}67 = ?$
(f) Dividir 324,8 por 4 000

3-24. Dividir $3{,}1461 \times 1{,}25 \times 50$ por $0{,}8 \times 2{,}75 \times 3$.

Solución:

$$\frac{3{,}1416 \times 1{,}25 \times 50}{0{,}8 \times 2{,}75 \times 3} = \frac{\overset{\overset{0{,}119}{\overset{\cancel{1{,}309}}{\cancel{3{,}927}}}}{\cancel{3{,}1416}} \times \overset{5}{\cancel{1{,}25}} \times 50}{\cancel{0{,}8} \times \underset{\underset{1}{\cancel{11}}}{\cancel{2{,}75}} \times \underset{1}{\cancel{3}}} = 29{,}750$$

EXPLICACIÓN: La simplificación puede efectuarse como si fuesen números enteros, esto es, prescindiendo de la coma. Una vez simplificada la expresión y obtenido el resultado, han de separarse tantos decimales como haya de diferencia entre los del numerador y denominador. En este caso hay 6 decimales en el numerador y 3 en el denominador; el resultado tendrá $6 - 3 = 3$ decimales. Si los decimales del denominador son más que los del numerador, entonces se han de añadir ceros al numerador hasta que el número de cifras decimales sea igual en ambos términos. Así,

$$10 : 0{,}005 = \frac{10{,}000}{0{,}005} = 2\,000.$$

NOTA: La operación efectuada es lo mismo que multiplicar el numerador y el denominador por 1 000.

3-25. Hallar el valor de las operaciones siguientes:

(a) $\dfrac{37{,}5 \times 60{,}6 \times 200}{2{,}5 \times 303 \times 0{,}2}$ en unidades

(b) $\dfrac{3{,}1416 \times 2{,}2 \times 25 \times 88}{1{,}25 \times 0{,}11 \times 40}$ con 3 decimales

(c) $\dfrac{8{,}2 \times 2{,}5 \times 10{,}8 \times 0{,}96}{41 \times 200 \times 1{,}2}$ con 4 decimales

(d) $\dfrac{0{,}7854 \times 60 \times 12{,}5 \times 5{,}280}{231 \times 0{,}025 \times 300}$ con 2 decimales

(e) $\dfrac{5{,}8 \times 8{,}25 \times 10{,}1 \times 1{,}732}{60{,}60 \times 0{,}25}$ con 2 decimales

3-26. Si una alfombra cuesta a 487,5 ptas el metro cuadrado (m^2), ¿cuánto costará una alfombra de 12 m^2?

3-27. Una compañía contrata a 12 hombres a 112,5 ptas la hora. Por cada hora que trabajen más allá de las 40 horas semanales, reciben vez y media el salario de una hora. ¿Cuál será la nómina semanal si trabajan $6\,^1/_2$ días a 8 horas diarias?

3-28. ¿Cuál será el diámetro interior de una tubería de hierro de 6,48 cm de diámetro exterior si está construido con hierro de $^3/_{16}$ cm de espesor?

3-29. Una bomba saca 16,16 litros de agua en cada extracción. ¿Qué peso de agua saca en 120 extracciones? 1 litro de agua pesa 1 Kg.

3-30. En 1 Kg de bronce fosforado; 0,925 Kg es cobre; 0,07 Kg estaño y 0,005 Kg es fósforo. ¿Qué cantidad de cada elemento habrá en $25\,^1/_8$ Kg de bronce fosforado?

3-31. Sumar $5\,^1/_5/7\,^1/_5$ y $4\,^1/_4/8\,^1/_8$ y dividir el resultado por: $(^8/_{65}: {}^9/_{10})$ y expresar el resultado en forma decimal.

3-32. Un niño paga 15 ptas por $^1/_4$ Kg de bizcochos. Los bizcochos eran de dos clases por mitades a 32 y 28 ptas el kilogramo de cada clase. Explicar cuál es el error que se ha cometido al calcular su precio. ¿Cuál sería el precio exacto del cuarto de kilo de bizcochos?

3-33. Un coche circula a 62,5 Km/h (kilómetros por hora). ¿Cuánto tiempo tardará en recorrer 468 $^3/_4$ Km?

3-34. Un alambre del N.° 8 (de la numeración de Estados Unidos) tiene un diámetro de 0,162 pulgadas. Si se enrolla alrededor de un tubo de 24 $^3/_4$ pulgadas de longitud, ¿cuántas vueltas ha de dar el alambre para cubrir completamente el tubo?

3-35. ¿Cuál será el precio de 7,2 Km de vía de ferrocarril, si los raíles pesan 42 $^2/_3$ Kg por metro y el precio es de 41,75 ptas el kilogramo?

3-36. Una barra de hierro mide 10,18 cm de largo, 3,45 cm de anchura y 0,87 cm de altura. Calcular su peso si 1 cm^3 de hierro pesa 7,27 gramos?

3-37. Experimentalmente se ha comprobado que la superficie de un radiador de calefacción de agua cede al aire unas 50 unidades de calor por cada metro cuadrado de superficie, cada hora y cada grado de diferencia entre la temperatura de la habitación y la del agua del radiador. Si la temperatura del agua es 100° C y la de la habitación es 21°, ¿cuántas unidades de calor cede al aire un radiador, si tiene una superficie de 2,200 m^2? ¿Cuántos kilogramos de carbón se precisarán para producir este vapor, si 1 Kg de carbón produce 22 000 unidades de calor?

3-38. Un cierto acero al níquel puede resistir, a tracción, 64 Kg por centímetro cuadrado de sección. ¿Qué peso soportará una barra de 1,125 cm de anchura y 0,875 cm de espesor?

3-39. El metal blanco antifricción empleado por la marina de los Estados Unidos está formado por 7,6 partes de estaño; 2,3 partes de cobre; 83,3 de cinc; 3,8 de antimonio y 3,0 de plomo. Hallar los kilogramos de cada metal que hay en 1 270 Kg de la aleación.

3-40. Los ingresos de un grupo de jóvenes fueron en 1960 de 40 000 ptas. Esta cantidad la obtuvieron del siguiente modo: $^9/_{20}$ de sus amigos, $^5/_{20}$ de la venta anual de galletas, $^3/_{20}$ de las ventas de su tienda y $^3/_{20}$ que aportaron ellos mismos. ¿Qué cantidad reunieron por cada concepto?

3-41. Un escariador tiene 6 pulgadas de longitud, 1,2755 pulgadas de diámetro menor y 1,4375 pulgadas de diámetro mayor. Hallar la conicidad del aparato. (La conicidad es la variación del diámetro por pie de longitud, 1 pie = 12 pulgadas). Hallar su conicidad en milímetros por centímetro de longitud.

3-42. Un hombre prestó 25 600 ptas a un amigo. Éste le ha devuelto, en distintos plazos, $^1/_5$, $^3/_{20}$, $^1/_{10}$ y $^1/_{20}$ del total. ¿Cuánto dinero le ha pagado? ¿Cuánto debe pagar aún?

3-43. 1 cm^3 de agua pesa 1 gramo. Calcular el volumen de 1,07 Kg de agua y de 0,456 Kg.

3-44. 1 cm^3 de hielo pesa 0,915 gr. Hallar el volumen de 0,456 Kg de hielo y de 22,45 Kg.

3-45. Si una compañía petrolífera tiene un millón de empleados y cobran un sueldo anual de 330 000 000 000 ptas, ¿cuál es el sueldo medio anual de los empleados? Si como promedio el personal gasta el 0,28 de sus ingresos en alimentación; el 0,12 en transporte y el 0,08 en vestuario, ¿cuánto gastan anualmente en cada uno de estos conceptos?

3-46. Unos vendedores reciben 150 cargamentos de árboles de Navidad, cada uno de ellos de 1 800 árboles. Si el precio de venta de cada árbol es de 325 ptas y los venden todos, ¿cuál es la ganancia de los vendedores si pagaron por todos los árboles 75 millones de pesetas?

3-47. Un comerciante norteamericano vende 56 abrigos a 24,25 dólares cada uno, 38 a 27,50 dólares, 20 a 33,75 dólares y 15 a 44,25 dólares. ¿A cuánto asciende el total de las ventas?

3-48. El espesor de una chapa de acero del N.° 8 (B. & S.) es de 0,1285 pulgadas, unos 3,25 mm, y pesa 25,84 Kg por metro cuadrado. **(a)** Hallar el espesor de una pila de 48 de estas planchas. **(b)** Hallar el menor número preciso de chapas para formar una pila de un metro de altura. **(c)** Hallar el peso de estas planchas si cada una tiene 0,58 metros cuadrados.

3-49. Una chapa de cobre del N.° 25 (B. & S.) tiene un espesor de 0,0179 pulgadas (unos 0,45 mm). Contestar a las mismas preguntas del Ejercicio 3-48.

3-50. Una cadena de hierro hecha con redondos de 1 $^{3}/_{8}$ pulgadas de diámetro (unos 35 mm) tiene una carga de rotura de 40 052 Kg y pesa 26,05 Kg por metro de longitud. Hallar la longitud que debe de tener una de estas cadenas para romperse por su propio peso al ser suspendida por uno de sus extremos.

3-51. Resolver el Ejercicio 3-50 para una cadena hecha con redondos de $^{5}/_{69}$ pulgadas (unos 1,84 mm) que pesa 1,345 Kg por metro lineal y tiene una carga de rotura por tracción de 7 134 Kg.

3-52. ¿Cuánto habrá que pagar por 1 600 m de barra de acero si pesa 2,78 Kg por metro lineal y el precio del hierro es 3 500 ptas por cada 100 Kg.

3-53. Si una barra de acero se calienta, se alarga 0,00016 cm por cada centímetro de longitud. ¿Cuánto se dilataría una barra de 100 m?

3-54. Una pieza que se está elaborando en un torno, tiene un diámetro de 2,2448 cm ¿Cuál será el diámetro después de que se le rebaje con la máquina un corte de $^{1}/_{32}$ cm?

3-55. El área de la sección recta de un alambre de acero es 0,976 cm. Si se aplica al alambre una fuerza de 35 800 Kg, ¿cuál será la fuerza aplicada por centímetro cuadrado de sección? Si el alambre mide 8 cm de longitud y se alarga 0,70 cm, ¿cuál será el aumento de longitud por cada centímetro?

3-56. El coste de fabricación de un motor eléctrico se reduce de 625 a 425 ptas. ¿Cuánto se ahorra en la fabricación de doce docenas de estos motores?

3-57. Una persona desea alfombrar tres habitaciones. Una habitación mide 2,5 m por 3 m; otra 3 m por 4 m y la tercera 2 m por 2,5 m. Si el precio de la alfombra es 960 ptas el metro cuadrado, ¿cuánto le costará alfombrar las tres habitaciones?

3-58. Una broca gira a 280 rpm y hace un orificio de 2 $^{1}/_{8}$ cm de profundidad en $^{4}/_{5}$ de minuto. ¿Cuál es su avance? (El *avance* se define como la distancia que profundiza la herramienta en cada vuelta.)

3-59. Una broca de 1 $^{1}/_{4}$ cm de diámetro, que gira a 120 rpm y tiene un avance de 0,012 cm, ¿cuánto tardará en abrir 12 taladros en la base de un cilindro de 1 $^{1}/_{2}$ cm de espesor, si entre perforación y perforación ha de transcurrir un minuto para localizar cada agujero?

3-11 INSTRUMENTOS DE MEDIDA

El resto del capítulo está destinado a describir diversos aparatos de medida. Algunos de ellos son de uso frecuente y pueden hallarse en cualquier casa; otros, por el contrario, son muy complejos y usados solamente por especialistas. En todo caso, la lectura de estos aparatos se basa en las fracciones comunes o decimales.

3-12 ESCUADRA

La escuadra es un instrumento de medida usado por los carpinteros. Parte de este tipo de instrumento se representa en la figura 3-1. Las escalas de la parte exterior permiten medir hasta dieciseisavos de pulgada, mientras que las de la parte interior miden hasta los octavos de pulgada. Como en esta parte de la escuadra las pulgadas se hallan divididas en dieciséis u ocho partes, esto nos permite dar las medidas en dieciseisavos u octavos de pulgada.

La parte posterior de la escuadra se ve en la figura 3-2. Las escalas interiores permiten medir en octavos de pulgada, y las escalas exteriores en doceavos.

Las escuadras de uso más extendido, basadas en el sistema métrico decimal de medida, miden en centímetros, estando dividido cada centímetro en diez milímetros, si bien algunas llevan por una cara centímetros y por la otra pulgadas, ambos con sus respectivas divisiones.

Obsérvese que en las figuras 3-1 y 3-2, las señales que indican media pulgada son más

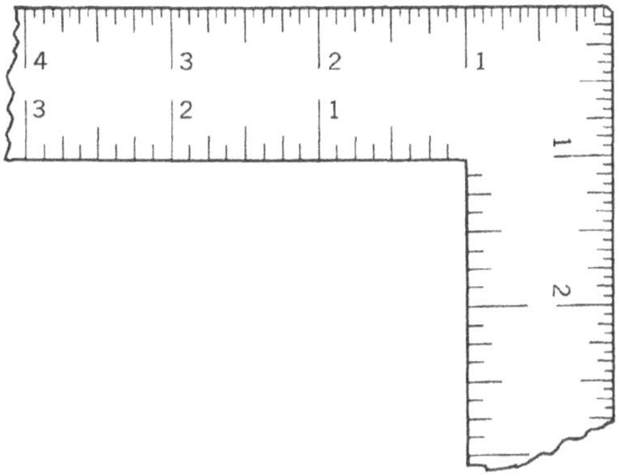

Figura 3-1. Escuadra, cara anterior

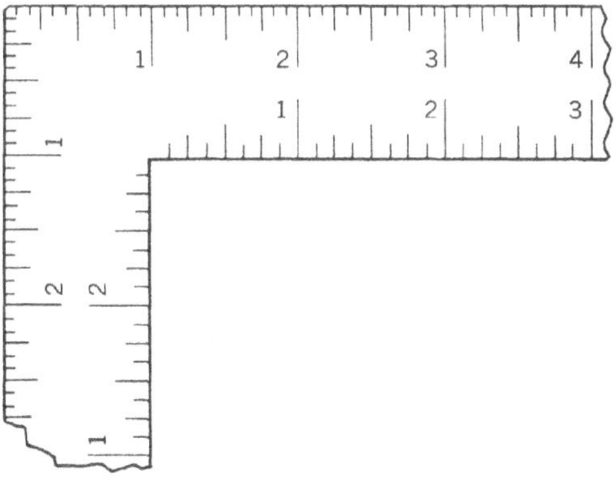

Figura 3-2. Escuadra, vista posterior

largas que las que señalan un cuarto de pulgada, y éstas mayores que las que representan un octavo y éstas, a su vez, mayores que las de un doceavo o un dieciseisavo. En las escuadras centimétricas, las divisiones mayores son las de los centímetros, luego las de medio centímetro y las menores las que representan 1 milímetro. Esta distinta longitud de las divisiones constituye una gran ayuda para la lectura de una medida, siendo este sistema de señalización empleado en muchos de los instrumentos de medida similares.

3-13 REGLA PARA CIRCUNFERENCIAS

Este instrumento de medida es muy empleado por los obreros de la metalurgia. La regla, tal como muestra la figura 3-3, tiene dos escalas: La superior, que es una regla normal con sus divisiones y subdivisiones correspondientes, y la escala inferior que representa la longitud de la circunferencia cuyo diámetro medimos con la escala superior.

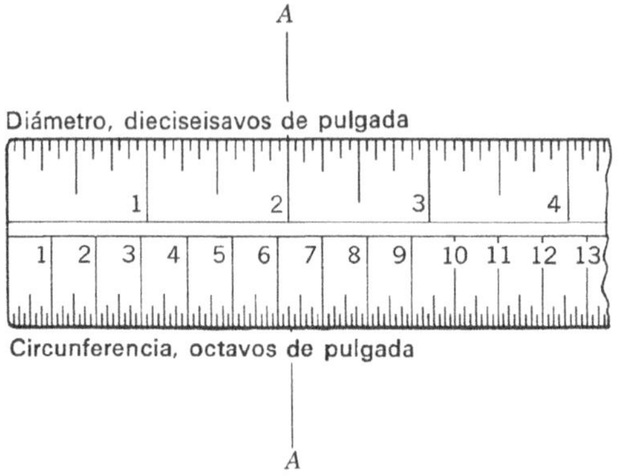

Figura 3-3. Regla para circunferencias

Por ejemplo, un tubo de 2 pulgadas de diámetro, mide aproximadamente $6\,^{1}/_{4}$ pulgadas de circunferencia; lecturas *A-A* de la figura 3-3; por tanto, para construir un tubo de 2 cm de diámetro a partir de una lámina de metal, se precisarán 6,25 cm de anchura de esa lámina. (Nota: Como siempre se pierde algo de material al unir los dos extremos de la chapa, para formar el tubo se suele tomar siempre algo más de material que el absolutamente imprescindible para formar la circunferencia.)

Con esta regla también es posible el proceso contrario; es decir, conocida la circunferencia, hallar el diámetro de la misma. Para ello basta con leer la longitud de la circunferencia en la escala inferior, el diámetro de la misma, se lee en la escala superior, justamente encima del valor de la circunferencia.

3-14 PALMER (CALIBRE MICROMÉTRICO)

El tornillo es un mecanismo muy utilizado en los aparatos de medida. Es útil para medir pequeñas distancias con una gran precisión. (Tal es el caso del palmer, instrumento de medida así denominado en honor a su inventor Claude I. Palmer.)

La figura 3-4 nos muestra un palmer. El objeto que desea medirse se coloca entre el tope y la espiga del tornillo. El tornillo tiene una rosca de 40 vueltas por centímetro, que queda en el interior del tambor. El manguito, en la parte exterior del tambor, puede girar y al hacerlo hace girar al tornillo, haciendo avanzar o retroceder a la espiga. También protege a la rosca del polvo y el desgaste. Una vuelta completa del manguito abre o cierra la apertura del calibre $^{1}/_{40}$ de centímetro, es decir, 0,025 cm, lo mismo que el paso de la rosca.

El tambor lleva una escala longitudinal y sus divisiones valen $^{1}/_{40}$ cm cada una; cada cuatro divisiones va señalada con un número, 1, 2, 3, etc. Las divisiones marcadas representan décimas de centímetro ($^{1}/_{40} \times 4 = {}^{1}/_{10}$).

El extremo del manguito está biselado y en el borde lleva una escala que lo divide en 25 partes. Un giro del manguito correspondiente a una de estas divisiones equivaldría a $^{1}/_{25}$ de $^{1}/_{40}$ de centímetro; es decir, 0,001 cm.

Cuando el borde del manguito señala 0 en el tambor, la espiga del tornillo está en contacto con el tope.

En la figura 3-4, el manguito no señala 0. Para efectuar la lectura completa de lo que marca el aparato, (1) se anota la lectura de la parte descubierta del tambor, que en este caso es una división numerada y 3 divisiones pequeñas; (2) se observa que la tercera división desde 0 en el bisel del manguito está sobre la línea central del tornillo. Para esta medida tenemos:

1 división numerada	= 0,100 cm
3 divisiones pequeñas, 0,025 cm cada una	= 0,075 cm
3 divisiones del manguito	= 0,003 cm
Lectura completa	= 0,178 cm

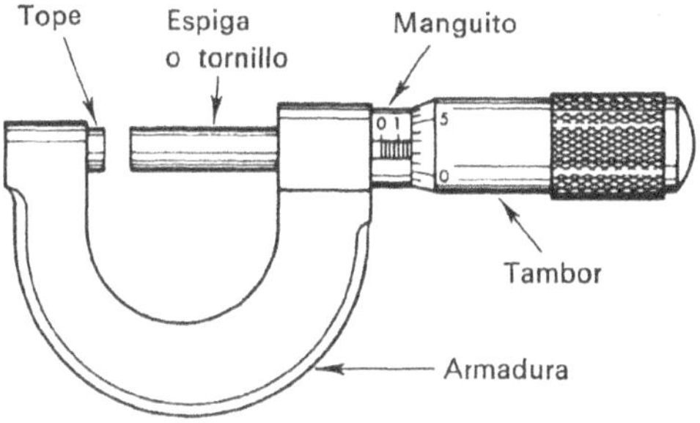

Figura 3-4. Calibre micrométrico (Palmer)

3-15 PALMER CON NONIUS

Un palmer que aprecie hasta milésimas de centímetro puede apreciar hasta diezmilésimas si en el tambor se instala un nonius, de modo que diez divisiones de éste correspondan a nueve divisiones de las que hay en el bisel del manguito. En el tambor habrá 11 líneas paralelas que ocupan el mismo espacio que 10 de las del manguito, estando las líneas del tambor numeradas desde 0 hasta 0 pasando por todos los dígitos. La diferencia existente entre dos de estas señales, una del tambor y una del manguito será de $^1/_{10}$ del espacio entre dos señales del manguito; esto es, $^1/_{10}$ de $^1/_{1\,000}$ de centímetro, es decir, $^1/_{10\,000}$ de centímetro o lo que es igual, una milésima de milímetro o micra.

En la figura 3-5, la tercera línea a partir de 0 del manguito coincide con la primera línea del tambor. Las dos líneas siguientes no coinciden por $^1/_{10}$; las dos líneas siguientes no coinciden por $^2/_{10}$ (siempre nos referimos a una línea del tambor y una del manguito) y así sucesivamente. Cuando se abre el palmer girando el manguito hacia la izquierda, cada espacio entre dos líneas del manguito corresponden a $^1/_{1\,000}$ cm; por tanto, si el manguito ha sido girado de forma que coincidan las líneas 5 y 2, el palmer se ha abierto $^2/_{10}$ de $^1/_{1\,000}$ de cm, es decir: $^2/_{10\,000}$ cm. Si giramos el manguito aún más, hasta que la línea 10 coincida con la 7 del tambor, como nos muestra la figura 3-5 (*c*), el palmer se ha abierto $^7/_{10\,000}$ cm.

Para leer las diezmilésimas de centímetro, a la lectura normal de las milésimas se ha de añadir el número de diezmilésimas, que es igual al número de la línea del tambor que coincida exactamente con una de las del manguito, de forma que si es la del número 1 se ha de añadir

0,0001 cm; si es la del número 2 serán 0,0002 cm y así sucesivamente. Luego leyendo en la figura 3-5, la medida será 0,2000 cm + 0,0250 cm + 0,0007 cm = 0,2257 cm.

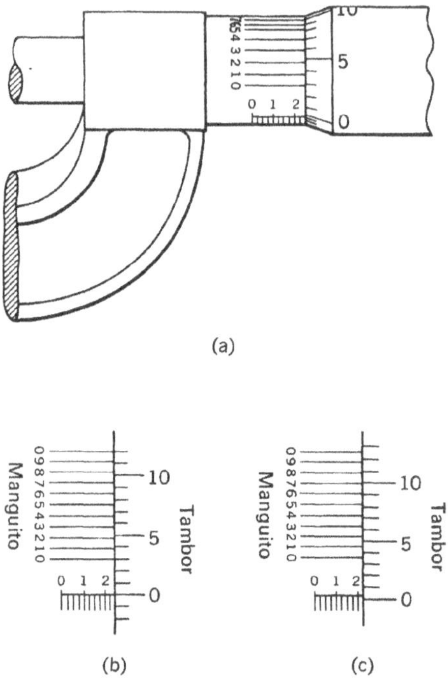

Figura 3-5. Lectura de un palmer

3-16 VOLTÍMETRO

Todos los instrumentos estudiados anteriormente miden longitudes, los voltímetros miden potenciales eléctricos. Un voltímetro está representado en la figura 3-6. Este voltímetro mide potenciales de corriente continua hasta 20 voltios con una precisión de 0,5 voltios. El potencial existente es el señalado por la aguja indicadora y la lectura que ha de realizarse es el valor que la aguja indica.

Para utilizar estos instrumentos de medida hay que conocer en primer lugar el valor que representa cada tipo de raya. Las rayas más largas en la figura 3-6 indican, 0, 5, 10, 15 y 20 voltios; el espacio entre dos de éstas se halla dividido en cinco partes iguales y cada una de éstas, a su vez, en otras dos; estas últimas divisiones, las de líneas más cortas, representan 0,5 voltios y las líneas de tamaño medio 1 voltio.

Para efectuar la lectura, se anota el primer número que aparece a la izquierda de la aguja, luego se cuentan las divisiones que representan 1 voltio a la derecha de este número y a la izquierda de la aguja y por último las dos de 0,5 voltios entre la última de 1 y la aguja. La lectura total será la suma de estas tres lecturas parciales.

En la figura 3-7, el número a la izquierda de la aguja es 5, entre 5 y la aguja hay 3 rayas de 1 voltio cada una y entre la última de éstas y la aguja una raya pequeña de 0,5 voltios que coincide con el lugar que señala la aguja. El voltaje será de: $5 + 3 + 0{,}5 = 8{,}5$.

Si la aguja no coincide con una división, la lectura se hace teniendo en cuenta la división más cercana a la aguja. En la figura 3-8 el voltaje es de 9,2 voltios aproximadamente, o teniendo en cuenta la división más cercana a la aguja, de 9,0 voltios.

Figura 3-6. Voltímetro

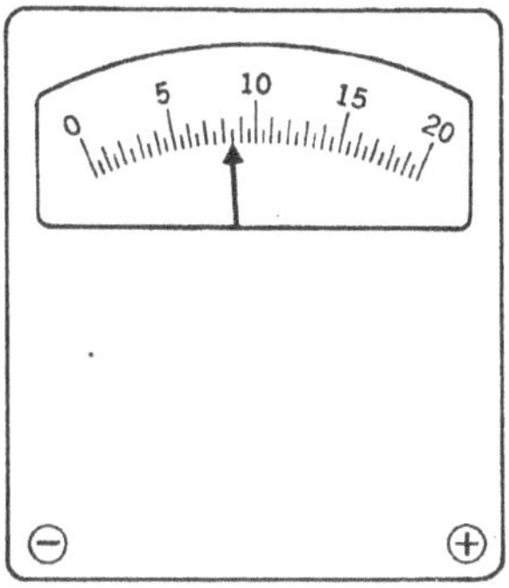

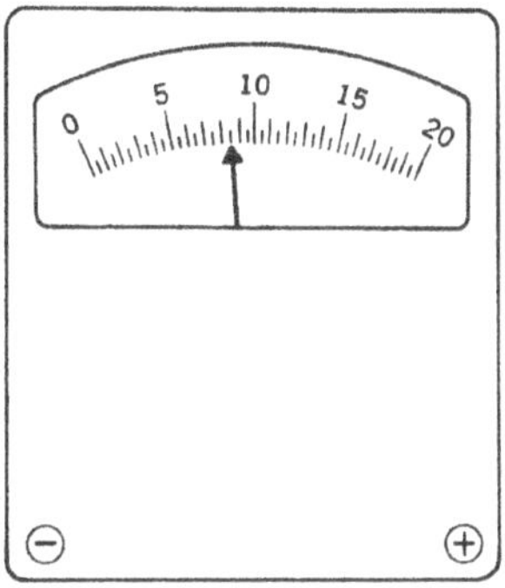

Figura 3-7. Lectura de un voltímetro

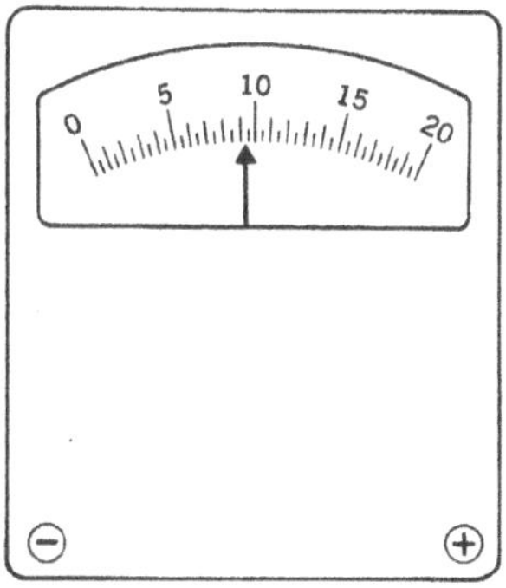

Figura 3-8. Lectura de un voltímetro

3-17 CONTADOR DE TIEMPO DE ESTACIONAMIENTO

Los instrumentos ya descritos miden longitudes o diferencias de potencial; un contador de tiempo de estacionamiento, al igual que un reloj, mide tiempos. La figura 3-9 nos muestra uno de estos contadores, de los que se usan en Estados Unidos, que permite estacionar un máximo de 1 hora por 5 centavos (de dólar) o un mínimo de 12 minutos por 1 centavo.

Este contador lleva una escala que señala cada centavo o doce minutos; por tanto, tiene cinco divisiones: 0-12, 12-24, 24-36, 36-48, y 48-60. Cada una de estas divisiones equivale a 12 minutos; así pues, en la figura 3-9, la aguja señala 9 minutos, lo que quiere decir, que aún se puede permanecer en el estacionamiento durante 9 minutos.

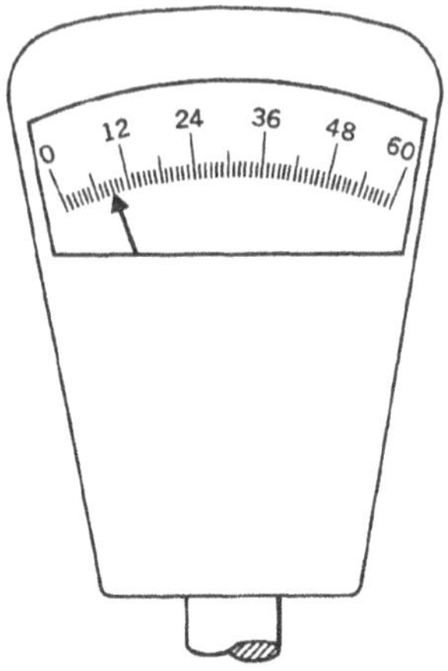

Figura 3-9. Contador de tiempo de estacionamiento

3-18 RESUMEN

Los instrumentos de medida antes descritos representan aplicaciones prácticas de las fracciones decimales y comunes, siendo también de gran utilidad para comprender la necesidad de conocer las relaciones entre estas dos clases de números.

Podemos resumir los pasos seguidos para leer estos distintos instrumentos. El alumno debe aprender a aplicar estos pasos a casi todos los instrumentos de medida:

1. Estudiar la escala completa del aparato que se vaya a utilizar.
2. Observar los números escritos en la escala.
3. Contar las divisiones que hay entre cada número impreso.
4. Determinar el valor de cada división.
5. Continuar determinando el valor de todas las divisiones señaladas en la escala, hasta conocer el valor de las divisiones más pequeñas.
6. Efectuar la lectura del instrumento realizando la suma adecuada.

Ejercicios

3-60 a 3-69. En las figuras 3-10 a 3-19 se representan el tambor y el manguito de un palmer. ¿Cuál es la longitud del objeto medido en cada caso?

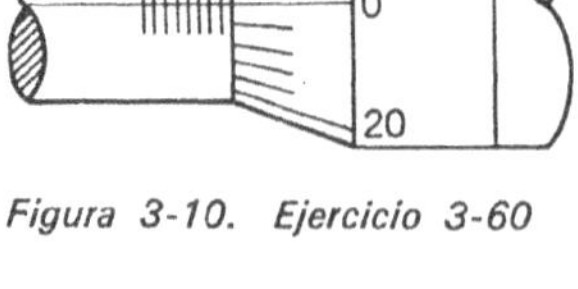

Figura 3-10. Ejercicio 3-60

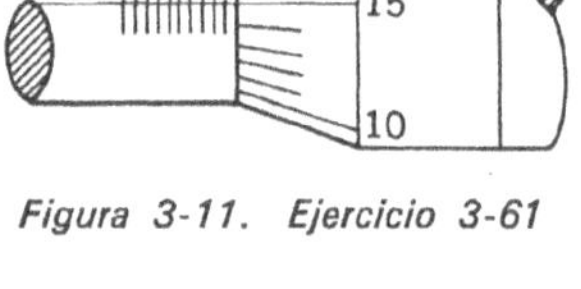

Figura 3-11. Ejercicio 3-61

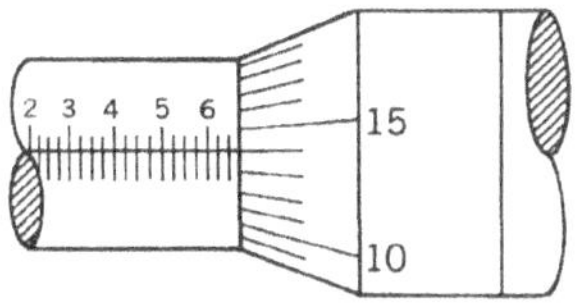

Figura 3-12. Ejercicio 3-62

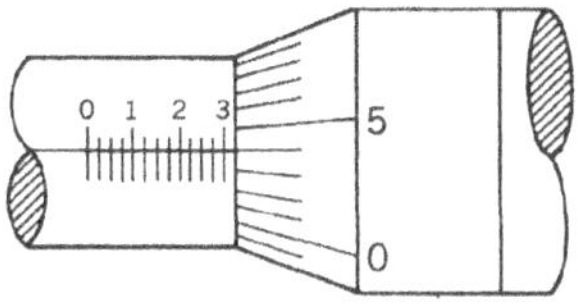

Figura 3-13. Ejercicio 3-63

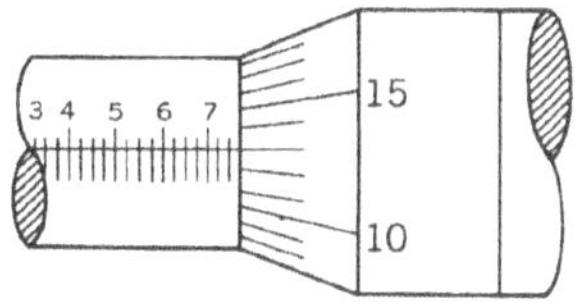

Figura 3-14. Ejercicio 3-64

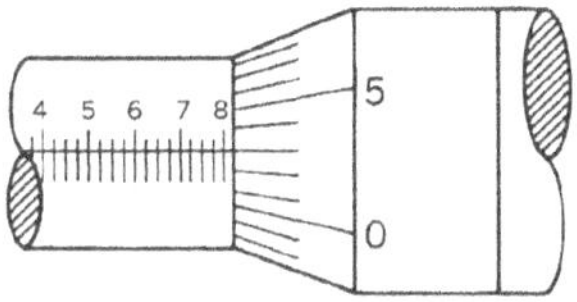

Figura 3-15. Ejercicio 3-65

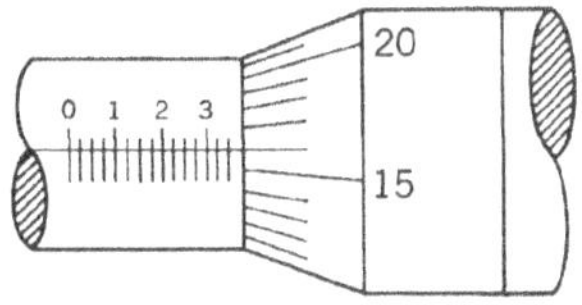

Figura 3-16. Ejercicio 3-66

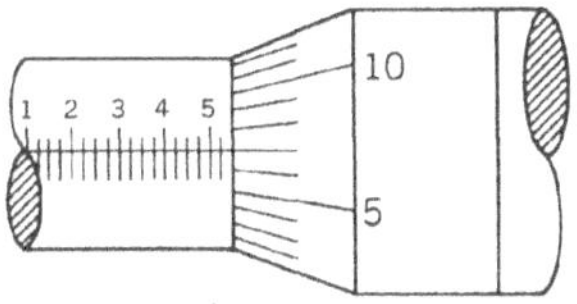

Figura 3-17. Ejercicio 3-67

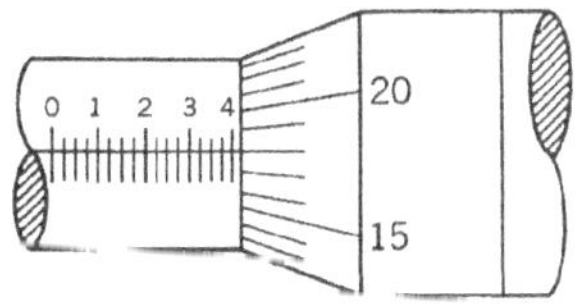

Figura 3-18. Ejercicio 3-68

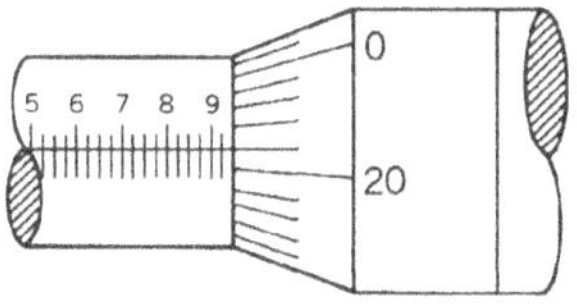

Figura 3-19. Ejercicio 3-69

3-70 al 3-73. Leer los voltajes medidos por los voltímetros de las figuras 3-20 a 3-23.

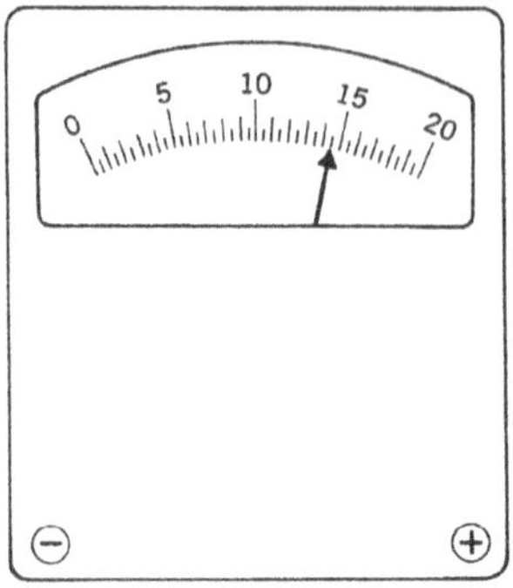

Figura 3-20. Ejercicio 3-70

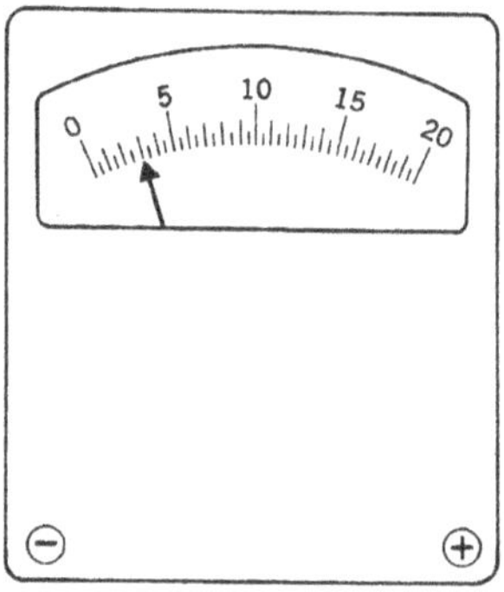

Figura 3-21. Ejercicio 3-71

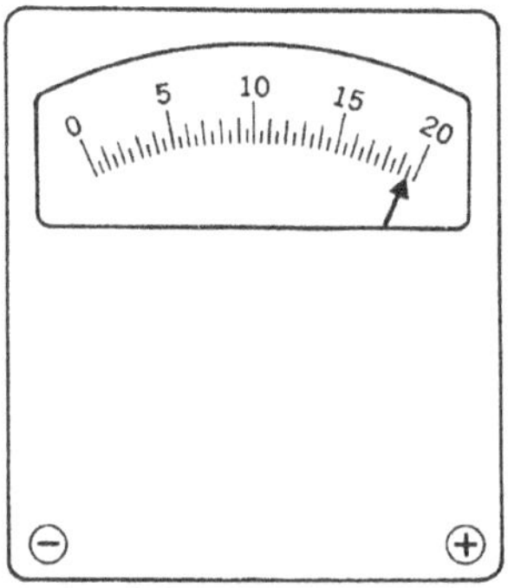

Figura 3-22. Ejercicio 3-72

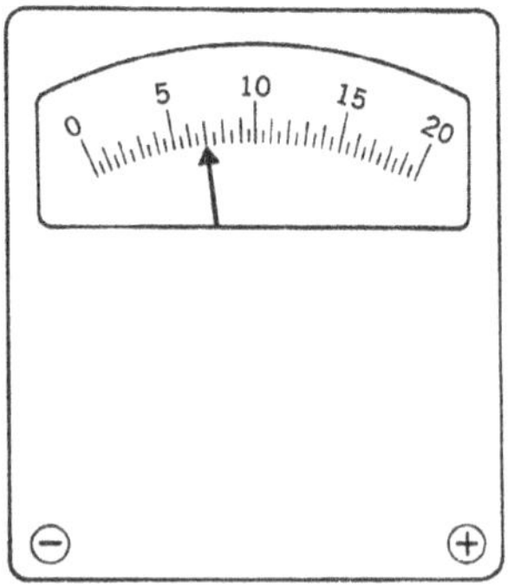

Figura 3-23. Ejercicio 3-73

3-74 al 3-77. Leer el tiempo durante el cual aún se puede estacionar, según los contadores de tiempo de estacionamiento de las figuras 3-24 a 3-27.

Figura 3-24. Ejercicio 3-74

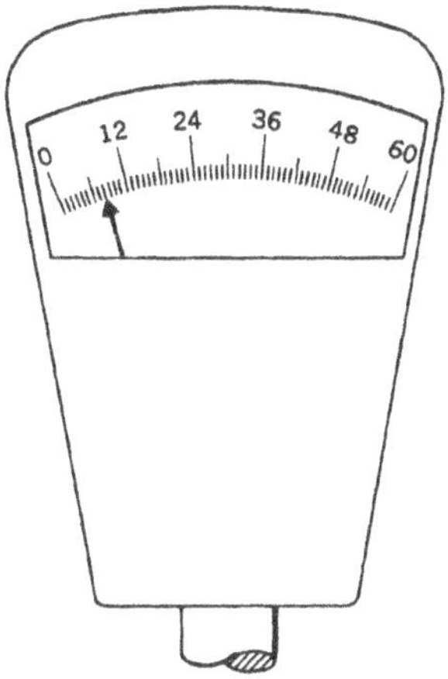

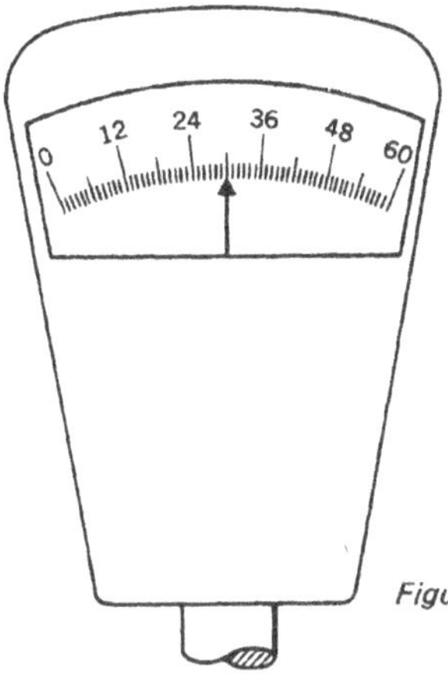

Figura 3-25. Ejercicio 3-75

Figura 3-26. Ejercicio 3-76

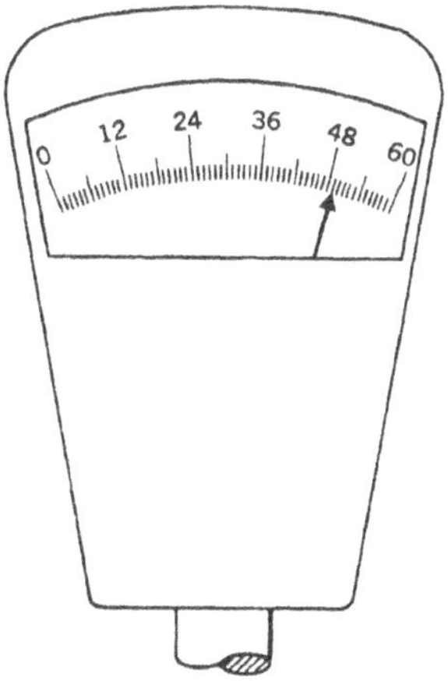

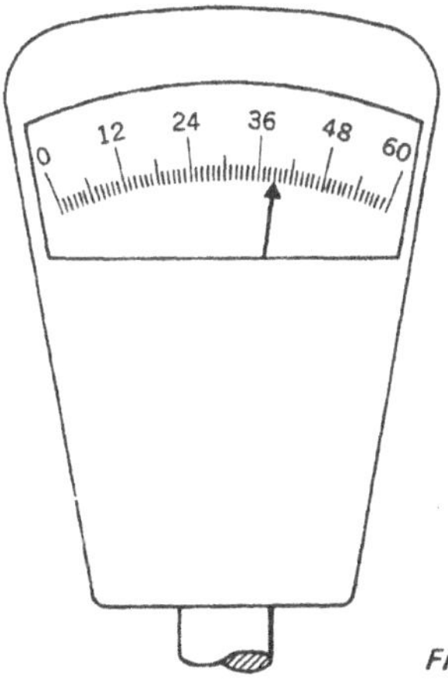

Figura 3-27. Ejercicio 3-77

4/Tanto por ciento

Si se ha comprendido perfectamente la teoría sobre fracciones comunes y decimales, el tanto por ciento o porcentaje no ofrece dificultad alguna.

Las palabras «tanto por ciento» quieren decir «de cada cien», y se suele representar por %. Es decir, 10% indica 10 de cada 100, o lo que es lo mismo, 0,1 ó 10/100; por tanto:

0,1 = 10/100 = 10%.

4-1 EL PORCENTAJE COMO FRACCIÓN

Para convertir una fracción en el tanto por ciento equivalente, se realiza la división indicada, se corre la coma dos lugares a la derecha en el resultado y se añade el símbolo de tanto por ciento (%). Por ejemplo:

$^2/_5$ = 0,40 = 40% ya que

$$\tfrac{2}{5} = 5\overline{)2{,}00} = 0{,}40 = 40\%$$
$$\underline{2\,0}$$

La fracción $^2/_5$ equivale al decimal 0,40 y éste a su vez al 40%, o lo que es lo mismo, a cuarenta de cada cien. Veamos otro ejemplo:

$$\begin{array}{r} 0{,}875 \\ \tfrac{7}{8} = 8\overline{)7{,}000} = 0{,}875 = 87{,}5\% \\ \underline{6\,4} \\ 60 \\ \underline{56} \\ 40 \\ \underline{40} \end{array}$$

Los decimales pueden convertirse en tanto por ciento corriendo la coma dos lugares a la derecha y añadiendo el símbolo %, y los tanto por ciento pueden convertirse en decimales con sólo correr la coma dos lugares a la izquierda y eliminar el símbolo %.

$$0{,}05 = 5\%;\ 0{,}0005 = 0{,}05\%;\ 1{,}07 = 107\%;\ 4{,}33\tfrac{1}{3} = 433\tfrac{1}{3}\%$$

Es posible construir una tabla que relacione fracciones con decimales y tanto por ciento, de manera análoga a la siguiente:

$$\tfrac{1}{20} = 0{,}05 = 5\%$$
$$\tfrac{1}{8} = 0{,}12\tfrac{1}{2} = 12\tfrac{1}{2}\%$$
$$\tfrac{1}{6} = 0{,}16\tfrac{2}{3} = 16\tfrac{2}{3}\%$$

$\frac{1}{5} = 0{,}20 = 20\%$
$\frac{1}{3} = 0{,}33\frac{1}{3} = 33\frac{1}{3}\%$
$\frac{3}{8} = 0{,}37\frac{1}{2} = 37\frac{1}{2}\%$
$\frac{2}{5} = 0{,}40 = 40\%$
$\frac{1}{2} = 0{,}50 = 50\%$
$\frac{3}{5} = 0{,}60 = 60\%$
$\frac{5}{8} = 0{,}62\frac{1}{2} = 62\frac{1}{2}\%$
$\frac{3}{4} = 0{,}75 = 75\%$
$\frac{4}{5} = 0{,}80 = 80\%$
$\frac{5}{6} = 0{,}83\frac{1}{3} = 83\frac{1}{3}\%$
$\frac{7}{8} = 0{,}87\frac{1}{2} = 87\frac{1}{2}\%$
$\frac{9}{10} = 0{,}90 = 90\%$

pudiendo ampliar esta tabla a otros muchos valores.

El tanto por ciento puede inducir a error si la cantidad es menor que el 1 %; así $^2/_5\%$, es $^2/_5$ del 1 % y no $^3/_5$ de 100 ($^2/_5$ es el 40 % y $^2/_5\%$ es el 0,4 % o la fracción decimal 0,004).

Es muy frecuente expresar cantidades en tanto por ciento. En los almacenes es habitual ver: «Todos los artículos con rebaja del 20 %» o en un anuncio de inversiones: «Pagamos un 5 % de interés». Los números decimales y los tanto por cien son muy utilizados en estadísticas deportivas, económicas, etc... He aquí dos ejemplos:

Un jugador de fútbol jugó en 1951 7 partidos y metió 2 goles, mientras que en 1952 jugó 15 partidos y metió 5 goles.

Si deseamos comparar estos dos datos, no podemos hacerlo directamente, ya que el número de partidos no es igual en los dos años. Si consideramos la relación goles/partido, en 1951, ésta fue de $^2/_7$ ó 0,286 o del 28,6 %; mientras que en el año de 1952 fue de $^5/_{15}$ ó 0,333 o del 33,3 %. Es evidente que la proporción goles/partido fue mayor en 1952.

Otro ejemplo: Una silla, cuyo precio original era de 750 ptas, se compró en un almacén con un 20 % de descuento. En otro almacén puede adquirirse la misma silla por 650 ptas. ¿Dónde es preferible comprar la silla?

Para calcular el precio de la silla en el primer almacén hállese el 20 % de 750 y réstese a 750.

$$20\% = 0{,}2; \quad 0{,}2 \times 750 = 150; \quad 750 - 150 = 600 \ \text{(ptas)}$$

Como puede verse, se ahorran 50 ptas si se compra la silla en el primer almacén.

Todos los problemas de tanto por ciento suelen ser de uno de estos tres tipos:

Problema 1 (Tipo 1): ¿Cuál es el 20 % de 72 000?

Un vendedor paga 72 000 ptas por un coche y lo vende ganando un 20 %. Hallar cuánto gana.

Las 72 000 ptas reciben el nombre de *base*, 20 % el nombre de *tanto por ciento* o *tipo*.

El 20 % de 72 000 ptas = 0,2 × 72 000 = 14 400 ptas, que es la ganancia del vendedor.

En este tipo de problemas es conocida la base y también el tanto por ciento, siendo preciso hallar el *valor del tanto por ciento*.

Problema 2 (Tipo 2): ¿Qué tanto por ciento de 45 000 es 4 500?

Un estudiante paga 45 000 ptas por un coche y luego lo vende ganando 4 500 ptas. ¿Qué tanto por ciento es el de la ganancia?

45 000 ptas es la base y 4 500 es el valor del *tanto por ciento*, el tipo será:

$$4\,500/45\,000 = 0{,}1 = 10\%$$

Problema 3 (Tipo 3): ¿De qué número es 850 el $62\,{}^1/_2\%$?

Una persona vende un aparato de radio ganando 850 ptas. Calcula el tanto por ciento de ganancia y resulta ser del $62\,{}^1/_2\%$. ¿Cuánto costaba la radio?

Coste (base) $= 850/62\,{}^1/_2\% = 850/0{,}625 = 1\,360$ ptas.

El precio en que se vendió la radio es de: $1\,360 + 850 = 2\,210$ ptas.

En todos estos problemas son conocidos dos valores y se nos pide un tercero relacionado con ellos según la fórmula:

Base × tipo = valor (cuantía) del tanto por ciento.

El número del que se halla el tipo o tanto por ciento se denomina *base* y el valor del tanto por ciento tomado *cuantía*. El tanto por ciento que se toma de la base se suele denominar también, además de *tanto por ciento, tipo.*

Es posible dar una regla para cada tipo de problemas, pero es preferible recordar estos tres tipos de problemas que recordar tres reglas distintas. Veamos más ejemplos:

Problema del tipo 1: ¿Cuál es el $37\,{}^1/_2\%$ de 720 ptas?

Este problema podría enunciarse así: ¿Cuánto son ${}^3/_8$ de 720 ptas?, puesto que ${}^3/_8 = 37{,}5\%$. Un octavo de 720 ptas son 90 ptas; por tanto $3 \times 90 = 270$ ptas.

Este problema también puede resolverse convirtiendo el tanto por ciento en un número decimal y efectuando la multiplicación:

$$37\,{}^1/_2\% \times 720 = 0{,}375 \times 720 = 270 \text{ ptas.}$$

Existe una fácil comprobación para este tipo de problemas. Si el tanto por ciento es mayor que cien, la cuantía será mayor que la base; y si la cuantía es menor que la base, el tanto por ciento será menor que el 100%.

Problema del tipo 2: ¿Qué porcentaje de 450 es 45?

Conocemos la base, 450, y la cuantía, 45, y se nos pide el tanto por ciento. Para hallarlo dividimos la cuantía por la base $45/450 = 1/10 = 0{,}1 = 10\%$. Dado que 45 es menor que 450, el tanto por ciento debe ser menor que el 100%, como así sucede. Si la cuantía fuese mayor que 450, el porcentaje sería mayor que el cien por cien.

Problema del tipo 3: ¿De qué número es 85 el $62\,{}^1/_2\%$?

O lo que es lo mismo: ¿De qué número es 85 el ${}^5/_8$?

Si ${}^5/_8 = 85$, ${}^1/_8$ será ${}^{85}/_5 = 17$ y ${}^8/_8 = 136$, ya que el producto de 17 por 8 es 136. Este es un modo de resolver este tipo de problemas, pero no siempre la división es exacta, por lo que, para evitar errores, suele hallarse el 1%, valor que se obtiene con una sola división en vez de dos, y por consiguiente, con menos error:

```
         1,36
625) 850,00
     62 5
     22 50
     18 75
      3 750
      3 750
```

El 1 % es 1,36; luego el 100 %, número pedido, será:

$$100 \times 1{,}36 = 136$$

que coincide con el resultado obtenido anteriormente.

Ejercicios

NOTA: Resolver mentalmente los problemas 4-1 al 4-14.

4-1. ¿Cuál es el 25 % de 20?, ¿de 48?, ¿de 88?, ¿de 140?

4-2. ¿Cuál es el $33\,^1/_3$% de 45?, ¿de 90?, ¿de 120?, ¿de 360?

4-3. ¿Cuál es el 8 % de 8?, ¿de 20?, ¿de 88?, ¿de 800?

4-4. ¿Cuál es el 10 % de 8?, ¿de 20?, ¿de 88?, ¿de 800?

4-5. ¿Qué tanto por ciento de 8 es 4?, ¿y de 16?, ¿y de 20?

4-6. ¿Qué tanto por ciento de 9 es 9?, ¿y de 18?, ¿y de 72?

4-7. ¿Qué tanto por ciento de 60 es 40?, ¿y de 480?, ¿y de 800?

4-8. ¿Qué tanto por ciento de 72 es 4?, ¿y de 24, $7\,^1/_2$?

4-9. ¿Qué tanto por ciento de $6\,^1/_2$ es $^2/_5$?, ¿y de 150, $27\,^1/_2$?

4-10. ¿De qué número es 4 el 10 %?, ¿y 8?, ¿y 15?, ¿y 90?

4-11. ¿De qué número es 6 el 33,5 %?, ¿y 16?, ¿y 25?, ¿y 96?

4-12. ¿De qué número es 5 el 62,5 %?, ¿y 20?, ¿y 60?, ¿y 500?

4-13. ¿De qué número es 2 el $66\,^2/_3$%?, ¿y 20?, ¿y 80?, ¿y 6.000?

4-14. ¿Qué número, menos su 20 %, da 48?

SUGERENCIA: Se ha restado el 20 %, entonces:

48 = (100 % − 20 %) x = 80 % x, siendo x el número pedido.

4-15. ¿Qué número menos su 10 % da 9?

4-16. ¿Qué número menos su 20 % da 16?

4-17. ¿Qué número menos su $33\,^1/_3$% da 20?

4-18. 40 es el 20 % menos otro número. ¿Cuál?

4-19. 20 es el 40 % menos otro número. ¿Cuál?

4-20. 40 es el 20 % más otro número. ¿Cuál?

4-21. 20 es el 40 % más otro número. ¿Cuál?

4-22. 37,5 es el 87.5 % menos otro número. ¿Cuál?

4-23. Un vendedor de automóviles adquiere en el mercado un coche por 80 000 ptas y lo vende por 85 000 ptas. ¿Qué tanto por ciento ha ganado?

4-24. Un coche en 1941 costaba 81 500 ptas y en 1961, costaba 240 000 ptas. ¿Cuál ha sido el incremento de su precio en tanto por ciento?

4-25. Un hombre gasta el $16\,^2/_3$% de su salario en amueblar una habitación, gastando en ello 200 ptas semanales. ¿Cuánto cobra en un año? (Un año tiene 52 semanas.)

4-26. Un par de zapatos cuesta 1 200 ptas, debiendo ser vendido a 100 ptas por quiebra del negocio. ¿Cuál es el tanto por ciento de pérdidas por un par de zapatos vendido?

4-27. La gasolina se compra a 9,25 ptas litro y se vende a 12,50 ptas cada litro. ¿Cuál es la ganancia, en número decimal y en tanto por ciento por cada litro?

4-28. Un coche costaba en 1949, 240 000 ptas y en 1959, 260 000 ptas. Hallar el tanto por ciento de incremento del precio.

4-29. Un almacén de madera ofrece un descuento del 5 % a las personas que se construyan su propia casa. Si el precio de la casa es de 880 000 ptas: ¿Cuánto se ahorrará una persona que se construya ella misma la casa?

4-30. Existe un impuesto del 5 % en los billetes de avión. Si el precio del billete, sin impuesto, es de 8 700 ptas. ¿Cuál será su precio total?

4-31. Una fábrica de automóviles montó en el mes de marzo 57 600 vehículos, un 20 % más que en el mes de febrero. ¿Cuántos coches montó en el mes de febrero?

4-32. Se ha calculado que el 15 % de los 6 500 000 toneladas de acero producidas durante un año están almacenadas por los compradores. De ser así: ¿Cuántas toneladas de acero están almacenadas?

4-33. Una partida de metal se adquiere por 36 000 ptas y tres cuartas partes de ella se venden por el precio total de compra. ¿Cuál sería el tanto por ciento de ganancia si en vez de las tres cuartas partes, se hubiese vendido toda la partida a ese mismo precio?

4-2 RELACIONES EXPRESADAS EN TANTOS POR CIENTO

Como ya se ha explicado antes, el tanto por ciento de la ganancia o pérdida es, por lo general, más significativo que la cantidad ganada o perdida. Por esto, el crecimiento o decrecimiento comparativos se expresa en tanto por ciento, ya que así podemos comparar datos directamente. Veamos tres ejemplos.

Ejemplo 1: El número de muertos en accidentes de tráfico en 1960 en una provincia del litoral fue de 831. Este número descendió a 789 en 1961. En una provincia del interior, los muertos fueron 162 en 1960 y 149 en 1961. ¿Qué descenso fue mayor? Téngase en cuenta que no es posible una comparación directa hasta que los descensos no estén expresados en tanto por ciento.

En el litoral:

$831 - 789 = 42$ (descenso absoluto o total)

descenso en tanto por ciento $= 42/831 = 0{,}051 = 5{,}1\,\%$

En el interior:

$162 - 149 = 13$ (descenso total)

descenso en tanto por ciento $= 13/162 = 0{,}080 = 8{,}0\,\%$.

El descenso absoluto del número de muertos fue mayor en el litoral (42) que en el interior (13); sin embargo, el descenso relativo fue mayor en el interior (8 %) que en el litoral (5,1 %).

Ejemplo 2: La población de San Francisco aumentó de 1940 a 1950 desde 634 536 a 760 753 habitantes (aumento de 126 217) y en el mismo periodo, la población de Detroit aumentó desde 1 623 452 a 1 838 517 habitantes (aumento de 215 065). En número absoluto de habitantes de Detroit creció más que el de San Francisco, pero los números absolutos no dan idea real del crecimiento.

Si calculamos el tanto por ciento de crecimiento, obtendremos:

$$\text{Detroit} = \frac{215\,065}{1\,623\,452} = 13{,}2\,\% \text{ de aumento.}$$

$$\text{San Francisco} = \frac{126\,217}{634\,536} = 19{,}9\,\% \text{ de aumento.}$$

Está a la vista que, a pesar de que Detroit aumentó en más habitantes, el crecimiento relativo ha sido mayor en San Francisco que en Detroit.

Ejemplo 3: Dos máquinas automáticas han de ser reemplazadas por otras nuevas, una en el presente año y la otra el año próximo. He aquí sus cuadros de producción:

	MÁQUINA *A*	MÁQUINA *B*
Piezas fabricadas	1 280	1 260
Piezas defectuosas	8	10

A partir de estos datos podría decidirse qué máquina ha de ser reemplazada en primer lugar, pero es preferible calcular el tanto por ciento de piezas defectuosas que fabrican ambas máquinas:

MÁQUINA *A*: Tanto por ciento de piezas defectuosas: 8/1 280 = 0,62 %
MÁQUINA *B*: Tanto por ciento de piezas defectuosas: 10/1 260 = 0,79 %

Comparando estos datos, es aconsejable sustituir la máquina *B* en el presente año y la máquina *A* en el próximo.

4-3 PROMEDIOS Y ERRORES EN TANTOS POR CIENTO

Los datos de los problemas son en muchos casos resultados de medidas experimentales y, por tanto, sujetas a error. Para dar como válida una medida, ésta se repite varias veces con distintos instrumentos, calculando luego el valor promedio o valor medio.

El valor medio de una serie de medidas se halla sumando las medidas efectuadas y dividiendo el total de la suma por el número de medidas. Este promedio se considera como un valor aproximado del real. El error de una de las medidas se halla calculando la diferencia existente entre esa medida y el valor medio. El error suele darse en tanto por ciento, leyéndose entonces «...por ciento de error», tomando como base de este tanto por ciento,el valor promedio.

Ejemplo: Al medir el diámetro de una barra de acero con un palmer se han obtenido estas medidas: 0,3562; 0,3569; 0,3567; 0,3570 y 0,3565 cm. Hallar el valor medio y el error de cada medida en %.

Solución y discusión:

0,3562 + 0,3569 + 0,3567 + 0,3570 + 0,3565 = 1,7833 cm
valor medio = 1,7833 : 5 = 0,35666 cm
El error de la medida mayor será: 0,3570 − 0,35666 = 0,00034 cm

Aplicando la fórmula $t = c : b$ (tanto por ciento igual a cuantía dividida por la base) obtendremos:

$t = 0{,}00034 : 0{,}35666 = 0{,}00095_{+} = 0{,}095\,\%$
El error de la medida menor será:
0,35666 − 0,3562 = 0,000466 cm
$t = 0{,}00046 : 0{,}35666 = 0{,}0013 = 0{,}13\,\%$.

Hemos de insistir en que el error en tanto por ciento de una medida cualquiera, se halla sobre el valor real o medio y no sobre la medida misma.

4-4 PRECIOS Y DESCUENTOS

Los precios de materiales y máquinas suelen venir dados en los catálogos, donde también suele indicarse el descuento o descuentos que se hacen.

Los descuentos se dan como «reducción del 60 %» o, simplemente, como descuento del «60» o «sesenta». Según el lugar de compra, por ejemplo si se compra directamente en fábrica o al mayorista, el descuento puede hacerse en dos partes, supongamos que del 60 y 10. Este último descuento no es equivalente a un descuento del 70 %, sino que es un descuento inicial del 60 % y sobre la cantidad restante, un descuento del 10 %.

Por ejemplo, si el precio de un objeto es de 3,50 ptas, y en el comercio de compra nos hacen un descuento del 60, el precio del objeto sería: $0{,}6 \times 3{,}5 = 2{,}1$; $3{,}5 - 2{,}1 = 1{,}4$ ptas.

Ahora bien, si compramos ese mismo objeto en fábrica, donde nos hacen un descuento del 60 y 10, su precio sería: $0{,}6 \times 3{,}50 = 2{,}10$; $3{,}50 - 2{,}10 = 1{,}40$ ptas; y el 10 % de 1,40 es 0,14 ptas; por lo que el precio del objeto en fábrica sería de $1{,}40 - 0{,}14 = 1{,}26$ ptas.

Según el lugar y la cantidad de compra, puede haber hasta descuentos triples, como por ejemplo del «40, 10 y 4»; esto es: Descuentos del 40 %, 10 % y 4 %, cuya cuantía se determina de modo análogo a los anteriores.

Ejercicios

4-34. ¿Cuál es el 48 % de 2 000?

4-35. ¿Cuál es el $^5/_8$ % de 24,40?

4-36. ¿Cuál es el 62,5 % de 24,40?

4-37. ¿De qué número es 30 el $2\,^1/_2$ %?

4-38. ¿Qué tanto por ciento de 70 es 12,5?

4-39. El 10 % de 30 es a su vez el 3 %, ¿de qué número?

4-40. Un cálculo indica que una reducción del 18 % en las muertes por accidente de tráfico salvaría 720 vidas al año. ¿Cuál fue el número de víctimas el año pasado si el cálculo es exacto?

4-41. Un cable eléctrico suele costar 350 ptas y se vende con un descuento del 10 %. Si luego se hace a la hora de pagar un descuento adicional del 6 %, una vez ha sido hecho el del 10 %. ¿Cuánto habrá que pagar por el cable?

4-42. Una pieza en bruto pesa $45\,^1/_2$ Kg y después de torneada $43\,^1/_4$ Kg. ¿Cuál es el tanto por ciento de peso perdido respecto al peso inicial de la pieza?

4-43. Una viga de acero de doble T se dilata un 0,01 % cuando se expone al sol. Hallar el incremento de longitud de una viga que mide, ya dilatada, 25 m 8 cm.

4-44. Una empresa aumenta en un 12,5 % el salario de sus empleados. Hallar cuánto cobrará ahora un empleado cuyo sueldo era de 160 ptas diarias.

4-45. Una compañía aérea transporta 31 233 pasajeros en un mes. Al año siguiente, en el mismo mes, transporta 47 772 pasajeros. ¿Cuál es el incremento de pasajeros en tanto por ciento?

4-46. La longitud perdida en cada acoplamiento de tubos en una conducción es de $^{25}/_8$ cm por cada 30 cm de longitud. ¿Qué tanto por ciento representa la pérdida?

4-47. El agua, al helarse, aumenta un 9 % de volumen. ¿Cuántos centímetros cúbicos de agua son necesarios para obtener 240 cm^3 de hielo?

4-48. Los beneficios de una empresa en el pasado año fueron de 14 656 000 ptas; un 28 % más que el año anterior. ¿Cuáles fueron los beneficios de ese año?

4-49. Según una encuesta entre universitarios, 105 de cada 1 000 estudian medicina; y de éstos, 5 terminan la carrera en este año. ¿Qué tanto por ciento estudia medicina? ¿Qué tanto por ciento termina la carrera este año?

4-50. Un meteorito caído en 1908 pesaba 1 489 Kg. Si el 91,63 % era hierro y el 7,33 % níquel, ¿cuál era el peso de hierro en el meteorito? ¿De níquel? ¿De otras materias?

4-51. La renta per cápita en Estados Unidos en 1938 fue de 480 $; en 1937 fue de 537 $. y en 1947 fue de 1 323 $. ¿Cuál fue el porcentaje de decrecimiento de 1937 a 1938? ¿Cuál fue el porcentaje de incremento de 1938 a 1947?

4-52. Un coche de segunda mano cuesta 82 400 ptas, incluido un impuesto del 3 %. ¿Cuál es el precio del coche sin impuesto? ¿A cuánto asciende el impuesto?

4-53. El impuesto del 3 % sobre el precio de un coche es de 1 995 ptas. ¿Cuál es el precio del coche, incluido el impuesto?

4-54. Un vendedor ofrece dos coches al mismo precio: 77 500 ptas. En uno gana un 25 % y en otro pierde un 25 %. ¿Pierde o gana si los vende? ¿Cuánto ganará o perderá en la venta?

4-55. Se han efectuado las siguientes medidas de un eje de acero con un palmer: 0,5677; 0,5674; 0,5671; 0,5678 y 0,5673 cm. Hallar el tanto por ciento de error de las medidas mayor y menor.

4-56. El tiempo que tarda en ser recibida en Las Palmas una carta echada en Madrid es el siguiente: urgente, 22 h 45 m; por avión 14 h 30 m, y urgente por avión 12 h 6 m. ¿Qué tanto por ciento es más corto el tiempo que tarda en recibirse la urgente por avión que la urgente? ¿Y que la carta aérea normal?

4-57. Remover 1 m^3 de roca para la construcción de un canal cuesta 110 ptas. ¿Qué precio se ha de cobrar, si se ha de añadir un 12 % para gastos de vigilancia y, sobre todo esto, un 10 % de beneficio?

4-58. Un sastre vende un traje con un beneficio del 20 %, traje que luego se vende por 7 200 ptas con una ganancia del $33\,^1/_3$ %. ¿Cuánto le costó el traje al sastre? ¿Y al vendedor?

4-59. La composición del metal blanco es: 4 partes de cobre, 9 de antimonio y 97 de estaño, siendo estas partes las correspondientes en peso. ¿Cuál será el tanto por ciento de cada elemento? ¿Qué peso se requiere de cada metal para obtener 2 376 Kg de aleación?

4-60. Una tonelada de carbón contiene el 11,57 % de humedad y el 6,27 % del carbón seco son cenizas. ¿Cuántos kilogramos de cenizas hay en una tonelada de carbón?

4-61. Un comerciante compra felpudos a 480 ptas docena, menos los descuentos del 40 %, 15 % y 5 %. ¿A qué precio ha de vender los felpudos si desea ganar un 35 % de lo que ha pagado?

4-62. Si el autor recibe un 10 % del precio de venta del libro, ¿cuántos libros ha de vender, a 75 ptas cada uno, para ganar 11 730 ptas?

4-63. Dos sustancias *A* y *B* están en la proporción 1,3498 a 1 en peso (es decir, hay 1,3498 gr de *A* por cada gramo de *B*). ¿Cuál será el tanto por ciento de cada sustancia en la mezcla?

4-64. Hallar el precio de venta de una caldera de vapor que cuesta 50 000 ptas y está sujeta a descuentos del 40 %, 10 % y $7\,^1/_2$ %.

4-65. La medida de una manzana de casas se considera de 528 m. Medida con precisión resulta tener 527,75 m. ¿Cuál es el tanto por ciento de error cometido con la medida aproximada?

4-66. Una muestra de acero al níquel contiene un 24,51 % de níquel y un 0,16 % de carbono. ¿Cuánto níquel y carbono hay en 2 240 Kg de acero al níquel?

4-67. En el análisis de un acero se ha descubierto un 1,2 % de carbono; 0,112 % de silicio; 0,018 % de fósforo; 0,36 % de manganeso; 0,02 % de azufre y 98,29 % de hierro. ¿Cuál es el peso de cada elemento en un lingote de 76,5 Kg?

4-68. La pendiente de las vías de ferrocarril viene dada en tanto por ciento. Así, una pendiente del 1 % es aquella que en 100 m asciende o desciende 1 m. Si una pendiente es del $1\,^1/_4$ %, ¿cuánto se asciende en 3,5 Km?

4-69. La elevación máxima en una pendiente del $1\,^3/_4$ % es de 43,6 m. ¿Qué longitud tendrá la vía que la remonte?

4-70. Una vía asciende 112,7 m en 3,5 Km. ¿Cuál es su pendiente?

4-5 INTERÉS SIMPLE

Interés es el dinero pagado por un dinero prestado o depositado durante un cierto tiempo; o también, la «renta» que se paga por el uso de ese dinero. El interés suele expresarse en tanto por ciento anual.

La base sobre la que se calcula el interés se denomina *capital inicial*. La cuantía pagada en concepto de interés depende de tres factores: el capital inicial, el rédito o tipo de interés a que ha sido depositado y el tiempo durante el cual ha estado depositada.

El interés que se ha de pagar es igual al *capital inicial* (suma depositada) por el *rédito* por el *tiempo en años* que ha estado depositado el capital inicial.

Interés = capital inicial × rédito × tiempo en años.

Ejemplo 1: Hallar el interés que debe pagarse por 500 ptas a un tipo de interés del 5% al cabo de un año.

Interés = rédito (tipo) × tiempo × capital
Interés = 0,05 × 1 × 500
Interés = 25 ptas

El dinero que habrá que devolver al cabo de un año será el capital inicial más el interés; es decir: 525 ptas, cantidad que recibe el nombre de *capital total*, o *acumulación*.

Ejemplo 2: Se depositan 200 ptas durante 2 años al 2%. ¿Cuánto interés habrá que pagar al cabo de los dos años?

Interés = capital × rédito × tiempo
Interés = 200 × 0,02 × 2 = 8 ptas.

Ejemplo 3: Calcular el interés que se ha de pagar por 150 ptas depositadas al 2% por por dos años y siete meses.

Aquí el tiempo en años será $2\,{}^{7}/_{12} = {}^{31}/_{12}$.

Como interés = capital × rédito × tiempo

$$= 750 \times 0{,}02 \times {}^{31}/_{12}$$

$$= \overset{\overset{5}{\cancel{15}}}{\cancel{750}} \times \frac{\overset{1}{\cancel{2}}}{\underset{\underset{1}{\cancel{50}}}{\cancel{100}}} \times \frac{31}{\underset{4}{\cancel{12}}} = \frac{155}{4} \text{ (simplificando)}$$

$$= 38{,}75 \text{ ptas}$$

NOTA: Para calcular los intereses se suele considerar al año de 360 días, o doce meses de 30 días cada uno.

Ejemplo 4: Calcular el interés acumulado por 375 ptas al cabo de 2 años 5 meses y 15 días al 3 % de interés.

Aquí el tiempo será:

$$2 \times 360 + 5 \times 30 + 15 = 885$$

$$\text{Interés} = 375 \times 0{,}03 \times \frac{885}{360}$$

$$= \overset{15}{\cancel{375}} \times \frac{\overset{1}{\cancel{3}}}{\underset{4}{\cancel{100}}} \times \frac{\overset{177}{\cancel{885}}}{\underset{\underset{24}{\cancel{120}}}{\cancel{360}}}$$

$$= \frac{2\,655}{96}$$

$$= 27{,}66 \text{ ptas}$$

Ejercicios

4-71. Hallar los siguientes intereses:

(a) de 375,15 ptas durante 4 años al 5 %.
(b) de 496,84 ptas durante 5 años al 8 %.
(c) de 250,50 ptas durante 4 años al 6 %.
(d) de 695,49 ptas durante 10 años al 6 %.
(e) de 453,20 ptas durante 2 años 8 meses al 5 %.
(f) de 425,60 ptas durante 5 años 7 meses al 5 %.
(g) de 317,42 ptas durante 4 años 3 meses al 7 %.
(h) de 3.180 ptas durante 2 años 10 meses 16 días al 4 %.
(i) de 368,18 ptas durante 9 años 24 días al 3 %.
(j) de 125,80 ptas durante 4 años 8 meses 20 días al $2\,^1/_5$ %.

4-72. Hallar los intereses y el capital total de:

(a) 700 ptas al 4 % tras 3 años.
(b) 14,30 ptas al 2 % al cabo de 2 años y 9 meses.
(c) 245,60 ptas al 4 % tras 2 años, 7 meses y 21 días.
(d) 435,75 ptas al 5 % tras 1 año, 2 meses y 15 días.
(e) 325,25 ptas al $3\,^1/_4$ tras 2 años, 9 meses y 12 días.
(f) 87,50 ptas al $3\,^1/_2$ % durante 3 años y 3 meses.
(g) 480 ptas al 15 % durante 6 años y 3 meses.
(h) 14,20 ptas al $5\,^3/_4$ % durante 9 años y 9 meses.
(i) Un pagaré, a 9 meses vista, de 225 ptas está colocado al 3 %. ¿Qué cantidad habrá que pagar al cabo de los 9 meses?
(j) Un pagaré de 390 ptas al 3 % se ha de hacer efectivo a los 3 años y 9 meses. ¿Qué cantidad habrá que pagar?
(k) *A* compra a *B* una casa por 700 000 ptas. *A* paga al contado 105 000 ptas y mensualmente 9 450 ptas que se destinan a pagar parte de la deuda y a amortizar el interés del mes anterior. Si la compra se efectúa el 1.º de abril, componer una tabla en la que se reproduzcan el interés pagado y la deuda pendiente todos los 1.º de mes desde mayo hasta septiembre, incluido este último mes.

5/Razón

5-1 RAZÓN

Existen varias formas de expresar la relación existente entre dos números, una de ellas es calcular su razón.

La razón de un número respecto a otro se determina dividiendo el primer número por el segundo. La razón de 6 a 2 será igual que la de 3 a 1, ya que 6 entre 2 es igual a 3. Esto puede escribirse así: 6/2 ó 6 : 2. El símbolo utilizado en el libro es :. Una razón es una división indicada, o sea, una fracción; por tanto, los principios válidos para las fracciones son válidos para las razones.

Las expresiones «en igual razón que» y «en la misma proporción que» y «proporcionalmente» son equivalentes.

Cuando 20 ptas se reparten entre dos personas en la proporción 2 a 3, una persona recibe 2 ptas, mientras otra recibe 3. O sea, de cada 5 ptas, una recibe 2 ptas y la otra 3. Por tanto, una recibe 2/5 de 20 ptas, esto es 8 ptas; la otra recibe 3/5 de 20 ptas, es decir, 12 ptas. La razón recibida es de 8/12, que simplificada es de 2/3. También puede invertirse el orden de las personas y el de la razón y escribirse 3/2. Esto puede hacerse sólo si se especifica la inversión claramente. Pongamos otro ejemplo: Un dibujo técnico, como un plano, suele estar hecho a escala. Por ejemplo, $^1/_4$ cm del dibujo equivale a 1 m en la realidad. La razón será $^1/_4 : 100$ ó 1 : 400. Obsérvese que los metros se han convertido en centímetros, ya que todas las razones han de expresarse en las mismas unidades. La escala 1 : 400 o «$^1/_4$ cm igual a 1 m» son equivalentes.

Ejercicios

5-1. Escribir las razones: 6 a 4; 7 a 21; $66\,^2/_3$ a 100.

5-2. Reducir las razones siguientes a fracciones simples de la forma *p*/*q* en que *p* y *q* son enteros:

(a) 144 : 24	(h) 9 h : 30 min
(b) 16 : 288	(i) 5 ptas : 20 cts
(c) 0,05 : 100	(j) 3 Km : 150 m
(d) 240 : 0,8	(k) 6 lit : 50 dl
(e) 2,5 : $^3/_4$	(l) 2 l : 16 l
(f) $^5/_6$: 10	(m) 30 Km/h : 88 m/min
(g) 0,7 : $^7/_8$	

5-3. Con un microscopio electrónico se obtienen aumentos de 200 000 : 1. Esto equivale a que un hombre aumentado a este tamaño, tumbado, colocando su cabeza en La Coruña, llegaría con los pies a Santander. Si la altura del hombre es de 1,88 m. ¿Cuál es la distancia en línea recta entre las dos ciudades?

5-4. Durante la Segunda Guerra Mundial murieron en el campo de batalla 325 000 soldados norteamericanos. En el mismo tiempo 2 000 000 murieron de ataques al corazón. ¿Cuál es la razón entre ambas causas?

5-5. Una mezcla está formada por 8 partes de alcohol y 6 de agua. ¿Cuántos litros de alcohol y de agua hay en 140 litros de mezcla?

5-6. Una habitación mide 18 m por 12 m. ¿Cuál es la razón largo-ancho?

5-7. Dos ruedas dentadas tienen 90 y 20 dientes respectivamente. ¿Cuál es la razón del número de dientes?

5-8. Una ciudad tiene 8 000 habitantes y otra 20 000. ¿Cuál es la razón entre sus habitantes? ¿Qué parte de la segunda es la primera? ¿Qué tanto por ciento?

5-9. Escribir las razones inversas de las siguientes: 7 : 5; 8 : 2,5; 12 ptas : 20 ptas.

5-10. Repartir 80 manzanas entre dos niños en la razón 5 : 3.

5-11. Un hombre tarda por tren 16 horas de Sevilla a Barcelona y 3 h 55 min en avión. ¿Cuál es la razón entre el tiempo del vuelo y el tiempo del tren?

5-12. De 51 alumnos sólo acaban el curso 33. ¿Qué tanto por ciento termina? ¿Cuál es la razón entre los alumnos aprobados y el número total de alumnos?

5-13. Un hombre y su hijo ahorran 1 200 ptas semanales. La razón de sus ahorros es 5 : 1. ¿Cuánto gana cada uno?

5-14. Cuatro personas poseen terrenos colindantes que tienen un frente de 25, 35, 50 y 75 m a una calle. El importe total cobrado por asfaltar la calle es de 105 000 ptas. ¿Cuánto debe pagar cada uno?

5-15. El rendimiento de una máquina es la razón entre la energía útil (aprovechada) y la energía consumida (útil + perdida) y se suele expresar en tantos por ciento:

$$\text{rendimiento} = \frac{\text{energía útil}}{\text{energía consumida}}$$

Un motor consume 6 000 watios de los que se aprovechan 5 300. ¿Cuál es su rendimiento? (NOTA: Aunque el rendimiento se exprese en tanto por ciento, sigue siendo una razón de denominador o *consecuente* 100.)

5-16. Si el rendimiento de una máquina es del 91 % y su consumo 98 CV (caballos de vapor). ¿Cuál es su potencia útil?

5-17. Si la potencia útil de un motor es 780 watios y su rendimiento es del 98 %, ¿cuál es su consumo?

5-2 PROPORCIÓN

Proporción es la afirmación de la igualdad de dos razones. Así: 2 : 3 = 4 : 6 es una proporción, se lee de la siguiente forma: «dos es a tres como cuatro es a seis».

En general:

$$a/b = c/d \quad \text{(forma fraccional)}$$
$$a : b = c : d \quad \text{(forma proporcional)}$$

donde a, b, c y d representan números.

Una proporción puede escribirse con el signo como (: :) en lugar del signo igual:

$$a : b :: c : d$$

El primer y el último término de la proporción se denominan *extremos*; el segundo y el tercero *medios*. En los ejemplos anteriores 2 y 6, a y d, son los extremos, y 3 y 4, b y c, los medios.

5-3 PRINCIPIOS BÁSICOS

Examinando varias proporciones, o considerando las proporciones como fracciones, se ve claramente que si conocemos tres de los cuatro números de la proporción, podemos determinar el cuarto término. Cuando la proporción dada, $a : b = c : d$, se escribe como fracción $a/b = c/d$, entonces $a\,d = c\,b$. Si se sustituyen por números las letras de la proporción, entonces $2/3 = 4/6$, $2 \times 6 = 12$, y $3 \times 4 = 12$. Es, por tanto, evidente que el producto de medios (3×4) es igual al producto de extremos (2×6).

Ejemplo 1: ¿Cuánto vale c en la proporción $4 : 6 = c : 12$?

Solución: Escribiendo la proporción en forma fraccional,

$$4/6 = c/12$$

Como $12 = 2 \times 6$, c será 2×4, o sea 8, ya que este valor hace iguales las dos fracciones. La proporción así completada es:

$$4/6 = 8/12$$

La solución así obtenida es una aplicación de lo expuesto en el capítulo de las fracciones.

Veamos un segundo método usando el principio de que el producto de extremos es igual al producto de medios:

$$4 : 6 = c : 12$$

El producto de medios, $6c$, igual al producto de extremos, 4×12 ó 48. Luego $6c = 48$. Si $6c = 48$, entonces $1c$ será igual a 8, la misma respuesta que obtuvimos anteriormente.

Ejemplo 2: Hallar b en la proporción $3 : b = 6 : 20$.

Solución:

$$3/b = 6/20$$

$6 = 2 \times 3$; por consiguiente, 20 debe ser el doble del valor de b, y b será $20 : 2$, o sea 10. La proporción completa: $3/10 = 6/20$.

La otra solución:

$$6b = 3 \times 20 \qquad 6b = 60 \qquad b = 10$$

La proporción completa:

$$3 : 10 = 6 : 20$$

Ejemplo 3: Si 15 Tm de carbón valen 6 300 ptas, ¿cuánto costarán 27 Tm al mismo precio por tonelada?

Solución: Como existe la misma relación entre el coste y la cantidad de carbón, la razón de 15 Tm a 27 debe ser igual a la razón de 6 300 ptas al precio de las 27 toneladas. Sea d el número de pesetas que cuestan las 27 Tm. Entonces,

$$\text{Razón de carbón } \frac{15}{27} = \frac{6\,300}{d} \text{ razón de coste}$$

o

$$15 : 27 = 6\,300 : d$$
$$15d = 6\,300 \times 27$$
$$d = 420 \times 27$$
$$d = 420 \times 27 = 11\,340 \text{ ptas}$$

¿Es lógica la respuesta?, sí; 27 es casi el doble de 15, luego el coste de las 27 Tm (11 340 ptas) debe ser casi el doble del coste de las 15 Tm (6 300 ptas).

Ejemplo 4: Si 25 hombres llevan a cabo una obra en 30 días, ¿cuántos días tardarían 35 hombres en hacer el mismo trabajo?

Solución: Está claro que 35 hombres tardarán menos que 25 en hacer el mismo trabajo, y que la razón del número de días necesarios será inversa a la del número de hombres. Sea x= número de días precisos. Entonces,

$$\frac{35}{25} = \frac{30}{x} \quad \text{o} \quad 35:25 = 30:x$$

$$35x = 25 \times 30$$

$$x = \frac{\overset{5}{\cancel{25}} \times 30}{\underset{7}{\cancel{35}}} = \frac{150}{7} = 21\frac{3}{7} \text{ días}$$

Esta respuesta es razonable, porque 35 hombres podrán concluir el trabajo antes que 25, como hemos dicho anteriormente.

Ejemplo 5: Si el bronce está formado por 25 partes de cobre y 12 de estaño, ¿cuál es el peso de cada metal en una campana de 1 850 Kg?

Solución: El peso total de la campana será el de 12 + 25 = 37 partes. La razón del número de partes de cada metal al número total de partes será igual a la razón del peso del metal correspondiente al peso total. Para calcular el peso del cobre se usa la proporción:

$$25/37 = c/1\,850 \quad \text{o} \quad 25:37 = c:1\,850$$

Entonces

$$25 \times 1\,850 = c \times 37$$

$$c = \frac{25 \times 1\,850}{37}$$

$$c = 1\,250 \text{ Kg}$$

Para el estaño

$$12/37 = t/1\,850 = 12:37 = t:1\,850$$

$$12 \times t/1\,850 = 12:37 = t:1\,850$$

$$t = \frac{12 \times 1\,850}{37}$$

$$t = 600 \text{ Kg}$$

Es posible comprobar las respuestas de dos formas distintas. En primer lugar, los pesos del cobre y el estaño, sumados, han de dar el peso de la campana, 600 + 1.250 = 1.850. En segundo lugar, los pesos calculados deben tener la misma razón que la dada en el enunciado:

$$1\,250/600 = 25/12$$

Ejercicios

5-18. Hallar el último término de la proporción

$$8 : 4 = 26 : x$$

5-19. Hallar el segundo término de la proporción

$$8 : x = 26 : 4$$

5-20. Hallar el primer término de la proporción

$$x : 80 = 1/4 : 1$$

5-21. Hallar el tercer término de la proporción

$$1 \text{ m} : 1/2 \text{ cm} = x : 50 \text{ l}$$

5-22. Si 8 m de tela cuestan 400 ptas, ¿cuánto cuestan 24 m?

5-23. ¿Cuánto tiempo será preciso tener invertidas 100 ptas para que rindan 100 ptas de interés si producen 4 ptas en un año?

5-24. ¿Cuánto cuestan 9 Kg de caramelos si 5 Kg cuestan 450 ptas?

5-25. Si 6 hombres abren una zanja en 8 días, ¿en cuánto tiempo la abrirán 8 hombres? NOTA: Aquí aparece una razón inversa (8 : 6 = 8 : *x*).

5-26. Si 15 hombres realizan un trabajo en 36 días, ¿cuánto tiempo tardaría en hacer el mismo trabajo si contasen con 9 hombres más?

5-27. Dos ruedas dentadas de 26 y 20 dientes, están engranadas. ¿Cuántas vueltas habrá dado la rueda mayor cuando la pequeña haya dado 12 vueltas?

5-28. El sonido recorre en el aire 1.840 m en $5\,^1/_2$ seg. ¿Cuánto recorrerá en 1 min?

5-29. Si 3 Kg de manzanas cuestan 25 ptas. ¿Cuánto costarán 60 Kg?

5-30. Si con 16 l de gasolina un coche puede recorrer 288 Km. ¿Cuántos litros consumirá en 564 Km?

5-31. Para una aleación se precisan 4 partes de cobre, 3 de plomo y 2 de estaño. ¿Cuántas toneladas de cada metal son necesarias para obtener 96 Tm de aleación?

5-32. El mantenimiento de 62 remolques cuesta al año 31 000 ptas. ¿Cuánto costará mantener 48 remolques?

5-33. En un mapa 1 $^1/_2$ cm representan 50 Km. ¿Qué distancia separa dos ciudades que están a 5 cm en el mapa?

5-34. Un yunque de hierro pesa 142 Kg y cuesta 7 250 ptas. ¿Cuánto costará un yunque de 255 Kg?

5-35. El número de revoluciones de dos ruedas dentadas engranadas es inversamente proporcional al número de dientes. Si una rueda tiene 15 dientes y otra 48, y la más pequeña gira a 40 rpm. ¿Cuál será el número de rpm de la rueda mayor?

5-36. El volumen ocupado por una masa de gas es inversamente proporcional a la presión a la que está sometido. El volumen de una masa de gas a la presión de 16 Kg/cm^2 es de 740 cm^3. ¿Qué volumen ocupará a una presión de 30 Kg/cm^2?

5-37. Una solución al 10% de nitrato de plata se hace disolviendo 10 gramos de nitrato de plata en 100 centímetros cúbicos (cc) de agua. ¿Cuánto nitrato de plata será preciso añadir a 745 cc de agua para formar una disolución al 10%?

5-38. Un carril de vía férrea se dilata 0,00001615 cm por cada centímetro de longitud y grado que aumenta la temperatura. Si un carril mide 32 m y está sometido a temperaturas desde − 28° C hasta 44° C, ¿cuál será su máxima variación de longitud? Resolver utilizando proporciones de los ejercicios siguientes:

5-39. ¿Qué tanto por ciento de 51,3 es 59,1?

Solución: 100% es lo que se establece como base; entonces, si *x* es el tanto por ciento pedido, la proporción será 51,3 : 59,1 = 100 : *x*. Por tanto

$$x = \frac{59{,}1 \times 100}{51{,}3} = 115{,}2$$

59,1 es por consiguiente el 115,2% de 51,3.

5-40. ¿Qué tanto por ciento de 80 es 36?

5-41. 248 es el 21%, ¿de qué número?

5-42. Si el 4% de mi dinero es 28,8 ptas. ¿Cuánto dinero tengo?

5-4 UNA APLICACIÓN: DENSIDAD

Por experiencia sabemos que unos cuerpos son más pesados que otros; es decir, de dos cuerpos de igual tamaño, uno puede pesar más que otro. Por ejemplo, un centímetro cúbico de metal puede pesar 5 gr mientras que un centímetro cúbico de madera pesará unos 0,5 gr. El metal será por tanto 10 veces más pesado que la madera, la razón de sus densidades será 10 : 1. Puede también decirse que el metal pesa 5 gr por centímetro cúbico.

El agua pesa aproximadamente 1 gr por centímetro cúbico; esta densidad del agua es en condiciones normales.

La densidad de un cuerpo viene dada por su masa por unidad de volumen. Para nuestro propósito supondremos que la masa es lo mismo que el peso. Sin embargo, utilizando los términos correctamente, el peso de un cuerpo es la fuerza con que la tierra atrae la masa de ese cuerpo.

5-5 DENSIDAD RELATIVA

El término *densidad relativa* o *peso específico* expresa la razón entre las densidades de dos cuerpos. En el ejemplo anterior, la densidad relativa del metal respecto a la madera es 10; es decir, el metal es 10 veces más pesado que la madera. Obsérvese con cuidado que la densidad relativa de una sustancia es un número abstracto, esto es, un número sin unidad de medida asociada.

5-6 MEDIDA DE DENSIDADES

Por conveniencia, se toma el agua como patrón para comparar con otras sustancias y calcular así la densidad relativa de sólidos y líquidos.

La densidad relativa de una sustancia se obtiene midiendo el peso de un determinado volumen de dicha sustancia y dividiéndolo por el peso del mismo volumen de la sustancia patrón. Entonces, para calcular el peso específico de una piedra, es necesario conocer su peso y el peso de un volumen igual de agua. El peso de la piedra, dividido por el peso del agua da el peso específico de la piedra.

Para conocer la densidad relativa de un sólido más pesado que el agua, se pesa primero en el aire y luego sumergido en el agua para calcular la diferencia entre ambos. Esta diferencia de peso es debida al empuje que el cuerpo experimenta en el agua y es igual al peso del agua desplazada por el sólido; o sea, es el peso de un volumen de agua igual al del sólido. Entonces basta dividir el peso del sólido en el aire por la diferencia, peso de un volumen igual de agua, para conocer su densidad relativa.

La densidad relativa de un sólido más pesado que el agua puede calcularse de esta forma. Se toma el agua como sustancia patrón debido a su gran abundancia. Todas las sustancias pueden ser comparadas con ella, pero los gases se comparan normalmente con el aire o el hidrógeno. Esta regla se puede expresar:

$$\frac{\text{Peso del cuerpo cuya densidad relativa se quiere calcular}}{\text{Peso del mismo volumen de la sustancia patrón}} = \text{densidad relativa}$$

Si w representa el peso de la sustancia cuya densidad relativa queremos conocer, s el peso del mismo volumen de la sustancia patrón, y dr es la densidad relativa, la regla puede expresarse mediante la fórmula:

$$\frac{w}{s} = dr$$

5-7 APLICACIONES DE LA DENSIDAD RELATIVA

Al final del libro existen tablas con la densidad relativa de varias sustancias, para utilizar en los cálculos. Las densidades relativas de algunas sustancias de las de uso más frecuente se hallan en la Tabla 7, página 598.

Si se quiere hallar el peso de un prisma rectangular de hierro de 2 cm por 3 cm por 1 cm, un buen método sería calcular el número de centímetros cúbicos que mide el prisma, que es 6 cm^3. Seis veces el peso de 1 cm^3 de agua sería el peso de un volumen igual de agua, es decir, 1 g × 6 = 6 g. El peso del agua multiplicado por la densidad relativa del hierro nos dará el peso del prisma:

$$6 \times 7{,}2 = 43{,}2 \text{ g}$$

Usando la fórmula dada anteriormente, como $w/s = dr$

$$w = s \times dr$$

Ejemplo 1: Hallar la densidad relativa de una roca si 1 cm^3 pesa 1,82 g.

Solución: Un volumen igual de agua pesa 1 g, por tanto la densidad relativa de la roca será

$$1{,}82 : 1 = 1{,}82$$

La densidad específica de la roca es por tanto: 1,82.

Ejemplo 2: ¿Cuál es el peso de 12 cm^3 de mercurio si su densidad relativa es 13,6?

Solución: Como 1 cm^3 de agua pesa 1 g, 12 cm^3 pesarán 12 g; y el mercurio pesará:

$$w = 13{,}6 \times 12$$
$$w = 163{,}2 \text{ g}$$

Ejemplo 3: ¿Cuántos centímetros cúbicos hay en 1 kg de corcho si su densidad relativa es de 0,24?

Solución: Un centímetro cúbico de corcho pesará:

$$w = 0{,}24 \times 1 = 0{,}24$$
$$w = 0{,}24 \text{ g}$$

Un kilogramo será 1 000/0,24 cm^3, ó 4 166,67 cm^3.

Ejercicios

Utilizar las densidades relativas de la Tabla 7 para resolver los siguientes problemas:

5-43. Hallar el peso de 1 dm^3 de:

(a) Cobre laminado	**(d)** Plomo
(b) Oro	**(e)** Níquel
(c) Hierro fundido	**(f)** Plata

5-44. ¿Cuál es el peso de medio litro de leche si su densidad relativa es 1,03?

5-45. Un cuerpo pesa 4 g en el aire y 2,5 g en el agua. Hallar su densidad relativa.

5-46. ¿Cuál será el peso del cuerpo anterior sumergido en alcohol de densidad relativa 0,818?

5-47. Una piedra pesa 20 g en el aire, pero pierde un 20% de su peso al ser sumergida en el agua. Hallar su densidad relativa.

5-48. ¿Cuál será el peso de 1 barril (bbl) (1 bbl = 31,5 galones, 1 galón = 3,785 litros) de glicerina si su densidad relativa es 1,26?

5-49. Un frasco de 1 000 cm^3 pesa 75 gr vacío; cuando se llena la mitad de agua y la otra mitad de glicerina pesa 1 205 g. ¿Cuál es la densidad relativa de la glicerina?

5-50. Un cuerpo tiene exactamente la mitad de su volumen sumergido cuando está en alcohol de densidad relativa 0,818. ¿Qué parte de su volumen estará sumergida si se pone en agua?

5-51. ¿Cuál es la densidad relativa de una sustancia, si 50 cm^3 de dicha sustancia pesan en el aire 8 g?

5-52. Si la densidad relativa del agua del mar es 1,025 y la del hielo 0,92, ¿qué fracción de un iceberg que flota sobre el mar estará sumergida?

5-53. Supongamos que un tapón de vidrio pesa 150 g en el aire, 90 g en el agua y 42 gramos en ácido sulfúrico; ¿cuál es la densidad relativa del ácido sulfúrico?

5-54. Una bola hueca de acero pesa 1 Kg. ¿Cuál debe ser su volumen para que flote en el agua?

5-55. Hallar la capacidad en litros de un depósito de 2 m por 75 cm por 50 cm. Hallar también el peso del ácido sulfúrico (d.r. 1,84) necesario para llenarlo.

5-56. Calcular el precio de 17 litros de ácido sulfúrico (d.r. 1,84) si un kilogramo cuesta 5 ptas.

5-57. Una pieza de hierro fundido, sumergida en el agua desplaza 2 daL. ¿Cuál es el peso de la pieza?

5-58. Una pieza de acero desplaza 6,75 hL de agua. ¿Cuál es su peso? (Densidad relativa del acero 7,85.)

5-59. La densidad relativa del petróleo es aproximadamente 0,8. ¿Cuántos metros cúbicos de petróleo pueden transportarse en un camión cisterna cuya carga máxima es de 4 500 Kg?

6 Potencias y raíces

6-1 POTENCIAS

Cuando se efectúa el producto de varios números, por ejemplo $3 \times 4 \times 6 = 72$, a los números 3, 4 y 6 se les denomina *factores* y a 72 *producto*. Si todos los factores son iguales, como en $3 \times 3 \times 3 \times 3 = 81$, a este producto se le llama *potencia*. Por tanto, 81 es una potencia de 3 y 3 es la *base* de la potencia. Potencia es, pues, un producto obtenido al multiplicar cierto número de veces un mismo factor.

Si la base se emplea dos veces como factor, el producto se denomina *segunda potencia* o *cuadrado*; si la base se emplea tres veces, *tercera potencia* o *cubo*; si cuatro veces *cuarta potencia* y así sucesivamente.

En vez de escribir $3 \times 3 \times 3 \times 3$ es conveniente usar un *exponente* para indicar cuántas veces se multiplica el factor 3. Exponente es un número de menor tamaño que se coloca en la parte superior derecha de la base e indica el número de veces que ha de multiplicarse la base por sí misma. Según este sistema de escritura $3 \times 3 \times 3 \times 3$ sería 3^4. El 4 es el exponente que indica que 3 ha de multiplicarse por sí mismo cuatro veces.

Ejemplo 1: Escribir como potencia $2 \times 2 \times 2 \times 2 \times 2$ y hallar su valor.

Solución:

$$2 \times 2 \times 2 \times 2 \times 2 = 2^5 = 32$$

Ejemplo 2: Escribir como potencias $3 \times 3 \times 4 \times 4 \times 4$ y efectuar el producto.

Solución:

$$\begin{aligned} 3 \times 3 \times 4 \times 4 \times 4 &= 3^2 \times 4^3 \\ &= 9 \times 64 \\ &= 576 \end{aligned}$$

Ejemplo 3: Escribir como potencia $10 \times 10 \times 10$ y hallar su valor.

Solución:

$$10 \times 10 \times 10 = 10^3 = 1\,000$$

Ejemplo 4: ¿Cuál es el cubo de 12? ¿Y su cuadrado?

Solución:

$$12 \text{ al cubo} = 12^3 = 12 \times 12 \times 12 = 1\,728$$
$$12 \text{ al cuadrado} = 12^2 = 12 \times 12 = 144$$

Ejercicios

6-1. Escribir como potencias y hallar el valor de los productos siguientes:

(a) 9×9

(b) 7×7

(c) $11 \times 11 \times 11$

6-2. Calcular el cuadrado y el cubo de los números siguientes:

(a) 6

(b) 10

(c) 13

6-3. Calcular la cuarta potencia de 6.

6-4. Calcular el valor de las expresiones:

6-2 RAÍCES

La raíz de un número es la operación inversa de la potencia; una *raíz* será la base de una potencia cuyo valor conocemos. La *raíz cuadrada* de un número será otro número que multiplicado por sí mismo nos dé el número inicial. Por ejemplo, 3 es la raíz cuadrada de 9, ya que $3 \times 3 = 9$. *Raíz cúbica* de un número es otro que multiplicado por sí mismo tres veces da el número inicial. *Raíz cuarta* de un número será el número que multiplicado cuatro veces por sí mismo, nos dé el número inicial, y así sucesivamente. Por ejemplo:

La raíz cúbica de 64 es 4, ya que $4 \times 4 \times 4 = 64$.
La raíz cuarta de 81 es 3, ya que $3 \times 3 \times 3 \times 3 = 81$.
La raíz quinta de 32 es 2, ya que $2 \times 2 \times 2 \times 2 \times 2 = 32$.

6-3 SIGNO RADICAL E ÍNDICE DE LA RAÍZ

El signo $\sqrt{\ }$ se denomina *signo radical*. Un número pequeño que suele colocarse en la abertura de la $\sqrt{\ }$ del signo se denomina *índice* e indica el orden de la raíz que ha de hallarse. $\sqrt[3]{64}$ significa que ha de hallarse la raíz cúbica de 64; el 3 es el índice de la raíz. Como la raíz cuadrada es la que se calcula con más frecuencia, se omite su índice (2) y por eso se escribe $\sqrt{625}$ y no $\sqrt[2]{625}$. Para los demás órdenes de raíces se escribe siempre el índice: $\sqrt[4]{243}$, $\sqrt[7]{128}$.

Cuando se calcula una raíz cuadrada se contesta a la pregunta «¿Qué número multiplicado por sí mismo es igual al número dado?». Así, la raíz cuadrada de 625, $\sqrt{625}$ és 25, ya que $25 \times 25 = 625$. Para comprender la relación entre potencias y raíces, veamos unos ejemplos:

$$3 \times 3 = 3^2 = 9;\ \sqrt{9} = 3$$
3 al cuadrado = 9; la raíz cuadrada es 9 = 3.
$$4 \times 4 \times 4 = 4^3 = 64;\ \sqrt[3]{64} = 4$$
$$5 \times 5 \times 5 \times 5 = 5^4 = 625;\ \sqrt[4]{625} = 5$$
$$5 \times 5 = 5^2 = 25;\ \sqrt{25} = 5$$

La raíz cuadrada de 25 es igual a la raíz cuarta de 625.

6-4 RAÍZ CUADRADA

Los números 1, 4, 9, 16, 25, 36, 49, 64, y 81 son los cuadrados de los números 1, 2, 3, 4, 5, 6, 7, 8 y 9, respectivamente. Es interesante recordarlos porque son los únicos números inferiores a 100 que tienen por raíz cuadrada un número entero. Estos números se denominan *cuadrados perfectos*. A partir de 100, los cuadrados perfectos son menos frecuentes.

Muchos números no tienen raíz cuadrada exacta. La raíz cuadrada de 625 es 25, pero la raíz cuadrada de 56 no es un número entero, ni tampoco un decimal exacto. Sin embargo, puede calcularse con todos los decimales que queramos.

Para explicar el proceso seguido para calcular una raíz cuadrada, detallamos aquí algunos ejemplos. En el primero de ellos está explicado el proceso completo para calcular una raíz cuadrada.

Ejemplo 1: Calcular la raíz cuadrada de 625.

$$\begin{array}{r} 2 \\ \times 20 \\ \hline 40 \\ +5 \\ \hline 45 \\ \times 5 \\ \hline 225 \end{array} \qquad \begin{array}{l|l} \sqrt{6'25} & 2\ 5 \\ \underline{4} & \\ 2\ 25 & \\ \underline{2\ 25} & \end{array}$$

EXPLICACIÓN:

1. A partir de la coma decimal, se descompone el número en «periodos» de dos cifras cada uno. Estos periodos se separan con una coma situada en la parte superior del número.

$$\sqrt{6'25}$$

2. Se halla el mayor cuadrado perfecto que sea menor o igual que el primer periodo (6, en este caso). El número que tenga ese cuadrado será la primera cifra del resultado (4 es en este caso el cuadrado perfecto elegido, su raíz cuadrada, 2, se coloca a la derecha del número propuesto y 4 se coloca debajo del 6):

$$\begin{array}{l|l} \sqrt{6'25} & 2 \\ \underline{4} & \end{array}$$

3. Se resta el cuadrado perfecto del primer periodo:

$$\begin{array}{l|l} \sqrt{6'25} & 2 \\ \underline{4} & \\ 2 & \end{array}$$

4. Se baja el periodo siguiente:

$$\begin{array}{r|l} \sqrt{6'25} & 2 \\ \underline{4} & \\ 2\,25 & \end{array}$$

5. Se multiplica por 20 la primera cifra de la solución:

$$\begin{array}{r} 2 \\ \underline{\times 20} \\ 40 \end{array}$$

6. Dividir el número que queda en la raíz, 225, entre el resultado del producto anterior, 40.
7. Sumar el resultado de la división por defecto, 5, al resultado del producto anterior, 40:

$$\begin{array}{r} 2 \\ \underline{\times 20} \\ 40 \\ \underline{+5} \\ 45 \end{array} \qquad \begin{array}{r|l} \sqrt{6'25} & 2 \\ \underline{4} & \\ 2\,25 & \end{array}$$

8. Dividir el número que queda en la raíz por el número obtenido en el apartado anterior (en este caso 225 entre 45). El cociente obtenido, si coincide con el del apartado 6, se multiplica por el número obtenido en el apartado 7 y el producto se resta del número que queda en la raíz. (En este caso, el cociente vale 5 y entonces se multiplica 45 × 5 = 225. El 5 se coloca a continuación del 2 y así se obtiene la solución.) El cociente obtenido en el apartado 8, es la siguiente cifra de la raíz.

$$\begin{array}{r} 2 \\ \underline{\times 20} \\ 40 \\ \underline{+5} \\ 45 \\ \underline{\times 5} \\ 225 \end{array} \qquad \begin{array}{r|l} \sqrt{6'25} & 2\;5 \\ \underline{4} & \\ 2\,25 & \\ 2\,25 & \end{array}$$

9. Si el cociente obtenido en el apartado 8 no coincide con el obtenido en el apartado 6, entonces se repiten las operaciones con un número una unidad menor, en este caso 4, y se hubiese procedido de la forma siguiente:

$$\begin{array}{r} 2 \\ \underline{\times 20} \\ 40 \\ \underline{+4} \\ 44 \\ \underline{\times 4} \\ 176 \end{array}$$

Este número, 176, se restaría de 225.

Ejemplo 2: Calcular $\sqrt{522\,729}$.

Solución:

$$
\begin{array}{r}
7 \\
\times 20 \\ \hline
140 \\
+2 \\ \hline
142 \\
\times 2 \\ \hline
284
\end{array}
\qquad\qquad
\begin{array}{l|l}
\sqrt{52'27'29} & 7\ \ 2\ \ 3 \\
\underline{49} & \\
\ \ 3\,27 & \\
\ \ \underline{2\,84} & \\
\qquad 43\,29 & \\
\qquad \underline{43\,29} &
\end{array}
$$

$$
\begin{array}{r}
72 \\
\times 20 \\ \hline
1\,440 \\
+3 \\ \hline
1\,443 \\
\times 3 \\ \hline
4\,329
\end{array}
$$

EXPLICACIÓN:

1. Separar 522 729 en periodos de dos cifras.
2. Tomar el mayor entero cuyo cuadrado sea menor que el primer periodo, 52. Este entero es 7.
3. Colocar el 7 a la derecha del número propuesto y su cuadrado, 49, debajo de 52.
4. Restar 49 de 52; bajar el periodo siguiente, 27.
5. Multiplicar el número que está a la derecha del signo radical, 7, por 20.
6. Dividir 327 entre este producto, 140.
7. Sumar este cociente, 2 a 140 y multiplicar la suma, 142 por 2.
8. Como el producto es menor que 327, colocar el 2 a la derecha del 7 y restar el producto 284 de 327.
9. Bajar el siguiente periodo, 29.
10. Multiplicar el número que está encima del signo radical, 72, por 20.
11. Dividir 4 329 entre este producto, 1 440.
12. Sumar 3 a 1 440 y colocar 3 encima de 29.
13. Multiplicar la suma 1 443 por 3. Como el producto es menor o igual que 4 329, restar este producto de 4 329.

Aplicaremos las explicaciones anteriores al ejemplo siguiente.

Ejemplo 3: Calcular $\sqrt{6\,780\,816}$.

Solución:

$$
\begin{array}{r}
2 \\
\times 20 \\ \hline
40
\end{array}
\qquad\qquad
\begin{array}{l|l}
\sqrt{6'78'08'16} & 2\ \ 6\ \ 0\ \ 4 \\
\underline{4} & \\
2\,78 &
\end{array}
$$

$$\begin{array}{r} +6 \\ \hline 46 \\ \times 6 \\ \hline 276 \end{array} \qquad \begin{array}{r} \underline{2\,76} \\ 2\,08\,16 \\ \underline{2\,08\,16} \end{array}$$

$$\begin{array}{r} 26 \\ \times 20 \\ \hline 520 \end{array}$$

$$\begin{array}{r} 260 \\ \times 20 \\ \hline 5\,200 \\ +4 \\ \hline 5\,204 \\ \times 4 \\ \hline 20\,816 \end{array}$$

Ejemplo 4: Cálculo de la raíz cuadrada de un número decimal. Calcular $\sqrt{665{,}1214}$.

Solución:

$$\begin{array}{r} 2 \\ \times 20 \\ \hline 40 \\ +5 \\ \hline 45 \\ \times 5 \\ \hline 225 \end{array} \qquad \begin{array}{l|l} \sqrt{6'65\ 12'41} & 2\ \ 5,\ 7\ \ 9 \\ \underline{4} & \\ 2\,65 & \\ \underline{2\,25} & \\ 40\,12 & \\ \underline{35\,49} & \\ 4\,63\,41 & \\ \underline{4\,63\,41} & \end{array}$$

$$\begin{array}{r} 25 \\ \times 20 \\ \hline 500 \\ +7 \\ \hline 507 \\ \times 7 \\ \hline 3\,549 \end{array}$$

$$\begin{array}{r} 257 \\ \times 20 \\ \hline 5\,140 \\ +9 \\ \hline 5\,149 \end{array} \times 9 = 46\,341$$

EXPLICACIÓN:

1. Para calcular esta raíz, dividir 665,1241 en periodos de dos cifras, de forma que la coma decimal sirva de punto de partida para la separación en ambas direcciones.
2. Colocar la coma decimal en la solución, cuando se baja el primer periodo de dos cifras que sigue a la coma decimal.
3. Calcular la raíz cuadrada siguiendo la explicación dada en los ejemplos anteriores.

Ejemplo 5: Muchos números no son cuadrados perfectos. Sin embargo, es posible extraer su raíz cuadrada con todos los decimales que queramos, sin más que ir añadiendo periodos de dos ceros al número inicial, hasta tener en la solución los decimales pedidos.

Calcular $\sqrt{27}$ con tres cifras decimales.

Solución:

```
    5                                           51          519
  ×20      √'27,00'00'00' | 5, 1  9  6        ×20         ×20
  100        25           |                 1 020       10 380
   +1         2 00        |                    +9           +6
  101         1 01        |                 1 029       10 386
   ×1           99 00     |                    ×9           ×6
  101           92 61     |                 9 261       62 316
                  6 29 00 |
                  6 23 16 |
                    15 84 |
```

El resto, 1584, es mucho menor que 10 386 y, por tanto, despreciable.

Ejemplo 6: El cálculo de la raíz cuadrada de un número menor que 1 está explicado en este ejemplo. Los ceros delante y detrás de la coma no representan ninguna dificultad. Se ha de dividir el número en periodos de dos cifras, a partir de la coma decimal, incluidos los ceros.

Hallar $\sqrt{0,000387}$.

Solución:

```
   20                                                  196
   +9     √0,00'03'87'00'00' | 0,0  1  9  6  7         ×20
   29          1             |                        3 920
   ×9          2 87          |                           +7
  261          2 61          |                        3 927
                 26 00       |                           ×7
  380            23 16       |                       27 489
   +6              2 84 00   |
  386              2 74 89   |
   ×6                 9 11   |
 2 316
```

EXPLICACIÓN:

1. Dividir el número 0,000387 en periodos de dos cifras a partir de la coma decimal: 0,00'03'87'00'00. Los cuatro últimos ceros se han añadido, en grupos de dos, porque el número propuesto no es cuadrado perfecto.
2. La coma decimal estará detrás del primer cero de la solución.
3. Se calcula la raíz cuadrada por el mismo método explicado en los ejemplos anteriores.
4. Una comprobación sencilla de si se ha cometido algún error: La raíz cuadrada de un número menor que uno es *mayor* que el número inicial. ¿Se puede ver por qué? Cuando un número menor que la unidad se eleva al cuadrado, se obtiene un número aún *menor*. ¿Por qué?

6-5 USO DE LA TABLA DE RAÍCES CUADRADAS

Una tabla de raíces cuadrada evita una gran pérdida de tiempo y ahorra mucho trabajo. La Tabla 9, en la página 600, da las raíces cuadradas de los números de menos de cinco cifras significativas, con cuatro cifras exactas; o sea, están las raíces cuadradas de los números comprendidos entre 1 y 9 999, con la coma decimal en cualquier lugar. Es posible, en los números con cuatro cifras significativas, que la última cifra de la raíz sea algo mayor o algo menor que la de la raíz verdadera.

Las dos primeras cifras del número cuya raíz queremos conocer están en la columna *N*; la tercera está en la parte superior de la tabla y la cuarta, si es distinta de cero, en la parte superior de la tabla, pero en las columnas de la derecha. Con la siguiente explicación vamos a aclarar el uso de la tabla. Hallar $\sqrt{3{,}876}$.

En la tabla 9, $\sqrt{3{,}87} = 1{,}967$.

Para calcular $\sqrt{3{,}876}$ hemos de añadir a $\sqrt{3{,}87}$ el número que en la columna que lleva el número 6 (de las de la derecha), se halla en línea con 3,8; en este caso es 2, luego $\sqrt{3{,}876}$ será 1,976 + 0,002 o sea 1,969. Es decir $\sqrt{3{,}876} = 1{,}969$.

Cuando un número se multiplica por 100, su raíz cuadrada queda multiplicada por 10; y si un número se divide por 100, su raíz cuadrada queda dividida por 10. Por tanto, tendremos que

$$\sqrt{387} = 19{,}67; \ \sqrt{387{,}6} = 19{,}69; \ \sqrt{38\,700} = 196{,}7;$$
$$\sqrt{0{,}0387} = 0{,}1967; \ \sqrt{0{,}000387} \doteq 0{,}01967$$

Para un número que tenga la coma decimal colocada como los anteriores, se usan las Tablas 9-I y 9-II. Si la coma decimal está situada en un lugar diferente, deben usarse las Tablas 9-III y 9-IV. Así, en la Tabla 9-III

$$\sqrt{38{,}7} = 6{,}221 \quad \text{y} \quad \sqrt{38{,}76} = 6{,}226$$

Mientras que

$$\sqrt{3\,876} = 62{,}26; \ \sqrt{387\,600} = 622{,}6; \ \sqrt{0{,}3876} = 0{,}6226$$

De este modo, las Tablas 9-I y 9-II nos dan las raíces cuadradas de los números comprendidos entre 1 y 9,999, mientras que las Tablas 9-III y 9-IV nos dan las de los números comprendidos entre 10 y 99,99. Las raíces cuadradas de otros números se hallan aplicando el principio de que mover la coma decimal dos lugares en el número original, significa mover un lugar la coma decimal de la raíz cuadrada, siempre en el mismo sentido.

6-6 RAÍZ CÚBICA Y OTRAS RAÍCES

Las raíces cúbicas y las demás raíces se suelen calcular utilizando logaritmos, como explicaremos más adelante.

Ejercicios

6-5. Calcular las raíces cuadradas de los números siguientes:

(a) 3 025	**(h)** 23 409
(b) 9 604	**(i)** 173 056
(c) 13 225	**(j)** 0,514089
(d) 21 025	**(k)** 0,001225
(e) 5 476	**(l)** 97,8121
(f) 11 881	**(m)** 1 900,96
(g) 14 641	

6-6. Calcular, con cinco cifras decimales, las raíces cuadradas de los números siguientes:

(a) 18	**(e)** 35
(b) 127	**(f)** 245
(c) 7,25	**(g)** 0,526
(d) 12,6⅞	**(h)** 0,004/9

Utilizando la tabla de las raíces cuadradas, hallar las raíces de los siguientes números; comprobar en la tabla las raíces obtenidas por cálculo:

6-7. 1,41	**6-12.** 48,9	**6-17.** 0,1234	**6-22.** 2 900
6-8. 1,414	**6-13.** 4 567	**6-18.** 0,03217	**6-23.** 13 240
6-9. 141,4	**6-14.** 12,12	**6-19.** 0,0079	**6-24.** 67 340
6-10. 45,38	**6-15.** 1,001	**6-20.** 0,0202	**6-25.** 60 000
6-11. 76,35	**6-16.** 1,113	**6-21.** 0,1909	**6-26.** 93 080

7/Pesas y medidas

7-1 MEDIDAS DE LONGITUD

Existen dos sistemas de medida de longitudes: el sistema inglés, basado en la pulgada (inch), el pie (foot), la yarda (yard), la vara (rod) y la milla (mile); y el sistema métrico, basado en el metro.

7-2 SISTEMA INGLÉS

Las relaciones entre las medidas de longitud del sistema inglés son las siguientes:

12 pulgadas (in. o ")	= 1 pie (ft o ')
3 ft	= 1 yarda (yd)
$5\,^1/_2$ yd	= 1 vara (rod)
320 rods	= 1 milla
5 280 ft	= 1 milla
1 760 yd	= 1 milla

Las longitudes menores que 1 in se expresan como fracción o expresión decimal de pulgada.
Pueden darse otras relaciones entre las medidas precedentes. Por ejemplo, ¿cuál es la relación entre pies y varas? ¿Cuántos pies mide una vara?

EXPLICACIÓN:

$$5\tfrac{1}{2}\text{ yd} = 1\text{ rod}$$
$$3\text{ ft} = 1\text{ yd}$$

Por tanto

$$3 \times 5\tfrac{1}{2} = \text{ft en } 1\text{ rod}$$
$$3 \times 5\tfrac{1}{2} = 16\tfrac{1}{2}\text{ ft} = 1\text{ rod}$$

7-3 SUMA Y RESTA DE MEDIDAS DE LONGITUD

Si las longitudes que deben ser sumadas o restadas vienen expresadas en la misma unidad, la suma o la diferencia se realizan normalmente. Pero si las longitudes no vienen expresadas en las mismas unidades, o vienen expresadas en varias unidades distintas, es preciso sumar y restar cada unidad por separado.
Veamos varios ejemplos para aclarar el párrafo anterior:

Ejemplo 1: Sumar 3 ft 10 in y 6 ft 9 in.

Solución: Como aparecen dos unidades distintas, colocaremos los números en dos columnas y sumaremos cada columna separadamente:

3 ft	10 in.
6 ft	9 in.
9 ft	19 in.

Como 19 in es más de 1 ft, las 19 in se convierten en 1 ft 7 in, con lo que a los 9 in hemos de añadir 1 ft. La solución al problema precedente es, entonces, 10 ft 7 in.

Ejemplo 2: Sumar 3 yd y 5 ft 6 in con 2 yd 1 ft 10 in.

Solución: Como en el ejemplo anterior, colocaremos los números en columnas. En cada columna debe aparecer una sola unidad de medida:

3 yd	5 ft	6 in.
2 yd	1 ft	10 in.
5 yd	6 ft	16 in.

Ahora, como 6 ft es igual a 2 yd y 16 in es más de 1 ft, la respuesta final se transforma en:

7 yd 1 ft 4 in.

Ejemplo 3: De 7 yd 2 ft, restar 2 yd 1 ft.

Solución: Se disponen las dos longitudes en dos columnas y se restarán independientemente:

7 yd	2 ft
2 yd	1 ft
5 yd	1 ft

Ejemplo 4: Réstense 4 ft 7 in de 6 ft 4 in.

Solución: Se colocan los números en columnas:

6 ft	4 in.
4 ft	7 in.

Como no podemos restar 7 in a las 4 in, restaremos 1 ft a los 6 ft y sumaremos 12 in a las 4 in. El problema queda así:

5 ft	16 in.
4 ft	7 in.
1 ft	9 in.

7-4 MULTIPLICACIÓN Y DIVISIÓN DE LONGITUDES

La multiplicación de longitudes se efectúa siempre que queramos calcular áreas o superficies. Si las longitudes que se quiere multiplicar o dividir vienen expresadas en la misma unidad y sólo en una, se puede efectuar la multiplicación y la división en la forma ordinaria. Pero si las longitudes están expresadas en más de una unidad, ha de multiplicarse cada tipo de unidades separadamente. Por ejemplo, nunca se debe multiplicar una medida expresada en pies por otra dimensión expresada en pulgadas.

Los ejemplos nos aclararán esta explicación:

Ejemplo 1: Multiplicar 3 yd 2 ft por 6.

Solución:

$$\begin{array}{r} 3\text{ yd}\quad 2\text{ ft} \\ \times 6 \\ \hline 18\text{ yd}\ 12\text{ ft} \end{array}$$

Los 12 ft equivalen a 4 yd, que sumadas a las 18 yd dan una solución final de 22 yd.

Ejemplo 2: Dividir 13 yd 4 ft 4 in por 4.

Solución:

$$\begin{array}{r} 3\tfrac{1}{4}\text{ yd}\ 1\text{ ft}\ 1\text{ in.} \\ 4\overline{)13\quad \text{yd}\ 4\text{ ft}\ 4\text{ in.}} \end{array}$$

(NOTA: Mientras sea posible, se ha de expresar cualquier medida mediante números enteros.)

También se pueden resolver estos problemas reduciendo las distintas unidades que aparecen en la medida a una sola unidad de medida. Los ejemplos anteriores vamos a hacerlos en términos de una sola medida de longitud.

Ejemplo 3: Multiplicar 3 yd 2 ft por 6.

Solución: Reduciendo 3 yd 2 ft a pies, resultan 11 ft; multiplicando entonces:

$$\begin{array}{r} 11\text{ ft} \\ \times 6 \\ \hline 66\text{ ft} \end{array}$$

Dividiendo por 3 (ya que 3 ft = 1 yd), obtenemos la misma respuesta que en el Ejemplo 1, 22 yd.

Ejemplo 4: Dividir 13 yd 4 ft 4 in por 4.

Solución: Reduciendo 13 yd 4 ft 4 in a pulgadas:

$$\begin{array}{rr} 13\ \text{yd} = & 468\ \text{in.} \\ 4\ \text{ft} = & 48\ \text{in.} \\ 4\ \text{in.} = & \underline{4\ \text{in.}} \\ & 520\ \text{in.} \end{array}$$

Dividiendo 520 in, por 4:

$$4\overline{)520}\quad = 130$$

Ahora, transformamos las 130 in dividiendo 130 in entre 36 y transformando el resto en pies y pulgadas.

$$\begin{array}{r} 3 \\ 36\overline{)130} \\ \underline{108} \\ 22 \end{array} \qquad \begin{array}{r} 1 \\ 12\overline{)22} \\ \underline{12} \\ 10 \end{array}$$

El resto, 22 in es igual a 1 ft 10 in. La respuesta completa a este problema es, entonces, 3 yd 1 ft 10 in, la misma solución que en el Ejemplo 2.

Los ejemplos anteriores son de multiplicación o división de longitudes por un número abstracto –esto es, sin dimensión alguna–. Si los números a multiplicar poseen dimensiones (como pulgadas, pies o yardas) el resultado ha de darse en unidades cuadradas (como pulgadas cuadradas, pies cuadrados, o yardas cuadradas).

El dibujo siguiente y los ejemplos sirven para ilustrar este párrafo:

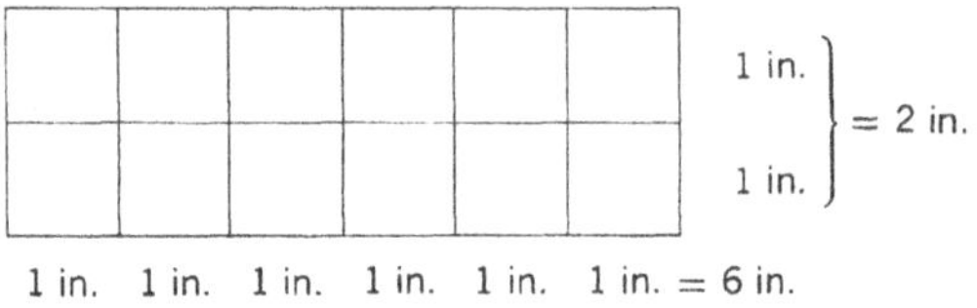

El área de este rectángulo se calcula multiplicando 2 in por 6 in, el resultado es 12 pulgadas cuadradas (sq in o in²). El rectángulo contiene 12 cuadrados de una pulgada de lado.

Ejemplo 5: Multiplicar 2 yd 2 ft por 6 ft.

Solución:

$$\begin{array}{r} 2\ \text{yd}\ 2\ \text{ft} \\ \underline{\times 6\ \text{ft}} \end{array}$$

$$\begin{array}{r} 8\ \text{ft} \\ \underline{\times 6\ \text{ft}} \\ 48\ (\text{sq ft})\ \text{ó}\ \text{ft}^2 \end{array}$$

EXPLICACIÓN:

1. Se transforman 2 yd 2 ft en 8 ft. Es necesario hacerlo, ya que no se pueden multiplicar números expresados en distintas unidades.
2. Se multiplican los números y se da el resultado en pies cuadrados.

Ejemplo 6: Multiplicar 6 ft 2 in por 2 ft.

Solución:

$$\begin{array}{r} 6 \text{ ft } 2 \text{ in.} \\ \times 2 \text{ ft} \\ \hline \end{array} \qquad \begin{array}{r} 74 \text{ in.} \\ \times 24 \text{ in.} \\ \hline 296 \\ 148 \\ \hline 1{,}776 \text{ sq in. o in.}^2 \end{array}$$

o

$$\begin{array}{l} 6\tfrac{1}{6} \text{ ft} \\ \times 2 \text{ ft} \\ \hline 12\tfrac{1}{3} \text{ sq ft o ft}^2 \end{array}$$

EXPLICACIÓN:

1. Hemos obtenido dos soluciones del mismo ejemplo. En los dos casos hemos aplicado el mismo principio: reducir a la misma unidad las dos cantidades; en el primer caso antes de multiplicar las hemos expresado en pulgadas; en el segundo en pies.
2. ¿Serán iguales las dos respuestas? Es un poco difícil contestar a simple vista, porque las soluciones están en distintas unidades. 1 $ft^2 = 144$ in^2. Entonces $12\,^1/_3$ sq ft $= 12\,^1/_3 \times$ 144 sq in = 1776 sq in, o sea, las dos respuestas son correctas.

NOTA: Hay que recordar que siempre que se calcule un área, las dimensiones que han de multiplicarse han de expresarse en las mismas unidades.

7-5 SISTEMA MÉTRICO

El sistema métrico de medida, es un sistema decimal basado en la longitud de onda de la luz anaranjada del átomo del gas kriptón excitado. El metro se define como 1 650 763,73 veces esa longitud de onda. Un metro (1 m) equivale a unas 39,37 pulgadas; más exactamente, 1 yd, 3 ft (ó 36 in) equivalen a 0,9144 m.

El sistema oficial de medida es el sistema métrico.

La unidad fundamental de longitud es el metro. De él derivan la unidad de capacidad, el litro; la de masa, el gramo; la de superficie para la medida de terrenos, el área. Las demás unidades del sistema métrico decimal son múltiplos o fracciones decimales de las unidades fundamentales. En la práctica, 1 decímetro cúbico (dm^3) es igual a 1 litro; 1 litro de agua pesa 1 kilogramo, y 1 área es la superficie de un cuadrado de 10 metros de lado.

Las unidades métricas de longitud se forman anteponiendo a la palabra metro uno de estos seis prefijos. Estos prefijos, con sus significados y abreviaturas son:

mili (m) indica 0,001

centi (c) indica 0,01
deci (d) indica 0,1
deca (D) indica 10
hecto (H) indica 100
kilo (K) indica 1 000

Estos prefijos, antepuestos a la palabra «metro», son los nombres de las siguientes medidas de longitud:

milímetro (mm) = 0,001 metro
centímetro (cm) = 0,01 metro
decímetro (dm) = 0,1 metro
decámetro (Dm) = 10 metros
hectómetro (Hm) = 100 metros
kilómetro (Km) = 1 000 metros

Estos prefijos se combinan también con otras unidades; por ejemplo, «kilogramo» significa «1 000 gramos».

Se pueden deducir las relaciones existentes entre las distintas unidades de longitud del sistema métrico. Así, por ejemplo: 1 cm es igual a 10 mm; 1 dm = 10 cm; 1 Dm = 1/10 Hm; etc. Se puede, por tanto, cambiar una unidad de longitud por otra multiplicando por 10, 100 ó 1 000, o dividiendo por 10, 100 ó 1 000. Basta con correr la coma decimal el número adecuado de lugares a la derecha o a la izquierda, para hacer un cambio de unidades.

La suma, resta, multiplicación y división de longitudes en el sistema métrico se efectúan de modo análogo a las operaciones con números decimales (expuesto en el Capítulo 3).

7-6 CAMBIO DE UNIDADES EN EL SISTEMA MÉTRICO

La relación entre unidades del sistema métrico es siempre decimal, y por eso el cambio de unidades es una operación sencilla. Así, para reducir 3 768 cm a metros, hay que dividir por 100, porque 100 cm = 1 m. Se usa el método de división de correr la coma decimal dos lugares a la izquierda. Por este método, la respuesta obtenida es 37,68 m.

7-7 CAMBIO DEL SISTEMA MÉTRICO AL SISTEMA INGLÉS Y VICEVERSA

El método de cambio de medidas de longitud de un sistema a otro se basa en las relaciones siguientes:

1 in = 2,54 cm (exactamente)
1 ft = 0,3048 m (exactamente)
1 yd = 0,9144 m (exactamente)
1 m = 39,37 in (aproximadamente)

La relación entre los dos sistemas de medida se ve en la figura 7-1.

Algunos ejemplos nos servirán para aclarar el proceso del cambio de unidades de uno a otro sistema.

Figura 7-1. Relación entre pulgadas y centímetros

Ejemplo 1: Los 100 metros lisos es una prueba incluida en todas las olimpíadas. ¿Cuántas pulgadas, pies y yardas hay en los 100 metros lisos?

Solución y explicación:

$$100 \text{ m} = 100 \times 39{,}37 \text{ in.}$$

$$100 \text{ m} = 3\,937 \text{ in.}$$

$$100 \text{ m} = \frac{3\,937}{12} \quad (12 \text{ in.} = 1 \text{ ft})$$

$$100 \text{ m} = 328{,}08 \text{ ft}$$

$$100 \text{ m} = \frac{328{,}08}{3} \text{ yd} \quad (3 \text{ ft} = 1 \text{ yd})$$

Luego

$$100 \text{ m} = 109{,}36 \text{ yd}$$

Ejemplo 2: La prueba de 220 yd es típica en las competiciones de pista en los Estados Unidos. ¿Cuántos metros, centímetros y milímetros hay en 220 yd?

Solución y explicación:

$$220 \text{ yd} = 220 \times 0{,}9144 \text{ m}$$

$$220 \text{ yd} = 201{,}168 \text{ m}$$

$$220 \text{ yd} = 201{,}168 \times 100 \text{ cm} \; (100 \text{ cm} = 1 \text{ m})$$

$$220 \text{ yd} = 20\,116{,}8 \text{ cm}$$

y

$$220 \text{ yd} = 20\,116{,}8 \times 10 \text{ mm} \; (10 \text{ mm} = 1 \text{ cm})$$

$$220 \text{ yd} = 201\,168 \text{ mm}$$

Ejercicios

7-1. Convertir 5 yd 2 ft 8 in en pulgadas.

7-2. Sumas las longitudes siguientes:

(a) 5 yd 2 ft y 3 yd 2 ft

(b) 6 ft 11 in. y 8 ft 10 in.

(c) 1 yd 1 ft 1 in.; 2 ft 11 in.; 5 yd 2 ft 6 in.; 2 yd 6 in.

7-3. Restar las siguientes longitudes:

(a) 2 yd 2 ft de 7 yd 3 ft

(b) 6 yd 1 ft 11 in. de 12 yd 6 ft 5 in.

7-4. Multiplicar 6 yd 2 ft 3 in por 7.

7-5. Dividir 17 yd 3 ft 6 in por 3.

7-6. Si 1 m = 39,37 in, ¿cuántos centímetros mide una pulgada?

7-7. Si 1 m = 39,37 in, ¿cuántas pulgadas mide 1 cm?

7-8. Convertir en centímetros 5 yd 2 ft 8 in.

7-9. La «milla métrica» mide 1 500 m. Esta distancia ¿es mayor o menor que la milla inglesa de 5 280 ft?

7-10. Expresar en metros las longitudes: 456 mm; 1 763 dm; 27 Km.

7-8 MEDIDAS DE SUPERFICIE

Aunque para medidas de longitud hay unidades patrón, no existen unidades patrón para medidas de superficie. Pero como las unidades de área (o superficie) se basan en las de longitud, que son patrón, suelen considerarse también como unidades patrón.

Cuando se calcula la medida de una superficie, la solución viene dada en «unidades cuadradas». Es decir, si las longitudes vienen dadas en pulgadas, entonces el área debe darse en pulgadas cuadradas (sq in o in^2); si las longitudes se dan en metros, entonces el área debe expresarse en metros cuadrados (m^2).

El área de un rectángulo se halla multiplicando su longitud por su anchura. Pero es imprescindible que la longitud y la anchura vengan expresadas en la misma unidad, o reducir las dos dimensiones a la misma unidad, antes de efectuar el producto. El área del rectángulo de la figura 7-2 es de 36 in^2. Este área es el resultado del producto de 4 por 9. El área de una superficie puede calcularse también contando el número de unidades cuadradas contenidas en la figura. Este método se ha utilizado en la figura 7-3. Este proceso es, con frecuencia, pesado

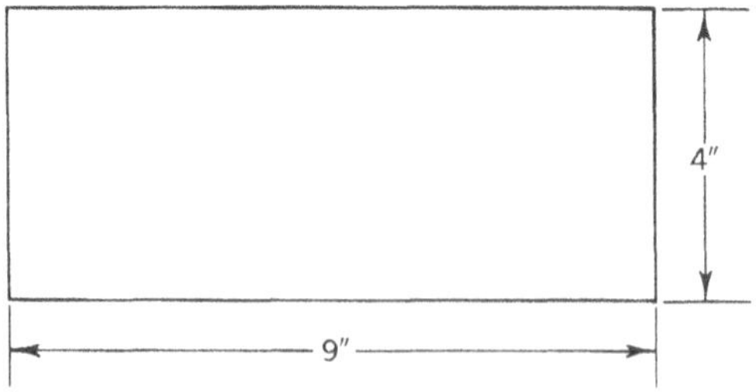

Figura 7-2. Rectángulo de 36 pulgadas cuadradas

y se han incluido aquí sólo para mostrar gráficamente una unidad cuadrada —en este caso una pulgada cuadrada—. Ahora ya hemos visualizado una pulgada cuadrada como un cuadrado cuyos lados miden 1 in. Igualmente se pueden visualizar una yarda cuadrada, un metro cuadrado, etc.; son el mismo tipo de medidas de área.

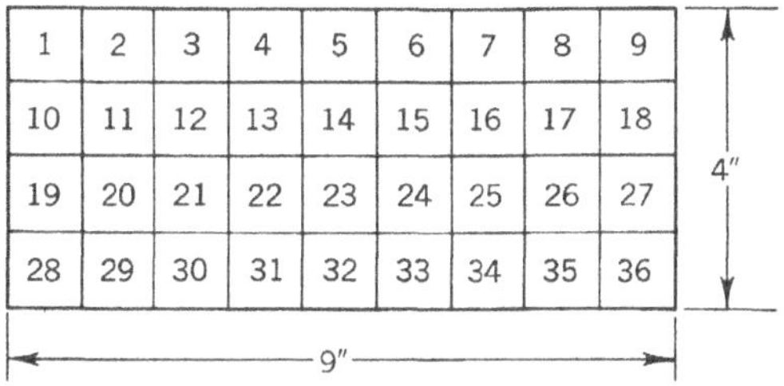

Figura 7-3. Rectángulo de 36 pulgadas cuadradas, cuadriculado

7-9 RELACIONES ENTRE LAS MEDIDAS DE SUPERFICIE EN EL SISTEMA INGLÉS

144 in^2 = 1 pie cuadrado (sq ft o ft^2)
9 ft^2 = 1 yarda cuadrada (sq yd o yd^2)
$30\,^1/_4$ yd^2 = 1 vara cuadrada (sq rod o rod^2)
160 rod^2 = 1 acre (a veces abreviado como A)
640 acres = 1 milla cuadrada (sq mile o $mile^2$, a veces mi)

Las relaciones entre las medidas de superficie en el sistema métrico están basadas en las diversas medidas de longitud. Por ejemplo, si 1 dm = 0,1 m, entonces 1 dm^2 = 0,01 m^2. Una relación entre dos medidas de superficie en el sistema métrico se determina multiplicando la relación entre las correspondientes medidas de longitud, por sí misma. Así, recordando que 1 dm = 0,1 m; entonces, 1 dm^2 = 0,01 (0,1 × 0,1) m^2. La figura 7-4, que nos muestra un metro cuadrado, aclara este hecho. Aquí es evidente que 1 m^2 = 100 dm^2, o 1 dm^2 = 0,01 m^2.

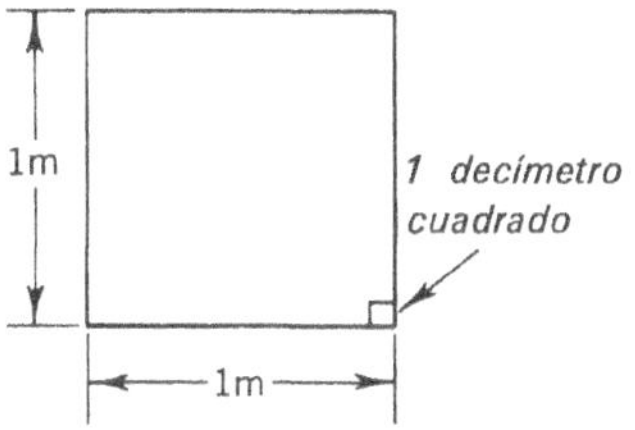

Figura 7-4. 1 metro cuadrado

7-10 MEDIDAS DE VOLUMEN: CÚBICAS Y DE CAPACIDAD

En los Estados Unidos, las fundamentales medidas de volumen son: (1) el cubo de la unidad de longitud, basado en el metro internacional; (2) el litro, que es el volumen de 1 Kg de agua en su máxima densidad; (3) el galón (gal), que es igual a 231 in^3; (4) el bushel (bu), que es igual a 2 150,42 in^3. El litro es prácticamente 1 dm^3. Las medidas de volumen más utilizadas en el sistema inglés son éstas:

1 728 in^3 (o cu in) = 1 pie cúbico (cu ft o ft^3)
27 ft^3 = 1 yarda cúbica (cu yd o yd^3)

Las medidas de volumen más comunes en el sistema métrico son el centímetro cúbico (cm^3 o cc), el decímetro cúbico y el metro cúbico.

7-11 MEDIDAS DE MASA

La medida patrón para masas (pesos) en los Estados Unidos es el kilogramo internacional, un cilindro del 90% de platino y 10% de iridio que se conserva en la Oficina Internacional de Pesas y Medidas. Por el acta del Congreso del 28 de julio de 1866, la libra se deriva del kilogramo. La relación establecida entonces fue 1 Kg = 2,2046 lb avoirdupois. Esta relación ha sido fijada con más exactitud desde entonces: 1 Kg = 15 432,35639 granos, que transforma la primera relación en 1 Kg = 2,20462234 lb avoirdupois, o 1 lb avoirdupois = 453,5924277 g. Este último, el valor más exacto es el que emplea la Oficina Nacional de Patrones (Standards) en Washington. Vemos, entonces, que la libra avoirdupois, las onzas, etc., de uso común son medidas derivadas del kilogramo; quedan por esto fijadas como unidades derivadas.

La relación establecida entre los dos tipos de libra: la libra troy y la libra avoirdupois es 1 lb troy = 5 760/7 000 lb avoirdupois.

Cuando fue establecido, se supuso que el kilogramo patrón era la masa exacta de 1 dm^3 o 1 litro de agua pura a la temperatura de su máxima densidad. Se ha averiguado que esto no es exacto, pero la diferencia es muy pequeña, el kilogramo es alrededor de 25 millonésimas partes más pesado. Esta diferencia es tan insignificante que apenas afecta a los problemas corrientes.

7-12 EQUIVALENCIAS

Las siguientes equivalencias sirven para cambiar medidas de un sistema a otro.

1 m	= 39,37 in.
1 g	= 15,432 granos
1 lb avoirdupois	= 7 000 granos
1 in.	= 2,54 cm (aproximadamente)
1 kg	= 2,2 lb (aproximadamente)

Equivalencias

LONGITUD

1 in.	= 2,54001 cm
1 ft	= 30,4801 cm
1 km	= 3 280,83 ft = 0,62137 milla
1 milla	= 1,6093 km

ÁREAS

1 sq in.	= 6,45163 cm^2 (sq cm)
1 sq ft	= 0,0929034 m^2 (sq m)

1 sq yd	= 0,836131 m^2
1 cm^2	= 0,155 sq in
1 m^2	= 10,76387 sq ft = 1,19599 sq yd
1 área	= 119,5985 sq yd
1 acre	= 40,4687 áreas

VOLUMEN, CAPACIDAD

1 cu in	= 16,38716 cc (cm^3)
1 cu ft	= 28,317 litro o dm^3
1 pt* (líquido)	= 473,179 cc = 0,473179 litro o dm^3
1 pt (árido)	= 550,614 cc = 0,550614 litro o dm^3
1 qt** (líquido)	= 946,358 cc = 0,946358 litro o dm^3
1 cm^3 (cc, cu cm)	= 0,0610234 cu in
1 litro	= 61,0234 cu in
1 litro	= 2,11336 pt (líquido) = 1,81616 pt
1 litro	= 1,05668 qt (líquido) = 0,90808 qt

PESOS

1 grano (g)	= 0,0647989 g
1 onza (oz) (avoirdupois)	= 28,3495 g
1 lb (avoirdupois)	= 453,5924277 g = 0,45359 + kg
1 ton (corta)	= 907,185 kg
1 g	= 15,43235639 gr
1 kg	= 2,20462 lb (avoirdupois)
1 tonelada métrica	= 2204,62 lb (avoirdupois)

7-13 TABLAS DE MEDIDAS DEL SISTEMA INGLÉS

Las siguientes tablas del sistema inglés se dan aquí como referencia:

1. Medidas de líquidos

2 pintas(pt)	= 1 cuarto (qt)
4 qt	= 1 galón (gal)
31½ gal	= 1 barril (bbl)
231 cu in.	= 1 gal

2. Medidas de áridos

2 pintas(pt)	= 1 cuarto (qt)
8 qt	= 1 almud(pk)
4 pk	= 1 fanega (bu)

* pt es el símbolo de pinta.
** qt es el símbolo de cuarto.

2 150,42 cu in.	= 1 bu
268,8 cu in.	= 4 qt

NOTA: Como puede verse las medidas para áridos y líquidos son muy diferentes. Como ejemplo, 4 qt de líquidos son 231 in^3 mientras que en medidas de áridos 4 qt son 268,8 in^3.

3. Medidas de pesos (avoirdupois)

7 000 granos	= 1 libras (lb)
16 onzas (oz)	= 1 lb
100 lb	= 1 quintal inglés (cwt)
2 000 lb	= 1 Tonelada (T)
2 240 lb	= 1 tonelada larga

NOTA: En la práctica, 1 ft^3 de agua pesa 62,5 lb ó 1 000 onzas.

Las tablas precedentes son útiles para deducir igualdades adicionales, como veremos en los ejemplos siguientes:

Ejemplo 1: Hallar el peso de 1 gal de agua.
Según las tablas anteriores,

1 ft^3 de agua = 62,5 lb
1 ft^3 = 1 728 in^3
1 gal = 231 in^3

El número de galones que hay en 1 ft^3 de agua = 1 728/231 = 7,48. Como 1 ft^3 de agua pesa 62,5 lb, 1 gal de agua pesará 62,5/7,48 lb, o sea $8{,}355_+$ lb.

Ejemplo 2: Hallar el número de litros de un galón.

1 gal = 231 in^3
1 litro = 61,0234 in^3

Luego, el número de litros de un galón es 231/61,0234, es decir, 3,78 l.

Ejercicios

7-11. ¿Cuántos barriles son 2 100 gal?
7-12. Convertir en onzas 1 tonelada 15 lb.
7-13. Reducir 19 pt a galones.
7-14. 1 in^3 de agua, ¿qué fracción de 1 pt es?
7-15. ¿Cuántos sacos, cada uno de 2 bu 2 pk, pueden llenarse con 360 bu de trigo?
7-16. Expresar primero en metros y después en milímetros las siguientes magnitudes: 456 cm; 1 763 dm; 27 Km.
7-17. Reducir las medidas siguientes a las unidades que se indican:
(a) 456 fr a metros.
(b) 435 ft a centímetros.
(c) 327 gal a litros.

(d) 92,87 qt (áridos) a litros.
(e) 756 bu a metros cúbicos.

7-18. Una puerta tiene 174 cm de alta. ¿Cuál es su altura en pulgadas?

7-19. Un bloque de piedra pesa 7,643 Kg. Un decímetro cúbico de la misma piedra pesa 2,7 Kg. ¿Cuál es el volumen del bloque en metros cúbicos?

7-20. Una lámina de acero del número 24 tiene un espesor de 0,635 mm y pesa 4,882 Kg por metro cuadrado. Hallar su espesor en pulgadas y su peso en onzas por pie cuadrado.

7-21. ¿Cuál es el diámetro en pulgadas de un cañón de calibre de 90 mm?

7-22. Si un pie cúbico de agua pesa 62,5 lb. ¿Cuánto pesará un litro de agua?

7-23. 1 Km = 3 280,83 ft ó 0,62137 millas. Comprobar estas dos igualdades.

7-24. Una velocidad de 32,3 ft por segundo, ¿cuántos cm/seg representa?

7-25. Hallar la diferencia que hay entre $3\,^{15}/_{16}$ in y 10 cm.

7-26. Hallar la capacidad en litros de un depósito rectangular de 2 m por 9 dm por 8 dm.

7-27. Una bomba extrae cada vez 2,57 gal y es capaz de hacer 84 extracciones por minuto. ¿Cuánto tardará en sacar 500 bbl?

7-28. ¿Qué fracción de 1 rod es un metro?

7-29. Reducir una presión de 14,5 lb por pulgada cuadrada a onzas por pie cuadrado.

7-30. Expresar una velocidad de 88 ft/seg en m/seg.

7-31. Hallar el lado de un jardín cuadrado de 68 ft. Dar el resultado aproximado hasta $^1/_8$ de pulgada.

7-32. Hallar, con una aproximación de $^1/_8$ de pulgada, el lado de una mesa cuadrada de 23,3 ft de superficie.

7-33. En una habitación cuadrada entra aire frío por un conducto cuadrado cuya sección tiene la misma área que un ractángulo de 38 cm por 17 cm. ¿Cuál será el lado del cuadrado, aproximado hasta $^1/_8$ cm?

7-34. Dos conducciones de aire cuadradas tienen secciones de 10 in y 12 in respectivamente. ¿Cuál sería el lado de una conducción, de sección cuadrada, que tuviese una superficie igual a la suma de las dos iniciales? Se pide el resultado con una aproximación de $^1/_8$ in.

2

ÁLGEBRA

8/Introducción al Álgebra: notaciones y definiciones

En Matemáticas, tratamos de hacer ciertas cosas en el menor tiempo posible. Por tanto, en Aritmética nos hemos familiarizado ya con algunos procesos destinados a ahorrar tiempo y trabajo a la hora de hacer cálculos. Al usar estos procesos, hemos utilizado algunos signos y símbolos para expresar ideas y hemos aprendido nuevos signos y símbolos para nuevas ideas. Estamos ya familiarizados con los siguientes términos y su empleo:

1. Los números dígitos de la Aritmética: 0, 1, 2, 3, 4, 5, 6, 7, 8 y 9.
2. Los signos de operación: $+$, $-$, $\times$, y $:$
3. Los signos de agrupación: ( ), [ ], { }, y ——
4. Los signos de relación de orden: $=$, $\neq$, $>$, y $<$.

En el estudio del Álgebra vamos a aprender nuevos métodos, más sencillos y útiles para resolver problemas. De vez en cuando, encontraremos nuevos símbolos y signos destinados a representar nuevas ideas y nuevos procesos.

8-1 ÁLGEBRA

El Álgebra es efectivamente una continuación de la Aritmética, pues también trata de los números. El Álgebra es una rama ya antigua de las Matemáticas, que se ha ido desarrollando desde hace varios siglos. Su objeto es estudiar las propiedades de los números y manejar las combinaciones y relaciones numéricas. Es esencial, por tanto, que examinemos la idea de número y aclaremos su significado.

8-2 NÚMEROS

Generalmente (sobre todo en la vida práctica), los números se obtienen contando un grupo de objetos o midiendo algo. Sin embargo, el concepto de número es fundamental para las operaciones de contar o medir. Así, la *medida* de un objeto —por ejemplo, la longitud de una habitación— es el *número* de veces que dicho objeto (en nuestro caso, la habitación) contiene a la unidad medida. Si la unidad de medida es 1 m, la medida de la longitud de una habitación de 8 m de largo es el número 8. No obstante, habitualmente al dar la medida de algún objeto, damos la *medida* y también la *unidad de medida*. Por eso, hemos podido decir que la longitud de una habitación es 8 (medida) m (unidad de medida); el peso de un pez, como 11 lb ó 5 Kg (11 ó 5 es la medida, la libra o el kilogramo la unidad de medida).

8-3 NÚMEROS DETERMINADOS

Los números 0, 1, 2, 3, etc., tienen un significado bien *definido*. Por ejemplo, el símbolo «4» representa la idea que expresamos con la palabra «cuatro». Puede ser 4 m, 4 ptas, o 4 de una unidad cualquiera; pero en todos los casos, es un *número determinado*. Entonces, evidentemente, los números 0, 1, 2, 3 son números determinados.

8-4 NÚMEROS GENERALES

Los *números generales* se representan por letras. Como ejemplo, en la fórmula para calcular el área de un rectángulo: $A = bh$. Aquí, A representa el área (en unidades cuadradas), b la longitud de la base y h la altura del rectángulo. Las letras A, b y h son números generales; la fórmula es válida para calcular el área de *cualquier* rectángulo. La letra b representa una longitud *cualquiera*, como 0,05 cm, 2 m ó 1 Km. Todas las fórmulas de uso general se expresan con letras, para que puedan emplearse en la resolución de varios problemas. Por supuesto, en un caso concreto la letra o letras empleadas representan, desde el principio al final, el mismo valor.

8-5 SIGNOS

Los *signos de operación* +, −, × y : tienen en Álgebra el mismo significado que en Aritmética. Sin embargo, el signo de la multiplicación (×) no suele escribirse si la multiplicación está indicada entre números expresados por letras. Entonces se escribe el punto (·) o no se escribe ningún signo. Así $b \times h$, puede escribirse $b \cdot h$ o simplemente bh. Análogamente, $2\,axy$ significa $2 \times a \times x \times y$. Los *signos de agrupación* son:

Los paréntesis: ( )
Los corchetes: [ ]
Las llaves: { }
La raya o trazo: ——

Los paréntesis, corchetes y llaves se colocan *a ambos lados* de las partes que se desean agrupar; la raya o trazo se coloca generalmente *encima de* la parte agrupada. Pero estos cuatro signos significan lo mismo: que las partes agrupadas deben tratarse como un solo número. Así, $12 - (10 - 4)$; $12 - \{10 - 4\}$; y $12 - \overline{10 - 4}$ tienen el mismo significado. Sin embargo, el trazo se emplea con más frecuencia en el signo radical; por ejemplo, $\sqrt{6\,425}$ y en las fracciones. Obsérvese que la expresión

$$\frac{7-4}{3+4}$$

la línea horizontal se emplea como trazo y también como signo de división. En este caso, sirve para tres fines: primero, indica una división; segundo, agrupa los números del numerador; y por último, agrupa los números del denominador.

Cuando se hacen operaciones en un problema en el que aparecen signos de agrupación, deben hacerse primero las operaciones planteadas dentro de dichos signos.

8-6 EXPRESIONES ALGEBRAICAS

Expresión algebraica es toda expresión que, mediante símbolos y signos de Álgebra, representa un número.

Expresión algebraica numérica es aquella en la que solamente intervienen números y signos.

Expresión algebraica literal es aquella en la que también intervienen letras.

Así, $14 + 13 - (4 + 3)$ y $3ab - 4cd$ son expresiones algebraicas; la primera numérica y la segunda literal.

El *valor* de una expresión algebraica es el número que representa.

8-7 COEFICIENTES

En una expresión tal como $8abx$, 8, a, b, y x son los *factores* de la expresión. Uno de estos factores, o el producto de varios cualesquiera de ellos se denomina *coeficiente* de la parte restante.

Así, $8ab$ puede considerarse el coeficiente de x, o bien $8a$ el coeficiente de bx. Pero lo que generalmente designamos por «el coeficiente» es sólo la parte numérica, que entonces se llama el *coeficiente numérico*. Si no aparece parte numérica en la expresión, se sobreentiende que 1 es el coeficiente numérico. Es decir, $1axy$ es lo mismo que axy.

8-8 POTENCIAS Y EXPONENTES

Si todos los factores de un producto son iguales, como en el caso $a \cdot a \cdot a \cdot a$ el producto se llama *potencia* de uno de ellos. La expresión $a \cdot a \cdot a \cdot a$ se suele escribir a^4. El número colocado arriba y a la derecha indica cuántas veces se toma a como factor. En este caso, a es la *base* y 4 el *exponente*.

El exponente de una potencia se escribe arriba a la derecha y más pequeño que la base. Cuando es un número positivo, indica cuántas veces se toma la base como factor. Así, c^2 se lee «c al cuadrado», «c cuadrado» o «c a la segunda potencia» y significa que c se toma dos veces como factor; c^3 se lee «c cubo» o «c a la tercera potencia» y quiere decir que c debe tomarse tres veces como factor; c^4 se lee «c a la cuarta potencia» e indica que c se toma cuatro veces como factor; c^n se lee «c a la n-ésima potencia» o «c elevado a n» y significa que c se toma n veces como factor. Cuando no hay exponente, se sobreentiende que es 1. Así, a es lo mismo que a^1.

Es interesante comentar que los exponentes no se emplearon hasta varios siglos después de que estuvo el Álgebra bastante desarrollada; sólo se generalizó su uso durante el siglo XVII. Antes, a^2, por ejemplo, se escribía aa y a^3 como aaa.

8-9 TÉRMINOS

Un *término* de una expresión algebraica es toda parte de la expresión que no está separada por un signo + o −. El signo + o el signo − que precede al término, forma parte de él. Así, en la expresión $4ax + 3c - d$, los términos son $+4ax$, $+3c$, y $-d$.

Es conveniente usar los siguientes nombres para las expresiones algebraicas, según su número de términos:

Monomio es una expresión algebraica de un solo término. $6axy$ es un monomio.

Binomio es una expresión algebraica de dos términos. $3ht - 7uv$ es un binomio.

Trinomio es una expresión algebraica formada por tres términos.

Cualquier expresión de dos o más términos puede llamarse *polinomio* o *multinomio*.

Los términos iguales o que sólo difieren en su coeficiente se denominan *términos comunes* o *semejantes*. Los que difieren en su parte literal son términos *no semejantes*. Así, $6a^3x^2$, $-7a^3x^2$, y $16a^3x^2$ son términos semejantes, ya que en los tres términos las letras a y x aparecen con los mismos exponentes. La única diferencia está en los coeficientes numéricos 6, − 7, 16. Los términos $6a^3x^2$ y $7ax^2$ son términos no semejantes porque los dos exponentes de a son distintos. Por supuesto, $7a^3x^2$ y $16ayz$ son también no semejantes, porque constan de distintos números generales.

8-10 ESCRITURA DE EXPRESIONES ALGEBRAICAS

Los números determinados (como coeficientes y exponentes), los números generales, y los signos de operación y de agrupación se emplean para convertir una afirmación en una expresión algebraica. Veamos las siguientes transformaciones de afirmaciones en expresiones algebraicas:

Ejemplo 1: La suma de tres números es 12. Representemos los tres números por x, y, y z. Entonces $x + y + z = 12$.

Ejemplo 2: El área de un cuadrado es igual al cuadrado de la longitud de su lado. Si representamos por A el área del cuadrado y por l la longitud del lado, entonces $A = l^2$.

Ejemplo 3: El doble de la suma de dos números es 20. Si x e y representan a los dos números, entonces $2(x + y) = 20$.

Ejemplo 4: El producto de la suma de dos números por su diferencia es 125. Representando los dos números por x e y resulta $(x + y)(x - y) = 125$.

Ejemplo 5: El producto de dos números, dividido por su suma es 18. Representemos los dos números por x e y. Entonces

$$\frac{xy}{x + y} = 18$$

Ejemplo 6: El cubo de la suma de tres números es 1 025. Representemos por x, y, y z los tres números. Entonces obtenemos $(x + y + z)^3 = 1\,025$.

Ejercicios

8-1. Calcular el valor de cada una de las operaciones siguientes:

(a) $2 + 7 + 3 + 5 + 1 + 9$

(b) $10(9 + 8) - 7(6 - 5) + 11$

(c) $12 + 21 - 3(705) + 2(6 \times 8)$

(d) $175 - 152 + 11(8 \times 11) - 5$

(e) $[144 : (3 \times 12)] + 4(2 : 4)$

8-2. De las expresiones siguientes, decir cuáles son monomios, binomios y trinomios. ¿Cuáles son polinomios?

(a) $at^2 + vt$
(b) $x^2 + bx + c$
(c) $ma - nu^2$
(d) $200a^2bc^3$
(e) $x^2 - 20 + y^2$
(f) $11x^2 - 12y^2$
(g) $87d^2t^3$
(h) $ax^3 - ay^3$
(i) $2r^2 + 2rh$
(j) $xyz - abc + 4$
(k) $45 + 73x$
(l) $rt + \frac{2}{3}at^3 - 0.9s$
(m) $at - bt + ct^2$
(n) $12c^2 + CD^2 - 32h^2$

8-3. ¿Cuál es el coeficiente de x en el Ejercicio 8-2*k*? ¿El de x en el Ejercicio 8-2*e*? ¿El de t^3 en el Ejercicio 8-2*g*? ¿El de s en el Ejercicio 8-2*l*? y, ¿el de y^2 en el Ejercicio 8-2*f*?

8-4. Indicar los coeficientes numéricos de los Ejercicios 8-2*f* y 8-2*l*.

8-5. Indicar los exponentes de los Ejercicios 8-2*d*, *h*, y *n*.

8-6. ¿Cuántos factores hay en el Ejercicio 8-2*d*? ¿Y en el 8-2*g*?

8-7. Expresar algebraicamente las siguientes frases:

(a) 9 veces x más a veces y.
(b) 6 veces h restado de 34 veces k.
(c) El producto de 5 veces x^4 por w elevado al cubo.
(d) El producto de 3 por a a la quinta potencia, por s al cubo.
(e) El producto de la suma de h y k por la diferencia de sustraer h de k.
(f) El cuadrado de la suma de 4, x e y.
(g) El cociente de la suma de a y b dividido por la diferencia cuando a se resta de b.

8-8. Escribir algebraicamente el producto de v^3 por la suma de estas dos fracciones: 5 dividido por x y 6 dividido por y.

8-9. Expresar algebraicamente el producto de la suma de p, $3q$, y $5r$ por la suma de $4p$, $6q$, y $8r$.

8-10. Expresar algebraicamente el cuadrado de la suma de u y v, más el cubo de la suma de a, b, y c.

8-11. Escribir con palabras estas expresiones algebraicas:

(a) $10 + ax$
(b) $x^2 - 2pm$
(c) $(a + bt) : abt$
(d) $7x - 5(4a - b)c$

8-12. Escribir más abreviadamente, usando exponentes, los siguientes términos:

(a) $9aaabbbc$
(b) $(3)(3) \times yyzzzz$
(c) $4(2)2aac$
(d) $5abcabc + 10abbc - 15abbc$
(e) $2(2)(2)(a + b)(a + b)$
(f) $11(11)(ax)(ax)11$
(g) $a(ab)[a(ab)]ab$
(h) $(ab - c)(ab - c)(ab - c)$

8-13. Escribir las siguientes cantidades con un solo número, sin exponentes:

(a) $2(10)^4$
(b) $2 : 10^3$
(c) $a(10)^{10}$
(d) $9 \cdot 37 \times 10^7$
(e) $6 \cdot 27 \times 10^2$
(f) $2 \cdot 8 : (10)^{11}$

8-14. Escribir los números siguientes como un número con menos símbolos por una potencia de 10:

(a) 500 000
(b) 480 000 000
(c) 123 000
(d) 10 100 000
(e) 3 468 100 000
(f) 9 463 780 000 000 000

8-15. Descomponer los números siguientes en factores primos, y escribirlos en función de estos factores empleando exponentes:

(a) 60
(b) 1 080
(c) 6 084
(d) 14 400

8-16. Hallar el valor de:

(a) $2^2 3^3$ **(b)** $3^2(10)^3$ **(c)** $5^2 6^3 7^2$

8-17. Si $a = 4$, ¿cuál es el valor de $2a$?, ¿de $4a^2$?, ¿de $10a^4$?

8-18. ¿Cuál es el valor de $12a$, si a es 3,5?, ¿si es 1,2?, ¿si es $6\,^2/_3$?, ¿si es $8\,^1/_3$?

8-19. Si yo tengo d pesetas y tú tienes 4 veces más, ¿cuántas pesetas tendrás?

8-20. Si un equipo gana 11 partidos en un mes y 15 al mes siguiente, ¿cuántos partidos ha ganado? Si el equipo gana n partidos en una semana y m en la semana siguiente, ¿cuántos partidos ha ganado en esas dos semanas? Hasta ahora han ganado $26 + (n + m)$ partidos; pero en otra semana pierden p partidos. Si reciben un punto por partido ganado y se les resta uno por partido perdido, ¿cuántos puntos tienen en la actualidad?

8-21. Si s es el número de decímetros que mide un segmento, ¿cuántos centímetros hay en el doble de longitud? ¿Y en la mitad? ¿Y en los $^3/_4$?

8-22. Un atleta corre a 10 m/seg. ¿Cuánto habrá recorrido en 10 seg? ¿En c segundos? ¿En 1 min? Y ¿en d minutos?

8-23. Si un tren recorre a Km en c horas, ¿hasta dónde habrá llegado en 1 hora? ¿Y en q horas?

8-24. Un tendero cobra c ptas por 1 Kg de té. ¿Cuánto cobrará por 20 Kg? ¿Y por p Kg?

8-25. Un niño anda m Km en una hora. ¿Cuántos kilómetros andará en c horas? ¿En d minutos? ¿Cuántos metros habrá caminado en e minutos?

8-26. ¿Qué número es $10tu$, si $t = 8$ y $u = 3$?

8-27. ¿Qué número representa $100h + 10tu$, si $h = 4$, $t = 5$, y $u = 6$? ¿Si $h = 7$, $t = 8$, y $u = 0$?

8-28. ¿Qué número representa $1\,000a + 100b + 10cd$, si $a = 5$, $b = 7$, $c = 9$, y $d = 1$?

8-29. Si a, b, c y d tienen el mismo valor que en el Ejercicio 8-28, ¿qué número representa $abcd$? ¿Cómo se puede representar 5 791?

8-11 FÓRMULAS

Una *fórmula* es una regla escrita en términos algebraicos. Por ejemplo, la regla para calcular el área del rectángulo es la siguiente: La superficie es igual al producto de la base por la altura. Esto, escrito como una fórmula es $A = bh$, que es también una ecuación. Es preciso comprender perfectamente tales ecuaciones para desarrollar la habilidad de saber transformar una fórmula en otras formas que pueden ser más cómodas para ciertos problemas. La transformación de una ecuación también requiere un buen conocimiento de las operaciones fundamentales, la descomposición en factores y las fracciones en el Álgebra.

8-12 VALORACIÓN DE LAS EXPRESIONES Y FÓRMULAS ALGEBRAICAS

Valorar una expresión algebraica es calcular su valor. Este valor puede venir dado por un número determinado sólo cuando hayamos asignado valores determinados a todas las letras que aparecen en la expresión.

Una expresión algebraica numérica tiene un valor determinado, que se halla realizando las operaciones indicadas. Así,

$$21 - (10 + 3) + 14 - 10 = 21 - 13 + 14 - 10 = 12.$$

Una expresión algebraica literal tiene un valor determinado que depende de los valores asignados a las letras. Así, la expresión abc, que significa $a \times b \times c$, tiene un valor si $a = 3$, $b = 4$, $c = 10$. Sustituyendo las letras por estos valores, tenemos $3 \times 4 \times 10 = 120$.

Si damos otro conjunto de valores a a, b, y c obtendremos otro valor para el producto.

Ejemplo 1: Hallar el valor de $\pi r^2 h$, si $\pi = 3{,}1416$, $r = 6$, y $h = 10$.
Sustituyendo las letras por los valores dados, la expresión se transforma en $3{,}1416 \times 6^2 \times 10 = 1\,130{,}976$, siendo este el valor determinado.

Ejemplo 2: Hallar el valor de $a^3 + 3a^2b + 3ab^2 + b^3$ cuando $a = 2$ y $b = 3$.
Sustituyendo las letras por los valores, $a^3 + 3a^2b + 3ab^2 + b^3 = 2^3 + 3 \times 2^2 \times 3 + 3 \times 2 \times 3^2 + 3^3 = 125$, el valor determinado.

Ejemplo 3: Hallar el valor de $\sqrt{s(s-a)(s-b)(s-c)}$ si $s = (a + b + c)/2$, $a = 36$, $b = 22$, y $c = 20$. Sustituyendo

$$s = \frac{a + b + c}{2}$$

$$s = \frac{36 + 22 + 20}{2} = 39$$

Sustituyendo

$$\sqrt{s(s-a)(s-b)(s-c)} = \sqrt{39(39-36)(39-22)(39-20)}$$
$$= \sqrt{37\,791} = 194{,}4-$$

Ejercicios

8-30. Escribir las siguientes expresiones sin exponentes y calcular su valor:

(a) $2^3 3^2$ **(d)** $4^2 + 5^3(10)$
(b) $2^3 + 3^2$ **(e)** $(4^2 5^3)(10)$
(c) $4^2 5^3 10$ **(f)** $8^2 + 9^2 + 12^2$

Hallar los valores de las siguientes expresiones si $a = 5$, $b = 2$, y $c = 10$.

8-31. $2abc^2$
8-32. $(2abc)^2$
8-33. $3a^2 - b^2$
8-34. $3(a^2b^2 - c^2)$
8-35. $(3ab^2 - c)^2$
8-36. $(3a + b - c)^2$
8-37. $3a + (b + c)^2$
8-38. $(ab)^2(c - b)^2$
8-39. $ab(c - b)^2$
8-40. $(a + b)^2(c - b)^2$
8-41. $a + b^2(c - b)^2$
8-42. $[c + (a + b)][c - (a + b)]$
8-43. $(a + b)^3$
8-44. $a^3 + 3a^2b + 3ab^2 + b^3$

8-45. Hallar el valor de estas expresiones cuando $d = 10$.

(a) $C = \pi d$ **(b)** $S = \frac{1}{4}\pi d^2$ **(c)** $V = \frac{1}{6}\pi d^3$

8-46. Hallar el valor de las expresiones siguientes cuando $r = 2$ y $h = 10$:

(a) $S = 2\pi rh$ **(b)** $V = \pi r^2 h$ **(c)** $T = 2\pi rh + \pi r^2$

Hallar el valor numérico de las expresiones siguientes, si $a = 1$, $b = 3$, $c = 5$ y $d = 0$:

8-47. $a^2 + 2b^2 + 3c^2 + 4d^2$
8-48. $a^4 + 4a^3 + 6a^2b^2 - 4ab^3 + b^4$
8-49. $\dfrac{12a^3 - b^2}{3a^2} + \dfrac{2c^2}{a + b^2} - \dfrac{a + b^2 + c^3}{5b^3}$

ADVERTENCIA: Recuérdese que las líneas de las fracciones son signos de agrupación; no sólo indican división, sino también agrupan los términos del numerador y del denominador. Las multiplicaciones, sumas y diferencias indicadas en ellos, deben realizarse en primer lugar. Así, después de sustituir,

$$\frac{12 \times 1^3 - 3^2}{3 \times 1^2} + \frac{2 \times 5^2}{1 + 3^2} - \frac{1 + 3^2 + 5^3}{5 \times 3^3} = \frac{3}{3} + \frac{50}{10} - \frac{135}{135}$$
$$= 1 + 5 - 1 = 5$$

8-50. $(c^2 - b^2 - a^2) - (abc - b^2)$

8-51. $(c - b - a)^2 - (abc - b)^2$

8-52. $\dfrac{10ab + cd}{(d + 2ab - c)^2} + \dfrac{(2c)^2}{a^2 + b} - \dfrac{8a^2}{2b^2}$

Valorar las expresiones siguientes, si $a = 1$, $b = 2$, $c = 3$, $d = 4$, y $e = 5$:

8-53. **(a)** $\sqrt{(a + c)}\sqrt{(d + e)}$

(b) $\sqrt{(c^2 + d^2)} - e$

8-54. $(a + b)(b + a) - (b + c)(c + d) + (c + d)(d + e)$

8-55. $(a - 2b + 3c)^2 - (b - 2c + 3d)^2 + (c - 2d + 3e)^2$

8-56. **(a)** $\sqrt{4c^2 + 5d^2 + e}$

(b) $\sqrt{e^2 + d^2 + c^2 - a^2}$

8-57. Valorar $(ac - bd)\sqrt{a^2bc + b^2cd + c^2ad - 2}$, si $a = 1$, $b = 2$, $c = 3$, y $d = 0$.

8-58. Hallar el valor de la expresión $a(b - c)/d(e - b)$, cuando $a = 500$, $b = 98$, $c = 8$, $d = 150$, y $e = 100$.

8-59. Dado $J = ab/T : (c - d)$. Hallar J, cuando $T = 273$, $a = 1\,013\,250$, $b = (1 : 0{,}001293)$, $c = 0{,}2375$, y $d = 0{,}1684$.

8-60. Si A es el número de unidades cuadradas en el área del círculo, y r el número de unidades lineales de su radio, expresar con palabras la siguiente fórmula: $A = \pi r^2$.

8-61. En la fórmula anterior ¿puede ser r un número cualquiera? ¿Y A? Si hacemos $r = 5$ cm, ¿podemos entonces dar a A cualquier valor? ¿Podemos dar a π el valor que queramos? ¿Es π un número general? ¿Lo es A? ¿Lo es r?

8-62. Designando por A el área, por b la base, y h como altura, escribir la siguiente fórmula: El área de un triángulo es igual a la mitad de su base por la altura. Dibujar una figura que lo represente. Hallar el área de un triángulo si $b = 4$ y $h = 7$. ¿Cuántas figuras podéis dibujar con estas dimensiones?

8-63. Escribir en forma de ecuación lo siguiente: La potencia de un motor eléctrico, medida en caballos de vapor, W se halla multiplicando el número de voltios V, por el de amperios I y dividiendo por 746.

8-64. Si c es el capital inicial, i el interés simple, t el tiempo en años, r el rédito o tipo de interés en tanto por ciento y C el capital total, expresar las fórmulas de **(a)** a **(g)** con palabras:

(a) $i = crt$

(b) $C = c + crt$

(c) $C = c + i$

(d) $c = \dfrac{i}{rt}$

(e) $t = \dfrac{i}{cr}$

(f) $r = \dfrac{i}{ct}$

(g) $r = \dfrac{C - c}{ct}$

(h) Un hombre presta 500 ptas, durante 2 años al 6 %. Elegir la fórmula adecuada y calcular el interés simple.

(i) Un hombre presta cierta cantidad durante $1\,^1/_2$ años al 4 % y recibe 15 ptas de intereses. Seleccionar la fórmula adecuada y calcular el capital inicial.

(j) Un hombre deposita 400 ptas y al cabo de 3 años recibe 60 ptas de interés. Elegir la fórmula adecuada y calcular el rédito.

(k) Un hombre deposita 700 ptas durante cierto tiempo al 3 % y recibe 26,25 ptas de intereses. Elegir la fórmula adecuada y calcular el número de años que prestó el dinero.

8-65. Escribir la fórmula que nos indique que a veces la suma de b, c, y d es igual a s.

8-66. En el Ejercicio 8-65, calcular s si:

(a) $a = 7$, $b = 6$, $c = 8$, y $d = 10$.

(b) $a = {}^2/_3$, $b = {}^7/_8$, $c = {}^3/_4$, y $d = {}^7/_{24}$.

8-67. Sea L el precio de un solar y H el de la casa que hay en él. Escribir con símbolos algebraicos que si se suman 5 000 ptas al precio del solar y se multiplica la suma por 4, se obtiene el precio de la casa.

8-68. Escribir la fórmula que establece que el área S de una superficie esférica es igual a 4 veces π por el cuadrado de su radio r. Usar esta fórmula para hallar el área de la superficie de una esfera de radio 15 cm.

8-69. Escribir la fórmula que establece que el volumen V de una esfera es igual a ${}^4/_3$ de π por el cubo de su radio r. Usando la fórmula hallar el volumen de una esfera de 12 cm de radio.

8-70. Escribir una fórmula estableciendo que el volumen V de un ortoedro (prisma rectangular recto) es la longitud l, por la anchura a, por la altura h. Usar esta fórmula y averiguar el número de metros cúbicos de un salón de 40 m por 30 m por 12 m. Dibujadlo.

8-71. Si una persona tiene 35 años, ¿cuántos años tenía hace a años? ¿Qué edad tendrá dentro de b años?

8-72. Si x años era la edad de un hombre a años antes, ¿cuál es ahora su edad? ¿Cuál será dentro de c años?

8-73. Escribir en lenguaje algebraico; x disminuido en a; y incrementado en b; x dividido por n; la n-ésima parte de x; un n-avo de a.

8-74. ¿Cuál es el siguiente número mayor que 10? Si n es un número entero, ¿cuál es el número siguiente mayor que él?

8-75. ¿Cuál es el número par siguiente a 6? Si $2n$ es un número par, ¿cuál es el par siguiente mayor que él? ¿Y el menor?

8-76. Si x es el primero de dos números consecutivos, ¿cuál es el segundo? ¿Cómo representaremos tres números consecutivos, si x es el del centro?

8-77. Representar tres números pares consecutivos, si x es el segundo.

8-78. Si la longitud de una barra es x m, ¿cuántos mm mide?

8-79. Si d es el precio de un objeto en pesetas, ¿cuántos céntimos cuesta?, ¿cuántos duros?

8-80. Si una habitación mide a m b cm d mm de larga, ¿cuál es su longitud en milímetros?

8-81. Una caja mide a dm de larga, b dm de ancha y c dm de alta. ¿Cuántos decálitros caben en su interior?

9/Suma y resta

Los grados de temperatura, tal como los indica un termómetro, se cuentan en dos direcciones distintas a partir del punto cero. Es decir, la temperatura se lee en grado «sobre cero» o «bajo cero». En Aritmética también suele expresarse en esta forma, pero en Álgebra se utiliza una expresión más breve. Se han adoptado los signos + (positivo o más) y − (negativo o menos) para expresar las temperaturas sobre o bajo cero. Este empleo de ambos signos difiere algo del usual, en el que indican suma o resta. Aquí los signos indican el sentido o dirección en que se ha medido la temperatura. Veinticinco (25) grados sobre cero se escribe + 25; 25 grados bajo cero se escribe − 25.

Un número, si va precedido del signo + se llama *número positivo*. Si va precedido del signo − es un *número negativo*.

De forma similar, el tiempo se mide en años antes y después de una cierta fecha; este método puede servirnos de ejemplo para emplear los signos + y −. Por ejemplo, el año 1971 después de J.C. se escribiría + 1971; el año 325 a. d. J.C. se escribiría − 325.

Otro ejemplo son las fuerzas; una fuerza actuando en un sentido y otra en sentido opuesto se designan como + (fuerza positiva) y − fuerza (fuerza negativa), respectivamente.

Otro ejemplo más: el dinero ganado (los beneficios) pueden escribirse con signo +; el dinero perdido, con signo −.

9-1 NECESIDAD DE LOS NÚMEROS NEGATIVOS

La necesidad de ampliar el sistema numérico hasta incluir los números negativos aparece clara en las siguientes sustracciones. El minuendo permanece constante, pero el sustraendo crece (de izquierda a derecha) cada vez en una unidad. Entonces, la diferencia disminuyen también de 1 en 1, de izquierda a derecha. Cuando las diferencias llegan a ser *menores que cero*, se indica mediante el signo − colocado delante del número.

$$\begin{array}{cccccccc} 6 & 6 & 6 & 6 & 6 & 6 & 6 & 6 \\ \underline{-3} & \underline{-4} & \underline{-5} & \underline{-6} & \underline{-7} & \underline{-8} & \underline{-9} & \underline{-10} \\ 3 & 2 & 1 & 0 & -1 & -2 & -3 & -4 \end{array}$$

9-2 REPRESENTACIÓN GRÁFICA DE LOS NÚMEROS POSITIVOS Y NEGATIVOS

Por convenio, los números positivos y negativos se representan sobre una recta horizontal, con una unidad de medida $0u$. (Véase figura 9-1.) Los números positivos se colocan a la derecha del punto designado con el cero, y los precedidos del signo − (negativos) se representan a la izquierda.

Hacia la derecha es el sentido *positivo* y *hacia la izquierda* el sentido *negativo*, independientemente del punto que se considere.

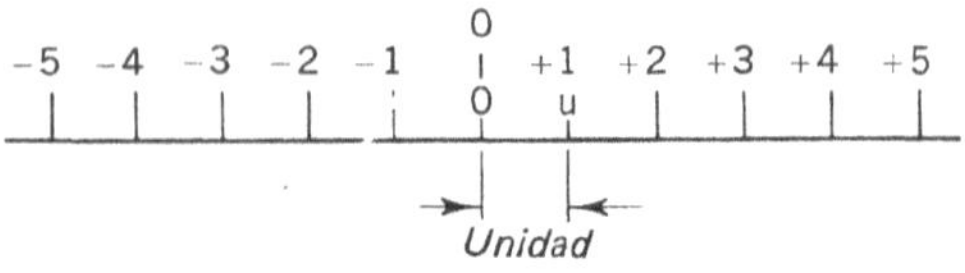

Figura 9-1

La idea de número negativo es opuesta a la de número positivo. Por ejemplo, si un hombre marcha 5 Km hacia el Este (sentido positivo) y luego 5 Km hacia el Oeste (sentido negativo) llegará al punto de partida. La distancia recorrida en sentido negativo ha compensado la recorrida en sentido contrario.

9-3 DEFINICIONES

Los números positivos y negativos, junto con el cero, constituyen el sistema de los *números algebraicos*. (En este libro el término número algebraico se emplea en un sentido limitado pero más significativo para el alumno.)

El *valor absoluto* o *valor numérico* de un número es el valor que tiene sin hacer referencia a su signo. Así, + 5 y − 5 tienen el mismo valor absoluto, 5.

Los signos + y −, cuando se usan para indicar dirección o sentido, se llaman *signos cualitativos*, para distinguirlos de los signos de operación que se usan para indicar una suma o una resta. Cuando el signo + se emplea como signo cualitativo, puede suprimirse y generalmente se suprime; pero el signo −, cuando aparece como signo cualitativo, debe expresarse siempre.

Para diferenciar los signos cualitativos de los de operación, a veces el signo cualitativo se encierra entre paréntesis con el número correspondiente: (− 3), (+ 4). Observad que (− 5) + (+ 2) significa que − 5 y + 2 deben ser sumados.

¿Qué es un número negativo y por qué debemos interesarnos por ellos? Los ejemplos dados anteriormente deberían ayudarnos a comprender la idea de número negativo y a ver de qué modo son necesarios cuando a un número le restamos otro mayor que él.

En el estudio de Matemáticas, cuando aparece una nueva idea de número, en primer lugar debemos representarlo con un símbolo. A continuación, buscamos la forma de operar con él; es decir, determinamos como sumar, restar, multiplicar y dividir con él. Una de las primeras cosas que el alumno ha aprendido en Aritmética es la forma de operar con los números enteros positivos; después ha aprendido a operar con las fracciones. Gran parte del tiempo que pasamos estudiando Matemáticas se dedica a determinar cómo sumar, restar, multiplicar y dividir números de diversas clases: números enteros, positivos, negativos, fraccionarios y combinaciones de ellos.

Ahora es necesario desarrollar los métodos para manejar los números algebraicos. Pedimos al alumno que estudie con cuidado cada uno de los nuevos apartados que siguen, hasta que llegue a comprenderlos a conciencia.

9-4 SUMA DE NÚMEROS ALGEBRAICOS

La *suma algebraica* de dos o más números algebraicos es el valor resultante de agregarlos o reunirlos en uno solo. El proceso para calcular esta suma, se llama suma o adición.

Para sumar 3 y 4, contamos a partir de 4 tres unidades más y obtenemos 7 unidades, que es su suma. Esta técnica es fundamental, es el método natural de sumar. Incluso un niño que aún no sepa hablar, podría sumar contando con los dedos. Si consideramos el sistema de los números algebraicos representado en una línea horizontal (figura 9-2), sumaremos un

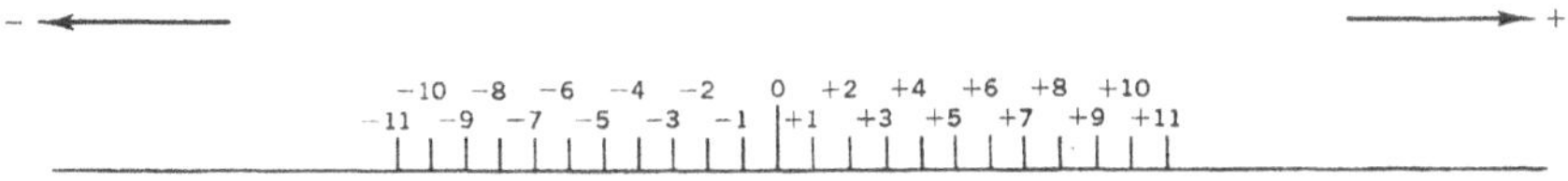

Figura 9-2

número positivo a otro número dado, partiendo de dicho número y contando entonces tantas unidades, hacia la derecha, como nos indique el número positivo que queremos sumarle.

Por ejemplo, utilizando la figura 9-2, para sumar 3 y 4, partiendo de 4 contamos hacia la derecha tres unidades, hasta llegar a 7. Para sumar + 5 a − 3, partiendo de − 3 contamos 3 unidades hacia la derecha, y llegamos a + 2. Para sumar + 3 a − 7, partiendo de − 7 contamos 3 unidades hacia la derecha, llegamos a − 4. Como sumar − 3 a + 7 es lo mismo que sumar + 7 a − 3, el resultado de la suma es 4. Si partiendo de + 7 queremos llegar contando unidades hasta + 4, debemos contar en sentido negativo; es decir, contar hacia la izquierda. Resulta entonces evidente que para sumar un número negativo, debemos contar hacia la izquierda. Para sumar − 4 a 9, entonces, partiendo de + 9 y contando 4 unidades hacia la izquierda, llegamos a + 5. Para sumar − 7 y + 2, partiendo de + 2, contando 7 unidades hacia la izquierda, llegamos a − 5. Para sumar − 4 a − 5, partiremos de − 5, contando cuatro unidades hacia la izquierda y llegaremos a − 9. Estos cálculos aparecen aquí abajo:

$$\begin{array}{r} +4 \\ +(+3) \\ \hline +7 \end{array} \quad \begin{array}{r} -3 \\ +(+5) \\ \hline +2 \end{array} \quad \begin{array}{r} -7 \\ +(+3) \\ \hline -4 \end{array} \quad \begin{array}{r} +7 \\ +(-3) \\ \hline +4 \end{array} \quad \begin{array}{r} +9 \\ +(-4) \\ \hline +5 \end{array} \quad \begin{array}{r} +2 \\ +(-7) \\ \hline -5 \end{array} \quad \begin{array}{r} -5 \\ +(-4) \\ \hline -9 \end{array}$$

9-5 PRINCIPIOS BÁSICOS

Estudiando con cuidado los ejemplos y las explicaciones anteriores, obtenemos los principios básicos siguientes:

1. La suma algebraica de dos números con el mismo signo es igual a la suma de sus valores absolutos, precedida del signo común.
2. La suma algebraica de dos números de distinto signo es igual a la diferencia entre sus valores absolutos, precedida por el signo de número de mayor valor absoluto.

Para sumar tres o más números con distintos signos, primero se calcula la suma de los números positivos y la de los negativos aplicando el principio 1; entonces se suman ambos resultados por el principio 2. Por ejemplo, para hallar la suma de + 2, + 10, − 6, − 3, − 7, + 9, tomamos + 2 + 10 + 9 = 21 y (− 6) + (− 3) + (− 7) = − 16. Entonces + 21 + (− 16) = + 5, que es su suma.

9-6 RESTA DE NÚMEROS ALGEBRAICOS

La resta es la operación inversa de la suma. Si de dos números conocemos uno de ellos y su suma, la resta es el proceso que nos permite calcular el otro número. Por ejemplo, supongamos que 7 + b = 10; entonces b = 10 − 7.

NOTA: 10 se llama *minuendo* y 7 *sustraendo.*

En Aritmética siempre se supone que el minuendo es mayor que el sustraendo. En la resta de números algebraicos, es posible tener un minuendo menor que el sustraendo cuando ambos números son positivos, y también el minuendo o el sustraendo pueden ser números negativos.

Teniendo presente la definición de resta como operación inversa de la suma, y la idea del sistema de los números algebraicos representados en la línea horizontal, deduciremos los dos principios siguientes:

1. Restar de un número dado un número positivo equivale a sumarle un número negativo que tenga igual valor absoluto.

2. Restar de un número dado un número negativo equivale a sumarle un número positivo de igual valor absoluto.

Así, de acuerdo con el principio 1,

$14 - (+8) = 14 + (-8) = 6.$

Esta operación aparece gráficamente en la figura 9-3.

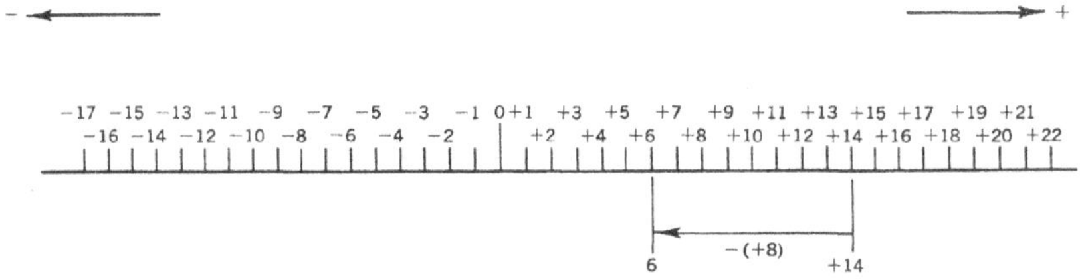

Figura 9-3

También, según el principio 2,

$14 - (-8) = 14 + (+8) = 22.$

Probamos a realizar gráficamente este ejemplo del principio 2 en la figura 9-4.

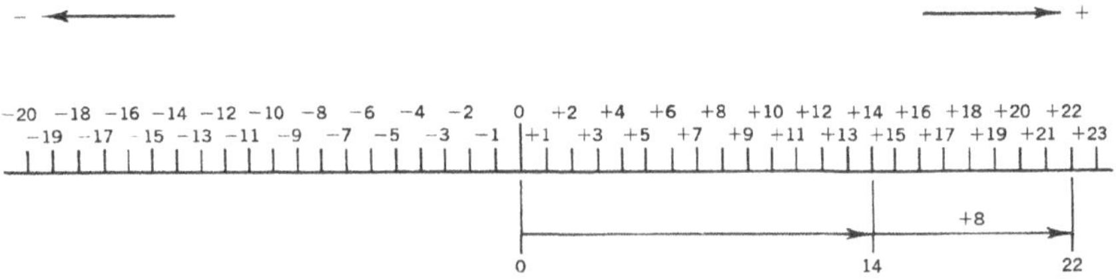

Figura 9-4

Para efectuar una resta de números algebraicos, basta con cambiar el signo del sustraendo, con lo cual la operación queda convertida en una suma.

Las seis siguientes sustracciones sirven como ejemplos de esta última regla:

$$\begin{array}{r} +4 \\ -(+3) \\ \hline 1 \end{array} \qquad \begin{array}{r} +7 \\ -(+3) \\ \hline 4 \end{array} \qquad \begin{array}{r} +4 \\ -(+6) \\ \hline -2 \end{array} \qquad \begin{array}{r} -6 \\ -(-2) \\ \hline -4 \end{array} \qquad \begin{array}{r} -3 \\ -(-7) \\ \hline +4 \end{array} \qquad \begin{array}{r} -8 \\ -(+3) \\ \hline -11 \end{array}$$

Los signos más y menos de los seis ejemplos anteriores son signos cualitativos y no indican ninguna operación. El alumno debe fijarse cuidadosamente también en que $+4$ menos $+3$ es exactamente lo mismo que $+4$ más -3.

Ejercicios

9-1. Efectuar cada una de las *sumas* siguientes y comprobar el resultado gráficamente:

+6	−7	−5	14	+10	13	19	45	−97
+8	−3	+5	19	−15	−18	− 8	− 9	91

−5	−2	+5	+7	−5	+9
+3	−4	−6	−9	+5	−4
−2	+3	+7	−2	−3	−6
+4	+2	−8	+4	+6	+1

9-2. Efectuar cada una de las *restas* siguientes y comprobar sumando el sustraendo y la diferencia:

6	8	−11	17	80	−95	−87	−240	−0,1
+3	−5	+10	+13	−70	90	+88	+260	−1,1

9-3. ¿Qué número sumado a 10 da + 5? ¿− 1? ¿− 10? y ¿9?
9-4. ¿Qué número sumado a − 10 da 5? ¿15? ¿− 15? ¿0? y ¿22?
9-5. ¿Qué número debemos restar a 15 para obtener − 15? ¿15? ¿0? ¿30? ¿1? ¿60?
9-6. ¿Qué número debemos restar a − 15 para obtener 15? ¿− 15? ¿0? y ¿− 30?
9-7. Hallar cada una de las *sumas* siguientes:

575	−8 008	7 070	−1 940	$1,07	95%
−500	1 008	− 70	− 60	−$0,77	−15%

9-8. Hallar cada una de las *diferencias* siguientes:

102	−707	−333	5 280 m	$4,04	$33\frac{1}{3}$%
201	93	−333	5 200 m	−$4,96	30 %

Hallar las *sumas* de los Ejercicios 9-9 a 9-15.

9-9. 3, −4, −15, 10, 15.
9-10. 37, −67, 95, 105, −3.
9-11. 1,9, 9,1, −20, 15, −6.
9-12. $\frac{1}{2}$, $\frac{3}{4}$, $\frac{9}{12}$, $-\frac{18}{24}$, $-\frac{4}{8}$.
9-13. $-5\frac{2}{3}$, $-6\frac{3}{4}$, $11\frac{7}{12}$, 10.
9-14. −4,25, −6,74, −10,1, +3.
9-15. $2,90, −$1,90, $9,75.

9-16. De 12,5% restar 8%.
9-17. De − 200 restar − 150.
9-18. De − 65 restar 100.
9-19. ¿El valor absoluto de un número algebraico aumenta siempre al restarle otro? Ejemplos.
9-20. ¿El valor absoluto de un número algebraico disminuye siempre al sumarle otro? Ejemplos.

9-21. ¿Cuántos grados de latitud separan a dos ciudades situadas a $+37°$ y a $-16°$ respectivamente?

9-7 SUMA Y RESTA DE EXPRESIONES ALGEBRAICAS LITERALES

En Aritmética, las sumas y las restas sólo eran factibles con números y utilizando la regla siguiente: Cuando los números están expresados en las mismas unidades, entonces pueden sumarse o restarse. Por ejemplo, es posible sumar 5 Dl, 8 Dl, y 10 Dl y obtener como solución 23 Dl. Sin embargo, números que no estén expresados en las mismas unidades no pueden sumarse ni restarse.

Análogamente, en Álgebra,

$$6d + 4d + 7d = 17d$$
$$4xy + 7xy + 8xy = 19xy$$
$$16x^2y + 23x^2y + 3x^2y = 42x^2y$$

Resta:

$$17a - 5a = 12a$$
$$46x^3y^2 - 6x^3y^2 = 40x^3y^2$$

A partir de estos ejemplos, podemos deducir el principio siguiente: Los monomios semejantes (con la misma parte literal) pueden sumarse y restarse sumando y restando sus coeficientes numéricos. Pero si los monomios no son semejantes, las operaciones solamente pueden ser indicadas.

Varios ejemplos de sumas nos ilustrarán este nuevo principio:

$$\begin{array}{r} +3abc \\ -6abc \\ +10abc \\ -16abc \\ -3abc \\ \hline -12abc \end{array} \qquad \begin{array}{r} -16xy^3 \\ +3xy^3 \\ -4xy^3 \\ -7xy^3 \\ +28xy^3 \\ \hline +4xy^3 \end{array} \qquad \begin{array}{c} \\ +3xy^2 \\ +3xy \\ -4c^2 \\ +3a^2 \\ \hline 3xy^2 + 3xy - 4c^2 + 3a^2 \end{array}$$

Hay que observar que la expresión «semejante», cuando se aplica a términos algebraicos, significa que tienen su parte literal *exactamente igual*. Así, $3xy^3$ y $3xy$ no son términos semejantes, porque la y tiene en los dos distintos exponentes. Veamos a continuación tres ejemplos de restas:

$$\begin{array}{r} 4ax^2 \\ -6ax^2 \\ \hline 10ax^2 \end{array} \qquad \begin{array}{r} -21x^2y \\ 3x^2y \\ \hline -24x^2y \end{array} \qquad \begin{array}{c} 14ab \\ -6c \\ \hline 14ab + 6c \end{array}$$

9-8 POLINOMIOS

La suma y resta de polinomios es totalmente análoga a la suma y resta de monomios. Para efectuar las operaciones se disponen los polinomios unos debajo de otros de forma que los términos semejantes queden en la misma columna, y se opera con cada columna como hemos hecho con los monomios.

Como ejemplo de suma:

$$\begin{array}{rrr}
+3ax^2 & +\ 14y^2 & -\ \ 3z \\
-7ax^2 & -\ 16y^2 & +\ \ 7z \\
+10ax^2 & -\ \ 4y^2 & +\ \ 9z \\
-7ax^2 & +\ 10y^2 & -\ 11z \\
\hline
-ax^2 & +\ \ 4y^2 & +\ \ 2z
\end{array}$$

Como ejemplo de resta:

$$\begin{array}{rrr}
17xy^2 & -\ 14c^2 & +\ \ 4a \\
10xy^2 & -\ \ 5c^2 & -\ \ 8a \\
\hline
7xy^2 & -\ \ 9c^2 & +\ 12a
\end{array}$$

9-9 COMPROBACIÓN O PRUEBA DE LOS RESULTADOS

Siempre es importante saber comprobar un resultado. Los problemas de suma y resta de expresiones algebraicas literales pueden comprobarse sustituyendo los números generales por algunos números determinados. Si $a = 2$, $b = 3$, y $x = 4$ en el ejemplo siguiente, la comprobación aparece hecha a continuación:

Ejemplo:

$$\begin{array}{rcrcr}
-7ab + \ \ 4x^2 - 3bx & = & -42 + \ \ 64 - 36 & = & -14 \\
-8ab - 10x^2 - 4bx & = & -48 - 160 - 48 & = & -256 \\
-9ab + 11x^2 + 6bx & = & -54 + 176 + 72 & = & 194 \\
\hline
-24ab + \ \ 5x^2 - \ \ bx & = & -144 + \ \ 80 - 12 & = & -76 \\
 & & -\ 76 & = & -76 \\
-24ab + \ \ 5x^2 - \ \ bx & = & -144 + \ \ 80 - 12 & = & -76 \\
 & & -\ 76 & = & -76
\end{array}$$

Ejercicios

9-22. Escribir la suma de los ejercicios siguientes:

(a) $3, 3a, 5a, 7a$

(b) $5ax, -2ax, 8a, -ax$

(c) $10ax^2, -3ax^2, -5ax^2, 11ax^2$

(d) $17m^2n^2, 13m^2n^2, -11m^2n^2$

(e) $3x + y, 7x - 2y, 5x + 4y$

(f) $2a + 3b - 4c, 5a - 3b$

(g) $6x - 7a, 4a, 4x + 10a + 17$

(h) $3d + 3m - 7z, 8d - 2m + 2z$

(i) $10s - 8t + 7u; -19s - 12t - 7u$

(j) $a + b - 3c; 3a + 4b - 10c; -3a - 4b + 17c$

(k) $7x^2y - 9xy^2; -x^2y - 11xy^2; -6x^2y + 10xy^2$

9-23. Restar $9mn + pq$ de $7mn - 11pq$.
9-24. Restar $10xy + 4k$ de $6xy - 13h$.
9-25. Restar $a^2 - 2ab + b^2$ de $a^2 + 2ab + b^2$.
9-26. Restar $20m^2 + 4t - xh^2$ de $20 - 15axh^2 + t$.
9-27. Sumar los términos semejantes:
$12a + 12 - a - 4 + 10a - 5 + a - 20a + 14$
9-28. Sumar los términos semejantes:
$6x^4 - 7x^3 + 8x^2 - 9x + 5 - 5x^4 + 8x^3 - 7x^2 + 9x + 4$
9-29. Simplificar la expresión siguiente, sumando, o agrupando, los términos semejantes:
$5x - 7t + 30 + 10t - x + 4t - 20 - x + t - x + 11 - 12t$.
9-30. Sumar y comprobar haciendo $a = 1$, $b = 3$, $c = 2$:
$3a - 2b + c$, $a + 20b - 8c$, $-9a + 8b - 7c$
9-31. Sumar y comprobar haciendo $s = 2$, $t = 1$:
$4s - 5t + 6st$, $7s + 8t - 9st$
9-32. Restar y comprobar haciendo $s = 2$, $t = 1$, $u = 3$:
$(5^2 - 5^2t + s^2u - t^3t^2u - tu^2 + u^3 - stu)$ de $(3s^3 - 4t^3 + 5u^3 - 6stu)$
9-33. Restar
$(-13x^3 + 14y^3 - 15z^3)$ de $(8x^3 - 10y^3 + 11z^3 - 12xyz)$
9-34. Sumar: $x^3 - 3x^2y + 3xy^2 - y^3$; $x^3 + y^3 - 5x^2y$.
9-35. Sumar: $4abc - abd + 6bcd$; $6abc - 7bcd + 9abd$.
9-36. Sumar: $8xy^4 - 4y^5$; $-3x^3y^2 + 7y^5$; $9xy^4 + 4x^4y - 2x^3y^2$.
9-37. Sumar: $a^2 - b^2$; $a^2 - 2ab + b^2$; $2a^2 + 3b^2$; $-4a^2 - 6ab - 7b^2$.
9-38. Sumar: $10stu - 11stv + 12tuv$; $8stv + 9tuv$; $2stu + 10stv$.
9-39. Restar y comprobar haciendo $s = 2$, $t = 1$, y $u = 3$:
$(s^3 - s^2t + s^2u - t^3 + t^2u - tu^2 + u^3 - stu)$ de $(3s^3 - 4t^3 + 5u^3 - 6stu)$
9-40. De $8x^3 - 10y^3 + 11z^3 - 12xyz$, restar $-13x^3 + 14y^3 - 15z^3$.
9-41. Sumar y comprobar haciendo $x = 1$, $y = 2$, y $z = 3$:
$4x^2 - xyz + yz - xz$; $30xyz - 10yz + 5xz$; $2x^2 - 3xz$; $16xyz - 10$; $-6x^2 - 2yz + 11$.
9-42. Sumar y comprobar haciendo $x = 2$ e $y = 3$:
$3x^2 + xy - 2y^2$; $4x^2 + 5xy - 3y^2$; $x^2 - 2xy + y^2$; $2xy - 5y^2$
9-43. Sumar: $x^3 - 3x^2y + 3xy^2 - y^3$; $x^3 + y^3 - 5x^2y$; $-2x^3 - 4xy^2 + 6x^2y$.
9-44. Sumar: $4abc - 5abd + 6bcd - 7abcd$; $6abc - 7bcd + 8abcd + 9abd$.
9-45. Sumar: $8xy^4 - 4y^5$; $-6x^4y + 8xy^4$; $-3x^3y^2 + 7y^5$; $9xy^4 + 4x^4y - 2x^3y^2$.
9-46. Sumar: $a^2 - b^2$; $a^2 - 2ab + b^2$; $2a^2 + 3b^2$; $-4a^2 - 6ab - 7b^2$; $10a^2$.
9-47. Sumar: $10stu - 11stv + 12tuv$; $8stv + 9tuv$; $2stu + 10stv$; $4stu - tuv$.
9-48. Sumar: $450xyz - 36x^2y + 200xy^2$; $10x^3 - 650y^3 + 140xyz$; $100x^2y + 75xy^2 + 10y^3$; $560x^3 - 100xyz$.
9-49. Sumar y comprobar haciendo $m = 2$, $n = 1$, $p = 3$, $q = -1$:
$9m + 2n - 3p$; $7p - 2q$; $-5m + 2n - q$; $m + 2q$; $4n - 3p$; $-m + q$.
9-50. Sumar $7aby - 4xy + 3ax - naby + 4ax - bz - 3ax + aby + 2bz + 2naby$.
9-51. Sumar $4uv^2 - 5u^2v + tuv - 6uv^2 - 2tuv + 3u^2v + 10 - 10uv^2 - 5 + 4tuv - 3$.
9-52. Restar $(2abc - 3ab + 4bc^2 - 10)$ de $(5ab - 4abc - 3bc^2 + 8)$.
9-53. Restar $(2mn^2 - 3m^2n^2 + 7m^2n - 8mn - 6)$ de $(4m^2n^2 + 8mn^2 - 10)$.
9-54. De $3abx - 2abxy - 5aby^2$ restar $4abxy + 5aby^2 - 2abx^2$.
9-55. De $10uvw^2 - 9uv^2w + 8u^2vw - 4$ restar $5 - 3uv^2w + 7uvw^2$.
9-56. Restar $3a^2b - 3ab^2 + b^3$ de la suma de $a^3 - 2b^3 + 3a^2b$ y $4ab^2 - 5a^3 + 2a^2b$.

9-10 SIGNOS DE AGRUPACIÓN

Un signo de agrupación, precedido de un signo + o − significa que la expresión agrupada por dicho signo debe ser sumada o restada de la que le precede.

Cuando un signo *más* precede a un signo de agrupación, podemos suprimir el signo de agrupación sin realizar ningún cambio de signo. Así,

$$a + (b - c) = a + b - c.$$

Cuando un signo de agrupación está precedido por un signo *menos*, podemos quitar el signo de agrupación cambiando el signo de cada uno de los términos de la expresión agrupada. Así,

$$a - (b - c + d) = a - b + c - d.$$

Este cambio de signo es necesario, ya que el signo de agrupación –en este caso el paréntesis– indica que el término que contiene ($b - c + d$, en nuestro ejemplo) debe ser restado de a. La prueba aparece a continuación:

$$a - (b - c + d) = a - b + c - d.$$

Sean $a = 1$, $b = 2$, $c = 3$, $d = 4$; entonces

$$\begin{aligned} 1 - (2 - 3 + 4) &\stackrel{?}{=} 1 - 2 + 3 - 4 \\ 1 - (3) &\stackrel{?}{=} -2 \\ -2 &= -2 \end{aligned}$$

Como $-2 = -2$, el cambio de signo de todos los términos comprendido entre los paréntesis es una operación correcta. Cuando hay varios signos de agrupación, unos dentro de otros, debemos suprimir primero el de más adentro, entonces el siguiente, etc., hasta suprimir en último lugar el más externo.

Ejemplo 1: Simplificar $4x^2 - 5y^2 + x - [6x^2 - 3x - (y^2 - x)]$.

Solución: Comenzando por el signo de agrupación más interno:

$$\begin{aligned} &4x^2 - 5y^2 + x - [6x^2 - 3x - (y^2 - x)] \\ &= 4x^2 - 5y^2 + x - [6x^2 - 3x - y^2 + x] \\ &= 4x^2 - 5y^2 + x - 6x^2 + 3x + y^2 - x \\ &= -2x^2 - 4y^2 + 3x \end{aligned}$$

Ejemplo 2: Simplificar $8 - \{7 - [4 + (2 - x)]\}$.

Solución:

$$\begin{aligned} 8 - \{7 - [4 + (2 - x)]\} &= 8 - \{7 - [4 + 2 - x]\} \\ &= 8 - \{7 - 4 - 2 + x\} \\ &= 8 - 7 + 4 + 2 - x \\ &= 7 - x \end{aligned}$$

Si dentro de un signo de agrupación aparecen términos semejantes, éstos han de reducirse a uno solo. Por ejemplo, en el primer paso del Ejemplo 2, el término $4 + 2$ aparece entre los corchetes [ ] y puede reducirse como vemos a continuación:

$$8 - \{7 - [6 - x]\}$$
$$= 8 - \{7 - 6 + x\}$$
$$= 8 - 7 + 6 - x$$
$$= 7 - x$$

Ejercicios

9-57. Simplificar las siguientes expresiones, eliminando los signos de agrupación y unificando los términos semejantes:

(a) $2a + 5b - (a + 4b)$
(b) $7 - 3x + (-4 - 6x)$
(c) $10y - 10 - (-3y + 4)$
(d) $z + 4x^2 - 14 - (3x^2 + 4 - 2z)$
(e) $m - (3m - 2n + p) - m - n + p$
(f) $x - 2y + 3z - (2x - 3y + 4z) - (-3x + z)$
(g) $-9 - 4n + 3v - 2w - (-9 + 4w) + (5v - 7u - 10w)$
(h) $a - [b - (a + 4)]$
(i) $19 - 3 - [4 - (-6 + 10)]$
(j) $17 - 2[2 + (3 - 7)]$
(k) $2x - [3x - (x - y) - y]$
(l) $-5x - [-3x - (-2x + 3y) - 6y]$
(m) $(a + 2b) - 3a - 4b - [-a - (-b - 10)]$

9-58 $x - y - \{-x + y - [x - y - (-x + y)]\} = ?$
Tomar $x = 2$ e $y = 3$ y comprobar el resultado.

9-59 $[-(3a + 2b) - (a + 9b)] - [a + (-b - 2) + 3] = ?$

9-60 $\{-[(2u + 3v) - u - 3v]\} = ?$

9-61 $10a - 5b + 2c - [-(-a - 2b + 3c) - 7a + 9b - 10c] = ?$

9-62 $8a^2 - 9ab + 10c^2 - [ab + 4a^2 - 3ab - (a^2 + ab + c^2)] = ?$

9-11 AGRUPACIÓN DE EXPRESIONES DENTRO DEL PARÉNTESIS

Cualquier grupo de términos de un polinomio puede encerrarse, sin ningún cambio de signo, dentro de un signo de agrupación, precedido por un signo más sin que por ello varíe el valor del polinomio. (La razón para que esto ocurra es la misma que se ha expuesto en la Sección 9-10.) Un grupo de términos pueden encerrarse en un signo de agrupación precedido por un signo menos y el polinomio conserva su valor solamente si se cambia − por + y + por − en cada uno de los términos agrupados dentro del signo.

Ejemplo: Agrupar los tres últimos términos de $ax + by + cd - e$ entre paréntesis (1) precedido por el signo + y (2) precedido por el signo −:

1. $ax + by + cd - e = ax + (by + cd - e)$
2. $ax + by + cd - e = ax - (-by - cd + e)$

Ejercicios

Encerrar entre paréntesis todos los términos que siguen al primer signo − en cada una de las expresiones:

9-63. $a - 2b + 3c$.

9-64. $3x - x^2 - 2xy - y^2$.

9-65. $8a + b - 64a^2 - 16a - 1$.

9-66. $3s^2 - 4r - 5s + 2t$.

9-67. $16z^2 + 10w - 14z^3w + 15w^2 - 5z^2$.

9-68. $-2a - 3b - 4c - 5d + 40abc - 30ab - 20cd$.

9-69. Escribir los siguientes polinomios con los tres últimos términos entre paréntesis (1) precedido por el signo − y (2) precedido por el signo +:

(a) $4 - 4x^2 + 4x - 1$

(b) $10 - 3x + y - 3z$

(c) $9u^2 + 9u - 18v + 24$

(d) $16a^2 + 4b^2 - 16ab - 9abc - c^2$

(e) $81x - 9xy + 4y - 1$

(f) $41ab - 4ac + bc - 4abc$

10/Ecuaciones simples

10-1 DEFINICIONES

Una *ecuación* es la afirmación de la identidad de los valores de dos expresiones o cantidades. La afirmación de la igualdad $3x+4=10$ es una ecuación; es decir, es la abreviatura algebraica de «tres veces un cierto número más cuatro es igual a diez». Ya se ve que la ecuación $3x+4=10$ es mucho más cómoda para trabajar que la frase equivalente. En efecto, si no dispusiésemos de ecuaciones abreviadas y tuviésemos que trabajar sólo con palabras y frases, la resolución de problemas sería muy dificultosa.

Podemos considerar una ecuación como algo análogo a una balanza (véase la figura 10-1). El signo igual nos indica que las dos cantidades mantienen la balanza en equilibrio (es decir, que son iguales). Supongamos que los números de esta ecuación están expresados en gramos; si de cada platillo quitamos 4 gramos, el fiel de la balanza no variará de posición. La figura 10-1 se transformaría, entonces, en la figura 10-2. La correspondiente ecuación se transforma tam-

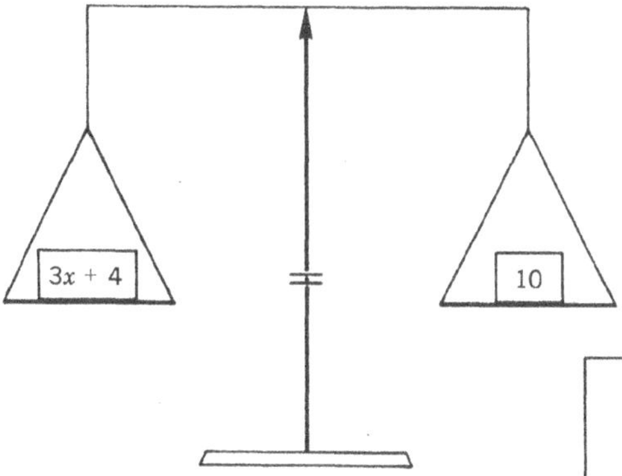

Figura 10-1. Una ecuación es como una balanza en equilibrio

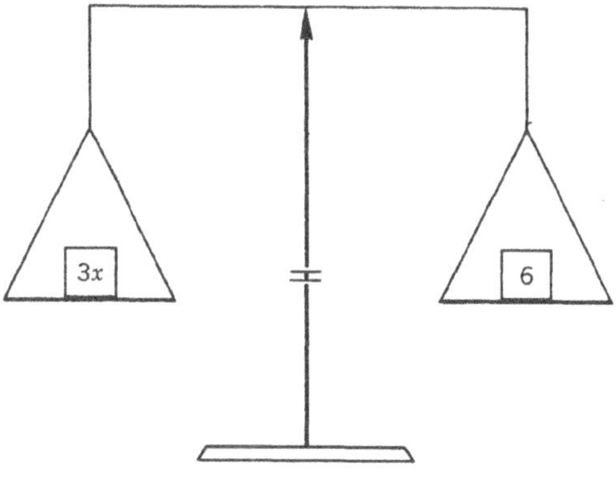

Figura 10-2

bién en $3x = 6$, una relación que puede expresarse como: «Tres veces un cierto número es igual a seis». Este número desconocido es, por tanto, 2.

La solución precedente puede resumirse en tres pasos:

$$\begin{aligned} &1. \quad 3x + 4 = 10 \\ &2. \qquad\quad 3x = 6 \\ &3. \qquad\quad\ \ x = 2 \end{aligned}$$

El paso 1 es la ecuación inicial. En el paso 2, se ha restado 4 de cada uno de los términos de la ecuación. En el paso 3, los dos términos se han dividido por 3.

Una ecuación sigue en equilibrio en la balanza (los dos términos continúan siendo iguales) si se resta a los dos miembros (lados) el mismo número, si se les suma el mismo número, o si se dividen o multiplican por el mismo número. Si se comprende claramente este procedimiento, se puede hallar fácilmente la solución de varios problemas y ecuaciones.

La expresión $3x + 4 = 10$ se llama *ecuación condicional* porque sólo es cierta para un determinado valor de x. Sin embargo, no todas las ecuaciones son condicionales. Por ejemplo, $4x + 3x = 7x$ es cierto para cualquier valor de x. Estas ecuaciones se llaman *identidades* o *ecuaciones idénticas.*

El número que verifica una ecuación condicional se llama *número incógnita, cantidad incógnita* o, más brevemente, *incógnita.*

Resolver una ecuación es hallar el valor o los valores de las incógnitas que hacen verdadera la igualdad.

10-2 AXIOMAS

Al resolver la ecuación, en las figuras 10-1 y 10-2, hemos utilizado dos axiomas. Un *axioma* es una verdad que se acepta sin demostración. Los axiomas siguientes se usan con frecuencia en la resolución de ecuaciones; por lo tanto, el alumno debe estudiarlos y comprender bien cada uno de ellos:

1. Si a los dos términos de una igualdad sumamos números iguales, resulta otra igualdad.
2. Si a los dos miembros de una igualdad, restamos números iguales, resulta otra igualdad.
3. Si a los dos miembros de una igualdad, los multiplicamos por números iguales, resulta otra igualdad.
4. Si los dos términos de una igualdad los dividimos por dos números iguales (que no sean cero), resulta otra igualdad. (Hay que estar seguros de que la división por cero *no* está incluida.)
5. Dos números que sean iguales a un tercero, o a dos números iguales, son iguales entre sí.
6. Si a los dos términos de una igualdad los elevamos a exponentes iguales, resulta otra igualdad.
7. Si de los dos términos de una igualdad extraemos raíces de índices iguales, resulta otra igualdad.
8. El total, es la suma de todas las partes.

NOTA: Para resolver la ecuación $3x + 4 = 10$, hemos utilizado los axiomas 2 y 4.

10-3 RESOLUCIÓN DE ECUACIONES SIMPLES

Como ya hemos dicho, resolver una ecuación es hallar el valor o los valores de la incógnita, o incógnitas, que aparecen en la ecuación.

Ejemplo 1: Hallar el valor de x si $x - 5 = 3$.

Aquí, se ve a simple vista que $x = 8$, aunque la simple vista no sirve de mucho a la hora de resolver ecuaciones más complicadas. Pero, si se toma nota de que para determinar $x = 8$, se suma 5 a los dos términos de la ecuación, se adquiere un método de proceder que se puede emplear también en las ecuaciones del mismo tipo, aunque sean más complejas.

Solución:
Ecuación dada:

$$x - 5 = 3$$

Sumando 5 a los dos miembros (axioma 1),

$$x = 3 + 5$$

Agrupando los términos (es decir, sumando 3 y 5),

$$x = 8$$

Ejemplo 2: Resolver, para hallar el valor de x, $x + 3 = 10$.

Solución:
Ecuación dada:

$$x + 3 = 10$$

Restando 3 a los dos miembros (axioma 2),

$$x = 10 - 3$$

Agrupando términos,

$$x = 7$$

Ejemplo 3: Resolver en b, $4b = 36$.

Solución:
Ecuación dada:

$$4b = 36$$

Dividiendo los dos miembros por 4 (axioma 4),

$$b = 9$$

Ejemplo 4: Resolver en x, $4x + 5 - 7 = 2x + 6$.

Solución:
Ecuación dada:

$$4x + 5 - 7 = 2x + 6$$

Agrupando los términos semejantes $(+5)$ y (-7):

$$4x - 2 = 2x + 6$$

Restando 6 a los dos miembros (axioma 2):

$$4x - 8 = 2x$$

Sumando 8 a los dos términos (axioma 1):

$$4x = 2x + 8$$

Restando $2x$ a los dos miembros (axioma 2):

$$2x = 8$$

Dividiendo ambos miembros por 2 (axioma 4):

$$x = 4$$

10-4 COMPROBACIÓN DE LOS RESULTADOS

Una ecuación nos pide contestar a esta pregunta: ¿Qué número ha de ser la incógnita para que los dos miembros de la ecuación sean iguales? La solución de la ecuación, responde a esa pregunta. Después de que el alumno ha obtenido una solución, debe siempre comprobarla. Para ello, basta con sustituir la solución por la incógnita en la ecuación dada. Si los dos miembros de la ecuación son entonces iguales, el número sustituido es la solución correcta.

Ejemplo: Resolver y comprobar $47r - 17 = 235 - 37r$.

Solución:

$$\begin{aligned} 47r - 17 &= 235 - 37r \\ 47r &= 252 - 37r \\ 84r &= 252 \\ r &= 3 \end{aligned}$$

Sustituyendo la respuesta $r = 3$ en la ecuación original,

$$\begin{aligned} 47r - 17 &= 235 - 37r \\ 47(3) - 17 &= 235 - 37(3) \end{aligned}$$

$$141 - 17 = 235 - 11$$
$$124 = 124$$

Como la afirmación $124 = 124$ es cierta, la respuesta $r = 3$ es correcta.

Ejercicios

Resolver y comprobar las siguientes ecuaciones:

10-1. $2x + 3 = x + 4$
10-2. $4x - 10 = 2x + 2$
10-3. $9x + 9 + 3x = 15$
10-4. $300x - 250 = 50x + 750$
10-5. $17x - 7x = x + 18$
10-6. $2{,}5x + 0{,}5x = 1{,}5x + 1{,}5$
10-7. $9y - 19 + y = 11$
10-8. $x + 2x + 3 - 4x = 5x - 9$
10-9. $2y + 3y - 4 = 5y + 6y - 16$
10-10. $75z - 150 = 80z - 300$
10-11. $3{,}3x + 2{,}7x - 4{,}6 = 7{,}4$
10-12. $2y - 3y + 4y - 5 = 6y - 7y + 15$
10-13. $(4x + 6) - 2x = (x - 6) + 24$

INDICACIÓN: En primer lugar, quitar los signos de agrupación (los paréntesis), y entonces, resolver la ecuación.

10-14. $15y - [3 - (4y + 4) - 57] = (2 - y)$
10-15. $[2y - (3y - 4) + 5y - 6] + 10y = (12y - 12) + 36$
10-16. $4t - (12t - 24) + 38t - 38 = 0$

10-5 PLANTEO DE ECUACIONES

Las ecuaciones resueltas en los párrafos anteriores estaban planteadas en «lenguaje algebraico». Ahora, es necesario aprender a traducir una frase al lenguaje algebraico (a una ecuación) y entonces resolver la ecuación. Para esta traducción, no hay reglas ni axiomas, pero daremos algunas indicaciones y los ejemplos que siguen ayudarán a comprender el modo de hacerlo:

1. Leer el enunciado del problema atentamente.
2. Elegir el número incógnita, y representarlo por una letra. Si hay más de una incógnita en el problema, intentar representar estos números en términos de la misma letra —o sea, en términos de la incógnita y alguna cantidad.
3. Desarrollar la ecuación, utilizando la letra o letras elegidas y entonces resolverla.

Ejemplo 1: Un cierto número se multiplica por 4 y, después, se resta 8 del resultado del producto, con lo que la diferencia es cero. ¿Cuál es ese número?

Solución: Sea $x =$ el número desconocido. Entonces

$$4x - 8 = 0$$
$$4x = 8$$
$$x = 2$$

Comprobación:

$$4(2) - 8 = 0$$
$$0 = 0$$

Además de esta comprobación, se puede comprobar la respuesta $x = 2$ comparándola con el número descrito en el enunciado del problema. Cuando se resta 8 del producto de 4 por la respuesta obtenida (2) ¿el resultado es cero? Como en efecto, el resultado es cero, la solución 2 es correcta.

Ejemplo 2: Un número, multiplicado por 8, da 4. ¿Cuál es dicho número?

Solución: Sea y dicho número. Entonces

$$8y = 4$$
$$y = \frac{1}{2}$$

Comprobación:

$$8\left(\frac{1}{2}\right) = 4$$

Ejemplo 3: Un número, dividido por 4, es igual a 8. ¿Cuál es dicho número?

Solución: Sea a dicho número. Entonces

$$\frac{a}{4} = 8$$
$$a = 32$$

Comprobación:

$$\frac{32}{4} = 8$$
$$8 = 8$$

Ejemplo 4: ¿Qué número, sumado con su doble es igual a 60?

Solución: Sea x dicho número. Entonces

$$x + 2x = 60$$
$$3x = 60$$
$$x = 20$$

Comprobación:

$$20 + 2(20) = 60$$

$$20 + 40 = 60$$
$$60 = 60$$

Ejercicios

10-17. Un hombre tiene s años. Expresar algebraicamente su edad hace 5 años; su edad hace T años; y su edad hace $5 + T$ años. Expresar su edad dentro de $5 + T$ años.

10-18. Hace 10 años, un hombre tenía s años. ¿Cuántos años tendrá dentro de 20 años? ¿Y dentro de T años? ¿Cuándo habrá cumplido los 30 años?

10-19. Un coche recorre d Km en 8 horas. ¿Cuánto recorre en una hora? ¿En t horas? ¿En t horas y m minutos?

10-20. Un coche recorre d kilómetros en h horas. ¿Cuánto tardará en recorrer 100 Km?

10-21. ¿Cuántos céntimos hay en 20 ptas? ¿En a ptas? ¿En 10 monedas de 10 céntimos? ¿En d monedas de 10 céntimos? ¿En d monedas de 10 céntimos y n de 5 céntimos?

10-22. Un hombre tiene $2x$ pesetas. ¿Cuántas monedas de 10 céntimos podría tener? ¿De 5 céntimos? ¿Cuántos céntimos tiene?

10-23. Si tú tienes 100 ptas más que yo, y tú tienes x pesetas, ¿cuánto dinero tengo?

10-24. Escribir cinco números impares consecutivos, siendo a el número impar del centro.

Escribir los ejercicios siguientes como ecuaciones y resolverlos:

10-25. $4x$, sumado con 4, resulta 44.

10-26. Si a $10x$ le sumamos 4 resulta lo mismo que si a $8x$ le quitamos $(2 - 3x)$.

10-27. Si a $12x$ le restamos 4, resulta lo mismo que si a $4x$ le añadimos 12.

10-28. Un automóvil gasta un litro de gasolina al recorrer 18 Km. Si recorre 360 Km y gasta x litros, ¿cuánto vale x?

10-29. Un hombre compra un coche usado por 96 000 ptas y lo vuelve a vender perdiendo d pesetas. Si lo vendió por 45 000 ptas, ¿cuánto vale d?

10-30. Si sumamos 10 al doble de tu dinero, resultará lo mismo que si restamos tu dinero de 43. Llamando x a tu dinero, calcula x.

10-31. Si se suma 10 a $10x$ y se resta 15 del total, el resultado es igual a $2x + 3$. Calcular x.

10-32, 10-33, 10-34, 10-35. Escribir las ecuaciones de las relaciones que aparecen en las figuras 10-3, 10-4, 10-5 y 10-6 y resolver cada una de ellas.

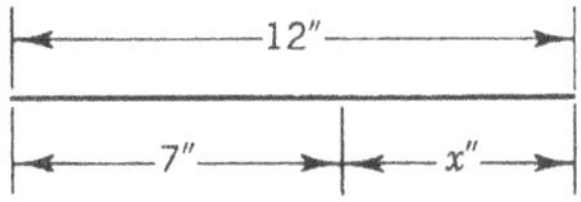

Figura 10-3. Ejercicio 10-32

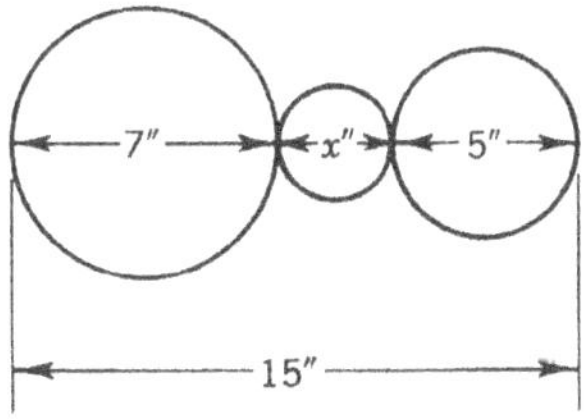

Figura 10-4. Ejercicio 10-33

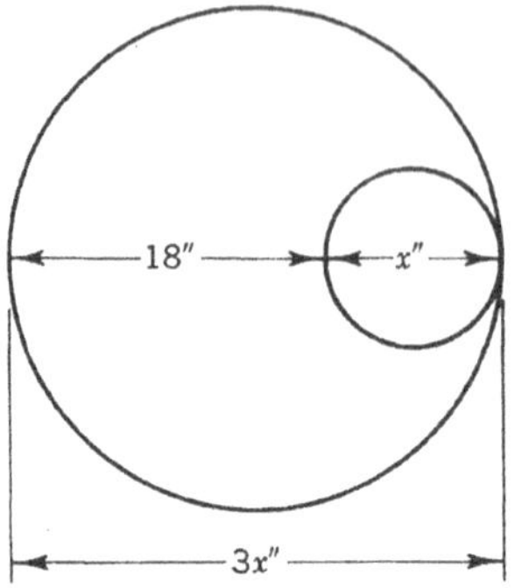

Figura 10-5. Ejercicio 10-34

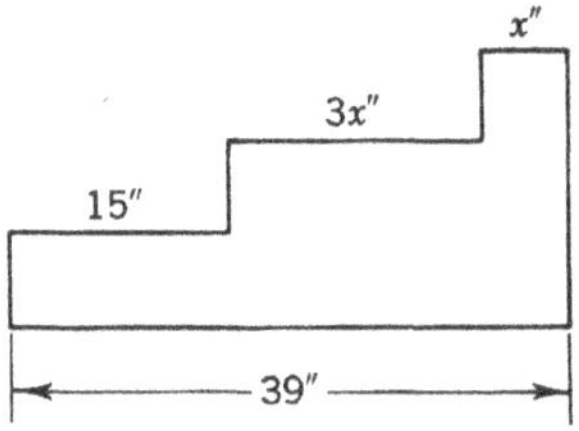

Figura 10-6. Ejercicio 10-35

10-36, 10-37, 10-38. Los balancines que aparecen en las figuras siguientes están en equilibrio cuando los pesos de ambos lados son iguales. Hallar los valores de los pesos desconocidos (en kilogramos) que aparecen en las figuras 10-7, 10-8 y 10-9.

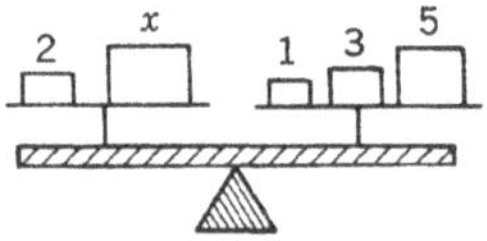

Figura 10-7. Ejercicio 10-36

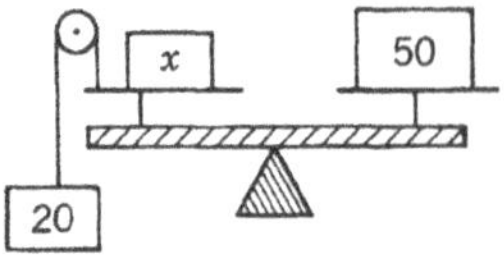

Figura 10-8. Ejercicio 10-37

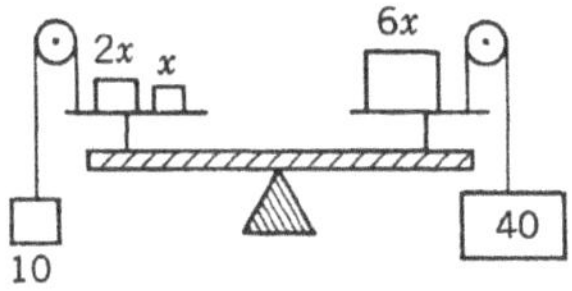

Figura 10-9. Ejercicio 10-38

10-39. Si *x* es un cierto número de litros de aceite, y su precio total es de 140 ptas. ¿Cuál es el precio de un litro?

10-40. Hallar el precio de cada libro, si 8 libros, a *x* ptas el libro, han costado 2 000 ptas. Escribir el enunciado como una ecuación y resolverla para hallar el valor de *x*.

10-41. Una habitación es tres veces más larga que ancha y tiene un perímetro de 96 m. ¿Cuáles son sus medidas? (En primer lugar dibujar un plano de la habitación, que será tres veces más largo que ancho.)

Solución:

1. Sea *x* el número de metros de su anchura.
2. Entonces, 3*x* será el número de metros de su longitud.

3. Y $x + x + 3x + 3x$ será el perímetro.
4. También, el perímetro será 96 m.
5. Por tanto, $x + x + 3x + 3x = 96$, por el axioma 5.
6. Agrupando los términos semejantes, $8x = 96$.
7. Dividiendo por 8, $x = 12$, metros de anchura.
8. $3x = 36$ metros de longitud.

Observar que las expresiones 3 y 4 son dos formas distintas de un mismo valor, el perímetro de la habitación. Estas dos expresiones son iguales entre sí, y esta afirmación nos da la ecuación que debemos resolver.

10-42. En un grupo de 64 personas, el número de niños es el triple del de adultos. ¿Cuántos niños y cuántos adultos hay?

Solución:

1. Sea x el número de adultos del grupo.
2. Entonces, $3x$ será el número de niños.
3. Y $x + 3x$ será el número de personas del grupo.
4. También, 64 es el número de personas del grupo.
5. Por tanto, $x + 3x = 64$.
6. $4x = 64$.
7. $x = 16$, número de adultos.
8. $3x = 48$, número de niños.

10-43. Un sombrero y un traje cuestan 2 100 ptas. Si el sombrero cuesta 1 100 ptas menos que el traje, ¿cuál es el precio de cada uno?

10-44. Tomás, Daniel y Guillermo están trabajando. Daniel gana dos veces lo que Tomás, y Guillermo tres veces lo que Tomás. Si entre los tres ganan 90 000 ptas, ¿cuánto gana cada uno?

10-45. Dos tubos de acero, iguales, a lo largo de los que circulan trenes están enterrados en Chicago, bajo el río del mismo nombre. Para enterrarlos, se excavó una cavidad de 40 ft y si cada tubo mide 18 ft de diámetro, ¿qué anchura separa los dos tubos?

10-46. En una rebaja de neumáticos, el precio normal de cada neumático, más su precio en la rebaja, es 2 100 ptas. El precio rebajado de cuatro neumáticos es igual al precio normal de tres neumáticos. Hallar el precio normal y el precio en las rebajas de cada neumático.

10-47. La suma de dos números es 300 y su diferencia 200. ¿De qué números se trata?

10-48. Un número, más su doble, es 18. ¿Qué número es?

10-49. Hallar tres números pares consecutivos, cuya suma es 216.

10-50. Hallar cuatro números impares consecutivos, cuya suma es 88.

10-51. Hallar tres números consecutivos, cuya suma es 66.

10-52. Repartir 210 ptas entre A, B y C de forma que B reciba 35 ptas menos que A y 20 más que C.

10-53. Tomás, Daniel y Enrique tienen en total 4 080 ptas. Tomás tiene tres veces más dinero que Daniel y 330 ptas más que Enrique. ¿Cuánto dinero tiene cada uno?

10-54. Cinco bombillas colocadas en serie tienen una resistencia total de 1 250 ohmios. La primera tiene una resistencia de 240 ohmios, la segunda, 260 ohmios y las otras tres son iguales. Hallar la resistencia de cada una de las últimas bombillas.

10-55. Un trozo de alambre de 60 cm de largo, se dobla en forma de rectángulo, con 1 cm más de largo que de ancho. Hallar las dimensiones del rectángulo.

10-56. Un estudiante recibe 120 000 ptas los tres primeros años que está en la Universidad. El segundo año recibe el doble que el primero, y el tercero, 45 000 ptas más que el segundo. ¿Cuánto dinero recibió cada año?

10-57. En un año, tres estudiantes recibieron 120 000 ptas entre los tres. El primero recibió el doble de dinero que el segundo, y el tercero, 20 000 ptas menos que el doble de lo que recibió el primero. ¿Cuánto recibió cada uno?

11/Multiplicación

11-1 MULTIPLICACIÓN

La multiplicación es una forma simplificada de suma. Por ejemplo,

$$5 \times 3 = 5 + 5 + 5 = 15$$

Esta expresión puede establecerse como sigue: *cinco multiplicado por tres es igual que sumar cinco veces tres.* Esta descripción de la multiplicación puede también aplicarse cuando se trata de multiplicar fracciones. Por ejemplo,

$$3/4 \times 8 = 3/4 + 3/4 + 3/4 + 3/4 + 3/4 + 3/4 + 3/4 + 3/4 = 24/4 \text{ o } 6$$

NOTA: Cuando se suman fracciones del mismo denominador, *sólo* se suman los numeradores; por eso la suma de los ocho 3 es 24.

La misma suma que resulta en este problema, se puede escribir como una multiplicación:

$$\frac{3}{4} \times 8 = \frac{3 \times 8}{4} = \frac{24}{4} \text{ o } 6$$

11-2 MULTIPLICACIÓN DE NÚMEROS DE IGUAL O DISTINTO SIGNO

Los números multiplicados antes eran todos positivos. El producto era también positivo. Debemos recordar que *la multiplicación de números positivos da como resultado un número positivo.* A veces es necesario multiplicar números de los que uno o los dos son negativos; y la regla fijada anteriormente es la misma para los números negativos. Vamos a estudiar con cuidado la regla para multiplicar dos números negativos. Por ejemplo, multiplicar $(-3) \times (-5)$. Como la resta es la operación inversa de la suma, debemos interpretar esta multiplicación como que -5 es restado tres veces, o

$$(-3) \times (-5) = -(-5) - (-5) - (-5) = +15$$

Esto sirve de ejemplo para la regla de que *cuando se multiplican dos números negativos, el resultado es un número positivo.*

Ahora, consideremos la multiplicación de un número positivo y un número negativo. Por ejemplo, $(-5) \times (+3)$:

$$(-5) \times (+3) = (-5) + (-5) + (-5) = -15$$

El resultado, cuando multiplicamos -5 por $+3$ es -15. Como la multiplicación es una suma abreviada, el problema $(-5) \times (+3)$ puede escribirse como $(-5) + (-5) + (-5)$. La suma es, evidentemente, -15. Por lo tanto, *cuando se multiplican dos números de distinto signo, el producto es negativo.*

Las tres situaciones pueden resumirse en estas dos reglas:

Cuando se multiplican dos números del mismo signo, el producto es positivo.

Cuando se multiplican dos números de signo contrario, el producto es negativo.

11-3 MULTIPLICACIÓN DE VARIOS FACTORES DE IGUAL O DISTINTO SIGNO

Para hallar el producto de dos o más factores, se calcula el producto de los dos primeros; entonces se multiplica este producto por el tercero. Multiplicando este resultado por el cuarto número, luego por el quinto, etc. El producto estará terminado cuando ya no queden más factores. Los ejemplos siguientes, explicarán este método:

Ejemplo 1:

$$(-3) \times (-4) \times (-5) = (+12) \times (-5) = -60$$

Ejemplo 2:

$$\begin{aligned}(-3) \times (-4) \times (-5) \times (-6) &= (+12) \times (-5) \times (-6)\\ &= (-60) \times (-6)\\ &= +360\end{aligned}$$

Obsérvese que en los dos ejemplos anteriores hemos aplicado las leyes de los signos: $(-3) \times (-4) = (+12)$ y $(+12) \times (-5) = -60$.

Podemos ahora establecer las siguientes reglas:

1. El producto de un número impar de factores negativos, es negativo.
2. El producto de un número par de factores negativos, es positivo.
3. El producto de cualquier número de factores positivos, es siempre positivo.

Estas tres reglas pueden deducirse de las reglas de los signos, expuestas en la Sección 11-2.

Ejercicios

En primer lugar, para practicar con los signos, resolver:

Sumar	Restar	Multiplicar
-3	-3	-3
$\underline{+4}$	$\underline{+4}$	$\underline{-4}$

11-1. Hallar el producto de -3, $+4$ y -5.
11-2. Hallar el producto de $+6$, -20, -10 y $+40$.
11-3. Hallar el cubo de -4, $+5$ y -11.

Hallar el valor de las expresiones siguientes:

11-4. $(-3)^3$ **11-6.** $(-6)^4$ **11-8.** $3(-4)^5(-2)^2$

11-5. $(-1)^{100}$ **11-7.** $(-2)^2(-3)^3$ **11-9.** $-2(-2)^2(-10)^3$

Si $x = -2$, $y = 3$, $z = 4$, hallar el valor de:

11-10. x^2y^2 **11-12.** xyz **11-14.** $(6)(-5)(-2)y^3$

11-11. y^3z **11-13.** $x^2y^2z^2$

Hallar el valor de las operaciones siguientes:

11-15. $4(-10)(-3) + 5(+6)(-30)$

11-16. $+1(-2)(+3) - (-4)(-3)(+10)$

11-17. $3(-4)(5) + 5(-3)(-4)$

11-18. $-(3)^2(-1)^2(-4)^3 + 3(-4)^3(-3)(-1)^3$

11-19. $(-2)^2 - (-3)^2(-4)^3$

11-20. $(-12)(-10) - (-10)^2(-2)^2(3)(10)$

11-21. $5(4)(3)(2) - (-2)(-3)(-4)(-5)$

11-22. $4(5)(6)(10) - 1(-4)(-5)(-6)(-10)$

11-4 EXPONENTES

El *exponente* se ha definido en la Sección 8-8, como el número, escrito arriba y a la derecha de la base, que nos indica cuántas veces se ha de tomar la base como factor. Por ejemplo, en a^5, el 5 es el exponente e indica que la base a ha de multiplicarse por sí misma cinco veces: $a^5 = a \times a \times a \times a \times a$. Como

$$a^5 = a \times a \times a \times a \times a$$

y

$$a^3 = a \times a \times a$$

luego

$$a^5a^3 = a \times a \times a \times a \times a \times a \times a \times a = a^8$$

o

$$a^5a^3 = a^{5+3} = a^8$$

De aquí deducimos que, para multiplicar potencias de la misma base cuyos exponentes conocemos, simplemente hay que sumar los exponentes. (Téngase en cuenta que la base ha de ser la misma en cada factor.) Veamos algunos ejemplos de esta regla:

Ejemplo 1:

$$5^3 \times 5^2 = 5^5 \text{ o } 3{,}125$$

Comprobación:

$$5^3 = 5 \times 5 \times 5 = 125 \text{ y } 5^2 = 5 \times 5 \text{ o } 25$$

$$125 \times 25 = 3\,125$$

$$3\,125 = 3\,125$$

Ejemplo 2:

$$2^3 \times 2^2 = 2^5 = 32$$

Comprobación:

$$2^3 = 2 \times 2 \times 2 = 8;\ 2^2 = 2 \times 2 = 4; \quad y \quad 8 \times 4 = 32$$

Ejemplo 3:

$$3^3 \times 3^3 = 3^6 = 729$$

Comprobación:

$$3^3 = 3 \times 3 \times 3 = 27;\ 27 \times 27 = 729$$

Ejemplo 4:

$$(+3)^2(+3)^5 = (+3)^{2+5} = 3^7 = 2\,187$$

Comprobación:

$$(+3)^2 = (+3)(+3) = 9,\ (+3)^5 = (+3)(+3)(+3)(+3)(+3) = 243$$
$$9 \times 243 = 2\,187$$

En los ejemplos precedentes se ha dado la respuesta como un número, para poder comprobar el resultado. Sin embargo, por lo general es más conveniente dar el resultado en forma de potencia.

NOTA: Obsérvese que la base es siempre la misma en cada ejemplo; es conveniente no cambiar la base de las potencias dentro de un problema.

11-5 MULTIPLICACIÓN DE MONOMIOS

La multiplicación de un monomio por otro monomio la explicaremos por medio de varios ejemplos:

Ejemplo 1: Multiplicar $+3a$ por $+6b$.

$$= 3 \times a \times 6 \times b = +18ab$$

Ejemplo 2: Multiplicar $+6b^2$ por $+8b^3$.

$$= 6 \times b^2 \times 8 \times b^3 = 48b^5$$

Ejemplo 3: Multiplicar $-14a^3b^2$ por $3a^4b^3$.

$$= (-14)(a^3)(b^2)(3a^4b^3)$$
$$= -42a^7b^5$$

Aquí, -14 multiplicado por $+3$ resulta -42; entonces, a^3 multiplicado por a^4 sumando los exponentes $(3 + 4 = 7)$; por último, b^2 se multiplica por b^3 sumando los exponentes

(2 + 3 = 5). Hay que comprender bien que la respuesta, $-42a^7b^5$, puede escribirse como $(-42)(a^7)(b^5)$ o (-42) veces (a^7) veces (b^5). Además, esta multiplicación debe dejarse en esta forma mientras no se asignen a *a* y *b* valores determinados.

11-6 MULTIPLICACIÓN DE UN POLINOMIO POR UN MONOMIO

Para multiplicar un polinomio por un monomio, cada término del polinomio se multiplica por el monomio. Veamos dos ejemplos de este tipo de multiplicación.

Ejemplo 1: Multiplicar $3x^2 - 4b^2$ por $12x^3$.

$$\begin{array}{l} 3x^2 - 4b^2 \\ \underline{12x^3 \qquad\qquad} \\ 36x^5 - 48b^2x^3 \end{array}$$

En este caso, deben multiplicarse $12x^3$ y $3x^2$ y por otra parte $12x^3$ y $-4b^2$, en ambos casos siguiendo el método descrito en la Sección 11-5.

Ejemplo 2: Multiplicar $7ax - 21ab^4 - 3x^3$ por $2a^2b^2x^4$.

$$\begin{array}{l} 7ax^3 - 21ab^4 - 3x^2 \\ \underline{2a^2b^2x^4 \qquad\qquad\qquad\qquad} \\ 14a^3b^2x^7 - 42a^3b^6x^4 - 6a^2b^2x^6 \end{array}$$

Ejercicios

Hallar los productos siguientes:

11-23. $5a^2b^3$ por $4ab^2$.
11-24. $21m^4n^5$ por $5m(-n)^3$.
11-25. $8ab^2c^3$ por $-5b^5c^{10}$.
11-26. $-10xyz^4$ por $-6x^4y^6$.
11-27. $-8a^4b^5xy^6$ por $-2ab^5x^4y$.
11-28. $-(-1)x^2y^4$ por $-(-x^2)(-y)^4$.
11-29. $2x^2y$ por $-3y^2z$ por $4xy^2z^3$.
11-30. $-\left(\frac{4}{5}\right)x^2y^4$ por $\left(\frac{5}{8}\right)x^3$ por $-2y$.
11-31. $3S^3T$ por $-5(-t)(T)^4$ por $-1/15\ T^8$.
11-32. a^2 por a^n por a^{4n+5}.
11-33. (x^3) por $(x^3)(x^3)(x^3)$.
11-34. $(S^2t^3)^4$
11-35. $2(2a^2b^2)^2$
11-36. $-2(P^3)Q^4$
11-37. $x^2y^3z(xyz^2)x^5$
11-38. $abc(a^2b^2c^2)(abc)^2$
11-39. $3a^3(-2ab^3)(2ab)^3$

11-40. $XYZ^2(-Z^2)(-Z)^2$
11-41. $(ABC)(-ABC^3)(AB)^4C(A)^2(BC)^2$
11-42. $4b^2(-4b^2)(-4b)^2(-4)(b)^2$
11-43. $-3x^2(3xy^2)(3x^2)(3y)^2$
11-44. $-3x(-3x - 3xy^2)$
11-45. $-2(-2xy)(-2x + 3y)$
11-46. $10abcd^3(3a^2b - 3b^2c + 5c^2d^3)$
11-47. $-10xy^2z(-2x^2yz^2 + 5xy^2z - 4xyz)$
11-48. $abc^2(a^nb^mc^p - 3ab^2c^n + 2a^mb^nc)$
11-49. $x^ay^bz^c(-xyz + 4x^2y^3z^4 - ax^ny^nz^n)$

11-7 MULTIPLICACIÓN DE POLINOMIOS POR POLINOMIOS

Para multiplicar un polinomio por otro polinomio, se multiplica cada término del multiplicando por cada uno de los términos del multiplicador; entonces, se escriben los productos parciales unos debajo de otros y se calcula la suma algebraica de estos productos parciales. En resumen, se multiplica cada término de un polinomio una vez, y sólo una vez, por cada término del otro polinomio.

Los ejemplos siguientes aclararán este método.

Ejemplo 1: Multiplicar $(y - 2)$ por $(y + 2)$.

$$\begin{array}{rrr} y & -2 & \\ y & +2 & \\ \hline y^2 & -2y & \\ & 2y & -4 \\ \hline y^2 & +0 & -4 = y^2 - 4 \end{array}$$

Ejemplo 2: Multiplicar $(x^2 + 3xy - 2y^2)$ por $2xy - 2y^2$.

$$\begin{array}{rrrrr} & x^2 & +3xy & -2y^2 & \\ & 2xy & -2y^2 & & \\ \hline 2xy(x^2+3xy-2y^2) = & 2x^3y & +6x^2y^2 & -4xy^3 & \\ -2y^2(x^2+3xy-2y^2) = & & -2x^2y^2 & -6xy^3 & +4y^4 \\ \hline & 2x^3y & +4x^2y^2 & -10xy^3 & +4y^4 \end{array}$$

Ejemplo 3: Multiplicar $(3a^2 + 3b^2 + ab)$ por $(b^3 - 2a^2b + ab^2)$.

$$\begin{array}{rrrrr} 3a^2 & +3b^2 & +ab & & \\ b^3 & -2a^2b & +ab^2 & & \\ \hline 3a^2b^3 & +3b^5 & +ab^4 & & \\ -6a^2b^3 & & & -6a^4b & -2a^3b^2 \\ a^2b^3 & & +3ab^4 & & +3a^3b^2 \\ \hline -2a^2b^3 & +3b^5 & +4ab^4 & -6a^4b & +a^3b^2 \end{array}$$

NOTA: Si se quiere comprobar los resultados de estos problemas, se puede hacer sustituyendo las letras por unos valores numéricos. Veamos algunos ejemplos a continuación.

Ejemplo 4: Multiplicar $(x^3 - 4)$ por $(x + 8)$.

$$\begin{array}{l} x^3 - 4 \\ \underline{x \quad + 8} \\ x^4 - 4x \\ \underline{\qquad\qquad + 8x^3 - 32} \\ x^4 - 4x + 8x^3 - 32 \end{array}$$

Comprobación: Sustituyendo x por 3 en el problema anterior,

$$\begin{aligned} (x^3 - 4) \times (x + 8) &= (3^3 - 4)(3 + 8) = (23)(11) = 253 \\ x^4 - 4x + 8x^3 - 32 &= 3^4 - 4(3) + 8(3)^3 - 32 \\ &= 81 - 12 + 216 - 32 \\ &= 253 \end{aligned}$$

La multiplicación anterior debe ser correcta, ya que en ambos casos la respuesta es 253.

Ejercicios

Efectuar las multiplicaciones siguientes:

11-50. $x + 1$ por $x - 1$
11-51. $x - 1$ por $x - 1$
11-52. $x - 2$ por $x + 2$
11-53. $x + 3$ por $x + 4$
11-54. $x - 5$ por $x - 6$
11-55. $x + 8$ por $x - 3$
11-56. $x - 10$ por $x + 1$
11-57. $x - 11$ por $x + 1$
11-58. $x + 20$ por $x - 30$.
11-59. $x - 14$ por $x + 5$
11-60. $3x - 3$ por $x - 4$
11-61. $4x + 5$ por $5x - 6$
11-62. $10x - 1$ por $x - 10$
11-63. $10x + 1$ por $10x - 1$
11-64. $5x - 4$ por $5x + 4$
11-65. $x^2 - x + 1$ por $x + 1$
11-66. $x^2 + 2x + 1$ por $x + 1$
11-67. $x^2 + xy + y^2$ por $x - y$
11-68. $a^2 - 4a + 4$ por $a^2 - 2a$
11-69. $b^2 + 5b$ por $b^2 - 5b$
11-70. $3a - 4x$ por $4a - 3x$
11-71. $3x^2 - 4b^2$ por $3x^2 + 4b^2$
11-72. $-2ax + b$ por $2ax + b$

11-73. $-7x^2 + 7x$ por $7x^2 - 7x$
11-74. $-by + ax$ por $ax - by$
11-75. $ax^2 - by^2$ por $ax^2 + by^2$
11-76. $(ax)^2 - by^2$ por $(ax)^2 + by^2$
11-77. $2a + 3x + y$ por $2a + 3x - y$
11-78. $2a^2 + 3x^2 - 4y^2$ por $2a^2 + 3x^2 + 4y^2$
11-79. $-(-x^2)^2 + (y^2)^2$ por $x^4 + y^4$
11-80. $x^2 - xy + y^2 - 1$ por $x + y$
11-81. $x^2 + xy + y^2 - 1$ por $x - y$
11-82. $2x^2 + y^2 - 2z^2$ por $2x^2 + y^2 + 2z^2$
11-83. $81x^2 - 16y^2 - 25z^2$ por $81x^2 + 16y^2 + 25z^2$
11-84. $x^2 + 3x + 2$ por $x^2 + 7x + 12$
11-85. $x^2 - 1$ por $x^2 - 4$
11-86. $m^3 - 3m^2$ por $m^3 - 6m^2 + 9m$
11-87. $(2x)^3 - 3(2x)^2 + 3(2x) - 1$ por $(2x + 1)^2$
11-88. $(3a - 4b)^2$por $(3a + 4b)^2$
11-89. $x^2 - y^2$ por $x^4 + x^2y^2 + y^4$
11-90. $(a - x)^3$ por $(a + x)^3$
11-91. $x^{2n} - 2x^n + 1$ por $x^n - 1$
11-92. $x^{2n+2} + y^m$ por $x^{2n+2} - y^m$

NOTA: Los signos de agrupación suelen utilizarse para encerrar los factores de un producto, sin emplear el signo de multiplicación. Así, $(a + b)(a - b)$ significa lo mismo que $(a + b) \times (a - b)$, es decir, $(a + b)$ multiplicado por $(a - b)$. Para eliminar los signos de agrupación, hay que hacer la multiplicación.

Suprimir los signos de agrupación en los siguientes ejercicios, y entonces escribir simplificadamente los productos:

11-93. $(2x + 1)(2x - 1)$
11-94. $(3t - 4u)(3t + 4u)$
11-95. $(ax^2 - by^2)(ax^2 + by^2)$
11-96. $4(x - y)^2 + 4(2xy) - 4(x^2 + y^2)$
11-97. $a^3 + x^3 + 3ax(a + x) - (a + x)(a^2 - ax + x^2)$
11-98. $-3ax(a - x) + a^3 - x^3 + (x - a)(x^2 + ax + a^2)$
11-99. $(x - 2y)(2 + 2y) - 2(-2y + x)$
11-100. $(2x^n - y^3)(2x^n + y^3) - 4(x^n)^2 - (-y)^3$
11-101. $ax^2[x^2 - 2xy + y^2 - (x - y)^2] + (a - x) + x(x - a)$

11-102. Hallar el área de un rectángulo que mide s metros más de largo que de ancho. **INDICACIÓN:** $x(x + s)$. Dibujar la figura.

11-103. Hallar el volumen de un ortoedro que mide $2x - 3$ metros de ancho, $7x - 2$ m de largo y $x + 4$ m de alto. Dibujar la figura. Para hallar el volumen, se multiplica la longitud, por la altura, por la anchura. La fórmula es $V = lah$.

11-104. Hallar el volumen de un cilindro circular recto, cuya altura es h dm y su radio $2h - 4$ dm. Volumen del cilindro $= \pi r^2 h$, donde r es el radio y h la altura. Dibujar la figura.

11-105. Un cuadrado, tiene en su interior una perforación cuadrada, cuyas dimensiones aparecen en la figura 11-1. Hallar el área no perforada.

11-106. Una lámina de acero, de a cm de ancho, se cierra, uniendo sus cantos, para formar

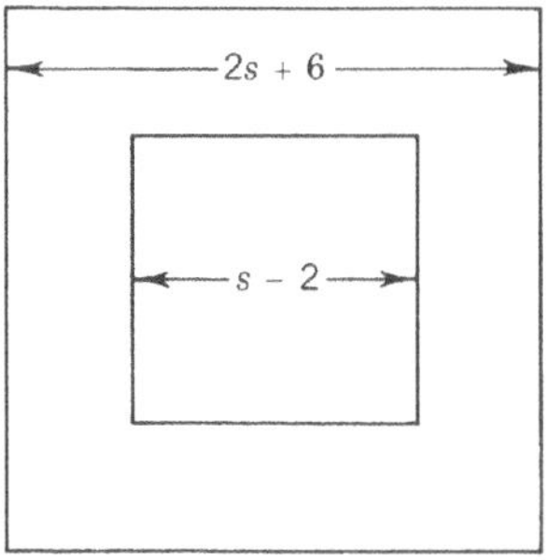

Figura 11-1. Ejercicio 11-105

una conducción rectangular de d cm de alto. ¿Cuál es el área de la sección de esta conducción?

11-107. Una lámina rectangular de estaño de a cm de ancho y b cm de largo, se emplea para hacer de ella una caja, sin tapa, cortando en cada esquina un cuadrado de c cm de lado y doblando hacia arriba las solapas resultantes. Hallar el volumen de la caja. Dibujar las distintas figuras del proceso.

11-8 PRODUCTOS APROXIMADOS

El producto $(1 + a)(1 + b)$ es igual a $1 + a + b + ab$. Si a y b son fracciones de valor pequeño, el producto ab tiene un valor muy pequeño comparado con el de a y el de b. Entonces, el producto $(1 + a)(1 + b)$ sería aproximadamente igual a $1 + a + b$.

Por ejemplo, si $a = 0{,}05$ y $b = 0{,}02$, el valor de $(1 + a)(1 + b)$ será $1 + 0{,}05 + 0{,}02 + (0{,}05 \times 0{,}02)$. El valor exacto es entonces $1 + 0{,}05 + 0{,}02 + 0{,}001 = 1{,}071$. El valor aproximado es $1 + 0{,}05 + 0{,}02 = 1{,}07$. Como $1{,}071 - 1{,}07 = 0{,}001$, la diferencia entre el valor aproximado y el verdadero valor es solamente 0,001.

Ejemplo: Si $a = 0{,}01$ y $b = 0{,}02$, hallar el tanto por ciento de error que se comete, si para hallar el producto $(1 + a)(1 + b)$, no se tiene en cuenta el término ab.

Solución: El valor aproximado de $(1 + 0{,}01)(1 + 0{,}02) = 1 + 0{,}01 + 0{,}02 = 1{,}03$.

El valor exacto es $1 + 0{,}01 + 0{,}02 + 0{,}0002 = 1{,}0302$.

El error será $1{,}0302 + 1{,}03 = 0{,}0002$.

Ahora, para hallar el tanto por ciento de error cometido, se halla el tanto por ciento de 0,0002 sobre 1,0302:

$$(0{,}0002 \times 100) : 1{,}0302 = 0{,}02\ \%.$$

Ejercicios

11-108. Hallar el tanto por ciento de error, si no se tiene en cuenta el término ab en $(1 + a)(1 + b)$ cuando $a = 0{,}001$ y $b = 0{,}002$.

11-109. Hallar con tres cifras decimales exactas el valor de $1{,}002 \times 1{,}05$, utilizando el método anterior ($a = 0{,}002$, $b = 0{,}05$).

11-110. ¿Cuántas cifras decimales pueden precisarse en el producto $1,02 \times 1,0024$ por el método anterior? (NOTA: b tiene 4 cifras decimales.)

11-111. ¿Cuál es el tanto por ciento de error cometido suponiendo $(1 + a)(1 + b) = 1 + a + b$ cuando $a = 0,003$ y $b = 0,005$?

11-112. Suponiendo $(1 + a)^3 = 1 + 3a$. ¿Cuál es el tanto por ciento de error si $a = 0,0002$? ¿Cuándo $a = 0,002$? ¿Cuándo $a = 0,02$? ¿Cuándo $a = 0,2$?

11-113. Al medir el radio r de un círculo, cuya longitud correcta es 1 dm, hemos cometido un error del 1 %. Hallar el tanto por ciento del error cometido al calcular su área con el radio que hemos medido. El área de un círculo es πr^2, donde r es su radio.

11-114. El área de un triángulo se ha determinado dibujando una figura a escala y midiendo su base y su altura. Al medir la base y la altura se han cometido errores del $1\,^1/_2$% y del 2 %, respectivamente, ambos en exceso. ¿Cuál será el tanto por ciento del error cometido al calcular el área, despreciando el término del producto de los dos errores? El área del triángulo es el producto de la mitad de la altura por la base.

11-115. Hallar el producto aproximado en los casos siguientes:

(a) $1,003 \times 1,012$	**(d)** $0,97 \times 0,98$
(b) $1,02 \times 0,97$	**(e)** $9,996 \times 0,997$
(c) $1,004 \times 0,998$	**(f)** $0,985 \times 0,996$

11-116. Al medir las dimensiones de un rectángulo, se ha cometido un error del 2 % en exceso en la longitud y el error en la anchura ha sido del 3 % por defecto. Si calculamos el área con estas medidas, hallar el porcentaje de error cometido.

11-117. Al medir un triángulo, la base se ha medido con un exceso del 1 % y la altura con un defecto del $1\,^1/_2$%. Hallar el porcentaje de error del área calculada con estas medidas.

11-118. Si el error de un número es del 1 %, ¿cuál es el porcentaje del error en su cuadrado? ¿Y en su cubo?

11-9 ECUACIONES

A menudo es necesaria la multiplicación para resolver ecuaciones. En estas ecuaciones, pueden aparecer términos que contengan a la incógnita elevada al cuadrado o a potencias aún mayores. De momento sólo podemos resolver aquellas ecuaciones en las que los términos con cuadrados o mayores potencias de la incógnita desaparecen al trasponer los términos de la ecuación a uno solo de los miembros de la igualdad.

Ejemplo: Resolver $(x + 8)(x - 5) = (x - 7)(x + 3) + 9$.

Solución: Multiplicando

$$x^2 + 3x - 40 = x^2 - 4x - 21 + 9$$

Sumando o restando a los dos miembros x^2, $+4x$, $+40$,

$$x^2 - x^2 + 3x + 4x = 40 - 21 + 9$$

Agrupando términos,

$$7x = 28$$

Dividiendo por 7,

$$x = 4$$

Comprobación: Sustituyendo x por 4 en la ecuación original,

$$(4 + 8)(4 - 5) = (4 - 7)(4 + 3) + 9$$
$$(12)(-1) = (-3)(7) + 9$$
$$-12 = -21 + 9$$
$$-12 = -12$$

Ejercicios

Resolver las ecuaciones siguientes:

11-119. $(x - 4)^2 = x^2 - 40$

11-120. $(x - 3)^2 = (x + 3)^2 - 24$

11-121. $9(x - 10) = -(x - 10)$

11-122. $20(x + 2) = 2(x + 20)$

11-123. $(x - 3)^2 + 40 = (x + 7)^2 + 200$

11-124. $(2x + 1)^2 = 4(x + 2)^2$

11-125. $(3x - 2)^2 = 3x(3x + 1)$

11-126. $(2x - 3)^2 = 4(x + 2)^2$

11-127. $(6x + 2)(5x - 4) - 30(x - 1)^2 = 34x + 106$

11-128. $6x^2 - 27x + 72 = 3x(2x + 3)$

11-129. $(s + 1)(3s + 1) = 3s^2 + 7s - 13$

11-130. $(h + 1)(h^2 - h + 1) = h^3 - 8h - 31.$

11-131. Si $x - 14$ se multiplica por $x - 10$, el producto es 20 unidades mayor que x^2. Hallar x.

11-132. Si un número más 6, se multiplica por dicho número menos 13, el producto es 27 más el cuadrado del número. Hallar dicho número.

11-133. Un rectángulo que es 10 m más estrecho que un cuadrado y 15 m más largo que él, tiene la misma área que el cuadrado. ¿Cuáles son las dimensiones del cuadrado y del rectángulo?

11-134. Un rectángulo es 2 m más ancho que un cierto cuadrado, 6 m más largo que él y tiene un área 84 m^2 mayor que la de dicho cuadrado. Hallar las dimensiones de las dos figuras.

11-135. Demostrar que el producto del primero y el último de tres números enteros consecutivos es siempre una unidad menor que el cuadrado del segundo número.

11-136. Un hombre cobra 3.000 ptas el primer mes y cada mes cobra p ptas más. Escribir la fórmula del sueldo s que cobrará el mes n.

11-137. n hombres cobran el mismo salario de x ptas al año durante t años. Durante $(m + t)$ años han recibido un total de p ptas. Escribir una fórmula que nos dé el valor de x, otra que nos dé el valor de m y otra para el de n.

11-138. Diez estudiantes compran una radio. Como cuatro de ellos no tienen dinero, los otros han de pagar 80 ptas más cada uno. ¿Cuánto cuesta la radio?

12/División y descomposición en factores

12-1 DIVISIÓN

La división es la operación inversa de la multiplicación, y de este hecho se derivan muchos principios y reglas matemáticas. Como ejemplos, vamos a considerar estas cuatro multiplicaciones:

$$(+5) \times (+3) = +15 \qquad (-5) \times (+3) = -15$$
$$(-5) \times (-3) = +15 \qquad (+5) \times (-3) = -15$$

Como la división es la operación inversa de la multiplicación, cuando el producto de dos números se divide por uno de ellos, el cociente (la solución) es el otro número. Así, cuando cada una de las soluciones obtenidas antes se divide por uno de los dos factores, el resultado obtenido será el otro factor:

$$(+5) \times (+3) = +15 \qquad (+15) : (+3) = +5$$
$$(-5) \times (-3) = +15 \qquad (+15) : (-3) = -5$$
$$(+5) \times (-3) = -15 \qquad (-15) : (-3) = +5$$
$$(-5) \times (+3) = -15 \qquad (-15) : (+3) = -5$$

De los ejemplos anteriores, podemos deducir estas conclusiones:

1. En una división, el signo de la solución (el cociente) es + cuando el dividendo y el divisor tienen el mismo signo; el signo del cociente es − cuando los signos del dividendo y el divisor son distintos.
2. El valor numérico del cociente se obtiene de la misma forma que en Aritmética.

12-2 LEY DE LOS EXPONENTES

La regla, o ley, que hay que aplicar a los exponentes en los problemas de división puede averiguarse fácilmente. Consideremos el ejemplo siguiente:

$$\frac{a^5}{a^3} = \frac{\overset{1}{\cancel{a}} \times \overset{1}{\cancel{a}} \times \overset{1}{\cancel{a}} \times a \times a}{\underset{1}{\cancel{a}} \times \underset{1}{\cancel{a}} \times \underset{1}{\cancel{a}}} = a \times a = a^2$$

o bien

$$a^5 : a^3 = a^{5-3} = a^2$$

Puede entonces deducirse la regla siguiente: Para dividir potencias de la misma base, se resta el exponente del divisor del exponente del dividendo.

Como aclaración, veamos tres ejemplos más.

Ejemplo 1: $b^4 : b^4 = b^0 = 1$.

$$\frac{b^4}{b^4} = \frac{\overset{1}{\not b}\cdot\overset{1}{\not b}\cdot\overset{1}{\not b}\cdot\overset{1}{\not b}}{\underset{1}{\not b}\cdot\underset{1}{\not b}\cdot\underset{1}{\not b}\cdot\underset{1}{\not b}} = 1$$

NOTA: Cualquier número, elevado a la potencia cero es igual a la unidad.

Ejemplo 2: $c^3 : c^5 = c^{-2}$. Esta respuesta, c^{-2}, es igual a $1/c^2$. Esta igualdad puede demostrarse con facilidad:

$$c^3 : c^5 = \frac{\overset{1}{\not c}\times\overset{1}{\not c}\times\overset{1}{\not c}}{\underset{1}{\not c}\times\underset{1}{\not c}\times\underset{1}{\not c}\times c\times c} = \frac{1}{c^2}$$

Por tanto, es posible cambiar el signo del exponente pasando la potencia correspondiente del numerador al denominador o del denominador al numerador:

$$\frac{c^{-2}}{1} = \frac{1}{c^2} \quad \text{y} \quad \frac{x^2}{1} = \frac{1}{x^{-2}}$$

Ejemplo 3: $(a + b)^4 : (a + b)^2$.

$$\frac{(a+b)^4}{(a+b)^2} = (a+b)^{4-2} = (a+b)^2$$

o

$$\frac{\overset{1}{\cancel{(a+b)}}\overset{1}{\cancel{(a+b)}}(a+b)(a+b)}{\underset{1}{\cancel{(a+b)}}\underset{1}{\cancel{(a+b)}}} = (a+b)^2$$

Hay que tener en cuenta, en los cálculos precedentes, que cualquier número elevado a cero es igual a 1 y que los paréntesis pueden considerarse (como en el Ejemplo 3) como un solo número, ya que de otra forma el problema resultaría mucho más largo. El término $(a + b)^4$ puede dividirse por $(a + b)^2$ de la misma manera que a^5 se divide por a^3.

Para comprobar los resultados de los ejemplos anteriores, se puede sustituir por números b, c y $(a + b)$ respectivamente.

12-3 DIVISIÓN DE MONOMIOS

Hasta que se adquiere suficiente práctica, se deberá seguir siempre el proceso de división con un orden meticuloso. Los pasos de la división son como sigue:

1. Se determina el signo del cociente. (Si los dos signos son iguales, el cociente es + si son distintos es −.)
2. Determinar el coeficiente del cociente. (Simplificar los factores comunes del dividendo y el divisor.)
3. Determinar la parte literal con los exponentes que corresponda. (Basta restar para cada una de las letras comunes, el correspondiente exponente del divisor, del exponente del dividendo.)

Recordar: En la división hay que dividir en los casos en que se multiplica en la multiplicación, y se restan los exponentes cuando se suman en la multiplicación.

Ejemplo: Dividir $25a^4x^5$ por $-5a^2x^3$.

Solución: Obtendremos el cociente paso por paso:

$$\begin{aligned} 25 &: -5 = -5 \\ a^4 &: a^2 = a^2 \\ x^5 &: x^3 = x^2 \end{aligned}$$

Por lo tanto

$$25a^4x^5 \div -5a^2x^3 = -5a^2x^2$$

Para expresar la división, basta con escribir la última igualdad. Los tres primeros pasos, han de hacerse mentalmente, y en este caso se han escrito sólo para detallar el proceso seguido.

La división de un monomio por otro puede efectuarse también como una simplificación de fracciones. Como la expresión literal $4a^2b^3$ significa $4 \times a \times a \times b \times b \times b$, podemos escribir también $16a^3b^5c^3 : 4a^2b^3$ de la siguiente forma:

$$\frac{\overset{1}{\cancel{4}} \times 4 \times \overset{1}{\cancel{a}} \times \overset{1}{\cancel{a}} \times a \times \overset{1}{\cancel{b}} \times \overset{1}{\cancel{b}} \times \overset{1}{\cancel{b}} \times b \times b \times c \times c \times c}{\underset{1}{\cancel{4}} \times \underset{1}{\cancel{a}} \times \underset{1}{\cancel{a}} \times \underset{1}{\cancel{b}} \times \underset{1}{\cancel{b}} \times \underset{1}{\cancel{b}}} = 4ab^2c^3$$

Los factores comunes del dividendo y el divisor se han simplificado, y el producto de los factores que quedan en el dividendo es el valor del cociente.

Este método es demasiado lento, pero ayuda a comprender con claridad el por qué de los pasos enunciados al principio de la pregunta.

12-4 COMPROBACIÓN

Los resultados obtenidos en los problemas de división se pueden comprobar de la misma forma que en la multiplicación, sustituyendo las letras por valores numéricos convenientes. También puede comprobarse la división multiplicando el divisor por el cociente; este producto debe ser igual al dividendo.

Ejercicios

12-1. $\dfrac{9a}{-3a} = ?$

12-2. $\dfrac{-12b^2x}{3b^2x} = ?$

12-3. $\dfrac{15a^2b^2}{-5a^2b} = ?$

12-4. $\dfrac{-20u^3v^2}{-5u^2v} = ?$

12-5. $\dfrac{24x^4t^3}{-8xt^2}$

Hallar el cociente en los siguientes ejercicios:

12-6. $-25a^2b^2c^3 \ : \ 5abc^2$

12-7. $20a^5b^6c \ : \ 10abc$

12-8. $30cd^2f \ : \ 15cd^2$

12-9. $36ax^3y^5 \ : \ 18ay^3$

12-10. $-18x^3yz^2 \ : \ 9xy$

12-11. $-21vw^2z^2 \ : \ -7vz^2$

12-12. $-33r^3sz^2 \ : \ -11rs$

12-13. $35m^2n^3x^4 \ : \ -5m^2x^2$

Efectuar las divisiones siguientes:

12-14. $13t^4u^5v^3$ por $-u^4v^2$

12-15. $65ab^5c^8$ por $13ac^6$

12-16. $-21^4ab^4cd^4$ por 21^3abcd^3

12-17. $16x^my^4$ por $-4xy^m$

12-18. $40a^{n+1}b^mc^2$ por $-10a^nb^{m-1}c$

12-19. $-100x^{5a}b^{5a-1}c^{-5}$ por $25xb^{-1}c^{-6}$

12-20. $-4a^{x-y}b^{x+y}c^4$ por $-2a^{-y}b^zc^2$

12-5 DIVISIÓN DE UN POLINOMIO POR UN MONOMIO

Para dividir un polinomio por un monomio, se divide cada término del dividendo por el divisor.

Ejemplo: Dividir $24a^5y^3 - 96a^5y^6$ por $8a^4y^3$.

$$\begin{array}{rr|l} 24a^5y^3 - 96a^5y^6 & & 8a^1y^3 \\ \hline -24a^5y^3 + 96a^5y^6 & & 3a - 12ay^3 \\ 0 \qquad\quad 0 & & \end{array}$$

La solución $3a - 12ay^3$ puede comprobarse por multiplicación. Además, se puede resolver este problema de división escribiéndolo en esta forma:

$$\frac{24a^5y^3}{8a^4y^3} - \frac{96a^5y^6}{8a^4y^3} = 3a - 12ay^3$$

Ejercicios

Efectuar las divisiones siguientes y comprobar por multiplicación:

12-21. $14ax + 28ay + 84az$ por a; por $14a$

12-22. $12x^4 - 16x^3y + 20x^5$ por $2x^2$; por $-4x^3$

12-23. $-3ab^4 + 6ab^5 - 9ab^6$ por ab^4; por $-3ab^2$

12-24. $5(41)^2 - 4(41) + 7(41)^3$ por $-(41)$

12-25. $3(5^2) - 7(5)^3 + 9(5)(5)$ por 5^2

12-26. $2{,}5xyz^2 - 0{,}5x^2yz + 1{,}5xyz$ por $0{,}5xz$

12-27. $16a^3b^2c - 20a^2b + 24a^2b^2$ por $-4a^2b$

12-28. $4x^3 - 3x^2 + 2x$ por $2x$

12-29. $24(xy)^2 - 8(x^2y^2)y - 24(xy)y$ por $-8xy$

12-30. $8a^7 - 7a^6 + 6a^5 - 5a^4$ por $2a^3$

12-31. $y^4 - 1{,}5y^3 + 0{,}5y^2$ por $0{,}5y^2$

12-32. $3x^6 + 2x^4 - x^2$ por $0{,}5x$

12-33. $0{,}25a^5b^4 - 2a^4b^3 + a^3b^2$ por $\dfrac{3ab}{2}$

12-34. $4 - 4x - 5x^2 + 7x^3 - 10x^4$ por $0{,}5$

12-35. $a(1 + a)^4 - ab(1 + a)^3 + 7a(1 + a)^2$ por $a(1 + a)$; por $a + 1$

12-36. $24(x + y)^3 - 12(x + y)^2 - 6(x + y)$ por $-6(x + y)$

12-37. $3(m - n)(a + b)^5 - 6(m - n)(a + b)^{10}$ por $-3(m - n)(a + b)^5$; por a; por $(a + b)^2$

12-38. $ax^n - bx^{n-1} + cx^{n-2} - dx^{n-3} + ex^{n-4}$ por x^{n-4}

12-39. $(a + b)x^m - (a + b)^2x^{m-1} + (a + b)^3x^{m-2}$ por $(a + b)x^{m-2}$

12-40. $x^{2n} - x^{2n-2} + x^{2n-4} - x^{2n-6}$ por x^{n-6}

12-6 DIVISIÓN DE POLINOMIOS

La división de un polinomio por otro es similar al proceso de división en Aritmética Veamos cuatro ejemplos:

Ejemplo 1: Dividir $x^2 + 7x + 12$ por $x + 3$.

Se escribe la operación con las dos notaciones:

$$
\begin{array}{r}
x + 4 \\
x + 3\,\overline{)\,x^2 + 7x + 12} \\
\underline{x^2 + 3x } \\
4x + 12 \\
4x + 12
\end{array}
\qquad \text{o} \qquad
\begin{array}{r|l}
x^2 + 7x + 12 & x + 3 \\ \cline{2-2}
\underline{-x^2 - 3x } & x + 4 \\
4x + 12 & \\
\underline{-4x - 12} & \\
0 &
\end{array}
$$

Comprobaremos multiplicando el **cociente por el divisor:**

$$
\begin{array}{r}
x + 4 \\
\underline{x + 3} \\
x^2 + 4x \\
\underline{3x + 12} \\
x^2 + 7x + 12
\end{array}
$$

Ejemplo 2: Dividir $x^2 - x^3 + x^4 - 3x + 2$ por $x^2 + x + 2$.

Se escribe la operación con las dos notaciones:

$$
\begin{array}{r|l}
 & x^2 - 2x + 1 \\
\hline
x^2 + x + 2) & x^4 - x^3 + x^2 - 3x + 2 \\
 & x^4 + x^3 + 2x^2 \\
\hline
 & -2x^3 - x^2 - 3x \\
 & -2x^3 - 2x^2 - 4x \\
\hline
 & x^2 + x + 2 \\
 & x^2 + x + 2 \\
\hline
\end{array}
\qquad \text{o} \qquad
\begin{array}{r|l}
x^4 - x^3 + x^2 - 3x + 2 & x^2 + 2x + 2 \\
\cline{2-2}
-x^4 - x^3 - 2x^2 & x^2 - 2x + 1 \\
\hline
-2x^3 - x^2 - 3x & \\
2x^3 + 2x^2 - 4x & \\
\hline
x^2 + x + 2 & \\
- x^2 - x - 2 & \\
\hline
0 &
\end{array}
$$

Comprobación:

$$
\begin{array}{r}
x^2 - 2x + 1 \\
x^2 + x + 2 \\
\hline
x^4 - 2x^3 + x^2 \qquad\qquad \\
x^3 - 2x^2 + x \qquad \\
2x^2 - 4x + 2 \\
\hline
x^4 - x^3 + x^2 - 3x + 2
\end{array}
$$

Los pasos seguidos para efectuar estas divisiones son los siguientes:

1. Ordenar el dividendo y el divisor en potencias crecientes (o decrecientes), partiendo de la mayor (o menor) potencia de una letra común.
2. Dividir el primer término del dividendo por el primero del divisor.
3. Multiplicar todos los términos del divisor por el resultado de la división anterior y escribirlos, cambiados de signo, debajo de los términos semejantes que hay en el dividendo. Sumarlos.
4. Dividir el primer término del resto que resulte por el primer término del divisor.
5. Multiplicar el divisor por el segundo término del cociente (el cociente obtenido en el paso 4).
6. Repetir los pasos 4 y 5 hasta que el resto dé cero o hasta que, en la última operación, obtengamos un resultado que ya no puede ser dividido.

El tercer ejemplo nos muestra esta técnica de división, cuando el resultado de la última suma no es cero.

Ejemplo 3: Dividir $a^3 + 2a^2 + 2a + 5$ por $a + 1$.

Se escribe la operación con las dos notaciones:

$$
\begin{array}{r|l}
 & a^2 + a + 1 \\
\hline
a + 1) & a^3 + 2a^2 + 2a + 5 \\
 & a^3 + a^2 \\
\hline
 & a^2 + 2a \\
 & a^2 + a \\
\hline
 & a + 5 \\
 & a + 1 \\
\hline
 & 4
\end{array}
\qquad \text{o} \qquad
\begin{array}{r|l}
a^3 + 2a^2 + 2a + 5 & a + 1 \\
\cline{2-2}
-a^3 - a^2 & a^2 + a + 1 \\
\hline
a^2 + 2a & \\
- a^2 - a & \\
\hline
a + 5 & \\
- a - 1 & \\
\hline
4 &
\end{array}
$$

En este ejemplo, el resto, 4, no puede ser dividido por el primer término del divisor, *a*. Por consiguiente, 4 debe escribirse como en aritmética, en forma de fracción. La respuesta completa al problema es, pues,

$$a^2 + a + 1 + \frac{4}{a + 1}$$

Comprobación:

$$\begin{array}{r l}
a^2 + a + 1 & \\
a + 1 & \\
\hline
a^3 + a^2 + a \phantom{{}+1} & \\
a^2 + a + 1 & \\
\hline
a^3 + 2a^2 + 2a + 1 & \\
4 & \quad \text{el resto} \\
\hline
a^3 + 2a^2 + 2a + 5 &
\end{array}$$

Ejemplo 4: Dividir $x^3 - 27$ por $x + 3$.

Como en el dividendo no aparecen términos en x^2 y x, significa que su coeficiente es 0, pero es conveniente expresarlos así para disponerse a dividir.

Se escribe la operación con las dos notaciones:

$$\begin{array}{r r l}
 & x^2 - 3x + 9 & \\
\cline{2-2}
x + 3) & x^3 + 0x^2 + 0x - 27 & \\
 & x^3 + 3x^2 \phantom{{}+ 0x - 27} & \\
\cline{2-2}
 & - 3x^2 \phantom{{}+ 0x - 27} & \\
 & - 3x^2 - 9x \phantom{{}- 27} & \\
\cline{2-2}
 & + 9x - 27 & \\
 & 9x + 27 & \\
\cline{2-2}
 & - 54 & \text{resto}
\end{array}
\qquad \text{o} \qquad
\begin{array}{r | l}
x^3 + 0x^2 + 0x - 27 & x + 3 \\
\cline{2-2}
- x^3 - 3x^2 \phantom{{}+ 0x - 27} & x^2 - 3x + 9 \\
\cline{1-1}
- 3x^2 + 0x \phantom{{}- 27} & \\
+ 3x^2 + 9x \phantom{{}- 27} & \\
\cline{1-1}
9x - 27 & \\
- 9x - 27 & \\
\cline{1-1}
- 54 &
\end{array}$$

La respuesta completa, es entonces

$$x^2 - 3x + 9 - \frac{54}{x + 3}$$

Ejercicios

Dividir los polinomios siguientes y comprobar, multiplicando, el resultado obtenido:

12-41. $x^2 + 5x + 4$ por $x + 1$
12-42. $x^2 - 5x + 4$ por $x - 1$
12-43. $14 + 9x + x^2$ por $7 + x$
12-44. $14 - 9x + x^2$ por $7 - x$
12-45. $x^2 + 16x + 63$ por $x + 9$
12-46. $x^2 - 16x + 63$ por $x - 6$
12-47. $x^2 - 2x - 63$ por $x - 9$
12-48. $x^2 + 2x - 63$ por $x + 9$

12-49. $x^3 - 3x^2 + 3x - 1$ por $x - 1$
12-50. $x^3 + 3x^2 + 3x + 1$ por $x^2 + 2x + 1$
12-51. $x^3 + 2x^2 - 5x - 6$ por $x^2 - x - 2$
12-52. $x^3 + x - 4x^2 - 4$ por $x - 4$
12-53. $x^4 + x^2 + 1$ por $x^2 + 1 - x$
12-54. $x^6 - 64$ por $x^2 - 4$
12-55. $x^4 - 4x^2 + 16$ por $x^2 + 4$
12-56. $x^4 - 16$ por $x + 2$
12-57. $27x^6 + 8$ por $9x^4 - 6x^2 + 4$
12-58. $27x^6 - 8y^6$ por $3x^2 - 2y^2$
12-59. $32x^4 - 76x^3 + 93x^2 - 110x + 63$ por $4x^3 - 5x^2 + 6x - 7$
12-60. $2a^3 - 3a^2b + 4ab^2 - 5a^3$ por $a - 2b$
12-61. $12x^4 - 10x^3y + 8x^2y^2 - 6xy^3 + 4y^4$ por $x^2 + y^2$
12-62. $x^{5n} - y^{5n}$ por $x^n - y^n$

12-63. Si el área de un rectángulo viene expresada por $x^2 + 3x + 2$ y $x + 1$ es uno de los lados, hallar el otro lado. Comprobar sustituyendo en primer lugar x por 5, y después x por 0.

12-64. El área de un rectángulo viene expresada por $x^2 + x$. Expresar la longitud de sus lados en términos de x.

12-65. Un hombre rema x Km a contracorriente y después regresa sin remar, empleando en total un tiempo de t horas. Si rema a u Km/h y la corriente lleva una velocidad de v Km/h, considerando como datos t, u y v, hallar x. Comprobar que, para resolver este problema, hay que emplear las cuatro operaciones fundamentales (suma, resta, multiplicación y división) Si $u = 10$, $v = 5$, y $t = 60$, hallar x.

12-7 DESCOMPOSICIÓN EN FACTORES

Un *factor* de una expresión algebraica es un número o un término que divide a dicha expresión exactamente. Una expresión se llama *prima* cuando no puede dividirse exactamente más que por sí misma y la unidad. (En otras palabras, una expresión prima no admite más factores que ella misma y la unidad.) Diremos que una expresión ha sido *factorizada* o *descompuesta en factores primos* cuando se ha escrito como producto de todos sus factores primos.

La descomposición en factores está ligada muy estrechamente con la multiplicación y la división. En efecto, para *factorizar* una expresión algebraica hay que dividirla por sus factores primos. La descomposición en factores sirve como instrumento para resolver ecuaciones y transformar fórmulas, cuando se considere necesario o conveniente.

12-8 FACTORES DE UN MONOMIO

Los factores de un monomio, excepto los de su coeficiente numérico, son evidentes gracias a los símbolos que empleamos. Por esta razón no hace falta detenerse en el estudio de la descomposición en factores de un monomio. Además, la descomposición del coeficiente numérico es una cuestión de Aritmética sencilla. Así, los factores primos de a^4x^2y son, a repetido cuatro veces, x repetido dos, e y. La descomposición en factores de 14^2y^3 es $2 \times 7 \times x \times x \times y \times y \times y$.

Como esta descomposición en factores es evidente, no suelen utilizarse los monomios descompuestos en sus factores primos.

12-9 FACTORES DE UN POLINOMIO CUANDO UNO DE LOS FACTORES ES UN MONOMIO

Si queremos descomponer $14ax + 28ay + 84az$, está claro que $14a$ divide exactamente a cada uno de los términos del polinomio. El cociente es $x + 2y + 6z$. En este caso, el producto de $x + 2y + 6z$ por $14a$ es precisamente $14ax + 28ax + 84az$. Entonces $14a$ y $x + 2y + 6z$ son los factores de $14ax + 28ay + 84az$, o $14ax + 28ay + 84az = 14a(x + 2y + 6z)$.

Los factores de un polinomio del tipo del anterior son (1) un monomio, que contiene a todos los factores que son comunes a todos los términos del polinomio, y (2) el cociente que se obtiene al dividir el polinomio por el monomio anterior.

Para descomponer un polinomio cuando un factor es un monomio, estos son los pasos indicados:

1. Observar bien los términos del polinomio y determinar un monomio que divida a todos estos términos. Este es un factor.
2. Dividir el polinomio por este monomio y hallar el cociente. Este es el otro factor.

Ejemplo: Descomponer $4a^2x - 2ax^2 + 6a^2x^2$.

El monomio, como puede verse, será $2ax$. Dividiendo el polinomio por este monomio resulta $2a - x + 3ax$, que es el otro factor. Los factores se escriben en la forma siguiente:

$$2ax(2a - x + 3ax)$$

Este resultado puede comprobarse hallando el producto de los factores; este producto resultaría igual a la expresión que se quería factorizar.

Ejercicios

Hallar todos los factores positivos de los siguientes polinomios mentalmente, y comprobar el resultado multiplicando:

12-66. $3b + 12$
12-67. $7x - 21$
12-68. $15xy + 30z$
12-69. $12xy - 30xz$
12-70. $9x^2y + 21x$
12-71. $4u^2v^3 - 12uv^2$
12-72. $7ab - 14ac + 21ad$
12-73. $12abc^2 - 4a^2bc + 6ab^2c$
12-74. $5axy^4 - 6ax^4y + 7a^4xy$
12-75. $13 - 26hk - 39uv$
12-76. $x^2y - x^4y^2 + ax^6y^6$
12-77. $15ap^3 - 30a^2p^2 + 5p^4$
12-78. $100m^2 - 200mn + 300mn^2$
12-79. $250x^3 - 1\,000x^6y$
12-80. $5^2x - 5^3x^2$
12-81. $17A^2 - 51B^2$
12-82. $13(AB)^2 - 65(AB)^3$
12-83. $15A^2B^2 + 30A^3B^3$

12-84. $(x-2)a+(x-2)b$

SUGERENCIA: Considérense $(x-2)a$ y $(x-2)b$ como los dos únicos términos del polinomio. Entonces, $(x-2)$ es común a los dos términos y utilizándolo como divisor se puede calcular el otro factor.

12-10 EL CUADRADO DE UN BINOMIO

El cuadrado de un binomio es un producto particular que aparece con mucha frecuencia. Por lo tanto, es conveniente aprender a escribir este cuadrado sin tener que efectuar la multiplicación.

Efectuando la multiplicación:

1. $(a+b)^2 = a^2 + 2ab + b^2$
2. $(a-b)^2 = a^2 - 2ab + b^2$

Ejercicios

Sin efectuar la multiplicación, escribir los productos siguientes. Comprobar los resultados haciendo la operación.

12-91. $(x+6)^2$

12-92. $(2x-6)^2$

12-93. $(2x+6y)^2$

12-94. $(2x-6y)^2$

12-95. $(A^2-2)^2$

12-96. $(2b^2+1)^2$

12-97. $(4-5W^3)^2$

12-98. $(2u^2-av)^2$

12-99. $(2ax-3by)^2$

12-100. $(2x^3+3xy^2)^2$

12-101. $(3^2-2^2)^2$

12-102. $(30-1)^2$

12-103. $(20+1)^2$

12-104. $(50-1)^2$

12-105. $(20-1)^2$

12-106. $(100-1)^2$

12-11 FACTORES DE UN TRINOMIO CUADRADO PERFECTO

Un *trinomio cuadrado perfecto* es un trinomio que resulta de elevar al cuadrado un binomio. Así, $a^2+2ab+b^2$ es un trinomio cuadrado perfecto, porque es el cuadrado del binomio $a+b$. Sus factores son $(a+b)(a+b)$. Análogamente, los factores de $a^2-2ab+b^2$ son $(a-b)(a-b)$. Los factores de $4x^2-12x+9$ son $(2x-3)(2x-3)$.

Para saber decir si un trinomio es o no es cuadrado perfecto, hay que tener en cuenta lo siguiente:

1. Un trinomio cuadrado perfecto ha de tener dos términos positivos y cada uno de ellos ha de ser el cuadrado de un monomio.
2. El trinomio tiene también un término, positivo o negativo, que debe ser el doble producto de las raíces cuadradas de los otros dos términos. Si este término es positivo, los factores son sumas; si es negativo, los factores son diferencias.

Así, $9a^4-24a^2y^2+16y^4$ es un trinomio cuadrado perfecto, ya que $9a^4$ y $16y^4$ son los dos positivos y son los cuadrados de los monomios $3a^2$ y $4y^2$, respectivamente; $24a^2y^2$ es el doble del producto de estas raíces cuadradas. Los factores son $(3a^2-4y^2)(3a^2-4y^2)$.

Por definición, la raíz cuadrada de un número es uno cualquiera de sus dos factores iguales; la raíz cuadrada de un trinomio cuadrado perfecto, por consiguiente, es uno de los dos factores iguales.

Ejercicios

Indicar, calculando mentalmente, cuáles de los trinomios siguientes son cuadrados perfectos. Cuando sea posible descomponerlos en factores y hallar su raíz cuadrada.

12-107. $x^2 + 2x + 1$
12-108. $x^2 + 4x + 4$
12-109. $4y^2 - 4y + 1$
12-110. $16u^2 + 16u + 4$
12-111. $9v^2 - 18v + 9$
12-112. $U^2 + 16U^4 + 64U^6$
12-113. $16a^2b^2 - 8ab^3c^2 + b^2c^4$
12-114. $9 + 6x^4 + x^8$
12-115. $-30x + 225 + x^2$
12-116. $4x^2 + 6xy + 8y^2$
12-117. $16abc + 16a^2b^2 - 4c^2$
12-118. $0{,}16t^2 + 0{,}8t + 1$
12-119. $0{,}25x^2 - 0{,}25x + 1/16$
12-120. $x^6 + 12x^3y^2 + 9y^4$
12-121. $108U^2V^2 + 36U^4 + 81V^4$
12-122. $-40ST + 16S^2 + 25T^2$
12-123. $-(x^2 + 2x + 1)$
12-124. $-(-112R + 49R^2 + 64)$
12-125. $x^2 + 2x(a + b) + (a + b)^2$
12-126. $(a + b)^2 - 2(a + b)(a - b) + (a - b)^2$

12-12 PRODUCTO DE LA SUMA DE DOS NÚMEROS POR SU DIFERENCIA

Una multiplicación frecuente en muchos tipos de problemas es hallar el producto, cuando la suma de dos números se multiplica por su diferencia. Efectuando la operación,

$$(a + b)(a - b) = a^2 - b^2$$

Aquí a y b son números generales; es decir, esta igualdad puede utilizarse como una fórmula, para escribir sin efectuar la operación, el producto de la suma y la diferencia de dos números cualesquiera. El enunciado de la fórmula es como sigue: *La suma de dos números por su diferencia es igual a la diferencia de sus cuadrados.*

Ejemplo 1: $(2c + 3b)(2c - 3b) = 4c^2 - 9b^2$

Ejemplo 2: $(16 + 2)(16 - 2) = 16^2 - 2^2 = 256 - 4 = 252$

Ejemplo 3: $102 \times 98 = (100 + 2)(100 - 2) = 10\,000 - 4 = 9\,996$

Ejercicios

Sin efectuar la multiplicación, hallar cada uno de los siguientes productos. Comprobar realizando la operación:

12-127. $(x + 5)(x - 5)$
12-128. $(2x + 5)(2x - 5)$
12-129. $(5xy - 6)(5xy + 6)$
12-130. $(12 + 9RS)(12 - 9RS)$
12-131. $(3xyv - 4ab)(3xyv + 4ab)$
12-132. $(3ab^2c - 4ad^3)(3ab^2c + 4ad^3)$
12-133. $(11axt^2v^3 + w^4)(11axt^2v^3 - w^4)$
12-134. $[(5)(3)^2 + 4][(5)(3)^2 - 4]$
12-135. $[(a + 4) - b][(a + 4) + b]$
12-136. $[(x - y) + z][(x - y) - z]$
12-137. $(2c + d + e)(2c + d - e)$

SUGERENCIA: Esta expresión se puede escribir como

$$[(2c + d) + e][(2c + d) - e] = (2c + d)^2 - e^2 = 4c^2 + 4cd + d^2 - e^2$$

12-138. $(a + b + 5)(a + b - 5)$
12-139. $(a - b + 5)(a + b + 5) = (a + 5 - b)(a + 5 + b) = ?$
12-140. $(a^2 - b^2 - ab)(a^2 + b^2 + ab)$

$$= [a^2 - (b^2 + ab)][a^2 + (b^2 + ab)] = ?$$

12-141. $(10 + 2a + 3b)(10 - 2a - 3b)$
12-142. $(3 - x + y)(3 + x + y)$

SUGERENCIA: Esta expresión se puede escribir como

$$[(3 + y) - x][(3 + y) + x] = (3 + y)^2 - x^2 = ?$$

12-143. $(a + b + 7)(a - b + 7)$
12-144. $(-a - b + 7)(a + b + 7)$
12-145. $(10ax^2 + 9bc)(9bc - 10ax^2)$
12-146. 97×103
12-147. 87×93
12-148. 44×36
12-149. $1\,105 \times 1\,095$
12-150. 702×698
12-151. $1\,001 \times 999$

12-13 DESCOMPOSICIÓN EN FACTORES DE UNA DIFERENCIA DE DOS CUADRADOS

Como consecuencia de la explicación anterior, es fácil ver que la diferencia entre dos cuadrados puede descomponerse como producto de dos binomios, uno de los cuales es la suma y el otro la diferencia de las raíces cuadradas de dichos cuadrados.

Ejemplo 1: $4 - a^2 = (2 + a)(2 - a)$

Ejemplo 2: $16a^4 - 9y^2 = (4a^2 + 3y)(4a^2 - 3y)$

Ejemplo 3: $(a + b)^2 - 2^2 = (a + b - 2)(a + b + 2)$

Ejemplo 4:

$$\begin{aligned} a^2 - b^2 + 2bc - c^2 &= a^2 - (b^2 - 2bc + c^2) \\ &= a^2 - (b - c)^2 = (a + b - c)(a - b + c) \end{aligned}$$

Ejercicios

Descomponer en factores y después comprobar el resultado efectuando la multiplicación en los siguientes ejercicios:

12-152. $16 - x^2$
12-153. $9x^2 - y^2$
12-154. $4U^2 - 4V^2$
12-155. $25a^2 - 64c^2$
12-156. $25a^2 - 9b^2$
12-157. $x^2y^2 - 4y^2z^2$
12-158. $(xy)^2 - 9z^2$
12-159. $4(ab)^2 - (3c)^2$
12-160. $(2abc)^2d^2 - 16$
12-161. $4a^2(uv)^2 - 9(xy)^2w^2$
12-162. $A^2(bc)^2 - 64(10)^2$
12-163. $2^2a^2b^4 - 4^2c^4$
12-164. $2^23^4a^2x^4 - 7^2$
12-165. $(a + 2)^2 - x^2$
12-166. $(a + 2b)^2 - 9c^2$
12-167. $a^2 + 2ab + b^2 - c^2$
12-168. $a^2 - 4b^2 - 4bc - c^2$
12-169. $4 - (x + 2y)^2$
12-170. $100 - (a - b)^2$
12-171. $4b^2 + 9c^2 - 16x^2 - 12bc$
12-172. $(4 - x)^2 - (x - y)^2$

12-14 MÉTODO GENERAL DE DESCOMPOSICIÓN EN FACTORES

Se han desarrollado algunos métodos particulares para calcular productos y para descomponer en factores; pero, además, es posible siempre hallar un producto haciendo la multiplicación. Ahora es necesario aprender la forma de descomponer en factores por medio de la división.

Ejemplo 1: Descomponer en factores $a^3 + b^3$.

Solución: Observemos que los coeficientes numéricos de ambos términos son 1; por lo tanto, es posible dividir $a^3 + b^3$ por $a + b$.

(Se escribe la operación con las dos notaciones)

$$\begin{array}{rl} & a^2 - ab + b^2 \\ a + b) & a^3 + 0a^2b + 0ab^2 + b^3 \\ & a^3 + a^2b \\ & - a^2b + 0ab^2 \\ & - a^2b \quad ab^2 \\ & ab^2 + b^3 \\ & ab^2 + b^3 \end{array} \quad \text{o} \quad \begin{array}{r|l} a^3 + 0a^2b + 0ab^2 + b^3 & a + b \\ - a^3 - a^2b & a^2 - ab + b^2 \\ - a^2b + 0ab^2 & \\ a^2b + ab^2 & \\ ab^2 + b^3 & \\ - ab^2 - b^3 & \\ 0 & \end{array}$$

Los dos factores de $a^3 + b^3$ son entonces $(a + b)(a^2 - ab + b^2)$. Como los dos factores son primos, la expresión $a^3 + b^3$ está ahora completamente factorizada.

Ejemplo 2: Descomponer en factores $y^2 - 2y - 63$.

Solución: Este trinomio no es cuadrado perfecto porque, en primer lugar, -63 es un número negativo, y en segundo lugar, la raíz cuadrada de 63 no es un número entero. Para obtener la descomposición de este tipo de expresiones, consideremos el siguiente problema de multiplicación:

$$\begin{array}{rrr} x & +5 & \\ x & -2 & \\ \hline x^2 & +5x & \\ & -2x & -10 \\ \hline x^2 & +3x & -10 \end{array}$$

Observemos que x^2 se obtiene multiplicando $x \times x$ y que -10 resulta de multiplicar 5 por -2. El término $3x$ se obtiene cuando 5 se multiplica por x, -2 se multiplica por x, y los dos productos se suman. Los factores de $x^2 + 3x - 10$ son, evidentemente $(x + 5)(x - 2)$, pero el método de descomposición de este trinomio es muy ilustrativo porque el principio en que se basa puede aplicarse a todos los problemas de descomposición en factores.

Para descomponer $x^2 + 3x - 10$ por razonamientos, primero hay que ver los factores de x^2 son $x \times x$ y que los factores de -10 son -2 y 5. Se puede entonces suponer que $(x - 2)$ y $(x + 5)$ son los posibles factores de $x^2 + 3x - 10$. Para comprobar esta suposición se divide $x^2 + 3x - 10$ por uno de ellos.

(Se escribe la operación con las dos notaciones)

$$\begin{array}{r} x+5 \\ x-2\overline{)x^2+3x-10} \\ \underline{x^2-2x} \qquad \\ 5x-10 \\ 5x-10 \end{array} \qquad \text{o} \qquad \begin{array}{r|l} x^2+3x-10 & x-2 \\ \cline{2-2} -x^2+2x \qquad & x+5 \\ \hline 5x-10 & \\ -5x+10 & \\ \hline 0 & \end{array}$$

Esta división nos permite ya asegurar que $(x - 2)$ y $(x + 5)$ son, en efecto, los factores de $x^2 + 3x - 10$.

También se puede utilizar otro método un poco distinto de la división anterior. Otra vez observemos que $x \times x = x^2$ y $(-2) \times 5 = -10$. A continuación, dibujamos dos grupos de paréntesis, de forma que podamos escribir un binomio en cada uno de ellos:

$$(\qquad)(\qquad)$$

Ahora, colocamos los supuestos factores en estos paréntesis:

$$(x + 5)(x - 2) = x^2 + 3x - 10$$

Multiplicando cada término de un binomio por cada término del otro, escribimos el producto. Como multiplicamos 5 y x y también x y -2, y los dos productos son términos semejantes, entonces sumamos $+5x$ y $-2x$ y obtenemos $3x$. Escribimos esta suma después de x^2. El producto $-2 \times 5 = -10$, se coloca en último lugar por ser el producto de los dos últimos términos.

Conviene estudiar cuidadosamente los ejemplos siguientes y observar bien las relaciones entre la multiplicación y la división, y como por los dos métodos precedentes descomponemos el trinomio $y^2 - 2y - 63$.

Descomponiendo por el primer método,

1. Los factores del primer término y^2 son $y \times y$.
2. Los factores del segundo término son $(+7) \times (-9)$ o $(-7) \times (+9)$.

$$\begin{array}{r|l} & y - 9 \\ \hline y + 7 & y^2 - 2y - 63 \\ & y^2 + 7y \\ \hline & -9y - 63 \\ & -9y - 63 \\ \hline \end{array} \qquad \text{o} \qquad \begin{array}{r|l} y^2 - 2y - 63 & y + 7 \\ \cline{2-2} -y^2 - 7y & y - 9 \\ \cline{1-1} -9y - 63 & \\ 9y + 63 & \\ \cline{1-1} 0 & \end{array}$$

Los dos factores de $y^2 - 2y - 63$ son $(y + 7)$ e $(y - 9)$.

Utilizando el segundo método, lo intentamos con $(y - 7)(y + 9)$:

$$(y - 7)(y + 9) = y^2 + 2y - 63$$

Como el segundo término del trinomio es $+2y$, entonces $(y - 7)$ e $(y + 9)$ no son factores de $y^2 - 2y - 63$.

Probamos con $(y + 7)(y - 9)$:

$$(y + 7)(y - 9) = y^2 - 2y - 63$$

12-15 TEOREMA DEL FACTOR

Los binomios y trinomios pueden descomponerse en factores fácilmente aplicando los procedimientos explicados antes, pero aplicando el teorema del factor obtenemos un método para descomponer en factores un polinomio cualquiera. Si bien el procedimiento de aplicación del teorema es un proceso de tanteo, es probablemente el método más breve para una expresión complicada.

El teorema del factor, en una exposición sencilla, es el siguiente: Si al sustituir un número en la expresión que se desea descomponer, dicha expresión se anula, entonces dicho número, cambiado de signo, es el último término de uno de los factores de la expresión. El primer término de este factor binómico se busca por inspección del primer término de la expresión que se quiere factorizar; generalmente ese primer término es una letra con exponente 1.

Los cuatro ejemplos siguientes nos ayudarán a comprender el teorema del factor:

Ejemplo 1: Descomponer en factores $k^2 + 2k - 8$.

Solución: Si hacemos $k = 2$, entonces la expresión se hace cero: $2^2 + 2(2) - 8 = 0$. Por tanto 2 es el último término de uno de los factores de la expresión y observando el primer término de la expresión, k tiene que ser el primer término en cada uno de los factores por lo que $(k - 2)$ es uno de los factores de $k^2 + 2k - 8$. El segundo factor se calcula dividiendo:

$$
\begin{array}{rl}
 & \underline{k + 4} \\
k - 2 \,) & k^2 + 2k - 8 \\
 & \underline{k^2 - 2k} \\
 & \quad 4k - 8 \\
 & \quad \underline{4k - 8}
\end{array}
\qquad
\begin{array}{r|l}
k^2 + 2k - 8 & \underline{k - 2} \\
-k^2 + 2k & k + 4 \\
4k - 8 & \\
-4k + 8 & \\
0 &
\end{array}
$$

Como $(k - 2)$ y $(k + 4)$ son primos, la expresión $k^2 + 2k - 8$ ha sido completamente descompuesta.

Ejemplo 2: Descomposición de $y^2 + 9y + 18$.

Solución: Sustituyendo y por -3,

$$(-3)^2 + 9(-3) + 18 = 9 - 27 + 18 = 0$$

Entonces $(y + 3)$ es uno de los factores de $y^2 + 9y + 18$. Dividiendo,

$$
\begin{array}{rl}
 & \underline{y + 6} \\
y + 3 \,) & y^2 + 9y + 18 \\
 & \underline{y^2 + 3y} \\
 & \quad 6y + 18 \\
 & \quad \underline{6y + 18}
\end{array}
\qquad \text{o} \qquad
\begin{array}{r|l}
y^2 + 9y + 18 & y + 3 \\
\underline{-y^2 - 3y} & \overline{y + 6} \\
6y + 18 & \\
\underline{-6y - 18} & \\
0 &
\end{array}
$$

Los factores primos de $y^2 + 9y + 18$ son, entonces $(y + 3)(y + 6)$.

Ejemplo 3: Descomponer en factores $x^4 + x^3 - x^2 + 1$.

Solución: Cuando x es -1, esta expresión es igual a cero.

$$
\begin{aligned}
x^4 + x^3 - x^2 + 1 &= (-1)^4 + (-1)^3 - (-1)^3 + 1 \\
&= \;\; 1 \;\; - \;\; 1 \;\; - \;\; 1 \;\; + 1 = 0
\end{aligned}
$$

Así, $(x + 1)$ es uno de los factores de dicha expresión. Dividiendo $x^4 + x^3 - x^2 + 1$ por $x + 1$ se obtiene el segundo factor:

$$
\begin{array}{rl}
 & \underline{x^3 - x + 1} \\
x + 1 \,) & x^4 + x^3 - x^2 + 0x + 1 \\
 & \underline{x^4 + x^3} \\
 & \qquad -x^2 + 0x \\
 & \qquad \underline{-x^2 - x} \\
 & \qquad\qquad + x + 1 \\
 & \qquad\qquad \underline{x + 1}
\end{array}
\qquad \text{o} \qquad
\begin{array}{r|l}
x^4 + x^3 - x^2 + 0x + 1 & x + 1 \\
\underline{-x^4 - x^3} & \overline{x^3 - x + 1} \\
-x^2 + 0x & \\
\underline{x^2 + x} & \\
x + 1 & \\
\underline{-x - 1} & \\
0 &
\end{array}
$$

Entonces $(x + 1)(x^3 - x + 1)$ son los factores de $x^4 + x^3 - x^2 + 1$

Ejemplo 4: Descomponer en factores $x^3 + x^2 - 10x + 8$

Solución: Sustituyendo $x = 2$ en la expresión dada,

$$(2)^3 + (2)^2 - 10(2) + 8 = 8 + 4 - 20 + 8 = 0$$

Entonces $x - 2$ es uno de los factores. Dividiendo,

$$\begin{array}{rl}
 & x^2 + 3x - 4 \\
x - 2) & x^3 + x^2 - 10x + 8 \\
 & \underline{x^3 - 2x^2} \\
 & \quad 3x^2 - 10x \\
 & \quad \underline{3x^2 - 6x} \\
 & \qquad -4x + 8 \\
 & \qquad \underline{-4x + 8}
\end{array}
\quad \text{o} \quad
\begin{array}{r|l}
x^3 + x^2 - 10x + 8 & x - 2 \\ \cline{2-2}
\underline{-x^3 + 2x^2} \qquad\qquad & x^2 + 3x - 4 \\
3x^2 - 10x \qquad & \\
\underline{-3x^2 + 6x} \qquad & \\
-4x + 8 & \\
\underline{4x - 8} & \\
0 &
\end{array}$$

El trinomio $x^2 + 3x - 4$ puede descomponerse, sustituyendo $x = 1$:

$$(1)^2 + 3(1) - 4 = 0$$

Entonces $(x - 1)$ es uno de los factores de $x^2 + 3x - 4$. Dividiendo,

$$\begin{array}{rl}
 & x + 4 \\
x - 1) & x^2 + 3x - 4 \\
 & \underline{x^2 - x} \\
 & \quad 4x - 4 \\
 & \quad \underline{4x - 4}
\end{array}
\quad \text{o} \quad
\begin{array}{r|l}
x^2 + 3x - 4 & x - 1 \\ \cline{2-2}
\underline{-x^2 + x} \qquad & x + 4 \\
4x - 4 & \\
\underline{-4x + 4} & \\
0 &
\end{array}$$

Entonces $x^3 + x^2 - 10x - 8 = (x - 1)(x + 4)(x - 2)$; la expresión está completamente descompuesta.

Ejercicios

Descomponer en factores y comprobar las soluciones multiplicando:

12-173. $2x^2 + 11x + 12$
12-174. $2x^2 + 6x - 20$
12-175. $2x^2 - 7x - 30$
12-176. $6x^2 + 22x + 20$
12-177. $6x^2 - 16x - 6$
12-178. $6x^2 + 17x + 10$
12-179. $20x^2 + 41x + 20$
12-180. $12x^2 - x - 20$
12-181. $15x^2 + 34xy - 77y^2$
12-182. $45x^2 - 78xy - 63y^2$
12-183. $4x + 8y - 12z$
12-184. $4x^2 + 8xy + 4y^2$
12-185. $8x + x^4$
12-186. $10x^2 + 23x + 12$
12-187. $x^2 - 6x + 8$
12-188. $100 - x^4$
12-189. $16 - x^4$
12-190. $(x^2 + 4)^2 - (4x)^2$
12-191. $6a^2 - a - 2$
12-192. $5b^2 - 24b - 5$
12-193. $14x^2 + 29x - 15$
12-194. $25x^4 - 25x$
12-195. $25x^2 - 10xy + y^2$
12-196. $mn^2 - 6mn + 9m$
12-197. $6y^3 - 48$
12-198. $a^2 - b^2 - 4bc - 4c^2$

12-199. $4x^2 - 100$
12-200. $(x - y)^2 - 25$
12-201. $(x - y)^3 - 125$
12-202. $27 + (a - 2b)^3$
12-203. $8x - 2xy^2$
12-204. $10x^2 + 23xy$
12-205. $2x^2y^4 - 16x^2y$
12-206. $(x^2 + 4)^2 - 16x^2$
12-207. $a^2x^2 - b^2$
12-208. $a^2 + 8a^5$
12-209. $22x^2 + 69x + 35$
12-210. $Ax^5 - Ax^2$
12-211. $(2x + y)^2 + 2(2x + y) + 1$
12-212. $-x^2 - y^2 + 2xy + a^2$
12-213. $4(x - y)^2 - 4(x - y) + 1$
12-214. $(a - 2b)^3 + (a + 2b)^3$

12-215. Una alfombra circular tiene un radio de 2 m y se le añade un borde de 1 m de ancho. ¿En cuánto ha aumentado el área de la alfombra?

NOTA: $A = \pi(R^2 - r^2)$.

13/Fracciones

En los problemas y las explicaciones anteriores hemos intentado evitar las expresiones fraccionarias, y solamente las hemos usado para indicar la correspondiente división. No obstante, en muchos problemas es necesario emplear fracciones algebraicas. Para las fracciones algebraicas se utilizan los mismos términos que para las fracciones aritméticas, se aplican los mismos principios y se efectúan las mismas operaciones.

Cuando tengamos que operar con fracciones algebraicas, no deberíamos limitarnos a calcular mecánicamente; es preferible que relacionemos las operaciones del Álgebra con las correspondientes operaciones que hemos estudiado en Aritmética, y de este modo no tendremos grandes dificultades para manejar las fracciones del Álgebra. Así, cuando nos surja alguna duda sobre un problema algebraico en el que figuren fracciones, podemos hacer una operación aritmética similar, sustituyendo las letras por números, para comprobar si los métodos algebraicos que hemos empleado son correctos.

Por ejemplo,

$$\frac{x}{a}+\frac{y}{b}=\frac{b(x)}{b(a)}+\frac{a(y)}{a(b)}=\frac{b(x)+a(y)}{a(b)}=\frac{bx+ay}{ab}$$

Sustituyendo,

$$\frac{2}{3}+\frac{3}{4}=\frac{4(2)}{4(3)}+\frac{3(3)}{3(4)}=\frac{4(2)+3(3)}{3(4)}=\frac{8+9}{12}$$

13-1 DEFINICIONES

Una *fracción* es una división indicada. Por ejemplo, $^3/_4$, $^{25}/_2$, $2ab/c$, y $(x^2+y)/xy$ son fracciones. La parte de la fracción colocada encima de la raya de fracción es el *numerador*; la parte situada debajo de la raya es el *denominador*. El numerador y el denominador son los *términos* de la fracción.

El *grado* de una expresión algebraica (por ejemplo una fracción) se determina calculando el número de factores literales que tiene cada uno de los términos de la expresión, y tomando el mayor de ellos. Así, a^2-a es de segundo grado, x^3y+1 es de cuarto grado.

Una fracción cuyo numerador es de menor grado que el denominador se llama *fracción propia*. Si el grado del numerador es igual o mayor que el del denominador, la fracción se llama *fracción impropia*. Las fracciones

$$a/(a^2+1),\ (x^2+2)/(x^3+1),\ \text{y}\ 2/(3x^2-1)$$

son fracciones propias; sin embargo,

$$(x^3-1)/(x-1)\ \text{y}\ (x+1)/(x-3)$$

son fracciones impropias.

La suma de una expresión entera y una fracción, se llama *expresión mixta*. Por ejemplo,

$$3x + 2 + \frac{x}{x^2 + 1} \text{ es una expresión mixta.}$$

El *valor* de una fracción es el número que representa.

13-2 PRINCIPIOS UTILIZADOS EN OPERACIONES CON FRACCIONES

Como referencia, volvemos a escribir aquí los principios básicos utilizados para operar con fracciones aritméticas:

1. Si multiplicamos o dividimos a la vez el numerador y el denominador de una fracción por el mismo número (distinto del cero), el valor de la fracción no varía.
2. Si multiplicamos el numerador o dividimos el denominador de una fracción por un número, el valor de la fracción queda multiplicado por dicho número.
3. Si dividimos el numerador o multiplicamos el denominador de una fracción por un número, el valor de la fracción queda dividido por dicho número.

Así,

$$\frac{5}{7} = \frac{2(5)}{2(7)}$$

$$\frac{p}{q} = \frac{m(p)}{m(q)}$$

NOTA: Una fracción p/q diremos que *se ha transformado en otra equivalente de términos mayores* si p y q han sido multiplicados por el mismo número (distinto de cero).

Veamos cinco ejemplos para aplicar los tres principios anteriores:

Ejemplo 1: Transformar $\frac{3x}{8}$ en otra fracción equivalente cuyo denominador sea 32.

Solución:

$$\frac{3x}{8} = \frac{?}{32}$$

Para obtener 32 en el denominador, hay que multiplicar 8 por 4. Si multiplicamos el numerador también por 4, entonces el valor de la fracción que resulta es igual que el de la fracción dada.

$$\frac{3x}{8} = \frac{4(3x)}{4(8)} = \frac{12x}{32}$$

Comprobación: Hagamos $x = 2$. Entonces

$$\frac{3(2)}{8} = \frac{12(2)}{32};\ \frac{6}{8} = \frac{24}{32};\ \frac{3}{4} = \frac{3}{4}$$

Ejemplo 2: Transformar $\frac{5k}{x-y}$ en otra fracción equivalente cuyo numerador sea $15k$.

Solución: Para obtener $15k$ en el numerador, hay que multiplicar $5k$ por 3; para que el valor de la fracción no varíe, hay que multiplicar el denominador también por 3.

$$\frac{3(5k)}{3(x-y)} = \frac{15k}{3(x-y)} = \frac{15k}{3x-3y}$$

Téngase en cuenta que el denominador de la fracción es $(x-y)$ y que debemos multiplicar por 3 todo $(x-y)$.

Ejemplo 3: Transformar $\frac{x+y}{x^2-y^2}$ en una fracción equivalente, cuyo denominador sea $(x-y)$.

Solución:

$$\frac{\overset{1}{\cancel{(x+y)}}}{(x-y)\underset{1}{\cancel{(x+y)}}} = \frac{1}{x-y}$$

En este caso, el numerador y el denominador se han dividido a la vez por $(x+y)$. Podemos comprobar fácilmente el resultado sustituyendo, por ejemplo, $x = 3$, $y = 2$:

$$\frac{(3+2)}{(3-2)(3+2)} = \frac{1}{3-2};\ \frac{5}{1(5)} = \frac{1}{1};\ 1 = 1$$

Ejemplo 4: Simplificar todo lo posible $\frac{6x^2y^3}{12x^4y^4}$.

Solución:

$$\frac{6x^2y^3}{12x^4y^4} = \frac{\overset{1}{\cancel{2}} \times \overset{1}{\cancel{3}} \times \overset{1}{\cancel{x}} \times \overset{1}{\cancel{x}} \times \overset{1}{\cancel{y}} \times \overset{1}{\cancel{y}} \times \overset{1}{\cancel{y}}}{\underset{1}{\cancel{2}} \times 2 \times \underset{1}{\cancel{3}} \times \underset{1}{\cancel{x}} \times \underset{1}{\cancel{x}} \times x \times x \times \underset{1}{\cancel{y}} \times \underset{1}{\cancel{y}} \times \underset{1}{\cancel{y}} \times y} = \frac{1}{2x^2y}$$

o

$$\frac{6x^2y^3}{12x^4y^4} = \frac{\overset{1}{\cancel{6}}\overset{1}{\cancel{x^2}}\overset{1}{\cancel{y^3}}}{\underset{2x^2y}{\cancel{12x^4y^4}}} = \frac{1}{2x^2y}$$

Ejemplo 5: Simplificar todo lo posible $\dfrac{x^2 - y^2}{x^2 + 2xy + y^2}$.

Solución:

$$\frac{x^2 - y^2}{x^2 + 2xy + y^2} = \frac{(x - y)\overset{1}{\cancel{(x + y)}}}{(x + y)\underset{1}{\cancel{(x + y)}}} = \frac{x - y}{x + y}$$

Observemos que al simplificar los factores que aparecen al mismo tiempo en el numerador y en el denominador, hacemos lo mismo que si dividimos el numerador y el denominador por el mismo número, en este caso $(x + y)$. La simplificación de fracciones se puede hacer, por tanto, de las dos formas; sin embargo, la que más se utiliza es descomponer en factores el numerador y el denominador y simplificar los factores comunes.

Ejercicios

13-1. Transformar $\dfrac{4x}{3}$ en una fracción equivalente cuyo denominador sea 21.

13-2. Transformar $\dfrac{5a^x}{9}$ en otra fracción equivalente cuyo denominador sea 36.

13-3. Transformar $\dfrac{2x + 3u}{4}$ en una fracción equivalente cuyo denominador sea 20.

13-4. Transformar $\dfrac{5t}{6u - 7v}$ en otra fracción equivalente cuyo numerador sea $15t$.

13-5. Transformar $\dfrac{3am}{5 + 6n}$ en una fracción equivalente cuyo numerador sea $9am^2$.

13-6. Transformar $\dfrac{2 - 3y}{x + y}$ en otras dos fracciones equivalentes cuyos denominadores sean **(a)** $x^2 - y^2$; **(b)** $x^2 + 2xy + y^2$.

Simplificar todo lo posible las fracciones siguientes:

13-7. $\dfrac{36}{64}$

13-8. $\dfrac{122}{244}$

13-9. $\dfrac{175}{275}$

13-10. $\dfrac{28x^2y^3}{35xy^2}$

13-11. $\dfrac{22x^3yz^4}{33x^2yz^2}$

13-12. $\dfrac{20ab^4c^2}{36xbc^4}$

13-13. $\dfrac{360r^5xt^7}{3r^3xt^6}$

13-14. $\dfrac{16w^8xyz^4}{25u^3w^6}$

13-15. $\dfrac{72a^4b^5c^6}{9a^2b^8c^2}$

13-16. $\dfrac{625uvw^3}{25u^3w^6}$

13-17. $\dfrac{1{,}028a^8b}{64a^9b^4}$

13-18. $\dfrac{(a - b)(a + b)^2}{a(a + b)}$

13-19. $\dfrac{x^2 - 6x + 9}{x^2 - 5x + 6}$

13-20. $\dfrac{m^2 + 2m - 24}{m^2 - 2m - 48}$

13-21. $\dfrac{n^3(n - m)^2}{n^2 - 2mn + m^2}$

13-22. $\dfrac{2a^2 - 4ab + 2b^2}{10a^2b - 10ab^2}$

13-23. $\dfrac{100 - 25x^2}{50(2 + x)(x - 2)}$

13-24. $\dfrac{x(x^2 + 5x - 14)}{x^3 + 2x^2 - 35x}$

13-25. $\dfrac{36a^2 - 81b^2}{9(2a - 3b)^2}$

13-26. $\dfrac{4(a + b)(-a + b)}{(a + b)(1 - a - b)}$

13-27. $\dfrac{4 - (a + b)^2}{4(2 + a + b)(2 - a - b)}$

13-28. $\dfrac{(a + b) - (a + b)^2}{(a + b)(1 - a - b)}$

13-29. $\dfrac{(x + y)^2}{x^3 + y^3}$

13-30. $\dfrac{2 - h}{8 - h^3}$

13-31. $\dfrac{24h - 48k}{h^2 - 4hk + 4k^2}$

13-32. $\dfrac{6x^2 - 2xy - 20y^2}{2(x^2 - 4y^2)}$

Simplificar todo lo posible las fracciones siguientes y además reducirlas a expresiones mixtas:

13-33. $\dfrac{x^2 - 16}{x(x - 4)}$

13-34. $\dfrac{x^4 - 9x^2}{x + 3}$

13-35. $\dfrac{6x^4 - x^2 - 35}{(x + 1)(3x^2 + 7)}$

13-36. $\dfrac{10x^2 + 29x + 21}{(2x + 3)^2}$

Escribir como fracciones impropias las siguientes expresiones mixtas:

13-37. $2x + 3 + \dfrac{4}{2x - 3}$

13-38. $x + 2 - \dfrac{5}{x + 3}$

13-39. $x^2 - x + 1 - \dfrac{1}{x + 1}$

13-40. $4 - y^2 - \dfrac{4}{16 + 4y^2}$

13-3 SUMA DE FRACCIONES

En Aritmética, como paso previo para la suma o diferencia de fracciones, deben reducirse a un común denominador. Del mismo modo, las fracciones literales han de transformarse en otras equivalentes que tengan el mismo denominador para poder sumarlas o restarlas. Para facilitar los cálculos, en Aritmética se debe tomar como denominador común precisamente el menor de los denominadores comunes, es decir, el *mínimo común múltiplo* de los denominadores. Sin embargo, en Álgebra, la magnitud de un múltiplo no puede determinarse siempre; por consiguiente, en Álgebra tomaremos como mínimo común múltiplo el múltiplo de menor grado. Por ejemplo, x^3 es de grado 3, mientras que x^2 es de grado 2. El mínimo común múltiplo de ambos será x^3; sin embargo, el *valor* de los dos términos depende del valor de x. Así, si $x = 2$, x^3 es el mayor de los dos números; si $x = 1$, ambos son iguales; si $x = {}^1/_2$, x^3 es el menor de los dos.

13-4 EL MÍNIMO COMÚN MÚLTIPLO

El mínimo común múltiplo (mcm) de varias expresiones se determina descomponiendo en primer lugar cada una de las expresiones en el producto de sus factores primos y entonces tomando un número en el que aparezcan todos los factores primos, comunes y no comunes, con el mayor exponente que tengan en dichas descomposiciones.

Ejemplo 1: Hallar el mínimo común múltiplo de 24, 32 y 40.

$$\begin{aligned} 24 &= 2^3 \times 3 \\ 32 &= 2^5 \\ 40 &= 2^3 \times 5 \\ \text{mcm} &= 2^5 \times 3 \times 5 = 480 \end{aligned}$$

Ejemplo 2: Hallar el mcm de $12x^2y$, $16xy^3$, y $24x^3y$.

$$\begin{aligned} 12x^2y &= 2^2 \times 3 \times x^2 \times y \\ 16xy^3 &= 2^4 \times x \times y^3 \\ 24x^3y &= 2^3 \times 3 \times x^3 \times y \\ \text{mcm} &= 2^4 \times 3 \times x^3 \times y^3 = 48x^3y^3 \end{aligned}$$

Téngase en cuenta que el mcm, si se divide por las tres expresiones dadas, debe darnos una división exacta, sin resto.

$$\frac{48x^3y^3}{12x^2y} = 4xy^2; \quad \frac{48x^3y^3}{16xy^3} = 3x^2; \quad \frac{48x^3y^3}{24x^3y} = 2y^2$$

Ejemplo 3: Hallar el mcm de $x^2 + 2xy + y^2$ y $x^2 - y^2$.

$$\begin{aligned} x^2 + 2xy + y^2 &= (x + y)^2 \\ x^2 - y^2 &= (x + y)(x - y) \\ \text{mcm} &= (x + y)^2(x - y) \end{aligned}$$

13-5 SUMA Y RESTA DE FRACCIONES

Como hemos indicado en la Sección 13-3, las fracciones algebraicas se pueden sumar y restar de la misma forma que en Aritmética. El primer paso de este proceso es determinar el mcm de los denominadores. Todas las fracciones se reducen entonces a este denominador, y luego se suman o restan los numeradores.

Ejemplo 1: Hallar $^4/_5 + 3/2x$.

Solución: El mcm de los denominadores, 5 y $2x$ es $10x$. Entonces

$$\frac{4}{5} = \frac{4 \times 2x}{5 \times 2x} = \frac{8x}{10x}$$

$$\frac{3}{2x} = \frac{3 \times 5}{2x \times 5} = \frac{15}{10x}$$

y

$$\frac{8x}{10x} + \frac{15}{10x} = \frac{8x + 15}{10x}$$

Ejemplo 2: Hallar la suma de $x/(a - x)$, $a/(a + x)$, y $(a^2 + x^2)/(a^2 - x^2)$.

Solución: El mcm de los denominadores $(a - x)$, $(a + x)$, y $(a^2 - x^2)$ es $(a^2 - x^2)$. Entonces

$$\frac{x}{a - x} = \frac{x(a + x)}{(a - x)(a + x)} = \frac{ax + x^2}{a^2 - x^2}$$

$$\frac{a}{a + x} = \frac{a(a - x)}{(a - x)(a + x)} = \frac{a^2 - ax}{a^2 - x^2}$$

$$\frac{a^2 + x^2}{a^2 - x^2} = \qquad = \frac{a^2 + x^2}{a^2 - x^2}$$

$$\frac{ax + x^2}{a^2 - x^2} + \frac{a^2 - ax}{a^2 - x^2} + \frac{a^2 + x^2}{a^2 - x^2}$$

Sumando los numeradores, la suma de estas fracciones es

$$\frac{2a^2 + 2x^2}{a^2 - x^2}$$

Ejemplo 3: Restar $(a + 2x)/(a^2 - x^2)$ de $(a + x)/(a^2 - ax)$.

Solución:

$$\text{mcm} = a(a + x)(a - x) = a^3 - ax^2$$

$$\frac{a + x}{a^2 - ax} = \frac{(a + x)(a + x)}{(a^2 - ax)(a + x)} = \frac{a^2 + 2ax + x^2}{a^3 - ax^2}$$

$$\frac{a + 2x}{a^2 - x^2} = \frac{a(a + 2x)}{a(a^2 - x^2)} = \frac{a^2 + 2ax}{a^3 - ax^2}$$

Cuando restamos el numerador de la segunda fracción del numerador de la primera, obtenemos

$$\frac{x^2}{a^3 - ax^2}$$

Ejercicios

13-41. Sumar $\frac{11}{35}, \frac{13}{42}, \frac{17}{30}$

13-42. Sumar $\frac{11}{5a}, \frac{12}{10a}, \frac{21}{25a}$

13-43. Sumar $\frac{3}{a+2b}, \frac{a}{a-2b}$

13-44. Sumar $\frac{2}{x}, \frac{a}{x(2-y)}, \frac{b}{2x^2-x^2y}$

13-45. Sumar $\frac{10}{(x+2)^2}, \frac{a}{(x+2)}$

13-46. Sumar $2+x, \frac{x^2}{2-x}$

13-47. Sumar $x+2y, x-2y, \frac{x^2+4y}{x-2y}$

13-48. Sumar $\frac{x-1}{x+1}, \frac{x^2}{x-1}, \frac{1}{x^2-1}, \frac{x}{(x-1)^2}$

13-49. Sumar $\frac{2}{3}, \frac{3}{5}, \frac{5}{6}, \frac{7}{10}$

13-50. Sumar $\frac{2x}{3y}, \frac{3x}{4y}, \frac{4x}{y}, \frac{x}{2y}$

13-51. Sumar $\frac{2x}{3y}, \frac{x-y}{6y}, \frac{x+y}{9y}$

13-52. Sumar $\frac{5x-6}{9}, \frac{6x+5}{18}$

13-53. Sumar $\frac{4-h}{4h}, \frac{h-8}{8h}, \frac{2h+3}{6h}$

13-54. Sumar $x, \frac{x+3}{10}+x,$ y $\frac{x-3}{20}$

13-55. De $\frac{12m-5n}{8}$ restar $\frac{3m+2n}{2}$

13-56. De $\frac{ax}{2}$ restar $\frac{ax+12}{3}$

13-57. De $\frac{ab-c}{2ab}$ restar $\frac{ab+c}{4ab}$

13-58. Agrupar $\frac{2x-3y}{7}-\frac{4x-5y}{14}+\frac{5x+6y-7}{21}-\frac{x+y}{2}$

13-59. De $6ab+\frac{12-6ab}{6}$ restar $8ab-\frac{2ab+3}{8}$

13-60. Sumar $\frac{3}{x-2}$, y $\frac{4}{x+2}$, y $\frac{5}{x^2-4}$

13-61. Agrupar $\frac{2}{m} - \frac{3}{n} - \frac{1}{m-n} - \frac{6}{m^2n - mn^2}$

13-62. Agrupar $\frac{1}{x^2 - 9x + 18} + \frac{1}{x^2 - 8x + 12}$

13-63. Agrupar $\frac{1}{x(x-1)} - \frac{2}{x(x+1)} + \frac{3}{x^2-1}$

13-64. Agrupar $\frac{1}{x^2 - x - 2} + \frac{1}{x^2 + x - 6} - \frac{1}{6 + 5x + x^2}$

13-65. Agrupar $\frac{x+y}{x^2-y^2} - \frac{x-y}{x^2+2xy+y^2} + \frac{y-x}{(x-y)^2}$

13-66. Sumar $\frac{1}{f} + \frac{1}{f'} - \frac{1}{f''} + \frac{1}{F}$

13-67. Simplificar $\frac{6}{x+7} - \frac{8}{x+9}$ y comprobar el resultado haciendo $x = 3$.

13-68. Si $pv = c$, calcular cuánto decrece p si v varía de v_1 a $v_1 + h$, y c no varía.

13-69. El área de un rectángulo es A y uno de sus lados es b. Expresar en forma fracccionaria el perímetro del rectángulo.

13-70. Si no hay corriente, un hombre puede remar a m Km/h. ¿Cuánto tardará en remar s Km remontando un río cuya corriente es de a Km/h? ¿Cuánto tardará en remar s Km a favor de la corriente? ¿Cuál es la diferencia de tiempo entre remontar el río y descenderlo?

13-71. A y B distan m Km por un río cuya corriente es de c Km/h. Un hombre que rema a una velocidad de a Km/h en aguas tranquilas va desde A hasta B y regresa. ¿Cuánto tiempo invertirá en el viaje de ida y vuelta?

13-6 MULTIPLICACIÓN DE FRACCIONES

Al igual que para las fracciones aritméticas, el producto de dos o más fracciones algebraicas es el producto de sus numeradores, dividido por el producto de sus denominadores.

Ejemplo 1: Multiplicar $^3/_4$ por $^5/_9$.

$$\frac{3}{4} \times \frac{5}{9} = \frac{3 \times 5}{4 \times 9} = \frac{\overset{5}{\cancel{15}}}{\underset{12}{\cancel{36}}} = \frac{5}{12}$$

Es posible, además, reducir el producto simplificando los factores comunes del numerador y el denominador; entonces, después de multiplicar expresamos el resultado con los menores términos posibles. Para aclarar este proceso, volvemos a escribir el ejemplo anterior:

$$\frac{3}{4} \times \frac{5}{9} = \frac{\overset{1}{\cancel{3}} \times 5}{4 \times \underset{3}{\cancel{9}}} = \frac{5}{12}$$

Ejemplo 2: Multiplicar 42 por $^{27}/_{28}$.

$$\frac{42}{1}\times\frac{27}{28}=\frac{\overset{3}{\cancel{42}}\times 27}{1\times\underset{2}{\cancel{28}}}=\frac{81}{2}=40\tfrac{1}{2}$$

En este caso, 42 y 28 se han dividido por 14.

NOTA: En Álgebra, los factores comunes de varias expresiones no siempre son inmediatamente evidentes; no obstante, es más sencillo descomponer primero los denominadores y los numeradores para intentar simplificar la operación, que multiplicar directamente.

Ejemplo 3: Multiplicar

$$\frac{x-y}{x^2+2xy^2}\times\frac{x+y}{x^2-2xy+y^2}$$

$$\frac{x-y}{x^2+2xy+y^2}\times\frac{x+y}{x^2-2xy+y^2}=\frac{\overset{1}{\cancel{(x-y)}}\overset{1}{\cancel{(x+y)}}}{\underset{1}{\cancel{(x+y)}}(x+y)\underset{1}{\cancel{(x-y)}}(x-y)}$$

$$=\frac{1}{(x+y)(x-y)}$$

Ejemplo 4: Multiplicar:

$$\frac{a+2}{a^2+6x+9}\times\frac{a+3}{a^2+4a+4}\times\frac{a^2-4}{y^3}$$

$$=\frac{\overset{1}{\cancel{a+2}}}{\underset{1}{\cancel{(a+3)}}(a+3)}\times\frac{\overset{1}{\cancel{a+3}}}{\underset{1}{\cancel{(a+2)}}\underset{1}{\cancel{(a+2)}}}\times\frac{\overset{1}{\cancel{(a+2)}}(a-2)}{y^3}=\frac{a-2}{y^3(a+3)}$$

13-7 DIVISIÓN DE FRACCIONES

Lo mismo que las fracciones aritméticas, las fracciones algebraicas se pueden dividir por este método: Invertir la fracción divisor, y entonces proceder como en la multiplicación. Esta regla puede expresarse también en esta forma: Se multiplica el inverso del divisor por el dividendo. El *inverso* de una fracción es la misma fracción invertida. El inverso de 4 es, por consiguiente, $^1/_4$; el inverso de $^2/_3$ es $^3/_2$; el inverso de c/b es b/c.

Ejemplo 1: Dividir $^3/_4$ por $^1/_2$.

$$\frac{3}{4}:\frac{1}{2}=\frac{3}{4}\times\frac{2}{1}=\frac{3}{2}\ \text{o}\ 1\tfrac{1}{2}$$

Ejemplo 2: Dividir $(x^2 - 11x - 26)/(x^2 - 3x - 18)$ por $(x^2 - 18x + 65)/(x^2 - 9x + 18)$.

$$\frac{x^2 - 11x - 26}{x^2 - 3x - 18} : \frac{x^2 - 18x + 65}{x^2 - 9x + 18}$$

$$= \frac{x^2 - 11x - 26}{x^2 - 3x - 18} \times \frac{x^2 - 9x + 18}{x^2 - 18x + 65}$$

$$= \frac{\overset{1}{\cancel{(x - 13)}}(x + 2)}{\underset{1}{\cancel{(x - 6)}}(x + 3)} \times \frac{\overset{1}{\cancel{(x - 6)}}(x - 3)}{(x - 5)\underset{1}{\cancel{(x - 13)}}}$$

$$= \frac{(x + 2)(x - 3)}{(x + 3)(x - 5)} = \frac{x^2 - x - 6}{x^2 - 2x - 15}$$

Ejercicios

13-72. Multiplicar $^{16}/_{75}$ por $^{125}/_{64}$.
13-73. Hallar el producto de $13(2 : 65)(5 : 6)$.
13-74. Dividir $^{36}/_{55}$ por $^{12}/_{77}$.
13-75. Multiplicar $4x/5y$ por $10y/16$.
13-76. Hallar el producto: $6xy/13a \times 16a^2b^2/14xy^2 \times 26mn^3/15mb^2$.
13-77. Dividir $21u^3y^2/24ab^5$ por $22u^2v^3/12a^5b$.

Realizar las siguientes operaciones:

13-78. $\dfrac{3h^3}{49a^2b} \times \dfrac{7ab^3}{9hk}$

13-79. $\dfrac{25ax}{7cmn} \times \dfrac{3bx}{2mn}$

13-80. $\dfrac{3xyz^2}{4a^2b} \times \dfrac{7z^3}{2ab^4}$

13-81. $\dfrac{a^2 - ab}{1 + b^2} \times \dfrac{a + ab^2}{a^2 - b^2}$

13-82. $\dfrac{x^2 - 4}{xy + 2y} \times \dfrac{y^2 + y}{x - 2}$

13-83. $\dfrac{x^3}{y^4} \times \dfrac{x^6}{y^n}$

13-84. $\dfrac{5pq^3}{6xy} : 5p$

13-85. $\dfrac{5a - 3b}{8} : \dfrac{16ab}{3}$

13-86. $\dfrac{1 - b^2}{3a} : \dfrac{1 + b}{6a}$

13-87. $\dfrac{3x + 4y}{3x - 4y} : \dfrac{9x^2 - 16y^2}{3x - 4y}$

13-88. Simplificar $\left(\dfrac{3a^2}{5y} \times \dfrac{15ay^3}{7c}\right) : \dfrac{45a^3}{14c}$

13-89. Simplificar $\left(\dfrac{2 - x}{3 + y} \times \dfrac{9 - y^2}{x - 2}\right) : \dfrac{3 - y}{3 + x}$

13-90. Multiplicar $\dfrac{x^2 + 2x + 1}{y(x + 1)}$ por $\dfrac{y(x^2 - 1)}{x - 1}$

13-91. Dividir $\dfrac{x^2 - 5x + 6}{x^2 - 9x + 20}$ por $\dfrac{x^2 - 3x + 2}{x^2 - 5x + 4}$

13-92. Simplificar $\left(\dfrac{x^2 + x - 12}{x^2 + x - 20} : \dfrac{x^2 - 7x + 12}{x^2 + 9x + 20}\right) \times \dfrac{(x + 4)^2}{(x - 4)^2}$

13-93. Multiplicar $x^2 + 4x +$ · por $\dfrac{4}{x^2 - 4}$

13-94. Multiplicar $\dfrac{1}{a} - \dfrac{1}{b}$ por $a - \dfrac{a^2}{b}$

SUGERENCIA:

$$\frac{1}{a} - \frac{1}{b} = \frac{b}{ab} - \frac{a}{ab} = \frac{b - a}{ab}$$

$$a - \frac{a^2}{b} = \frac{ab}{b} - \frac{a^2}{b} = \frac{ab - a^2}{b}$$

Ahora se multiplica

$$\frac{b - a}{ab} \times \frac{ab - a^2}{b}$$

13-95. Multiplicar $\dfrac{a}{b} + \dfrac{b}{a}$ por $a - \dfrac{b^2}{a}$

13-96. Multiplicar $1 + \dfrac{3a}{1 - a}$ por $1 + \dfrac{a}{1 + a}$

13-97. Multiplicar $4 + \dfrac{2a}{4 - a}$ por $4 - \dfrac{2a}{8 - a}$

13-98. Multiplicar $\dfrac{axy}{ax^2 + by^2}$ por $\dfrac{x}{by} + \dfrac{y}{ax}$

13-99. Multiplicar $\dfrac{x^3y^4z^5}{xy + xz + yz}$ por $\dfrac{1}{x} + \dfrac{y + z}{yz}$

Simplificar:

13-100. $\left(\dfrac{2 - a}{3 - a} \times \dfrac{5abc}{6xyz} \times \dfrac{9 - a^2}{4 - a^2}\right) : \dfrac{5ab^2 - 5a^2b}{6x^2y + 6xy^2}$

13-101. $\dfrac{x^2 - 2xy + y^2}{4xy + 4y} \times \dfrac{(x + 1)^2}{2x^2 - 2xy} \times \dfrac{16xy}{x^2 - 1}$

13-102. $\dfrac{x^2 + xy}{x^2 - xy} \times \dfrac{(x - y)^2}{(x + y)^2} \times \dfrac{4x + 4y}{4x - 4y}$

13-103. $\dfrac{x^2 - 5x + 6}{x^2 - 9x + 20} \times \dfrac{x^2 - 16}{x^2 - 9} \times \dfrac{x^2 - 2x - 15}{x^2 + x - 12}$

13-104. $\left[\dfrac{a^2x^2 - x^4}{4a^2 - 5ax + x^2} : \dfrac{(ax - x^2)^2}{(4a - x)^2}\right] : \dfrac{a + x}{4a + x}$

13-105. $\dfrac{x^2 + 8x + 16}{4x + x^2} : \left(\dfrac{x^2 + 9x + 20}{x^2 - 25} : \dfrac{x^2 + 5x}{x^2 - 5x}\right)$

13-106. $\left[\dfrac{x^2 - 3x + 2}{x^2 + 3x + 2} \times \dfrac{x^2 + 10x + 16}{(x - 1)^2}\right] : \dfrac{x^2 + 6x - 16}{x^2 - x - 2}$

13-107. $\dfrac{6x^2-7x+2}{6x^2+5x+1}\times\dfrac{12x^2-5x-3}{12x^2-17x+6}\times\dfrac{2x^2+x}{4x^2-1}$

13-108. $\left(\dfrac{8a}{a^2-9}+a\right):\left(\dfrac{2a}{a-3}+a\right)$

13-109. $\left(\dfrac{x}{y}-\dfrac{y}{x}\right):\left(\dfrac{y}{x}-1\right)$

13-110. $\left(\dfrac{4}{x^2}-1\right):\left(1-\dfrac{16}{x^4}\right)$

13-111. $\left(\dfrac{6}{h+1}-1\right):\left(\dfrac{8-2h}{h^2-1}+h\right)$

13-112. $\left(\dfrac{-x-y}{3x}\right)\left(\dfrac{-x^2+y^2}{-m}\right)\left[\dfrac{-2mx}{(x+y)^2}\right]$

13-113. $\left(\dfrac{a}{a+1}-\dfrac{1}{1-a}\right):\left(\dfrac{a}{1-a}+\dfrac{1}{a+1}\right)$

13-114. $\left(\dfrac{a-b}{a+b}+\dfrac{a+b}{a-b}\right):\left(\dfrac{a-b}{a+b}-\dfrac{a+b}{a-b}\right)$

13-115. $\left(\dfrac{4y}{a-y}+4\right)\left(\dfrac{a-y}{a+y}-1\right)$

13-116. $\left(\dfrac{a^2-4}{b+2}\right)\left(\dfrac{4-b^2}{a^2+2a}\right)\left(\dfrac{a}{1-a}+1\right)$

13-117. $(a^2+a+1):\left(1+\dfrac{1}{a}+\dfrac{1}{a^2}\right)$

13-118. $\left(\dfrac{4x^2-9x+2}{3x^2+5x-2}\right)\left(\dfrac{5x^2+9x-2}{6x^2-13x+2}\right)\left(\dfrac{6x^2-7x+1}{20x^2-9x+1}\right)$

13-119. $\dfrac{a^3-b^3}{a^2+5ab+6b^2}\times\dfrac{a^2+3ab}{a^2-6ab+5b^2}\times\dfrac{a^2-3ab-10b^2}{a^2+ab+b^2}$

13-120. $\dfrac{64a^2b^2-z^2}{x^2-4}\times\dfrac{(x-2)^2}{8ab+z}:\dfrac{x^2-4}{(x+2)^2}$

13-121. Simplificar

$$\frac{ah^2x}{4}-\left(\frac{ax^2}{2}\times\frac{2x}{3}\right)-\left[ax(h-x)\times\left(\frac{x}{2}\right)\right]$$

y entonces expresar el resultado en la forma

$$\left(\frac{a}{12}\right)(3h^2-6hx^2+2x^3).$$

13-122. Supongamos que *A* puede realizar un determinado trabajo en 10 horas y *B* puede hacer el mismo trabajo en 6 horas. ¿Cuánto tiempo tardarán en hacer el trabajo entre los dos? (Los dos juntos harán en cada hora $^1/_{10}+{}^1/_6$ del trabajo.)

13-123. Si *A* realiza un trabajo en 10 horas y *B* lo realiza en *m* horas, ¿cuánto tardarán en hacerlo los dos juntos?

13-124. Supongamos que *A* puede hacer un trabajo en *m* horas y *B* lo puede hacer en *n* horas. ¿Cuánto tiempo tardarán, trabajando juntos, en terminar el trabajo?

NOTA: El siguiente método para convertir las fracciones algebraicas impropias en fracciones mixtas, puede ser interesante para los alumnos que dominen ya con seguridad los procesos de operación expuestos anteriormente:

Ejemplo 1:

$$\frac{x+1}{x+2} = \frac{(x+2)-1}{x+2} = \frac{x+2}{x+2} - \frac{1}{x+2} = 1 - \frac{1}{x+2}$$

Ejemplo 2:

$$\frac{x^2+3}{x+2} = \frac{(x^2-4)+7}{x+2} = \frac{x^2-4}{x+2} + \frac{7}{x+2} = x - 2 + \frac{7}{x+2}$$

Ejemplo 3:

$$\frac{2x^2+x}{x-1} = \frac{2x^2-2x+3x}{x-1} = \frac{2x(x-1)}{x-1} + \frac{3x}{x-1}$$

$$= 2x + \frac{3x}{x-1}$$

$$= 2x + \frac{3x-3+3}{x-1}$$

$$= 2x + 3 + \frac{3}{x-1}$$

Usando este método, transformar las fracciones siguientes:

13-125. $\frac{x^3+2}{x-1} = \frac{x^3-1+3}{x-1} = ?$

13-126. $\frac{x^3+4}{x+4} = ?$

13-127. $\frac{3x^2-7x}{x+1} = ?$

14/Ecuaciones

14-1 RESOLUCIÓN

Ya hemos estudiado ecuaciones en el Capítulo 10. En este capítulo, estudiaremos métodos para resolver ecuaciones más difíciles. Pero para este estudio necesitamos saber aplicar muchos de los principios estudiados en los capítulos anteriores. Por ejemplo, la descomposición en factores es un método muy usado para resolver algunas ecuaciones que tendremos que manejar. Por tanto, se comprende que es necesario repasar todo lo anterior que no hayamos comprendido a fondo.

En primer lugar, como repaso, estudiaremos y resolveremos estos ejemplos:

Ejemplo 1: Calcular el valor de c en la ecuación

$$4c + 3[2c - 4(c - 2)] = 72 - 6c.$$

Solución: Suprimimos el paréntesis multiplicando $-4(c - 2)$:

$$4c + 3[2c - 4c + 8] = 72 - 6c$$

Suprimimos los corchetes multiplicando $3[2c - 4c - 8]$:

$$4c + 6c - 12c + 24 = 72 - 6c$$

Agrupamos los términos semejantes:

$$-2c + 24 = 72 - 6c$$

Sumanos $6c$ a los dos miembros de la ecuación:

$$4c + 24 = 72$$

Restamos 24 a los miembros de la ecuación:

$$4c = 48$$

Dividimos los dos miembros por 4:

$$c = 12$$

Comprobación:

$$
\begin{aligned}
4(12) + 3[2(12) - 4(12 - 2)] &= 72 - 6(12) \\
48 + 3[24 - 48 + 8] &= 72 - 72 \\
48 + 3[-16] &= 0 \\
0 &= 0
\end{aligned}
$$

Ejemplo 2: Resolver la ecuación de x:

$$(1 + 3x)^2 = (5 - x)^2 + 4(1 - x)(3 - 2x)$$

Solución: Suprimimos los paréntesis:

$$
\begin{aligned}
1 + 6x + 9x^2 &= 25 - 10x + x^2 + 4(3 - 5x + 2x^2) \\
1 + 6x + 9x^2 &= 25 - 10x + x^2 + 12 - 20x + 8x^2
\end{aligned}
$$

Agrupamos los términos semejantes:

$$1 + 6x + 9x^2 = 9x^2 - 30x + 37$$

Restamos $9x^2$ de los dos miembros:

$$1 + 6x = -30x + 37$$

Restamos 1 de los dos miembros:

$$6x = -30x + 36$$

Sumamos $30x$ a los dos miembros:

$$36x = 36$$

Dividimos los dos miembros por 36:

$$x = 1$$

Comprobación:

$$
\begin{aligned}
(1 + 3)^2 &= (5 - 1)^2 + 4(1 - 1)(3 - 2) \\
4^2 &= 4^2 + 0 \\
16 &= 16
\end{aligned}
$$

Los pasos seguidos para resolver estas dos ecuaciones pueden resumirse así:

1. Simplificar la ecuación eliminando los paréntesis y demás signos de agrupación.
2. Agrupar los términos semejantes.
3. Mediante sumas o restas, colocar todos los números en el segundo miembro de la ecuación y todos los términos literales en el primero.
4. Dividir (o multiplicar) para obtener la solución final.

En los ejemplos anteriores, nos habían dado las ecuaciones y obteníamos la respuesta estudiando cuantas soluciones habíamos obtenido para estas ecuaciones. Pero en muchos problemas –sobre todo si aplicamos el Álgebra para resolver problemas de la vida práctica– es necesario además establecer una ecuación mediante una o varias igualdades. Veremos dos ejemplos para comprender el método seguido para establecer una ecuación y entonces resolverla.

Ejemplo 1: Hallar dos números cuya diferencia es 20 y cuya suma es $^5/_2$ por esta diferencia.

Solución:

Sea x el menor de los dos números.
Entonces $x + 20$ es el mayor de los dos números.

$(x + 20) + x$ es la suma de los dos números.
$(x + 20) - x$ es la diferencia de los dos números.

$$(x + 20) + x = \frac{5}{2}[(x + 20) - x]$$

$$x + 20 + x = \frac{5}{2}(x + 20 - x)$$

$$2x + 20 = \frac{5}{2}(20)$$

$$2x + 20 = 50$$
$$2x = 30$$
$$x = 15$$
$$x + 20 = 35$$

Comprobación: La suma de los dos números debe ser igual a $^5/_2$ por la diferencia entre ellos.

$$35 + 15 = \frac{5}{2}(35 - 15)$$

$$50 = \frac{5}{2}(20)$$

$$50 = 50$$

Ejemplo 2: Un pintor *A* puede pintar un suelo en 3 horas; el pintor *B* puede pintar el mismo suelo en 4 horas. Si los dos hombres trabajan juntos, ¿cuánto tiempo tardarán en pintar el suelo?

Solución: (Ver figura 14-1.) El pintor *A* pintaría $^1/_3$ del piso en una hora; el pintor *B* pintaría $^1/_4$ del piso en una hora. Sea x el número de horas necesarias para pintar el suelo entre los dos hombres. Entonces

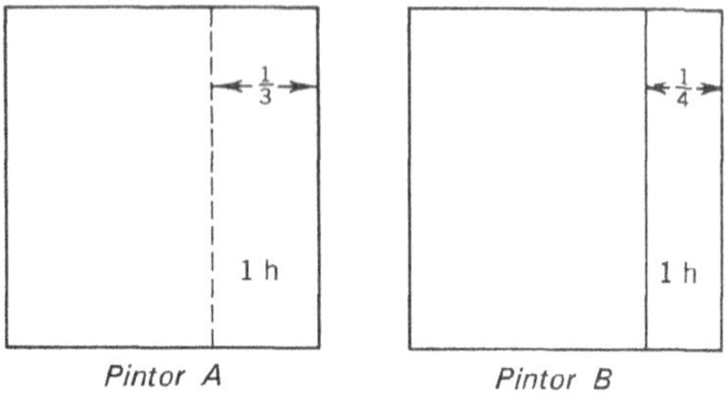

Figura 14-1. Ejemplo 2: Trabajos realizados por A y B

$$\frac{x(1)}{(3)} = \frac{x}{3} = \text{Superficie pintada por } A$$

$$\frac{x(1)}{(4)} = \frac{x}{4} = \text{Superficie pintada por } B$$

y

$$\frac{x}{3} + \frac{x}{4} = 1$$

Multiplicando por 12 los dos miembros de la ecuación:

$$4x + 3x = 12$$
$$7x = 12$$
$$x = \frac{12}{7} \text{ o } 1\frac{5}{7} \text{ h}$$

Comprobación:

¿Es lógica esta solución? Sí, ya que es menor que 3 horas. Cualquier respuesta que fuese igual o mayor que 3 horas sería errónea. ¿Está claro por qué?

¿Está claro por qué la ecuación planteada es $x/3 + x/4 = 1$? La explicación es ésta: Si el área total del piso es 1, el área pintada por *A* en *x* horas más el área pintada por *B* en *x* horas debe ser igual a la superficie total, es decir, 1.

Con este ejemplo, comprobamos también que ayuda mucho a plantear el problema hacer previamente un diagrama sencillo con los datos del problema.

Ejercicios

Resolver las ecuaciones. Comprobar la solución en los 10 primeros problemas:

14-1. $2a + 8 = a + 13$

14-2. $16b - 26 = 6b - 6$

14-3. $4u + 15 = 6u + 5$

14-4. $4x + 8 = 2(4x + 2)$

14-5. $14t - 8 + 42 = 10(t + 1)$

14-6. $2(6c + 8) - 1 = 5(3c - 6)$
14-7. $29x - 30 = 6(5x - 4) + 12$
14-8. $2(3h - 15) - 50 = h + 20$
14-9. $4(4s - 6)2 - 10(2s - 6) = -2(4s - 6) - 20$
14-10. $3[-y + 3(2y - 5)] = 4 - 7(5y - 8)$
14-11. $(x - 1)(x + 1) + x(1 - x) = 4x(2x + 1) - 8x(x - 2)$
14-12. $2x(3 - 4x) + (x - 2)(x + 3) = 7x(10 - x) + 12$
14-13. $(x - 4)(x + 5) = 2x(x - 6) - x(x - 10) + 80$
14-14. $14(x - 9) - 4x + 25(1 - x) = 0$
14-15. $(x + 8)(x - 7) - (x - 4)(x + 3) + 5(2x - 10) = 0$
14-16. $(2x - 3)(3x - 2) = (6x - 7)(x - 8) + 9x - 15$
14-17. $10(x - 2) - 10(2 - x) = 4x - 40$

Hallar el valor de *a* en los Ejercicios desde 14-18 hasta 14-24:
14-18. $6a - 3(a + 2)(a - 3) + 3a^2 = (a - 2)(a - 3) - (a + 2)(a + 3)$
14-19. $4{,}4a + 5{,}6 = 2{,}4a - 0{,}4$
14-20. $12a - 8 = 10(a - 2)$
14-21. $5 - 5a - 5{,}2 = 10a + 9{,}8$
14-22. $9{,}8a - 9{,}4 = 6{,}8a + 0{,}6$
14-23. $(a + 4)(5 - 2a) - a(10 - 2a) = 1{,}5$
14-24. $4a - 4 + 6a - 7 = 8a - 9 + (9 - a)(9 + a) + a + a(a - 10)$

Hallar el valor de *y* en los Ejercicios desde 14-25 hasta 14-30:
14-25. $(y - 2)(y + 4) + (y - 10)(y + 10) + y(1 - y) = (y - 6)(y - 2)$
14-26. $y(y + 4) - (y - 4)(y - 5) + 10 = 8(y + 2)$
14-27. $y^2 - (y - 1)(y + 1) = 4(y + 8)$
14-28. $(y - 1)^2 - (y - 1)(y + 1) + 8 = 7y - 9$
14-29. $4y + 4y(y - 4) + 4(1 - y)(1 + y) = 0$
14-30. $5[y + 24(y - 1) - 20(y + 1)] + 18 = 9$

Hallar el valor de *p* en los Ejercicios 14-31 y 14-32:
14-31. $p(p + 4) - p[(p - 5)(p + 5) + p] = 4 - p^3$
14-32. $p^2 - 2p + 1 - (p + 2)(p + 3) = 10(p - 4) + 8$
14-33. Hallar dos números cuya diferencia es 10 y cuya suma es $4\,^1/_5$ veces su diferencia.
14-34. Un campo rectangular es 5 Dm más largo que ancho. Si fuera 2 Dm más ancho y 3 Dm más corto, su superficie tendría 5 Dm^2 menos. Hallar las dimensiones del campo.
14-35. La diferencia de los cuadrados de dos números consecutivos es 15. ¿Cuáles son estos números?
14-36. La diferencia entre los cuadrados de dos números consecutivos pares es 44. ¿Cuáles son estos números?

14-2 RESOLUCIÓN DE ECUACIONES POR DESCOMPOSICIÓN EN FACTORES

En algunas ecuaciones estudiadas hasta ahora ya han aparecido términos con la incógnita elevada a algún exponente mayor que 1, pero al agrupar términos semejantes, tales términos desaparecían. Es decir, dichas ecuaciones se podían reducir a otras equivalentes de la forma: un cierto número multiplicado por la incógnita, igual a otro número. Por ejemplo, $6x = 12$. Estas ecuaciones, en las que la incógnita aparece siempre elevada a 1, se llaman *ecuaciones simples* o *ecuaciones de primer grado.* Sin embargo, no todas las ecuaciones pueden reducirse a esta forma. Por ejemplo, cuando una ecuación ha sido ya reducida, puede resultarnos una ecuación en la que el cuadrado de la incógnita es igual a un número, como $x^2 = 5$. Estas ecuaciones, en las que la incógnita es sólo de segundo grado, se llaman ecuaciones *cuadráticas puras*. En otros casos, al simplificar la ecuación todo lo posible, resulta que contiene al cuadrado y a la primera potencia de la incógnita, que combinados de cierta forma son iguales a algún número; $x^2 - 5x = 24$ es una ecuación de este tipo. Una ecuación en la que aparecen la incógnita elevada a 1 y su cuadrado se llama *ecuación cuadrática general*, o *ecuación general de segundo grado*.

Las ecuaciones de segundo grado, y algunas otras ecuaciones, pueden resolverse con ayuda de la descomposición en factores.

Ejemplo 1: Resolver la ecuación de segundo grado $x^2 - 5x + 6 = 0$.

Solución y discusión: Esta ecuación expresa la pregunta siguiente: ¿Para qué valores de x vale $x^2 - 5x + 6 = 0$? Si descomponemos en factores el primer miembro de la ecuación, podemos escribir

$$(x - 2)(x - 3) = 0$$

La pregunta sería ahora: ¿Para qué valores de x vale cero el producto $(x - 2)(x - 3)$? El producto de dos factores vale cero, si uno de los dos o los dos son cero *y solamente* en estos casos. En este caso, entonces, el producto es cero si $x - 2 = 0$ o si $x - 3 = 0$. La solución de $x^2 - 5x + 6 = 0$ depende, por consiguiente, de las soluciones de las dos ecuaciones simples: $x - 2 = 0$ y $x - 3 = 0$. Estas ecuaciones dan para x los valores 2 y 3.

Para probar que estos son precisamente los valores de x, se sustituye cada uno de ellos (separadamente) en la ecuación original.

Sustituyendo $x = 2$, se obtiene $4 - 10 + 6 = 0$ o $0 = 0$.
Sustituyendo $x = 3$, se obtiene $9 - 15 + 6 = 0$ o $0 = 0$.

Los valores de la incógnita que verifican la ecuación (o sea, que responden a la pregunta) se llaman *raíces de la ecuación.*

Una ecuación de segundo grado con una incógnita, tiene dos raíces (respuestas o soluciones).

Ejemplo 2: Resolver la ecuación $x^2 - 25 = 0$,

Solución 1: Descomponiendo en factores,

$$(x + 5)(x - 5) = 0$$

Igualando a cero cada uno de los factores,

$$\begin{aligned} x + 5 &= 0 \\ x &= -5 \end{aligned}$$

$$x - 5 = 0$$
$$x = 5$$

Comprobación de la solución $x = -5$:

$$25 - 25 = 0$$

Comprobación de la solución $x = +5$:

$$25 - 25 = 0$$

Las dos raíces (respuestas) son, entonces, -5 y $+5$.

Solución 2:

$$x^2 - 25 = 0$$
$$x^2 = 25$$
$$x = \pm\sqrt{25}$$
$$x = \pm 5 \text{ o } x = +5, x = -5$$

La solución se lee «x igual a más o a menos 5» y significa que x tiene dos valores $+5$ y -5. La raíz cuadrada de 25 es igual a $+5$ ó -5. La raíz cuadrada de 25 es igual a $+5$ ó -5 porque la raíz cuadrada del producto de dos factores iguales, es uno cualquiera de los dos factores. $(+5)^2 = 25$ y $(-5)^2 = 25$. Un número positivo tiene dos raíces cuadradas, una positiva y otra negativa; pero las dos del mismo valor absoluto.

Ejemplo 3: Resolver la ecuación $(x+1)(x-3)(2x-16) = 0$.

Solución: Igualando cada factor a cero,

$$x + 1 = 0; x - 3 = 0; 2x - 16 = 0$$

Despejando,

$$x = -1; x = 3; x = 8$$

Resumiendo, los pasos a seguir para resolver una ecuación de segundo grado son estos:

1. Simplificar la ecuación.
2. Traspasar todos los términos al primer miembro de la ecuación.
3. Descomponer en factores primos.
4. Igualar cada factor a cero.
5. Resolver cada una de las ecuaciones obtenidas en el paso 4.

Ejercicios

En las siguientes ecuaciones aparecen sólo factores simples. Resolverlas igualando a cero cada factor. Comprobar cada solución.

14-37. $(x + 2)(2x - 8) = 0$

14-38. $(x - 4)(4 - 2x) = 0$
14-39. $(2x - 3)(3x + 2)(x - 1) = 0$
14-40. $(x - 4)(4x + 12)(3x - 9) = 0$
14-41. $(u + 10)(t - 8)(s - 4)(10v + 20) = 0$

Descomponer las ecuaciones siguientes en factores simples y resolverlas:

14-42. $(x^2 + 4x)(2 - 4x) = 0$
14-43. $(x^2 - 9)(x^2 - 36) = 0$
14-44. $4(x + 5)^2(x - 5) = 0$
14-45. $(x + 3)(x^2 - 4)(x - 3) = 0$
14-46. $t^2 - 72 = t$
14-47. $u^2 + (2 - 3u)(2u - 3) + 6 = 0$
14-48. $s(3s + 2) - 4(3s - 2) + 17 = 2s^2$

Plantear las ecuaciones correspondientes a los problemas siguientes y resolverlas descomponiendo en factores simples:

14-49. Hallar el número que sumado a su cuadrado da 42.

14-50. El doble de un número, sumado con su cuadrado, es igual a 63. Hallar dicho número.

14-51. El doble de un número, restado a su cuadrado da 63. Hallar el número.

14-52. Si sumamos 16 al cuadrado de un número, resulta 10 veces dicho número. Hallarlo.

14-53. Si restamos 44 al cuadrado de un número, la diferencia es 7 veces dicho número. Hallarlo.

14-54. Si se suma 2 a un cierto número, el cuadrado de la suma es igual a 4 más 13 veces dicho número, ¿de qué número se trata?

14-55. Un rectángulo es 8 cm más largo que ancho. Si su superficie es de 560 cm^2, ¿cuáles son sus dimensiones?

NOTA: Sólo será válida una de las soluciones. Es muy frecuente este caso cuando los problemas se resuelven por ecuaciones de segundo grado, pero sólo una de las soluciones tiene sentido práctico.

14-56. Un solar rectangular de 40 m por 26 m está rodeado por un camino de anchura constante. La superficie del camino es de 360 m^2. ¿Cuál es su anchura?

14-57. Una chapa rectangular de estaño es 8 cm más larga que ancha. Si en cada esquina se le corta un cuadrado de 2 cm de lado y las solapas se doblan hacia arriba, se forma una caja de 18 cm^3. Calcular la longitud de las tres dimensiones de la caja.

14-58. Un rectangulo tiene 4 m más de largo que de ancho. Si su longitud se aumenta en 4 m y su anchura en otros 4 m, el área queda multiplicada por 2. ¿Cuáles son las dimensiones del rectángulo inicial?

14-3 FÓRMULAS

Muchos problemas prácticos pueden resolverse utilizando una fórmula determinada. Las fórmulas suelen venir dadas por expresiones algebraicas literales. Sus letras representan cantidades, pesos, pesetas, longitudes, etc.

La fórmula $i = crt$ se utiliza muchísimas veces para calcular el interés. En esta fórmula, i representa el interés; c, el capital inicial; r, el rédito, el tipo de interés expresado en tanto por ciento; y t, el tiempo. La fórmula se lee así: «El interés es igual al producto del capital, por el rédito, por el tiempo». También se utiliza esta fórmula para determinar otra incógnita cualquiera, distinta de i. En el ejemplo siguiente veremos como pueden despejarse c, r y t.

Ejemplo 1: Resolver $i = crt$ para c, r, y t.

Solución: Invirtiendo los miembros,

$$crt = i$$

Para despejar t, dividimos los dos miembros de la ecuación por cr:

$$\frac{\overset{1}{\cancel{c}}\,\overset{1}{\cancel{r}}\,t}{\underset{1}{\cancel{c}}\,\underset{1}{\cancel{r}}} = \frac{i}{cr}$$

Por supuesto, la división del segundo miembro no puede efectuarse y por eso se deja indicada. Sin embargo, cuando se sustituyen i, c y r por números, es posible efectuar la división y el cociente será precisamente el valor de t.

Para despejar c, dividimos los dos miembros por rt:

$$\frac{crt}{rt} = \frac{i}{rt}$$

$$c = \frac{i}{rt}$$

Para despejar r, dividiríamos los dos miembros de la ecuación $crt = i$ por ct:

$$\frac{crt}{ct} = \frac{i}{ct}$$

$$r = \frac{i}{ct}$$

Ejemplo 2: En la fórmula $T = ph + 2A$, despejar p, h y A.

Solución: Dada la ecuación $T = ph + 2A$; para despejar p, restamos T de los dos miembros de la ecuación:

$$0 = ph + 2A - T$$

Restamos ph de los dos miembros de la ecuación:

$$-ph = 2A - T$$

Dividimos los dos miembros por $-h$:

$$p = \frac{2A - T}{-h}$$

Para despejar h:

$$-ph = 2A - T$$

Dividimos los dos miembros por $-p$:

$$h = \frac{2A - T}{-p}$$

Para despejar A:

$$0 = ph + 2A - T$$

Restamos $2A$ a los dos miembros de la ecuación:

$$-2A = ph - T$$

Dividimos los dos miembros por -2:

$$A = \frac{ph - T}{-2}$$

La fórmula original $T = ph + 2A$, se utiliza cuando se desea conocer el valor de T. Pero si vamos a emplearla para conocer el valor de p (por ejemplo) en varios problemas, resulta más breve despejar p en primer lugar y después sustituir las letras por los datos del problema.

Ejercicios

Despejar de estas fórmulas las variables indicadas:

14-59. $A = \pi ab$; despejar a y b.

14-60. $S = ph$; despejar p y h.

14-61. $S = 2\pi rh$; despejar r.

14-62. $V = \pi r^2 h$; despejar h.

14-63. $V = \pi R^2 h - \pi r^2 h$; despejar h.

14-64. $A = 4\pi^2 Rr$; despejar R.

14-65. $Z = 2\pi rh$; despejar r.

14-66. $T = 6a^2$; despejar a^2 y a.

14-67. $V = 2\pi^2 Rr^2$; despejar r.

14-68. $S = 4\pi r^2$; despejar r.

14-69. $V = \pi r^2 h$; despejar r.

14-70. La fórmula $v = \sqrt{2\,gh}$ expresa en m/seg la velocidad que alcanza un cuerpo cuando cae libremente desde una altura de h metros. Despejar h de esta ecuación y hallar una fórmula que exprese desde qué altura debe caer un cuerpo para alcanzar una velocidad de v m/seg.

SUGERENCIA: En primer lugar elevar al cuadrado los dos miembros de la ecuación; entonces se obtiene $v^2 = 2gh$.

14-71. La fórmula $v_t = v_0 + 9{,}8t$ expresa la velocidad de un cuerpo que cae libremente desde hace t segundos, siendo v_0 la velocidad en m/seg que tenía el cuerpo en el momento de empezar a caer (es decir, v_0 = velocidad inicial); v_t es la velocidad que ha alcanzado, al cabo de t segundos, en m/seg. Despejar v_0 y t.

14-72. Dada la fórmula $V = (^1/_3)\pi r^2 h = 1{,}0472 r^2 h$ para calcular el volumen de un cono circular, despejar h y r.

14-73. De la fórmula $A = td + b(s + n)$, despejar t, d, b, s y n.

14-74. Utilizando la fórmula del Ejercicio 14-73:

(a) Calcular t cuando $A = 3{,}35$ cm², $b = 2{,}04$ cm, $s = 0{,}22$ cm, $n = 0{,}45$ cm y $d = 8$ cm.

(b) Hallar b cuando d = 10 cm, t = 0,24 cm, n = 0,63 cm, s = 24 cm, y A = 4, 45 cm^2.
(c) Hallar s cuando d = 5 cm, t = 0,19 cm, b = 1,56 cm, n = 0,45 cm, y A = 1, 95 m^2.

14-75. Recordando la fórmula del interés simple,

$$C = crt + c$$

donde C es el capital total
c es el capital inicial
t es el tiempo en años
r es el rédito, el tanto por ciento,

Despejar cada una de las letras.

14-76. Aplicando la fórmula del Ejercicio 14-75;
(a) Calcular t cuando c = 2 500 ptas, r = 6 % y C = 3 000 ptas.
(b) Calcular r cuando t = 3 años, c = 32 800 ptas y C = 37 720 ptas.
(c) Calcular c cuando C = 500 ptas, t = 5 años, y r = 4 %.

14-77. Un rectángulo de 2 dm más de largo que de ancho, tiene una superficie de 8 dm^2. Hallar sus dimensiones. Calcular también sus dimensiones, si su superficie fuese de **(a)** 15 dm^2; **(b)** 24 dm^2; **(c)** 35 dm^2.

15/Ecuaciones y sus aplicaciones

En los capítulos anteriores, hemos estudiado varios tipos de ecuaciones, en los que había que manejar varios principios del Álgebra, pero en los que no hacía falta manejar fracciones. En este capítulo nos dedicaremos al estudio y la discusión de ecuaciones en las que aparecen fracciones.

Seguramente el alumno tiene en la memoria los pasos que debe seguir para resolver una ecuación lineal; de todas formas es conveniente recordarlos aquí otra vez:

1. Simplificar la ecuación: para ello hay que eliminar los signos de agrupación, realizar las multiplicaciones y divisiones adecuadas, eliminar las fracciones, etc.
2. Agrupar todos los términos en los que aparece la incógnita en el primer miembro de la ecuación y todos los demás términos en el segundo miembro.
3. Agrupar en uno los términos semejantes.
4. Dividir ambos miembros por el coeficiente de la variable.
5. Comprobar el resultado, o los resultados, sustituyendo la solución o las soluciones en la ecuación inicial.

15-1 ELIMINACIÓN DE FRACCIONES

Una fracción es una división indicada; en muchos problemas, es una división que, de momento, no puede efectuarse. Por eso, cuando una ecuación contiene fracciones, para eliminarlas hay que recurrir a un método distinto de la división.

Una ecuación puede transformarse en otra equivalente, libre de fracciones, multiplicando los dos miembros de la ecuación por el mínimo común múltiplo de los denominadores que aparecen en ella.

Ejemplo 1: Resolver:

$$\frac{x}{5} + \frac{x}{8} = 17 - \frac{x}{10}$$

Solución: La ecuación dada es:

$$\frac{x}{5} + \frac{x}{8} = 17 - \frac{x}{10}$$

Eliminando las fracciones multiplicando cada término por el mcm, 40:

$$8x + 5x = 680 - 4x$$

Sumando $4x$ a los dos miembros:

$$8x + 5x + 4x = 680$$

Agrupando términos semejantes:

$$17x = 680$$

Dividiendo por el coeficiente de x, 17:

$$x = 40$$

Comprobación:

$$\frac{40}{5} + \frac{40}{8} = 17 - \frac{40}{10} \text{ o } 13 = 13$$

Ejemplo 2: Despejar I en la ecuación $S = (E - IR)/0{,}220$.

Solución: Ecuación dada:

$$S = \frac{E - IR}{0{,}220}$$

Eliminando las fracciones:

$$0{,}220S = E - IR$$

Sumando IR y restando $0{,}220S$ a los dos miembros de la ecuación:

$$IR = E - 0{,}220S$$

Dividiendo ambos miembros por el coeficiente de I:

$$I = \frac{E - 0{,}220S}{R}$$

La comprobación o prueba, para esta solución aparece a continuación. Efectuar la comprobación para este tipo de problemas tiene tanta dificultad como resolver el problema original, pero a pesar de eso es recomendable hacer este tipo de comprobaciones porque es un buen ejercicio para practicar con las operaciones algebraicas.

Prueba: La ecuación original era

$$S = \frac{E - IR}{0{,}220}$$

Sustituyendo la solución $I = (E - 0{,}220S)/R$, en la ecuación original:

$$S = \frac{E - \dfrac{(E - 0{,}220S)R}{R}}{0{,}220}$$

Simplificando R en el numerador y el denominador:

$$\frac{-(E - 0{,}220S)\cancel{R}}{\cancel{R}}$$

Entonces

$$S = \frac{E - \dfrac{(E - 0{,}220S)\cancel{R}}{\cancel{R}}}{0{,}220}$$

$$S = \frac{E - (E - 0{,}220S)}{0{,}220}$$

$$S = \frac{E - E + 0{,}220S}{0{,}220}$$

$$S = \frac{\overset{1}{\cancel{0{,}220}}S}{\underset{1}{\cancel{0{,}220}}}$$

$$S = S$$

Ejercicios

Resolver las siguientes ecuaciones; después, comprobar la solución:

15-1. $\frac{x}{3} + \frac{x}{6} = 18 - \frac{x}{4}$

15-2. $x + \frac{2x}{3} + \frac{3x}{4} - 29 = 0$

15-3. $2x - 50 = \frac{x}{4} - \frac{x}{3}$

15-4. $18 - 3y = \left(\frac{-2y}{3} + \frac{5y}{6}\right)$

15-5. $4y - 74 = \frac{y}{9} - \frac{y}{3}$

15-6. $3y - 70 = \left(-\frac{y}{6} - \frac{y}{12}\right)$

15-7. $26 = \frac{u}{8} + \frac{u}{4} + \frac{u}{6}$

15-8. $1 = -\frac{t-2}{5} + \frac{2t}{21} + \frac{t+9}{12}$

15-9. $\frac{3(s + 1\frac{1}{3})}{7} = \frac{51 - 4s}{47}$

15-10. $29 = \frac{5t - 180}{6} + \frac{3t}{4}$

15-11. $\frac{7v+2}{10} - 12 = \frac{3v+3}{5} - \frac{v}{2}$

15-12. $\frac{2h+4}{3} - 3\frac{1}{3} = \frac{h-3}{4} + \frac{h+2}{3}$

15-13. $\frac{p-1}{2} + \frac{p-3}{4} - \frac{p-2}{3} = \frac{2}{3}$

15-14. $-(5x+15) = 5x + 21 - \frac{5(2-x)}{2}$

15-15. $3x^2 + 6x - (x+1)^2 = -2 + (2x+3)^2$

15-16. $\frac{8(x+1)^2}{4} - 3(x+1) = 2(x^2+1)$

15-17. $\frac{5}{3}(x-3) = \frac{5x+10}{2}$

15-18. $\frac{x}{9}(3x-2) - \frac{2}{3} = \frac{x}{6}(2x+1)$

15-19. $\frac{x}{4} + 9 + \frac{1}{3}(x+2) + \frac{1}{2}(x+1) = 0$

15-20. $\frac{5}{6}(x) - \frac{1}{3}(x) = -0{,}25x + x - 3$

15-21. $\frac{1}{6}(2x-57) - x + \left(3x - \frac{2x-5}{10} - \frac{5}{3}\right) = 0$

15-22. $\frac{0{,}03x - 0{,}06}{0{,}9} + 0{,}5 = \frac{0{,}12}{0{,}2}$

15-23. Dada la ecuación $3ac - 5c = 17$, despejar c.
NOTA: $c(3a-5) = 17$.
15-24. Dada la ecuación $4abc - 5bc + 16 = 3bc$, despejar **(a)** a, **(b)** b, **(c)** c.

Solución para a: La ecuación dada es:

$$4abc - 5bc + 16 = 3bc$$

Sumar $5bc$ y restar $16a$ a los dos miembros:

$$4abc = 5bc + 3bc - 16$$

Agrupar términos semejantes:

$$4abc = 8bc - 16$$

Dividir por $4bc$:

$$a = \frac{8bc-16}{4bc} = \frac{2bc-4}{bc}$$

15-25. Dada la ecuación $(b - x)(b + 2x) = b^2 - 2x^2 - 3b + 4$, **(a)** despejar b y **(b)** despejar x.

15-26. $(a + b)x + (a - b)x = a^2$; despejar x.

15-27. $(^1/_2)(a + x) + (^1/_3)(2a + x) + (^1/_4)(3a + x) = 3a$; despejar x.

15-28. $4(t + b + y) + 3(t + b - y) = y$; despejar t.

Las fórmulas siguientes se suelen aplicar en Física, Electricidad y en otras Ciencias aplicadas.

15-29. Si $PD = WD_1$, despejar P.

15-30. Si $F = \frac{WV^w}{gr}$, despejar W, g y r.

15-31. Si $I = \frac{En}{R + nr}$, despejar E, R, r y n.

Solución para E: Ecuación dada:

$$I = \frac{En}{R + nr}$$

Eliminando la fracción:

$$IR + Inr = En$$

Dividiendo por el coeficiente de E:

$$E = \frac{IR + Inr}{n} = \frac{I(R + nr)}{n}$$

15-32. Dadas:

$$(1)\ I = \frac{E}{R + r};\ (2)\ I = \frac{nE}{R + nr};\ \text{ y }\ (3)\ I = \frac{E}{R + (r/n)}$$

¿Para qué valor de n son iguales las tres ecuaciones? Despejar n en las ecuaciones (2) y (3).

NOTA: En la ecuación (3),

$$I = E \div \left(R + \frac{r}{n}\right) = E \div \frac{(Rn + r)}{n} = E\left(\frac{n}{Rn + r}\right)$$

15-33. Dada la ecuación $1/f = 1/p + 1/q$, despejar cada incógnita en función de las otras dos.

Solución para p: Ecuación dada:

$$\frac{1}{f} = \frac{1}{p} + \frac{1}{q}$$

Multiplicando por el mcm, *fpd*:

$$pq = fq + fp$$

Transponiendo los términos:

$$pq - fp = fq$$

Agrupando los términos semejantes:

$$(q - f)p = fq$$

Dividiendo por $(q - f)$:

$$p = \frac{fq}{q - f}$$

15-34. Si $\frac{1}{k} = \frac{1}{a} + \frac{1}{b} + \frac{1}{l}$, despejar k; calcular después el valor de k si $a = 19\,000$, $b = 90\,000$, y $l = 3\,180$.

15-35. Dada la ecuación $\frac{E}{r} = \frac{E}{r_1} + \frac{E}{r_2}$, despejar r.

15-36. Dada la ecuación $E = RI + rI/n$, demostrar que

$$I = \frac{E}{R + (r/n)}$$

15-37. Dada la ecuación $nE = RI + nrI/m$, demostrar que

$$I = \frac{E}{(R/n) + (r/m)}$$

15-38. Dada la ecuación $R_1 = R_0(1 + at)$, despejar R_0, a y t, en función de las demás variables.

15-39. Dada la ecuación $A = (^2/_3)hw$, despejar w.

15-40. Dada la ecuación $V = 2\pi^2 Rr^2$, despejar R.

15-41. Dada la ecuación $V = \pi R^2 h - \pi r^2 h$, despejar r^2 y después r.

15-42. Dada la ecuación $S = (^1/_2)ps$, despejar s.

15-43. Dada la ecuación $T = (^1/_2)ps + A$, despejar p.

15-44. Dada la ecuación $S = (^1/_2)(P + p)s$, despejar p.

15-45. Dada la ecuación $T = (^1/_2)(P + p)s + B + b$, despejar s.

15-46. Dada la ecuación $V = (^4/_3)r^3$, despejar r.

15-47. Dada la ecuación $T = PRF/Sp$, despejar R y S.

15-48. Dada la ecuación $F = 4^2mx/T^2$, despejar x.

15-49. Dada la ecuación $E = Ff/[(P - x)p]$, despejar x.

15-50. Dada la ecuación $C = K[rr_1(r + r_1)]$, despejar r_1.

15-51. Dada la ecuación $Q = K\{[(t_2 - t_1)at]/d\}$, despejar t_1 y a.

15-52. Dada la ecuación $p_t v_t = p_0 v_0[1 + (t/273)]$, despejar t.

15-53. Dada la ecuación $H = (1\,600\,000)[(b_1 - b_2)/(b_1 + b_2)](1 + 0{,}004t)$. Despejar t.

15-2 PLANTEO DE ECUACIONES

Para resolver los problemas, casi siempre es necesario elegir una ecuación adecuada y, si es posible, sencilla de manejar; es decir, formar una ecuación a partir del problema supuesto. Para resolver los problemas de tipo puramente mecánico, es posible dar y aprender reglas fijas y un método fijo de operar —por ejemplo, los pasos para la resolución de una ecuación que hemos expuesto al principio de este capítulo—. Desgraciadamente, no es posible esbozar un conjunto definido de reglas fijas para resolver problemas prácticos. Sin embargo, a continuación damos una serie de sugerencias que serán de alguna ayuda para plantear ecuaciones.

1. Leer con atención el enunciado del problema, hasta que se haya comprendido perfectamente qué pide el problema.
2. Dibujar un croquis del problema (si es posible y adecuado).
3. Elegir la incógnita y representarla por una letra.
4. Si hay más números desconocidos, expresarlos en términos del primero que se ha elegido.
5. Escribir entonces el enunciado en forma de ecuación. Esta será la ecuación que hay que resolver.
6. Resolver esta ecuación.
7. Comprobar que la respuesta o respuestas obtenidas, cumplen las condiciones del problema. Hay que rechazar todas aquellas soluciones que no verifiquen las condiciones del problema o que sean imposibles.

Ejemplo 1: Calcular la longitud de una habitación cuadrada sabiendo que si su longitud aumenta en 3 m, su área aumenta en 81 m².

Solución: (Ver figuras 15-1 y 15-2.) Sea x la longitud del lado del cuadrado. Entonces

$x + 3$ = longitud del lado aumentado en 3 m
x^2 = superficie original de la habitación
$(x + 3)^2$ = superficie aumentada de la habitación ampliada
$x^2 + 81$ = superficie aumentada de la habitación ampliada

Entonces

$$\begin{aligned}(x+3)^2 &= x^2 + 81\\ x^2 + 6x + 9 &= x^2 + 81\\ 6x &= 72\\ x &= 12 \text{ m}\end{aligned}$$

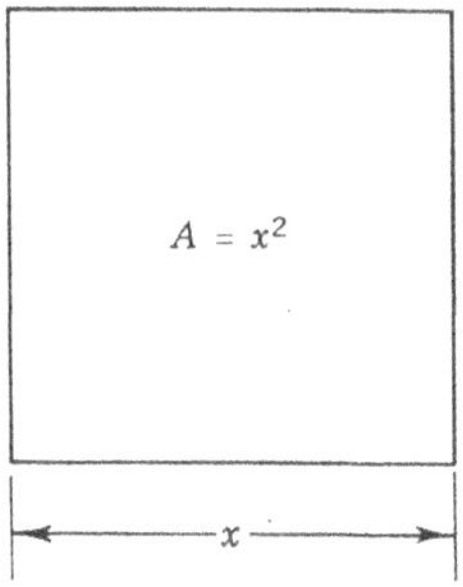

Figura 15-1. Ejemplo 1: Habitación de lado x

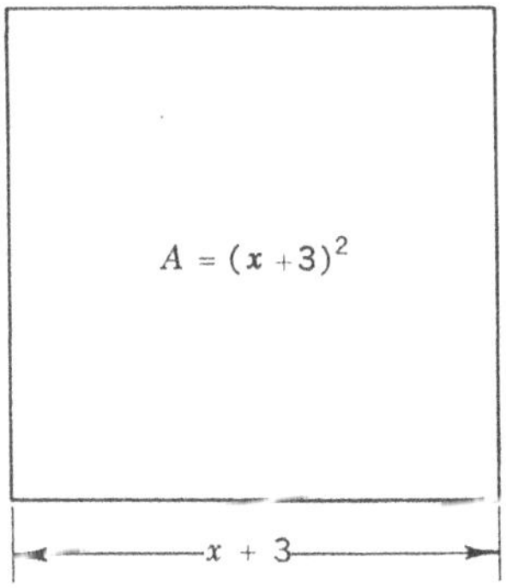

Figura 15-2. Ejemplo 1: Habitación de lado $x + 3$

Prueba: El área original de la habitación es 144 m^2. Después de aumentar su lado, el área de la habitación es 225 m^2. Este resultado es mayor que 144 m^2 en 81 m^2. Como las condiciones del problema se cumplen, la respuesta es correcta.

Ejemplo 2: Un hombre invierte 1 500 000 ptas del modo siguiente: Paga una cierta cantidad por la compra de un solar y el doble de dicha cantidad por la compra de otro solar. Además, gasta en acciones 250 000 ptas menos de lo que pagó por el segundo solar. ¿Cuánto gastó en cada solar y en las acciones? (Ver figuras 15-3 y 15-4.)

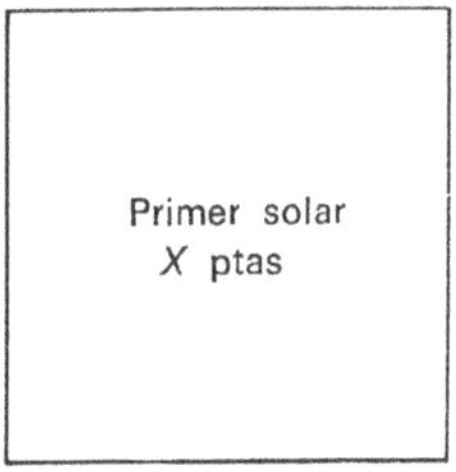

Figura 15-3. Ejemplo 2: El primer solar

Figura 15-4. Ejemplo 2: El segundo solar

Solución: El capital total gastado es de 1 500 000 ptas (la suma de las tres inversiones). Sea x = precio pagado (en pesetas) por el primer solar. Entonces podemos escribir la ecuación siguiente:

$$\begin{aligned} x + 2x + 2x - 250\,000 &= 1\,500\,000 \\ 5x &= 1\,750\,000 \\ x &= 350\,000 \\ 2x &= 700\,000 \\ 2x - 250\,000 &= 450\,000 \end{aligned}$$

Es decir, el hombre ha invertido 350 000 ptas en el primer solar, 700 000 en el segundo y 450 000 ptas en acciones; la suma de las tres cantidades da, en efecto, 1 500 000 ptas.

Ejercicios

15-54. Un hombre cobra en su trabajo el doble que su hijo. Si entre los dos cobran 600 ptas diarias, ¿cuánto cobra cada uno?

15-55. A una compañía, un determinado artículo le cuesta 27 ptas en total. La compañía calcula que el gasto de manufactura es tres veces mayor que el de material y que los gastos de publicidad son la mitad que en material. ¿Cuál es el coste de cada concepto?

15-56. El precio de un artículo se rebajó en una tercera parte y entonces era igual a seis quintos de 320 ptas. ¿Cuál era su precio inicial?

15-57. El precio de un artículo se aumentó en un quinto y resultó entonces el 0,75 de 160 ptas. ¿Cuál era el precio inicial?

15-58. Un número, más su mitad, más su tercera parte es once décimos de 100. ¿Cuál es el número?

15-59. El precio de un ventilador se rebaja en un 20 %. El ventilador se vende entonces a 480 ptas, o sea, un 20% más que el precio de coste. ¿Cuál es el precio de venta sin rebaja y el precio de coste?

15-60. Después de que A rebajase el precio de un coche usado en un 10% a B, B lo vende a C incrementando la cantidad que él pagó en un 10%. Si C lo compra en 9 900 ptas, ¿cuál era el precio inicial, sin rebaja, del coche?

15-61. El salario semanal de un obrero se incrementa en un 50% y luego en un $33\,^1/_3$% y entonces cobra 12 800 ptas semanales. ¿Cuál era su salario inicial?

15-62. Una suma de 11 000 ptas se imponen, parte al 5% y parte al 6%. Si el interés al cabo de un año es de 590 ptas, ¿qué cantidad se impuso a cada tipo de interés?

SUGERENCIA: Sea x = pesetas impuestas al 5%, 11 000 − x serán las pesetas impuestas al 6%. Por lo tanto,

$$0{,}05x + (11\,000 - x)0{,}06 = 590$$

15-63. Un capital de 13 000 ptas se imponen, parte al 2% y parte al 2,5%. El interés al cabo de un año es de 300 ptas. ¿Qué cantidad se impuso a cada tipo de interés?

15-64. El interés de 12 000 ptas, en t años, al 3% son 840 ptas. Hallar t.

15-65. El interés de 12 000 ptas al i% durante 3,25 años, es de 1 170 ptas. Calcular i.

15-66. Si el aire está compuesto por 4 partes de nitrógeno por cada parte de oxígeno, ¿cuántos metros cúbicos de cada gas habrá en un local de 12 m por 40 m por 30 m?

SUGERENCIA: Sea x = metros cúbicos de oxígeno que hay en dicho volumen. Entonces $4x$ = metros cúbicos de nitrógeno del volumen.

15-67. Si una mezcla de 3 partes de agua por 1 de aceite, tiene un volumen total de 88 litros, ¿cuántos litros hay de cada líquido?

15-68. Una compañía contrata a tres empleados. El primero recibe 6 partes, el segundo 4 partes y el último 3 partes de un sueldo semanal de 33 800 ptas semanales. ¿Cuánto cobra cada uno?

15-69. Un recipiente, lleno de agua, pesa 6 Kg. Si se llena de gasolina, de densidad específica 0,9, pesa 5,5 Kg. ¿Cuánto pesa el recipiente?

15-70. Siete veces la cantidad que gasta una persona en León en lavanderías y tintorerías al año es 6 ptas menos que lo que gasta otra persona en Madrid por la misma causa. Si entre las dos personas gastan 246 ptas, ¿cuánto gasta cada una?

15-71. Si $19\,^1/_4$ Kg de oro y $10\,^1/_4$ Kg de plata, al sumergirlos en agua, pierden cada uno 1 Kg de peso, calcular el peso de oro que hay en una aleación de oro y plata, de 20 Kg de peso, si al sumergirla en agua pierde 1,25 Kg de peso.

15-72. Si el 50% de x, más el 10% de x es el 12,5% de 480, calcular x.

15-73. En un museo entran en un año 110 000 personas. Al año siguiente sube 15 ptas el precio de la entrada, visitan el museo 5 000 personas menos, pero ingresan 10 250 ptas más. ¿Cuánto cuesta la entrada el segundo año y cuánto costaba el primero?

15-74. Un autobús a 64 millas por hora tarda en ir de Omaha a Detroit $15\,^1/_4$ horas menos que un camión que circula a 40 millas por hora. ¿Cuál es la distancia en millas entre estas dos ciudades?

15-75. Dos cilindros contienen agua. En el primero el agua alcanza una altura de 26 cm y se vacía a una velocidad de $1\,^1/_2$ cm por minuto. El otro tiene una altura de agua de 4 cm y se va llenando a una velocidad de $1\,^1/_4$ cm por minuto. Si el primero empieza a vaciarse al mismo tiempo que el segundo a llenarse, ¿cuánto alcanzará el agua la misma altura en los dos cilindros? ¿Cuál será dicha altura?

15-76. Para medir resistencias eléctricas se emplea el puente de Wheatstone, formado por tres resistencias conocidas y otra desconocida. La resistencia desconocida puede ser cualquiera de las r_1, r_2, r_3 y r_4 de la figura 15-5. Las cuatro resistencias se equilibran de tal modo que $r_1/r_2 = r_3/r_4$. Mediante esta fórmula, es posible calcular la resistencia desconocida.

(a) Si $r_1 = 3{,}6$, $r_2 = 4{,}7$, $r_3 = 5$; calcular r_4.
(b) Si $r_1 = 500$, $r_2 = 300$, $r_4 = 125$; calcular r_3.
(c) Si $r_1 = 19{,}3$, $r_3 = 27{,}8$, $r_4 = 17{,}8$; calcular r_2.
(d) Si $r_2 = 16{,}4$, $r_3 = 28{,}2$, $r_4 = 16$; calcular r_1.

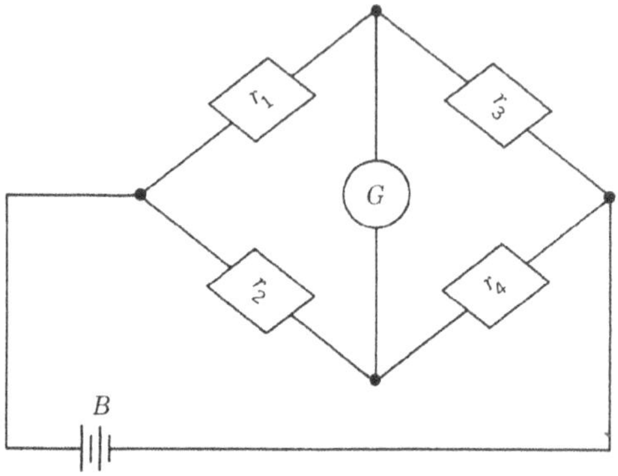

Figura 15-5. Ejercicio 15-76

15-3 ECUACIONES APLICADAS EN ELECTRICIDAD

Para el estudio de los fenómenos eléctricos se manejan muchos tipos de ecuaciones, algunos de los cuales expondremos en esta Sección. Todas las fórmulas que veremos a continuación se aplican *sólo para la corriente continua;* las fórmulas que se aplican a la corriente alterna, las estudiaremos más adelante. Los símbolos empleados en la corriente continua (cc o =) son los siguientes:

R = resistencia (se mide en ohmios)
I = intensidad de corriente (se mide en amperios)
E = voltaje o diferencia de potencial (se mide en voltios)
P = potencia (se mide en watios)

La relación entre E, I y R viene dada por la ley de Ohm: $E = IR$; es decir, la diferencia de potencial es igual al producto de la intensidad, en amperios, por la resistencia, en ohmios. Para calcular la potencia en un circuito se emplea la ecuación $P = EI$; donde P, la potencia, se mide en watios, y es igual al producto del voltaje en voltios por la intensidad en amperios. También es posible obtener fórmulas nuevas a partir de las anteriores sustituyendo E/R por I. Es conveniente a veces, cuando se trata de problemas similares, despejar de la ley de Ohm la variable que queremos calcular. Por ejemplo, si de $E = RI$ despejamos I, se obtiene $I = E/R$; si despejamos R, resulta $R = E/I$. De la fórmula $P = EI$ también se pueden despejar las otras variables. Por ejemplo, si conocemos en un problema los valores de E y R, y queremos conocer el valor de la potencia en watios, podemos deducir de estas dos fórmulas, la fórmula adecuada. Como $I = E/R$ y $P = IE$, sustituyendo I por su equivalente, E/R, la fórmula $P = IE$ se transforma en

$$P = \left(\frac{E}{R}\right)E \quad \text{o} \quad P = \frac{E^2}{R}$$

Es decir, una fórmula puede escribirse de otra forma, de modo que baste aplicarla directamente para resolver un problema concreto. Los ejemplos siguientes son aplicaciones de las fórmulas y los principios explicados anteriormente.

Ejemplo 1: ¿Qué potencia suministra un motor que consume 30 amperios (amp) a 110 voltios (v)?

$$P = EI$$
$$P = 30 \times 110$$
$$P = 3\,300 \text{ watios}$$

Ejemplo 2: ¿Calcular la intensidad que circula por una resistencia de 110 ohmios a un voltaje de 220 voltios?

$$I = \frac{E}{R}$$
$$I = \frac{220}{110}$$
$$I = 2 \text{ amp}$$

Ejemplo 3: La resistencia de unos motores trabajando en serie es de 5,5 ohmios y la diferencia de potencial es de 110 voltios. ¿Cuál es su potencia en watios?

$$P = EI \qquad I = \frac{E}{R}$$
$$P = E\left(\frac{E}{R}\right) \qquad P = \frac{E^2}{R}$$
$$P = \frac{110^2}{5{,}5}$$
$$P = \frac{110 \times 110}{5{,}5}$$
$$P = 2\,200 \text{ watios}$$

Otra forma de resolverlo sería:

$$E = IR$$
$$110 = I(5{,}5)$$
$$\frac{110}{5{,}5} = I$$
$$20 \text{ amp} = I$$
$$P = EI$$
$$P = 110 \times 20$$
$$P = 2\,200 \text{ watios}$$

Los dos métodos dan la misma solución, lo que nos permite suponer que la respuesta es correcta. El primer método es el más práctico si tenemos que resolver varios problemas en los que sólo conocemos E y R. El segundo método es interesante, pero sólo es práctico cuando hay que resolver un único problema con los datos E y R.

Ejemplo 4: Hallar la potencia en caballos de vapor (HP) de un motor que trabajando a 440 voltios consume 3 amperios (1 HP = 746 watios).

$$P = EI$$
$$P = 440 \times 3$$
$$P = 1\,320 \text{ watios}$$

La potencia del motor, en caballos de vapor será entonces, 1 320/746 ó 1,76 + HP.

15-4 TERMÓMETROS

Existen dos tipos de termómetros de uso frecuente. En la escala centígrada, que se utiliza en Europa y en todo el mundo para los trabajos científicos, la temperatura de congelación del agua se señala con 0°; la temperatura de ebullición del agua se señala con 100° (1° C se lee 1 grado centígrado). En la escala Fahrenheit, que se utiliza en los Estados Unidos, salvo para los usos científicos, el punto de congelación del agua está señalado por 32° F y el punto de ebullición del agua es 212° F (1° F se lee 1 grado Fahrenheit).

Así, en la escala de Fahrenheit hay 180° (212° menos 32°) entre el punto de ebullición y el de congelación del agua; en la escala centígrada, entre dichos puntos, hay una diferencia de 100°. Luego 180° de la escala Fahrenheit, equivalen a 100° de la escala centígrada. Esta relación aparece la en figura 15-6.

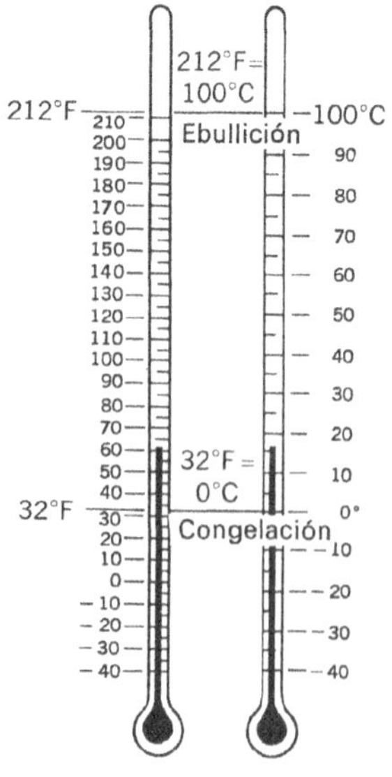

Figura 15-6. Relación entre la escala centígrada y la escala Fahrenheit

Ejercicios

15-77. Si F es el número de grados Fahrenheit y C el número de grados centígrados, demostrar las igualdades **(a)** y **(b)** y resolver el problema **(c)**.

(a) $C = {}^5/_9(F - 32)$

(b) $F = {}^9/_5C + 32$

(c) Si en Alaska un termómetro marca $-40°$ F, ¿qué temperatura marcaría un termómetro centígrado?

NOTA: Leer ahora el Ejercicio 15-82.

15-78. Las temperaturas extremas alcanzadas en Chicago en el mes de diciembre son: máxima, + 68° F, alcanzada el 31 de diciembre de 1875; mínima, − 23° F, el 24 de diciembre de 1872. ¿Cuánto es **(a)** la temperatura máxima expresada en grados centígrados? **(b)** ¿la temperatura mínima?

NOTA: Utilizar la fórmula 15-77 *a*.

15-79. ¿Cuántos grados Fahrenheit son 24° C?

15-80. Los metales que aparecen a continuación, se funden a las temperaturas, expresadas en grados Fahrenheit, siguientes: hierro forjado, 2 822; acero, 2 462; hierro colado (fundición), 2210; plata, 1832; plomo, 620; y estaño, 475. ¿Cuál es, en grados centígrados, el punto de fusión de cada uno de ellos?

15-81. 60° F bajo 0°, ¿qué temperatura es en grados centígrados?

15-82. ¿A qué temperatura marcarán los mismos grados un termómetro Fahrenheit y un termómetro centígrado?

Solución: Sea x la lectura de cada termómetro. Entonces, aplicando las fórmulas del Ejercicio 15-77,

$$\frac{5}{9}(x - 32) = \frac{9}{5}x + 32$$
$$25x - 800 = 81x + 1\,440$$
$$25x - 81x = 1\,440 + 800$$
$$-56x = 2\,240$$
$$x = -40$$

Por lo tanto, las dos escalas marcarán la misma temperatura a − 40 grados.

15-83. En la soldadura oxiacetilénica, la temperatura de la llama puede llegar a alcanzar los 6 000° F. ¿Cuál es la temperatura centígrada correspondiente?

15-5 POTENCIA

El término *caballo de potencia (horsepower)* fue empleado por primera vez por James Watt, el inventor de la máquina de vapor. Observó en Londres que un caballo de tiro era capaz, durante un corto espacio de tiempo, de realizar el trabajo equivalente a elevar un peso de 33.000 lb (libras) a una altura de 1 ft (pie) en un minuto. Watt escogió este valor para medir la potencia de sus máquinas y después ha sido adoptado por casi todo el mundo. La unidad de trabajo del sistema inglés es el *pie-libra* (ft-lb) y equivale al trabajo realizado por una fuerza de 1 lb al recorrer su punto de aplicación una distancia de 1 ft, o al trabajo realizado por una fuerza de $^1/_2$ lb al recorrer su punto de aplicación 2 ft, o al de una fuerza de $^1/_{10}$ lb al recorrer su punto de aplicación 10 ft, etc.

El HP (caballo de potencia) es una medida de la velocidad con que se realiza ese trabajo. La unidad de potencia del sistema inglés es el pie-libra por segundo, ft-lb/seg, para todas las aplicaciones físicas. Para la Mecánica, la unidad que se emplea es el HP. Para conocer la relación entre una unidad y otra basta tener en cuenta las constantes que intervienen en la definición de caballo de potencia.

$$1 \ \text{HP} = \frac{\text{ft-lb/min}}{33\,000} = \frac{\text{ft-lb/seg}}{550}$$

Luego para conocer la potencia en HP que desarrolla o consume una máquina, conociendo su potencia en ft/lb/seg, basta con dividir este número por 550, y recíprocamente, para calcular la potencia en ft-lb/seg conociendo su potencia en HP, basta con multiplicar dicho número por 550.

En el sistema métrico decimal, la unidad de trabajo es el *kilográmetro*, es decir, el trabajo que desarrolla una fuerza de 1 Kg al desplazarse su punto de aplicación 1 m, o el trabajo necesario para elevar un peso de 1 Kg a 1 m de altura. La unidad de potencia en Física es el kilográmetro por segundo, Kgm/seg. Si relacionamos esta unidad con las del sistema inglés:

1 ft-lb = 0,453 : 0,305 Kgm = 0,1382 Kgm.

1 Kgm = 1 : 0,1382 = 7,236 ft-lb.

Con arreglo a los cálculos hechos por Watt,

1 HP = 550 ft-lb/seg = 550 : 0,1382 Kgm/seg = 76 Kgm/seg.

En los países que utilizan el sistema métrico decimal, el *caballo de vapor*, CV, es una unidad de potencia que viene definida por

1 CV = 75 Kgm/seg = 0,987 HP

1 HP = 76 : 75 CV = 1,0133 CV

La diferencia entre ambas unidades es, por tanto, muy pequeña.

Cuando se trata de máquinas eléctricas, la potencia en caballos se determina por estas fórmulas:

$$\text{Caballos (CV)} = \frac{\text{watios}}{736} = \frac{\text{voltios amperios}}{736}$$

$$\text{Caballos (HP)} = \frac{\text{warios}}{746} = \frac{\text{voltios amperios}}{746}$$

NOTA: Cuando se leen unidades como ft-lb/seg o Kgm/seg se indicó «pies libra por segundo» o «kilográmetro por segundo», no «dividido por segundo».

Ejemplo: El motor de un montacargas debe elevar 10.000 lb a una altura de 50 ft en 4 minutos. ¿Cuál debe ser su potencia en caballos (HP)? Para determinar los pie-libras por minuto,

$$\text{ft-lb/min} = \frac{10\,000 \times 50}{4} = 125\,000$$

$$\text{hp} = \frac{125\,000}{33\,000} = 3{,}79$$

Ejercicios (En el sistema inglés de unidades)

15-84. ¿Cuántos caballos de potencia necesitará un ascensor que pesa 4 toneladas para subir al último piso de un edificio de 240 ft de altura en minuto y medio?

15-85. Calcular la potencia necesaria para bombear 30 000 barriles (bbl) de agua por hora a una altura de 45 ft. (Utilizar 1 bbl = 4,21 ft.)

15-86. La fórmula siguiente da la potencia en caballos desarrollada por una máquina de vapor:

$$P = \frac{plan}{60 \times 75}$$

siendo P la potencia en caballos (CV),
p la presión media de la caldera en Kg/cm²,
l la longitud de la carrera del émbolo, en metros,
a el área del pistón en cm²,
n el número de carreras del pistón (doble del número de rpm, revoluciones por minuto).

Despejar de la fórmula anterior p, l, a, n, en función de los datos restantes.

NOTA: El numerador de esta fórmula es el trabajo que desarrolla la máquina en un minuto. En efecto: el producto pa viene expresado en Kg y la longitud l en metros, luego su producto son los kilográmetros que desarrolla la máquina en cada carrera del pistón, y $plan$ es el número de kilográmetros que desarrolla en un minuto.

15-87. ¿Qué potencia desarrollará una máquina de vapor cuyo cilindro tiene 10 cm de diámetro y una carrera de 15 cm, si la máquina da 300 rpm, y la presión media efectiva es de 6,7 Kg/cm²? (El área del círculo es 0,7854 por el cuadrado del diámetro.)

$$P = \frac{0{,}7854 \times 10^2 \times 15 \times 10^{-2} \times 6{,}7 \times 600}{60 \times 75}$$

15-88. Hallar la potencia en caballos de una máquina de vapor con un cilindro de 25 cm de diámetro, con una carrera de 75 cm a velocidad de 95 rpm y con una presión media efectiva de 8,45 Kg/cm².

15-89. Se necesita una máquina de vapor que desarrolle una potencia de 50 CV con una presión media efectiva de 3,24 Kg/cm². La velocidad del manubrio será de 100 rpm y el diámetro del cilindro será de 32,5 cm. ¿Cuál será la carrera del pistón?

15-90. Hallar la presión media efectiva sobre el pistón de esta máquina de vapor: cilindro, 30 cm de diámetro, carrera del pistón, 45 cm; número de revoluciones por minuto, 110 y potencia desarrollada, 40 CV.

15-91. La potencia de los motores de explosión no se puede calcular mediante la fórmula $P = plan/60 \times 75$, ya que no se puede calcular fácilmente la presión media efectiva. Sin embargo, se ha comprobado en las experiencias con motores de automóviles, que la fórmula $P = (Nd^2)/15{,}9$ permite calcular su potencia en caballos. En este caso d es el diámetro de los cilindros en centímetros y N el número de cilindros. Hallar P si $d = 12$ cm y $N = 6$.

15-92. Para calcular la presión, en kilogramos por cm², que ejerce la cuchilla de un torno cuando corta acero, se multiplica el área de la sección transversal de la viruta cortada en centímetros cuadrados por 16 170. Si se corta fundición, se multiplica por 11 810.

¿Qué potencia necesitará un torno para elaborar un eje de acero de 150 mm de diámetro, que gire a 30 rpm si la profundidad del corte es 0,8 mm y el avance de la cuchilla es 3,2 mm por vuelta?

15-93. La potencia transmitida por una correa depende de la tensión o fuerza que actúa sobre ella y de la velocidad a que trabaja. La potencia se puede expresar en kilográmetros por segundo o en caballos de vapor. Los distintos fabricantes de correas dan catálogos en los que aconsejan distintos valores para la tensión de trabajo de las correas. La tensión permitida para una correa sencilla varía entre 5,5 y 20 Kg por centímetro de anchura.

Demostrar la fórmula siguiente para expresar la potencia en caballos transmitida por una correa:

$$P = \frac{fav}{75}$$

donde P es la potencia en caballos (CV),
f es la tensión en Kg/cm,
a es la anchura de la correa en centímetros,
v es la velocidad de la correa, en metros por segundo.

En la fórmula anterior, despejar cada una de las variables en función de las restantes.

15-94. Calcular la potencia en caballos transmitida por una correa sencilla de 35 cm de anchura que admite una tensión de 16 Kg/cm (por centímetro de anchura), si su velocidad es de 1 800 metros por minuto.

15-95. Calcular la potencia en caballos transmitida por una correa sencilla de 15 cm de anchura que gira sobre una polea de 40 cm de diámetro que da 350 rpm, suponiendo que la tensión de la correa es 9 Kg por centímetro de anchura. Descontar un 2% por deslizamientos.

15-96. Si una correa de 15 cm de anchura transmite una potencia de 7 CV, hallar su velocidad en metros por segundo suponiendo que soporta una tensión de 6,5 Kg por centímetro de anchura.

15-97. Calcular la potencia en caballos transmitida por una correa doble de 25 cm de anchura que gira sobre una polea de 90 cm de diámetro a 420 rpm. Usar una tensión de 13 Kg/cm.

15-98. Suponiendo una tensión de 9 Kg por centímetro de anchura para una correa sencilla, y siendo d el diámetro de la polea en centímetros, a la anchura de la correa en centímetros, y n el número de revoluciones por minuto, demostrar que la potencia P transmitida por la correa es aproximadamente igual a:

$$P = \frac{adn}{16\,000}$$

donde P está expresado en caballos de vapor.

NOTA: En la fórmula anterior se supone que las dos poleas tienen prácticamente el mismo diámetro, es decir, que el arco de contacto es de 180°. Si las poleas tienen diámetros diferentes, se puede calcular el arco de contacto con la polea menor. Los coeficientes de la Tabla **15-1** se utilizan entonces para calcular la potencia transmitida.

Tabla 15-1. Ejercicio 15-98

SI EL ÁNGULO DE CONTACTO ES	90°	100°	110°	120°	130°	140°	150°	160°	170°
MULTIPLICAR POR	0,65	0,70	0,75	0,79	0,83	0,87	0,91	0,94	0,97

15-99. Utilizando los mismos símbolos que en el Ejercicio 15-98, y una tensión de 14,5 Kg por centímetro de anchura para las correas dobles,

$$P = \frac{adn}{10\,000}$$

Demostrar esta fórmula y despejar cada una de las variables en función de las restantes.

15-100. Calcular la anchura necesaria para que una correa sencilla transmita una potencia de 3 CV cuando gira sobre una rueda de 37,5 cm de diámetro que gira a 220 rpm. Suponer una tensión de 9 Kg por centímetro de anchura.

15-101. Hallar el número de revoluciones por minuto de una polea de 120 cm de diámetro que transmite 120 CV a una correa doble de 25 cm de anchura con una tensión de 14,5 Kg por centímetro de anchura.

15-102. ¿Qué trabajo se desarrolla para subir un peso de 75 Kg desde una mina de 335 m de profundidad? ¿Qué potencia se necesita para elevar este peso en minuto y medio?

15-6 MOMENTOS

En los problemas de proyectos se aplica el *principio de los momentos* para determinar la posición de las fuerzas que actúan sobre una viga o la magnitud de una de las fuerzas. Este principio puede enunciarse así: *En un sistema de fuerzas en equilibrio, la suma de los momentos de todas las fuerzas es cero.* La fórmula se escribe $\Sigma M = 0$, donde M representa los momentos y el símbolo Σ significa que se suman todos ellos.

A continuación se explica en qué consiste un sistema de fuerzas; la figura 15-7 ilustra este principio de los momentos.

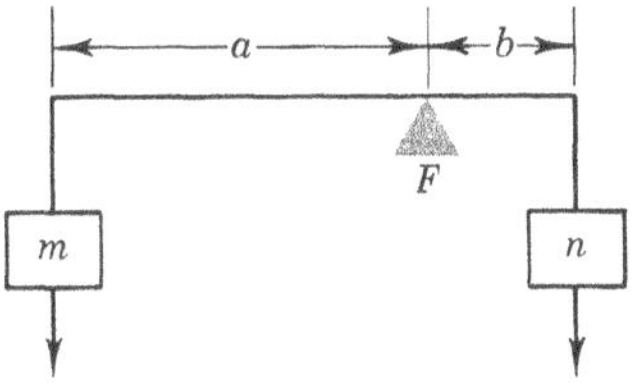

Figura 15-7. Diagrama de fuerzas

En la figura 15-7, dos pesos (fuerzas) están actuando en los extremos opuestos de una viga (están colocados sobre ellos); esta viga está en equilibrio sobre el fulcro, o punto de apoyo, F. La fuerza m está colocada a a metros de F y la fuerza n a b metros de F. Las distancias a y b se llaman «brazos de momento». Como el sistema está en equilibrio, $\Sigma M = 0$. Los momentos de cada una de las fuerzas se calculan multiplicando su magnitud por su brazo de momento. El momento de una de las fuerzas, elegida arbitrariamente, se designa con el signo (+), y el momento de la otra fuerza, que actúa en sentido contrario, debe designarse entonces con el signo menos (−). Luego, para el sistema representado en la figura 15-7, $\Sigma M = 0$ o $am - bn = 0$.

Ejemplo 1: Sobre uno de los extremos de una viga se ha colocado un peso de 1 000 Kg y sobre el otro extremo se ha colocado un peso de 250 Kg. Si la longitud de la viga es 10 m, ¿estará en equilibrio si el fulcro está colocado a 2 m del peso de 1 000 Kg?

Solución:

$$\begin{aligned} \Sigma M &= 0 \\ am - bn &= 0 \\ 2(1\,000) - 8(250) &= 0 \\ 2\,000 - 2\,000 &= 0 \\ 0 &= 0 \end{aligned}$$

Este principio se aplica para resolver problemas en los que conocemos tres de estos cuatro datos –longitud de la viga, peso en un extremo, peso en el extremo opuesto, situación del punto de apoyo–. También se aplica este mismo principio para las palancas.

Ejemplo 2: Una viga de 10 m de longitud soporta un peso de 1 000 Kg en uno de sus extremos y un peso de 250 Kg en el otro extremo (ver figura 15-8). ¿Dónde debe colocarse el punto de apoyo para que la viga esté en equilibrio? (Despreciar el peso de la viga.)

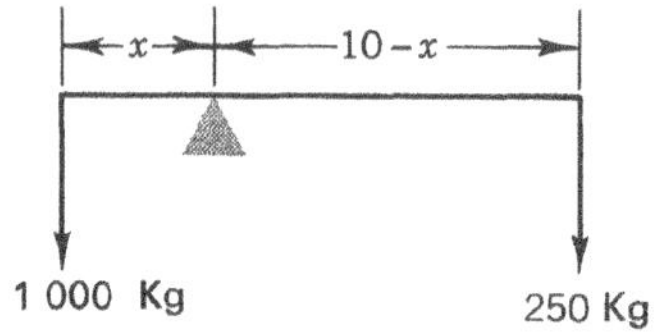

Figura 15-8. Diagrama de la viga

Solución: Ver figura 15-8.

$$\Sigma M = 0$$
$$x(1\,000) - 250(10 - x) = 0$$
$$1\,000x - 2\,500 + 250x = 0$$
$$1\,250x = 2\,500$$
$$x = 2 \text{ m del peso de } 1\,000 \text{ Kg}$$
(u 8 m del peso de 250 Kg)

Ejercicios

15-103. Si una viga de 5 m de longitud está apoyada en un punto que dista 45 cm de uno de sus extremos, ¿qué peso habrá de colocarse en el extremo del brazo largo para equilibrar el peso de un hombre que pesa 75 Kg y está colocado en el extremo del brazo menor? (Despreciar el peso de la viga.)

15-104. Dos hombres llevan un peso de 175 Kg sobre una barra de 5 m de longitud. Hallar el peso que soporta cada hombre si el peso está colocado a 2 m de uno de los extremos de la barra. (Despreciar el peso de la barra.)

15-105. Una viga uniforme de 14 m de longitud y 600 Kg de peso está en posición horizontal, apoyada sobre un pilar en cada uno de los extremos. ¿Cuál es el peso que soporta cada pilar, si la viga tiene una carga de 5 000 Kg colocada sobre un punto que está a 3,5 m de uno de sus extremos?

15-106. Si un peso de 120 Kg se lleva en una carretilla de forma que la carga está centrada en un punto a 50 cm del eje de la rueda, y los brazos de la carretilla distan 120 cm del eje, calcular el peso que soporta en cada mano la persona que empuja la carretilla.

16-107. Situar el punto de apoyo de una palanca que mide 6 m de longitud para que esté en equilibrio con un peso de 75 Kg en un extremo y otro peso de 875 Kg en el otro extremo. (La palanca pesa 15 Kg por metro.)

SUGERENCIA: Recordar que cuando se considera el peso de la palanca o de la viga, el momento de cada brazo de la misma es el peso del brazo multiplicado por la mitad de su longitud.

16/Ecuaciones con más de una incógnita

Las ecuaciones estudiadas anteriormente, contenían solamente una incógnita. En este capítulo estudiaremos cómo resolver ecuaciones con más de una incógnita.

16-1 ECUACIONES CON DOS INCÓGNITAS

Consideremos la ecuación $x - y = 2$. Esta ecuación tiene dos incógnitas, x e y. Es imposible resolver esta ecuación y obtener un valor único para x y para y, ya que hay muchos valores de x e y que cumplen $x - y = 2$. Por ejemplo, si $x = 3$ e $y = 1$, entonces $x - y = 2$; también, si $x = 10$ e $y = 8$, entonces $x - y = 2$; y si $x = 23$ e $y = 21$, también entonces $x - y = 2$. Es evidente, pues, que muchos valores de x e y, verifican la ecuación simple $x - y = 2$.

Este tipo de ecuaciones se llaman *ecuaciones indeterminadas* porque no tienen solución única.

Si en un problema matemático aparecen dos incógnitas, hacen falta dos ecuaciones para determinarlas. Si en el problema aparecen tres incógnitas, entonces hacen falta tres ecuaciones.

En este capítulo estudiaremos la solución de ecuaciones con dos o tres incógnitas.

Ejemplo: Estudiemos este problema: Un rectángulo es 3 m más largo que ancho. Su perímetro es 4,5 veces el lado menor. ¿Cuánto miden sus lados?

Solución:

Sea x = la longitud del rectángulo
y = la anchura del rectángulo.

Entonces, $2x + 2y = 4{,}5y$, ya que $2x + 2y$ es el perímetro, y el perímetro es 4,5 veces el menor de los lados (la anchura). La ecuación anterior es consecuencia del enunciado del problema, pero con una sola ecuación es imposible obtener un valor único para x y un único valor para y. Hay varios valores de x e y que verifican la ecuación.

Es posible, sin embargo, obtener una segunda ecuación del enunciado del problema; la segunda ecuación es $x - y = 3$, ya que la longitud es 3 m mayor que la anchura (o, la anchura, 3 m más corta que la longitud).

Las dos ecuaciones son, entonces:

$$(1) \quad 2x + 2y = 4{,}5y$$
$$(2) \quad x - y = 3$$

El primer paso consiste en despejar x de la segunda ecuación:

$$x - y = 3$$

$$x = y + 3$$

Sustituimos x por el valor $(y + 3)$ en la primera ecuación:

$$2x + 2y = 4{,}5y$$
$$2(y + 3) + 2y = 4{,}5y \quad \text{ya que } x = y + 3$$

Con estos dos pasos, hemos eliminado una incógnita, y el valor de y se calcula entonces por los métodos estudiados anteriormente.

$$\begin{aligned} 2(y + 3) + 2y &= 4{,}5y \\ 2y + 6 + 2y &= 4{,}5y \\ 4y + 6 &= 4{,}5y \\ 4y &= 4{,}5y - 6 \\ -0{,}5y &= -6 \\ y &= 12 \text{ m} \end{aligned}$$

Para calcular la longitud, podemos sustituir el valor de y en cualquiera de las dos ecuaciones primitivas. La solución sería:

Sustituyendo $y = 12$ en la ecuación (2),

$$\begin{aligned} x - y &= 3 \\ x - 12 &= 3 \\ x &= 15 \end{aligned}$$

Prueba:

$$\begin{aligned} (1) \quad 2x + 2y &= 4{,}5y \\ 2(15) + 2(12) &= 4{,}5(12) \\ 30 + 24 &= 54 \\ 54 &= 54 \end{aligned} \qquad \begin{aligned} (2) \quad x - y &= 3 \\ 15 - 12 &= 3 \\ 3 &= 3 \end{aligned}$$

Existe otra tercera comprobación: ¿Cumplen los resultados obtenidos las condiciones dadas en el problema? ¿Es un lado 3 m mayor que el otro? Sí. ¿Es el perímetro 4,5 veces el lado menor? El perímetro es 54, que es 4,5 veces 12 (el lado menor). Las soluciones 12 y 15 son, por consiguiente, correctas.

Los valores $x = 15$ e $y = 12$, cuando se sustituyen en ambas ecuaciones, las reducen a dos identidades, $54 = 54$, $3 = 3$. En este caso, decimos que estos dos valores *satisfacen* las dos ecuaciones. Un sistema de dos ecuaciones que es satisfecho por un único par de valores para las dos incógnitas, se llama *sistema determinado de ecuaciones.*

Pero no todos los sistemas de ecuaciones análogas a las anteriores se puede resolver. Dado un sistema de ecuaciones, puede que no exista ningún par de valores que satisfaga las dos ecuaciones a la vez; existen sistemas de ecuaciones de forma que cualquier par de valores que satisface una ecuación, satisface también a la otra. Dos ecuaciones que no pueden resolverse mediante ningún par de valores, se llaman *ecuaciones inconsistentes* o *ecuaciones incompatibles.* Dos ecuaciones que pueden resolverse mediante cualquier par que satisface una de ellas, se llaman *ecuaciones equivalentes* o *ecuaciones dependientes.*

Por ejemplo, las ecuaciones $2x + 4y = 14$ y $x + 2y = 5$, son incompatibles, porque no hay valores de x e y que satisfagan las dos ecuaciones a la vez. Las ecuaciones $x + y = 7$ y

$3x + 3y = 21$ son equivalentes, ya que cualquier par de valores que satisface a una de ellas, satisface también a la otra.

NOTA: Los tres tipos de sistemas de ecuaciones volverán a verse más adelante, en el capítulo de métodos gráficos de resolución de ecuaciones.

16-2 RESOLUCIÓN DE UN SISTEMA DE DOS ECUACIONES CON DOS INCÓGNITAS

Existen varios métodos para resolver sistemas de dos ecuaciones con dos incógnitas, pero todos se basan en obtener una ecuación con una sola incógnita. Entonces, se dice que la otra incógnita se ha *eliminado*. Hay cuatro métodos para eliminar una incógnita:

1. Por suma.
2. Por sustracción.
3. Por sustitución.
4. Por comparación.

16-3 ELIMINACIÓN POR SUMA

Ejemplo 1: Resolver el sistema $x - y = 2$ y $x + y = 12$

Solución:

$$\begin{aligned} &(1)\ x - y = 2 \\ &(2)\ x + y = 12 \end{aligned}$$

Si sumamos las ecuaciones (1) y (2), entonces el término y se ha eliminado, ya que $(+y) + (-y) = 0$. Sumando estas ecuaciones obtenemos los siguientes:

$$\begin{aligned} x - y &= 2 \\ x + y &= 12 \\ \hline 2x + 0 &= 14 \\ 2x &= 14 \\ x &= 7 \end{aligned}$$

Para calcular y, sustituimos el valor de x (7) en la ecuación (1).

$$\begin{aligned} x - y &= 2 \\ 7 - y &= 2 \\ -y &= -5 \\ y &= 5 \end{aligned}$$

Comprobación:

$$\begin{aligned} (1)\ x - y &= 2 \qquad & (2)\ x + y &= 12 \\ 7 - 5 &= 2 & 7 + 5 &= 12 \\ 2 &= 2 & 12 &= 12 \end{aligned}$$

Podemos plantearnos la siguiente pregunta: ¿Por qué se pueden sumar dos ecuaciones? Veamos cuidadosamente la explicación: En la ecuación $x - y = 2$, podemos sumar dos valores iguales al primer miembro $(x - y)$ y al segundo miembro (2), y obtenemos una nueva igualdad. Como $x + y = 12$, si sumamos valores iguales a los dos miembros de la ecuación $x - y = 2$, obtenemos una nueva igualdad. *Si se suman o restan valores iguales a los dos miembros de una ecuación, entonces se obtiene otra igualdad.*

16-4 ELIMINACIÓN POR SUSTRACCIÓN

Ejemplo 2: Resolver el sistema $x + y = 1$, $4x + 3y = 0$.

Solución:

$$\begin{aligned} (1)\quad x + y &= 1 \\ (2)\quad 4x + 3y &= 0 \end{aligned}$$

Si el coeficiente de y en la ecuación (1) fuera 3, entonces el término en y podría eliminarse restando ambas ecuaciones, ya que $3y - 3y = 0$. Multiplicando los dos miembros de la ecuación (1) por 3, obtenemos un nuevo sistema de ecuaciones.

$$\begin{aligned} (3)\quad 3x + 3y &= 3 \\ (4)\quad 4x + 3y &= 0 \end{aligned}$$

Restando la ecuación (3) de la ecuación (4):

$$\begin{aligned} 3x + 3y &= 3 \\ \underline{4x + 3y} &\underline{= 0} \\ -x + 0 &= 3 \\ -x &= 3 \\ x &= -3 \end{aligned}$$

Para despejar y, sustituimos el valor de $x(-3)$ en la ecuación (1):

$$\begin{aligned} x + y &= 1 \\ -3 + y &= 1 \\ y &= 4 \end{aligned}$$

Comprobación:

$$\begin{aligned} (1)\quad x + y &= 1 \\ -3 + 4 &= 1 \\ 1 &= 1 \end{aligned} \qquad \begin{aligned} (2)\quad 4x + 3y &= 0 \\ 4(-3) + 3(4) &= 0 \\ -12 + 12 &= 0 \\ 0 &= 0 \end{aligned}$$

16-5 ELIMINACIÓN POR SUSTITUCIÓN

El problema explicado en la Sección 16-1 es un ejemplo de como se resuelve un sistema de ecuaciones eliminando una incógnita por sustitución. Vamos a resolver aquí otro problema por este método:

Ejemplo 3: Resolver el sistema $y + 7x = 42$, $3x - y = 8$.

Solución:

$$(1)\ y + 7x = 42$$
$$(2)\ 3x - y = 8$$

Despejando y de la ecuación (1):

$$y + 7x = 42$$
$$y = 42 - 7x$$

Sustituimos el valor obtenido para y $(42 - 7x)$ en la ecuación (2). Observemos que el signo $-$ que precede a y en la ecuación (2) no tiene por qué desaparecer, ya que $42 - 7x$ es igual a $+y$, no a $-y$.

$$3x - (42 - 7x) = 8$$
$$3x - 42 + 7x = 8$$
$$-42 + 10x = 8$$
$$10x = 50$$
$$x = 5$$

Para despejar y, sustituimos el valor que hemos obtenido para x (5), en la ecuación (1):

$$y + 7x = 42$$
$$y + 7(5) = 42$$
$$y + 35 = 42$$
$$y = 7$$

Comprobación:

$$(1)\quad y + 7x = 42$$
$$7 + 7(5) = 42$$
$$7 + 35 = 42$$
$$42 = 42$$

$$(2)\quad -y + 3x = 8$$ (Evidentemente, esto es lo mismo que $3x - y = 8$.)

$$-(7) + 3(5) = 8$$
$$-7 + 15 = 8$$
$$8 = 8$$

16-6 ELIMINACIÓN POR COMPARACIÓN

El cuarto método para eliminar una de las incógnitas es por *comparación*. En este método lo que se hace es despejar de las dos ecuaciones una de las dos incógnitas (la misma en las dos ecuaciones). Entonces, uno de los miembros de cada ecuación, es igual a la incógnita. Como consecuencia, estos dos miembros, son iguales entre sí. En la ecuación que expresa esta última igualdad, aparece ya una sola incógnita, luego la otra ha sido eliminada. Veamos un ejemplo de este método.

Ejemplo 4: Resolver el sistema $x + 4y = 21$, $3x - y = 11$.

Solución:

$$(1)\ x + 4y = 21$$
$$(2)\ 3x - y = 11$$

En primer lugar, despejamos x de las ecuaciones (1) y (2).

Despejamos x de la ecuación (1),

$$x + 4y = 21$$
$$(3)\quad x = 21 - 4y$$

Despejamos x de la ecuación (2),

$$3x - y = 11$$
$$3x = 11 + y$$
$$(4)\qquad x = \frac{11 + y}{3}$$

Como $x = x$, podemos igualar entre sí los segundos miembros de las ecuaciones (3) y (4) y así eliminamos la incógnita x:

$$(5)\ \frac{11 + y}{3} = 21 - 4y$$

Despejamos y de la ecuación (5), eliminando primero las fracciones:

$$\frac{11 + y}{3} = 21 - 4y$$
$$11 + y = 63 - 12y$$
$$13y = 52$$
$$y = 4$$

Sustituimos este valor de y en la ecuación (1) para calcular el valor de x:

$$x + 4y = 21$$
$$x + 4(4) = 21$$
$$x + 16 = 21$$
$$x = 5$$

Comprobación:

$$(1)\quad x + 4y = 21 \qquad\qquad (2)\quad 3x - y = 11$$

$$\begin{aligned} 5 + 4(4) &= 21 \\ 5 + 16 &= 21 \\ 21 &= 21 \end{aligned} \qquad \begin{aligned} 3(5) - 4 &= 11 \\ 15 - 4 &= 11 \\ 11 &= 11 \end{aligned}$$

16-7 RESOLUCIÓN DE SISTEMAS DE TRES ECUACIONES CON TRES INCÓGNITAS

Los sistemas de tres ecuaciones con tres incógnitas pueden resolverse utilizando uno cualquiera de los métodos expuestos anteriormente, o combinando dos de ellos. El alumno se dará cuenta de que la solución de un sistema de tres ecuaciones con tres incógnitas es más larga que la de un sistema de dos ecuaciones con dos incógnitas. Los cuatro métodos explicados antes, pueden utilizarse para resolver sistemas con cualquier número de incógnitas; pero si se trata de más de tres incógnitas, resolverlo por estos métodos es demasiado largo y complicado y existen otros métodos para su resolución, que sobrepasan el alcance de este texto.

Ejemplo 1: Resolver el sistema

$$\begin{aligned} x + y + z &= 12 \\ -x + y + z &= 18 \\ x + y - z &= 0 \end{aligned}$$

Solución:

$$\begin{aligned} (1) \quad x + y + z &= 12 \\ (2) \quad -x + y + z &= 8 \\ (3) \quad x + y - z &= 0 \end{aligned}$$

Sumando las ecuaciones (1) y (2):

$$\begin{aligned} (1) \quad x + y + z &= 12 \\ (2) \quad -x + y + z &= 8 \\ \hline (4) \quad 2y + 2z &= 20 \end{aligned}$$

Sumando las ecuaciones (2) y (3):

$$\begin{aligned} (2) \quad -x + y + z &= 8 \\ (3) \quad x + y - z &= 0 \\ \hline (5) \quad 2y &= 8 \\ y &= 4 \end{aligned}$$

Sustituyendo el valor obtenido para y, 4, en la ecuación (4):

$$\begin{aligned} (4) \quad 2y + 2z &= 20 \\ 2(4) + 2z &= 20 \\ 8 + 2z &= 20 \\ 2z &= 12 \\ z &= 6 \end{aligned}$$

Sustituyendo los valores de *y*, 4, y de *z*, 6, en la ecuación (1):

$$x + y + z = 12$$
$$x + 4 + 6 = 12$$
$$x = 2$$

Comprobación:

(1) $x + y + z = 12$, $2 + 4 + 6 = 12$, $12 = 12$

(2) $-x + y + z = 8$, $-2 + 4 + 6 = 8$, $8 = 8$

(3) $x + y - z = 0$, $2 + 4 - 6 = 0$, $0 = 0$

Ejercicios

16-1. Resolver cada uno de los siguientes sistemas de ecuaciones:

(a) $x + y = 4$ y $x - y = 2$
(b) $x + 2y = 7$ y $x - y = 1$
(c) $x + 3y = 1$ y $x - y = 9$
(d) $2x + 3y = 2$ y $2x - 3y = 0$
(e) $2x + 3y = 1$ y $-x + y = 1$
(f) $3x + 5y = 11$ y $15x - 15y = 7$
(g) $2x - y = 3$ y $4x + 2y = 50$
(h) $5x - 11y = 1$ y $5x + 11y = 3$
(i) $x + y = 1$ y $4x - 4y = 6$

16-2. El triple de un número, más el cuádruple de otro, es 10 y el segundo, más el cuádruple del primero es 9. ¿Cuáles son los números?

16-3. ¿Qué fracción es igual a $^1/_3$ cuando se suma 1 al numerador y es igual a $^1/_4$ cuando se suma 1 al denominador?

SUGERENCIA: Sea x = numerador de la fracción, y = denominador de la fracción. Las ecuaciones son

$$\frac{x+1}{y} = \frac{1}{3} \quad \text{y} \quad \frac{x}{y+1} = \frac{1}{4}$$

16-4. En el sistema siguiente, calcular $1/x$ y $1/y$ sin eliminar las fracciones:

(a) $\frac{2}{x} - \frac{3}{y} = 4$ y $\frac{1}{x} + \frac{2}{y} = 3$

(b) $\frac{3}{x} - \frac{4}{y} = 5$ y $\frac{6}{x} + \frac{7}{y} = 8$

16-5. Hallar dos números cuya suma es 1 y su diferencia es 6.

16-6. Una persona compra un traje y un abrigo y de 10 000 ptas le sobran 1 900. Sabiendo que $^1/_6$ del coste del traje son 100 ptas más que $^1/_9$ del coste del abrigo. ¿Cuánto pagó por cada prenda?

16-7. Este año, un padre es tres veces mayor que su hijo. Hace diez años, la edad del padre era diez veces la del hijo. ¿Qué edad tiene actualmente?

16-8. Estoy pensando en dos números: el doble de uno, es la mitad del triple del otro. Hallar por lo menos tres pares de números, que cumplan estas condiciones.

16-9. Por un lote sobrante de alfombras un hombre pagó 24 000 ptas. Vendió un tercio de las alfombras a 200 ptas cada una, un cuarto de ellas a 300 ptas cada una, un sexto a 400 ptas y un cuarto a 500 ptas cada una. En total, ganó 8 000 ptas. ¿Cuántas alfombras había comprado?

16-10. Un contratista emplea a tres categorías de obreros. La mitad de todos los obreros cobran 100 ptas por hora; la tercera parte cobran 200 ptas y un sexto cobran 300 ptas. En total, paga 2 000 ptas por hora. ¿Cuántos obreros contrató de cada clase?

16-11. La suma de dos números consecutivos (x y $x+1$) excede a la mitad del menor de los números en 25. Hallar dichos números.

16-12. Si $S=\pi DN/12$ y $T=LF/N$, eliminar N entre las dos ecuaciones y despejar el valor de T en función de las letras restantes.

SUGERENCIA: Despejar N en las dos ecuaciones y eliminarla por comparación.

16-13. Las fórmulas del Ejercicio 16-12, se aplican a trabajos de torneado. T es el tiempo en minutos, S la velocidad de corte en ft/min (pies por minuto), D es el diámetro de corte en pulgadas, L la longitud de la pieza a tornear en pulgadas, F el avance del torno: número de vueltas para tornear una pulgada; es decir, un avance de 16 indica que cada corte es de $^1/_{16}$ de pulgada. Sabido todo esto, hallar el tiempo necesario para tornear una pieza que resulte de 3 pulgadas de diámetro y 2 pies de largo, si el paso es 20 y la velocidad de corte 15 ft/min.

16-14. Un hombre tiene 9 800 ptas en billetes de 100 ptas, y monedas de 50 y de 25 ptas. La mitad de los biletes de 100 ptas, y la quinta parte de las monedas de 50 son 3 100 ptas. La séptima parte de las monedas de 50 y la tercera parte de las de 25 son 1 000 ptas. ¿Cuántos billetes y cuántas monedas de cada clase tiene?

16-15. Una palanca está en equilibrio cuando soporta en sus extremos pesos de 40 Kg y 50 Kg. Si se añaden 5 Kg a los 40 iniciales, para que estuviese en equilibrio sin variar el fulcro, habría que alejar 20 cm el peso de 50 Kg. ¿Cuáles son las longitudes de los brazos de la palanca al principio?

SUGERENCIA: Sea $x=$ la longitud del brazo mayor en centímetros y sea $y=$ la longitud en centímetros del brazo menor. Entonces

$40x=50y$ y $45x=50(y+20)$

16-16. Una palanca está en equilibrio con un peso w_1 en un brazo y un peso w_2 en el otro. Si se añade un peso p a w_1, el peso w_2 se ha de mover m metros para estar nuevamente en equilibrio. Hallar las longitudes de los dos brazos.

16-17. Un vaso, lleno de agua, pesa 180 gr. Si se llena con sulfúrico, de densidad relativa 1,75, pesa 270 gr. ¿Cuánto pesa el vaso vacío?

16-18. Disponemos de dos minerales de cinc, uno contiene un 45% de cinc y el otro un 25%. ¿Cuántos kilogramos de cada mineral se han de tomar para conseguir una mezcla de 2 000 Kg de peso, con un 40% de cinc? (Ver la tabla siguiente.)

MINERAL 1 45%		MINERAL 2 25%		MEZCLA MINERAL 1 + MINERAL 2
x Kg 45% Zn 55% impurezas	+	y Kg 25% Zn 75% impurezas	=	2 000 Kg 40% Zn 60% impurezas

SUGERENCIA: Sea x el númeto de kilogramos del mineral de 45% de cinc e y el número de kilogramos del mineral del 25%. Entonces

$$(1)\quad x+y=2\,000$$

Como la cantidad de cinc de un mineral más la cantidad de cinc del otro mineral ha de ser igual al cinc de la mezcla,

$$(2)\quad 0{,}45x + 0{,}25y = 0{,}40(2\,000)$$

NOTA: Este problema puede resolverse también tomando esta otra ecuación y utilizando las ecuaciones (1) y (3) para formar el sistema.

$$(3)\quad 0{,}55x + 0{,}75y = 0{,}60(2\,000)$$

16-19. ¿Cuántos litros de nata con un 35 % de grasa se han de mezclar con leche del 4 % de grasa, para obtener 20 litros de leche con un 25 % de grasa?

16-20. ¿Cuántos gramos de plata de 700 milésimas se han de mezclar con plata de 870 milésimas para obtener 12 gramos de plata de 800 milésimas?

16-21. La densidad relativa de un líquido es 1,75 y la de otro 1,4. ¿Cuántos gramos de cada uno serán necesarios para obtener 20 gramos de líquido, de densidad relativa 1,7?

16-22. La suma de tres números es 12. Cuando restamos el tercer número a la suma de los otros dos, el resultado es 2; y si a la suma del tercero más el doble del primero se le resta el segundo, el resultado es 7. ¿Cuáles son los tres números?

17/Exponentes

17-1 INTRODUCCIÓN

En los capítulos anteriores solamente hemos estudiado y resuelto problemas en los que todas las potencias que intervenían tenían como exponente algún entero positivo. En este capítulo ampliaremos nuestros conocimientos estudiando también potencias de exponente negativo o fraccionario y repasando el exponente cero. Conviene comprender muy bien los exponentes, para poder estudiar los logaritmos y el manejo de la regla de cálculo, materias éstas que estudiaremos en capítulos posteriores.

17-2 MULTIPLICACIÓN

La regla que nos permite conocer el exponente del producto de dos potencias de la misma base, ha sido estudiada y demostrada ya, para potencias con exponentes enteros positivos; volvemos a darla aquí como repaso.

$$a^m a^n = a^{m+n}$$
$$a^2 \times a^3 = a^5$$
$$5^2 \times 5^3 = 5^5 = 3\,125$$
$$25 \times 125 = 3\,125$$

NOTA: *Para poder sumar los exponentes, la base debe ser la misma.* Por eso *no* es correcto sumar estos exponentes: $a^2b^3 \neq ab^5$.

17-3 DIVISIÓN

Cuando se dividen dos potencias de la misma base, se restan los exponentes. (También en este caso la base *debe* ser la misma.)

$$a^m : a^n = a^{m-n}$$
$$a^5 : a^2 = a^{5-2} = a^3$$
$$5^5 : 5^2 = 5^3$$
$$3\,125 : 25 = 125$$

o

$$\frac{a^m}{a^n} = a^{m-n}$$

$$\frac{a^5}{a^2} = \frac{\cancel{a} \times \cancel{a} \times a \times a \times a}{\cancel{a} \times \cancel{a}} = a^3$$

$$\frac{5^5}{5^2} = \frac{\cancel{5} \times 5 \times 5 \times 5 \times 5}{\cancel{5} \times \cancel{5}} = 125$$

Cuando $m = n$, el resultado de la diferencia es un exponente cero. El valor de cualquier número, distinto de cero, elevado a cero, es 1. Veamos estos ejemplos:

$$b^5 : b^5 = b^{5-5} = b^0 = 1$$

$$\frac{\overset{1}{\cancel{b}} \times \overset{1}{\cancel{b}} \times \overset{1}{\cancel{b}} \times \overset{1}{\cancel{b}} \times \overset{1}{\cancel{b}}}{\underset{1}{\cancel{b}} \times \underset{1}{\cancel{b}} \times \underset{1}{\cancel{b}} \times \underset{1}{\cancel{b}} \times \underset{1}{\cancel{b}}} = \frac{1}{1} = 1$$

$$(x + y)^3 : (x + y)^3 = (x + y)^{3-3} = (x + y)^0 = 1$$

$$\frac{\overset{1}{\cancel{(x+y)}}\overset{1}{\cancel{(x+y)}}\overset{1}{\cancel{(x+y)}}}{\underset{1}{\cancel{(x+y)}}\underset{1}{\cancel{(x+y)}}\underset{1}{\cancel{(x+y)}}} = \frac{1}{1} = 1$$

Cuando n es mayor que m, la diferencia resulta un exponente negativo. El significado de un exponente negativo aparece claro en estos ejemplos:

$$a^2 : a^5 = a^{-3} \qquad \frac{\overset{1}{\cancel{a}} \times \overset{1}{\cancel{a}}}{\underset{1}{\cancel{a}} \times \underset{1}{\cancel{a}} \times a \times a \times a} = \frac{1}{a^3}$$

Evidentemente, a^{-3} es lo mismo que $1/a^3$.

También,

$$5^2 : 5^5 = 5^{-3} = \frac{\overset{1}{\cancel{5}} \times \overset{1}{\cancel{5}}}{\underset{1}{\cancel{5}} \times \underset{1}{\cancel{5}} \times 5 \times 5 \times 5} = \frac{1}{5^3} = \frac{1}{125}$$

Entonces, $5^{-3} = 1/5^3$.

Un número elevado a un exponente negativo es, entonces, igual a 1 dividido por dicho número, elevado a un exponente igual en valor absoluto, pero con signo positivo. Este principio puede expresarse también de esta otra forma: Si se desea cambiar el signo de un exponente, hay que cambiar toda la potencia del numerador al denominador, o del denominador al numerador.

Como ejemplos de este principio:

$$\frac{1}{5^{-3}} = \frac{5^3}{1} = 125$$

$$\frac{1}{5^{-3}} = \frac{1}{\frac{1}{5^3}} = 1 \times \frac{5^3}{1} = 125$$

17-4 POTENCIA DE UNA POTENCIA

Para calcular una potencia de otra potencia, se multiplican los exponentes.

$$(a^m)^n = a^{mn}$$
$$(a^3)^2 = (a^3)(a^3) = a^6$$
$$(5^3)^2 = 5^3 \times 5^3 = 5^6$$
$$(125)(125) = 125 \times 125 = 5^6$$
$$15\,625 = 15\,625 = 15\,625$$

También

$$(x^5)^3 = x^5 \times x^5 \times x^5 = x^{15}$$

Como puede comprobarse fácilmente, este principio es una consecuencia de la regla para multiplicar potencias de la misma base.

17-5 EXPONENTES FRACCIONARIOS

Un exponente fraccionario, indica una raíz. El denominador es el índice de la raíz y el numerador es el exponente del número cuya raíz queremos calcular (es decir, el número que debe aparecer dentro del signo radical).

$$a^{m/n} = \sqrt[n]{a^m}$$

Ejemplo 1: $25^{1/2} = \sqrt[2]{25} = 5$

Ejemplo 2: $64^{3/2} = \sqrt[2]{64^3} = 8^3 = 512$

Ejemplo 3: $64^{3/2} = \sqrt[2]{64^3} = \sqrt[2]{261\,944} = 512$

Ejemplo 4: $64^{3/2} = (\sqrt[2]{64})^3 = (8)^3 = 512$

El alumno habrá observado que el resultado de los Ejemplos 2, 3 y 4 es el mismo, aunque se ha obtenido por tres caminos distintos. Por supuesto, es más sencillo hallar primero la raíz y después elevarla a la potencia indicada, ya que hay que operar con números más pequeños.

NOTA: 2, como índice de una raíz, no suele escribirse; cuando aparece el signo radical sin índice, significa raíz de índice 2, raíz cuadrada.

17-6 RAÍZ DE UNA POTENCIA

Extraer la raíz de una potencia es la operación inversa a la de hallar la potencia de una potencia; por tanto, para hallar la raíz de una potencia, hay que dividir el exponente por el índice de la raíz. Por ejemplo,

$$\sqrt[n]{a^m} = a^{m:n}$$

$$\sqrt[2]{a^6} = a^{6:2} = a^3$$

$$\sqrt[2]{3^4} = 3^{4:2} = 3^2 = 9 \text{ o } \sqrt[2]{3^4} = \sqrt[2]{81} = 9$$

17-7 APLICACIONES

En la mayoría de los ejemplos expuestos hasta aquí, se han empleado números reales. También las expresiones algebraicas pueden multiplicarse, dividirse, etc., de acuerdo con estos mismos principios.

Ejemplo 1: $a^3b : a^2 = ab$.

Observemos que el exponente 2 se resta del exponente 3 y que el exponente de b, que es 1, no sufre alteración alguna. Volviendo a escribir esta división,

$$\frac{\overset{1}{\cancel{a}}\overset{1}{\cancel{a}}ab}{\underset{1}{\cancel{a}}\underset{1}{\cancel{a}}} = ab$$

Ejemplo 2: $(x-y)^3 : (x-y)^2 = (x-y)$.

Observemos que en este caso el paréntesis enlaza la expresión $x - y$, de forma que se maneja como si fuera un solo número. El principio para la división es el mismo en el Ejemplo 1 que en el Ejemplo 2:

$$\begin{array}{ccccc} (x-y)^3 & : & (x-y)^2 & = & (x-y) \\ a^3 & : & a^2 & = & a \end{array}$$

Debemos recordar que $(x-y)^3$ significa $(x-y)(x-y)(x-y)$. [Un *error* muy frecuente es creer que $(x-y)^3$ significa $x^3 - y^3$.]

Ejemplo 3: Comprobar que $(3a^2b^3c^2)^3 = 27a^6b^9c^6$.

Como $\quad (3a^2b^3c^2)^3 = (3a^2b^3c^2)(3a^2b^3c^2)(3a^2b^3c^2)$

entonces $\quad (3a^2b^3c^2)^3 = 27a^6b^9c^6$

Ejemplo 4: Dividir $a + b$ por $a^{1/3} + b^{1/3}$.

Se escribe la operación con las dos notaciones:

$$\begin{array}{r|l} & a^{2/3} - a^{1/3}b^{1/3} + b^{2/3} \\ \hline a^{1/3} + b^{1/3} & a \qquad\qquad + b \\ & a + a^{2/3}b^{1/3} \\ \hline & - a^{2/3}b^{1/3} \\ & - a^{2/3} - b^{1/3}a^{1/3} + b^{2/3} \\ \hline & + a^{1/3}b^{1/3} + b \\ & a^{1/3}b^{2/3} + b \\ \hline \end{array}$$

o

$$\begin{array}{r|l} a \qquad\qquad + b & a^{1/3} + b^{2/3} \\ \cline{2-2} - a - a^{2/3}b^{1/3} & a^{2/3} - a^{1/3}b^{1/3} + b^{2/3} \\ \cline{1-1} - a^{2/3}b^{1/3} & \\ a^{2/3}b^{1/3} + a^{1/3}b^{2/3} & \\ \cline{1-1} a^{1/3}b^{2/3} + b & \\ - a^{1/3}b^{2/3} - b & \\ \cline{1-1} 0 & \end{array}$$

El ejemplo anterior no es un problema de gran utilidad —es decir, no es probable que se presente un problema parecido en la práctica—, pero es conveniente ejercitarse con problemas similares a éste, para comprender bien los exponentes. Este conocimiento resultará útil en estudios posteriores.

El problema anterior puede comprobarse, como todos los de división, multiplicando. La prueba es la siguiente:

$$\begin{array}{l}
a^{2/3} - a^{1/3}b^{1/3} + b^{2/3} \\
\underline{a^{1/3} + b^{1/3}} \\
a \quad - a^{2/3}b^{1/3} + a^{1/3}b^{2/3} \\
\underline{\quad + a^{2/3}b^{1/3} - a^{1/3}b^{2/3} + b} \\
a \qquad\qquad\qquad\qquad + b
\end{array}$$

Como puede observarse en el ejemplo y la comprobación, $a : a^{1/3} = a^{1-1/3} = a^{2/3}$ y $a^{1/3}a^{2/3} = a^{1/3+2/3} = a^1 = a$.

17-8 POTENCIA DE UN PRODUCTO

La potencia de un producto es igual al producto de las potencias de sus factores. Es decir,

$$(abc)^2 = a^2b^2c^2 \qquad \text{pues } (abc)^2 = (abc)(abc) = a^2b^2c^2$$

$$(2 \cdot 4 \cdot 3)^3 = 2^3 \times 4^3 \times 3^3 = 8 \times 64 \times 27 = 13\,824$$

También

$$(2 \times 4 \times 3)^3 = (24)^3 = 13\,824$$

17-9 POTENCIA DE UNA SUMA O DE UNA DIFERENCIA

$$(a + b)^2 = (a + b)(a + b) = a^2 + 2ab + b^2$$
$$(a - b)^2 = (a - b)(a - b) = a^2 - 2ab + b^2$$
$$(5 + 4)^2 = (5 + 4)(5 + 4) = 25 + 40 + 16 = 81$$
$$\text{O bien, } (5 + 4)^2 = (9)^2 = 81$$
$$(6 - 3)^2 = (6 - 3)(6 - 3) = 36 - 36 + 9 = 9$$
$$\text{O bien, } (6 - 3)^2 = (3)^2 = 9$$

Los exponentes de los ejemplos anteriores nos dicen las veces que debemos multiplicar la expresión que aparece entre paréntesis por sí misma, como $(a + b)(a + b)$ y $(a - b)(a - b)$.

17-10 NÚMEROS AFECTADOS POR RADICALES

Muchos números no tienen raíz cuadrada exacta. Los números como 4, 9, 16 y 25 tienen raíz cuadrada exacta; pero números como 2, 3 y 5, no la tienen. Sin embargo, es importante para el alumno aprender a manejar números sin raíz cuadrada exacta, para expresarlos en formas más sencillas para el cálculo. Por ejemplo, 32:

$$\sqrt{32} = \sqrt{16 \times 2} = \sqrt{16} \times \sqrt{2} = 4\sqrt{2}$$

Análogamente puede hacerse con expresiones literales:

$$\sqrt{a^4b^3c} = \sqrt{a^4b^2} \times \sqrt{bc} = a^2b\sqrt{bc}$$

Hemos *simplificado* las expresiones radicales $\sqrt{32}$ y $\sqrt{a^4b^3c}$; es decir, hemos convertido estas expresiones en otras en las que el radicando no tiene ningún factor que sea cuadrado perfecto.

17-11 RAÍCES DE FRACCIONES

Cuando tenemos una fracción bajo el signo radical, puede transformarse en otra expresión cuyo denominador sea un número sin signo radical. Entonces se dice que el denominador se ha *racionalizado*.

$$\sqrt{\frac{1}{2}} = \sqrt{\frac{1}{2} \times \frac{2}{2}} = \sqrt{\frac{2}{4}} = \frac{\sqrt{2}}{\sqrt{4}} = \frac{\sqrt{2}}{2}$$

Asimismo

$$\sqrt{\frac{2}{3}} = \sqrt{\frac{2}{3} \times \frac{3}{3}} = \sqrt{\frac{6}{9}} = \frac{\sqrt{6}}{\sqrt{9}} = \frac{\sqrt{6}}{3}$$

En estos ejemplos, hemos multiplicado el denominador por un número adecuado, de forma que el producto sea un número con raíz cuadrada exacta. Recordemos que si se multiplican por un mismo número el numerador y el denominador, el valor de la fracción no varía.

17-12 NOTACIÓN CIENTÍFICA

En muchos cálculos y para comparar números, es conveniente expresar números muy grandes en forma de números más pequeños, utilizando la notación científica. Por ejemplo, el número 4 250 000 000 es demasiado grande y es muy difícil compararlo con otro o hacer operaciones con él. Los números semejantes a éste pueden expresarse mediante un número multiplicado por otro –el segundo número es 10 elevado a un exponente adecuado.

Ejemplo 1: $4\,250\,000\,000 = 4{,}25 \times 1\,000\,000\,000 = 4{,}25 \times 10^9$

Ejemplo 2: $726 \times 10^{-8} = 726 \times 1/10^8 = 726 \times 1/100\,000\,000$
$= 0{,}00000726$

Ejemplo 3: Multiplicar $3\,100 \times 11\,000$.

$$3\,100 = 3{,}1 \times 10^3;\ 11\,000 = 1{,}1 \times 10^4$$
$$3\,100 \times 11\,000 = (3{,}1 \times 10^3)(1{,}1 \times 10^4)$$
$$3\,100 \times 11\,000 = 3{,}41 \times 10^7$$
$$3\,100 \times 11\,000 = 34\,100\,000$$

Ejemplo 4: Multiplicar 1 250 000 por 0,0000006.

$$1\,250\,000 \times 0{,}0000006 = (1{,}25 \times 10^6)(6 \times 10^{-7})$$
$$1\,250\,000 \times 0{,}0000006 = 7{,}50 \times 10^{-1} = 0{,}750$$

Como puede verse, el producto 6 × 1,25 se calcula normalmente; las potencias de 10, se multiplican sumando los exponentes. En muchos problemas es preferible multiplicar y dividir expresando previamente los números como productos por potencias de 10; y también es conveniente expresar la respuesta como el producto de un número por una potencia de 10.

Ejercicios

Hallar las potencias y raíces que se indican a continuación:

17-1. $(2x^2y^3)^4$

17-2. $(-2ab^2c)^3$

17-3. $(5x^4y^5)^6$

17-4. $(-2a^3b^4c)^2$

17-5. $(4hk^4m)^4$

17-6. $(7abc^x)^2$

17-7. $(-2x^3y^4z)^x$

17-8. $(8^a9^bmn^3)^x$

17-9. $-(2xyz^a)^2$

17-10. $(-2abc^m)^2$

17-11. $\left(\frac{4x}{5y}\right)^6$

17-12. $\left(\frac{2^2x^2y}{3abc^3}\right)^4$

17-13. $\sqrt{2^2x^4y^6}$

17-14. $\sqrt[3]{27x^6y^9z^{12}}$

17-15. $\sqrt[4]{\frac{2^2x^4y^8}{3^4h^4k^8}}$

18/Logaritmos

Un logaritmo, es un exponente. Si el alumno ha comprendido el capítulo dedicado a los exponentes, este capítulo le resultará mucho más sencillo.

Multiplicar con logaritmos, es simplemente sumar los exponentes, y dividir, es restar los exponentes. Calcular una potencia es una multiplicación de exponentes y hallar una raíz, es una división de exponentes. Comprender bien los logaritmos nos ayudará mucho para calcular potencias y raíces, particularmente cuando la potencia o la raíz es una fracción decimal o común.

Como la regla de cálculo se basa en los logaritmos y los exponentes, una comprensión perfecta de este capítulo y el anterior será una ayuda considerable para aprender el manejo de esta herramienta de cálculo.

Por medio de logaritmos o de la regla de cálculo, el valor de un número parecido a $5{,}78^{2,3}$ puede hallarse tan fácilmente como 5^2. Algunos cálculos que son muy difíciles o casi imposibles por otros métodos, pueden calcularse fácilmente por medio de logaritmos.

18-1 DEFINICIONES

Un logaritmo es un exponente. Y si un logaritmo es un exponente, debe ser un exponente de algún número. Este número se llama *número base*, o simplemente *base*. Cualquier número positivo distinto de 1, puede tomarse como base, pero la mayor parte de las tablas de logaritmos se han construido tomando como base 10.

Para efectuar cálculos con logaritmos, el número o los números que hay que manejar, deben expresarse como una potencia equivalente de la base, con un exponente apropiado. Por ejemplo:

$$100 = 10^2,\ 3\,000 = 3 \times 1\,000 \text{ o } 3 \times 10^3$$

$$0{,}1 = 10^{-1} \qquad \text{pues } 10^{-1} = \frac{1}{10^1}$$

$$0{,}01 = 10^{-2} \qquad \text{pues } 10^{-2} = \frac{1}{10^2} = \frac{1}{100}$$

18-2 CÁLCULO CON EXPONENTES

Para comprender las ideas fundamentales de los logaritmos, es importante saber aplicar ya todos los principios que se refieren a los exponentes. Los cálculos con logaritmos deben hacerse con ayuda de las Tablas de Logaritmos. Los cálculos con logaritmos que se ponen como ejemplos se han hecho con ayuda de la Tabla 18-1.

Todos los números de la Tabla 18-1, están expresados en base 2. Es decir, 16 384 es 2^{14}, $^1/_8$ es 2^{-3}, y así sucesivamente. Veremos ejemplos de multiplicaciones, divisiones, cálculo de potencias y extracción de raíces, con ayuda de esta tabla tan sencilla.

Tabla 18-1. Potencias de 2

$2^{-6} = 1/64$	$2^1 = 2$	$2^8 = 256$
$2^{-5} = 1/32$	$2^2 = 4$	$2^9 = 512$
$2^{-4} = 1/16$	$2^3 = 8$	$2^{10} = 1\,024$
$2^{-3} = 1/8$	$2^4 = 16$	$2^{11} = 2\,048$
$2^{-2} = 1/4$	$2^5 = 32$	$2^{12} = 4\,096$
$2^{-1} = 1/2$	$2^6 = 64$	$2^{13} = 8\,192$
$2^0 = 1$	$2^7 = 128$	$2^{14} = 16\,384$

Ejemplo 1–Multiplicación: Multiplicar 512 por 32.
Según la tabla, $512 = 2^9$ y $32 = 2^5$. Entonces

$$512 \times 32 = 2^9 \times 2^5 = 2^{9+5} = 2^{14}$$

El valor de 2^{14} según la tabla es 16 384. Entonces

$$512 \times 32 = 16\,384$$

Ejemplo 2–División: Dividir 512 por 4 096.

$$512 : 4\,096 = 2^9 : 2^{12} = 2^{9-12} = 2^{-3}$$

Según la tabla, $2^{-3} = {}^1/_8$. Entonces

$$512 : 4\,096 = \frac{1}{8}$$

Ejemplo 3–Cálculo de una potencia: Hallar el valor de 16^3.
Según la tabla, $16 = 2^4$. Luego

$$16^3 = (2^4)^3 = 2^{12}$$

Según la tabla, $2^{12} = 4\,096$. Entonces

$$16^3 = 4\,096$$

Ejemplo 4–Extracción de una raíz: Hallar el valor de $\sqrt[4]{4\,096}$.
Según la tabla, $4\,096 = 2^{12}$. Por tanto

$$\sqrt[4]{4\,096} = \sqrt[4]{2^{12}} = \frac{2^{12}}{2^4} = 2^3$$

Según la tabla, $2^3 = 8$. Entonces

$$\sqrt[4]{4\,096} = 8$$

Los pasos seguidos en estas operaciones, pueden resumirse así:

1. Escribir los números como potencias de la base, con ayuda de la tabla.
2. Sumar, restar, multiplicar o dividir los exponentes, según sea el caso.
3. Hallar el valor de la potencia resultante, utilizando la tabla.

Estos son los tres pasos básicos para resolver todos los problemas en que intervienen los logaritmos.

NOTA: La base 2 que hemos usado en los ejemplos anteriores, nos sirve para esclarecer las relaciones entre los logaritmos y las reglas correspondientes para los exponentes, estudiadas en el capítulo anterior. La base usual para los logaritmos, es 10.

18-3 NOTACIONES

En los ejemplos anteriores, la base era 2. Con 2 como base y con ayuda de la tabla, hemos podido determinar que 1 024 es igual a 2^{10}. (También es posible comprobar este resultado multiplicando $2 \times 2 \times 2 \times 2 \times 2 \times 2 \times 2 \times 2 \times 2 \times 2$.) Esta equivalencia puede escribirse de la forma $1\,024 = 2^{10}$. En el lenguaje de logaritmos, sin embargo, esta equivalencia se expresaría diciendo que el logaritmo de 1 024, en base 2, es 10. Esta afirmación se escribe $\log_2 1\,024 = 10$.

Estudiando los números que aparecen en la Tabla 18-2, observamos que cada número puede expresarse como una potencia de base 2 o como un logaritmo.

Tabla 18-2. Potencias y logaritmos

POTENCIA	LOGARITMO
$2^5 = 32$	$\log_2 32 = 5$
$3^4 = 81$	$\log_3 81 = 4$
$5^4 = 625$	$\log_5 625 = 4$
$8^3 = 512$	$\log_8 512 = 3$
$4^{0.5} = 2$	$\log_4 2 = .5$
$8^{2/3} = 4$	$\log_8 4 = 2/3$
$64^{1/3} = 4$	$\log_{64} 4 = 1/3$
$10^3 = 1\,000$	$\log_{10} 1\,000 = 3$
$(1/3)^3 = 1/27$	$\log_{1/3} (1/27) = 3$

Ejercicios

18-1. Utilizando la Tabla 18-1, resolver los ejercicios siguientes:

(a) $128 : 8 = ?$

Solution: $128 : 8 = 2^7 : 2^3 = 2^{7-3} = 2^4 = 16$

(b) $1{,}024 : 64 = ?$

(c) $1/64 : 1/8 = ?$

(d) $\dfrac{(16\,384)(256)(4\,096)}{(8\,192)(512)(512)(8)} = ?$

18-2. Un comerciante compra 256 cubiertas de neumático a 160 ptas cada una. ¿Cuánto pagó en total?

18-3. ¿Cuánto tendría que pagar el comerciante del ejercicio anterior si cada cubierta costase 320 ptas?

18-4. Un hombre cobró 1 638 400 ptas por 512 trajes. ¿Cuánto cobró por cada uno?

18-5. Un hombre conduce 8 192 Km gastando 512 litros de gasolina. ¿Cuántos kilómetros recorre por litro?

18-6. Si el gobierno expropia una granja de 512 ca y paga 32 ptas por centiárea, ¿cuánto debe pagar por la granja?

18-7. Si 128 radios cuestan 1 638 400 ptas. ¿Cuánto cuesta cada aparato?

18-8. $8{,}192 : 256 = ?$

18-9. $2{,}048 : 1{,}024 = ?$

18-10. $16 : 2{,}048 = ?$

18-11. $4 : 512 = ?$

18-12. $16^4 = ?$

18-13. $64^2 = ?$

18-14. $\sqrt{16\,384} = ?$

18-15. $\sqrt[6]{4\,096} = ?$

18-16. $\sqrt[7]{16\,384} = ?$

18-17. $\dfrac{32 \times 2\,048}{512} = ?$

18-18. $\dfrac{16\,384 \times 512}{2\,048} = ?$

18-19. $\dfrac{32 \times 46}{512 \times 8} = ?$

18-20. $(4\,096)^{2/3} = ?$

18-21. $(32 \times 128)^{3/4} = ?$

18-22. $(8\,192 \times 32)^{2/3} = ?$

18-23. $\dfrac{1\,024 \times 64}{512 \times 16\,384} = ?$

18-24. $\left(\dfrac{512 \times 256}{1\,024 \times 8\,192}\right)^{1/4} = ?$

18-25. $\sqrt[3]{\dfrac{256 \times 1\,024}{4\,096^2}} = ?$

18-4 LOGARITMOS DE BASE 10

Cualquier número, excepto 0 y 1, puede utilizarse como base de logaritmos; pero se elige la base 10, como ya hemos dicho, porque así se obtiene un sistema de logaritmos cómodo.

Se puede expresar cualquier número como una potencia de base 10. Por ejemplo,

$$100\,000 = 10^5;\ 10\,000 = 10^4;\ 1\,000 = 10^3$$
$$100 = 10^2;\ 10 = 10^1;\ 1 = 10^0; 0{,}1 = 10^{-1}$$
$$0{,}01 = 10^{-2}; 0{,}001 = 10^{-3}; 0{,}0001 = 10^{-4}; 0{,}00001 = 10^{-5}$$

Los exponentes (en estos casos, 5, 4, 3, 2, 1, 0, − 1, − 2, − 3, − 4, − 5) reciben el nombre de *logaritmos* de 100 000, 10 000, etc. Estas equivalencias pueden escribirse como log 100 000 = 5; log 10 000 = 4; log 1 000 = 3; log 100 = 2; log 10 = 1; log 1 = 0; log 0,1 = − 1; log 0,01 = − 2; log 0,001 = − 3; log 0,0001 = − 4; log 0,00001 = − 5.

Como la base es 10, no es necesario escribir las igualdades anteriores como $\log_{10} 100\,000 = 5$. Cuando se escribe log 100 000 = 5, se sobreentiende que la base es 10. Si la base fuera *cualquier otro número*, entonces dicho número debe escribirse a continuación de la palabra log, un poco más abajo, es decir, $\log_2 16 = 4$. La base en esta igualdad no es 10, sino 2, y por tanto debe hacerse constar escribiendo el subíndice 2.

Los logaritmos de 100 000, 10 000, etc., pueden calcularse de forma muy sencilla (contando los ceros que siguen a la unidad) o si no, puede hacerse probando con algún número entero y hallando dicha potencia de 10. Pero evidentemente, este procedimiento no sirve para calcular el logaritmo de un número que no sea potencia exacta de 10, como por ejemplo 689. El logaritmo de 689 debe ser un número comprendido entre 2 y 3, ya que $\log 100 = 2$ y $\log 1\,000 = 3$. El número 689 puede escribirse como $6{,}89 \times 10^2$; 6.890 puede escibirse como $6{,}89 \times 10^3$; 68 900 puede escribirse de la forma $6{,}89 \times 10^4$. Análogamente, 0,689 puede escribirse como $6{,}89 \times 10^{-1}$; 0,0689 como $6{,}89 \times 10^{-2}$; 0,00689 como $6{,}89 \times 10^{-3}$. Es decir, el número 689, con la coma decimal en algún lugar, siempre puede escribirse como $6{,}89 \times 10^n$, donde el valor de n es un número entero que depende del lugar donde esté colocada la coma decimal.

NOTA: Si el número 689 se escribe como $6{,}89 \times 10^2$, se lee « 6 coma 89 por 10 al cuadrado, o 6 con 89 por 10 al cuadrado».

Si pudiéramos escribir 6,89 como una potencia de 10, con exponente n, entonces podríamos realizar la multiplicación $6{,}89 = 10^2$ sumando los exponentes, igual que $a^m \times a^n = a^{m+n}$. En una tabla de logaritmos es posible encontrar el valor de n y entonces el producto $6{,}89 \times 10^2$ se puede expresar como $10^n \times 10^2 (10^n = 6{,}89)$. El valor de n en este caso sería 0,8382. La multiplicación se convierte en $6{,}89 \times 10^2 = 10^{0{,}8382} \times 10^2 = 10^{2{,}8382}$ o $\log 689 = 2{,}8382$.

En la explicación anterior, 2 se llama *característica* del logaritmo, y se determina por inspección; 0,8382 se llama *mantisa* y se determina con ayuda de la tabla. En el apéndice de este libro, va incluida una tabla de logaritmos vulgares.

Para cualquier conjunto de números con las mismas cifras significativas colocadas en el mismo orden, la mantisa es siempre la misma, y el valor de la característica depende del lugar que ocupe la coma decimal en el número. Por ejemplo,

$$\log 68\,900 = 4{,}8382$$
$$\log 6\,890 = 3{,}8382$$
$$\log 689 = 2{,}8382$$
$$\log 68{,}9 = 1{,}8382$$
$$\log 6{,}89 = 0{,}8382$$

Todos los números tienen las mismas cifras significaticas, 689, en el mismo orden. Lo único que varía es el lugar que ocupa la coma decimal. También, 8382 son las cifras decimales de todos los logaritmos; lo único diferente es el número que les precede. Con estos ejemplos se ve clara la comodidad de elegir 10 como base para los logaritmos, ya que así se determina la característica sólo con observar bien el número.

¿Podremos hallar los logaritmos de los números menores que 1? ¿Son ciertas estas igualdades?

$$\log 0{,}689 = \bar{1}{,}8382$$
$$\log 0{,}0689 = \bar{2}{,}8382$$
$$\log 0{,}00689 = \bar{3}{,}8382$$
$$\log 0{,}000689 = \bar{4}{,}8382$$

El alumno, a la vista de estos ejemplos, debería ser ya capaz de expresar dos reglas sencillas para determinar la característica; una para los números mayores que 1 y otra para los números menores que 1.

Cuanto hemos dicho, puede resumirse así, en la Tabla 18-3.

Observemos que en la Tabla 18-3 y en la explicación anterior el signo de la característica se ha colocado *sobre* la característica del logaritmo. Esto significa que *la característica es negativa y la mantisa es positiva*. Esto puede significar alguna dificultad a la hora de extraer raíces, pero en estos casos el logaritmo puede escribirse de otra forma, para facilitar su manejo. Por ejemplo, $\bar{1}$,8382 puede escribirse como 9,8382 − 10. El valor del logaritmo permanece inalterable porque 9 + (− 10) = − 1.

Tabla 18-3. Relación entre la característica y coma decimal

NÚMEROS MAYORES QUE 1	CIFRAS A LA IZQUIERDA DE LA COMA	CARACTERÍSTICA	LOGARITMO
6.89	1	0	0 + 0,8382 =0,8382
68.9	2	1	1 + 0,8382 = 1,8382
689	3	2	2 + 0,8382 = 2,8382
6890	4	3	3 + 0,8382 = 3,8382
68900	5	4	4 + 0,8382 = 4,8382
NÚMEROS MENORES QUE 1	**CEROS A LA .A LA DERECHA DE LA COMA**	**CARACTERÍSTICA**	**LOGARITMO**
0,689	0	−1	$\bar{1}$,8382
0,0689	1	−2	$\bar{2}$,8382
0,00689	2	−3	$\bar{3}$,8382
0,000689	3	−4	$\bar{4}$,8382

El logaritmo de 0,00689 es $\bar{3}$,8382; también en este caso la característica es negativa. Se podría sumar − 3 y 0,8382 = − 3 + 0,8382 = − 2,1618. Pero esta suma sirve para poca cosa, ya que en las tablas aparecen solamente mantisas positivas. El logaritmo $\bar{3}$,8382 puede escribirse como 7,8382 − 10, ó 17,8382 − 20, ó 27,8382 − 30, ya que 7 + (− 10), 17 + (− 20), y 27 + (− 30) son iguales a $\bar{3}$. Este cambio de característica es muy útil cuando se usan los logaritmos para hacer cálculos completos. (NOTA: En este mismo capítulo, volveremos a insistir sobre este cambio de característica.)

18-5 DETERMINACIÓN DE LA MANTISA

El valor de la mantisa puede hallarse en una tabla de logaritmos. Una de estas tablas es la Tabla 10 del Apéndice. Hacer una tabla de logaritmos supone una gran cantidad de trabajo. Las hay con tres cifras decimales, con cuatro, con cinco, etc.; nos referimos siempre a las cifras de la mantisa.

Ahora nos referimos a la Tabla 10 del Apéndice. Se trata de una tabla de logaritmos vulgares. Observemos la *N* que aparece en la parte superior de la columna de la izquierda; los números de esta columna recorren desde el 10 hasta el 99, y a la derecha de *N* aparecen los números desde 0 hasta 9. Para conocer la mantisa del logaritmo de 689 (que tiene tres dígitos) utilizando esta tabla, debemos proceder de la forma siguiente: Primero se localiza 68 en la columna que aparece bajo *N*. Siguiendo la línea horizontal en que aparece 68 hacia la derecha, nos detendremos en la columna encabezada por 9. Entonces podemos leer la mantisa del logaritmo de 689, que es 0,8382. En la tabla sólo aparece el grupo 8382, pero debemos saber que estas son las cifras decimales del logaritmo. En la Tabla 18-4 hemos reproducido un trozo de las tablas de logaritmos, para aclarar este ejemplo.

Tabla 18-4. Fragmento de la Tabla 10 del Apéndice

N	0	1	2	3	4	5	6	7	8	9
67										
68	8325	8331	8338	8344	8351	8357	8363	8370	8376	8382
69										

Examinemos la tabla con cuidado. Observamos que la mantisa más pequeña, 0, aparece precisamente a la derecha de 10, bajo la columna 0. Entonces, la mantisa de 100 es 0. ¿Puede explicar el alumno por qué? ¿Cuánto vale la característica de 100?, la mayor mantisa es 9996; aparece en la horizontal de 99, bajo *N*, en la columna 9. (La parte de la tabla en que aparece la mantisa 9996, no se ve en la Tabla 18-4.)

La Tabla 10 está formada por mantisas de cuatro cifras; por lo tanto, recibe el nombre de tabla con cuatro cifras. Las mantisas de los logaritmos de números con uno, dos o tres dígitos pueden leerse directamente en la tabla: por ejemplo, la mantisa de 4 es 0,6021, la mantisa de 26 es 0,4150; y la mantisa de 689 es 0,8382. Los logaritmos completos de dichos números son: log 4 = 0,6021; log 26 = 1,4150; log 689 = 2,8382.

Esta tabla sirve también para determinar la mantisa de números con cuatro dígitos, cinco, etc. Desde luego, tendremos que usar un método especial para determinar la mantisa de un número que no pueda localizarse en la tabla directamente. El proceso para calcular la mantisa de un número de cuatro o más dígitos (es decir, un número que no puede localizarse directamente en la tabla) se llama *interpolación*. Vamos a explicar este proceso con un ejemplo.

Ejemplo 1: Determinar la mantisa del logaritmo de 7 586.

Solución: Como 7 586 está comprendido entre 7 580 y 7 590, su mantisa estará comprendida entre las mantisas de 7 580 y 7 590.

$$\begin{aligned} \text{Mantisa de } 7\,580 &= 0{,}8802 \\ \text{Mantisa de } 7\,590 &= \underline{0{,}8797} \\ \text{Diferencia} &= 0{,}0005 \end{aligned}$$

La diferencia tabular entre estas dos mantisas es 0,0005, y la diferencia entre los dos números correspondientes (7.580 y 7.590) es 10. El número cuya mantisa queremos calcular es 7.586 y su diferencia con 7.580 es $^6/_{10}$ de la diferencia entre 7 580 y 7 590. Podemos darnos una idea gráfica de esta diferencia en la figura 18-1.

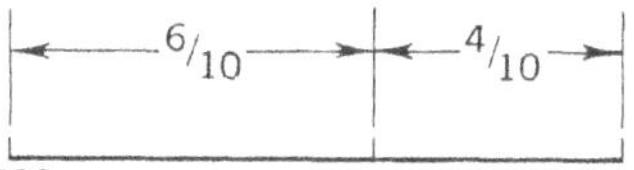

Números 7580 7586 7590
Mantisas 0,8797 0,8800 0,8802

Figura 18-1. Interpolación

Como la distancia entre 7 586 y 7 580 es 0,6 veces la distancia entre 7 580 y 7 590, la mantisa de 7 586 estará a una distancia de la mantisa de 7 580, aproximadamente igual a 0,6 veces la distancia entre las dos mantisas conocidas. Es decir, suponemos que el incremento de las mantisas es proporcional al incremento de los números.

La mantisa de 7 586 es, entonces,

$$0{,}8797 + 0{,}6 \times 0{,}0005 = 0{,}8797 + 0{,}0003 = 0{,}8800$$

o

$$0{,}8802 - 0{,}4 \times 0{,}0005 = 0{,}8802 - 0{,}0002 = 0{,}8800$$

Podemos hacer la interpolación indistintamente «por encima» o «por debajo» y obtendremos en los dos casos la misma solución. Es una buena idea interpolar de las dos formas para conseguir mayor seguridad en el resultado.

Daremos un segundo ejemplo como última ilustración del proceso de interpolación.

Ejemplo 2: Hallar la mantisa de 43 286.

Solución: 43 286 está comprendido entre 43 200 y 43 300.

$$\begin{aligned} \text{Mantisa de } 43\,300 &= 0{,}6365 \\ \text{Mantisa de } 43\,200 &= 0{,}6355 \\ \text{Diferencia} &= 0{,}0010 \end{aligned}$$

La distancia entre 43 286 y 43 200 es $^{86}/_{100}$ veces la distancia entre 43 200 y 43 300.

$$\begin{aligned} \text{Mantisa de } 43\,286 &= 0{,}6355 + 0{,}86 \times 0{,}0010 \\ &= 0{,}6355 + 0{,}00086 \\ &= 0{,}6355 + 0{,}0009 \\ &= 0{,}6364 \end{aligned}$$

En el ejemplo anterior, 0,00086 se ha redondeado al decimal de cuatro cifras más próximo 0,0009, ya que estamos trabajando siempre con una tabla de cuatro cifras (es decir, una tabla de sólo cuatro cifras de precisión).

Comprobación:

$$\begin{aligned} \text{Mantisa de } 43.286 &= 0{,}6365 - 0{,}14 \times 0{,}0010 \\ &= 0{,}6365 - 0{,}0001 \\ &= 0{,}6364 \end{aligned}$$

Como los dos resultados obtenidos sumando y restando coinciden, se puede dar por supuesto que la mantisa 0,6364 es la correcta.

NOTA: En el Ejemplo 2 hemos usado la cifra 0,14. ¿Está claro cómo hemos determinado este 0,14? Si es necesario, hacer un esquema parecido al de la figura 18-1.

18-6 CÓMO SE DETERMINA EL LOGARITMO DE UN NÚMERO

Para determinar el logaritmo de un número, en primer lugar se determina su característica, y después se suma la mantisa a la característica. Vamos a ver tres ejemplos.

Ejemplo 1: Hallar el logaritmo de 746.

Como el número tiene tres dígitos a la izquierda de la coma decimal, su característica es 2. De la tabla de logaritmos vulgares leemos que la mantisa de 746 es 0,8727.

$$\log 746 = 2 + 0{,}8727 = 2{,}8727, \text{ ó } 12{,}8727 - 10, \text{ y así sucesivamente.}$$

Ejemplo 2: Hallar el logaritmo de 47,26.

Como este número tiene dos dígitos a la izquierda de la coma decimal, su característica es 1. Para hallar la mantisa, hace falta interpolar.

$$\begin{aligned}
\text{Mantisa de } 4730 &= 0{,}6749\\
\text{Mantisa de } 4720 &= \underline{0{,}6739}\\
\text{Diferencia} &= 0{,}0010\\
\text{Mantisa de } 4726 &= 0{,}6739 + 0{,}6 \times 0{,}0010\\
&= 0{,}6739 + 0{,}0006\\
&= 0{,}6745\\
\text{Mantisa de } 4726 &= 0{,}6749 - 0{,}4 \times 0{,}0010\\
&= 0{,}6749 - 0{,}0004\\
&= 0{,}6745\\
\log 47{,}26 &= 1 + 0{,}6745 = 1{,}6745
\end{aligned}$$

Ejemplo 3: Hallar el logaritmo de 0,00037.

Como es un número menor que 1 y hay tres ceros a la derecha de la coma decimal, la característica es 4.

La mantisa de 37 = 0,5682.

$$\log 0{,}00037 = 4 + 0{,}5682 = 4{,}5682 \text{ o } 6{,}5682 - 10$$

18-7 HALLAR UN NÚMERO DADO SU LOGARITMO

Para calcular el resultado final de cualquier problema de multiplicación, división, elevación a potencias o extracción de raíces que se ha hecho mediante logaritmos, hace falta invertir el proceso explicado en la última sección, es decir, determinar un número a partir de su logaritmo. El número que se determina a partir de un logaritmo se llama *antilogaritmo* (abreviadamente antilog).

El logaritmo de 689 es 2,8382; entonces, 689 es el número correspondiente al logaritmo 2,8382. En el logaritmo 2,8382, la mantisa es 0,8382 y 2 es la característica. La mantisa 0,8382 se utiliza para encontrar en la tabla de logaritmos vulgares las cifras del antilogaritmo (689); la característica se utiliza para colocar correctamente la coma decimal, en este caso, después del 9: 689.

Los pasos para determinar un número conociendo su logaritmo son los siguientes:

1. Descomponer el logaritmo en característica y mantisa.
2. Localizar la mantisa en la tabla de logaritmos.
3. Leer el número que inicia la horizontal en que aparece dicha mantisa y el número que encabeza la columna donde está dicha mantisa. Interpolar si es necesario.
4. A partir de la característica, colocar correctamente la coma decimal en la solución.

Es muy raro encontrar la mantisa exacta en la tabla de logaritmos; casi siempre es necesaria la interpolación.

Algunos ejemplos nos servirán como ilustración.

Ejemplo 1: El logaritmo de un número es 1,5977, ¿de qué número se trata?

La característica es 1, y la mantisa es 0,5977.

Localizamos 0,5977 en la tabla. El grupo 5977 aparece en la horizontal que empieza a la izquierda con 39 y en la columna encabezada por 6. Las cifras del antilogaritmo son, pues, 396.

Como la característica es 1, el número que queremos determinar está entre 10 y 100; por consiguiente la coma decimal estará colocada entre 9 y 6, y la solución es 39,6:

$$1{,}5977 = \log 39{,}6 \quad \text{o} \quad \text{antilog } 1{,}5977 = 39{,}6$$

Ejemplo 2: Hallar el número correspondiente al logaritmo 3,4689.

La característica es 3, y la mantisa es 0,4689.

La mantisa 0,4689 no aparece en la tabla, pero podemos localizar 0,4683 y 0,4698. Evidentemente, 0,4689 está entre 0,4683 y 0,4698. Para una mantisa de 0,4683 leemos en la tabla 294. Para la mantisa 0,4698, la lectura en la tabla es 295. El número correspondiente a la mantisa 0,4689 está entre 294 y 295, a una distancia del menor de ellos igual a $^{6}/_{15}$ de la distancia entre los dos. (Ver Fig. 18-2.) La distancia entre 294 y 295 es 1, luego $(0{,}0006/0{,}0015) \times 1 = 0{,}4$, es decir, el número correspondiente a la mantisa 0,4689 es 0,4 unidades mayor que 294. Los números definitivos son pues 2944.

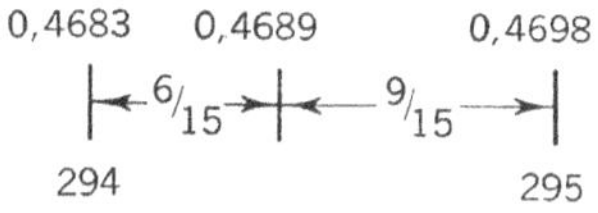

Figura 18-2. Cálculo del número cuyo logaritmo es 3,4689

Como la característica es 3, la coma decimal debe estar colocada después del cuarto dígito, y la solución final es 2944.

NOTA: Puesto que estamos trabajando con una tabla de cuatro cifras, los resultados se dan también con sólo cuatro dígitos.

Ejemplo 3: Hallar el número cuyo logaritmo es 8,7354 − 10.

La característica es $\bar{2}$, ya que $8 + (-10) = \bar{2}$; la mantisa es 0,7354.

El grupo 0,7354 no aparece en la tabla, pero buscándolo hemos localizado los grupos 0,7348 y 0,7356. En la tabla leemos 543 para la mantisa 0,7348 y 544 para 0,7356; el número correspondiente a 0,7354 está, pues, entre 543 y 544.

Mantisa de	544 =	0,7356
Mantisa de	543 =	0,7348
Diferencia =	1	0,0008

La diferencia entre 0,7354 y 0,7348 es 0,0006. Nuestro número está, entonces, entre 543 y 544, a una distancia de $^{6}/_{8}$ del menor. Como $^{6}/_{8}$ es 0,75, que consta de dos cifras, lo redondearemos a 0,8, y las cifras del resultado son 5438. Como la característica es $\bar{2}$, la solución es 0,05438.

Ejercicios

18-26. Estudiar los ejemplos siguientes hasta adquirir bien clara la idea de lo que es un logaritmo:

log 4580 = 3,6609; es decir, $4580 = 10^{3,6609}$
log 458,0 = 2,6609; es decir, $458,0 = 10^{2,6609}$
log 45,80 = 1,6609; es decir, $45,80 = 10^{1,6609}$
log 4,580 = 0,6609; es decir, $4,580 = 10^{0,6609}$
log 0,4580 = $\bar{1}$,6609; es decir, $0,4580 = 10^{\bar{1},6609} = 10^{-1+0,6609}$
log 0,0458 = $\bar{2}$,6609; es decir, $0,0458 = 10^{\bar{2},6609} = 10^{-2+0,6609}$
log 0,00458 = $\bar{3}$,6609; es decir, $0,00458 = 10^{\bar{3},6609} = 10^{-3+0,6699}$

Determinar los logaritmos en los Ejercicios desde 18-27 hasta 18-46, utilizando la Tabla 10 del Apéndice cuando sea necesario:

18-27. log 2,71 = ?
18-28. log 505 = ?
18-29. log 432,3 = ?
18-30. log 0,101 = ?
18-31. log 5,924 = ?
18-32. log 0,01 = ?
18-33. log 0,001 = ?
18-34. log 0,0089 = ?
18-35. log 9,278 = ?
18-36. log 0,00005 = ?
18-37. log 271 = ?
18-38. log 12,214 = ?
18-39. log 1,005 = ?
18-40. log 0,7854 = ?
18-41. log 52,80 = ?
18-42. log 3,1416 = ?
18-43. log 1,941 = ?
18-44. log 0,031 = ?
18-45. log 0,00273 = ?
18-46. log 0,0003 = ?

18-8 MULTIPLICACIÓN CON LOGARITMOS

En las preguntas anteriores hemos estudiado la forma de determinar un logaritmo y la forma de hallar un número cuando se conoce su logaritmo. En esta Sección, estudiaremos la multiplicación de dos o más números utilizando logaritmos.

Recordemos que para multiplicar dos potencias de la misma base, se suman sus exponentes: $a^m \times a^n = a^{m+n}$. Para multiplicar dos o más números utilizando logaritmos, debemos seguir estos pasos:

1. Determinar el logaritmo de cada número.
2. Sumar los logaritmos (un logaritmo es un exponente).
3. Determinar la solución hallando el número correspondiente a este logaritmo (es decir, el antilogaritmo de la suma).

Ejemplo 1: Hallar el producto 4,53 × 0,036.
Utilizando la tabla de logaritmos.

$$4,53 = 10^{0,6561};\ 0,036 = 10^{\bar{2},5563} = 10^{\bar{1},2124}$$
$$4,53 \times 0,036 = 10^{0,6561} \times 10^{\bar{2},5563} = 10^{\bar{1},2124}$$
$$10^{\bar{1},2124} = 0,1631$$

El ejemplo anterior está escrito con todo detalle para insistir otra vez en estos dos puntos: primero, un logaritmo es un exponente; y segundo, en la multiplicación, se *suman* los exponentes. De hecho, no es necesario escribir el problema de forma tan completa cuando se manejan logaritmos; es más adecuado utilizar el orden siguiente.

Hallar el producto 4,53 × 0,036.

log 4,53 = 0,6561
log 0,036 = $\bar{2}$,5563
logaritmo del producto = $\bar{1}$,2124
Producto = 0,1631

Obsérvese que la suma se efectúa de la forma usual; el 1 que nos llevamos al sumar 6 y 5 es un 1 positivo; entonces, al sumarlo a $\bar{2}$, la suma resulta $\bar{1}$.

Ejemplo 2: Hallar el producto 3,276 × (− 4,624) × (− 0,00468).

log (producto) = log 3,276 + log 4,624 + log 0,00468

$$\begin{aligned} \log 3{,}276 &= 0{,}5153 &&= 0{,}5153 \\ \log 4{,}624 &= 0{,}6650n &&= 0{,}6650 \\ \log 0{,}00468 &= \bar{3}{,}6702n &&= \underline{7{,}6702 - 10} \\ & && 8{,}8505 - 10 \end{aligned}$$

log (producto) = $\bar{2}$,8505
Producto = 0,07088

Nótese que, como dos de los factores son negativos, el producto será positivo. Los números negativos se indicarán colocando un subíndice *n* detrás del valor del logaritmo. (Recordar que el producto de un número impar de factores negativos es negativo, y el producto de un número par de factores negativos es positivo.) El tercer logaritmo, $\bar{3}$,6702, puede escribirse de la forma 7,6702 − 10, y entonces los logaritmos se suman de la forma acostumbrada.

18-9 DIVISIÓN CON LOGARITMOS

Como un logaritmo es un exponente, cuando tengamos que dividir utilizando los logaritmos, debemos restar los exponentes; es decir, $a^m : a^n = a^{m-n}$.

Para dividir con logaritmos,

1. Determinar el logaritmo de cada número.
2. Restar los logaritmos.
3. Determinar el cociente hallando el número correspondiente al logaritmo obtenido en el paso 2 (es decir, el antilogaritmo de la diferencia).

Ejemplo 1: Dividir 38,76 entre 7,923.

log 38,76 = 1,5884
log 7,923 = 0.8989
log (cociente) = 0,6895
Cociente = 4,892

Ejemplo 2: Dividir 8,73 entre 37,3.

$$\begin{aligned}
\log 8{,}73 &= 0{,}9410 \\
\log 37{,}3 &= \underline{1{,}5717} \\
\log (\text{cociente}) &= \bar{1}{,}3693 \\
\text{Cociente} &= 0{,}2340 \\
\log 8{,}73 &= 10{,}9410 - 10 \\
\log 37{,}3 &= \underline{\ \ 1{,}5717} \\
\log (\text{cociente}) &= \ \ 9{,}3693 - 10 = \bar{1}{,}3693 \\
\text{Cociente} &= \ \ 0{,}2340
\end{aligned}$$

El alumno habrá observado que se obtiene la misma solución por los dos métodos. Recordar que se puede cambiar la característica del logaritmo del dividendo, si parece conveniente para operar.

Ejemplo 3: Calcular $\dfrac{9{,}337 \times 0{,}876 \times 6{,}458}{4{,}756 \times 389{,}2 \times 0{,}0456} = \dfrac{\text{numerador}}{\text{denominador}}$

$$\begin{aligned}
\log 9{,}337 &= \ \ 0{,}9702 \\
\log 0{,}876 &= \ \ 9{,}9425 - 10 \\
\log 6{,}458 &= \ \ \underline{0{,}8101} \\
\log (\text{numerador}) &= 11{,}7228 - 10 \\
\log 4{,}756 &= \ \ 0{,}6772 \\
\log 389{,}2 &= \ \ 2{,}5901 \\
\log 0{,}0456 &= \ \ \underline{8{,}6590 - 10} \\
\log (\text{denominador}) &= \ \ 1{,}9263 \\
\log (\text{numerador}) &= 11{,}7228 - 10 \\
\log (\text{denominador}) &= \ \ \underline{1{,}9263} \\
\log (\text{cociente}) &= \ \ 9{,}7965 - 10 \\
\text{Cociente} &= \ \ 0{,}6259
\end{aligned}$$

18-10 CÁLCULO DE LA POTENCIA DE UN NÚMERO POR LOGARITMOS

Como un logaritmo es un exponente, aplicaremos el principio para elevar una potencia a otra potencia: para calcular la potencia de una potencia, se multiplican los exponentes; es decir $(a^m)^n = a^{mn}$.

Hemos vuelto a insistir sobre esta regla, porque se aplica para calcular la potencia de una potencia utilizando los logaritmos: Se halla el logaritmo de la base de la potencia indicada, y a partir de él, el logaritmo de la potencia (para ello se multiplican los exponentes). Este resultado es el logaritmo de la solución. El número correspondiente a este logaritmo (es decir, el antilogaritmo) es la potencia buscada.

Ejemplo 1: Hallar el valor de $(1{,}756)^7$

$$\begin{aligned}
1{,}756 &= 10^{0{,}2445} \\
(1{,}756)^7 &= (10^{0{,}2445})^7 \ (\text{o } (a^m)^n) \\
(1{,}756)^7 &= 10^{(7 \times 0{,}2445)} = 10^{1{,}7115}
\end{aligned}$$

$$10^{1,7115} = 51,46$$

La forma usual de escribir la solución de este tipo de problemas no es la que hemos empleado en este caso, pero este ejemplo, expresado así, sirve para insistir en que un logaritmo es un exponente y para ver dónde se aplica que $(a^m)^n = a^{mn}$. La forma que se utiliza para resolver estos problemas es la siguiente:

Hallar el valor de $(1,756)^7$.

$$\log 1,756 = 0,2445$$
$$7 \times \log 1,756 = 1,7115$$
$$\log (\text{potencia}) = 1,7115$$
$$\text{antilog } 1,7115 = 51,46$$
$$(1,756)^7 = 51,46$$

Ejemplo 2: Hallar el valor de $(9,876)^{3/4}$ o $(9,876)^{0,75}$.

$$\log 9,876 = 0,9946$$
$$^3/_4 \times 0,9946 \text{ o } 0,75 \times 0,9946 = 0,7460$$
$$\log (\text{potencia}) = 0,7460$$
$$\text{antilog } 0,7460 = 5,571$$
$$(9,876)^{3/4} = 5,571$$

Para calcular la potencia de un número:

1. Calcular el logaritmo del número.
2. Multiplicar el logaritmo por el exponente.
3. Hallar la solución final calculando el número correspondiente al logaritmo (es decir, el antilogaritmo) obtenido en el paso 2.

18-11 CÁLCULO DE LA RAÍZ DE UN NÚMERO POR LOGARITMOS

Para calcular la raíz de un número, se divide el logaritmo de dicho número por el índice de la raíz. El cociente de esta división es el logaritmo de la raíz. El número correspondiente a este logaritmo (es decir, el antilogaritmo) es la raíz buscada. Esta regla es una consecuencia de aplicar este principio de los exponentes: $\sqrt[m]{a^n} = a^{n/m}$.

Ejemplo 1: Calcular $\sqrt[5]{237,68}$.

$$237,68 = 10^{2,3760};$$
$$\sqrt{237,68} = 10^{2,3760/5} = 10^{0,4752}$$
$$10^{0,4752} = 2,987$$

o

$$\log 237,68 = 2,3760$$
$$\log 237,68 : 5 = 0,4752$$

El número correspondiente al logaritmo 0,4752 es 2,987. Entonces

$$\sqrt[5]{237,68} = 2,987.$$

Los tres pasos para calcular una raíz son:

1. Determinar primero el logaritmo del número cuya raíz queremos calcular.
2. Dividir este logaritmo por el índice de la raíz.
3. Determinar la solución final, el valor de la raíz, hallando el número correspondiente al logaritmo (el antilogaritmo) obtenido en el paso 2.

Ejemplo 2: Calcular $\sqrt[6]{0{,}008673}$.

$$\log 0{,}008673 = \bar{3}{,}9382$$

Como el logaritmo de 0,008673 está formado por dos partes – la característica, que es negativa; y la mantisa, que es positiva– la división no podría hacerse de la forma habitual. La característica del logaritmo se cambia, para poder operar, por un número positivo de forma que el logaritmo entero pueda dividirse por 6 y que la parte negativa que debemos restarle para que no varíe, también sea divisible por 6 exactamente.

$$\log 0{,}008673 = 57{,}9382 - 60$$

Observemos que – 60 puede dividirse exactamente por 6 y que 57 + (– 60) = $\bar{3}$.
(Se escribe la división según las dos notaciones)

```
     9,65636 - 10
6) 57,9382 - 60          o     57,9382 - 60 | 6
   54                           3 9         | 9,65636 - 10
   --                             33
    39                             38
    36                              22
    --                               40
     33
     30
     --
      38
      36
      --
       22
       18
       --
        40
```

En cuanto tengamos cinco cifras decimales en el cociente, redondeamos las cuatro cifras decimales y tenemos ya el logaritmo; en este caso el logaritmo resulta 9,6564 – 10 o $\bar{1}{,}6564$.
El número correspondiente (el antilogaritmo) al logaritmo $\bar{1}{,}6564$ es 0,4533.

$$\sqrt[6]{0{,}008673} = 0{,}4533$$

Se podría también dividir $\bar{3}{,}9382$ por 6, pero el método que acabamos de ver es el más sencillo. Quien sepa hacer directamente la división de $\bar{3}{,}9382$ entre 6, es que ha entendido bien los números positivos y negativos.

Ejemplo 3: Calcular $\sqrt[1,4]{236}$.

log 236 = 2,3729
Dividiendo 2,3729 entre 1,4, resulta 1,6949.

El número correspondiente al logaritmo 1,6949 es 49,53.

$$\sqrt[1,4]{236} = 49{,}53$$

Ejemplo 4: Calcular $\sqrt[1,4]{0{,}00236}$.

$$\log 0{,}00236 = \bar{3}{,}3729$$
$$\log 0{,}00236 = 11{,}3729 - 14$$
$$(11{,}3729 - 14) : 1{,}4 = 8{,}1235 - 10 = \bar{2}{,}1235$$

El número correspondiente al logaritmo, $\bar{2}$,1235 es 0,01329.

$$\sqrt[1,4]{0{,}00236} = 0{,}01329$$

Ejercicios

18-47. Hacer las siguientes multiplicaciones por logaritmos y comprobar haciendo directamente la multiplicación:

(a) (10)(100)(1 000)
(b) (80)(60)
(c) (25)(25)
(d) $0{,}1 \times 200$
(e) $0{,}02 \times 50$
(f) $0{,}005 \times 6$
(g) $4{,}56 \times 11$
(h) $0{,}841 \times 66{,}6$
(i) $0{,}0075 \times {,}12$
(j) $32{,}32 \times 1\,002$
(k) $845{,}9 \times 9\,287$
(l) $1\,034 \times 0{,}02406$

18-48. Hacer las divisiones siguientes por logaritmos y comprobar haciendo la división directamente:

(a) 10 : 100
(b) 100 : 10
(c) 200 : 25
(d) 225 : 15
(e) 0,05 : 25
(f) 0,0064 : 400
(g) 5 280 : 12
(h) 3,1416 : 40
(i) 0,15 : 0,30
(j) 0,1008 : 0,8001
(k) 1,414 : 7 000
(l) 70 : 1,4146

Hallar las potencias y raíces siguientes :

18-49. $(3{,}1416)^2$
18-50. $(0{,}707)^3$
18-51. $(0{,}886)^2$
18-52. $(1{,}732)^5$
18-53. $(22/7)^2$
18-54. $\sqrt{5{,}288}$
18-55. $\sqrt{0{,}224}$
18-56. $\sqrt[3]{0{,}0025}$
18-57. $\sqrt{1{,}014}$
18-58. $\sqrt{0{,}00027}$
18-59. $(4{,}4)^{3/4}$
18-60. $(0{,}059)^{2/3}$
18-61. $(958)^{0{,}2}$
18-62. $(803{,}5)^{-0{,}11}$
18-63. $(296)^{-6{,}1}$

18-12 LOGARITMOS NATURALES

Para realizar operaciones, los logaritmos que más se utilizan son los de base 10; pero en muchas fórmulas que aparecen en Electricidad, Física, Química, y otras ciencias, se usan los logaritmos con otra base distinta. Esta base, es un número que no puede expresarse como un decimal exacto. Con siete cifras decimales, este número es 2,7182818. Generalmente, se representa por la letra *e* (del mismo modo que la razón entre la longitud de la circunferencia y la de su diámetro se representa por la letra griega π). Los logaritmos que tienen como base este número se llaman *logaritmos naturales*, *logaritmos hiperbólicos*, o *logaritmos neperianos*. En lugar de expresarse como $\log_e$ se suelen expresar de la forma ln o simplemente l . Se han publicado tablas de logaritmos neperianos, pero, a efectos de cálculo, basta recordar que el logaritmo natural de un número es aproximadamente 2,3026 veces su logaritmo decimal (o que el logaritmo decimal es aproximadamente 0,4343 por su logaritmo natural).

Las relaciones entre los logaritmos vulgares y los logaritmos naturales vienen dadas por las fórmulas siguientes, en las que *N* representa un número cualquiera:

$$\log_e N = 2{,}3026 \log_{10} N$$
$$\log_{10} N = 0{,}4343 \log_e N$$

Así,

$$\begin{aligned}\log_e 100 &= 2{,}3026 \log_{10} 100 \\ &= 2{,}3026 \times 2 = 4{,}6052\end{aligned}$$

En los ejemplos siguientes manejaremos algunas fórmulas en las que intervienen logaritmos naturales.

Ejemplo 1: Para hallar la resistencia del material aislante por el método de dispersión o pérdida de potencial, la resistencia *R* viene dada por la fórmula:

$$R = 10^6 \times \frac{t}{c} \times \frac{1}{\log_e\left(\frac{V_0}{V}\right)}$$

donde *t* es el tiempo, medido en segundos,
c es la capacidad,
V es el voltaje (el potencial).

Hallar el valor de *R*, si $t = 120$, $V_0 = 123$, $V = 115{,}8$, y $c = 0{,}082$.

Solución: En primer lugar, volvemos a escribir la fórmula para poder resolver el problema con ayuda de la tabla de logaritmos decimales.

$$R = 10^6 \times \frac{t}{c} \times \frac{1}{2{,}3026 \log_{10}\left(\frac{V_0}{V}\right)}$$

Sustituyendo los valores,

$$R = 10^6 \times \frac{120}{0{,}082} \times \frac{1}{2{,}3026(\log 123 - \log 115{,}8)}$$

Por lo tanto,

$$R = 2{,}426 \times 10^{10}$$

Otro ejemplo en el que aparece la base de los logaritmos neperianos es el siguiente:

Ejemplo 2: En un circuito de corriente alterna (ca), la intensidad de corriente en cada instante viene dada por la fórmula

$$i = I(1 - e^{-Rt/L})$$

donde *I* es la intensidad máxima,
R es la resistencia del circuito,
L es el coeficiente de autoinducción,
t es el tiempo en segundos,
e es la base del sistema de logaritmos naturales.

Ejemplo 3: El trabajo *W* realizado por una masa de gas, que se expande, a temperatura constante, de un volumen inicial V_0 a un volumen V_1, viene dado por la fórmula siguiente:

$$W = p_0 V_0 \log_e \left(\frac{V_1}{V_0}\right)$$

18-13 SUGERENCIAS PARA EL CÁLCULO DE LOGARITMOS

En los problemas en que se opere con logaritmos, la exactitud de los resultados es de suma importancia.

En todas las interpolaciones, han de hacerse todos los cálculos dos veces para evitar los errores. En la interpolación no debemos obtener ni manejar como datos logaritmos con más cifras decimales de las que aparecen en la tabla que utilicemos.

Los resultados obtenidos por medio de logaritmos son *aproximados*, y son correctos sólo para tantas cifras significativas como cifras tenga la tabla que empleamos. Si queremos obtener los resultados con un número fijo de cifras significativas correctas, debemos utilizar entonces una tabla adecuada.

Cuando escribamos un número, para que tenga correctas un número dado de cifras, tomaremos como última cifra la que nos dé un valor más próximo al resultado real, cuando sea posible. Si la primera cifra de las que sobran es 5, seguida solamente de ceros, no podemos decir qué valor es el más próximo al resultado real, y lo que se suele hacer es dejar la cifra anterior inalterada cuando es par y aumentarla en una unidad si es impar. Así, si el número es 0,02467500, lo tomaríamos como 0,02468 para manejarlo con cuatro cifras; y, si fuese 0,02468500, tomaríamos también 0,02468.

Aparte de la precisión, también es importante la rapidez del cálculo.

Debemos escribir siempre una cadena con los cálculos que haya que hacer, antes de recurrir a la tabla. Debemos también asegurarnos de que los cálculos están ordenados, de forma que en cualquier momento puedan ser seguidos sin dificultad por nosotros mismos o por cualquier otra persona.

Ejemplo 1:

$$N = \frac{(6{,}48)^2(0{,}0935)^{0{,}25}}{(31{,}93)^{0{,}2}} = \frac{\text{numerador}}{\text{denominador}}$$

$\log N = (2 \log 6{,}48 + 0{,}25 \log 0{,}0935) - (0{,}2 \log 31{,}93)$
$2 \log 6{,}48 = 2(0{,}8116) = 1{,}6232$
$0{,}25 \log 0{,}0935 = 0{,}25(38{,}9708 - 40) = 9{,}7427 - 10$
$\log(\text{numerador}) = 11{,}3659 - 10$
$0{,}2 \log 31{,}93 = 0{,}2(1{,}5042) = 0{,}3008 = \log(\text{denominador})$
$\log N = \log(\text{numerador}) - \log(\text{denominador})$
$\log N = 11{,}0651 - 10 = 1{,}0651$
$N = 11{,}62$

Ejemplo 2: Escribir la cadena para hallar el valor x en

$$x = \frac{9{,}46 \times (4{,}16)^2 \times \sqrt{9{,}462}}{276{,}2 \times 3{,}4675}$$

Solución:

$\log x = (\log 9{,}46 + 2 \log 4{,}16 + {}^1/_2 \log 9{,}462) - (\log 276{,}2 + \log 3{,}4675)$
$\quad = \log(\text{numerador}) - \log(\text{denominador})$

$\log 9{,}46$	=
$2 \log 4{,}16$	=
${}^1/_2 \log 9{,}462$	= ______________
$\log(\text{numerador})$	=
$\log 276{,}2$	=
$\log 3{,}4675$	= ______________
$\log(\text{denominador})$	=

19/Ecuaciones de segundo grado

De las ecuaciones que hemos estudiado hasta ahora, la mayor parte tenían la incógnita elevada sólo a la primera potencia. También hemos trabajado con ecuaciones con la incógnita elevada a mayores potencias, pero en esos casos resolvíamos siempre la ecuación por factorización. En este capítulo estudiaremos los métodos generales para resolver ecuaciones de segundo grado con una incógnita.

19-1 DEFINICIONES

Una ecuación de la forma

$$ax^2 + bx + c = 0 \qquad (a \neq 0)$$

se llama *ecuación cuadrática* con una sola incógnita x. Esta ecuación contiene el cuadrado y la primera potencia de la incógnita x. Los coeficientes a, b y c son constantes.

Como ya definimos antes, una *ecuación cuadrática pura* es aquella en que aparecen solamente el cuadrado de la incógnita y el término independiente. Un ejemplo de este tipo de ecuaciones sería $2x^2 = 4$. Una *ecuación cuadrática general*, o ecuación general de segundo grado, es aquella en la que intervienen el cuadrado y la primera potencia de la incógnita. Un ejemplo es $x^2 + 3x = 10$.

La ecuación $2x^2 = 4$ puede resolverse por los métodos estudiados anteriormente, pero también puede reescribirse en otra forma equivalente, para poder aplicarle el método de solución que estudiaremos ahora.

$$\begin{aligned} 2x^2 \qquad\quad - 4 &= 0 \\ ax^2 + bx + c &= 0 \end{aligned}$$

Puede verse que estas dos ecuaciones tienen la misma forma: el coeficiente a corresponde al valor 2, el coeficiente b a 0; y c corresponde a -4. El coeficiente b es cero, ya que 0 veces x es igual a 0.

La ecuación $x^2 + 3x = 10$ puede reescribirse de forma semejante:

$$\begin{aligned} x^2 + 3x - 10 &= 0 \\ ax^2 + bx + c &= 0 \end{aligned}$$

El coeficiente a corresponde a 1; b a 3; y c a -10. Observemos que el signo del coeficiente va incluido en el valor del coeficiente.

19-2 RESOLUCIÓN DE UNA ECUACIÓN CUADRÁTICA PURA

La resolución de una ecuación cuadrática pura se explicó ya en el Capítulo 14, veamos algunos ejemplos.

Ejemplo 1: Resolver $2x^2 = 4$.

Solución:

$$\begin{aligned} 2x^2 &= 4 \\ x^2 &= 2 \\ x &= \pm\sqrt{2} \end{aligned}$$

Ejemplo 2: Resolver la ecuación $3x^2 + 8 = 7x^2 - 8$.

Solución:

$$3x^2 + 8 = 7x^2 - 8$$

Restando 8 de los dos miembros de la ecuación,

$$3x^2 = 7x^2 - 16$$

Restando $7x^2$ de los dos miembros de la ecuación:

$$-4x^2 = -16$$

Dividiendo por -4:

$$x^2 = 4$$

Tomando la raíz cuadrada de los dos miembros de la ecuación:

$$x = \pm 2$$

Ejemplo 3: Hallar el radio de un círculo cuya área es 4 932 cm².

Solución:

$$A = \pi r^2$$

donde A es el área del círculo,

r es el radio,
π es 3,1416.

Entonces

$$4\,932 = \pi r^2$$

$$\frac{4\,932}{3{,}1416} = r^2$$

$$\pm\sqrt{\frac{4\,932}{3{,}1416}} = r$$

$$\pm 39{,}622 = r$$

El radio del círculo es, por consiguiente, + 39,622. (La solución − 39,622 es imposible, y por tanto se rechaza.)

Ejercicios

Hallar x en los Ejercicios desde 19-1 hasta 19-10 y comprobar las soluciones.

19-1. $x^2 = 99 - 10x^2$

19-2. $80 - 2x^2 = 3x^2$

19-3. $-5 + 0{,}75x^2 - 22 = 0$

19-4. $\dfrac{6}{x+8} - \dfrac{6}{x-8} = 1 - \dfrac{33}{x^2-64}$

19-5. $8 = \dfrac{3}{1+x} + \dfrac{3}{1-x}$

19-6. $(x+3)(x+3) + (x-3)^2 = 4(x^2-9)$

19-7. $\dfrac{15}{8} - \dfrac{x-3}{x-2} = \dfrac{x+3}{x+2}$

19-8. $(x-4)^2 + 4 = -8x + 29$

19-9. $(a-x)^2 - (x-a)(3x+a) = 0$

19-10. $x^2 + a^2x^2 = (a^2-1)^2 - 2ax^2$

19-11. Dada la ecuación $\dfrac{u-2}{u+2} + \dfrac{u+2}{u-2} = \dfrac{40}{u^2-4}$, hallar los valores de u.

19-12. Dada la ecuación $E = 0{,}5Mv^2$, hallar los valores de v.

19-13. Dada la ecuación $S = 0{,}5gt^2$, hallar los valores de t, si $g = 9{,}8$ y $S = 100{,}5$.

19-14. Dada la ecuación $4m^2 = -c^2 + 2(a^2 + b^2)$, despejar m.

19-15. Dada la ecuación $F = \dfrac{mna}{d^2}$, despejar d.

19-16. Dada la ecuación $n^2 = \dfrac{KS^2t}{l^2d}$, despejar separadamente S, l y n.

19-17. Hallar el radio de un cilindro de altura 12 cm y de volumen 1 400 cm³. Utilizar la fórmula $V = h\pi r^2$, sustituir los valores conocidos, y despejar r.

19-18. Hallar el radio de un cono circular recto de 20 cm de altura y de volumen 145 cm³. Utilizar la fórmula $V = {}^1/_3\pi r^2h$.

19-19. El producto de dos números es 90, y el cociente de dividir el mayor entre el menor es $3\,{}^3/_5$. Hallar dichos números.

19-20. Despejar D de la ecuación $P = \dfrac{D^2N}{2{,}5}$.

19-3 RESOLUCIÓN DE LA ECUACIÓN GENERAL DE SEGUNDO GRADO POR DESCOMPOSICIÓN EN FACTORES

La resolución de una ecuación general de segundo grado por descomposición en factores ya se explicó en el Capítulo 14. Veremos un ejemplo como repaso.

Ejemplo: $x^2 + 23x = -102.$

Solución: Sumando 102 a los dos miembros:

$$x^2 + 23x + 102 = 0$$

Descomponiendo en factores el primer miembro:

$$(x + 6)(x + 17) = 0$$

Resolviendo cada factor por separado:

$$\begin{aligned} x + 6 &= 0 \\ x &= -6 \\ x + 17 &= 0 \\ x &= -17 \end{aligned}$$

Comprobación:

$$\begin{aligned} (-6)^2 + (23)(-6) &= -102 \\ 36 - 138 &= -102 \\ -102 &= -102 \end{aligned}$$

y

$$\begin{aligned} (-17)^2 + 23(-17) &= -102 \\ 289 - 391 &= -102 \\ -102 &= -102 \end{aligned}$$

Ejercicios

Resolver las siguientes ecuaciones descomponiendo en factores y comprobar:

19-21. $x^2 - 3x + 2 = 0$
19-22. $x^2 + 7x + 12 = 0$
19-23. $x^2 = 11x - 18$
19-24. $x = -x^2 + 6$
19-25. $-20 = -x - x^2$
19-26. $x^2 = 19x - 90$
19-27. $18x = 77 + x^2$
19-28. $x^2 + 35x + 250 = 0$
19-29. $6x^2 + 7x + 2 = 0$

19-30. $2x^2 + 7x + 6 = 0$
19-31. $12x^2 + 5 = 19x$
19-32. $x^2 + x = 30$
19-33. $10x^2 = 13x + 30$
19-34. Despejar x en la ecuación $x^2 - (a + b)x + ab = 0$.

19-4 RESOLUCIÓN DE UNA ECUACIÓN DE SEGUNDO GRADO COMPLETANDO EL CUADRADO

Algunas veces no es posible descomponer en factores una ecuación general de segundo grado; en estos casos deben emplearse otros métodos. Uno de estos nuevos métodos consiste en *completar el cuadrado.*

En el Capítulo 12 vimos esta igualdad: $(a + b)^2 = a^2 + 2ab + b^2$. El segundo miembro de la igualdad se llama *trinomio cuadrado perfecto.* El primero y el último término de un trinomio cuadrado perfecto, son cuadrados perfectos de ciertos monomios y el segundo término es el doble producto de estas raíces cuadradas del primer y último términos.

$$\begin{array}{r} a + b \\ \times\, a + b \\ \hline a^2 + ab \\ + ab + b^2 \\ \hline a^2 + 2ab + b^2 \end{array}$$

Nuestro problema ahora consiste en desarrollar un procedimiento para calcular el último término (b^2) cuando conocemos los dos primeros (a^2 y $2ab$). Si podemos calcular el valor exacto de b^2, es posible extraer la raíz cuadrada de $a^2 + 2ab + b^2$, ya que $\sqrt{a^2 + 2ab + b^2} = \pm(a + b)$.

Ejemplo 1: Completar el cuadrado en $x^2 + 4x$.

Solución:

$$x^2 + 4x + ? = (x + ?)^2 = (x + ?)(x + ?)$$
$$[a^2 + 2ab + b^2 = (a + b)^2 = (a + b)(a + b)]$$

¿Cuál será el valor de b^2 para que el trinomio sea cuadrado perfecto? La solución es 4. ¿Cómo se determina 4? El término central del trinomio cuadrado perfecto es precisamente el doble del producto de las raíces cuadradas de los términos primero y último. La raíz cuadrada de x^2 es x; el doble de x es $2x$. Este $2x$ corresponde al $2a$ de la ecuación modelo; para determinar b, dividimos $4x$ (que se corresponde con $2ab$) por $2x$. El resultado de la división es 2, que se corresponde con b. Entonces, b^2 es 4. Luego

$$x^2 + 4x + ? \text{ es } x^2 + 4x + 4$$

y

$$\sqrt{x^2 + 4x + 4} = \pm(x + 2)$$

Observemos que en este caso el coeficiente de x^2 es 1; cuando ocurre esto, el último término del trinomio es el cuadrado de la mitad del coeficiente del término en x. ¿Está claro el por qué de esta última afirmación? Es una consecuencia del caso general y sólo puede aplicarse cuando el coeficiente de x^2 es 1.

Ejemplo 2: Completar el cuadrado en $x^2 \ldots + 9$.

Solución:

$$\begin{array}{l} x^2 \quad \cdots \quad + 9 \\ a^2 + 2ab + b^2 \end{array}$$

El coeficiente de x^2 es 1; la raíz cuadrada del término b^2 es 3; el doble de la raíz cuadrada del último término es 6. El cuadrado es, pues,

$$x^2 + 6x + 9 = (x + 3)^2 = (x + 3)(x + 3)$$
$$[a^2 + 2ab + b^2 = (a + b)^2 = (a + b)(a + b)]$$

En los ejemplos precedentes hemos sumado dos números (4 en el primero y $6x$ en el segundo) a los binomios dados. Los datos, en consecuencia, han sido aumentados (en 4 unidades en el primer caso y en $6x$ en el segundo). Para que el binomio dado no cambie de valor, ***debemos restar*** a las soluciones estos mismos números. Veamos prácticamente en los mismos ejemplos lo que acabamos de exponer:

(Ejemplo 1). Completar el cuadrado en $x^2 + 4x$.

$$x^2 + 4x + 4 - 4$$

Como habíamos sumado 4 a los datos originales, debemos también restar 4 para que el valor no varíe. Es decir,

$$x^2 + 4x + 4 \neq x^2 + 4x$$

Pero

$$x^2 + 4x + 4 - 4 = x^2 + 4x$$

(Ejemplo 2). Completar el cuadrado en $x^2 \ldots + 9$.

$$x^2 + 6x + 9 \neq x^2 + 9$$

Pero

$$x^2 + 6x + 9 - 6x = x^2 + 9$$

El efectuar esta resta final que hemos hecho en los Ejemplos 1 y 2 es quizá el paso más importante para resolver ecuaciones de segundo grado por el método de completar el cuadrado.

Ejemplo 3: Despejar x en la ecuación $x^2 + 4x = 12$.

Solución:

$$x^2 + 4x + 4 - 4 = 12$$

Sumando 4 a los dos miembros de la ecuación:

$$x^2 + 4x + 4 = 16$$

Extrayendo la raíz cuadrada de los dos miembros:

$$x + 2 = \pm 4$$

Restando 2 a los dos miembros:

$$x = -2 \pm 4$$
$$x = -6$$
$$x = 2$$

Prueba:

$$\begin{aligned} x^2 + 4x &= 12 \\ (2)^2 + 4(2) &= 12 \\ 4 + 8 &= 12 \\ 12 &= 12 \end{aligned} \qquad \begin{aligned} x^2 + 4x &= 12 \\ (-6)^2 + 4(-6) &= 12 \\ 36 - 24 &= 12 \\ 12 &= 12 \end{aligned}$$

Ejemplo 4: Resolver la ecuación $x^2 + 12x = -35$.

Solución: Completando el cuadrado:

$$x^2 + 12x + 36 - 36 = -35$$

Sumando 36 a los dos miembros de la ecuación:

$$x^2 + 12x + 36 - 36 + 36 = -35 + 36$$

Extrayendo la raíz cuadrada de los dos miembros:

$$x + 6 = \pm 1$$
$$x = -7$$
$$x = -5$$

Comprobación:

$$\begin{aligned} x^2 + 12x &= -35 \\ (-7)^2 + 12(-7) &= -35 \\ 49 - 84 &= -35 \\ -35 &= -35 \end{aligned} \qquad \begin{aligned} x^2 + 12x &= -35 \\ (-5)^2 + 12(-5) &= -35 \\ 25 - 60 &= -35 \\ -35 &= -35 \end{aligned}$$

Ejemplo 5: Resolver la ecuación $9x = 4 - 3x^2$.

Solución: Sumando $3x^2$ a los dos miembros de la ecuación:

$$3x^2 + 9x = 4$$

Dividiendo los dos miembros por 3:

$$x^2 + 3x = \frac{4}{3}$$

Completando el cuadrado:

$$x^2 + 3x + \frac{9}{4} = \frac{4}{3} + \frac{9}{4}$$

$$x^2 + 3x + \frac{9}{4} = \frac{43}{12}$$

Extrayendo la raíz cuadrada de los dos miembros:

$$x + \frac{3}{2} = \pm\sqrt{\frac{43}{12}}$$

$$x = -\frac{3}{2} \pm 1{,}893$$

$$x = 0{,}393$$

$$x = -3{,}393$$

Los pasos a seguir para resolver una ecuación de segundo grado completando el cuadrado son los siguientes:

1. Transponer todos los términos en los que aparezca x, al primer miembro de la ecuación; transponer los restantes términos al segundo miembro.
2. Multiplicar o dividir los dos miembros de la ecuación para que el coeficiente de x sea 1.
3. Completar el cuadrado en el primer miembro.
4. Extraer la raíz cuadrada de los dos miembros.
5. Hallar el valor de la incógnita.

Ejercicios

Escribir el término que falta para que los siguientes binomios sean trinomios cuadrados perfectos:

19-35. $x^2 + 4x + \cdots$

19-36. $x^2 - \cdots + 4.$

19-37. $x^2 - 6x + \cdots$

19-38. $x^2 + 8x + \cdots$

19-39. $9 - \cdots + x^2.$

19-40. $-8x + x^2 + \cdots$

19-41. $36 - \cdots + x^2$

19-42. $36 - \cdots + 9x^2$

19-43. $x^2 + \frac{x}{2} + \cdots$

19-44. $\frac{1}{4} - \cdots + x^2$

19-45. $4ax + a^2 + \cdots$

19-46. $4u^2 - \cdots + 9v^2$

Calcular el valor de *x*, completando el cuadrado, en las siguientes ecuaciones:

19-47. $x^2 - 4x = 5$
19-48. $y^2 + 4y = 12$
19-49. $x^2 + 6x - 7 = 0$
19-50. $t^2 - 10t - 11 = 0$
19-51. $x^2 - 30x = 64$
19-52. $2x^2 + 3x = 14$
19-53. $3x^2 + 4x = 39$
19-54. $2x^2 + 7x = 39$
19-55. $5x^2 = 50 - 15x$
19-56. $12 + 21x = 6x^2$
19-57. $3x^2 + 2x = 1$
19-58. $5 = 5x^2 + 10x$
19-59. $0{,}5x^2 = x + 0{,}5$
19-60. $5x^2 + 2x - 20 = 0$
19-61. $11x^2 + 121x - 1 = 0$

19-5 RESOLUCIÓN DE UNA ECUACIÓN GENERAL DE SEGUNDO GRADO POR FÓRMULA

La ecuación $ax^2 + bx + c = 0$, donde *a*, *b*, y *c* son números cualesquiera positivos o negativos, representa cualquier ecuación de segundo grado con una incógnita. Si pudiéramos resolver esta ecuación general, su solución podría servirnos para determinar el valor de la incógnita en cualquier ecuación de segundo grado. La solución aparece a continuación.

Despejar *x* de la ecuación $ax^2 + bx + c = 0$

$$ax^2 + bx + c = 0$$

Restemos *c* a los dos miembros de la ecuación:

$$ax^2 + bx = -c$$

Dividamos los dos miembros por *a*:

$$x^2 + \frac{b}{a}x = -\frac{c}{a}$$

Completemos el cuadrado en el primer miembro:

$$x^2 + \frac{b}{a}x + \frac{b^2}{4a^2} - \frac{b^2}{4a^2} = -\frac{c}{a}$$

Sumemos $b^2/4a^2$ a los dos miembros:

$$x^2 + \frac{b}{a}x + \frac{b^2}{4a^2} = \frac{b^2}{4a^2} - \frac{c}{a}$$

Reduzcamos a común denominador el segundo miembro:

$$x^2 + \frac{b}{a}x + \frac{b^2}{4a^2} = \frac{b^2 - 4ac}{4a^2}$$

Extraigamos la raíz cuadrada de los dos miembros:

$$x + \frac{b}{2a} = \pm\sqrt{\frac{b^2 - 4ac}{4a^2}}$$

$$x + \frac{b}{2a} = \pm\frac{\sqrt{b^2 - 4ac}}{2a}$$

Restemos $b/2a$ a los dos miembros:

$$x = -\frac{b}{2a} \pm \frac{\sqrt{b^2 - 4ac}}{2a}$$

$$x = \frac{-b \pm \sqrt{b^2 - 4ac}}{2a}$$

Para resolver una ecuación de segundo grado mediante esta fórmula, basta con reducirla a la forma $ax^2 + bx + c = 0$, sustituir los valores obtenidos para a, b y c en la fórmula, y hacer las operaciones.

Ejemplo 1: Resolver la ecuación $3x^2 = 2x + 4$.

Solución:

$$3x^2 = 2x + 4$$

Escribiéndola en la forma $ax^2 + bx + c = 0$

$$3x^2 - 2x - 4 = 0$$

Luego, $a = 3$, $b = -2$, $c = -4$.

Sustituyendo estos valores en la fórmula:

$$x = \frac{-b \pm \sqrt{b^2 - 4ac}}{2a}$$

$$x = \frac{-(-2) \pm \sqrt{(-2)^2 - 4(3)(-4)}}{2(3)}$$

$$x = \frac{2 \pm \sqrt{4 + 48}}{6}$$

$$x = \frac{2 \pm \sqrt{52}}{6} = \frac{2 \pm 2\sqrt{13}}{6} = \frac{\overset{1}{\cancel{2}}(\pm 2\sqrt{13})}{\underset{3}{\cancel{6}}} = \frac{1 \pm \sqrt{13}}{3}$$

Ejemplo 2: Despejar x de la ecuación $6x^2 + 7 = -17x$.

Solución:

$$6x^2 + 7 = -17x$$

Sumando $17x$ a los dos miembros:

$$6x^2 + 17x + 7 = 0$$

Entonces $a = 6$, $b = 17$, y $c = 7$.

$$x = \frac{-17 \pm \sqrt{(17)^2 - 4(6)(7)}}{2 \times 6}$$

$$x = \frac{-17 \pm \sqrt{289 - 168}}{12}$$

$$x = \frac{-17 \pm \sqrt{121}}{12} = \frac{-17 \pm 11}{12} = -\frac{1}{2} \text{ y } -2\frac{1}{3}$$

Ejemplo 3: Hallar el valor de x en la ecuación $x^2 + x + 1 = 0$.

Solución:

$$a = 1, b = 1, c = 1$$

$$x = \frac{-b \pm \sqrt{b^2 - 4ac}}{2a}$$

$$x = \frac{-1 \pm \sqrt{1 - 4(1)(1)}}{2(1)}$$

$$x = \frac{-1 \pm \sqrt{-3}}{2}$$

En este caso, el término $\sqrt{b^2 - 4ac}$ es negativo, y es imposible extraer la raíz cuadrada de un número negativo por cualquiera de los métodos explicados hasta aquí. La raíz cuadrada de un número se define como uno de los dos factores iguales cuyo producto es el número dado. La raíz cuadrada de 4 es $+2$ ó -2, ya que $(+2)(+2) = 4$ y $(-2)(-2) = 4$. Pero, ¿podemos descomponer -3 en dos factores *iguales*; es decir, podemos extraer su raíz cuadrada? Como -3 es negativo, uno de los factores debería ser positivo y el otro negativo; es decir, no puede descomponerse en dos factores *iguales*. La raíz cuadrada de un número negativo se dice entonces que es *imaginaria. Los resultados numéricos finales solamente se dan cuando $b^2 - 4ac$ es positivo o nulo*. Si $b^2 - 4ac$ es negativo, la respuesta se deja sólo indicada, como en el Ejemplo 3.

Ejercicios

19-62. Hallar x en las ecuaciones siguientes, por el método que se considere más adecuado:

(a) $x^2 - 5x + 4 = 0$
(b) $x^2 + 4x = 5$
(c) $2x^2 + 5x + 2 = 0$
(d) $3x^2 - 10x = -3$
(e) $2x^2 - 5x + 3 = 0$
(f) $30x^2 = 17x - 2$

(g) $15x^2 = 75x - 90$
(h) $6x^2 - 13x + 6 = 0$
(i) $u^2 + 2u - 2 = 0$
(j) $h^2 - 3h - 1 = 0$
(k) $2t^2 + 3t - 4 = 0$
(l) $3s^2 = 4s + 5$
(m) $7y^2 = 23y - 6$
(n) $9p^2 - 2p = 0$
(o) $9p^2 - 2p = 1$
(p) $q^2 - 2q = 9$
(q) $0{,}25k^2 - 0{,}2k = 1$
(r) $1{,}2z^2 + 2{,}1z - 0{,}3 = 0$
(s) $\frac{U^2}{2} + \frac{U}{3} = \frac{1}{6}$
(t) $N\left(\frac{1}{a} + \frac{1}{b}\right) + N^2 + \frac{1}{ab} = 0$

19-63. Dada la ecuación $h = a + vt - 16t^2$, despejar a, v, y t.

19-64. Dada la ecuación $T = \frac{22R^2}{7} + \frac{22RH}{21}$, despejar R.

19-65. Si se toma el doble del cuadrado de un número, y se le suma 6, el resultado es 7 veces el mismo número. ¿De qué número se trata?

19-66. Si se elevan al cuadrado dos números consecutivos y se suman los resultados, resulta 25. ¿Cuáles son estos números?

19-67. ¿Existe algún número tal que, si se le suma su inverso, la suma sea 1? ¿Y que la suma sea 2? ¿Y que la suma sea cualquier número mayor que 2?

19-68. Se compraron x artículos por un total de 625 ptas y por cada uno de ellos se pagaron x ptas. ¿Cuántos artículos se compraron?

19-69. Un obrero trabajó 4 días y otro 3 días, y entre los dos acabaron un trabajo que el segundo sólo puede terminar en 2 días menos que el primero. ¿Cuánto tardará el primer obrero en realizar solo ese mismo trabajo?

19-70. Un obrero trabajó 4 días y otro 10 días, con lo que finalizaron un trabajo que el primero puede terminar sólo en 3 días menos que el segundo. ¿Cuánto tardaría el primer obrero en realizar solo el trabajo?

19-71. ¿Cuál es la anchura de un sendero que rodea a una superficie de 6 m por 8 m, si su superficie es de 72 m² y su anchura es uniforme?

19-72. Se quiere construir un paseo de 748 m² alrededor de un jardín de 50 por 40 m. ¿Qué anchura ha de tener?

SUGERENCIA: Sea x la anchura del paseo en metros. Los metros cuadrados del jardín y el paseo juntos serán $(50 + 2x)(40 + 2x)$; de donde $(50 + 2x)(40 + 2x) = 50 \times 40 + 748$.

19-73. Una esfera tiene tantos metros cuadrados de superficie como metros cúbicos de volumen. ¿Cuál es su radio?

Solución: Sea r la longitud del radio en metros. Entonces, $4\pi r^2$ es el área de la superficie esférica, en metros cuadrados y $^4/_3\pi r^3$ es su volumen en metros cúbicos. Por tanto,

$$\tfrac{4}{3}\pi r^3 = 4\pi r^2$$
$$4\pi r^3 - 12\pi r^2 = 0$$

Descomponiendo en factores,

$$4\pi r^2(r-3)=0$$

Por consiguiente,

$$4\pi r^2=0 \quad \text{y} \quad r-3=0$$

o

$$r=0 \quad \text{y} \quad r=3$$

19-74. Un cubo tiene tantos metros cuadrados de superficie como metros cúbicos de volumen. ¿Cuánto mide su arista? (El problema es análogo al anterior.)

19-75. Para forrar exteriormente de madera una caja cúbica se emplearon 728 cm^3. Si el espesor de la capa de madera es de 1 cm, ¿cuáles son las dimensiones exteriores de la caja?

19-76. Si un coche fuera 4 Km/h más rápido, tardaría una hora menos en recorrer 360 Km. ¿Cuál es la velocidad del coche?

19-77. Un comerciante vende un sombrero por 110 ptas y gana un 11 %. ¿Cuánto le costó el sombrero?

19-78. Un comerciante compró x sombreros por 6 000 ptas. Si hubiese comprado dos sombreros menos por el mismo precio total, cada sombrero le hubiese costado 100 ptas más. ¿Cuántos sombreros compró?

19-79. Un hombre compró unos aparatos de radio por 48 000 ptas. Si cada aparato hubiese costado 800 ptas menos, hubiera podido comprar dos aparatos más por el mismo dinero. ¿Cuánto pagó por cada radio?

19-80. Un terreno de 40 por 60 metros está rodeado por un camino de anchura constante, suya superficie es la mitad que la del terreno. ¿Cuál es la anchura del camino?

19-81. El cristal de un escaparate tiene una superficie total de 10 m^2 y su longitud es 4 dm mayor que su anchura. Si la superficie descubierta de la luna es de 8 m^2 y el marco tiene una anchura constante, ¿qué anchura tiene el marco?

19-82. Un avión despega con dos horas y media de retraso, pero toma tierra a 1 200 Km, a la hora prevista, yendo 40 Km/h más rápido que la velocidad media normal. ¿Cuál es la velocidad de vuelo normal?

19-83. Un depósito de gasolina se llena en 3 horas 40 minutos mediante dos conducciones. La conducción mayor puede llenar el depósito en dos horas y cuarto menos que la conducción menor. ¿Cuánto tarda cada conducción en llenar el depósito?

19-84. La circunferencia de la rueda trasera de un tractor es 1,5 m mayor que la delantera. Si la rueda de atrás da 150 vueltas menos para recorrer 1 600 metros, ¿cuál es la circunferencia de cada rueda?

19-85. Si a es la diferencia entre un número y su inverso y b la diferencia entre el cuadrado del mismo número y el cuadrado de su inverso, demostrar que: $a^2(a^2+4)=b^2$

NOTA: Una ecuación de segundo grado tiene dos raíces. Algunas veces las dos soluciones tienen sentido y otras veces no. Ver a continuación la discusión de la solución del problema 19-86.

19-86. Un escalador desea subir (o bajar) 2 Km por una montaña y lo hace a una determinada velocidad. Se da cuenta de que podía haber ascendido (o descendido) el doble de rápido más 3 Km/h más, habiendo ido en automóvil, con lo que hubiese tardado una hora menos en recorrer los dos kilómetros. ¿A qué velocidad anduvo?

Solución: Sea x la velocidad a que anduvo en Km/h. El tiempo será el espacio recorrido dividido por la velocidad, y vendrá dado en horas,

$$\frac{2}{x}-\frac{2}{2x+3}=1$$

Simplificando,

$$2x^2 + x - 6 = 0$$

o

$$x = \frac{3}{2} \quad \text{o} \quad -2$$

En este caso hay dos soluciones: Ha podido ascender a una velocidad de $^3/_2$ Km/h, o descender a una velocidad de 2 Km/h. Este ejemplo nos muestra una curiosa interpretación y aplicación de los números negativos.

20/La variación

Todos los fenómenos del Universo están relacionados con otros fenómenos; si se pudiera determinar esta relación, sería posible predecir lo que va a ocurrir. Cuando esta relación pudiera expresarse matemáticamente, sería aún más fácil esta predicción. En este capítulo veremos algunos tipos de relaciones simples y aprenderemos a expresarlas en lenguaje matemático.

20-1 CONSTANTES Y VARIABLES

Un número cuyo valor no varía se llama *constante.* Algunas constantes tienen siempre el mismo valor en Matemáticas o en otras ciencias. Por ejemplo, el valor de π, la razón entre la longitud de la circunferencia y la del diámetro del círculo, es una de tales constantes. El valor de π con cuatro cifras decimales es 3,1416. Otras constantes no cambian de valor en unas condiciones determinadas, o para cierto tipo de material, etc. El valor de estas constantes permanece inalterable dentro de un cierto contexto, en unas condiciones determinadas. En la ley de Hooke, $f = ks$, k es una constante, cuyo valor puede variar dependiendo de ciertas condiciones. f es la fuerza y s el aumento de longitud. Estos dos números son *variables.*

Una *variable* es un número que puede tomar una cantidad ilimitada de valores. Por ejemplo, f en la ley de Hooke puede ser 5 Kg, 26 Kg, 127 Kg, 1 000 000 Kg, o cualquier otro número. La velocidad de un cuerpo que cae libremente, varía segundo a segundo, es también una variable.

En Álgebra, las variables suelen representarse por las últimas letras del alfabeto: x, y y z. Las constantes se representan generalmente por las letras iniciales a, b, y c. En Física, Geometría, Electricidad, y Mecánica, las variables se representan casi siempre por la inicial del nombre del concepto que representa, así la base se representa por b, el voltaje por V, la velocidad por v, etc. (En castellano hay algunas excepciones, ya que para algunos conceptos, para entenderse internacionalmente se toma la inicial de la palabra inglesa correspondiente, como el trabajo, que se representa por W, del inglés «work».)

20-2 VARIACIÓN DIRECTA

Si dos variables están relacionadas de tal forma que su razón es constante —y entonces, si una de las dos aumenta la otra también; o si una disminuye la otra también disminuye— se dice que las dos varían *directamente* una respecto de la otra.

La ley de Ohm es un ejemplo de variación directa. Esta ley puede escribirse de la forma $E = kI$, donde E es el voltaje, I es la intensidad de corriente que pasa por el circuito y k es una constante, la resistencia del circuito. En el mismo circuito, k no cambia de valor; si I crece, entonces E crece también. Si E crece, también crece I. Si uno de los dos E o I decrece, entonces la otra variable también decrece. La variación es *directa.* Esta ley de electricidad suele escribirse $E = IR$, donde R, la resistencia del circuito, es una constante. Podemos despejar R de la ecuación anterior y escribiremos $E/I = R$. La constante R se llama *constante de variación, constante de proporcionalidad o factor de proporcionalidad.* Para describir este tipo de variación puede emplearse indistintamente cualquiera de estas expresiones: E varía como I; E es directamente proporcional a I; E es proporcional a I. Para expresar este tipo de relación también puede utilizarse la notación $E \propto I$.

Ejemplo 1: Un tren se aleja de una ciudad a velocidad uniforme. Hallar la relación que hay entre la distancia d que le separa de la estación y el tiempo t que hace que salió de la ciudad.

Solución: La distancia desde la ciudad al tren varía directamente con el tiempo transcurrido desde que salió el tren de la ciudad.

$$d = kt$$

La constante en la expresión $d = kt$ es k, la velocidad del tren. Para resolver este problema, y todos los semejantes, debemos asegurarnos que las unidades que sustituimos en la fórmula (en este caso $d = kt$) son consistentes.

Si el tren circula a 60 Km/h (kilómetros por *hora*), ¿a qué distancia estará de la ciudad a las 2 *horas* y media de haber salido?

$$d = kt;\ d = 60 \times 2\tfrac{1}{2} = 150 \text{ Km}$$

Las unidades sustituidas en la fórmula, en este caso, son consistentes. Observemos que la velocidad del tren viene medida en Km/h y el tiempo es de $2\,{}^1/_2$ horas; la respuesta viene, en este caso, expresada en kilómetros.

Si el tren circula a una velocidad de 60 Km/h, ¿a qué distancia estará de la ciudad a los 90 *minutos* de su partida?

$$d = kt;\ d = 60 \times 1\tfrac{1}{2} = 90 \text{ Km}$$

Obsérvese que los 90 minutos se han cambiado por $1\,{}^1/_2$ horas. También podrían haberse cambiado los Km/h en kilómetros por minuto (Km/min):

$$d = kt;\ d = 1 \times 90 = 90 \text{ Km}$$

Como es lógico, las dos soluciones son iguales.

Ejemplo 2: Dos números variables f y s son directamente proporcionales, y cuando $f = 10$, $s = 4$. Hallar f si $s = 25$.

Solución: Como la variación es directa, $f = ks$. Sustituyendo $f = 10$ y $s = 4$, obtendremos el valor de k:

$$\begin{aligned} f &= ks \\ 10 &= k4 \\ 2\tfrac{1}{2} &= k \end{aligned}$$

La fórmula $f = 2\,{}^1/_2 s$ representa la variación. Cuando $s = 25$,

$$f = 2\tfrac{1}{2}s$$
$$f = 2\tfrac{1}{2} \times 25 = 62\tfrac{1}{2}$$

Ejemplo 3: La distancia recorrida por un cuerpo cayendo libremente es proporcional al cuadrado del tiempo. Si s es la distancia recorrida en metros y t el tiempo en segundos, escribir matemáticamente la relación. Hallar el valor de k si la distancia recorrida en 5 segundos es 122,625 metros.

Solución: Puesto que la variación de la distancia es directa respecto al cuadrado del tiempo, $s = kt^2$. Sustituyendo para s y t los valores dados,

$$s = kt^2$$
$$122{,}625 = k(5)^2$$
$$\frac{122{,}625}{25} = k$$
$$4{,}905 = k$$

Como la constante k determinada es 4,905, la fórmula puede escribirse

$$s = kt^2$$
$$s = 4{,}905t^2$$

En Física, esta fórmula $s = 4{,}905t^2$ suele escribirse generalmente en la forma $s = {}^1/_2 gt^2$. En esta fórmula, g representa la aceleración producida por la fuerza de la gravedad actuando sobre un cuerpo que cae libremente, y su valor es 9,810.

20-3 VARIACIÓN INVERSA

La *variación inversa* puede describirse intuitivamente como una variación «opuesta». Cuando dos números variables están en variación inversa y uno de ellos *crece*, el otro *decrece*.

La resistencia eléctrica de dos cables del mismo material es menor en uno grueso que en otro delgado; la resistencia varía *inversamente* a la sección del cable. Para indicar la misma relación puede decirse «cuando la sección se divide» la «resistencia se multiplica».

La intensidad de iluminación producida por una lámpara disminuye a medida que nos alejamos de ella. También en este caso se trata de una variación inversa. Pero en este caso, la intensidad de iluminación varía inversamente al cuadrado de la distancia desde el punto a la lámpara. Por ejemplo, si primero nos situamos en un punto y luego en otro que está a doble distancia de la lámpara que el anterior, la intensidad de iluminación en el segundo punto es un cuarto de la intensidad en el primero, ya que un medio al cuadrado $[({}^1/_2)^2]$ es igual a un cuarto $({}^1/_4)$.

Si un número varía inversamente, o mejor, inversamente proporcional a otro, el producto de ambos es constante. Es decir, si uno de ellos crece, el otro disminuye en la misma proporción; o si uno de ellos decrece, el otro aumenta en la misma proporción.

20-4 ENUNCIADO MATEMÁTICO DE UNA RELACIÓN INVERSA

Si x e y son dos variables que están en variación inversa una de la otra, y k es una constante, entonces

$$xy = k;\ x = \frac{k}{y};\ y = \frac{k}{x}$$

La ecuación $x = k/y$ se lee «x varía inversamente respecto a y» o «x es inversamente proporcional a y». Del mismo modo, $y = k/x$ se lee «y es inversamente proporcional a x».

Por ejemplo, la intensidad de iluminación de un foco luminoso varía inversamente con el cuadrado de la distancia al foco. Si I representa la intensidad de iluminación, d la distancia al foco y k la constante, entonces

$$I = \frac{k}{d^2} \quad \text{o} \quad Id^2 = k$$

Ejemplo 1: Si x varía inversamente respecto a y, enunciar la ley y hallar el valor de la constante si $x = 10$ cuando $y = {}^1/_2$.

Solución: $xy = k$ es la expresión matemática de la variación. Sustituyendo los valores dados de x e y para calcular k, resulta $10 \times {}^1/_2 = k$. Luego $k = 5$.

Si utilizamos este valor de k, la ecuación (o ley) queda en la forma

$$xy = 5$$

Ejemplo 2: Si $x = {}^1/_{100}$, hallar y según la ley del Ejemplo 1.

Solución: Sustituyendo en la fórmula, ${}^1/_{100}\, y = 5$. Por consiguiente,

$$y = 500$$

20-5 VARIACIÓN CONJUNTA

Un número *varía conjuntamente* de manera proporcional a dos o más números, cuando es directamente proporcional al producto de todos ellos. Por ejemplo, si x varía proporcionalmente a u y v, entonces $x = kuv$.

Un número puede variar directamente respecto a un número e inversamente respecto a otro. Entonces, dicho número es directamente proporcional al cociente del primero dividido por el segundo. Por ejemplo, si x varía directamente respecto a y e inversamente respecto a z, la relación se expresa en la forma $x = k(y/z)$.

Ejercicios

Responder oralmente los Ejercicios desde 20-1 hasta 20-9.

20-1. Enunciar el tipo de variación entre el área del cuadrado y la longitud de su lado.

20-2. Enunciar la relación entre la distancia recorrida por un hombre que camina con velocidad uniforme y el tiempo que lleva caminando.

20-3. Enunciar la relación entre el volumen de un paralelepípedo y sus tres dimensiones.

20-4. Enunciar la relación entre el texto escrito de un libro, su espesor y la distancia entre las líneas.

20-5. ¿La cantidad de gasolina que consume un automóvil en 100 Km, varía directamente con la velocidad?

20-6. ¿El peso que un hombre puede levantar es directamente proporcional al peso del hombre?

20-7. Poner varios ejemplos de variaciones de distinto tipo a las enunciadas en los ejercicios anteriores.

20-8. Expresar con palabras, en lenguaje de variación, las relaciones siguientes:

$$S = 4\pi r^2 \qquad S = \pi r^2 h \qquad V = 4\pi r^3 \qquad W \propto \frac{bd^2}{l}$$

$$z \propto \frac{\sqrt{x}}{y^2} \qquad v \propto \frac{1}{p} \qquad e = \frac{kwl^3}{bd^3} \qquad A = \frac{kq}{\sqrt{h}}$$

20-9. Expresar las relaciones siguientes mediante la fórmula adecuada:

(a) El volumen V de un cono circular es directamente proporcional a su altura h y al cuadrado del radio r.

(b) El peso de un cuerpo en la Tierra es inversamente proporcional al cuadrado de su distancia d al centro de la Tierra.

(c) La presión del viento sobre una superficie varía proporcionalmente con la superficie y con el cuadrado de la velocidad del viento.

(d) La ley de la gravitación universal de Newton, nos dice que la fuerza F con que se atraen dos masas m_1 y m_2 es directamente proporcional al producto de las masas e inversamente proporcional al cuadrado de la distancia d que las separa.

20-10. En la relación $R = xy/(u + v)$, ¿cómo varía R respecto de x? ¿Respecto a u? Si v disminuye, R ¿crece o disminuye?

20-11. En la relación $x/a = b/y$, donde a y b son constantes, ¿cómo varía x respecto a y?

20-12. Si $x \propto y$ y cuando $x = 10$, $y = 60$, hallar la ecuación que relaciona a x e y.

20-13. Si $b \propto d$ y cuando $b = 20$, $d = 15$, hallar b cuando $d = 80$.

20-14. Si x varía proporcionalmente a y y a z conjuntas, y cuando $y = 6$ y $z = 3$, $x = 120$, hallar la constante de la fórmula. Calcular y cuando $x = 200$ y $z = 15$.

20-15. El área A de un triángulo varía proporcionalmente a su base b y su altura a conjuntamente. Escribir la ley si cuando $a = 6$ cm y $b = 4$ cm, $A = 12$ cm². ¿Cuánto vale el área cuando la base mide 25 cm y la altura 40 cm?

NOTA: La fórmula para determinar el área del triángulo conocidas la base y la altura es ya conocida, pero en el ejercicio se trata precisamente de deducirla a partir de los datos expuestos.

20-16. Los volúmenes de dos sólidos semejantes, varían como los volúmenes de los cubos de aristas igualmente situadas. Si un caldero de 25 cm de diámetro en su parte superior tiene una capacidad de 12 litros, ¿qué capacidad tendrá otro totalmente semejante que tenga en su parte superior un diámetro de 40 cm?

20-17. El volumen de una esfera es proporcional al cubo de su radio. Si el volumen de una esfera de 2 cm de radio es de 33,5104 cm³, ¿cuál será el volumen de una esfera de 8 cm de radio?

20-18. Si un barco de vapor navega a velocidad constante, el carbón consumido varía proporcionalmente a la distancia y al cuadrado de la velocidad conjuntamente. Un barco que navega 150 millas a una velocidad de 18 nudos consume 80 toneladas de carbón. ¿Cuánto consumiría para navegar 200 millas a una velocidad de 24 nudos (1 nudo = 1 milla por hora)?

20-19. Una pelota cae por un plano inclinado. La distancia s que recorre es proporcional al cuadrado del tiempo t. Si la pelota recorre 10 cm en 6 segundos, calcular qué distancia recorrería en 12 segundos. ¿Cuánto tardará en recorrer 40 cm?

20-20. El número de oscilaciones por segundo de un péndulo simple es inversamente proporcional a la raíz cuadrada de su longitud. Un péndulo de 39,1 in de longitud oscila una vez por segundo. ¿Qué longitud debería tener para oscilar 4 veces por segundo? ¿Y para oscilar una vez en 10 segundos?

Solución: La ley es $n = k/\sqrt{l}$, siendo n el número de oscilaciones por segundo y l la longitud del péndulo en pulgadas.

Para hallar k, se sustituye n por 1 y l por 39,1.

$$1 = \frac{k}{\sqrt{39{,}1}} \quad \text{y} \quad k = \sqrt{39{,}1}$$

Para hallar la longitud de un péndulo que oscila 4 veces por segundo, se sustituye n por 4.

$$4 = \frac{\sqrt{39{,}1}}{\sqrt{l}} \quad \text{y} \quad l = \frac{39{,}1}{16} = 2{,}44+ \text{ in.}$$

Para hallar la longitud de un péndulo que dé una oscilación cada 10 segundos, se sustituye n por 0,1:

$$\frac{1}{10} = \frac{\sqrt{39{,}1}}{\sqrt{l}}$$

$$l = 100 \times 39{,}1 = 3{,}910 \text{ in.} = 325 \text{ ft } 10 \text{ in.}$$

20-21. Si $p \propto 1/v$ y $v \propto 1/p'$, demostrar que $p \propto p'$.

20-22. Si $a \propto s$ y $b \propto s$, demostrar que $a^2 - b^2 \propto s^2$.

20-23. Si la iluminación de un objeto es inversamente proporcional al cuadrado de la distancia que le separa del foco luminoso y la iluminación de un objeto que está a 8 cm del foco es 3, hallar la iluminación de un objeto que está a 40 cm del foco. Hallar la iluminación de otro objeto que está a 4 cm del foco luminoso.

20-24. El calor Q generado por una corriente eléctrica de I amperios de intensidad varía proporcionalmente con el cuadrado de la resistencia R y con el tiempo t por el que pasa dicha corriente conjuntamente. Escribir la fórmula de dos modos distintos.

20-25. Utilizando la fórmula del Ejercicio 20-24, se ha comprobado experimentalmente que $Q = 388\,800$ si $I = 10$, $R = 9$ y $t = 30$ minutos. Hallar Q si $I = 30$, $R = 50$, y $t = 40$ minutos.

20-26. Una lámina circular de acero, de 2 cm de diámetro, aumenta su diámetro en $^1/_{200}$ cm al elevar su temperatura a cierto número de grados. ¿En cuánto ha aumentado la superficie de la chapa?

20-27. Un cable de acero de 1 cm de diámetro, soporta un peso de 1 000 Kg. ¿Qué peso podrá soportar un cable de $^5/_8$ cm de diámetro?

20-28. Un cono de hierro fundido, de 8 cm de altura, pesa 10 Kg. ¿Cuál será el peso de un cono del mismo material, totalmente semejante y de 6 cm de altura?

20-29. De dos personas de la misma constitución y complexión, una mide 165 cm y pesa 75 Kg. ¿Cuánto pesará la otra, si mide 180 cm?

20-30. Un hombre de 163 cm pesa 70 Kg y otro de 185 cm pesa 108 Kg. ¿Cuál de los dos es de complexión más fuerte?

20-31. La resistencia eléctrica de dos cuerpos del mismo material es directamente proporcional a su longitud L e inversamente proporcional al área A de su sección. Si la resistencia de una barra de aluminio templado de 2,5 cm de largo y 6,25 cm^2 de sección es de 0,000001144 ohmios a 0° C. ¿Cuál será la resistencia de un cable del mismo material, a la misma temperatura si mide 30 cm de largo y 0,005 cm el diámetro de su sección?

20-32. Hallar la resistencia de un cable, de material análogo al del ejercicio anterior a 32° F, de 1 Km de longitud y 0,075 cm de diámetro.

20-33. Si la resistencia de un cable, análogo al del Ejercicio 20-31, a 0° C es de 27,3 ohmios y tiene 0,125 cm de diámetro, ¿cuál será su longitud?

20-34. Si la resistencia de un cable de 312 m de longitud es de 21,6 ohmios, ¿cuál será la resistencia de 191 m de ese mismo cable, si su sección se reduce a la mitad?

20-35. La carga eléctrica Q de un condensador de un aparato de radio, varía conjuntamente con la capacidad C y el voltaje V. La constante de proporcionalidad es 10^{-6} si Q viene dado en culombios; C en microfaradios y V en voltios. Si $C = 15$ microfaradios y $V = 820$ voltios, hallar Q.

20-36. La energía, medida en julios, almacenada por un condensador varía proporcionalmente a la capacidad y al cuadrado del voltaje conjuntamente. La constante de proporcionalidad es $^1/_2(10)^{-6}$ si C viene dada en microfaradios y V en voltios. ¿Cuál será la energía almacenada a 1 000 voltios por un condensador de 2 microfaradios?

20-37. ¿Cuál es la capacidad de un condensador, si a 110 voltios tiene una carga de 0,0036 culombios?

20-38. ¿Cuánta energía almacena un condensador de una emisora de radio, si su capacidad es de 0,0001 microfaradios y la tensión aplicada es de 20 000 voltios?

20-39. El tamaño de las piedras que puede arrastrar una corriente, varía proporcionalmente a la sexta potencia de la velocidad de la corriente. Si esta velocidad se duplica, ¿en cuánto aumentará el tamaño de los guijarros arrastrados? ¿En cuánto aumentará el tamaño, si la velocidad varía de 5 Km/h a 15 Km/h?

20-6 APLICACIÓN PRÁCTICA DE LA VARIACIÓN: RESISTENCIA TRANSVERSAL DE LAS VIGAS DE MADERA

En igualdad de condiciones, la resistencia de una viga, de sección rectangular y apoyada en sus dos extremos, varía de forma

(1) inversamente proporcional a la luz (distancia entre los apoyos) en metros,

(2) directamente proporcional a su ala (anchura) en centímetros,

y (3) directamente proporcional al cuadrado de su canto (altura) en centímetros.

Que la resistencia sea inversamente proporcional a la luz significa que una viga horizontal, descansando sobre sus dos extremos, como muestra la figura 20-1, a medida que aumenta su longitud, el peso que puede soportar disminuye en igual proporción; es decir, si la longitud

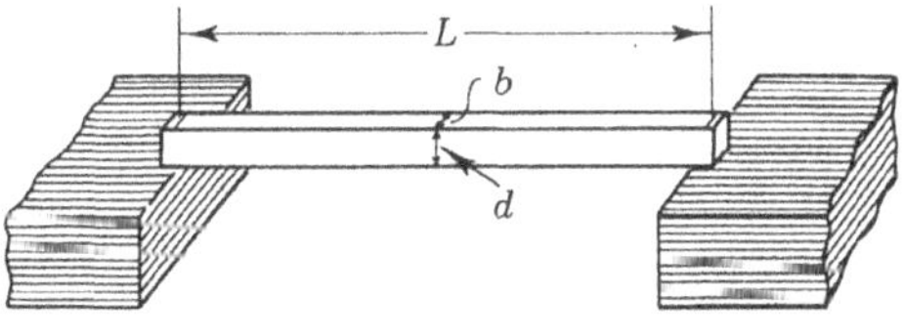

Figura 20-1

se duplica, el peso que puede soportar se divide por dos. Si P es el peso y L la luz, esto significa en el lenguaje de la variación que

$$P \propto \frac{1}{L} \quad \text{o} \quad P = \frac{k_1}{L}$$

La luz L es la distancia entre los dos puntos de apoyo.

Que la resistencia es directamente proporcional al ala, quiere decir que si la anchura aumenta, el peso que puede soportar aumenta en igual proporción; es decir, a anchura doble, puede soportar un peso doble. Si P es el peso y b el ala:

$$P \propto b \quad \text{o} \quad P = k_2 b$$

Que la resistencia es directamente proporcional al cuadrado del canto, quiere decir que si el canto aumenta, el peso que puede soportar la viga aumenta en el cuadrado de esa cantidad; o sea, a canto doble, el peso que es capaz de soportar será cuatro veces mayor. Si P es el peso y d el canto:

$$P \propto d^2 \quad \text{o} \quad P = k_3 d^2$$

Si varían las tres dimensiones, el peso que puede soportar la viga varía según la ley que expresamos a continuación:

$$P \propto \frac{bd^2}{L} \quad \text{o} \quad P = K\frac{bd^2}{L}$$

La expresión «en igualdad de condiciones» quiere decir que la viga sea del mismo material y siempre que la forma de colocar y apoyar la viga sea la misma. La naturaleza del material (clase de madera) es el factor más importante, ya que, incluso la madera de un mismo árbol no presenta la misma resistencia al peso. Sin embargo, cada madera tiene una *tensión de rotura* o *constante natural* (K en la fórmula) que no varía para vigas del mismo material. Esta constante no varía cuando no varían esas «mismas condiciones»; es decir, es la misma para vigas que sean exactamente del mismo material, apoyadas de la misma forma, y del mismo peso.

Para hallar esta constante, se toma una muestra del material de una sección cuadrada de 1 cm de lado y 1 m de longitud y se va añadiendo sobre la viga peso, de forma que este peso cargue sobre el centro de la viga. El valor de K será numéricamente igual al peso mínimo que produce la ruptura de la viga. K viene expresada en kilogramos.

En las aplicaciones prácticas, otro dato de gran importancia es la relación entre la carga de ruptura y la carga que la viga debe de soportar. Esta razón recibe el nombre de *coeficiente de seguridad*. Su valor depende de que el peso que se coloque encima de la viga sea una carga «muerta», «pasiva» o *carga estática*, es decir, en reposo, o por el contrario, de que se trate de una carga «viva», *carga dinámica*, es decir, una carga en movimiento, que no se aplica siempre en el mismo punto.

Para la carga estática se utiliza un coeficiente de seguridad 5, que significa que la carga estática que la viga tiene que soportar no debe ser mayor que un quinto de la carga de ruptura. El factor de seguridad para las cargas dinámicas es de 10.

Ejercicios

20-40. Despejar cada letra en la fórmula $P = K\dfrac{bd^2}{L}$.

20-41. La constante K para la madera de pino corriente es 2,5. ¿Qué peso podrá soportar una viga de pino corriente sin romperse, si tiene 3 m de luz, 8 cm de ala y 18 cm de canto? ¿Cuál será la carga de seguridad si adoptamos un coeficiente de seguridad 5?

20-42. ¿Qué longitud debe tener una viga de pino corriente para soportar 340 Kg si mide 8 cm de ancho y 20 cm de alto?

20-43. Como resultado de un ensayo sabemos que una viga de pino de 12 cm de luz, con una sección transversal de 30 × 30 cm, resiste una carga central de 2 050 Kg. ¿Qué canto necesitará una viga del mismo material de 1,80 m de luz y 5 cm de ala para soportar en el centro una carga de 600 Kg?

Solución: Utilizaremos la fórmula $P = K\dfrac{bd^2}{L}$, y sustituimos en ella $P = 2\,050$ Kg, $L = 12$, $b = 30$ y $d = 30$. Entonces obtenemos

$$K = \frac{2\,050 \times 12}{30 \times 30^2} = 0{,}91$$

Sustituyendo $P = 600$, $L = 1{,}80$ y $b = 5$, resulta

$$600 = 0{,}91\,\frac{5d^2}{1{,}8} \qquad d = 15{,}4 \text{ cm}$$

20-44. Resolver el problema anterior si se toma un coeficiente de seguridad 10.

20-45. Cuando la carga está uniformemente repartida, la constante toma el valor doble del caso en que la carga está sólo en el centro. Resolver el Ejercicio 20-41 si la carga se considera uniformemente repartida.

20-46. Hallar la anchura que debe tener una viga de roble de 5,4 m de luz si su canto es de 30 cm, para que pueda admitir una carga uniformemente repartida de 4 500 Kg. La constante es 4,2 para carga en el centro y el coeficiente de seguridad 5.

20-47. El suelo de un vestíbulo de 5 m de ancho, está apoyado sobre vigas de pino de 8 cm de ala, 30 cm de canto y de luz la anchura del vestíbulo. Tomando 2,5 como constante del pino (para carga centrada), y admitiendo un coeficiente de seguridad de 5, hallar la separación que debe haber entre los ejes de las vigas para que la carga de seguridad del piso, uniformemente repartida, sea de 650 Kg/m.

20-48. O'Connor dio la siguiente fórmula para calcular la carga estática distribuida a lo largo de una viga de sección rectangular apoyada en sus extremos (sirve también para las viguetas del suelo):

$$P = \frac{4bd^2K}{2L}$$

donde P es el peso en kilogramos,
b el ala de la viga en centímetros,
d el canto de la viga en centímetros,
L la luz de la viga en centímetros,
$K = 66{,}8$ para el roble y 38,6 para el abeto.

(Obsérvese ahora que esta fórmula es distinta de la dada anteriormente.)

¿Cuál será el peso uniformemente repartido sobre una viga de roble de 15 cm por 25 cm, colocada de canto, si la luz es de 5 m?

20-49. Las viguetas de una habitación de 4 m de anchura por 8 m de longitud son de abeto, con una sección de 7,5 cm por 25 cm. ¿Qué distancia ha de haber entre los ejes de las viguetas para soportar el peso de un grupo de personas? (Un grupo de personas colocadas muy juntas suponen un promedio de 685 Kg/m² de carga.)

20-50. La siguiente fórmula se ha tomado de otro manual: Para vigas de pino blanco la fórmula $P = 140/3 \times bd^2/L$ da la carga de seguridad cuando la viga está apoyada en ambos extremos y la carga colocada en el centro.

P es la carga de seguridad, en kilogramos, menos el peso de la viga,
L es la luz de la viga en centímetros,
d es el canto de la viga en centímetros,
b es el ala de la viga en centímetros.

(a) Dados $L = 4$ m, $b = 7{,}5$ cm y $d = 20$ cm, hallar P.
(b) Dados $L = 4$ m, $b = 20$ cm y $d = 7{,}5$ cm, hallar P.
(c) Dados $L = 5$ m, $b = 10$ cm y $P = 862$ Kg, hallar d.
(d) Dados $b = 15$ cm, $d = 25$ cm y $P = 1\,900$ Kg, hallar L.

20-51. Los datos de la Tabla 20-1, dan los resultados de algunas experiencias para calcular la constante natural de algunas maderas con carga en el centro. Para cada material, hallar la resistencia de una viga de 1 m de luz, 1 cm de ala y 1 cm de canto. (Este valor es el valor de la constante K dado en la tabla, comprobadlo.)

Tabla 20-1. Ejercicio 20-51

MADERAS ENSAYADAS	L LUZ m	b ALA cm	d CANTO cm	CARGA DE ROTURA Kg	CONSTANTE NATURAL k
Pino blanco	0,610	5,1	5,1	649	2,99
Pino amarillo	3,275	35,6	38,0	30 844	1,96
Pino tea	3,275	35,6	38,0	53 750	3,43
Fresno	0,610	5,1	5,1	930	4,27
Pino tea	2,134	5,1	5,1	282	4,55
Fresno	2,134	5,1	5,1	350	5,64
Abeto	3,134	5,1	5,1	190	3,06

20-52. Comparar las resistencias de tres piezas de la misma clase de madera, de las dimensiones siguientes:

(1) 4 m de luz, canto 15 cm, ala 7,5 cm.
(2) 3 m de luz, canto 12,5 cm, ala 10 cm.
(3) 5 m de luz, canto 22,5 cm, ala 20 cm.

20-53. Dada una vigueta de madera de 4,5 m de longitud, 20 cm de canto y 7,5 cm de ala, hallar el canto de una pieza del mismo material, de 6 m de luz y 10 cm de ala que puede soportar un peso 5 veces mayor que el de la primera vigueta.

Solución: Sea P el peso que puede soportar la primera vigueta. Entonces

$$P = \frac{Kbd^2}{L} = \frac{K \times 7{,}5 \times 20^2}{4{,}5} = \frac{2\,000K}{3}$$

En el caso de la segunda vigueta, hay que calcular d cuando el peso es $5P = 10\,000K/3$,

$$\frac{10\,000K}{3} = \frac{K \times 10 \times d^2}{6}$$

Despejando, $d = 44{,}7 -$ cm.

20-54. Dada una vigueta de madera de 3,6 m de luz, 15 cm de canto y 10 cm de ala, calcular el ala de otra vigueta del mismo material de 4,2 m de longitud y 20 cm de canto, que debe soportar un peso doble que el de la primera vigueta.

20-55. Dada una vigueta de madera de 3,6 m de luz, 12,5 cm de canto y 7,5 cm de ala, hallar la anchura de una vigueta del mismo material de 4,2 m de luz y 15 cm de canto que debe soportar un peso cuatro veces mayor que el de la primera vigueta.

20-56. Dada una vigueta de madera de 3,6 m de luz, 15 cm de canto y 10 cm de ala, hallar el canto de otra vigueta del mismo material de 6 m de longitud y 12,5 cm de ala que debe soportar un peso doble que el de la primera vigueta.

20-57. El departamento de personal de cierta compañía calcula que el valor del trabajo de un hombre a partir de los 65 años, varía inversamente con el cuadrado de su edad. Si un hombre presta servicios por el valor de 490 000 ptas cuando tiene 65 años y vive hasta los 70, ¿qué valor tendrá su trabajo para esta compañía cuando tenga 70 años?

21/Métodos gráficos

21-1 GRÁFICOS O DIAGRAMAS

Los gráficos se utilizan para describir o ilustrar un fenómeno, para indicar relaciones y para resolver problemas. También son muy utilizados en revistas y periódicos para exponer hechos e indicar relaciones que serían difíciles de expresar con palabras o por medio de una tabla.

Por ejemplo, las temperaturas de Minneapolis en las 24 horas del día 19 de abril de 1965, fueron expuestas en la Tabla 21-1.

Tabla 21-1. Temperaturas (°F) del 19 de abril de 1965

Medianoche	34°	5 A.M.	35°	10 A.M.	46°	3 P.M.	59°	8 P.M.	51°
1 A.M.	34°	6 A.M.	36°	11 A.M.	48°	4 P.M.	59°	9 P.M.	48°
2 A.M.	33°	7 A.M.	37°	mediodía	52°	5 P.M.	58°	10 P.M.	40°
3 A.M.	34°	8 A.M.	42°	1 P.M.	54°	6 P.M.	56°	11 P.M.	38°
4 A.M.	32°	9 A.M.	44°	2 P.M.	56°	7 P.M.	53°	Medianoche	36°

Si leemos todas estas temperaturas, podemos determinar cuál fue la temperatura máxima y la mínima en este periodo de 24 horas. Asimismo, podemos determinar otros hechos, como cuándo ha subido o bajado la temperatura. No obstante, todos estos datos pueden determinarse más rápidamente y de forma más cómoda y sencilla, si construimos, con los datos de la Tabla 21-1 una gráfica, la que aparece en la figura 21-1.

En este gráfico se aprecian claramente todos los cambios de temperatura. Las temperaturas máxima y mínima también se determinan fácilmente a simple vista. La temperatura mínima fue de 32 y se alcanzó a las 4 A.M.; la máxima fue 59 a las 3 y 4 P.M.

Los puntos de la gráfica se han trazado a partir de los datos de la Tabla 21-1, y en un papel especial para gráficas. Existen muchos tipos distintos de papel de gráficas, según las escalas que convenga utilizar para cada tipo de trabajo.

En esta gráfica, conviene destacar los siguientes puntos: (1) Cada división horizontal representa, o es igual, a una hora. (2) Cada división vertical representa 2°. (3) Las escalas vertical y horizontal llevan rotuladas sus respectivas unidades. (4) La gráfica lleva un título. (5) La escala vertical comienza en cero grados. Las unidades escritas y el título de la gráfica sirven para facilitar la lectura. El valor de las divisiones, tanto horizontales como verticales, queda determinada por la persona que hace la gráfica. Generalmente, estos valores se toman de forma que resulte fácil conocer la relación que hay entre ambas variables. Por ejemplo, si se hubiese tomado para cada división vertical el valor de 10° en este caso, una diferencia de 1° resultaría difícil localizar en la gráfica y leerlo después.

Para construir una gráfica lineal, hay que proceder según los pasos siguientes:

1. Estudiar los datos y decidir cuál de las dos variables se va a representar en la escala

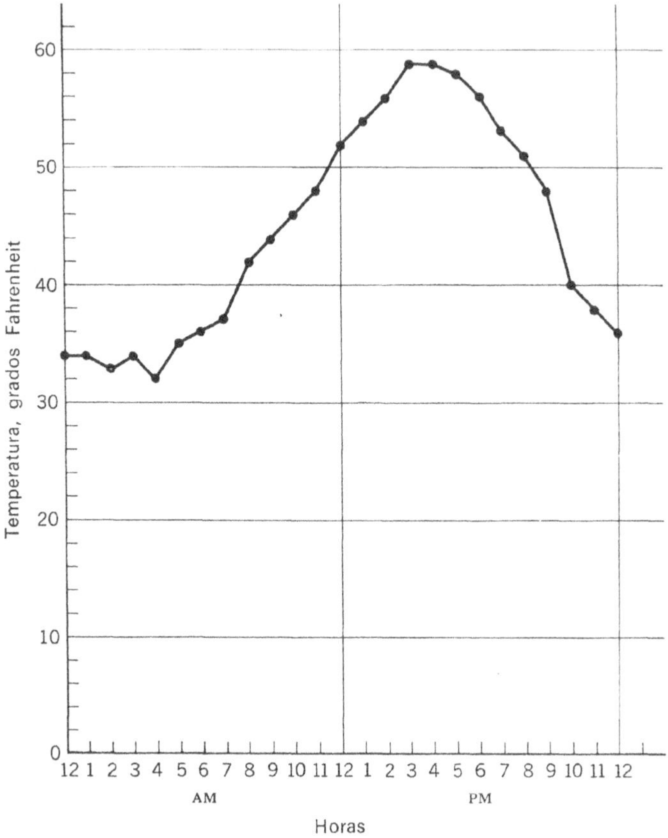

Figura 21-1. Gráfico lineal: Temperaturas por hora

horizontal.

2. Determinar el valor que va a darse a cada división horizontal. (En esta gráfica, cada división horizontal vale 1 hora.)

3. Elegir el valor de cada espacio en la escala vertical. Hay que tener en cuenta los valores que toma la variable que se va a representar en esta escala, para dar el valor a cada espacio. (Aquí, la temperatura mayor es 59°, entonces el valor máximo que aparece en la escala vertical es de 60° y cada división representa 2°.)

4. Representar los puntos correspondientes a cada dato (en este caso, a cada hora su temperatura).

5. Unir todos los puntos obtenidos por segmentos de rectas.

En la figura 21-2 aparece una gráfica circular que señala la temperatura durante 24 horas.

En este caso el papel circular gira sobre un dispositivo, y sobre él, un registro unido al termómetro dibuja la temperatura continuamente. Con un gráfico circular semejante, no es necesario leer cada hora el termómetro o el instrumento de que se trate; la gráfica la dibuja el aparato automáticamente. Este tipo de gráficos circulares tienen muchas aplicaciones en la industria y son muy empleados.

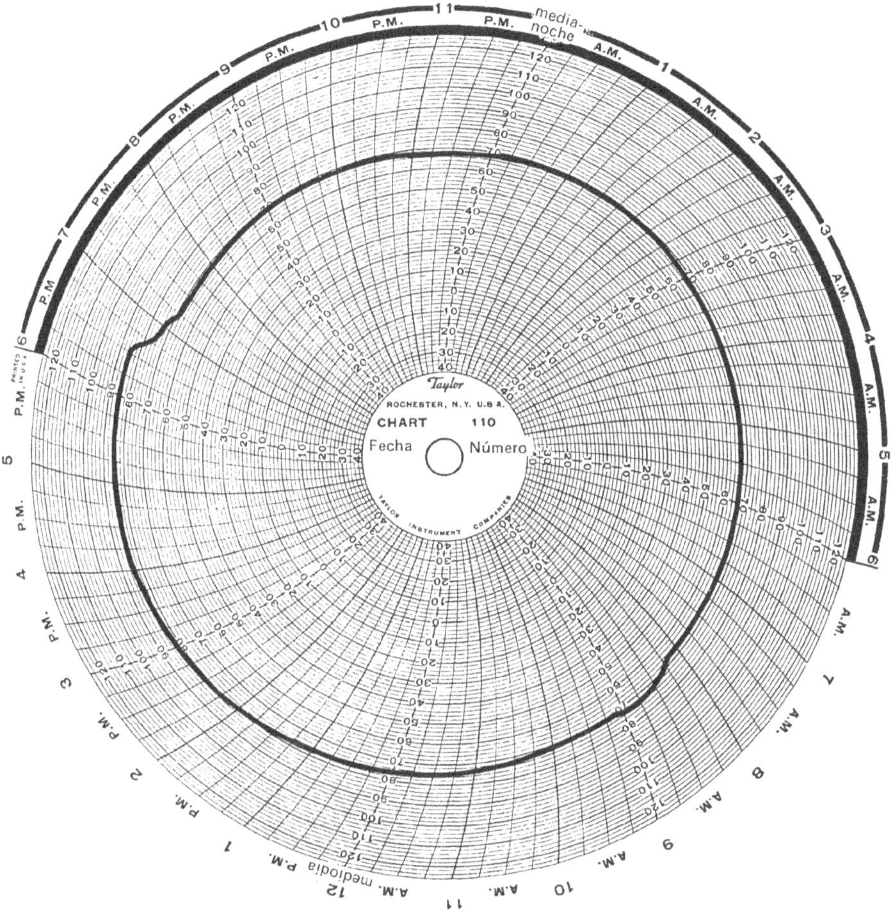

Figura 21-2. Gráfico circular. Temperaturas por hora. (Taylor Instrument Process Control Division Sybrom Corporation.)

Examinando el gráfico de la figura 21-2, contestar a estas cuestiones: ¿Cuál es la máxima temperatura? ¿La mínima? ¿A qué hora se alcanzó cada una?

NOTA: Una gráfica circular *no* es lo mismo que un diagrama de sectores (ver Sec. 21-3).

21-2 DIAGRAMAS DE BARRAS

Los diagramas o gráficos de barras se utilizan para representar datos que no están relacionados matemáticamente.

He aquí un ejemplo: En un periodo de 10 años, una compañía paga unos dividendos que van desde 1.000 a 2.000 ptas. Los dividendos de cada uno de los 10 años aparecen en la Tabla 21-2, representados en miles de pesetas.

Tabla 21-2. Dividendos anuales en miles de pesetas

AÑO	DIVIDENDO	AÑO	DIVIDENDO
1955	1,00	1960	1,40
1956	1,00	1961	1,50
1957	1,10	1962	1,65
1958	1,20	1963	1,75
1959	1,40	1964	2,00

A partir de los datos de esta tabla, podemos construir un diagrama de barras, como el que aparece en la figura 21-3. En este diagrama se representan los dividendos anuales y nos permite hacer varias observaciones sobre ellos de forma rápida. Las mismas observaciones podrían

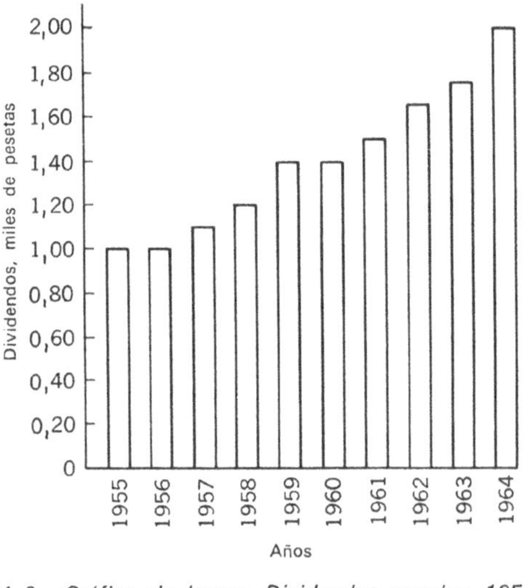

Figura 21-3. Gráfico de barras. Dividendos anuales, 1955-1964

hacerse a partir de los datos de la Tabla 21-2, pero sólo después de un estudio detenido. Observemos con cuanta facilidad podemos deducir estas cosas: (1) Los dividendos pagados se han duplicado en los 10 años. (2) El mayor aumento correspondió a los años 1963-64. (3) El dividendo no aumentó en los años 1955-56 y 1959-60. (4) El incremento del dividendo en estos 10 años ha sido, salvo en los años citados, bastante estable (o regular).

Los pasos a seguir para construir un diagrama de barras son muy parecidos a los seguidos para trazar una gráfica lineal:

1. Estudiar los datos y decidir cuál de las dos variables va a representarse en la escala horizontal.
2. Trazar la escala horizontal; es decir, determinar la anchura de las barras.
3. Elegir la escala vertical adecuada y limitar las barras según la altura de éstas.
4. Construir las barras.

21-3 DIAGRAMA CIRCULAR O DE SECTORES

Un diagrama de sectores, igual que un diagrama de barras, se utiliza para representar datos que no están matemáticamente relacionados. Se suelen utilizar, sobre todo, para ver en qué forma se ha repartido un todo.

Este tipo de gráficas se emplean, por ejemplo, para mostrar gráficamente cómo se ha gastado una cantidad de dinero, o qué ha ocurrido con cada peseta recibida por una empresa o corporación.

He aquí un ejemplo: La Tabla 21-3 nos muestra en qué forma se gastó cada peseta en distintos servicios.

Tabla 21-3. Cómo se gasta una peseta de impuestos

Sanidad	0,25
Vivienda	0,05
Jubilaciones	0,09
Gobernación	0,10
Industria	0,02
Educación	0,49
Total	1,00

El diagrama de sectores puede emplearse para ver la proporción que hay entre las cantidades gastadas en cada servicio. La figura 21-4 es el diagrama de sectores para los datos anteriores. En el gráfico puede verse claramente la parte del dinero total que se ha destinado a cada servicio.

¿Podría el alumno indicar los pasos que se deben seguir para dibujar un diagrama de sectores? Si el círculo total representa 100 céntimos, ¿qué sector representaría 25 céntimos? ¿Cómo se representarán 10 céntimos?

21-4 DIAGRAMA DE DIBUJOS O FIGURAS

En estos diagramas aparecen dibujos o figuras de objetos para poner de manifiesto cambios

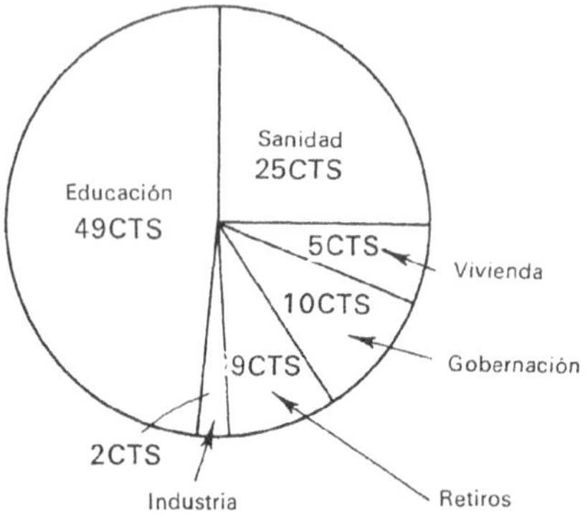

Figura 21-4. Diagrama circular o de sectores. En qué se gasta una peseta

—incrementos de producción, hombres-día de trabajo perdidos por accidentes, y datos parecidos.

He aquí un ejemplo: Durante 5 meses, una fábrica de cajas de cartón, construye y entrega las cajas por mes que figuran en la Tabla 21-4.

Tabla 21-4. Fabricación de cajas. Enero-mayo

MES	NÚMERO DE CAJAS
Enero	5 000
Febrero	6 000
Marzo	8 500
Abril	10 000
Mayo	12 000

Como se trataba de una nueva fábrica, recién inaugurada, el aumento de la producción se publicó en un artículo del boletín de la empresa, en el que los datos aparecieron en forma gráfica (Fig. 21-5).

Los tipos de gráficas estudiados hasta ahora, se utilizan en principio para dibujar datos o representar gráficamente algunos hechos; no representan relaciones matemáticas. Los gráficos que representan variables que se relacionan matemáticamente, y que se utilizan para resolver problemas, serán estudiados en otras secciones posteriores de este capítulo.

Ejercicios

21-1. La temperatura de cada hora en Nueva York, durante un periodo de 24 horas, viene dada en la Tabla 21-5. Construir un diagrama lineal con estos datos.

21-2. La población de una ciudad en 1910 era de 16 000 habitantes; en 1920 de 16 300; en 1930 de 16 850; en 1940 de 17 800; en 1950 de 19 100 y en 1960 de 20 700. Construir

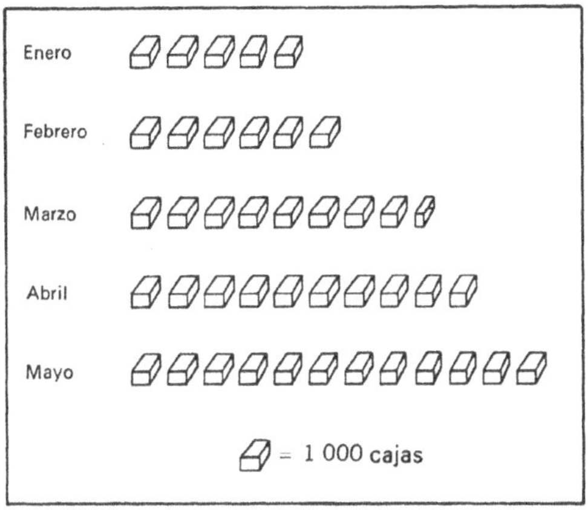

Figura 21-5. Diagrama de figuras. Fabricación de cajas, Enero-Mayo

Tabla 21-5. Ejercicio 21-1

HORA A.M.	12	1	2	3	4	5	6	7	8	9	10	11	12
TEMPERATURA F	45	45	45	45	43	42	41	40	42	51	57	59	62
HORA P.M.	1	2	3	4	5	6	7	8	9	10	11	12	
TEMPERATURA F	66	70	74	86	86	85	84	83	82	70	69	68	

Tabla 21-6. Ejercicio 21-3

Coche *A*	710	Coche *E*	229	Coche *I*	138
Coche *B*	487	Coche *F*	214	Coche *J*	109
Coche *C*	347	Coche *G*	176	Coche *K*	108
Coche *D*	245	Coche *H*	143		

un diagrama lineal que muestre el crecimiento de la población.

21-3. El número de automóviles nuevos vendidos en cierta provincia en un año, viene dado en la Tabla 21-6. Construir un diagrama de barras con estos datos.

21-4. Construir **(a)** un diagrama de sectores y **(b)** un diagrama de figuras con los datos del Ejercicio 21-3.

21-5. Construir un diagrama de barras con los datos del Ejercicio 21-2.

21-6. Los fondos de una compañía a lo largo de 70 años han sido los siguientes: 1965,

975 000 000 ptas; 1955, 554 000 000 ptas; 1945, 148 000 000 ptas; 1935, 64 000 000 ptas; 1925, 25 000 000 ptas; 1915, 10 000 000 ptas; 1905, 4 000 000 ptas; 1895, 1 000 000 ptas. Construir un diagrama de barras con estos datos.

21-7. Construir un diagrama lineal con los datos del Ejercicio 21-6.

21-8. Construir un diagrama de dibujos con los datos del Ejercicio 21-6.

NOTA: Las gráficas dibujadas por distintos alumnos pueden tener formas distintas. Una solución puede ser un saco de dinero, otra un fajo de billetes, para representar un número constante de pesetas.

21-5 GRÁFICAS MATEMÁTICAS

Los diagramas o gráficos estudiados en las secciones anteriores se emplean para representar datos que no están necesariamente relacionados entre sí matemáticamente. Las gráficas que describiremos en las secciones siguientes son gráficas de ecuaciones y gráficas que se utilizan en la resolución de problemas. Estas gráficas representan la relación matemática que hay entre dos grupos de datos.

En la industria se emplea mucho la solución gráfica de problemas, sobre todo cuando se presentan estas dos condiciones: primera, el problema planteado es muy frecuente; y, segunda, es suficiente conocer un valor aproximado de la solución.

21-6 DEFINICIONES

Como es necesario para representar leyes matemáticas entre dos variables, representar números positivos y negativos, primero vamos a detenernos en algunas definiciones y convenios.

Examinemos la figura 21-6. Si las rectas *OX* y *OY* se han trazado formando entre sí ángulos rectos, la posición de un punto cualquiera *P* del plano, puede localizarse midiendo las distancias del punto a las rectas *OX* y *OY*. Estas dos longitudes, que en la figura 21-6 son *OA* y *OB*, se llaman *coordenadas* del punto *P*. La longitud *OA* se llama *coordenada x* y la longitud *OB coordenada y*.

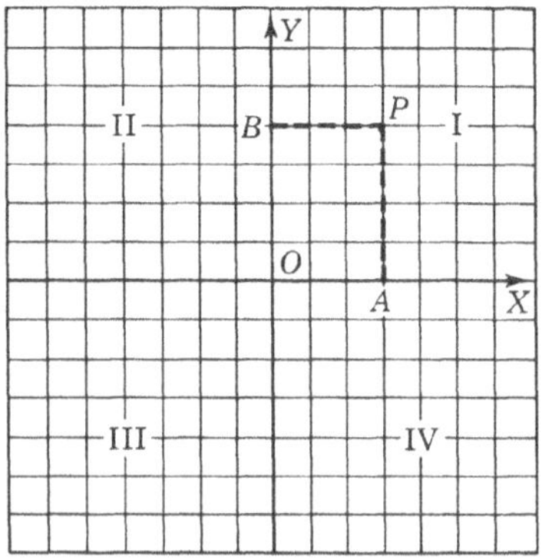

Figura 21-6. Rrepresentación de puntos

La línea *OX* se llama *eje x* o *eje de abscisas* y la recta *OY se* llama *eje y* o *eje de ordenadas*. Los dos juntos reciben el nombre de *ejes de coordenadas* o *ejes coordenados*. El punto *O* donde los dos ejes se cortan se llama *origen* u *origen de coordenadas*. La coordenada *x* se llama también *abscisa* y la coordenada *y*, *ordenada*, de un punto.

Las coordenadas se miden siempre desde el origen. Cuando la abscisa se mide hacia la derecha, es *positiva* y si se mide hacia la izquierda, es *negativa*. Una ordenada medida hacia arriba es *positiva* y medida hacia abajo *negativa*.

Las cuatro partes en que los ejes dividen al plano de la gráfica se llaman *cuadrantes*. Para distinguirlos reciben los nombres de *primer, segundo, tercer* o *cuarto cuadrantes*; aparecen indicados en la figura 21-6 por los números I, II, III y IV. Es evidente que en el primer cuadrante las dos coordenadas son positivas; en el segundo cuadrante, la abscisa es negativa y la ordenada positiva; en el tercer cuadrante las dos coordenadas son negativas y en el cuarto, la abscisa es positiva y la ordenada negativa. Estos signos aparecen en la Tabla 21-7

Tabla 21-7. Signos de las coordenadas en los cuadrantes

CUADRANTE	I	II	III	IV
ABSCISA	+	−	−	+
ORDENADA	+	+	−	−

21-7 REPRESENTACIÓN DE PUNTOS

Representar un punto es localizarlo respecto a unos ejes coordenados. Para representar un punto cuya coordenada *x* es 3 y su coordenada *y* es 4, en primer lugar se dibujan los ejes (ver Fig. 21-7), a continuación se elige una unidad de medida y se toman tres unidades a la derecha de *O* obteniendo el punto *A*. Se traza una recta paralela al eje *Oy* por *A*. El punto *B*

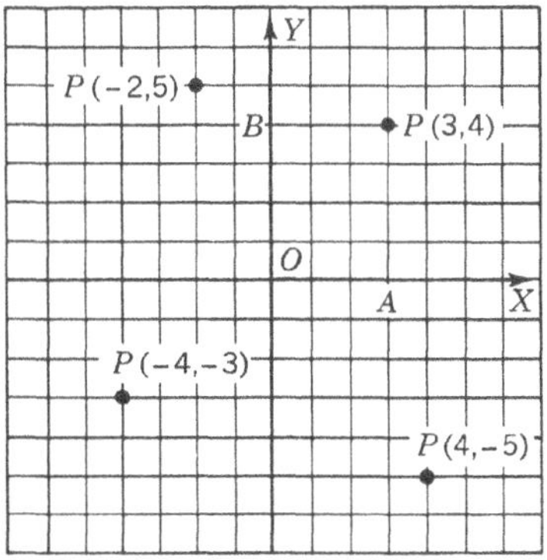

Figura 21-7. Representación de puntos

se obtiene tomando cuatro unidades hacia arriba de *O*, y se traza una paralela al eje *OX* por *B*. El punto buscado es aquél en que se cortan estas dos rectas. En la figura este punto aparece indicado como *P*(3,4), que es la forma usual para escribir las coordenadas de un punto. La abscisa se escribe en primer lugar, seguida de la ordenada; las dos se separan con una coma y se encierran entre paréntesis. Esta notación se lee «el punto *P*, de coordenadas 3 y 4».

Los siguientes puntos, indicados en la figura 21-7, se localizan de la misma forma: *P*(− 2, 5); *P*(− 4, − 3): *P*(4, − 5).

NOTA: El valor *x* se escribe siempre en primer lugar.

21-8 REPRESENTACIÓN GRÁFICA DE UNA ECUACIÓN

Utilizaremos la ecuación $3x + 4y = 12$ para explicar cómo se halla la gráfica de una ecuación. Debemos recordar que para este tipo de ecuaciones −una ecuación de primer grado con dos incógnitas− hay infinitos pares de valores para *x* e *y* que satisfacen la ecuación. El primer paso para trazar la gráfica de esta o parecidas ecuaciones es determinar varios de estos pares de valores. Para ello, se toman diferentes valores para una de las variables y se calculan los correspondientes valores para la otra variable. Este procedimiento es como aparece a continuación.

Se construye una tabla para un cierto número de pares de valores (en este caso, 6):

x	−6	−4	−2	0	3	5
y	7½					

Suponiendo para *x* los valores que aparecen en la tabla, se calculan en la ecuación dada los correspondientes valores de *y*.

Sustituyendo $x = -6$ en la ecuación:

$$\begin{aligned} 3x + 4y &= 12 \\ 3(-6) + 4y &= 12 \\ -18 + 4y &= 12 \\ 4y &= 30 \\ y &= 7\tfrac{1}{2} \end{aligned}$$

Después el correspondiente valor de *y* se coloca en la tabla debajo del valor supuesto para *x* (aquí el valor de *x* era − 6).

Se completa la tabla sustituyendo *x* por − 4, − 2, 0, 3 y 5 en la ecuación y calculando los correspondientes valores para *y*. La tabla completa es:

x	−6	−4	−2	0	3	5
y	7½	6	4½	3	¾	−¾

Representamos los puntos obtenidos por los valores de la tabla y los unimos entre sí por una línea recta. Lo que hemos obtenido es una ***gráfica*** de la ecuación. Una gráfica está completa cuando los puntos obtenidos se han unido por una línea recta (como en este caso y en el de todas las ecuaciones de primer grado con una o dos variables) o por una curva (para otros tipos de ecuaciones que veremos en otros ejemplos). La misma línea recibe también el nombre de gráfica de la ecuación. La gráfica de la ecuación $3x + 4y = 12$ es como se ve en la figura 21-8.

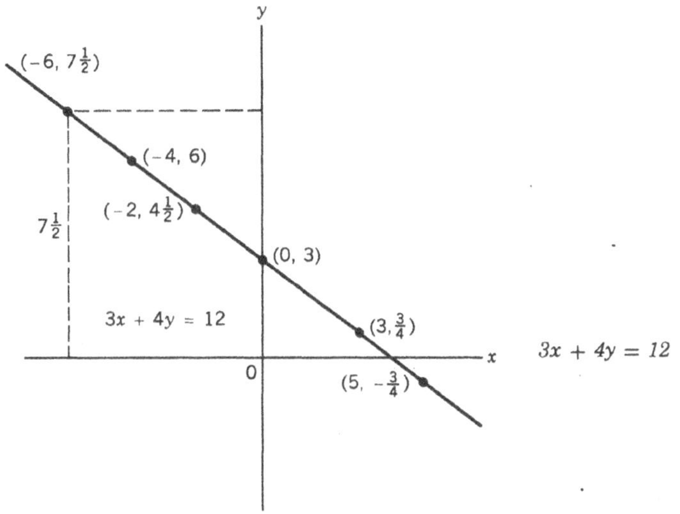

Figura 21-8.

Si una ecuación es de primer grado, su gráfica es una línea recta. Como sólo dos puntos determinan una línea recta, basta con calcular únicamente dos pares que satisfagan la ecuación. Los otros cuatro pares que hemos determinado, en este caso sólo sirven para comprobar los otros dos.

Cuando sólo es preciso calcular dos pares para construir la gráfica de la ecuación, se suelen tomar aquéllos en que la gráfica corta a los ejes coordenados. Estos dos puntos se determinan sustituyendo primero x por 0 y calculando y, y después sustituyendo y por 0 y calculando x.

Los pasos a seguir para trazar la gráfica de una ecuación son:

1. Construir la tabla de valores.
2. Suponer algunos valores para x o para y.
3. Calcular los correspondientes valores para y o x (es decir, para la incógnita que queda en la ecuación).
4. Representar los puntos indicados por los pares de valores obtenidos.
5. Construir la gráfica uniendo estos puntos por medio de una recta o una curva, según sea la ecuación.

21-9 ECUACIONES SIMULTÁNEAS (O SISTEMAS DE ECUACIONES)

En el Capítulo 16 hemos estudiado varios métodos para resolver dos ecuaciones con dos incógnitas. Estos valores pueden determinarse también gráficamente.

La resolución gráfica puede describirse con una frase: Se representan gráficamente las dos ecuaciones; las coordenadas del punto donde las dos se cortan nos dan los valores de las incógnitas.

Ejemplo: Resolver el sistema $x - y = 2$ y $x + y = 12$.

Solución: La solución de este problema por un método de los ya estudiados sería:

$$\begin{aligned} &(1)\ x - y = 2 \\ &(2)\ x + y = 12 \end{aligned}$$

Sumando las ecuaciones (2) y (1), y calculando entonces x,

$$\begin{array}{rl} (1) & x - y = 2 \\ (2) & \underline{x + y = 12} \\ & 2x \quad = 14 \\ & x \quad = 7 \end{array}$$

Sustituyendo $x = 7$ en la ecuación (2) y despejando y,

$$\begin{aligned} x + y &= 12 \\ 7 + y &= 12 \\ y &= 5 \end{aligned}$$

Los valores son entonces, $x = 7$ e $y = 5$.

La resolución gráfica de estas dos ecuaciones es:

1. Gráfica de $x - y = 2$.
2. Gráfica de $x + y = 12$.
3. Leer las coordenadas del punto de intersección; las coordenadas serán los valores de x e y.

La tabla para la ecuación $x - y = 2$:

x	−4	−2	0	2	4
y	−6	−4	−2	0	2

La tabla de valores para $x + y = 12$:

x	−5	−3	0	3	5
y	17	15	12	9	7

Estos valores, una vez representados, dan lugar a las dos gráficas que aparecen en la figura 21-9. Las coordenadas del punto de intersección son (7, 5); luego, $x = 7$ e $y = 5$. La solución gráfica coincide con la solución que habíamos calculado.

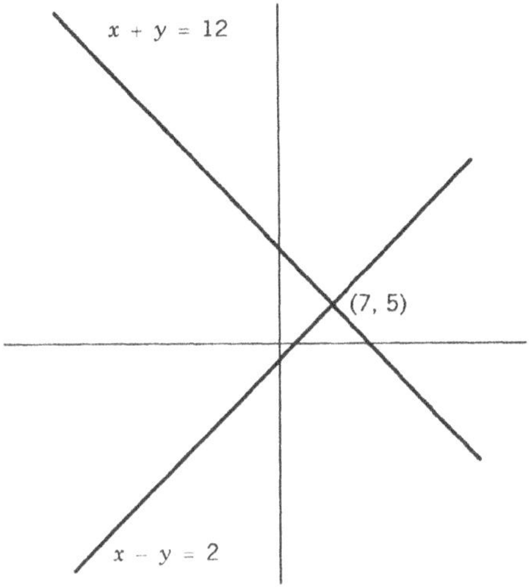

Figura 21-9. $x - y = 2$ y $x + y = 12$

Si las dos gráficas no se cortasen en ningún punto −es decir, si las rectas fuesen paralelas−, entonces las dos ecuaciones no tendrían ninguna solución común y el sistema sería imposible de resolver, sería un sistema de ecuaciones incompatible.

Las dos ecuaciones $x + y = 12$ y $3x + 3y = 36$ son equivalentes; un sistema formado por estas dos ecuaciones sería indeterminado, no tendrían solución única. Si representamos gráficamente las dos ecuaciones, obtendríamos para las dos la misma recta, es decir, coincidirían todos sus puntos.

21-10 GRÁFICA DE UNA ECUACIÓN DE CUALQUIER GRADO

La gráfica de una ecuación de cualquier grado con dos variables (incógnitas) puede construirse también por el método explicado en la sección anterior. La gráfica de una ecuación de grado mayor que 1 no es una línea recta; por consiguiente, debemos calcular un número mayor de pares de valores para determinar la curva que sea la gráfica de la ecuación.

Como ejemplo, construiremos la gráfica de la ecuación $x^2 + y^2 = 25$.

Ejemplo: Gráfica de la ecuación $x^2 + y^2 = 25$.

Solución:

$$x^2 + y^2 = 25$$

Despejando y:

$$y^2 = 25 - x^2$$
$$y = \pm\sqrt{25 - x^2}$$

x	4	−5	−3	−2	0	2	3	5	4
y	±3	0	±4	$\pm\sqrt{21}$	±5	$\pm\sqrt{21}$	±4	0	±3

x	−5	−4	−3	−2	0	2	3	4	5
y	0	±3	±4	$\pm\sqrt{21}$	±5	$\pm\sqrt{21}$	±4	±3	0

Representando en el plano los valores de x e y, la curva construida es la que aparece en la figura 21-10. La gráfica es, en dicha figura la circunferencia de centro el origen y de radio 5.

NOTA: Al hallar la tabla de valores, cuando suponemos para x un valor mayor que 5, el valor $25 - x^2$ es negativo, y no podemos calcular su raíz cuadrada por los métodos estudiados hasta ahora.

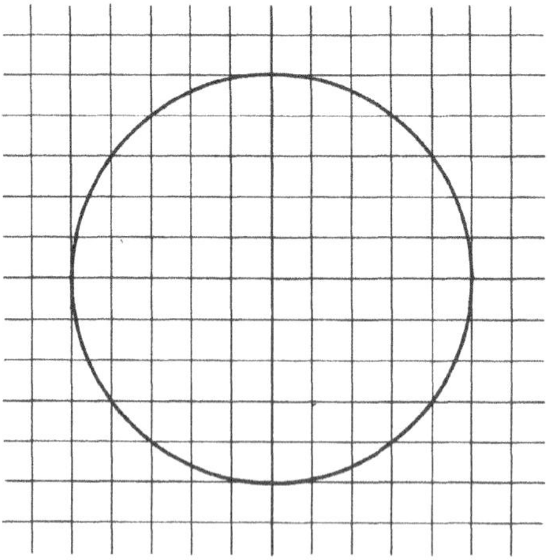

$x^2 + y^2 = 25$

Figura 21-10.

Ejercicios

Representar y resolver los siguientes sistemas de ecuaciones:

21-9. $x - y = 1$ y $x + y = 7$

21-10. $x + y = 9$ y $2x - y = 6$

21-11. $2x - 6y = -12$ y $x + 3y = 6$
21-12. $2x + 3y = 0$ y $3x - 2y = 0$
21-13. $2(x - 1) + 2y = 6$ y $2(1 - x) - 8y = -18$

21-14. Representar la curva de ecuación $xy = 1$. Esta ecuación nos dará una curva que nos permite leer directamente el inverso o recíproco de cualquier número. Se representa esta curva hallando primero un número (cuanto más alto mejor) de pares de valores que satisfagan la ecuación y representando luego en el plano los puntos que tengan esos pares como coordenadas. Es conveniente observar que siempre que x sea negativo, y será negativo y cuando x sea positivo, y será también positivo. Representando los pares de valores obtenidos, la gráfica aparece en la figura 21-11. (En dicha figura también aparecen los pares de valores.)

x	$\pm 1/16$	$\pm 1/8$	$\pm 1/4$	$\pm 1/2$	± 1	± 2	± 3	± 6	± 8	± 16
y	± 16	± 8	± 4	± 2	± 1	$\pm 1/2$	$\pm 1/3$	$\pm 1/6$	$\pm 1/8$	$\pm 1/16$

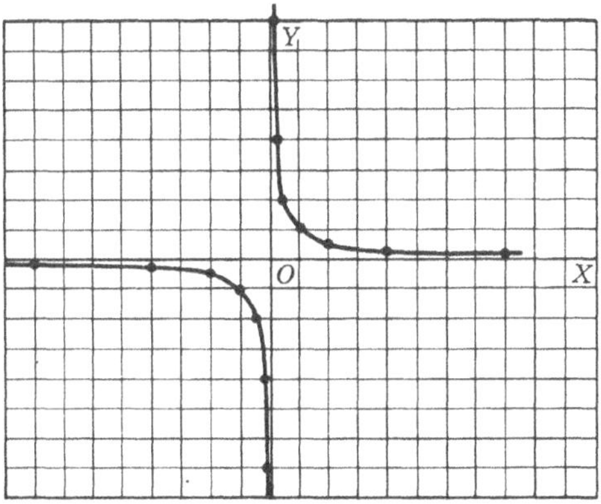

Figura 21-11. Ejercicio 21-14: $xy = 1$

21-15. Representar la curva de ecuación $y = x^2$. Obtendremos una curva que nos permite leer los cuadrados y las raíces cuadradas de todos los números.

21-16. Representar la ecuación $y = x^3$. La gráfica nos permitirá leer los cubos y las raíces cúbicas de todos los números.

21-17. En el cálculo del interés simple, si c es el capital impuesto, r el rédito, t el tiempo de la imposición y C el capital final (suma del capital inicial y los intereses obtenidos), entonces $C = c(1 + rt)$. Si c y r son dos valores numéricos dados, y se consideran los valores de C como ordenadas y los de t como abscisas, podremos representar gráficamente la ecuación. Dibújese la gráfica correspondiente. ¿Qué línea de la figura representa el capital inicial? ¿Qué característica de la gráfica depende del tanto por ciento?

21-18. Utilizando la misma figura del Ejercicio 21-17, dibujar una gráfica en la que el tiempo y el interés sean las coordenadas de los puntos de la curva.

21-19. Dibujar la gráfica correspondiente a la fórmula del área del círculo $A = \pi r^2$. Utilizar el radio para representarlo en el eje de abscisas y A en el de ordenadas. Leyendo en la gráfica, dar el área de los círculos de radio desde 0 hasta 6.

21-20. Análogamente al Ejercicio 21-19, representar una gráfica en la que se pueda leer el volumen de la esfera. Dicho volumen viene dado por la fórmula $V = {}^4/_3\pi r^3$.

21-21. Si la temperatura de un gas es constante, también es constante el producto de la presión por el volumen. Representando la presión por p y el volumen por v, trazar la gráfica de $pv = 4$, hallando varios valores de p y v.

21-11 PENDIENTE DE UNA ECUACIÓN DE PRIMER GRADO

La figura 21-8 nos muestra la gráfica de la ecuación $3x + 4y = 12$. Obsérvese que la recta va ascendiendo si la recorremos de izquierda a derecha. Si un punto se mueve siguiendo la gráfica de esta ecuación, las coordenadas del punto en cualquier posición particular son un par de valores que satisface la ecuación dada. Hay por supuesto un número infinito de puntos y de pares de valores. La *pendiente* de una ecuación de primer grado puede determinarse despejando y de la ecuación. Despejada y, el coeficiente del término en x es la pendiente de la ecuación.

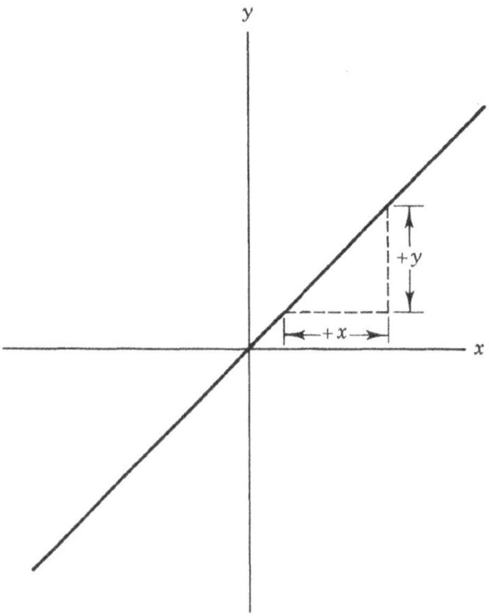

Figura 21-12. $y - x = 0$ o $y = x$

La figura 21-12 es la gráfica de la ecuación $y - x = 0$ o $y = x$. La razón entre el cambio de y producido por un cambio en x y el cambio de x, se llama *pendiente de la recta*. En la figura 21-12, si aumentamos x en tres unidades, y aumenta en tres unidades, luego esta razón es 3 : 3, o 1. La pendiente o coeficiente angular de la ecuación $y = x$ es, entonces, 1, y ocurre que cualquier variación (o cambio) en x produce la misma variación en y.

La figura 21-13, representa la gráfica de la ecuación $y = 2x$. En la figura 21-13 la pendiente es 4 : 2, o 2; un punto que se mueva a lo largo de la curva, por cada unidad que se mueve hacia la derecha, se mueve dos unidades hacia arriba.

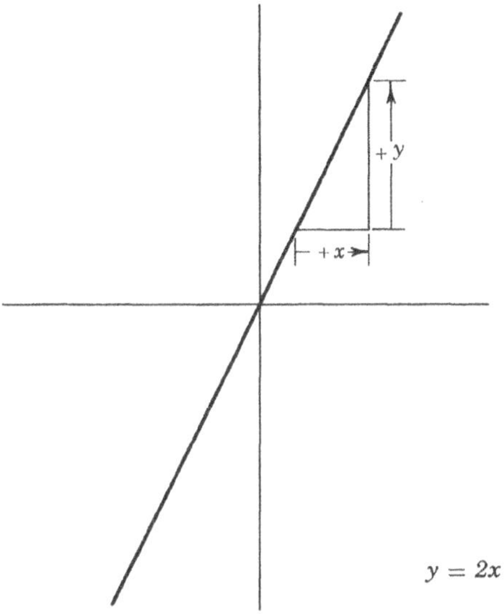

Figura 21-13.

La figura 21-14 representa la gráfica de la ecuación $y = -x$. Comparemos esta gráfica con la de la ecuación $y = x$, figura 21-12. El valor absoluto de la pendiente en ambas gráficas es el mismo, 1. El signo negativo indica que la curva desciende cuando la recorremos de izquierda a derecha (o que si aumentamos el valor de x, disminuye el valor de y).

Por consiguiente, la pendiente puede determinarse hallando el cociente entre la variación de y y la variación de x que la produce. Sin embargo, es más sencillo despejar y de la ecuación y determinar la pendiente leyendo el coeficiente del término en x.

Ejemplo: Determinar la pendiente de $3x + 4y = 12$.

Solución: Despejando y de la ecuación:

$$3x + 4y = 12$$
$$4y = -3x + 12$$
$$y = -\frac{3}{4}x + 3$$

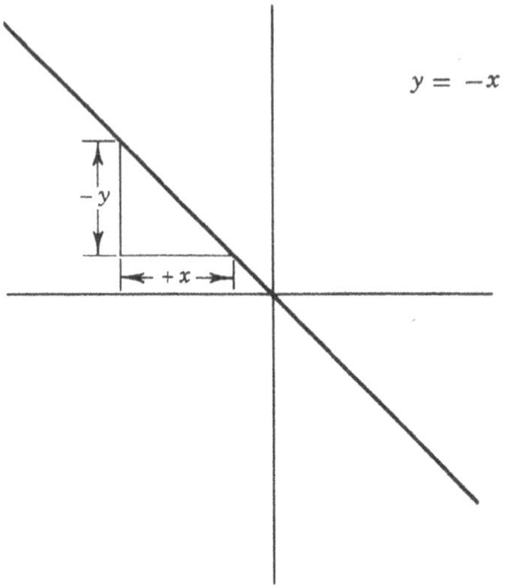

Figura 21-14.

El coeficiente del término en *x*, $-{}^3/_4$ es la pendiente o coeficiente angular de la ecuación $3x + 4y = 12$. El 3 es la longitud del segmento determinado por la recta en el eje *OY*, es decir, el valor de la *y* cuando la recta corta al eje de ordenadas. Recibe el nombre de *ordenada en el origen*, ya que es el valor de la ordenada cuando la abscisa está en el origen, o sea, cuando $x = 0$.
La figura 21-15 representa la gráfica de la ecuación $3x + 4y = 12$.

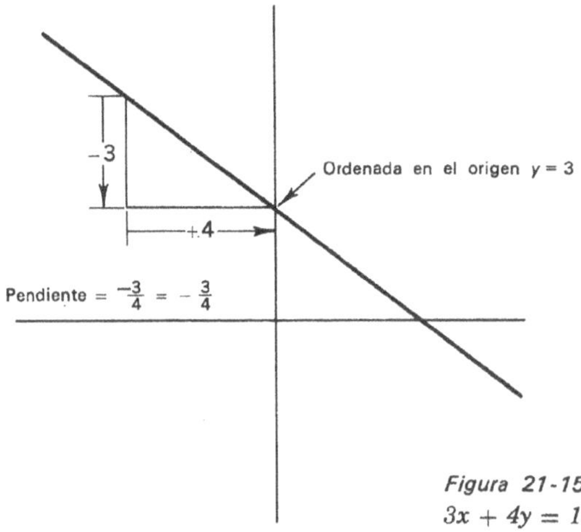

Figura 21-15.
$3x + 4y = 12$

Cuando despejamos y de la ecuación y la expresamos en la forma $y = -\,^3/_4x + 3$, diremos que hemos escrito la ecuación en la forma *explícita*. La ecuación general de la forma *explícita* es $y = mx + b$, donde m es la pendiente o coeficiente angular y b la ordenada en el origen. Las ecuaciones de primer grado se representan gráficamente y de modo rápido cuando vienen expresadas en la forma explícita. Esta forma de expresar la ecuación puede emplearse como comprobación, cuando hemos trazado la gráfica de la ecuación por otros métodos.

21-12 ECUACIONES DE RECTAS PARALELAS A UN EJE

En la ecuación $x = 2$, x es siempre igual a 2; entonces, la gráfica de esta ecuación debe incluir sólo aquellos puntos cuya abscisa sea 2. La curva representada por esta ecuación será, por tanto, una recta paralela al eje y, que corte al eje OX en el punto 2, es decir, cuya abscisa en el origen sea 2. Análogamente, $y = 3$ es la ecuación de una recta paralela al eje de abscisas, cuya ordenada en el origen sea 3. En general, $x = a$ es la ecuación de una recta paralela al eje y; e $y = b$ es la de una recta paralela al eje x. Como consecuencia, en particular $x = 0$ es la ecuación del eje de ordenadas e $y = 0$ la del eje de abscisas.

21-13 SOLUCIÓN GRÁFICA DE PROBLEMAS

Algunas veces, ciertos problemas que son muy difíciles o imposibles de resolver por cualquier método de cálculo explicado anteriormente, pueden resolverse frecuentemente mediante el uso de gráficas.

Ejemplo 1: Diseñar y construir una caja de volumen máximo con una lámina de estaño de 12 dm × 12 dm. (véase fig. 21-16).

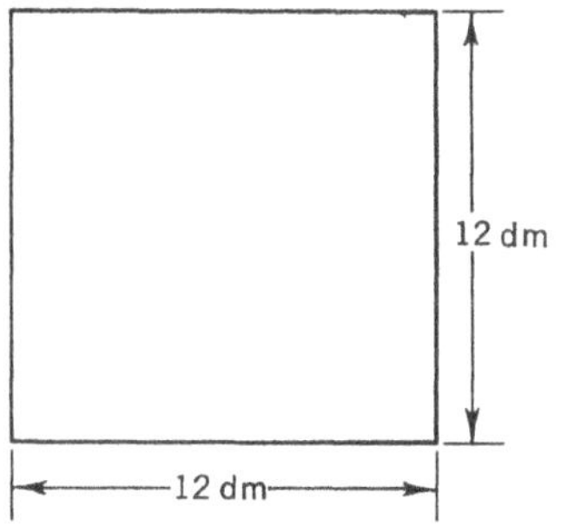

Figura 21-16. Lámina de 12 dm × 12 dm

Solución: La caja puede construirse cortando en las esquinas unos cuadrados pequeños y levantando las solapas así formadas. Véase las figuras 21-17 y 21-18.

Sea y el volumen de la caja y x su altura. Entonces

$$y = x(12 - 2x)(12 - 2x)$$
$$y = x(12 - 2x)^2$$
$$y = x(4x^2 - 48x - 144)$$
$$y = 4x^3 - 48x^2 + 144x$$

x	0	½	1	1½	2	2½	3	3½	4	5	6
y	0	60½	100	121½	128	122½	108	87½	64	20	0

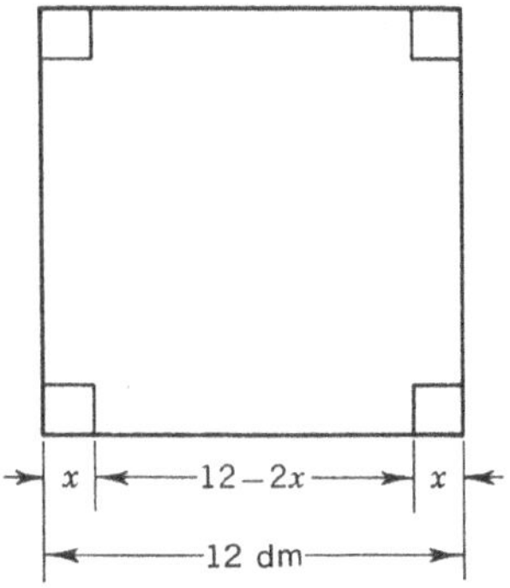

Figura 21-17. Forma de construir la caja

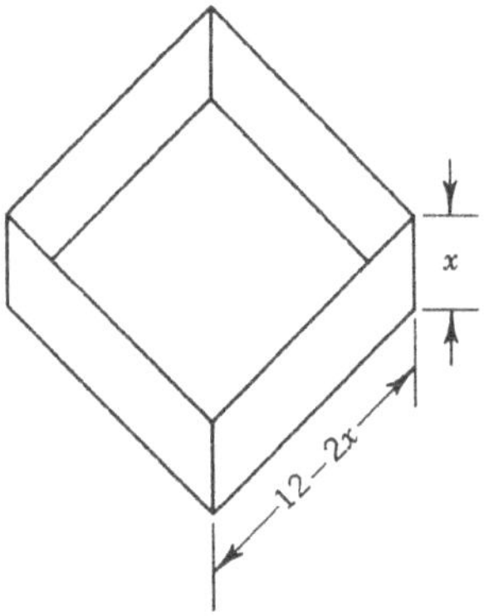

Figura 21-18. Forma de construir la caja

Como puede verse en la tabla, es evidente que cuando x crece, y va creciendo hasta que x llega al valor 2, y a partir de este valor, cuando x crece y disminuye. El valor de y cuando $x = 6$, es cero. La figura 21-19 es la gráfica de esta ecuación.

Entonces, la caja, como puede verse en la figura, tendrá el máximo volumen cuando la altura sea de 2 dm ($x = 2$) y la base 8 dm.

NOTA: Esta gráfica sirve también para determinar el volumen de cualquier caja que pueda construirse a partir de una lámina cuadrada de 12 dm de lado. Por ejemplo, una caja con una altura de $4\,^1/_2$ dm tendrá un volumen aproximado de 38 dm^3. También se puede resolver este problema en el caso general: ¿Cuál sería la altura de la caja de máximo volumen construida a partir de una lámina cuadrada de a dm de lado? La respuesta, lógicamente, será a dividido por un cierto número, que podemos deducir del ejemplo anterior.

Si un tipo de problema hay que resolverlo muchas veces, y es suficiente con conocer una solución aproximada, es muy corriente, sobre todo en las prácticas industriales, resolverla gráficamente.

Ejemplo 2: Construir una gráfica para convertir la temperatura en grados centígrados a grados Fahrenheit. La fórmula $F = {}^9/_5C + 32$ ya se dio anteriormente.

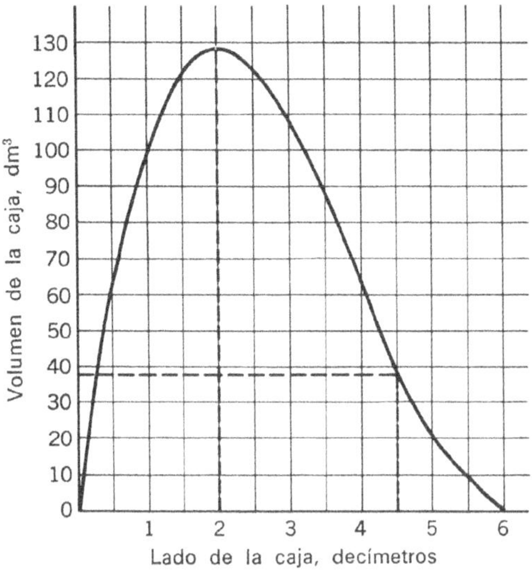

$y = 4x^3 - 48x^2 + 144x$

Figura 21-19.

Solución:

$$F = \frac{9}{5}C + 32$$

C	−60	−40	−20	−10	0	10	20	30	100
F	−76	−40	−4	14	32	50	68	86	212

La figura 21-20 representa la gráfica construida a partir de estos valores. Esta gráfica puede usarse para hallar la temperatura en grados Fahrenheit, si ya se conoce en grados centígrados y viceversa. Entonces, esta gráfica es una herramienta de ahorro de trabajo y de tiempo, para las personas que tengan que convertir muchas veces unas temperaturas en otras.

La escala empleada para construir la gráfica deberá ser lo más amplia posible para permitir lecturas con precisión. En la figura 21-20, el espacio entre dos divisiones vale 20°. Si se hubiera construido la gráfica usando una escala de 10° en 10° o de 4° en 4°, resultaría más sencillo hacer las lecturas y serían más precisas. Lo más exacto sería utilizar la escala con un espacio igual a 1°.

Ejemplo 3: Dibujar la gráfica de la ecuación $y = x^3 - 21x + 20$.

x	−6	−5	−4	−3	−2	−1	0	½	1	1½	2	3	4	4½	5
y	−70	0	40	56	54	40	20	9⅝	0	−8⅛	−14	−16	0	16⅝	40

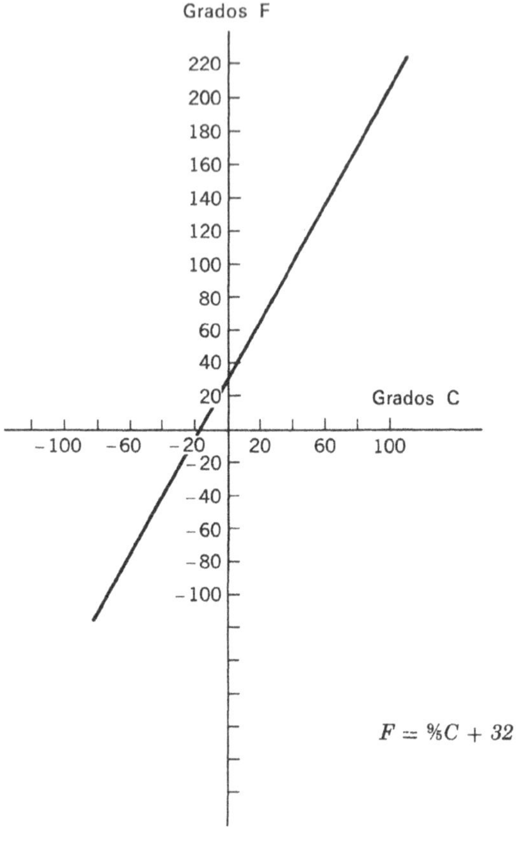

Figura 21-20.

Solución: Para representar los puntos en la figura 21-21, es conveniente tomar la escala de forma que el lado del cuadrado en el eje x equivalga a una unidad, mientras que en el eje y equivalga a cinco. Examinando la gráfica puede verse que, si un punto la recorre a partir de la izquierda, el valor de su ordenada primero crece muy rápidamente, y luego crece más despacio hasta llegar al valor $x = -2{,}6$; entonces disminuye a partir de $-2{,}6$ y crece para valores mayores de $x = 2{,}6$.

Los puntos en los que la curva deja de crecer y después de ellos disminuye, se llaman *puntos máximos de la curva*, y el valor de la ecuación en uno de tales puntos, se llama *valor máximo de la ecuación*. En este caso, el valor máximo de la ecuación es alrededor de 57.

Los puntos en los que y deja de disminuir y a partir de ellos crece, se llaman *puntos mínimos de la curva* y el valor de la ecuación en dichos puntos es el *mínimo valor de la ecuación*. En este caso el valor mínimo de la ecuación es aproximadamente -17.

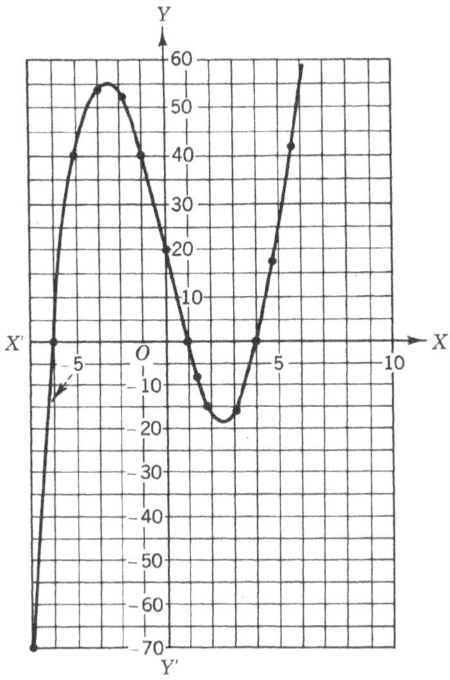

$y = x^3 - 21x + 20$

Figura 21-21

Ejercicios

21-22. Representar las ecuaciones siguientes en el mismo sistema de ejes coordenados.
(a) $y = \frac{1}{4}x$; **(b)** $y = \frac{1}{2}x$; **(c)** $y = 4x$; **(d)** $y = -2x$.

21-23. Representar las siguientes ecuaciones en el mismo sistema de ejes coordenados:
(a) $y = 3$; **(b)** $y = x + 3$; **(c)** $y = 3x + 3$; **(d)** $y = -3x + 3$.

21-24. Representar las ecuaciones siguientes en el mismo sistema de ejes coordenados:
(a) $y = \frac{1}{2}x + 6$; **(b)** $y = \frac{1}{2}x + 4$; **(c)** $y = \frac{1}{2}x - 4$; **(d)** $y = \frac{1}{2}x$.

21-25. Transformar las ecuaciones siguientes a la forma explícita y representarlas:
(a) $2x - 3y = 6$ **(c)** $3x - 2y - 6 = 0$
(b) $7x + 6y = 42$ **(d)** $2x - 6y + 24 = 0$

21-26. Representar las siguientes ecuaciones en el mismo sistema de ejes coordenados:
(a) $x = 0$; **(b)** $x = 5$; **(c)** $x = -6$; **(d)** $y = 0$; **(e)** $y = -4$; **(f)** $y = 2\frac{1}{2}$.

21-27. Hallar las ecuaciones de las rectas determinadas de la siguiente forma:
(a) Pasa por el punto (0,6) y su pendiente es $^2/_3$.
(b) Pasa por el punto (0,2) y su pendiente es $-^2/_3$.
(c) Pasa por los puntos (2,3) y (4,6).
(d) Pasa por los puntos (6, 2) y (− 1, 3).
(e) Pasa por los puntos (0, 2) y (7, 0).

(f) Pasa por los puntos (− 4, − 2) y (− 1, 0).
(g) Pasa por el punto (3, 2) y tiene pendiente − 6.
(h) Pasa por el punto (− 4, − 1) y tiene pendiente $^3/_2$.

21-28. Dados dos números, x y $x - 2$, hallar x de forma que su producto sea mínimo. Dibujar la gráfica del producto. ¿Cuál es el mínimo producto?

21-29. La diferencia entre dos números es 4. Hallar sus valores de forma que su producto sea mínimo. Dibujar la gráfica de dicho producto. Hallar el producto mínimo.

21-30. Representar gráficamente las ecuaciones siguientes, cada una por separado, y determinar los puntos máximos (o mínimos) de cada una de ellas. Hallar también los puntos en los que cada gráfica corta al eje x; estos puntos pueden hallarse también haciendo en la ecuación $y = 0$, y resolviendo entonces la ecuación de segundo grado correspondiente para hallar las dos raíces.

(a) $y = x^2 - 2x$ (c) $y = x^2 - 6x + 8$
(b) $y = x^2 + 2x$ (d) $y = x^2 + 6x + 8$

21-31. Hallar el área del rectángulo de mayor superficie que puede construirse con un segmento de 20 cm.

SUGERENCIA: Sea x la longitud de un lado. Entonces, $10 - x$ es la longitud del otro lado. Por lo tanto, el área del rectángulo será $x(10 - x)$. Representar esta ecuación y hallar el valor de x que hace máxima el área.

21-32. Hallar el área del rectángulo de mayor superficie que puede construirse con un segmento de 24 cm de longitud. Ver la sugerencia del Ejercicio 21-31.

21-33. Una hoja rectangular de 24 cm de anchura se convierte en un canalón doblándola verticalmente hacia arriba a lo largo de dos rectas, paralelas a la longitud. Si la sección del canalón ha de ser rectangular, hallar la distancia entre las rectas por las que hemos doblado para que el área de la sección sea máxima. Hallar esta área máxima.

21-34. La suma de dos números es S. Hallar el valor máximo de su producto. Ver que el resultado obtenido nos permite demostrar que, de todos los rectángulos de perímetro dado, el de mayor superficie es precisamente el que sea un cuadrado.

3

GEOMETRÍA

22/Introducción

22-1 DATOS HISTÓRICOS

La palabra «Geometría» proviene de dos palabras griegas que significan «medida de la tierra», y recibe este nombre, porque en su origen se aplicaba, sobre todo, para medir la superficie de las tierras. Los vestigios más antiguos de conocimientos sistemáticos de Geometría datan de los antiguos egipcios y babilonios. Las pruebas de estos conocimientos avanzados son las construcciones de sus pirámides y sus templos. Hacia el siglo VII a. d. J. C. los griegos aprendieron estos conocimientos de los egipcios, y en la Grecia clásica esta ciencia adquirió un desarrolló notable. La Geometría de Euclides, escrita alrededor del año 300 a. d. J. C. podía usarse hoy como libro de texto con muy ligeros cambios.

22-2 DEFINICIONES

Un *cuerpo material*, como, por ejemplo, un tronco de madera o un ladrillo, es todo aquello que ocupe una porción de espacio. La Geometría no presta atención a la sustancia que compone este cuerpo. Puede ser de acero, piedra, madera, aire o, incluso podría ser un vacío. La Geometría sólo tiene en cuenta su forma y el espacio que ocupa. Este espacio se denomina *sólido geométrico*, o simplemente, *sólido*. Si contemplamos un ladrillo, y pensamos sólo en la porción de espacio que ocupa ese ladrillo, estaríamos considerando un sólido geométrico. Un sólido tiene *longitud*, *altura* y *anchura*. El sólido dibujado en la figura 22-1 tiene seis caras, la superior y la inferior, dos lados y dos superficies en el canto.

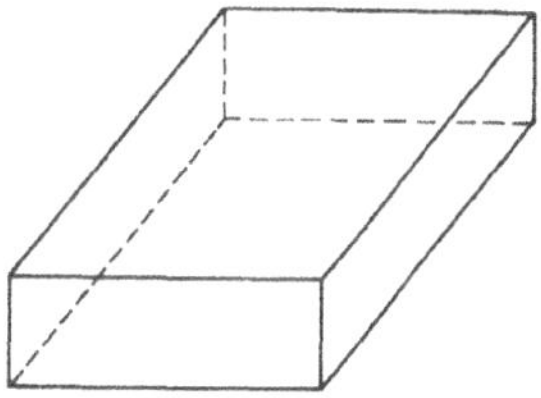

Figura 22-1. Cuerpo geométrico

Una cara que limita a un sólido se llama *superficie*. La superficie tiene dos dimensiones, *longitud* y *anchura*, pero no tiene altura.

El límite de una superficie, o lo que separa una superficie de otra contigua, se llama *línea**.

* La palabra línea debe entenderse aquí para significar una parte finita de línea, o segmento de línea .En este texto, la palabra línea se refiere siempre a un segmento de línea.

Un ejemplo podría ser la línea que separa dos naciones o dos granjas distintas. Una línea tiene *longitud* solamente.

Lo que separa una parte de una línea de otra parte contigua, se llama *punto*. Un punto no tiene ni *longitud*, ni *anchura* ni *altura*. Un punto tiene solamente *posición*.

Un punto se identifica colocando una letra (mayúscula por lo general) a su lado. Una línea se suele identificar colocando dos letras, una al principio y otra al final o colocando una sola letra sobre ella. Para colocar dos letras, en cada extremo de la línea, se suelen emplear letras mayúsculas; para escribir una sola letra sobre la línea, se suele emplear una letra minúscula. La línea de la figura 22-2 puede identificarse como «la línea *AB*» o «la línea *a*».

Una *línea recta* es la línea que tiene siempre la misma dirección o también puede considerarse descrita por un móvil que no cambia de dirección en su recorrido. La línea *AB* de la figura 22-2, es una línea recta.

En una *línea curva* va cambiando la dirección continuamente. La línea *AB* de la figura 22-3 es una línea curva.

Una línea quebrada es la que está formada por varias líneas rectas unidas entre sí. Un ejemplo de línea quebrada aparece en la figura 22-4. Obsérvese que, en la línea quebrada, cada segmento de recta se identifica por separado.

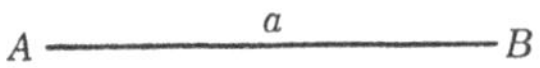

Figura 22-2. Línea recta

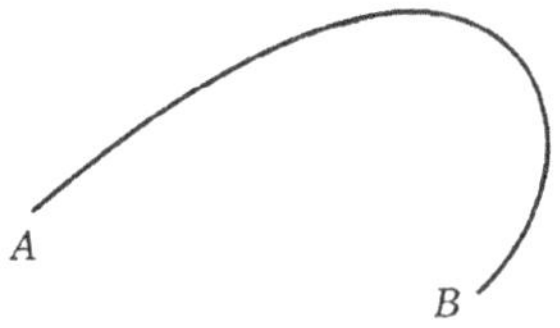

Figura 22-3. Línea curva

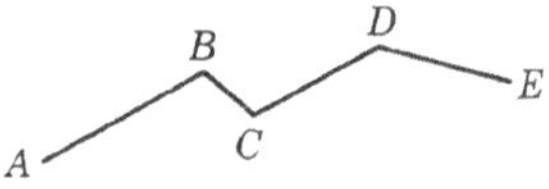

Figura 22-4. Línea quebrada

Si dos puntos cualesquiera de una superficie pueden unirse por una recta que está contenida en la misma superficie, entonces se llama *superficie plana* o *plano*. El carpintero comprueba si la superficie de un tablero es plana o no, apoyando el canto de su escuadra (o cualquier otro instrumento con canto recto) en la superficie, en distintas posiciones, y observando si el canto toca a la superficie en todos sus puntos. Esta prueba aparece ilustrada en la figura 22-5.

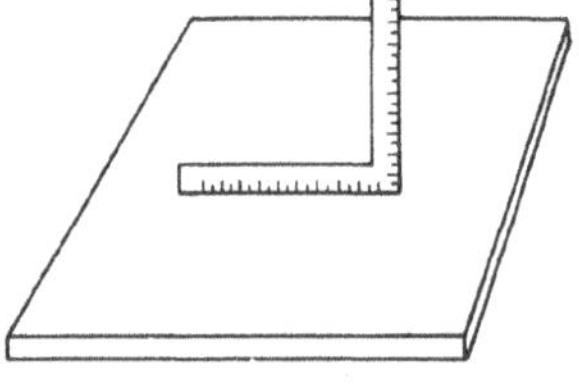

Figura 22-5. Comprobación de una superficie plana

Superficie curva es aquella que no tiene ninguna parte plana. Las superficies de un tubo circular o de una pelota, por ejemplo, son superficies curvas.

22-3 ÁNGULOS

Dos rectas que se cortan en un punto determinan un *ángulo*. La figura 22-6 nos muestra el ángulo formado por las dos rectas *AB* y *BC* que se cortan en el punto *B*. El punto *B* se llama *vértice* del ángulo; las dos líneas se llaman *lados*.

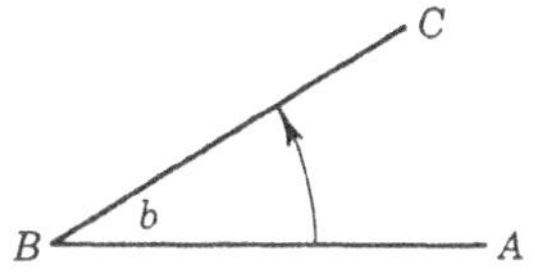

Figura 22-6. Ángulo

Un ángulo se identifica colocando una letra en su vértice o tres letras: una en el vértice y las otras dos una junto a cada lado. También puede identificarse colocando una sola letra en el interior del ángulo. Las letras que se colocan en el vértice y junto a los lados, suelen ser mayúsculas; la letra que se coloca en el interior del ángulo, generalmente es minúscula. El ángulo de la figura 22-6 puede identificarse como ángulo *B*, ángulo *b*, o ángulo *ABC* (cuando se dan las tres letras, la correspondiente al vértice se lee siempre en medio).

Los símbolos $\angle$ o $\wedge$ (éste colocado encima de la letra o letras correspondientes) se emplea muchas veces para sustituir a la palabra «ángulo». El ángulo de la figura 22-6 puede designarse por $\angle B$, $\angle ABC$, $\angle b$, $\hat{B}$, $\widehat{ABC}$ o $\hat{b}$.

El tamaño de un ángulo no depende de la «longitud» de sus lados. El ángulo *ABC* de la figura 22-7 es mayor que el ángulo *DEF*. El *tamaño* o la *medida* de un ángulo viene determinado por la rotación que debe hacer uno de los lados para coincidir con el otro. En la figura 22-7, la línea *BC* debe moverse para coincidir con *AB* un giro mayor –es decir, un número mayor de grados– que lo que debe girar el lado *EF* para coincidir con *ED*.

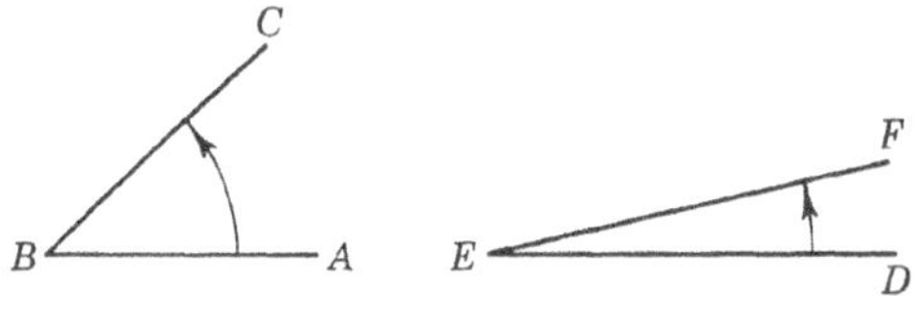

Figura 22-7. El ángulo ABC es mayor que el ángulo DEF

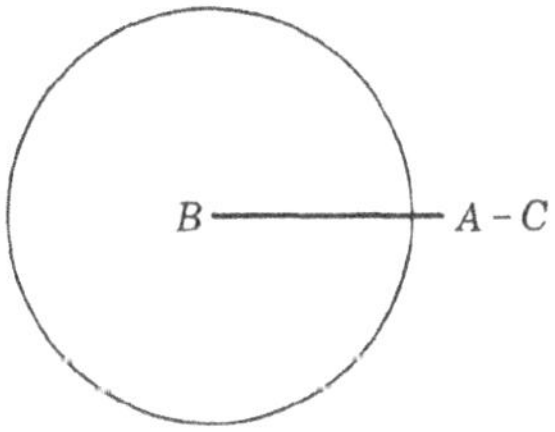

Figura 22-8. Rotación de C de 360°

Si el lado *BC* gira sobre el punto *B*, partiendo de la posición horizontal hasta volver a coincidir en esta posición, el punto *C* describe una circunferencia o gira 360°, como se ve en la figura 22-8. El tamaño de un ángulo está determinado por esta rotación y se mide con una unidad llamada «grado». Un *grado* se define como $^1/_{360}$ de una circunferencia; una circunferencia tiene 360 grados. El símbolo ° se coloca en la parte superior y a la derecha del número y se suele usar en lugar de la palabra «grados». Sesenta grados se escribe 60°.

Si la línea *BC* girase sobre *B* sólo un cuarto de círculo, formaría, con *AB* un ángulo de 90°, que se llama *ángulo recto*. Aparece representado en la figura 22-9.

Si la línea *BC* girase media circunferencia, formaría, con *AB* un ángulo de 180°, llamado *ángulo llano*, como se ve en la figura 22-10.

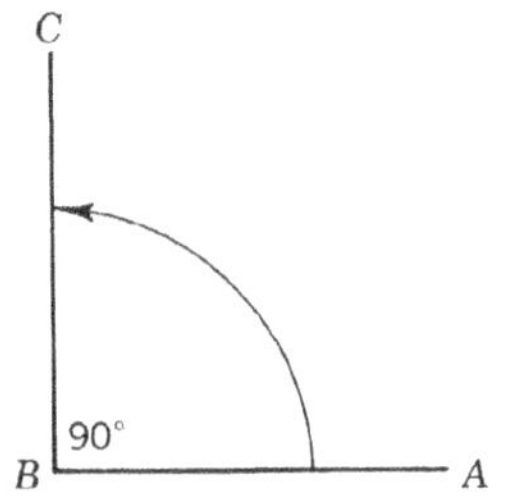

Figura 22-9. Ángulo recto (90°)

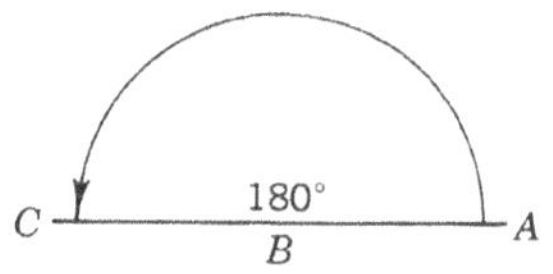

Figura 22-10. Ángulo llano (180°)

Un ángulo que mida menos de 90° se llama *ángulo agudo*. Un ángulo que mida más de 90°, pero menos de 180° es un *ángulo obtuso*. En la figura 22-11 aparece un ángulo agudo, *ABC*; y en la figura 22-12 se ha representado un ángulo obtuso, *DEF*.

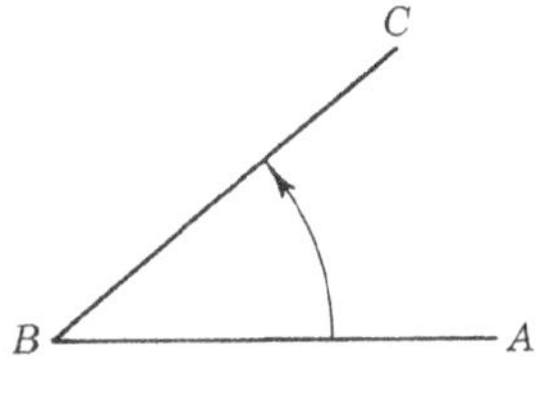

Figura 22-11. Ángulo agudo

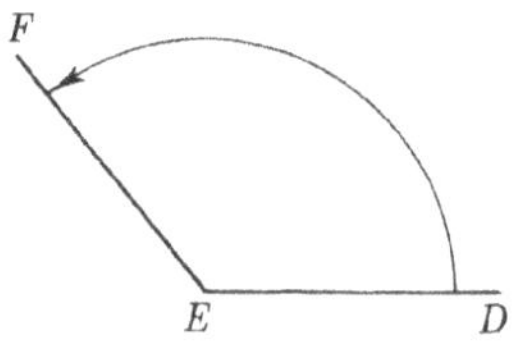

Figura 22-12. Ángulo obtuso

Dos ángulos cuya suma es un ángulo recto se llaman *ángulos complementarios*. Los ángulos *ABC* y *DEF* de la figura 22-13 son ángulos complementarios, ya que $\angle DEF + \angle ABC = 90°$.

Dos ángulos cuya suma valga dos ángulos rectos, o 180°, se llaman *ángulos suplementarios*. Los ángulos *ABC* y *DEF* de la figura 22-14 son ángulos suplementarios, ya que $\angle ABC + \angle DEF = 180°$.

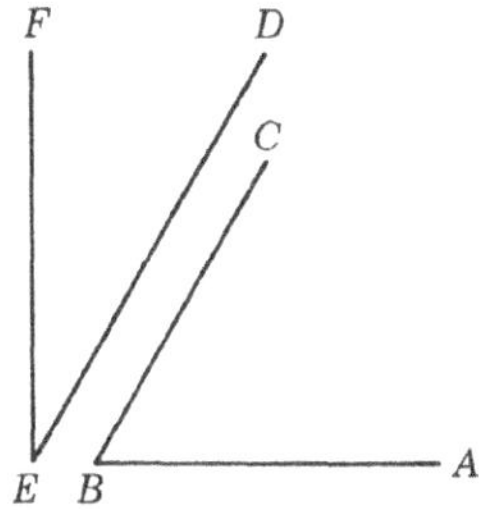

Figura 22.13. Ángulos complementarios

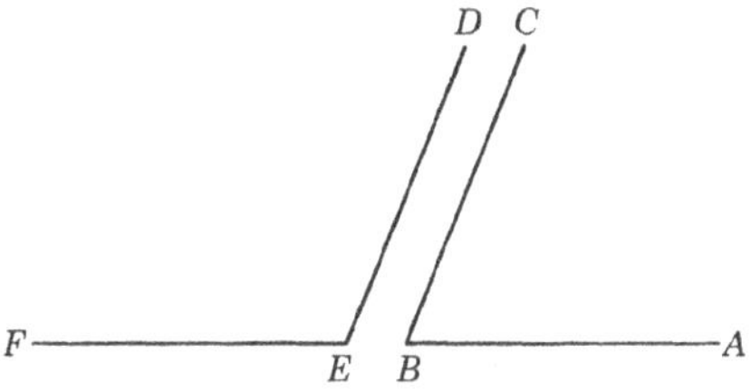

Figura 22-14. Ángulos suplementarios

22-4 MEDIDA DE ÁNGULOS

Para medir un ángulo hace falta una *unidad de medida*. La unidad de medida que se emplea es el *grado*, que se ha definido como $^{1}/_{360}$ de un círculo.

Para medidas más precisas, cada grado está dividido en 60 partes iguales, llamadas *minutos*, cuyo símbolo es ('). Un minuto está a su vez dividido en 60 partes iguales llamadas *segundos*, cuyo símbolo es (").

Como instrumento para medir ángulos se utiliza el *transportador de ángulos*, que se llama también *semicírculo graduado*, y aparece en la figura 22-15. El transportador es simplemente una escala semicircular, de tamaño adecuado para cada caso. La escala está dividida de grado en grado y, a veces, en medio grado (30'). Las divisiones de la escala están numeradas desde 0° hasta 180°, empezando en cada uno de los extremos. La suma de las dos lecturas en cada escala es, en cualquier punto, 180°. Este método de doble numeración nos permite medir un ángulo a partir de cualquiera de los límites del transportador y trazar un ángulo en cualquier dirección.

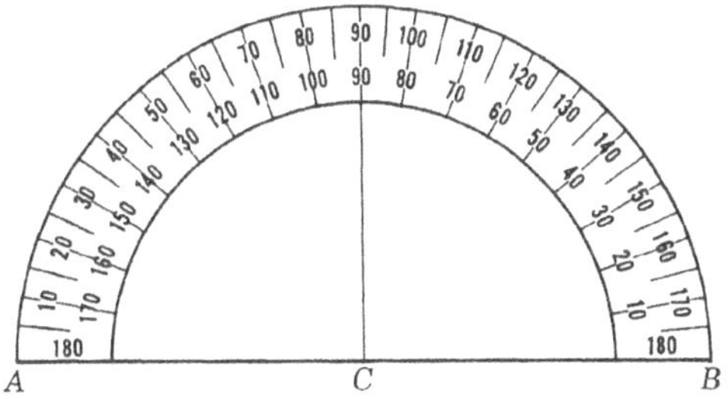

Figura 22-15. Transportador de ángulos

22-5 MEDIDA DE ÁNGULOS CON UN TRANSPORTADOR

Para medir un ángulo con el transportador, se coloca éste sobre el ángulo de forma que la recta *AB* coincida perfectamente con uno de los lados del ángulo y el punto *C* quede sobre su vértice. La lectura de la escala correspondiente al punto donde el segundo lado de ángulo corta a la escala, es la medida del ángulo en grados. En la figura 22-16 se ha representado este procedimiento. El ángulo *DEF* de la figura 22-16 es un ángulo de 40°.

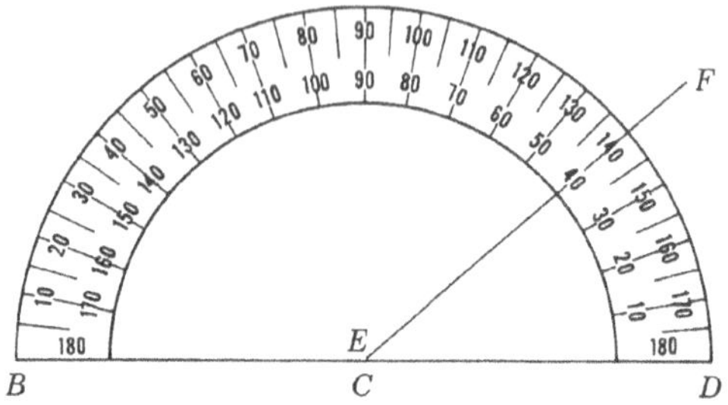

Figura 22-16. Medida de ángulos con un transportador

22-6 TRAZADO DE ÁNGULOS CON UN TRANSPORTADOR

Para trazar un ángulo con el transportador, se dibuja uno de los lados del ángulo y se señala el vértice. Se coloca el lado *AB* del transportador sobre el lado dibujado, de forma que el punto *C* quede sobre el vértice. Se localiza la lectura del valor del ángulo deseado en la escala del transportador, y se toma un punto en el lugar correspondiente a dicha lectura. Para terminar se une dicho punto con el vértice del ángulo por medio de una recta.

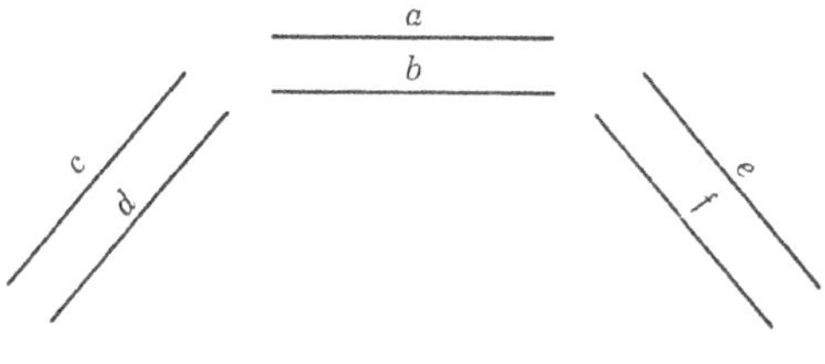

Figura 22-17. Rectas paralelas

22-7 RELACIONES ENTRE LÍNEAS

Rectas paralelas son aquellas que están en el mismo plano y cualquier punto de una de ellas está siempre a la misma distancia de la otra (las dos rectas están siempre a la misma distancia). En la figura 22-17, aparecen tres pares de rectas paralelas.

Dos rectas que se cortan formando ángulos de 90°, o ángulos rectos, son *perpendiculares* una a la otra. En la figura 22-18, *AB* es perpendicular a *CD*.

Una *línea vertical, recta vertical* o *línea de la plomada*, es la que sigue la dirección de la plomada, es decir, la que sigue un cordón delgado, cuando se suspende un peso de uno de sus extremos y se sostiene por el otro.

Recta horizontal es aquella que es perpendicular a la línea vertical. La línea *PQ* de la figura 22-19 es una recta vertical y la línea *EF* es una línea horizontal.

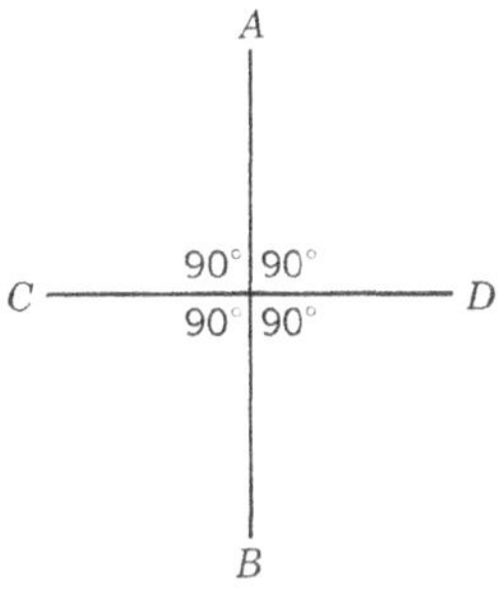

Figura 22-18. Rectas perpendiculares

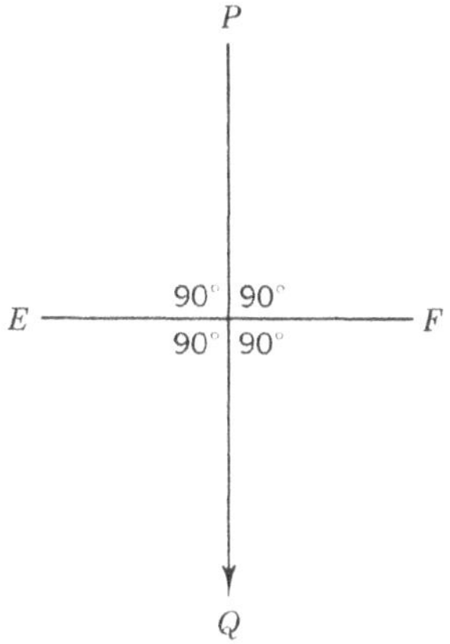

Figura 22-19. Línea vertical (PQ) y línea horizontal (EF)

Ejercicios

22-1. Marcar tres puntos *A*, *B* y *C* de forma que la línea *ABC* sea quebrada. Unir los tres puntos por tres líneas rectas. ¿Alguno de los tres ángulos que determinan, es recto? ¿Y agudo? ¿Y obtuso?

22-2. Dibujar tres líneas curvas. ¿Contendrán algún ángulo estas líneas curvas?

22-3. Dibujar tres puntos de forma que las tres rectas que determinen, formen un ángulo recto y dos agudos.

22-4. Dibujar tres puntos de forma que las tres rectas que determinen, formen un ángulo obtuso y dos agudos.

22-5. Dibujar una línea quebrada *ACB* de forma que *AC* sea vertical y *CB* horizontal. ¿Es *AC* perpendicular a *CB*?

22-6. Dibujar una línea quebrada *ACB* de forma que el ángulo *ACB* sea un ángulo recto. Si una de ellas, *AC* o *BC* es vertical, ¿la otra es horizontal?

22-7. Mediante un transportador construir los siguientes ángulos: 30°, 45°, 60°, 120°, 125°, 30′, 210°, 310°. ¿Cuáles son agudos? ¿Cuáles son obtusos? Elegir entre ellos dos ángulos cuya suma sea un ángulo recto. Elegir entre ellos dos ángulos complementarios. Elegir dos ángulos suplementarios.

22-8. Dibujar los ángulos siguientes: dos ángulos agudos; dos obtusos; tres ángulos mayores de dos rectos. Usando el transportador medir cada uno de los ángulos que se hayan dibujado.

22-9. Un hombre conduce hacia el Este y gira para dirigirse hacia el Nordeste. ¿Qué ángulo debe girar?

22-10. Un conductor se dirige hacia el Norte y luego gira hacia el Oeste. ¿Cuánto mide el ángulo que ha girado?

Resolver los ejercicios siguientes algebraicamente:

22-11. Un ángulo mide el doble que otro. Hallar cada ángulo sabiendo que son complementarios.

22-12. Dados dos ángulos, uno de ellos es cuatro veces el otro. Hallar cada uno de ellos, si son complementarios.

22-13. Un ángulo mide 30° más que otro y los dos son complementarios. Hallar dichos ángulos.

22-14. Si $30° + 3\angle x = 2\angle x + 15°$. Hallar el valor de x.

22-15. $4\angle x - 40° = 6\angle x - 100°$. Hallar el valor de x.

22-16. Dos ángulos son suplementarios y su diferencia es 90°. Hallar los dos ángulos.

22-17. Dos ángulos son complementarios y su diferencia es 20°. Hallar los dos ángulos.

22-8 POLÍGONOS

Un *polígono* es una porción de plano cerrada, limitada por un número cualquiera de líneas rectas. Cada una de las líneas se llama *lado*. El punto donde se cortan dos lados, se llama *vértice*. La longitud de la línea quebrada que rodea al polígono, o la suma de las longitudes de los lados, se llama *perímetro* del polígono.

Triángulo es un polígono de tres lados.
Cuadrilátero es un polígono de cuatro lados.
Pentágono es un polígono de cinco lados.
Hexágono es un polígono de seis lados.
Octógono u *octágono* es un polígono de ocho lados.

Un *polígono regular* es aquel cuyos lados tienen todos la misma longitud y cuyos ángulos son todos iguales.

Diagonal es una línea recta que une dos vértices no consecutivos de un polígono. Un polígono puede tener una o más diagonales o ninguna.

El triángulo se emplea mucho en las estructuras de puentes; los polígonos de cuatro lados en los edificios; los pentágonos suelen aparecer en los cristales de pirita; los hexágonos y octógonos aparecen frecuentemente en los tornillos y tuercas. Todos estos polígonos se usar con frecuencia en Arquitectura.

22-9 TRIÁNGULOS

Un triángulo es un polígono de tres lados. La recta trazada perpendicularmente desde un vértice hasta el lado opuesto se llama *altura* del triángulo. Como un triángulo tiene tres vértices, tiene también tres alturas. La altura de un triángulo puede cortar al lado opuesto de forma natural, como ocurre con la altura CF en la figura 22-20, pero otras veces puede hacer falta prolongar el lado opuesto para que la corte a la altura, como sucede con las alturas AD y BE.

La línea que une un vértice cualquiera con el punto medio o centro del lado opuesto, se llama *mediana*. Cada triángulo tiene pues tres medianas. En la figura 22-21, AD, CF y BE son las medianas del triángulo ABC.

Las medianas AD, CF y BE *bisectan* o cortan por la mitad, los lados BC, AB y AC respectivamente. Es decir, por construcción $AE = EC$, $AF = FB$ y $BD = DC$. Aquí los lados AB, BC y AC se han dividido en dos partes iguales por medio de las tres medianas.

La palabra «bisectar» significa «dividir por la mitad, dividir en dos partes iguales». Análogamente, la recta que pasando por el vértice de un ángulo lo divide en dos partes iguales, se llama *bisectriz* del ángulo.

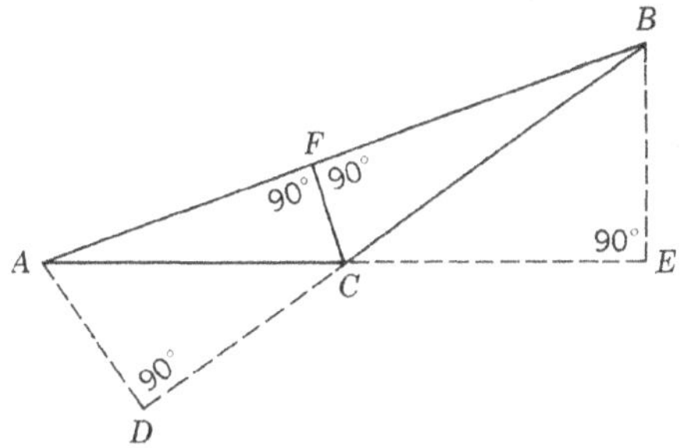

Figura 22-20. Alturas de un triángulo

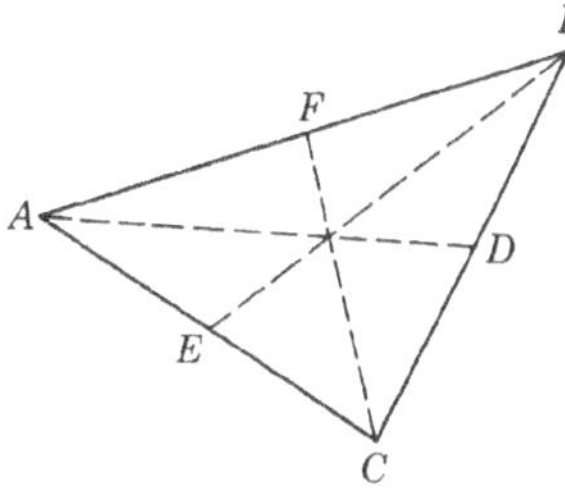

Figura 22-21. Medianas del triángulo

La suma de los tres ángulos de un triángulo cualquiera es de 180°, o dos ángulos rectos. En la figura 22-22, $\angle A + \angle B + \angle C = 180°$. Esto se puede comprobar midiendo los tres ángulos de un triángulo con un transportador y hallando sus sumas. Se puede comprobar también dibujando un triángulo cualquiera, cortando sus esquinas y colocándolas tal como se ve en la figura 22-23. Los lados primero y último de los tres ángulos, formarán una línea recta (en la figura 22-23, *EF*).

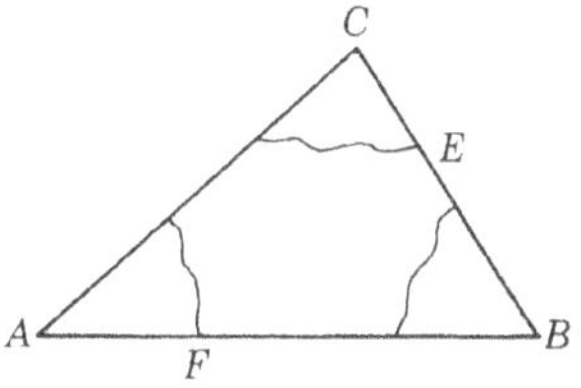

Figura 22-22. Ángulos de un triángulo

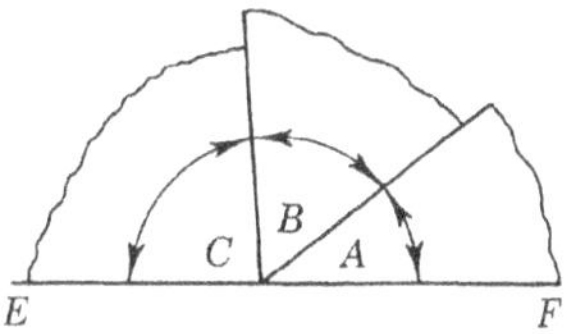

$$\angle A + \angle B + \angle C = 180°$$

Figura 22-23.

Si uno de los tres ángulos de un triángulo es recto, la suma de los otros dos es 90°, o un ángulo recto. Estos otros dos ángulos son, por lo tanto, complementarios y deben ser agudos. Un triángulo de este tipo —con un ángulo recto— se llama *triángulo rectángulo.*

22-10 IGUALDAD DE TRIÁNGULOS

Dos triángulos se dicen *iguales* o *congruentes* cuando pueden superponerse y entonces coinciden exactamente. Hay varios conjuntos de condiciones que si dos triángulos las cumplen, entonces son iguales.

1. Si dos ángulos y el lado comprendido entre ellos de un triángulo son iguales (respectivamente) a los ángulos y el lado comprendido entre ellos de otro triángulo, los dos triángulos son iguales.

En la figura 22-24 aparecen dos triángulos cumpliendo esta condición. Evidentemente, si uno se coloca sobre el otro, los dos coinciden exactamente.

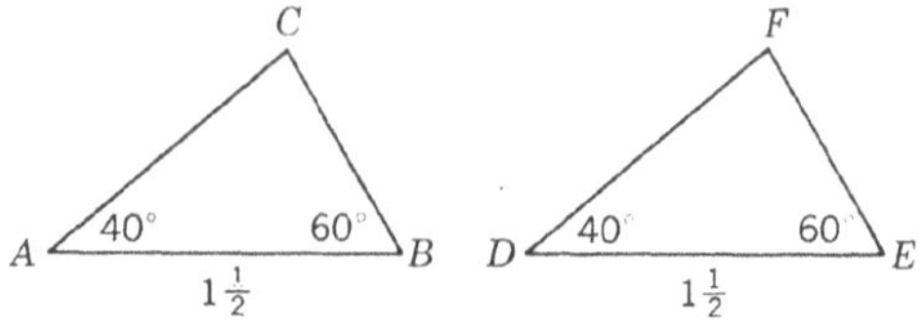

Figura 22-24. Triángulos iguales

2. Si dos lados y el ángulo comprendido entre ellos de un triángulo son iguales (respectivamente) a dos lados y el ángulo comprendido entre ellos de otro triángulo, los dos triángulos son iguales.

En la figura 22-25 se ven dos triángulos que cumplen esta condición. ¿Pueden superponerse de forma que coincidan exactamente? Supongamos que los dos triángulos son como en la figura 22-26: ¿pueden superponerse de forma que coincidan exactamente?

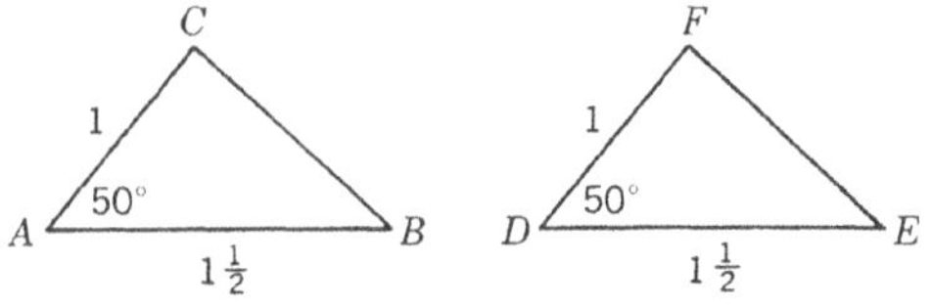

Figura 22-25. Triángulos iguales

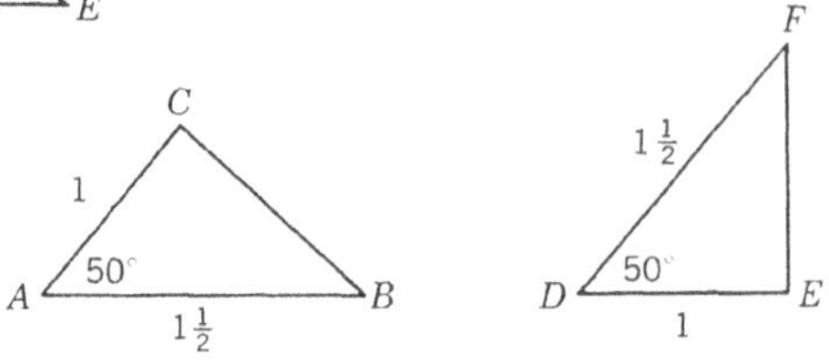

Figura 22-26. ¿Triángulos iguales?

3. Si los tres lados de un triángulo son iguales (respectivamente) a los tres lados de otro triángulo, los dos triángulos son iguales.

Dibujar dos triángulos que cumplan la condición 3 y comprobar que pueden superponerse de forma que coinciden exactamente.

Dado que dos triángulos iguales se pueden superponer de forma que coincidan exactamente, como consecuencia, cada ángulo de uno de los dos triángulos iguales, tiene un ángulo correspondiente igual a él en el otro triángulo y cada lado de uno de los dos triángulos iguales tiene un lado correspondiente igual a él en el otro triángulo. A estos ángulos y lados se les llama *ángulos correspondientes* y *lados correspondientes*.

22-11 CUADRILÁTEROS

Un *cuadrilátero* es un polígono de cuatro lados. En las figuras 22-27, 22-28, 22-29 y 22-30 aparecen varios cuadriláteros.

Figura 22-27. Cuadrado

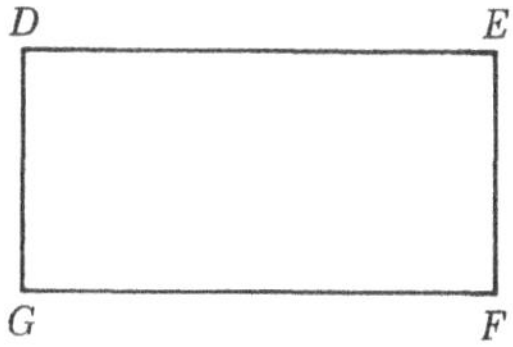

Figura 22-28. Rectángulo

Figura 22-29. Paralelogramo

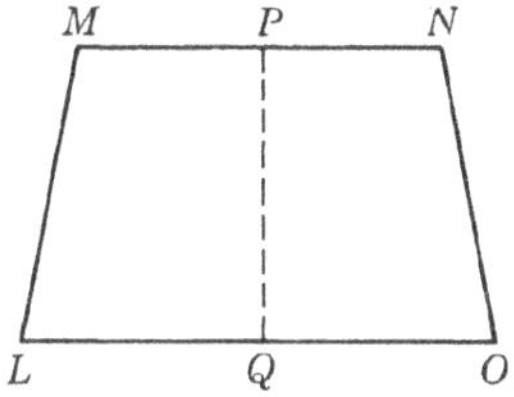

Figura 22-30. Trapecio

Cuadrado (figura 22-27) es un polígono de cuatro lados, que tiene los cuatro ángulos rectos y los cuatro lados iguales. El *rectángulo* (ver figura 22-28) es un cuadrilátero que tiene los cuatro ángulos rectos y los lados opuestos tienen la misma longitud. Un *paralelogramo* es un cuadrilátero cuyos lados opuestos son iguales y paralelos (figura 22-29). Un *trapecio* (figura 22-30) es un cuadrilátero con dos lados paralelos. Los lados paralelos de un trapecio se llaman *bases*. La *altura* de un trapecio es la distancia perpendicular entre las bases. En la figura 22-30, *MN* y *LO* son las bases y *PQ* es la altura del trapecio *LMNO*.

Ejercicios

22-18. Dibujar tres triángulos: **(a)** uno con dos ángulos agudos; **(b)** uno con los tres ángulos agudos; y **(c)** uno con un ángulo obtuso.

22-19. Dibujar dos triángulos: **(a)** uno con los tres ángulos agudos; y **(b)** uno con un ángulo obtuso. Dibujar las tres alturas de cada triángulo.

22-20. Dibujar dos triángulos como en el Ejercicio 22-19. Dibujar las tres medianas de cada triángulo.

22-21. Dibujar dos triángulos como en el Ejercicio 22-19. Dibujar las tres bisectrices de los ángulos de cada triángulo.

22-22. Dibujar dos triángulos tales que los tres ángulos de uno sean iguales a los tres ángulos del otro, pero que los tres lados no sean iguales (respectivamente) a los tres lados del otro.

22-23. Dibujar dos triángulos de forma que los tres lados de uno sean iguales a los del otro. ¿Qué ocurrirá con los tres ángulos de los dos triángulos?

22-24. ¿Puede tener un triángulo dos de sus tres ángulos iguales a 90°?

22-25. Dibujar los siguientes polígonos regulares con regla y compás: **(a)** uno de tres lados; **(b)** de cuatro lados; **(c)** de seis lados; **(d)** de ocho lados.

22-26. Dibujar las diagonales de cada uno de los polígonos del Ejercicio 22-25. ¿Cuántas diagonales tiene cada uno? ¿Cuántos triángulos se han formado en cada caso?

22-27. ¿Cuántos vértices tiene cada polígono del Ejercicio 22-25? ¿Cuánto miden sus perímetros?

22-28. Dibujar **(a)** un rectángulo; **(b)** un cuadrado; **(c)** un paralelogramo; **(d)** un trapecio; **(e)** un cuadrilátero que no sea de ninguno de los tipos anteriores. Dibújese la altura de cada uno de ellos. ¿Qué caso es una excepción?

22-29. ¿Son iguales todos los triángulos que aparecen en cada figura del Ejercicio 22-26?

22-30. Dibujar un paralelogramo con un lado que mida 3 unidades y el lado adyacente 5 unidades. ¿Cuánto mide su perímetro?

22-31. Dibujar un paralelogramo cuyos lados adyacentes midan $4x + 2$ y $3x - 1$ unidades. ¿Cuánto mide cada lado si el perímetro mide 44 unidades?

22-32. Dibujar un hexágono regular cuyo lado mide 3 unidades. Hallar la medida de sus diagonales. Hallar la suma de todos sus ángulos.

22-33. ¿Cuál es la suma de todos los ángulos interiores de cada polígono de los del Ejercicio 22-25? [Si n = número de lados, entonces la suma de todos los ángulos de un polígono es $(n - 2)180°$].

22-34. Dibujar un trapecio cuyos lados paralelos midan 4 y 6 unidades de longitud. Si los otros dos lados miden 2 unidades cada uno, ¿cuánto mide la altura del trapecio? Comprobar que los ángulos agudos de este trapecio miden cada uno 60°, y que sus ángulos obtusos miden cada uno 120°.

23/Áreas de los polígonos

23-1 ÁREA

Por definición, *área* es la cantidad de superficie que contiene un objeto, o la cantidad de material necesaria para cubrirlo. El área se mide en unidades cuadradas. La idea fundamental de la unidad de área, es que equivale a la superficie de un cuadrado que tiene por lado la correspondiente unidad de longitud. Es decir, un centímetro cuadrado es el área que mide un cuadrado cuyos lados miden un centímetro; un pie cuadrado es la superficie de un cuadrado que tenga un pie de lado; un metro cuadrado es la superficie de un cuadrado que tiene un metro de lado.

23-2 ÁREA DE UN RECTÁNGULO

El método para hallar el área de un rectángulo aparece en la figura 23-1. Supongamos que dicha figura representa un rectángulo cuya longitud *AD* mide 5 cm y cuya altura *AB* mide 4 cm. El rectángulo está dividido en pequeños cuadrados de 1 cm de lado; cada uno de ellos representa un centímetro cuadrado. Como hay cuatro filas de cuadrados, cada una tiene 5 cm, hay $4 \times 5\ cm^2 = 20\ cm^2$ en el rectángulo.

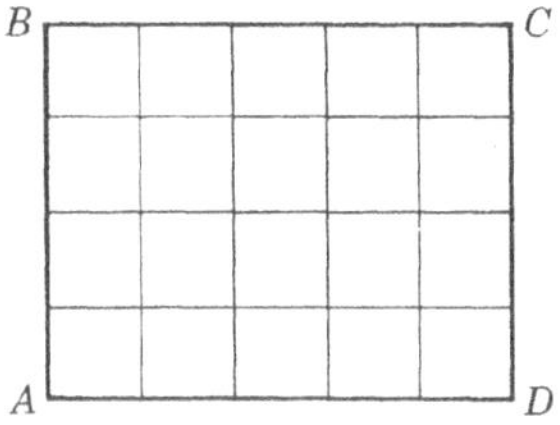

Figura 23-1. Cálculo del área del rectángulo

Este método sirve también cuando las longitudes de los lados del rectángulo son números fraccionarios, de donde se deduce la siguiente regla: *El área de un rectángulo es igual al producto de la longitud de su base por su altura.*

$$A = ab$$

Las dos longitudes, la de la base y la de la altura, deben venir expresadas en las *mismas unidades de longitud* para que podamos calcular su producto. El producto se expresa entonces en la misma unidad cuadrada. Así, si la unidad de longitud es el metro, la superficie viene dada en metros cuadrados.

23-3 ÁREA DE UN PARALELOGRAMO

Un paralelogramo y un rectángulo que tengan la misma base y la misma altura, tienen igual área. Esto puede verse gráficamente en la figura 23-2. *ABCD* es el rectángulo, y *ABEF* el paralelogramo. La altura *BC* es la misma para los dos, y también tienen la misma base *AB*. Como la parte triangular *BCE* del paralelogramo puede recortarse y superponerse exactamente sobre

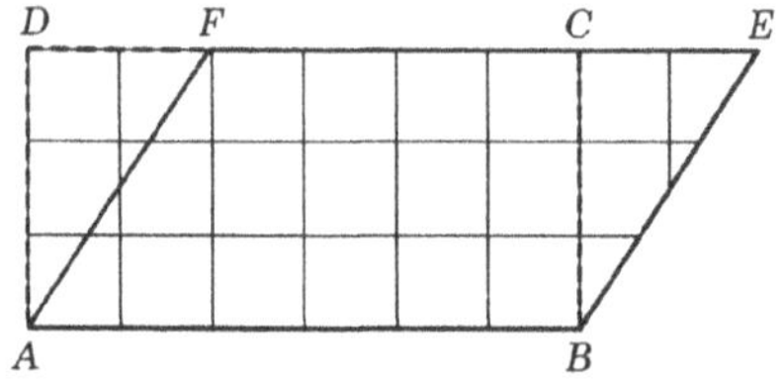

Figura 23-2. Área de un paralelogramo

ADF, es evidente que los dos triángulos tienen la misma área, y también que el área del paralelogramo es igual a la del rectángulo. Por lo tanto, tenemos la siguiente regla: *El área de un paralelogramo es igual al producto de su base por su altura.*

$$A = ab$$

23-4 FÓRMULAS PARA EL ÁREA

Una regla expresada sólo por medio de letras y signos se llama *fórmula*. Las fórmulas son una forma abreviada de establecer una regla o un algoritmo. Si empleamos la letra *A* para representar el área, *b* para la base y *a* para la altura, la regla (o fórmula) para hallar el área de un rectángulo o de un paralelogramo puede darse de la forma siguiente:

$$A = ab$$

donde *A* representa el área,
a representa la altura,
b representa la base.

Como el producto de la base por la altura es igual al área, utilizando los principios ya conocidos de la división, podemos obtener otra regla para el rectángulo o el paralelogramo: *La altura es igual al área dividida por la base.*

$$a = \frac{A}{b}$$

La base es igual al área dividida por la altura.

$$b = \frac{A}{a}$$

23-5 ÁREA DEL TRIÁNGULO

Si un triángulo y un paralelogramo tienen la misma base y la misma altura, el área del triángulo es la mitad de la del paralelogramo. Se puede ver gráficamente en la figura 23-3. *ABCD* es el paralelogramo. La diagonal *BD* lo divide en dos triángulos *ABD* y *BCD*, que son

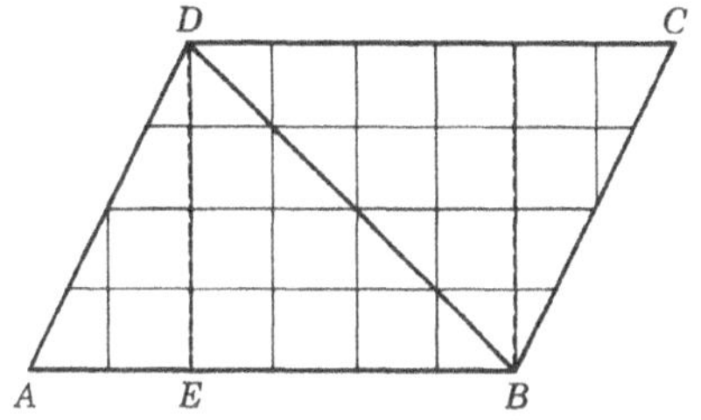

Figura 23-3. Área del triángulo

iguales. De este hecho, y de la fórmula que ya conocemos para el área del paralelogramo, está claro que es cierta la regla siguiente: *El área de un triángulo es igual a la mitad del producto de su base por su altura.*

$$A = \frac{ba}{2}$$

Si conocemos el área de un triángulo y una de sus dos dimensiones, su base o su altura, la otra dimensión se puede calcular dividiendo el doble del área por la dimensión conocida. Luego, si *A* es el área, *a* la altura y *b* la base del triángulo, tenemos estas dos nuevas fórmulas:

$$a = \frac{2A}{b}$$

$$b = \frac{2A}{a}$$

Ejercicios

NOTA: Si se dibujan todas las figuras en papel cuadriculado, sirve de gran ayuda para comprender mejor el concepto de área.

23-1. Calcular el área de las figuras que aparecen en la figura 23-4, utilizando las dimensiones que se dan en ellas.

23-2. Los lados de un paralelogramo son 3 y 4 m. Hallar su perímetro. ¿Podemos calcular su área?

23-3. Dibujar dos triángulos y hallar sus áreas trazando en cada uno las tres alturas y midiendo las alturas y los lados.

23-4. ¿Qué medidas necesitamos conocer para hallar el área de un paralelogramo?

23-5. ¿Por qué la mediana de un triángulo lo divide en otros dos que tienen la misma superficie?

23-6. Los lados de un paralelogramo miden 10, 10, 20 y 20 m; hallar su perímetro. Si los

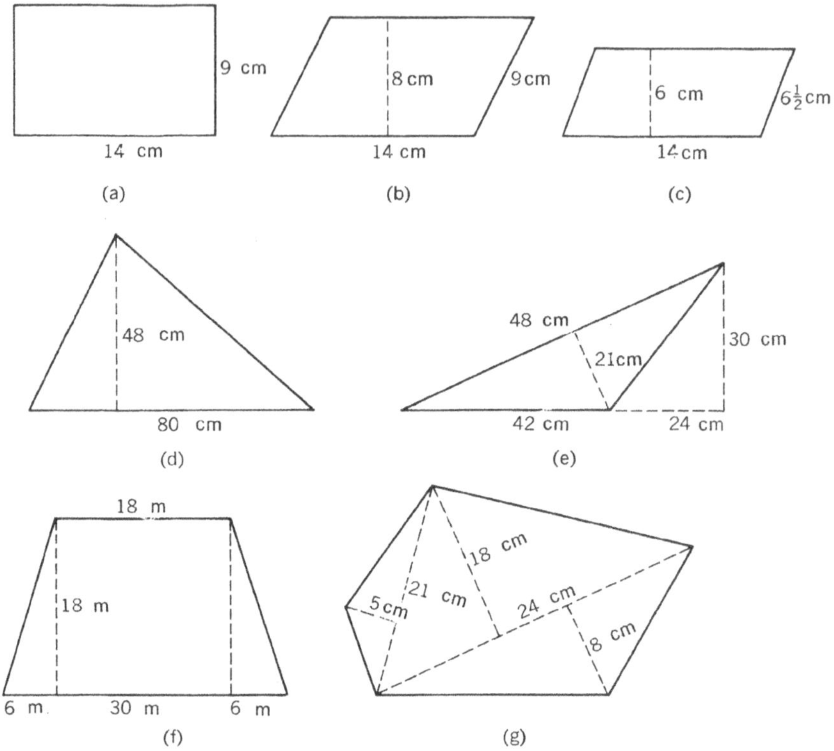

Figura 23-4. Ejercicio 23-1

lados de un rectángulo tienen las mismas medidas, hallar su área.

23-7. Las dos diagonales de un paralelogramo se cortan en sus puntos medios y dividen al paralelogramo en cuatro triángulos. ¿Tienen estos triángulos la misma área? Demostrar por qué, mediante un dibujo.

23-8. Hallar el área de los cuadrados siguientes:

(a) De 3 m 6 cm de lado.
(b) De 6 m 3 cm de lado.
(c) De 6 m a cm de lado.
(d) De a m b cm de lado.
(e) De 3 m de lado.

NOTA: Antes de multiplicarlas, las dos dimensiones han de expresarse en las mismas unidades.

23-9. Hallar el lado de un cuadrado de 225 dm^2 de superficie.

23-10. Dibujar los rectángulos siguientes:

(a) Con $a = 10$ m y $b = 5$ m 3 cm, hallar su área en metros cuadrados.
(b) Con $a = 4{,}6$ m y $b = 6{,}4$ m, hallar A en metros cuadrados.

(c) Con $A = 6{,}25$ cm² y $a = 2{,}5$ cm, hallar b.
(d) Con $A = 160$ Ha² y $b = 40$ Dm, hallar a (1 Ha = 10 000 m).

NOTA: Antes de multiplicarlas, las dos dimensiones han de expresarse en las mismas unidades.

23-11. Dibujar los triángulos siguientes:
(a) Con $a = 2$ dm 6 cm y $b = 6$ dm, hallar A en decímetros cuadrados. ¿Los triángulos que se dibujan para este ejercicio, pueden tener distintas formas? ¿Por qué?
(b) Con $a = 20$ cm y $b = 5$ cm, hallar A en centímetros cuadrados.
(c) Con $A = 200$ pies cuadrados y $b = 2{,}5$ pies, hallar a.
(d) Con $A = 116$ cm² y $a = 116$ mm, hallar b.

23-6 ÁREA DEL TRIÁNGULO CONOCIENDO SUS TRES LADOS

A veces es necesario hallar el área de un triángulo cuando sólo se conocen las medidas de sus tres lados. La fórmula para hallar dicha área con estos datos se conoce con el nombre de fórmula de Heron. Heron de Alejandría fue un gran matemático que dedujo esta fórmula hace unos 2 000 años, y la usó sobre todo para sus trabajos de agrimensura. Si a, b, y c representan los tres lados del triángulo, y s representa la semisuma de a, b, y c, entonces el área A del triángulo viene dada por la siguiente fórmula

$$s = \frac{1}{2}(a + b + c)$$

$$A = \sqrt{s(s-a)(s-b)(s-c)}$$

(ver Fig. 23-5). Esta fórmula se demostrará en Trigonometría.

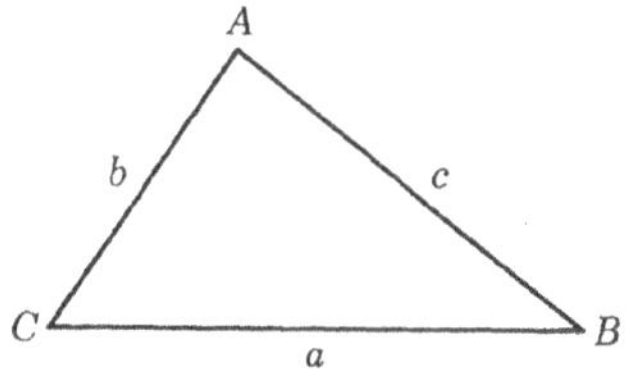

$$s = \tfrac{1}{2}(a + b + c)$$

$$Area = \sqrt{s(s-a)(s-b)(s-c)}$$

Figura 23-5. Fórmula de Heron para el área de un triángulo conociendo la longitud de sus lados

Como una fórmula es una regla expresada con símbolos, una fórmula como la anterior puede expresarse también con palabras. La fórmula de Heron expresada con palabras es la siguiente: Se halla la semisuma de los tres lados (el semiperímetro). Se resta cada lado de esta semisuma. Se halla el producto de la semisuma por las tres diferencias. La raíz cuadrada de este producto, es el área del triángulo.

Veremos a continuación un ejemplo de aplicación de la fórmula de Heron.

Ejemplo: Hallar el área de un triángulo cuyos lados miden 40, 28 y 36 m. (Ver figura 23-6.)

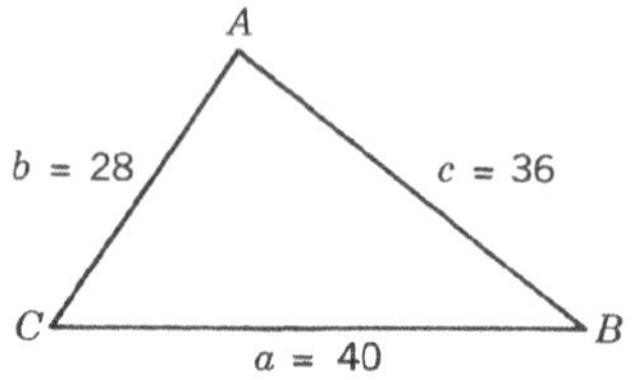

Figura 23-6. Ejemplo de la fórmula de Heron

Solución:

$$a = 40;\ b = 28;\ c = 36$$
$$s = \frac{1}{2}(40 + 28 + 36) = 52$$
$$s - a = 52 - 40 = 12$$
$$s - b = 52 - 28 = 24$$
$$s - c = 52 - 36 = 16$$
$$A = \sqrt{52 \times 12 \times 24 \times 16}$$
$$= \sqrt{4 \times 13 \times 4 \times 3 \times 4 \times 3 \times 2 \times 16}$$

Por lo tanto,

$$A = 2 \times 2 \times 2 \times 3 \times 4\sqrt{26}$$
$$= 96\sqrt{26}$$
$$\text{Area} = 489{,}506\ \text{m}^2$$

El área de un triángulo del que sólo conocemos sus tres lados, puede hallarse también construyendo un triángulo a escala. Entonces, puede medirse la altura y hallar el área calculando la mitad del producto de la base por la altura. Con los instrumentos corrientes, puede trazarse el triángulo a escala, medir sus dimensiones y hallar el área con una aproximación razonable; sin embargo, este método es bastante más lento y muchas veces su aplicación es imposible en la práctica.

23-7 ÁREA DEL TRAPECIO

Una diagonal de un trapecio, divide a éste en dos triángulos que tienen la misma altura y como bases, las dos bases del trapecio. Por ejemplo, en el trapecio de la figura 23-7, la diagonal *JL* lo divide en dos triángulos *JKL* y *JLM*. El área de *JKL* es el producto de *JK* por *a*, dividido por 2, y el área de *JLM* es la mitad del producto de *ML* por *a'*. Pero además, $a = a'$; luego la suma de las áreas de los dos triángulos será $^1/_2(JK + ML) \times a$. El área del trapecio puede, pues, calcularse evidentemente, sumando las áreas de los dos triángulos en que se ha

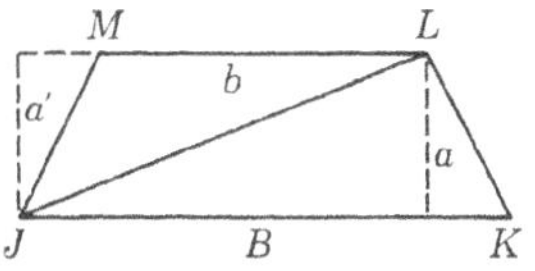

Figura 23-7. Área de un trapecio

dividido, según la regla siguiente: *El área de un trapecio es igual a la semisuma de las dos bases por la altura.*

Si B y b representan las dos bases y a la altura del trapecio, la fórmula correspondiente es

$$A = \frac{1}{2}(B + b) \times a$$

Ejemplo: Hallar el área de un trapecio cuya base inferior mide 10 dm, la base inferior 6 dm y su altura 4 dm. (Ver figura 23-8.)

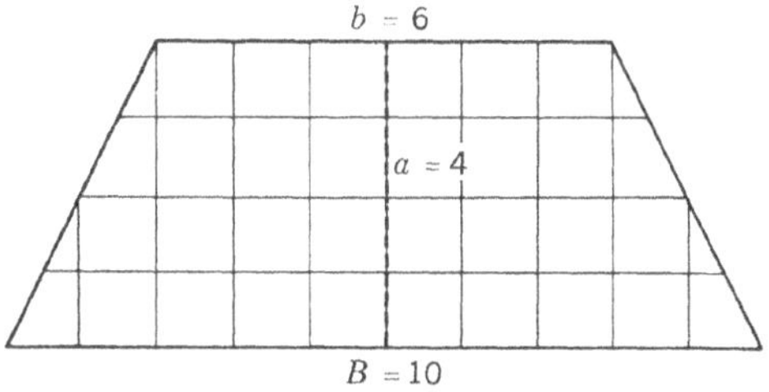

Figura 23-8. Ejemplo: Cálculo del área de un trapecio

Solución: $A = {}^1/_2(B + b)a$. Sustituyendo los números dados en la fórmula,

$$A = \frac{4}{2}(10 + 6)$$
$$= 2(16)$$
$$\text{Área} = 32 \text{ dm}^2$$

Ejercicios

NOTA: Si se utiliza papel cuadriculado para los ejercicios siguientes, nos ayudará a comprender el concepto de área de un polígono.

23-12. Dibujar los paralelogramos siguientes y completar los datos que faltan:

(a) Base = 12,5 cm; altura = 25 cm; área = ?
(b) Altura = 42 dm; área = 462 dm^2; base = ?
(c) Base = 44 dm 4 cm; área = 696,6 dm^2; altura = ?
(d) Altura = 72 m 8 dm; área = 2 162 m^2; base = ?

22-13. El tablero de una mesa es un rectángulo de 90 cm por 130 cm. Hallar su superficie.

23-14. Una alfombra es un rectángulo de 3 m por 4 m. Hallar su precio si cuesta a 1.200 ptas el metro cuadrado.

23-15. Una caja de 6 dm de largo, 4 dm de ancho y 3 dm de alto tiene seis caras rectangulares. Hallar la superficie exterior de la caja.

23-16. Un armario metálico mide 150 cm de alto, por 45 cm de fondo por 50 cm de ancho. Hallar la superficie exterior del armario.

23-17. Un armario mide 150 cm por 60 cm por 60 cm. ¿Cuánto mide su superficie externa?

23-18. Un archivador ha de pintarse por dentro y por fuera. El archivador tiene cuatro estantes (tres huecos). Si mide 125 cm por 60 cm por 30 cm, ¿cuál es la superficie, en metros cuadrados, que ha de pintarse? (Despreciar la anchura del material y los estantes.)

23-19. ¿Cuántos adoquines de 10 cm por 10 cm por 25 cm son necesarios para pavimentar una calle de 600 m de largo por 12 m 6 dm de ancho?

23-20. ¿Cuántos ladrillos de 22 cm por 11 cm por 4 cm cada uno harán falta para pavimentar un patio de 6 m por 42 m, si los ladrillos descansan sobre su base mayor? ($A = 22 \times 11$ cm^2) ¿Y si descansan sobre la base intermedia? ($A = 22 \times 4$ cm^2).

23-21. ¿Cuánto costará pintar las paredes y el techo de una habitación de 4 m por 5 m con una altura de 2 m 70 cm, si la pintura cuesta a 80 ptas el metro cuadrado?

23-22. ¿Cuánto costará plantar césped en un jardín de 132 m de ancho por 152 m de largo, si cuesta a 56 ptas el metro cuadrado?

23-23. Hallar el coste de una acera de cemento de 1,80 m de ancho que debe construirse en una esquina, si una de las partes mide 33 m y la otra 100 m y un metro cuadrado cuesta 400 ptas.

23-24. Hallar el área de un trapecio cuyas bases miden 17 y 11 cm y su altura es 26 cm.

23-25. El tejado de una casa tiene 20 m de largo, 18 m de ancho en uno de los bordes y 10 m de ancho en el otro. Hallar su área.

23-26. La fachada de una casa tiene forma de trapecio y tiene 36 m de largo en la parte baja y 10 m de largo en la parte superior, y 12 m de altura. Hallar su área en metros cuadrados.

23-27. Hallar el área de una tabla de 14 dm de largo, 18 cm de anchura en un borde y 12 cm en el otro borde.

23-28. Hallar el área en hectáreas de un bosque que en un mapa está representado por un rectángulo que mide $3\,^3/_4$ cm de largo y $2\,^1/_2$ cm de ancho, si la escala del mapa es $^1/_4$ cm = 1 Dm.

23-29. Una pantalla de televisión es prácticamente un rectángulo cuyas dimensiones están en la siguiente proporción:

$$\frac{\text{Base}}{\text{Altura}} = \frac{13}{11}$$

Hallar en cada uno de los casos siguientes la base y la altura: **(a)** la pantalla tiene 143 cm^2 de superficie. **(b)** La pantalla tiene 322 cm^2 de superficie.

23-30. El rectángulo más proporcionado, según los artistas, es el que tiene la base y la altura en la siguiente proporción:

$$\text{Base} = \sqrt{5} \times \text{altura}$$
$$\text{Base} = 2{,}236 \times \text{altura}$$

Esta relación se conoce como la sección de oro o rectángulo de oro y se usa como norma para una proporción perfecta en las obras de arte. Si el área de un rectángulo de este tipo es de 165 cm^2, calcular su base y su altura.

23-31. Un rectángulo mide 3 pies 5 pulgadas de largo y 7 pulgadas de ancho. Hallar su superficie en pies cuadrados.

23-32. Hallar los centímetros cuadrados del suelo de la habitación que aparece en la figura 23-9.

SUGERENCIA: Descomponer la figura en rectángulos y trapecios.

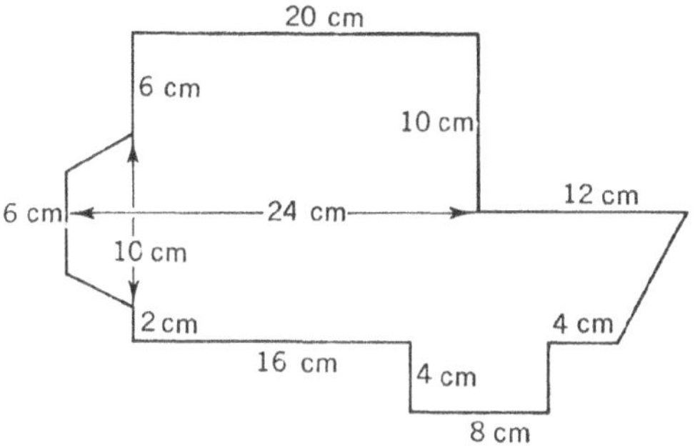

Figura 23-9. Ejercicio 23-32

23-33. Hallar el área de la figura 23-10*a*.
23-34. Hallar el área de la figura 23-10*b*.
23-35. Hallar el área de la figura 23-10*c*.

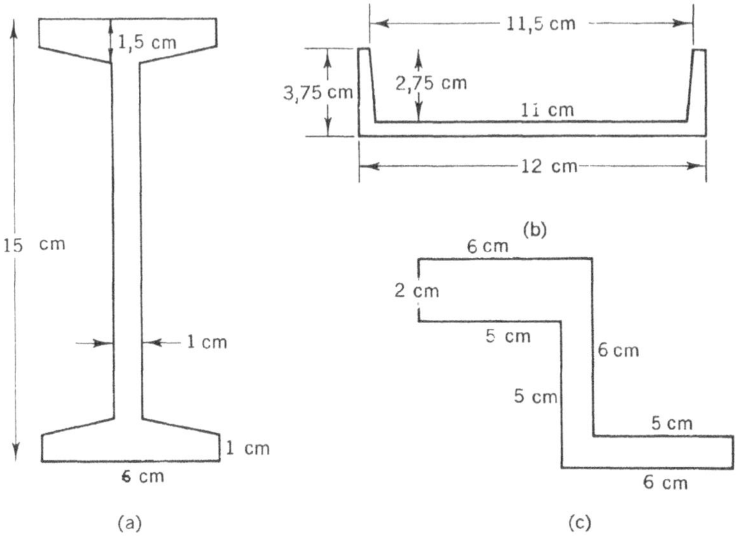

Figura 23-10. (a) Ejercicio 23-33. (b) Ejercicio 23-34. (c) Ejercicio 23-35

23-36. Hallar el área de la superficie en que se habrá de apoyar una columna de 168 000 Kg de peso, si el suelo en que se apoya puede soportar un peso de 4 000 Kg por metro cuadrado.

23-8 APLICACIÓN PRÁCTICA: MADERA DE CONSTRUCCIÓN

En los países donde rige el sistema métrico decimal, la madera de la construcción se suele medir en metros cúbicos. Sin embargo, en los países anglosajones suelen emplear otra unidad de medida que es el *pie de tablón.* Un pie de tablón es el volumen de una pieza de madera que tiene un área de un pie cuadrado y una altura de una pulgada (1 pie = 12 pulgadas.) Las tablas pueden estar cepilladas o no. La madera cepillada después de serrada, tiene su superficie alisada, de modo que se presenta más igualada y menos áspera al tacto. Al cepillar una tabla, se suele rebajar de cada lado $^1/_{16}$ de pulgada, si la tabla tiene un espesor menor de $1\ ^1/_2$ pulgadas y $^1/_8$ de pulgada, si el espesor de la tabla es mayor.

Como un pie tiene doce pulgadas, el número de pies de tablón de una pieza de madera se determina hallando un doceavo del producto del espesor en pulgadas, por la anchura en pulgadas, por la longitud en pies.

Ejemplo: Hallar el número de pies de tablón de una pieza de madera de 2 in (in = pulgada) de espesor, 6 in de anchura y 14 ft (ft = pie) de longitud.

Solución:

$$\frac{\text{Espesor (in)} \times \text{anchura (in)} \times \text{longitud (ft)}}{12} = \text{pies de tablón}$$

$$\frac{2 \times 6 \times 14}{12} = 14 \text{ pies de tablón}$$

La madera de espesor menor de 1 pulgada se considera, a efectos comerciales como de una pulgada de espesor. Para la anchura, las fracciones de $^1/_2$ pulgada o más se redondean a una pulgada más.

Los tablones que se venden normalmente, se cortan con longitudes de un número par de pies, como 8, 10, 12, 14 y 16 pies, hasta de 22 pies. Las tablas de longitudes mayores de 22 pies corresponden a clasificaciones especiales.

El precio de la madera suele darse por cada 1 000 pies de tablón (en abreviatura se suele escribir M).

Ejemplo: Hallar el coste de 12 piezas de madera de 2 in por 4 in por 6 ft, siendo el coste 250 dólares por M.

Solución:

$$\frac{12 \times 2 \times 4 \times 6}{12} = 48 \text{ pies de tablón}$$

$$\frac{48}{1\,000} = 0{,}048 \text{ M}$$

$$250 \times 0{,}048 = 12 \text{ dólares}$$

Como ya hemos dicho, en los países que se rigen por el sistema métrico decimal, la madera se suele medir en metros cúbicos y el método de medir madera explicado anteriormente no se utiliza. Sin embargo, conviene conocerlo, porque el comercio de maderas con estos países es muy importante.

23-9 PRESUPUESTOS

Un presupuesto es una predicción del dinero y de los materiales que va a requerir un trabajo determinado, como construir un edificio o modificar una estructura. Existen varias reglas prácticas para hacer presupuestos sobre la madera y otros materiales necesarios para una estructura. En general, hace falta calcular primero la cantidad de madera que la obra necesita (en metros cúbicos o en pies de tablón) y añadirle un cierto tanto por ciento para cubrir las pérdidas de material que se producen al cortar, cepillar o ensamblar unas partes con otras, etc. Para hacer el presupuesto del coste de la obra hay que tener en cuenta el coste de los materiales, del transporte y de la mano de obra.

Para los alumnos interesados en esta materia, lo mejor es consultar manuales especialmente preparados para hacer presupuestos de los distintos tipos de trabajos.

Ejercicios

23-37. ¿Cuántos pies de tablón tienen 3 planchas de madera de 12 in por 14 in y 22 ft de largo?

23-38. ¿Cuántos pies de tablón hay en 26 piezas de 2 in por 4 in por 14 ft de largo y en 20 piezas de 3 in por 10 in por 16 ft de largo?

23-39. Hallar los pies de tablón necesarios para cubrir el suelo de una habitación de 30 ft de largo por 40 ft de ancho, con maderas de 3 in de grueso, teniendo en cuenta que las pérdidas de material al cepillar y ensamblar representan un sexto del total.

23-40. Hallar el coste, a 4 800 ptas por M, de la madera necesaria para cubrir el suelo de un pajar de 32 ft por 42 ft, con planchas de 2 in de grosor.

23-41. Un hombre construye un paso de 4 ft de ancho por 10 ft de largo, con planchas de madera de 2 in de grosor. El paso está apoyado sobre tres vigas, también de madera, de 4 in por 4 in que recorren toda la longitud del paso. Hallar el coste de la madera a 1 500 ptas por M.

23-42. Utilizando madera de 1 in de grosor, un hombre construye una cerca alrededor de su jardín, que mide 150 ft por 36 ft. La cerca tiene 6 ft de altura y va sujeta en la parte superior y la inferior a dos tablones de 2 in por 6 in. Si no hay ningún desecho de material, hallar el número de pies de tablón que necesita.

23-43. ¿Cuánto costarán las cinco piezas siguientes a 25 céntimos de dólar el pie de tablón?

1 pieza de $^7/_8$ in por 6 in por 10 ft.
1 pieza de $^5/_8$ in por 8 in por 12 ft.
1 pieza de $^7/_8$ in por 18 in por 4 ft.
2 piezas de $^1/_4$ in por 6 in por 8 ft.

23-44. Hallar el coste de las siguientes piezas de madera, si las cepilladas por los cuatro lados cuestan 170 dólares por M y las cepilladas sólo por dos caras 130 dólares por M:

2 piezas de 2 por $2\,^1/_2$ in por 12 ft, cepilladas en cuatro caras
1 pieza de $^3/_4$ por $2\,^1/_2$ in por 12 ft, cepilladas por las cuatro caras.
5 piezas de $^7/_8$ por 10 in por 12 ft, cepilladas por las cuatro caras.
1 pieza de $^7/_8$ por 10 in por 12 ft, cepillada por las cuatro caras.
6 piezas de $^1/_2$ por 6 in por 12 ft, cepilladas por dos caras.

4 piezas de $^8/_4$ por 6 in por 12 ft, cepilladas por dos caras.

23-45. Con los datos de la figura 23-11, hallar los pies de tablón necesarios para recubrir con planchas de 1 in de espesor, los frentes, los costados y el tejado de la casa. Las vigas están colocadas a una distancia de 16 in de centro a centro. Hallar el número de pies de tablón que hay en las vigas si están construidas con material de 2 in por 6 in.

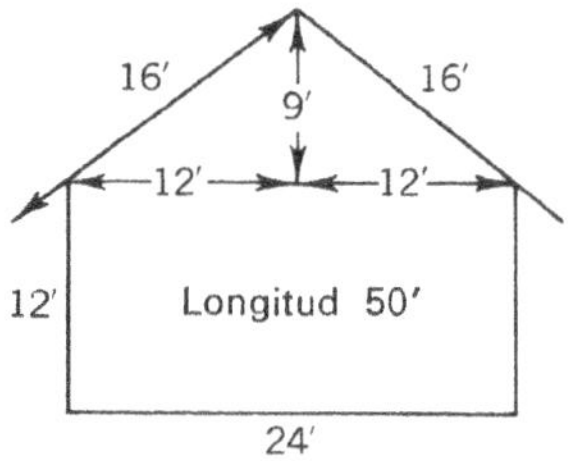

(1′ = 1 ft).

Figura 23-11. Ejercicio 23-45

23-46. Unos astilleros pagaron 300 dólares por un roble, para hacer de él una cuaderna larga de un barco. Los gastos de corte, descortezado y transporte fueron 275 dólares. Si la pieza extraída del tronco fue de 18 in por 18 in por 98 ft de largo, hallar el número de pies de tablón que se aprovecharon y el coste de la madera por cada 1 000 pies de tablón.

23-47. Hallar el número de pies de tablón que se emplearon en construir una casa, a partir de los datos que figuran en la Tabla 23-1.

Tabla 23-1. Ejercicio 23-47

ELEMENTO	MATERIAL EMPLEADO
Vigas maestras	5 piezas de 6 in por 8 in por 20 ft
Soleras	16 piezas de 6 in por 6 in por 16 ft
Vigas del primer piso	45 piezas de 3 in por 10 in por 28 ft
Vigas del segundo piso	45 piezas de 3 in por 8 in por 28 ft
Correas	16 piezas de 1 in por 8 in por 20 ft
Placas	32 piezas de 2 in por 4 in por 16 ft
Pies derechos exteriores	156 piezas de 2 in por 4 in por 20 ft
Pies derechos interiores	200 piezas de 2 in por 4 in por 12 ft
Montantes	90 piezas de 2 in por 8 in por 24 ft
Tirantes de las vigas	45 piezas de 2 in por 6 in por 16 ft

23-48. Hallar el coste de la madera del Ejercicio 23-47 si el precio fue de 175 dólares por M.

24/Triángulo

24-1 TRIÁNGULO RECTÁNGULO

Un *triángulo rectángulo* es un polígono de tres lados, con uno de sus ángulos recto. El lado opuesto al ángulo recto se llama *hipotenusa*, y los dos lados que forman el ángulo recto se llaman *catetos* (o también *base* y *altura*). Muchos problemas prácticos pueden resolverse utilizando propiedades conocidas de los triángulos rectángulos.

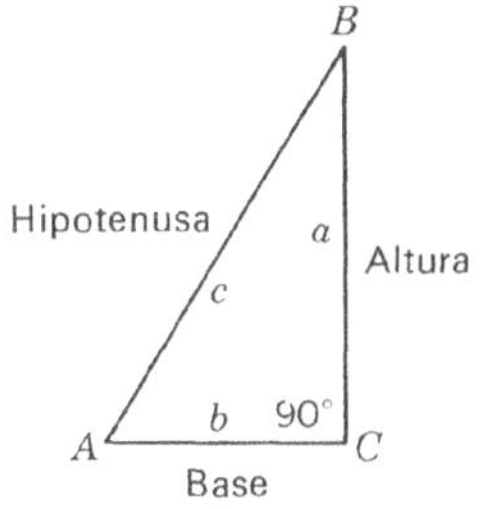

Figura 24-1. Triángulo rectángulo

En el triángulo rectángulo de la figura 24-1, $\angle ACB$ es el ángulo recto. Como $\angle ACB$ mide 90°, entonces la suma de los ángulos *ABC* y *BAC* es de 90°. Esto es cierto por ser la suma de los tres ángulos de un triángulo igual a 180°.

$$\angle ACB + \angle CAB + \angle ABC = 180^\circ$$

Sustituyendo $\angle ACB$ por 90°, se tiene

$$90^\circ + \angle CAB + \angle ABC = 180^\circ$$
$$\angle CAB + \angle ABC = 90^\circ$$

De la igualdad anterior, puede deducirse que si se conoce uno de los ángulos agudos de un triángulo rectángulo, podemos calcular el otro ángulo agudo.

Existe una relación precisa entre las longitudes de los tres lados de un triángulo rectángulo. Esta relación se conoce con el nombre de Teorema de Pitágoras y es la siguiente: *El cuadrado de la longitud de la hipotenusa es igual a la suma de los cuadrados de las longitudes de los catetos.* La figura 24-2 nos muestra gráficamente este enunciado. *AC* es la hipotenusa y su longitud es de cinco unidades; *AB* es un cateto y su longitud es de cuatro unidades; *BC* es el otro cateto y su longitud es de tres unidades. *AC* al cuadrado, es igual a la suma de los cuadrados de *AB* y *BC*. Es decir, $\overline{AC}^2 = \overline{AB}^2 + \overline{BC}^2$. En la figura 24-2,

$$5^2 = 4^2 + 3^2$$
$$25 = 16 + 9$$
$$25 = 25$$

NOTA: El trazo colocado sobre las dos letras mayúsculas se usa para indicar que son las longitudes *AC, AB* y *BC* las que se elevan al cuadrado.

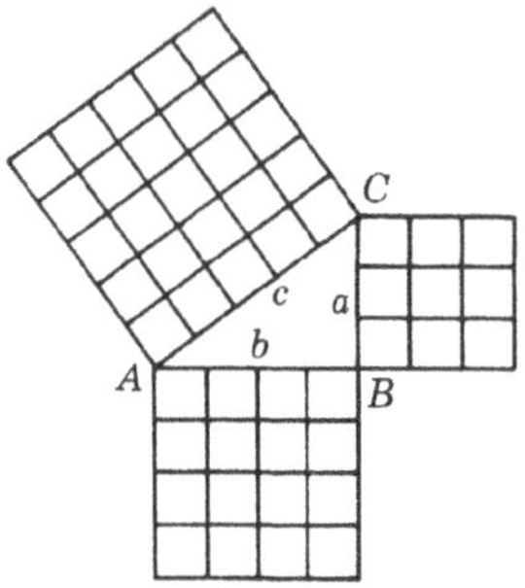

Figura 24-2. En un triángulo rectángulo, el cuadrado de la hipotenusa es igual a la suma de los cuadrados de los catetos

Esta misma relación puede expresarse representando por *c, b* y *a*, las longitudes de los tres lados; en este caso $c^2 = b^2 + a^2$. De esta ecuación pueden despejarse *a, b,* o *c*; entonces, si dos de los tres términos de la ecuación son conocidos, se puede conocer también el otro. De la ecuación $c^2 = b^2 + a^2$ se pueden deducir estas tres fórmulas:

$$c = \sqrt{a^2 + b^2}$$
$$a = \sqrt{c^2 - b^2}$$
$$b = \sqrt{c^2 - a^2}$$

Ejemplo: Hallar la hipotenusa de un triángulo rectángulo cuyos catetos miden 14 cm y 16 cm.

$$c = \sqrt{a^2 + b^2}$$
$$c = \sqrt{16^2 + 14^2}$$
$$c = \sqrt{256 + 196}$$
$$c = \sqrt{452}$$
$$c = 21{,}26+ \text{ cm}$$

La relación entre la longitud de la hipotenusa y las longitudes de los catetos de un triángulo rectángulo, es quizá el teorema más famoso de la Geometría. Se conoce con el nombre de

Teorema de Pitágoras, antes citado, porque fue demostrado por este matemático griego aproximadamente en el año 500 a. d. J. C.

24-2 EL CUADRADO Y SUS DIAGONALES

La diagonal de un cuadrado divide a éste en dos triángulos rectángulos iguales, como puede verse en la figura 24-3. Los lados *AB, BC, CD* y *AD* tienen todos la misma longitud, y los cuatro ángulos agudos formados por la diagonal y cada uno de los lados miden cada uno 45°. Si *s* es la longitud del lado del cuadrado y *d* la de la diagonal, se tienen

$$d^2 = s^2 + s^2 = 2s^2$$
$$d = s\sqrt{2}$$

Esta fórmula puede expresarse así: *la diagonal de un cuadrado es igual a la longitud del lado del cuadrado multiplicada por* $\sqrt{2}$.

En la figura 24-4 se han trazado las dos diagonales del cuadrado. Estas dos diagonales tienen la misma longitud; es decir, $AC = BD$. En el cuadrado de la figura 24-4, el ángulo *AOD* mide 90°, y *AO* y *OD* son iguales a la mitad de la longitud de la diagonal. En el triángulo *AOD,*

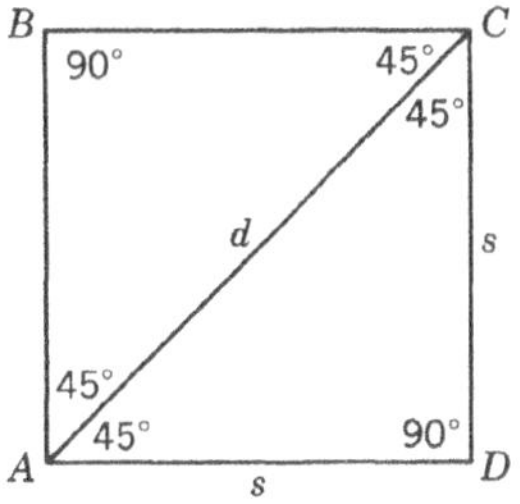

Figura 24-3. La diagonal de un cuadrado lo divide en dos triángulos rectángulos iguales

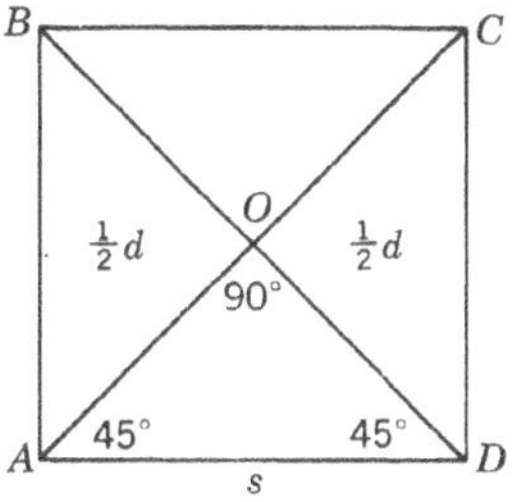

Figura 24-4. El cuadrado y sus dos diagonales

$$s^2 = (\tfrac{1}{2}d)^2 + (\tfrac{1}{2}d)^2$$
$$s^2 = \tfrac{1}{4}d^2 + \tfrac{1}{4}d^2$$
$$s^2 = \tfrac{1}{2}d^2$$
$$s = d\sqrt{\frac{1}{2}} = \frac{d}{2}\sqrt{2}$$

Esta nueva fórmula que hemos deducido, puede expresarse también de esta forma: *la longitud del lado del cuadrado es igual a la mitad de la longitud de la diagonal multiplicada por* $\sqrt{2}$.

Ejercicios

24-1. Hallar la longitud de la diagonal de una puerta rectangular de 3 m por 4 m.

24-2. Un solar tiene forma cuadrada y su diagonal mide 60 m. ¿Cuánto mide su lado?

24-3. Hallar la diagonal de un cubo de 9 cm de arista. Este cubo y su diagonal están representados en la figura 24-5.

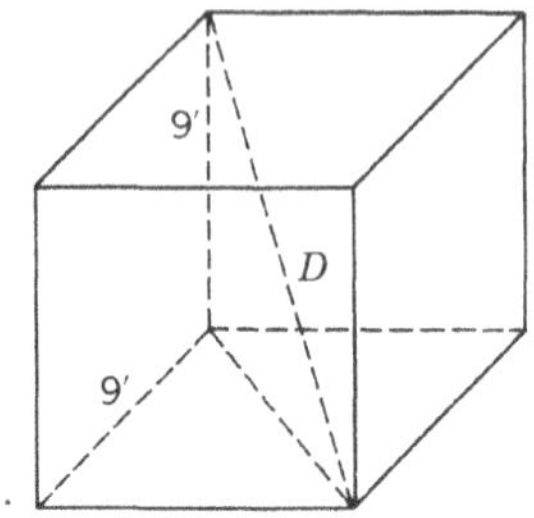

Figura 24-5. Ejercicio 24-3

24-4. Si la arista de un cubo mide 1 dm, hallar su diagonal.

24-5. Si el área total de un cubo es 12 dm^2, hallar su diagonal.

24-6. Si la diagonal de un cubo mide $3\sqrt{3}$ m, hallar su área total.

24-7. Un hombre nada formando ángulo recto con la dirección de la corriente, con una velocidad de 3,5 nudos. Si la velocidad de la corriente es 7,5 nudos, hallar la velocidad con que se mueve el hombre.

SUGERENCIA: Los efectos de ambas velocidades se combinan y hacen que el hombre se mueva siguiendo la hipotenusa de un triángulo rectángulo, cuyos catetos conocemos.

24-8. Un hombre rema perpendicularmente a la corriente de un río. Si el río tiene una milla de ancho y su corriente tiene una velocidad de 4 nudos, ¿cuánto tiempo tardará el hombre en cruzar el río, si en aguas tranquilas rema a 3 nudos? ¿Cuántas millas habrá recorrido al llegar a la otra orilla? (1 nudo = 1 milla por hora.)

24-9. Un vapor navega hacia el Norte a una velocidad de 15 nudos y otro se dirige hacia el Oeste a una velocidad de 18 nudos. Si los dos han zarpado del mismo punto, al mismo tiempo, ¿qué distancia les separará al cabo de 6 horas?

24-10. La diagonal de un rectángulo mide 130 y su altura 32. Hallar su área.

24-11. ¿Cuál será la longitud de la mayor línea recta que se puede trazar dentro de una caja rectangular de 12 dm por 4 dm por 3 dm?

24-12. La hipotenusa de un triángulo rectángulo con los catetos iguales mide 12 dm. Hallar la longitud de los dos catetos.

24-13. La base de un triángulo es 20 cm y su altura 18 cm. ¿Cuánto medirá el lado de un cuadrado que tenga la misma superficie?

24-14. El área de un prado rectangular es de 5 525 m^2 y su longitud de 850 dm. Hallar la longitud de su diagonal, en metros, con tres cifras decimales.

24-15. Hallar la longitud de las diagonales de las siguientes habitaciones:

(a) 20 ft por 16 ft por 12 ft.

(b) a m por b m por c m.

(c) $2a$ dm por $2b$ dm por $2c$ dm.

24-16. Hallar el precio a 30 dólares por M (1 000 pies de tablón) de una cubierta de madera, formada por tablas de 1 in de espesor, de un cobertizo rectangular de 45 ft por 65 ft, sabiendo que el tejado es simétrico, con dos vertientes, la diferencia de alturas entre la parte superior y el arranque de la cubierta es un tercio de la anchura del edificio, y que las proyecciones del tejado sobresalen 2 ft de todas las fachadas del edificio.

24-17. Al montar una instalación para conducir vapor de agua de la forma *ABCD* (figura 24-6), formando un codo de 45°, el instalador toma $BC = CE + \frac{5}{12}CE$. ¿Cuál es el error cometido si $CE = 18$ in? ¿Cuál es la longitud correcta de CB, y cuál es el porcentaje de error cometido por el método del instalador?

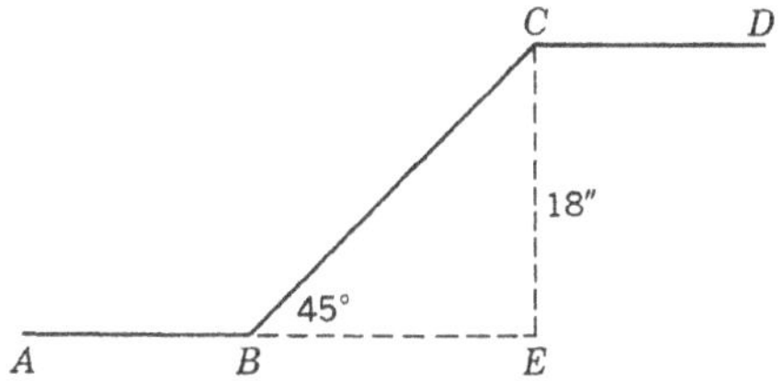

Figura 24-6. Ejercicio 24-17

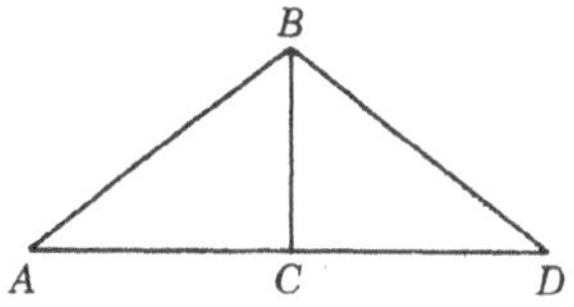

Figura 24-7. Ejercicio 24-18

24-18. Para cortar las vigas de la armadura de un tejado cuya flecha se quiere que sea $\frac{1}{2}$ (es decir, la diferencia de alturas entre la base del tejado y el punto más alto, debe ser la mitad de la anchura o luz del tejado), un carpintero toma la longitud de la viga AB igual a 1 ft 5 in por cada pie de la longitud AC (figura 24-7). Si $AC = 8$ ft, hallar AB por este método. ¿Cuál es el tanto por ciento del error cometido?

NOTA: El método que se usa en este caso el carpintero es el mismo que empleaba el instalador del ejercicio anterior.

24-19. Para hallar la diagonal de un cuadrado, multiplicar el lado por 10, restar de este producto el 1 % y dividir la diferencia por 7. Comprobar la aproximación de esta regla práctica.

Solución: Tomemos un cuadrado de lado, por ejemplo, 25 cm. Entonces

$$\begin{aligned} 10 \times 25 &= 250 \\ 1\,\% \text{ de } 250 &= \underline{2{,}5} \\ \text{Resto} &= 247{,}5 \\ 247{,}5 : 7 &= 35{,}357 \text{ cm} = \text{diagonal por la regla práctica} \end{aligned}$$

Por la fórmula de la hipotenusa,

$$\text{Diagonal} = \sqrt{25^2 + 25^2} = 35{,}355 + \text{cm}$$

Luego,

$$\text{Error} = 35{,}357 \text{ cm} - 35{,}355 \text{ cm} = 0{,}002 \text{ cm}$$

y

$$0{,}002 : 35{,}355 = 0{,}006 - = \text{porcentaje de error.}$$

Es evidente que esta regla es muy aproximada y fácil de aplicar.

24-20. ¿Cuál es la distancia entre las esquinas de una tuerca cuadrada (figura 24-8) cuya distancia entre caras es $3\frac{3}{8}$ in?

24-21. ¿Qué diámetro ha de tener un hierro redondo para, limando, poder obtener una cabeza de perno cuadrada de $1\,^3/_4$ cm de lado? (Ver figura 24-9.)

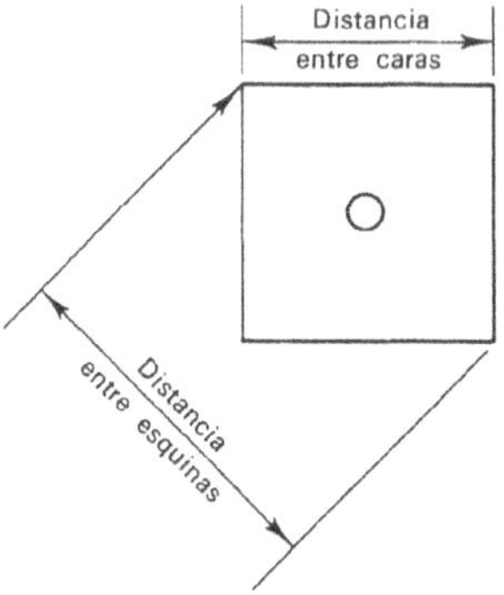

Figura 24-8. Ejercicio 24-20

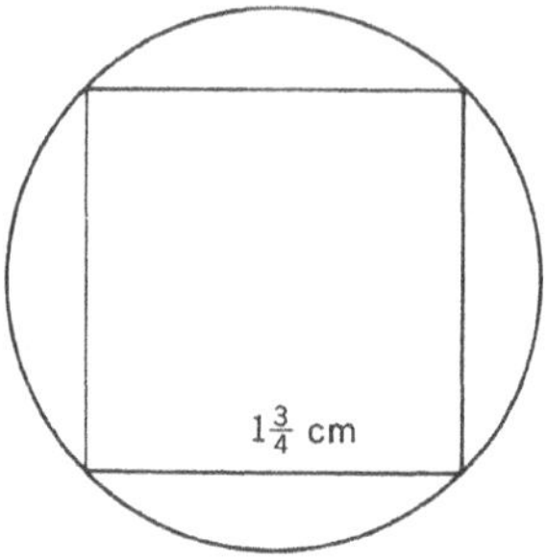

Figura 24-9. Ejercicio 24-21.

24-22. El cañón de una chimenea se mantiene derecho mediante tres vientos (o cables) que están fijos al suelo a 15 m del pie de la chimenea. Hallar la longitud de cada viento si están sujetos a la chimenea a una altura de 22 m.

24-23. La base de un triángulo rectángulo mide 30 cm y la hipotenusa es 6 cm mayor que la altura; hallar su altura.

24-24. La hipotenusa de un triángulo rectángulo mide 24 cm, y uno de los catetos mide 8 cm más que el otro. Hallar los dos catetos.

24-25. El área de un triángulo rectángulo es 30 cm, y uno de sus catetos mide 7 cm más que el otro. Hallar la hipotenusa.

24-3 SEMEJANZA DE TRIÁNGULOS

Dos triángulos son *semejantes* si los ángulos correspondientes de ambos triángulos son iguales. En la figura 24-10 aparecen dos triángulos que cumplen esta definición. En los dos triángulos ABC y $A'B'C'$, se cumple que $A = A'$, $B = B'$, y $C = C'$. Los dos triángulos ABC y $A'B'C'$ son triángulos semejantes. Podemos dibujar dos triángulos semejantes de forma que

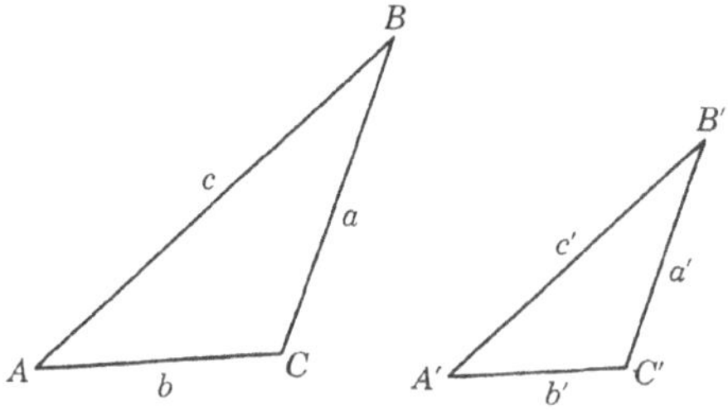

Figura 24-10. Triángulos semejantes

la longitud del lado AB sea igual a tres cuartos de la longitud $A'B'$, como los que aparecen en la figura 24-11. Los triángulos ABC y $A'B'C'$ son semejantes por construcción. El lado $AB = {}^3/_4 A'B'$ por construcción. Si ahora medimos el lado $B'C'$ y comparamos su longitud con la de BC, comprobaremos que $BC = {}^3/_4 B'C'$. Midiendo los lados AC y $A'C'$ y hallando también su razón, vale lo mismo ${}^3/_4$. *Los lados correspondientes de dos triángulos semejantes son proporcionales.* Es decir, en la figura 24-11, $a/a' = b/b'$; $a/c = a'/c'$; $b/c = b'/c'$. O también $a : b :: a' : b'$; $a : c :: a' : c'$; y $b : c :: b' : c'$, o lo que es lo mismo $\frac{a}{a'} = \frac{b}{b'} = \frac{c}{c'}$.

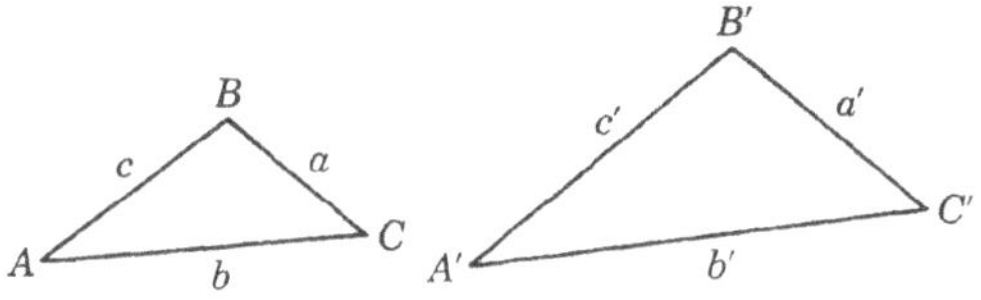

Figura 24-11. Ttiángulos semejantes por construcción

Ejemplo: Hallar la distancia entre los puntos P y Q en las orillas opuestas de un río (figura 24-12), siendo P un punto inaccesible desde Q.

$$\frac{AC}{AB} = \frac{PA}{PQ}; \frac{70}{10} = \frac{PA}{16}; \frac{70 \times 16}{10} = PA$$

$$PA = 112 \text{ m}; QA = 16 \text{ m}.$$

Luego la distancia PQ será $PQ = 112 - 16 = 96$ m.

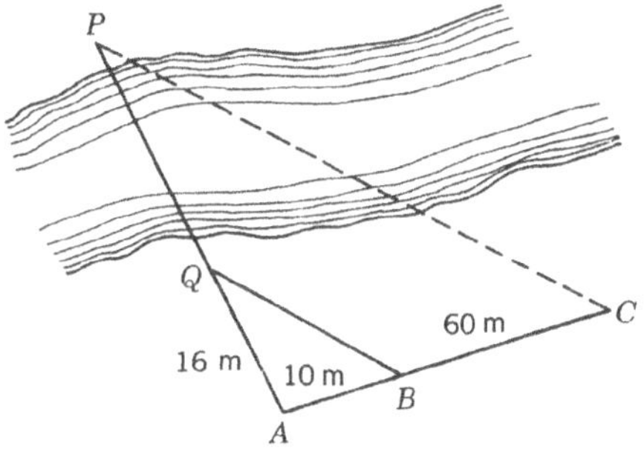

Figura 24-12. Ejemplo. Calcular la distancia PQ

24-4 APLICACIÓN PRÁCTICA: PIEZAS CÓNICAS

En los talleres de máquinas, muchas veces es necesario determinar el *grado de conicidad* (o simplemente *conicidad*) de una pieza para ajustar la máquina antes de tornear la pieza deseada. La conicidad de una pieza se determina midiendo la diferencia de diámetros (en milímetros) por cada 100 mm de longitud, es decir, hallando el tanto por ciento de la diferencia de diámetros respecto a la longitud. Por ejemplo, si el tronco de cono tiene 50 mm de longitud y sus diámetros en los extremos son 12 y 11 mm, la conicidad de la pieza será (12 − 11) : 50 = 1 : 50 = 2 %.

En los países donde no se utiliza el sistema métrico decimal, la conicidad se determina dividiendo la diferencia entre los diámetros (en pulgadas) por la longitud (en pies). La figura 24-13 nos muestra un corte de una pieza cónica. La diferencia entre los diámetros es $4\frac{1}{2}$ in − 3 in, ó $1\frac{1}{2}$ in. Como la pieza tiene una longitud de 12 in, la conicidad es de $1\frac{1}{2}$ in por pie. La conicidad de la pieza representada en la figura 24-14 es, la diferencia de los diámetros $2\frac{1}{2}$ in − 2 in = $\frac{1}{2}$ in, dividida por la longitud, 4 in o $\frac{1}{3}$ ft. La conicidad es, pues $3 \times \frac{1}{2}$ in, o $1\frac{1}{2}$ in por pie.

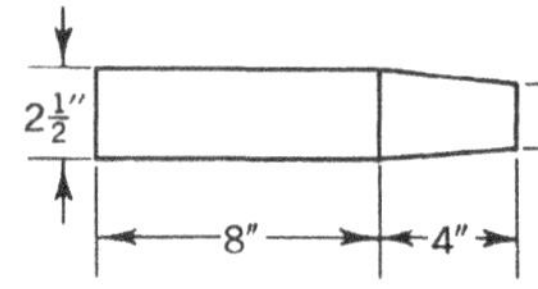

Figura 24-13. Perno troncocónico

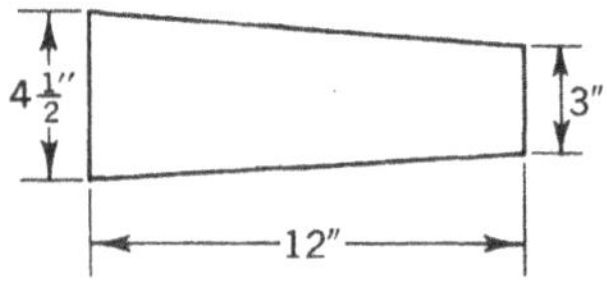

Figura 24-14. Cálculo de la conicidad

Si l es la longitud de la pieza cónica en pies, t es la diferencia entre sus diámetros extremos en pulgadas, y T es la conicidad en pulgadas por pie, la semejanza de triángulos nos permite escribir la siguiente proporción:

$$l:1 = t:T$$

La diferencia entre los diámetros extremos de una pieza cónica es igual a la conicidad multiplicada por la longitud en pies.

Ejemplo: ¿Cuál será la conicidad de la pieza de la figura 24-15, sustituyendo en la fórmula $l:1 = t:T$?

$$\tfrac{5}{12}:1 = \tfrac{1}{2}:T$$
$$1 \times \tfrac{1}{2} : \tfrac{5}{12} = T$$
$$1\tfrac{1}{5} = T$$

La solución es $1\frac{1}{5}$ pulgadas por pie.

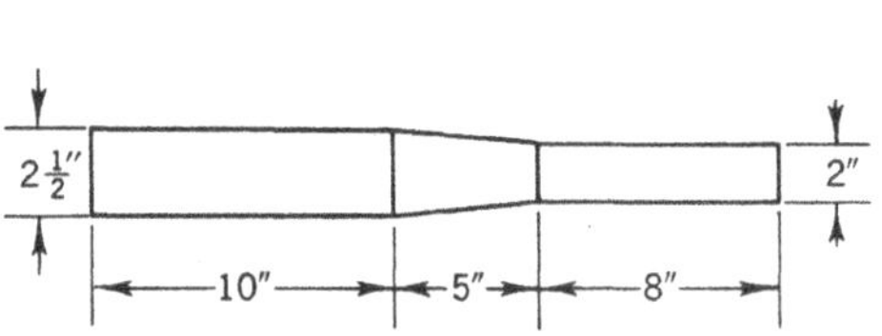

Figura 24-15. Cálculo de la conicidad

Si empleamos para medir el sistema métrico decimal, también la semejanza de triángulos nos permite expresar la siguiente fórmula:

$$l : \delta = 100 : \Delta$$

siendo l la longitud (en milímetros), δ la diferencia de diámetros (en milímetros) y Δ la conicidad.

24-5 TORNEADO DE PIEZAS CÓNICAS

Una pieza cónica o troncocónica puede tornearse moviendo transversalmente el cabezal o mando móvil del torno. Como la pieza que va a tornearse gira sobre un eje, la cuchilla produce dos cortes iguales, uno a cada lado de la pieza y, por tanto, es necesario correr la cuchilla en toda la longitud de la pieza una distancia igual a la mitad de la diferencia entre los diámetros extremos. Por consiguiente, si una pieza en forma de tronco de cono tiene una longitud de un pie y una conicidad de $1\,^1/_4$ in por pie, el mando móvil del torno debe moverse la mitad de $1\,^1/_4$ in, es decir, $^5/_8$ in.

Si designamos por D el diámetro mayor y d el diámetro menor de la parte cónica, por l la longitud de la parte cónica y L la longitud total de la pieza (expresando todas las medidas en pulgadas o en milímetros) el desplazamiento del mando móvil viene dado por la fórmula:

$$x = \frac{D - d}{2} \times \frac{L}{l}$$

Ejemplo: Un eje de 3 pies de largo ha de llevar en uno de sus extremos un remate troncocónico de 10 in de longitud y de diámetros 4 in y $3\,^1/_2$ in. Hallar qué distancia hay que desplazar el mando móvil del torno.

Solución:

$$x = \frac{4 - 3\frac{1}{2}}{2} \times \frac{36}{10} = 0{,}9 \text{ in.}$$

Ejercicios

24-26. Reducir las siguientes conicidades por pulgada a conicidades por pie y luego a milímetros por cada 100 milímetros: 0,0013 in; 0,0260 in; 0,0473 in; 0,0758 in.

24-27. El asta de la bandera de un club de golf mide 9,5 m de alto, su diámetro mayor es 4 cm y el menor 2 cm. Hallar su conicidad.

24-28. Una planta térmica tiene una chimenea de 19 ft de diámetro en su parte inferior. Su altura es de 200 ft y su diámetro en la parte superior es de 7 ft. ¿Cuál es su conicidad?

24-29. Si el cañón de un fusil mide 30 in de largo, 1,5 in es el diámetro de la parte más estrecha y 2 in el de la parte más ancha, hallar su conicidad.

24-30. ¿Cuánto ha de desplazarse el mando móvil de un torno para dar una conicidad de $1\,^1/_8$ in por pie a una pieza de 1 ft de longitud? ¿Y si la pieza mide sólo 8 in?

24-31. La conicidad de la rosca de los tubos normalizados (en los Estados Unidos) es de $^3/_4$ in por pie. ¿Cuál es la conicidad en pulgadas por pulgada de longitud? ¿Y en milímetros por cada 100 milímetros?

24-32. Calcular la conicidad con que ha de tornearse la llanta de una polea de 35 cm de anchura, si queremos que el diámetro central sea 0,5 cm mayor que el de los bordes (este proceso se denomina bombeo de la polea).

24-33. El abombado que se suele dar a la llanta de la polea es de $^1/_{24}$ de su anchura. Hallar la conicidad con que ha de tornearse una polea cuya llanta mide 10 in de anchura.

24-34. Un escariador troncocónico tiene una conicidad de $^1/_4$ de pulgada por pie. Si el diámetro menor es 0,389 in y la longitud de sus estrías (o canales) es $5\,^1/_4$ in, hallar el diámetro del extremo mayor de las estrías.

24-35. Un escariador cónico tiene una conicidad del 5 %, y sus estrías una longitud de 9 cm. Si su diámetro en el extremo mayor es de 1,8 mm, hallar su diámetro en el extremo menor.

24-36. Hallar la conicidad de un escariador cónico que tiene un diámetro de $^{11}/_{16}$ in en el extremo mayor de las estrías, y un diámetro de $^{33}/_{64}$ in en el extremo menor, si la longitud de sus estrías es $2\,^3/_4$ in.

24-37. Un escariador cónico tiene una conicidad de $^3/_4$ in por pie. Si el diámetro del extremo mayor es $1\,^3/_{16}$ in, hallar el diámetro del extremo menor, sabiendo que la longitud de las estrías es de $3\,^3/_4$ in.

24-38. En la figura 24-17, los elementos *CB*, *DF* y *EG* de la cercha son perpendiculares a *CA*. Con las dimensiones que aparecen en la figura, hallar las longitudes de *DF*, *EG*, *CF*, *DG* y *AB*.

24-39. ¿Qué distancia habrá que mover el mando móvil de un torno para tornear una pieza de 10 in de longitud, si la parte cónica mide $4\,^1/_8$ in de longitud y sus diámetros mayor y menor miden 1,275 in y 0,845 in respectivamente?

24-40. En la figura 24-18, se desea hallar la longitud *BC* de un lago. Las distancias que se conocen son: *AB* = 200 m, *AD* = 80 m, y *DE* = 60 m. Hallar *BC*. ¿Es necesario que se trate de triángulos rectángulos?

24-41. Explicar cómo se hallaría la altura *CD* de la chimenea de la figura 24-19, cuando su base es inaccesible.

SUGERENCIA: En un terreno llano, medir la distancia entre los dos puntos *A* y *B*, que estén en línea recta con *C*, y medir los ángulos *BAD* y *CBD*. Supongamos que la distancia *AB* es 40 m y que los ángulos son *BAD* = 40° y *CBD* = 60°. Dibujar una figura a escala y medir el segmento correspondiente a la altura de la chimenea.

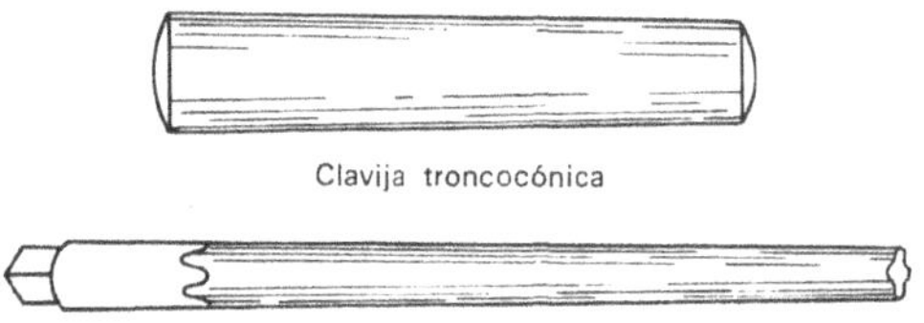

Figura 24-16. Ejercicio 24-34.

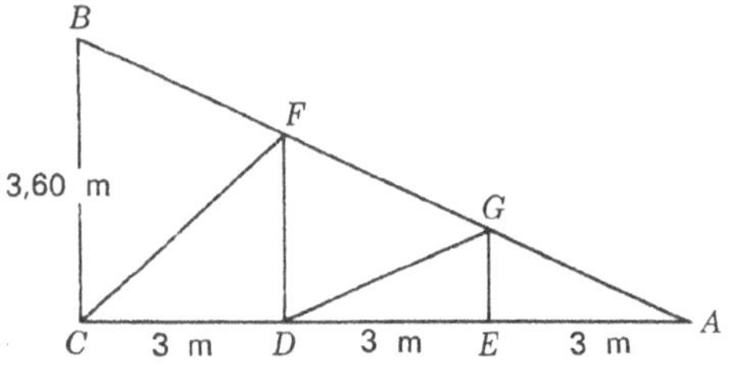

Figura 24-17. Ejercicio 24-38

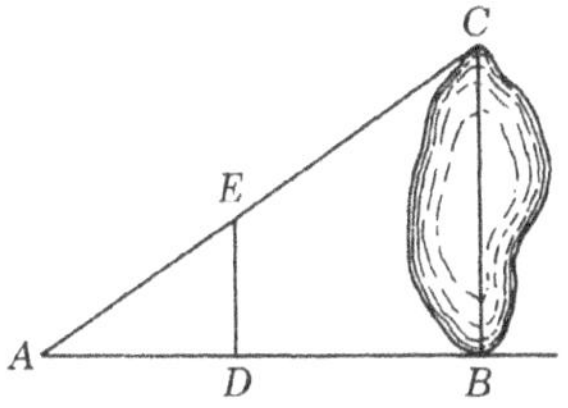

Figura 24-18. Ejercicio 24-40

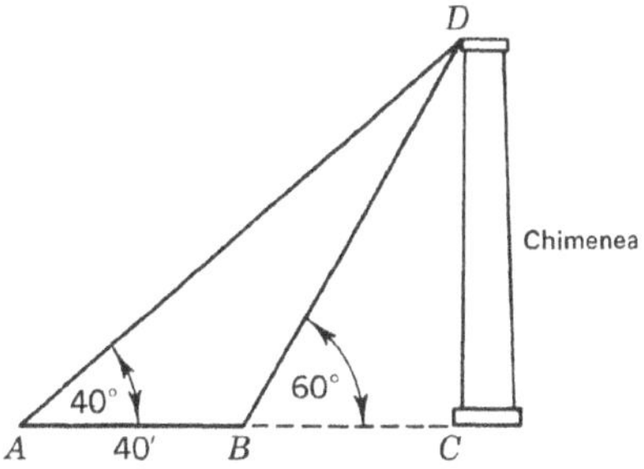

Figura 24-19. Ejercicio 24-41

24-6 APLICACIÓN PRÁCTICA: LA ESCUADRA DE ACERO

Una de las herramientas que más se utilizan es la *escuadra de acero* o *escuadra de carpintero* (ver la figura 24-20). Suele fabricarse en varios tamaños; el más corriente es el que tiene el brazo mayor −que se llama *cuerpo, hoja* o *base*− de unos 60 cm de largo (24 in) y 5 cm (2 in) de ancho, y el brazo más corto −llamado *altura* o *lengüeta*− de 40 a 45 cm (16 o 18 in) de largo y de 3,5 a 4 cm ($1\,^1/_2$ in) de ancho.

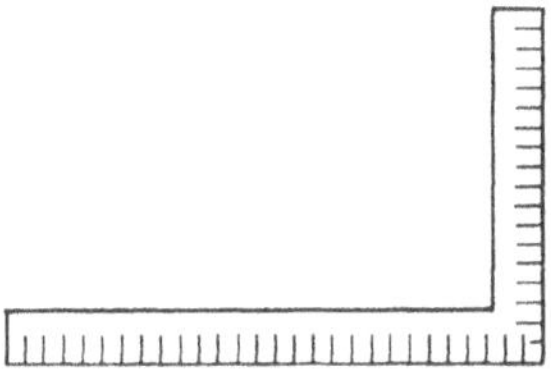

Figura 24-20. Escuadra de carpintero

Los principios en que se basa el uso de la escuadra son los que ya hemos visto para la resolución de triángulos rectángulos y los de la semejanza de triángulos.

Ejemplo: Valiéndose de la escuadra hallar la longitud de la hipotenusa de un triángulo rectángulo cuyos catetos miden 7 y 8 pulgadas respectivamente.

Solución: Se coloca la escuadra sobre el papel y se marcan dos puntos, uno en la base, a 8 in del ángulo y otro en la altura, a 7 in del ángulo. Después se mide la distancia entre estos dos puntos. Esta distancia mide aproximadamente $10\,^5/_8$ in. (Esta medida puede verse en la figura 24-21.) Por cálculo, la longitud de la hipotenusa es $\sqrt{8^2 + 7^2} = 10{,}63$ in. La solución obtenida con la escuadra es entonces, para fines prácticos, suficientemente aproximada.

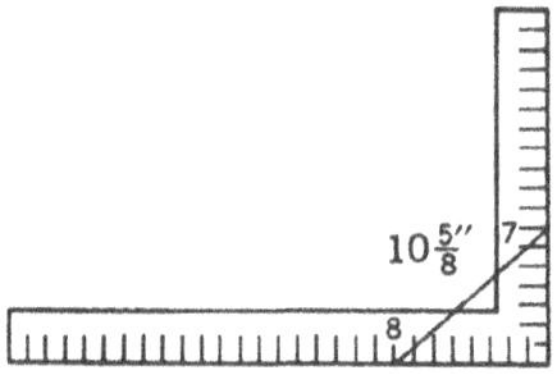

Figura 24-21. Ejemplo: Usando la escuadra de carpintero

24-7 APLICACIÓN PRÁCTICA: PARES Y CUBIERTAS

La *luz* de una cubierta es la distancia horizontal medida entre los extremos de los pares. La *montea* es la distancia vertical entre los dos extremos del par. En la figura 24-22, *AD* es la luz, *AC* la semiluz (la mitad de la luz) y *CB* la montea.

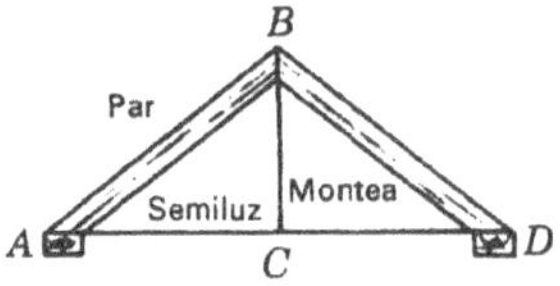

Figura 24-22. Semiluz (AC) y montea (CB)

Para expresar si una cubierta tiene más o menos pendiente, se puede dar el ángulo de inclinación de sus vertientes. Pero lo más frecuente es dar la razón entre la montea y la luz o anchura de la cubierta, que se llama *flecha*.

Ejemplo: Determinar la razón entre la montea y la luz en la figura 24-22 si $AC = 12$ m y $BC = 4$ m.

$$\text{Flecha} = \frac{\text{Montea}}{\text{Luz}} = \frac{4}{2 \times 12} = \frac{1}{6}$$

Luego la cubierta tiene una flecha de $^1/_6$.

La Tabla 24-1 nos muestra algunas relaciones entre la semiluz, la montea y la flecha.

24-8 CORTE DE LOS PARES

El *bisel, ángulo* o *inclinación* que hay que dar a los extremos de un par para que se adapte a la superficie horizontal o vertical contra la que se apoya, puede determinarse y marcarse con ayuda de una escuadra de carpintero.

Tabla 24-1. Relación entre semiluz, montea y flecha

SEMILUZ, m	MONTEA, m	FLECHA
12	4	1/6
12	6	1/4
12	8	1/3
12	10	5/12
12	12	1/2
12	15	5/8
12	18	3/4
12	24	1

Ejemplo 1: Marcar la línea de corte en el extremo inferior de un par que descansa sobre una superficie horizontal, si su montea es 8 pies y la semiluz 12 pies.

Solución: Se coloca la escuadra como nos muestra la figura 24-23 y se marca una raya a lo largo del brazo mayor de la escuadra, *A-B*. Se corta a lo largo de la línea marcada y entonces *AB* quedará horizontal al colocar el par en la forma requerida. Colocar la escuadra en el otro extremo del par, como muestra la figura 24-24. Se señala la línea *CD* y se corta por esta línea marcada. Los extremos del par quedarán entonces uno horizontal y el otro apoyado junto al par opuesto.

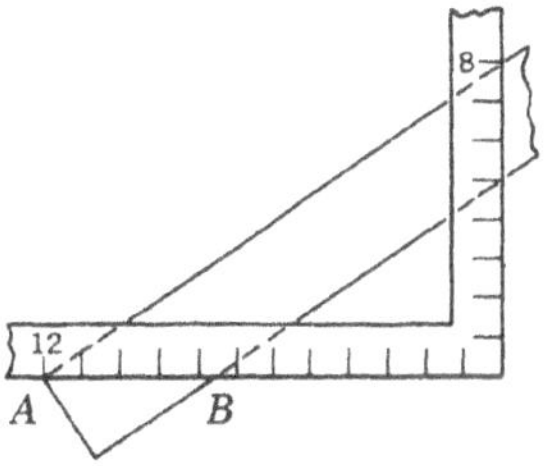

Figura 24-23. Ejemplo 1: Corte de los pares

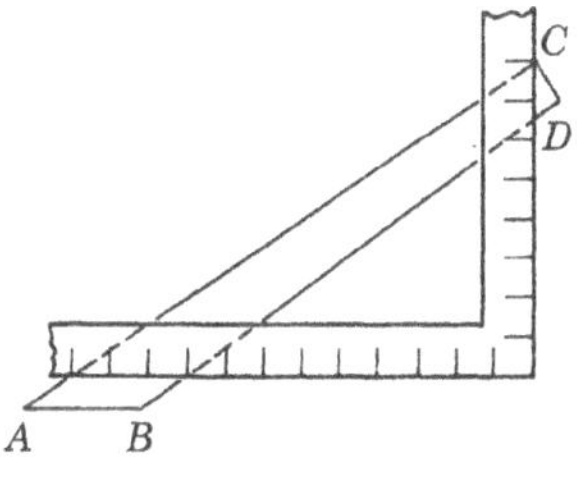

Figura 24-24. Ejemplo 1: Corte de los pares

Ejemplo 2: Marcar y cortar los dos extremos de un par para un edificio de 12 pies de anchura, si la montea del par es 4 pies. La tabla en que ha de cortarse el par tiene una sección rectangular de 2 por 4 pulgadas, y la mitad de la anchura ha de proyectar una longitud de 18 in fuera del edificio.

Solución: Se marca el corte correspondiente a la parte que se apoya horizontalmente como en el Ejemplo 1. Se coloca la escuadra como muestra la figura 24-25, y nos dará una semiluz de 24 in y una montea de 16 in. La escuadra se vuelve a colocar de forma que el punto *A* ocupe la posición que ocupa ahora el punto *C* y este proceso se repite todas las veces que sea necesario hasta que hayamos medido la semiluz y la montea del edificio. En este caso, es necesario colocar la escuadra tres veces. En la última posición, basta con trazar una señal a lo largo del brazo menor de la escuadra y esta señal será la línea de corte para que el extremo superior del par coincida con el del otro par, y además se determina la longitud del par. Cualquier par puede medirse y cortarse de la misma forma.

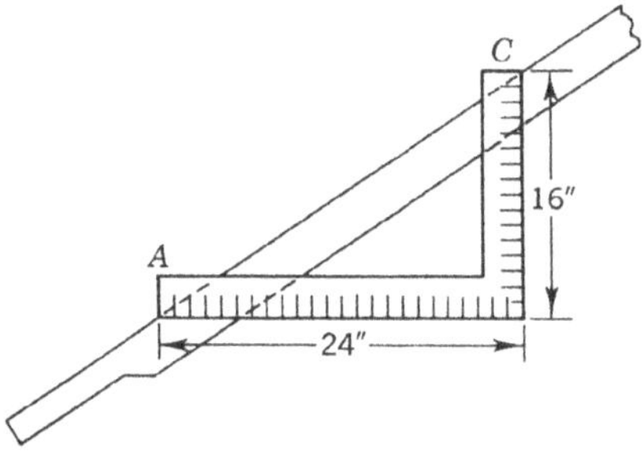

Figura 24-25. Ejemplo 2: Corte de los pares

Ejercicios

24-42. Utilizando una escuadra de carpintero, explicar cómo se determinaría la longitud de los pares de una armadura para la cubierta de un edificio de 6 ft 6 in de semiluz y una montea de 4 ft 6 in. Explicar cómo se cortarían los biseles de los dos extremos de las pares.

24-43. Explicar cómo se marcarían los cortes en los extremos de los montantes del caballete que aparece en la figura 24-26. Calcular la longitud de los montantes.

24-44. La figura 24-27 muestra la planta del entramado de un extremo de la cubierta de una casa de 18 ft de anchura y 28 ft de longitud. *CB*, *DE*, etc., son pares *ordinarios*; *AB* y *NB*

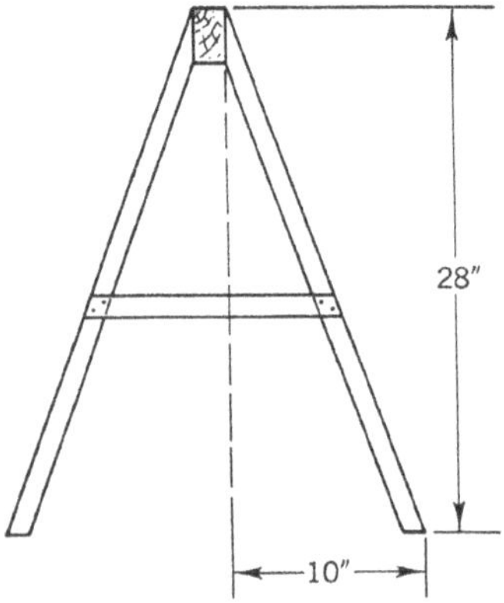

Figura 24-26. Ejercicio 24-43

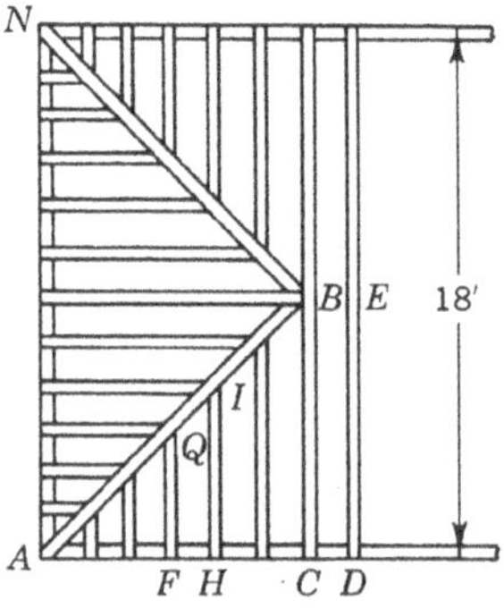

Figura 24-27. Ejercicio 24-44

son pares de *limatesa* (las limatesas son las intersecciones de los faldones de la cubierta con las vertientes); y *FQ*, *HI*, etc., se llaman *cuartones*. Hallar la longitud de las distintas piezas de la armadura, si la cubierta tiene una flecha de $^1/_3$. Explicar cómo se determinarían los biseles de los dos extremos de cada pieza. Los pares no se extienden fuera de las piezas en que se apoyan y la separación entre ellas es de 1 ft 6 in de eje a eje.

24-9 TRIÁNGULOS ISÓSCELES Y EQUILÁTERO

Un triángulo que tiene dos lados de la misma longitud se llama *triángulo isósceles*. Un triángulo que tenga los tres lados de la misma longitud se llama *triángulo equilátero*. Evidentemente, un triángulo equilátero es también isósceles; y por lo tanto, todo lo que se diga de un triángulo isósceles, en general, se aplica también al triángulo equilátero.

Todas las propiedades que vamos a explicar para estos dos tipos de triángulos pueden demostrarse geométricamente. El alumno puede comprobarlas por sí mismo construyendo figuras y midiendo sus elementos.

24-10 EL TRIÁNGULO ISÓSCELES

La figura 24-28 nos muestra un triángulo isósceles. Los lados *AC* y *CB* tienen la misma longitud. Los ángulos *A* y *B* opuestos a los lados iguales son iguales. La recta *CD* es la bisectriz del ángulo del vértice *C* y es perpendicular a la base *AB* y la corta en su punto medio; es decir, *AD* = *DB*. La recta *CD* divide también al triángulo isósceles en dos triángulos rectángulos iguales *ACD* y *DCB*. La recta *CD*, bisectriz del ángulo *C* es también la mediana y la altura del triángulo.

La diagonal de un cuadrado lo divide en dos triángulos rectángulos isósceles iguales (figura 24-29). En estos triángulos isósceles cada uno de los ángulos agudos mide 45°. Los triángulos de este tipo se llaman triángulos rectángulos isósceles o triángulos rectángulos de 45°.

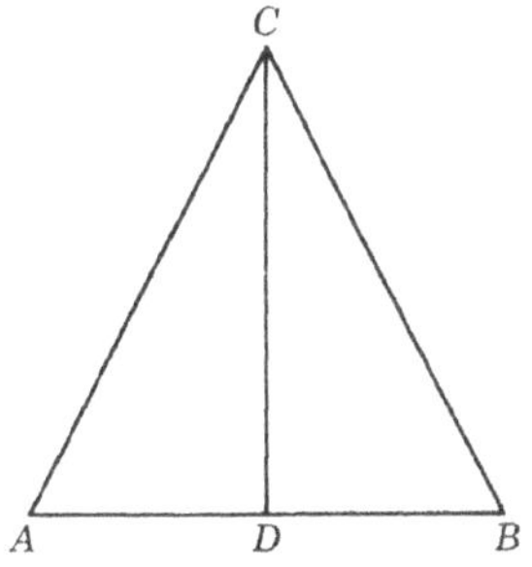

Figura 24-28. Triángulo isósceles.

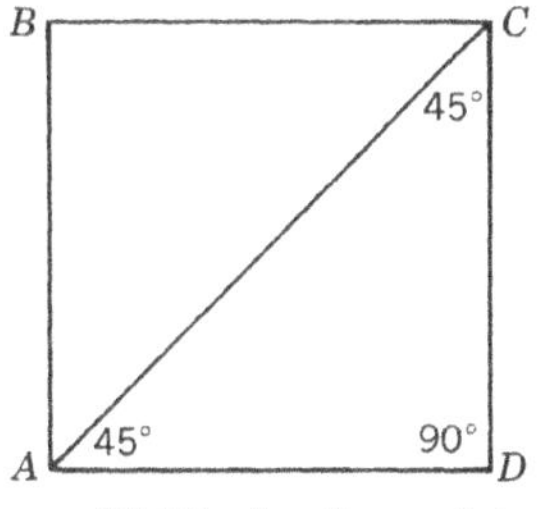

Figura 24-29. La diagonal de un cuadrado lo divide en dos triángulos rectángulos isósceles iguales.

24-11 EL TRIÁNGULO EQUILÁTERO

En la figura 24-30, los tres lados del triángulo *ABC* son iguales; *ABC* es, por tanto, un triángulo equilátero. Como los ángulos opuestos a lados iguales son iguales, cada ángulo mide 60°, ya que la suma de los tres ángulos es igual a 180°.

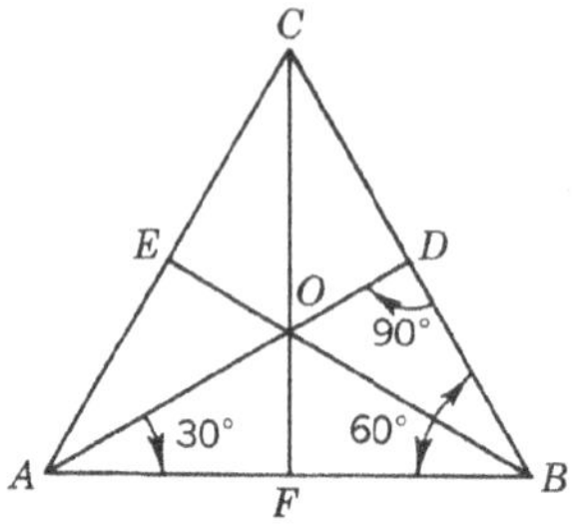

Figura 24-30. Triángulo equilátero.

La línea trazada desde el vértice *A* y que divide al ángulo *A* en dos ángulos iguales es perpendicular al lado opuesto *BC* y lo corta en su punto medio. También divide al triángulo equilátero en dos triángulos rectángulos iguales *ABD* y *ADC*. Cada una de las rectas *BE* y *CF* divide al triángulo de la misma forma. Cada una de estas tres rectas es, entonces, una *bisectriz* de un ángulo y también una mediana y una altura de un triángulo equilátero.

El punto *O* donde se cortan las tres rectas *AD, BE* y *CF* es el *centro geométrico* y *centro de gravedad* del triángulo equilátero. Este punto está a un tercio de la distancia entre un lado y el vértice opuesto. Es decir, $DO = \frac{1}{3}\, DA$; $FO = \frac{1}{3}\, FC$; y $EO = \frac{1}{3}\, EB$. Se deduce entonces que $AO = 2DO$, $BO = 2EO$, y $CO = 2FO$.

Cada uno de los triángulos rectángulos en que se divide un triángulo equilátero al trazar una de sus alturas, es un triángulo rectángulo cuyos ángulos agudos miden 30° y 60°. Un triángulo rectángulo de este tipo se llama a veces *triángulo rectángulo de 30°-60°*. Se puede comprobar que *en un triángulo rectángulo de 30°-60°, la hipotenusa es igual al doble del cateto menor*. Es decir, en la figura 24-31, $AB = 2BC$ porque *BC* es la mitad del lado de un triángulo equilátero del que *ABC* es una mitad.

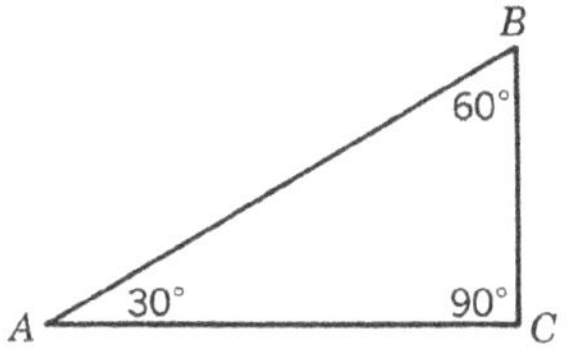

Figura 24-31. Triángulo rectángulo de 30°-60°.

24-12 ALTURA Y ÁREA DE UN TRIÁNGULO EQUILÁTERO

La altura de un triángulo equilátero se puede calcular fácilmente si conocemos la longitud del lado.

Si *s* es la longitud del lado y *h* la altura, entonces

$$h = \sqrt{s^2 - (\tfrac{1}{2}s)^2} = \sqrt{\tfrac{3}{4}s^2} = \tfrac{1}{2}s\sqrt{3}$$

Por lo tanto

$$h = \tfrac{1}{2}s\sqrt{3} = \tfrac{1}{2}s \times 1{,}732 \text{ (aproximadamente)}$$

NOTA: Para mayor aproximación, utilizar $\sqrt{3} = 1{,}73205$.

Expresada con palabras, esta fórmula sería: *La altura de un triángulo equilátero es igual al producto de la mitad del lado por* $\sqrt{3}$.

Despejando s de la fórmula anterior,

$$s = \frac{2h}{\sqrt{3}}$$

Expresada con palabras la fórmula para s es: *El lado de un triángulo equilátero es igual al doble de la altura dividido por* $\sqrt{3}$.

Una fórmula más sencilla para calcular se obtiene multiplicando y dividiendo la fórmula anterior por $\sqrt{3}$, con lo que resulta:

$$s = \tfrac{2}{3}h\sqrt{3}$$

Como el área A de un triángulo es igual a la mitad del producto de la base por la altura,

$$A = \tfrac{1}{2}s \times h = \tfrac{1}{2}s \times \tfrac{1}{2}s\sqrt{3}$$

Luego

$$A = (\tfrac{1}{2}s)^2\sqrt{3} = (\tfrac{1}{2}s)^2 \times 1{,}732, \text{ o } A = \tfrac{1}{4}s^2\sqrt{3}$$

Expresada verbalmente la fórmula es: *El área de un triángulo equilátero es igual al cuadrado de la mitad del lado por* $\sqrt{3}$.

Ejemplo: Hallar la altura y el área de un triángulo equilátero cuyos lados miden 8 cm.

Solución:

$$h = \tfrac{1}{2}s \times 1{,}732 = 4 \times 1{,}732 = 6{,}928 \text{ cm}$$
$$A = (\tfrac{1}{2}s)^2 \times 1{,}73205 = 4^2 \times 1{,}73205 = 27{,}713 \text{ cm}^2$$

24-13 EL HEXÁGONO REGULAR

Un hexágono regular es un polígono de seis lados en el que los seis lados tienen la misma longitud y los seis ángulos son iguales. Esta figura aparece también con frecuencia en las aplicaciones prácticas. La figura 24-32 nos muestra un hexágono regular.

Las diagonales trazadas como muestra la figura 24-32, dividen al hexágono regular en seis triángulos equiláteros iguales. La distancia desde el centro O a cualquiera de los vértices tiene la misma longitud que los lados del hexágono. El área de un hexágono regular es igual a seis veces el área del triángulo equilátero cuyos lados sean iguales a los lados del hexágono. La altura ON se llama *apotema* del hexágono –o radio del círculo inscrito – puede hallarse multiplicando $AN \times \sqrt{3}$.

Si s es la longitud del lado, h la altura ON, y A es el área del hexágono regular, se deducen las fórmulas siguientes:

$$h = \frac{1}{2}s\sqrt{3} \text{ o } 2h = s\sqrt{3}$$

$$s = \frac{2h}{\sqrt{3}} \text{ o } s = \frac{2}{3}h\sqrt{3}$$

$$A = 6\left(\frac{1}{2}s\right)^2\sqrt{3} \text{ o } A = \frac{3}{2}s^2\sqrt{3}$$

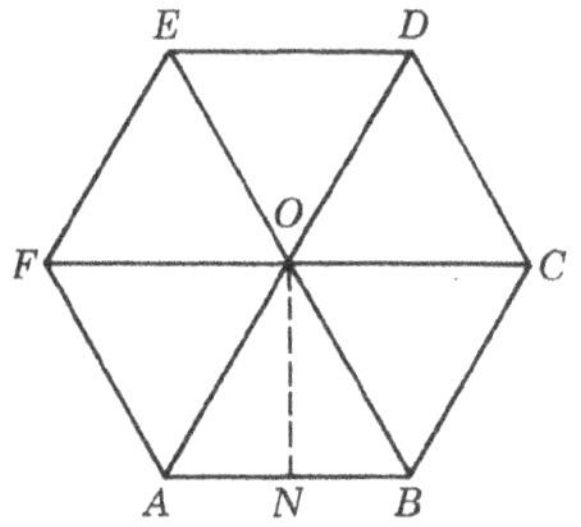

Figura 24-32. Hexágono regular.

Ejercicios

24-45. Dibujar los triángulos isósceles siguientes y datos pedidos:

(a) Los lados iguales miden 8 cm y la base 7 cm; hallar su altura.
(b) Los lados iguales miden 36 cm y la altura mide 33 cm; hallar su base.
(c) Los lados de un triángulo equilátero miden 48 cm; hallar su altura.
(d) La altura de un triángulo equilátero mide 12 cm; hallar la longitud de sus lados.

24-46. En la figura 24-32 (anterior), si $AB = 36$ m; hallar la apotema ON.

24-47. Los lados de un triángulo equilátero miden 3 m de longitud; hallar el área.

24-48. En un triángulo isósceles los lados iguales miden 1,5 m y la base mide 1 m; hallar el área.

24-49. El área de un triángulo equilátero es 21,217 m^2; hallar la longitud de un lado.

24-50. El área de un triángulo equilátero es 108,996 cm^2; hallar la longitud de sus lados y su altura.

24-51. Hallar la longitud total de la tubería de la figura 24-33 si $AD = 180$ cm, $CE = 40$ cm, y el ángulo $EBC = 30°$.

24-52. Las escuadras que utilizan los delineantes son triángulos rectángulos: una es un triángulo rectángulo isósceles con los ángulos agudos de 45°, y la segunda es un triángulo rectángulo con los ángulos agudos de 30° y 60°. Estas dos escuadras aparecen en la figura 24-34. Si uno de los lados iguales del triángulo rectángulo isósceles mide 15 cm, hallar la longitud de la hipotenusa.

24-53. Si el lado menor de un triángulo rectángulo de ángulos de 30° y 60° (figura 24-34) mide 10 cm, hallar los otros lados.

24-54. Utilizando los triángulos de la figura 24-34, explicar la forma de construir los ángulos siguientes: 15°, 75°, 105°, 120°, 135° y 150°.

24-55. Una tuerca hexagonal para un tornillo de $^{11}/_{16}$ in tiene $1\,^1/_2$ in de distancia entre caras. Ver figura 24-35. Hallar la diagonal, o distancia entre puntas, de la tuerca.

24-56. ¿Cuál es la distancia entre puntas de una tuerca hexagonal que mide $^3/_4$ in de lado? ¿Cuál es la distancia entre caras de dicha tuerca?

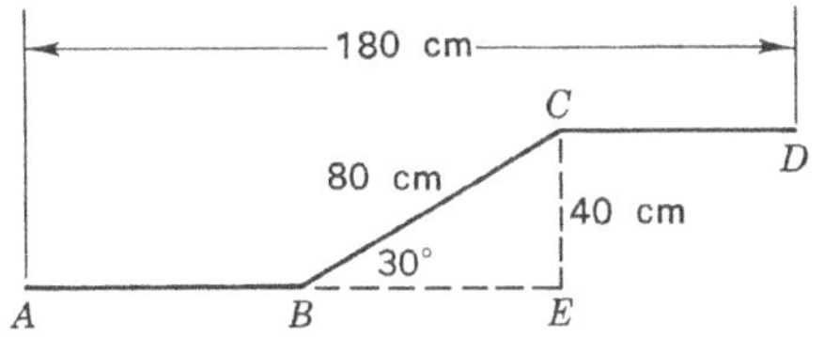

Figura 24-33. Ejercicio 24-51.

Figura 24-34. Ejercicios 24-52, 24-53, 24-54.

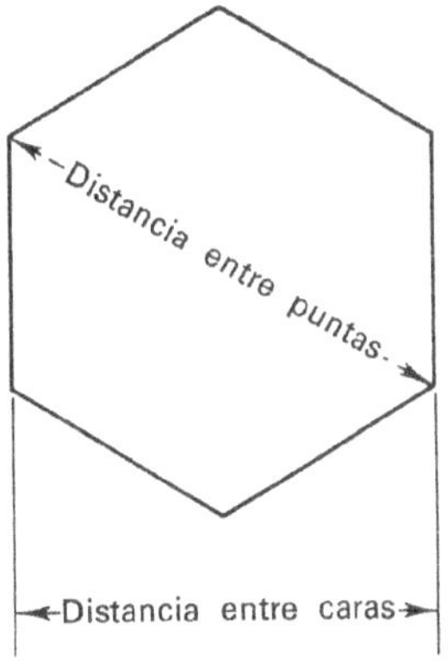

Figura 24-35. Ejercicio 24-55

25-57. Comprobar que la distancia entre puntas de una tuerca hexagonal es aproximadamente 1,15 por la distancia entre caras.

SUGERENCIA: Se puede ver fácilmente que la distancia entre puntas es igual al doble del lado de un triángulo equilátero cuya altura es la mitad de la distancia entre caras.

Luego,

$$s = \frac{2h}{\sqrt{3}}$$

Por lo tanto.

$$2s = \frac{4h}{\sqrt{3}} = 2h \times 1{,}15$$

$2s$ es la distancia entre puntas

y

$2h$ es la distancia entre caras.

24-58. En las tuercas hexagonales estándar la distancia entre caras viene dada por la fórmula $F = 1{,}5D + {}^1/_8$, siendo F la distancia entre caras y D el diámetro del tornillo.

Hallar las distancias entre caras y entre puntos de una tuerca hexagonal para un tornillo de $1\ {}^3/_4$ in de diámetro. (Todas las longitudes de la fórmula anterior están medidas en pulgadas.)

24-59. ¿Con qué diámetro debe tornearse una pieza para que pueda fresarse en ella un hexágono que tenga $1\ {}^3/_4$ in de distancia entre caras?

24-14 APLICACIÓN PRÁCTICA: TORNILLOS Y ROSCAS

Los tornillos se emplean para unir piezas metálicas o de madera. Para facilitar su entrada, los tornillos que se emplean en la madera son cónicos; pero los tornillos de máquinas tienen el mismo diámetro en toda su longitud y a menudo se fijan con una tuerca.

La *rosca* de un tornillo se forma haciendo una muesca o acanaladura helicoidal alrededor de la espiga del tornillo. Las roscas labradas en las piezas de las máquinas, o que se usan para comunicar un movimiento, se hacen en un torno, mediante una sola cuchilla de tamaño adecuado. Los filetes y los surcos o acanaladuras de las roscas pueden ser de varios tamaños y de distintos perfiles, dependiendo de las dimensiones del tornillo (o de otras causas) y del uso a que esté destinado.

24-15 PASO Y AVANCE DE UNA ROSCA

Paso de una rosca es la distancia que hay desde el centro de la parte superior de un filete y el centro de la parte superior del filete siguiente.

El *avance de una rosca*, o *paso del tornillo* es la distancia que avanza el tornillo moviéndose dentro de una tuerca, por cada vuelta completa.

En un *tornillo de rosca sencilla* hay un solo surco helicoidal a lo largo de todo el tornillo. En un *tornillo de rosca doble*, hay dos surcos helicoidales, trenzados sin cortarse a todo lo largo de la espiga del tornillo. En un *tornillo de rosca triple*, el número de surcos helicoidales es tres,

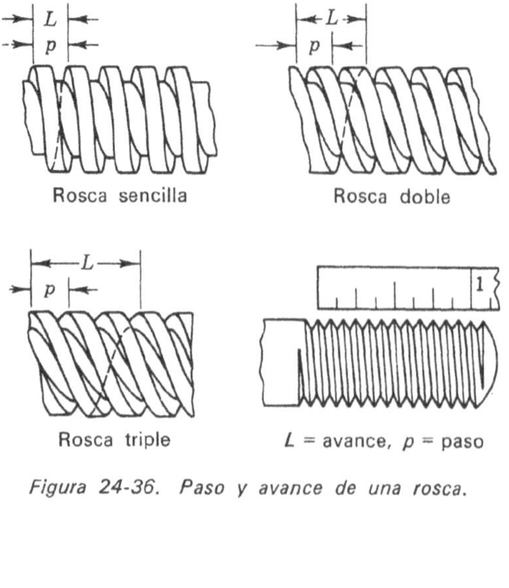

Figura 24-36. Paso y avance de una rosca.

trenzados sin cortarse a lo largo de toda la espiga. En una rosca sencilla, el paso coincide con el avance. En un tornillo de rosca doble, el avance es el doble del paso. En los tornillos de rosca triple, el avance es el triple del paso.

El significadó de *paso* y *avance* de una rosca y las relaciones entre ellos puede observarse en la figura 24-36. El paso de una rosca puede determinarse fácilmente colocando una regla sobre el tornillo y contando el número de filetes que hay por unidad de longitud, como muestra la figura 24-36. El número de filetes por unidad de longitud es el número de veces que debe girar el tornillo para avanzar la unidad de longitud, si el tornillo es de rosca simple. Por eso se llama también paso. Así, una rosca sencilla de paso 10 necesita 10 vueltas para avanzar una unidad de longitud (puede ser una unidad del sistema inglés o del sistema métrico).

Ejercicios

24-60. ¿Cuál es el avance de una rosca simple de un tornillo que avanza 2,5 cm en 16 vueltas? ¿Cuál es su paso?

24-61. ¿Cuál es el avance de una rosca doble que tiene 18 filetes en 2,5 cm? ¿Cuál es su paso?

24-62. El tornillo de un gato tiene una rosca simple con tres filetes por pulgada. ¿Cuánto avanzará en $^1/_3$ de vuelta? ¿Cuántas vueltas tendrá que dar para avanzar 6 pulgadas?

24-63. Un tornillo de rosca simple tiene 40 muescas en 2,5 cm. ¿Cuánto avanzará en $^1/_{25}$ de vuelta? ¿En 1 $^1/_5$ de vuelta? ¿En 17 $^1/_2$ vueltas? ¿Cuántas vueltas tiene que dar para avanzar $^{778}/_{1\,000}$ cm?

24-64. Según las reglas de normalización del Instituto Franklin para las dimenciones de tuercas y pernos, un perno de $^5/_8$ in de diámetro tiene 11 filetes por pulgada. ¿Cuál es su paso? ¿Cuántas vueltas habrá que darle a la tuerca para que avance 2 $^1/_4$ in sobre el perno?

24-65. Un perno de 4 $^1/_4$ in tiene 2 $^7/_8$ filetes por pulgada. ¿Cuál es su paso? ¿Cuál es su avance si es de rosca triple?

24-66. En los tornillos para desarraigar tocones, se emplea una rosca espacial, que es una rosca doble con un paso de $^{11}/_{16}$ in. ¿Cuántas vueltas tiene que dar la tuerca para levantar el tocón 4 $^1/_3$ ft?

24-67. ¿Cuántas vueltas tiene que dar un tornillo de triple rosca con 4 $^3/_4$ filetes por cada 2,5 cm para que avance 7,5 cm?

24-68. El tornillo de una fresadora tiene una rosca doble de paso 6 cm; ¿cuántos centímetros avanzará por minuto, si el tornillo gira a 4 rpm?

24-16 TIPOS DE ROSCA

Los tipos de roscas que existen son muchos. Aquí estudiaremos los siguientes: (1) *Rosca en V afilada, o rosca común en V:* (2) *Rosca normal americana*. Los cálculos relacionados con los tornillos roscados, con frecuencia van dirigidos a calcular la profundidad de la rosca, para poder calcular la resistencia del tornillo. En estos cálculos se utilizan las propiedades del triángulo equilátero.

24-17 ROSCA EN V AFILADA O DE CANTOS VIVOS

La *rosca en V afilada*, o *rosca en V de cantos vivos*, o *rosca común en V*, es una rosca cuyos lados forman ángulos de 60° entre sí y que está perfectamente afilada en la parte superior y en la inferior. La sección transversal (pasando por el eje del tornillo) de una de estas roscas está formada, entonces, por un triángulo equilátero, por el lado igual al paso de la rosca y la pro-

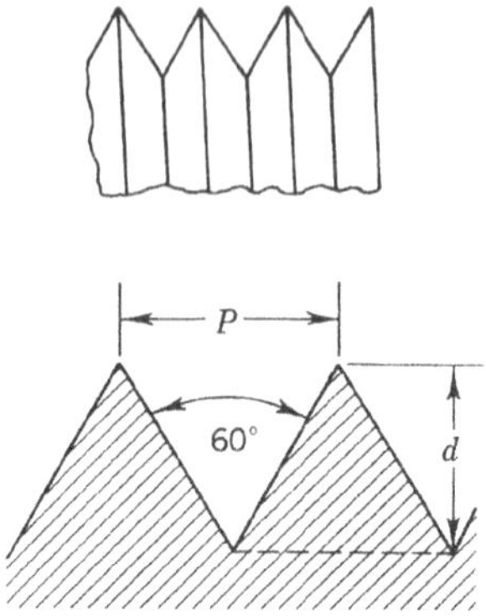

Figura 24-37. Rosca en V.

fundidad igual a la altura del triángulo. Como muestra la figura 24-37.

Este tipo de rosca tiene dos inconvenientes: primero, como su canto está muy afilado, se deteriora al menor accidente; y segundo, los machos y las terrajas que se usan para tallar estas roscas se estropean rápidamente, y por ello hay que renovarlos con frecuencia.

La rosca común en V con un paso de 1 in, tiene una profundidad igual a la altura de un triángulo equilátero de lado 1 in. Por tanto, la profundidad es $\frac{1}{2}\sqrt{3} = 0{,}866$ in. El diámetro de la raíz del tornillo es igual al diámetro del tornillo menos dos veces la profundidad de la rosca. De estas propiedades se deducen las fórmulas siguientes:

$$p = \frac{1}{N}$$

$$d = 0{,}866p = \frac{0{,}866}{N}$$

$$D_1 = D - 2d = D - \frac{1{,}732}{N}$$

donde p es el paso de la rosca,
d es la profundidad de la rosca,
N el número de filetes por unidad de longitud,
D el diámetro del tornillo,
D_1 el diámetro de la raíz.

Ver la figura 24-38.

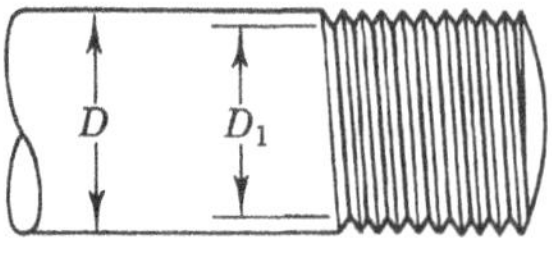

Figura 24-38. Relación entre el diámetro del perno y el diámetro de la raíz.

24-18 ROSCA AMERICANA NORMAL

La *rosca americana normal* (que muestra la figura 24-39) también tiene los lados formando ángulos de 60° entre sí, pero la parte superior y la inferior están achaflanadas; en la parte superior se le ha cortado un octavo de su altura y en la parte inferior se ha dejado sin rebajar la misma longitud. La profundidad es, por consiguiente, tres cuartas partes de la profundidad de una

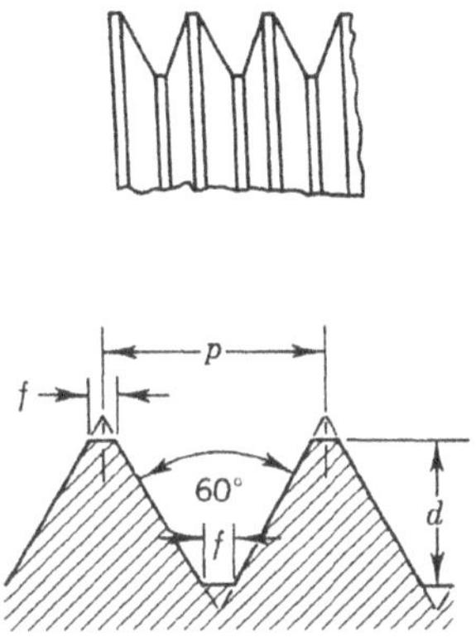

Figura 24-39. Rosca americana normal.

rosca en V que tenga el mismo paso. La anchura *f* del canto es un octavo del paso. Esta rosca no se estropea con tanta facilidad; los machos y las terrajas conservan más tiempo el tamaño de su diámetro y los tornillos con este tipo de rosca son más resistentes y tienen mejor apariencia.

Para los tornillos con rosca americana normal tenemos las fórmulas siguientes:

$$p = \frac{1}{N}$$

$$d = \frac{3}{4} \times 0{,}866p = 0{,}6495p = \frac{0{,}6495}{N}$$

$$D_1 = D - 2d = D - \frac{1{,}299}{N}$$

Las tuercas para un tornillo o perno se taladran con una broca del mismo tamaño que la raíz del tornillo, o con un diámetro muy aproximado.

24-19 ROSCAS MÉTRICAS

Una *rosca métrica* es semejante a la rosca común americana, pero sus dimensiones vienen dadas en milímetros. Hay dos tipos de roscas métricas, la rosca internacional y la rosca francesa. Estos dos tipos de roscas difieren sólo levemente.

La rosca francesa tiene los cantos y el fondo achaflanados en un octavo de la altura del triángulo (0,866 *p*) y su profundidad es también $d = 0{,}7036\ p$.

En cambio, en la rosca internacional, el achaflanamiento del canto es un octavo de la altura, pero el de los fondos es sólo de un dieciseisavo. Por tanto, $d = 0{,}7036\ p\ (= (13/16) \times \sqrt{3}/2 \times p)$.

Debido a que se utilizan distintas unidades de medida, una tuerca para rosca métrica no sirve para rosca americana y viceversa, y son necesarias distintas terrajas para los distintos tipos de roscas.

Ejercicios

24-69. Hallar la profundidad de una rosca común en V con los siguientes en cada pulgada: 10, 20, 5, 8, 40, 13.

SUGERENCIA: Usar la fórmula $d = 0{,}866/N$.

24-70. Hallar la profundidad de una rosca americana normal con el mismo paso que las que se indican en el ejercicio anterior.

24-71. Hallar el diámetro de la raíz de un tornillo cuyo diámetro exterior es media pulgada y que tiene 14 cantos de rosca en V por pulgada.

24-72. Demostrar que la profundidad de una rosca común en V es $^1/_2\sqrt{3}$ dividido por el número de filetes por unidad de longitud.

24-73. Hallar la profundidad de una rosca americana normal cuando tiene 15 filetes por pulgada; cuando tiene 16 filetes por pulgada.

24-74. Demostrar que la profundidad de una rosca americana normal es igual a $^3/_8\sqrt{3} = 0{,}6495$ dividido por el número de filetes por unidad de longitud.

24-75. Hallar el diámetro de la raíz de las siguientes roscas americanas normales: $^5/_8$ in-11; 1 in-8; 1 $^3/_4$ in-5. (El primer número es el diámetro exterior del tornillo y el segundo el número de filetes por pulgada.)

24-76. Hallar la profundidad de una rosca métrica con un paso de 1,25 mm. Es una rosca internacional de 8 o 9 mm de diámetro.

24-77. Una rosca francesa de 14 mm de diámetro exterior tiene un paso de 2 mm. Hallar el diámetro de la raíz. Usar las mismas fórmulas que para la rosca americana normal.

25/El círculo

25-1 EL CÍRCULO

Al círculo, se le ha llamado también figura geométrica perfecta. Es, quizá, también la figura geométrica más importante.

La importancia de una forma geométrica en el estudio de las matemáticas prácticas, viene dada por la frecuencia con que se aplica, y posiblemente es el círculo la figura geométrica que tiene más aplicaciones. Alambres, depósitos, tubos, calderas, columnas y otros cuerpos geométricos están basados en el círculo. En este capítulo estudiaremos las principales propiedades del círculo y sus aplicaciones.

25-2 DEFINICIONES

Una *circunferencia* es el conjunto de todos los puntos que están a la misma distancia de un punto fijo, llamado *centro*. Un *círculo* es la parte del plano encerrada por una circunferencia. Una circunferencia y un círculo se identifican mediante una letra mayúscula que indica su centro; por ejemplo, el círculo y la circunferencia de la figura 25-1, se llaman círculo o circunferencia *O*. El *perímetro* del círculo, es la longitud de la circunferencia. Un *diámetro* de la circunferencia, es una recta que va de un lado a otro de la circunferencia pasando por el centro. El diámetro divide a la circunferencia en dos partes iguales llamadas *semicírculos*. Cualquier recta que une el centro con un punto de la circunferencia se llama *radio*. Un trozo cualquiera de circunferencia se llama *arco*. En la figura 25-1, *BC* y *DME* son dos arcos. El número de grados del ángulo que se describe dando la vuelta completa al círculo desde un punto cualquiera es 360°. Un arco cuya longitud sea 1/360 de la longitud de la circunferencia, se dice que tiene o mide un grado. La circunferencia entera es un arco de 360°. El segmento rectilíneo que une dos puntos cualesquiera de la circunferencia, se llama *cuerda;* en la figura 25-1, *DE* es una

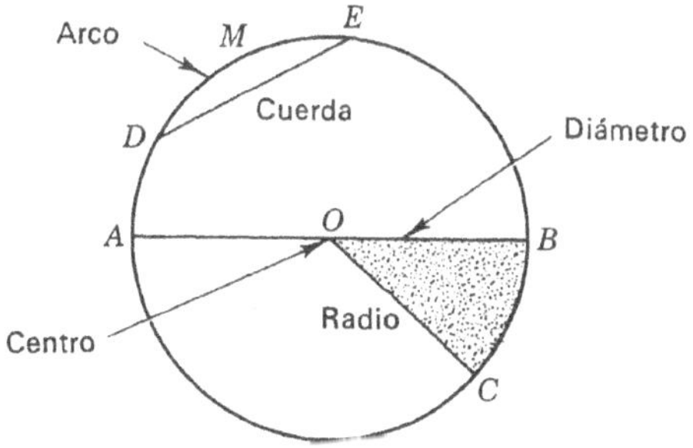

Figura 25-1. Círculo y sus partes.

cuerda. La cuerda, se dice que *subtiende* al arco limitado por sus dos extremos. En este ejemplo, la cuerda *DE* subtiende al arco *DME*. El área limitada por una cuerda y el arco correspondiente, se llama *segmento circular;* en la figura 25-1, el área *DME* es un segmento circular.

La superficie limitada por dos radios y el arco formado por sus dos extremos se llama *sector circular*. Un sector circular es una superficie con forma de ración de tarta, como el área *BOC* de la figura 25-1.

Dos círculos se llaman *concéntricos* si los dos tienen el mismo centro, como los de la figura 25-2.

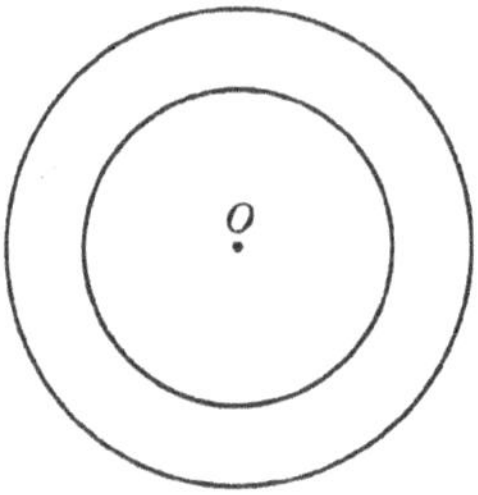

Figura 25-2. Círculos concéntricos.

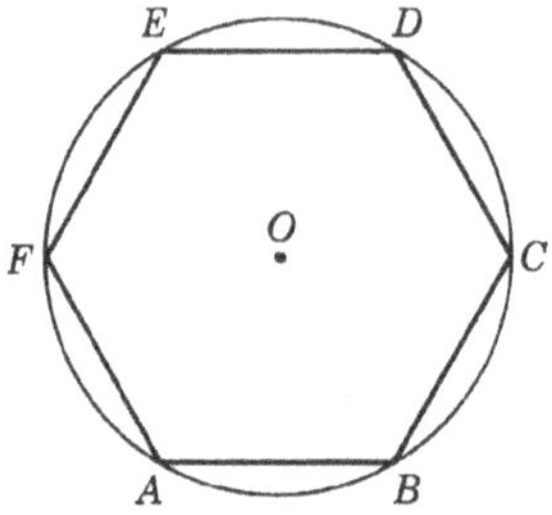

Figura 25-3. Polígono inscrito en un círculo.

Un polígono está *inscrito* en una circunferencia (o un círculo, indistintamente) cuando todos sus vértices son puntos de la circunferencia. Entonces se dice que la circunferencia está *circunscrita* al polígono. El polígono *ABCDEF* de la figura. 25-3, está inscrito en la circunferencia *O*.

Una recta es *tangente* a una circunferencia cuando la toca en algún punto, pero no la corta; es decir, cuando pasa por un punto y sólo por un punto de la circunferencia. En la figura 25-4, la recta *AT* es tangente a la circunferencia *O* en el punto *T*. El punto en que la tangente toca a la circunferencia (en este caso *T*) se llama *punto de tangencia*. El radio que pasa por dicho punto, es perpendicular a la tangente.

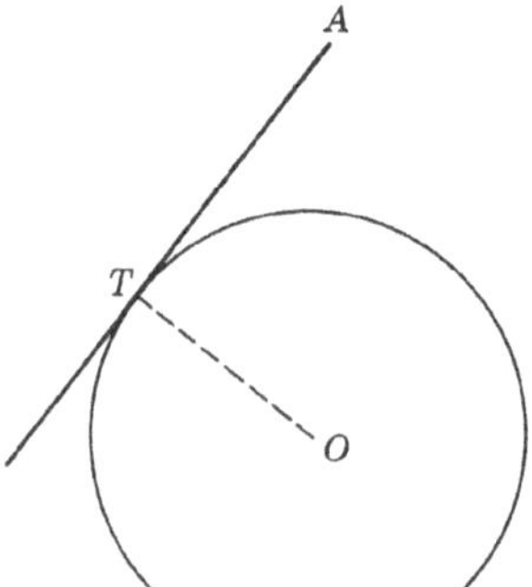

Figura 25-4. Recta tangente a una circunferencia.

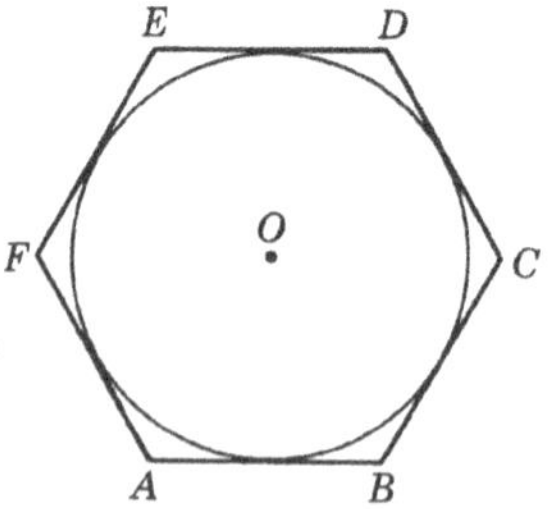

Figura 25-5. Polígono circunscrito a un círculo.

Un polígono está *circunscrito a una circunferencia*, o la circunferencia está *inscrita en el polígono*, cuando todos los lados del polígono son tangentes a la circunferencia. En la figura 25-5, el polígono *ABCDEF* está circunscrito a la circunferencia *O*.

Ángulo central es un ángulo cuyo vértice está precisamente en el centro de la circunferencia. En la figura 25-6, el ángulo *AOB* es un ángulo central. Un ángulo *inscrito* es un ángulo cuyo vértice está sobre la circunferencia; en la figura 25-6, el ángulo *CDE* es un ángulo inscrito. Un ángulo inscrito o un ángulo central se dice que *abarcan* el arco entre sus lados. Los lados del ángulo *AOB* abarcan el arco *AB*, y los lados del ángulo *CDE* abarcan el arco *CE*.

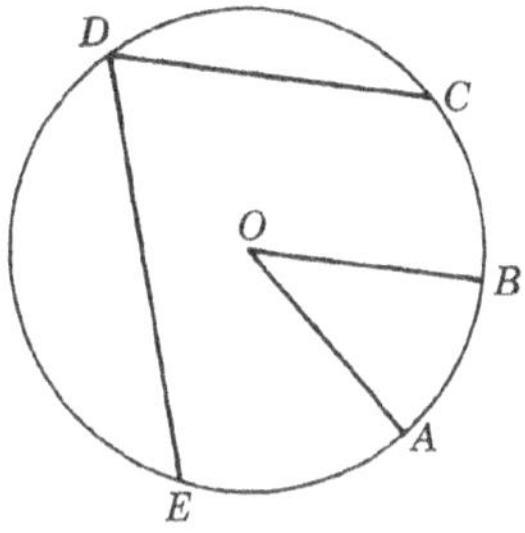

Figura 25-6. Ángulo central (AOB) *y ángulo inscrito* (CDE).

Dos circunferencias que son tangentes a la misma recta en el mismo punto son *circunferencias tangentes*. Cuando las dos circunferencias están al mismo lado de la tangente común, entonces son *tangentes interiores*. Cuando están cada uno a diferente lado de la tangente común, son *tangentes exteriores*. En la figura 25-7, las circunferencias *A* y *B* son tangentes interiores y las circunferencias *C* y *D* son tangentes exteriores.

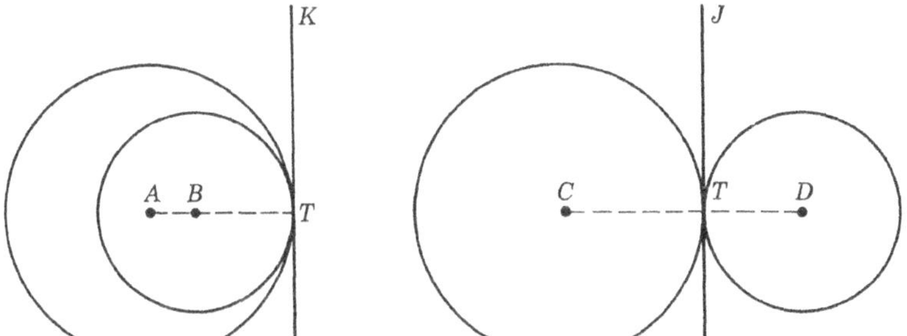

*Figura 25-7. Circunferencias tangentes interiores (*A y B*) y tangentes exteriores (*C y D*).*

25-3 PROPIEDADES DEL CÍRCULO

En Geometría se han demostrado un gran número de propiedades sobre el círculo y sus relaciones con las rectas, ángulos, polígonos, etc. El alumno ha de saber cuándo son ciertas estas propiedades y debe comprenderlas. El alumno debe, por consiguiente, familiarizarse con estas propiedades y comprobar por sí mismo que son ciertas representándolas gráficamente y midiendo las magnitudes que se relacionan en ellas.

En el mismo círculo o en dos círculos del mismo radio, dos cuerdas que estén a la misma distancia del centro tienen la misma longitud.

El radio que pasa por el punto medio de una cuerda, es perpendicular a la cuerda y divide al arco que ésta subtiende en dos partes iguales. En la figura 25-8, el radio *OC* pasa por el punto medio de la cuerda *AB;* es perpendicular a *AB* y además hace arc *AC* = arc *CB* y *AD* = *DB*. Estas igualdades pueden comprobarse midiendo las magnitudes correspondientes en el dibujo.

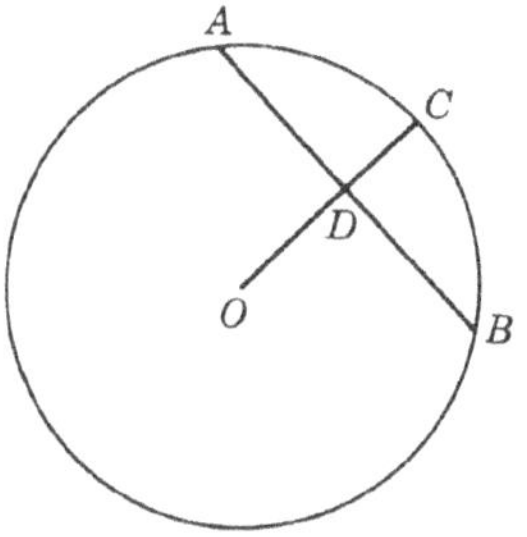

Figura 25-8. El radio OC *bisecta a la cuerda* AB.

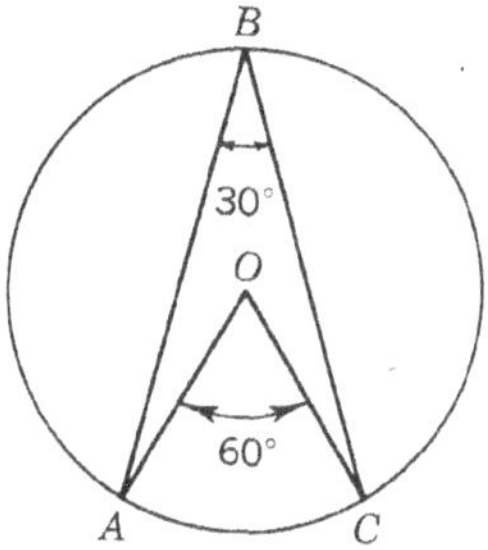

Figura 25-9. El ángulo central AOC *y el ángulo inscrito* ABC *subtienden el mismo arco.*

El ángulo central que abarca un arco, es doble que el ángulo inscrito que abarca el mismo arco. En la figura 25-9, el ángulo central *AOC* mide 60° y el ángulo inscrito *ABC* mide 30°. Dibujar varias figuras como ésta y medir los ángulos con un transportador; esto ayudará a comprender bien tales propiedades.

Un ángulo central se puede medir por el arco que abarca, y los dos tienen el mismo número de grados; pero la medida del ángulo se refiere a «grados de ángulo» y la del arco a «grados de arco».

Esta propiedad es cierta porque hay cuatro ángulos rectos, o 360°, en los ángulos que podemos trazar con vértice en el centro, y el arco formado por toda la circunferencia mide también 360°. Sin embargo, hay que tener cuidado y no pensar que un grado de ángulo y un grado de arco son la misma cosa. *Solamente* cuando el vértice del ángulo está en el centro de la circunferencia (es decir, cuando es un ángulo central) coinciden el número de grados de ángulo y de grados de arco.

Un ángulo inscrito mide la mitad de los grados de arco que mide el arco que abarca; luego, un ángulo inscrito mide la mitad del arco que abarcan sus lados.

El radio trazado por el punto de contacto de una tangente, es perpendicular a la tangente. En la figura 25-10, *OP* es el radio trazado por el punto de contacto de la tangente *AB*. Si se miden los ángulos, se puede comprobar que los dos son rectos. Luego, el radio es perpendicular a la tangente.

En dos circunferencias tangentes entre sí, la recta que une los dos centros pasa por el punto de tangencia.

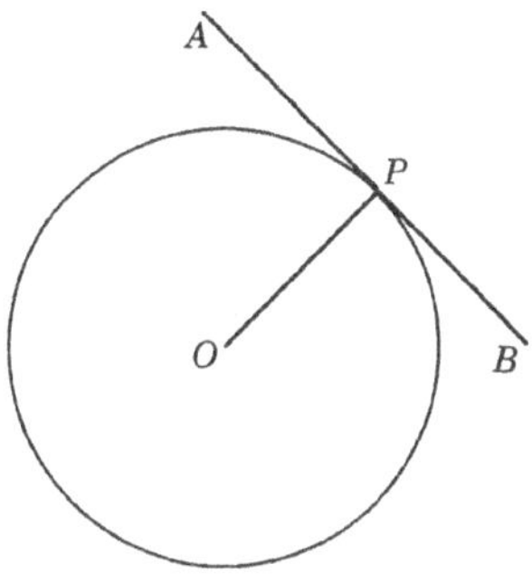

Figura 25-10. El radio OP *trazado por el punto de contacto de la tangente* AB.

Ejercicios

25-1. Dibujar círculos de 5 cm de radio. En ellos trazar lo siguiente:

(a) Un radio.
(b) Un diámetro.
(c) Una tangente.
(d) Una cuerda de 5 cm de longitud.
(e) Un ángulo central de 90°.
(f) Un ángulo inscrito de 90°.
(g) Una cuerda que sustienda un arco de 120°; de 45°.
(h) Un cuadrado inscrito en la circunferencia; un cuadrado circunscrito.
(i) Un triángulo inscrito; un triángulo circunscrito.
(j) Un hexágono inscrito; un hexágono circunscrito.
(k) Un ángulo inscrito de 60°. ¿Cuántos grados hay en los dos arcos formados por los extremos de sus lados?
(l) Un ángulo central de 60°. ¿Cuántos grados mide cada uno de los dos arcos formados?

25-2. En un círculo de 3 cm de radio, dibujar un radio y a continuación cuatro rectas perpendiculares a él de forma que lo dividan en tres partes iguales. Indicar entre las rectas dibujadas un diámetro, una cuerda y una tangente.

25-3. Dibujar dos círculos concéntricos de 2 y 4 cm de radio. Dibujar varias tangentes al círculo más pequeño. ¿Las cuerdas así formadas en el círculo mayor, son todas de la misma longitud?

25-4. Dibujar dos círculos que sean tangentes exteriores. Si uno de los círculos tiene de radio 5 cm y el otro 2,5 cm, ¿cuánto medirá la recta más larga que pasa por el punto de tangencia y está contenida en los dos círculos?

25-4 LÍNEAS RELACIONADAS CON UN SEGMENTO CIRCULAR

En algunas aplicaciones prácticas es necesario hallar el radio de una circunferencia conociendo la longitud de una cuerda y la altura del segmento circular que determina, como por ejemplo, la cuerda AB y la altura del segmento circular DC de la figura 25-11. Si r es el radio del círculo, h la altura del segmento circular, y w la longitud de la cuerda, tenemos las fórmulas siguientes para calcular r, h y w:

$$r = \frac{(w/2)^2 + h^2}{2h}$$

$$h = r - \sqrt{r^2 - (\tfrac{1}{2}w)^2}$$

$$w = 2\sqrt{h(2r - h)}$$

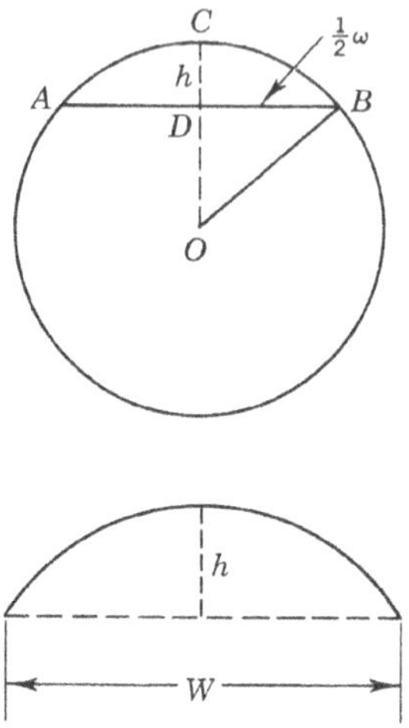

Figura 25-11. Cálculo del radio.

Ejemplo: Si la cuerda de un segmento circular mide 66 cm y su altura es de 10 cm, hallar el radio del círculo (figura 25-12).

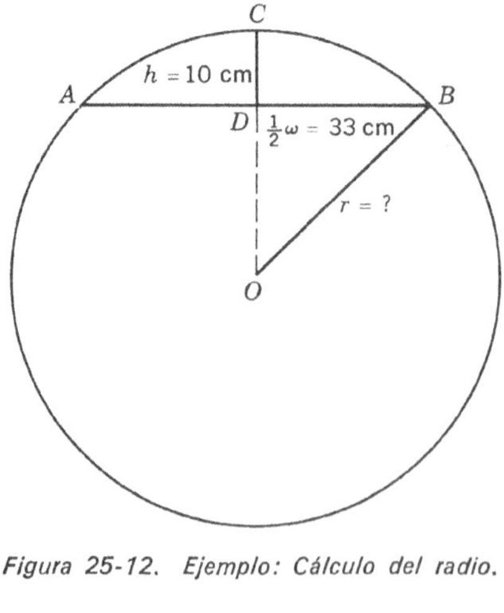

Figura 25-12. Ejemplo: Cálculo del radio.

Solución:

$$r = \frac{(w/2)^2 + h^2}{2h}$$

$$r = \frac{33^2 + 10^2}{2 \times 10}$$

Por tanto,

$$\text{Radio} = \frac{1\,089 + 100}{20}$$
$$= 59{,}45$$
$$= 59{,}45 \text{ cm.}$$

Ejercicios

25-5. Una puerta rematada por un arco tiene una anchura de 6 m y el arco tiene una altura de 1,5 m. Hallar el radio del arco. (Ver la figura 25-11.)

25-6. Hallar la altura de un segmento circular de un círculo de 8 dm de diámetro, si su cuerda mide 3 dm.

25-7. Un segmento de un círculo de 6 dm de radio tiene una altura de 3 dm; hallar la longitud de su cuerda. Dar el resultado con los milímetros exactos.

25-8. En un círculo de 5 m de radio, hay una cuerda de 6,5 m. Hallar la altura del segmento correspondiente.

25-9. En un círculo, una cuerda de 4 ft 6 in de longitud, determina un segmento de 1 ft 10 in de altura. Hallar el radio del círculo.

25-10. Hallar el radio de un círculo en el que una cuerda de 10 dm determina un segmento de 2,5 cm.

25-11. En la figura 25-13, *W* es la fachada de una casa con una esquina redonda, en la que se ha colocado una cornisa. Con las dimensiones que aparecen en la figura, hallar el radio del círculo del que *ANB* forma parte.

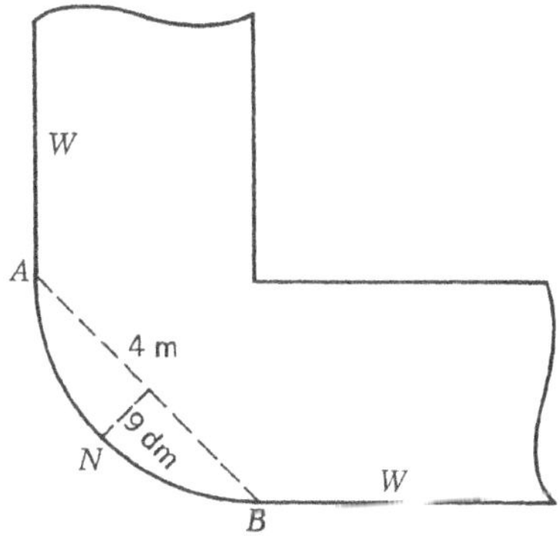

Figura 25-13. Ejercicio 25-11.

25-5 RELACIÓN ENTRE EL DIÁMETRO, EL RADIO Y LA CIRCUNFERENCIA

Si medimos una circunferencia y su diámetro y dividimos la longitud de la circunferencia entre la del diámetro, el cociente vale aproximadamente $3\,^1/_7$. Luego $3\,^1/_7$ es la razón aproximada entre la longitud de la circunferencia y la de su diámetro; esta razón no puede expresarse con números exactos, porque, entre otras razones, tampoco las dos medidas determinadas pueden considerarse completamente exactas. Esta razón se representa mediante la letra griega π (pi). El valor de π con cinco cifras decimales es 3,14159. Un método sencillo para comprender y calcular el valor de π es rodear con un hilo un objeto redondo, y medir a continuación el hilo que hemos necesitado y el diámetro del objeto. Dividiendo la longitud del hilo entre la longitud del diámetro, el cociente será aproximadamente 3,142, que es el valor aproximado de π.

Gracias a esta relación, si conocemos el diámetro, el radio o la longitud de la circunferencia, podemos calcular las otras dos magnitudes.

La longitud del radio es igual a la mitad de la longitud del diámetro; o, el diámetro es igual al doble del radio.

La longitud de la circunferencia es igual al producto de la longitud del diámetro por 3,1416 (aproximadamente).

La longitud del diámetro es igual a la de la circunferencia dividida por 3,1416 (aproximadamente).

Si r representa la longitud del radio, d la del diámetro y C la de la circunferencia, estas reglas pueden expresarse por medio de las fórmulas siguientes:

$$C = \pi d$$

$$d = \frac{C}{\pi}$$

$$r = \frac{C}{2\pi}$$

25-6 ÁREA DEL CÍRCULO

La fórmula que permite calcular el área del círculo conociendo el diámetro, el radio o la longitud de la circunferencia, se puede demostrar en Geometría. La explicación que damos a continuación no es una demostración rigurosa; nos limitaremos a probar intuitivamente que la regla que vamos a dar es razonable, es decir, tiene muchas probabilidades de ser cierta. Observemos la figura 25-14 *a*, y supongamos que el semicírculo inferior ha sido dividido en cierto número de partes iguales, por rectas que pasan siempre por el centro. Entonces, separando las partes, el semicírculo puede desplegarse en la forma que se ve en la figura 25-14 *b*. La longitud *AnB* es, desde luego, la mitad de la longitud de la circunferencia. Supongamos que con el otro semicírculo hemos hecho las mismas operaciones que con el primero y, una vez desplegado, lo hemos colocado como se ve en las líneas de puntos de la figura 25-14 *b*. Es evidente que si damos un número grande de cortes al semicírculo, la figura así formada se aproxima a un paralelogramo cuya base es la mitad de la circunferencia y su altura igual al radio. Por lo tanto, tenemos la siguiente regla:

Para hallar el área del círculo, se multiplica la mitad de la longitud de la circunferencia por el radio.

Esta misma regla puede también expresarse de esta otra forma, que generalmente es más adecuada para su manejo:

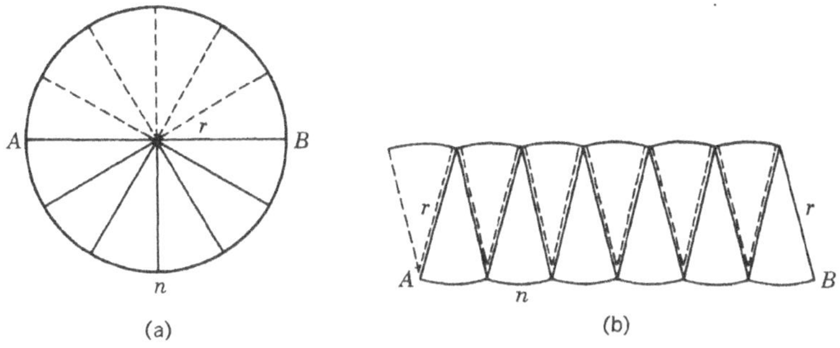

Figura 25-14. Área del círculo.

El área del círculo es igual al producto de π por el cuadrado del radio; o, *el área del círculo es un cuarto del producto de π por el cuadrado del diámetro.*

Si A es el área del círculo, C la longitud de la circunferencia, d el diámetro, y r el radio, estas reglas se pueden expresar mediante las fórmulas siguientes:

$$\mathbf{A} = \tfrac{1}{2}\mathbf{C}r$$
$$\mathbf{A} = \pi r^2$$
$$\mathbf{A} = \tfrac{1}{4}\pi d^2 \text{ o } 0{,}7854 d^2$$

De la fórmula $A = \pi r^2$, si conocemos el área del círculo, podemos despejar r y resulta que r es igual a la raíz cuadrada del cociente del área divida por π. Luego tenemos la fórmula siguiente:

$$r = \sqrt{\frac{\mathbf{A}}{\pi}}$$

De la fórmula $A = {}^1/_4\, \pi d^2$, podemos deducir algebraicamente que

$$d = \sqrt{\frac{\mathbf{A}}{0{,}7854}}$$

Ejemplo: Hallar el radio de un círculo cuya área es 28 m^2.

Solución: Utilizando la fórmula $r = \sqrt{A/\pi}$ y sustituyendo los datos,

$$r = \sqrt{\frac{28}{3{,}142}}$$
$$= \sqrt{8{,}9126}$$

El radio mide 2,985 m.

25-7 ANTECEDENTES HISTÓRICOS DEL NÚMERO π

Desde la antigüedad y a lo largo de los siglos, se han hecho muchos esfuerzos para calcular el valor exacto de π. Los babilonios y los hebreos al principio de su historia (ver en la Biblia, 1 Reyes, 7, 23) daban a π el valor 3. Casi seguramente, el primero que estudió un método para hallar el área del círculo con bastante aproximación, fue Ahmes, de Egipto, hacia el año 1 700 a. de J.C. Con su método daba a π, en nuestro sistema de numeración el valor 3,1604.

Arquímedes (287-212 a. de J.C.) calculó que π se hallaba entre $3\,^{1}/_{7}$ y $3\,^{10}/_{71}$. Rudolph van Ceulen, de Holanda (1540-1610) halló el valor de π con 35 cifras decimales, dedicando 15 años para hacer todos los cálculos. En el año 1761 se demostró que π no puede expresarse en forma de fracción o (lo que es lo mismo) que π no puede escribirse en forma de número decimal exacto ni periódico (aquel en que sus cifras decimales se repiten siempre en el mismo orden a partir de un cierto lugar).

El valor de π con 42 cifras decimales es

$$\pi = 3{,}141592653589793238462643383279502884197169$$

En 1949 una máquina electrónica (ENIAC) calculó π con 2 037 cifras decimales en 70 horas. En 1958 una máquina IBM 704 lo calculó con 10 000 cifras decimales en 100 minutos; y hoy hay computadoras que se pueden programar para que calculen π con un número de cifras decimales tan grande como se quiera.

25-8 ÁREA DE LA CORONA CIRCULAR

Para hallar el área de una corona circular, que es el área comprendida entre dos circunferencias concéntricas, se resta el área del círculo menor de la del círculo mayor.

Si A y a representan las áreas de los dos círculos, R y r sus radios, y A_c el área de la corona circular, entonces

$$A - a = \pi R^2 - \pi r^2 = \pi(R^2 - r^2) = \pi(R + r)(R - r)$$

Ver la figura 25-15 *a*. Esta fórmula, escrita en la forma $A_c = \pi(R + r)(R - r)$

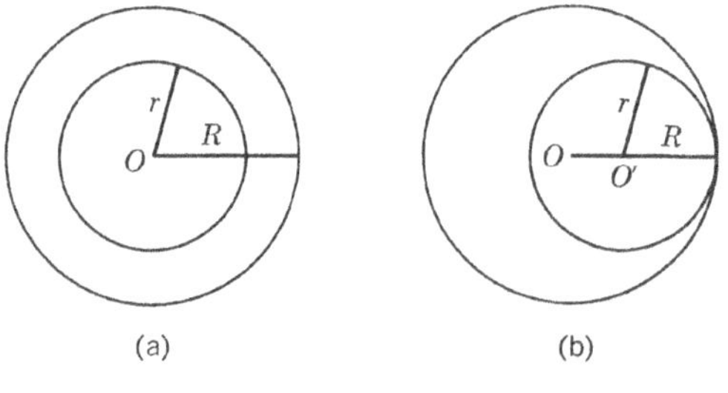

Figura 25-15. Área de la corona circular.

es muy útil para resolver problemas. Puede expresarse verbalmente así: *Para hallar el área de una corona circular, se halla el producto de la suma de los dos radios, por su diferencia, por* π.

Ejemplo: Hallar el área de una corona circular cuyo diámetro interior es 8 cm y el diámetro exterior 12 cm.

Solución: Utilizando la fórmula $A_c = \pi(R + r)(R - r)$,

$$\begin{aligned} A_C &= 3{,}1416(6 + 4)(6 - 4) \\ &= 3{,}1416 \times 10 \times 2 \\ &= 3{,}1416 \times 20 = 62{,}832 \end{aligned}$$

Por lo tanto,

$$\text{Área} = 62{,}832 \text{ cm}^2$$

Es conveniente observar que la fórmula anterior vale también para círculos que no sean concéntricos; los círculos pueden ser, por ejemplo, como los que aparecen en la figura 25-15 *b*.

Ejercicios

25-12. Elegir una escala adecuada y dibujar los círculos siguientes (mejor en papel cuadriculado), siendo d = diámetro, C = longitud de la circunferencia, y A = área del círculo. Hallar gráficamente los datos que se piden y después calcularlos con las fórmulas indicadas en cada caso:

(a) $d = 2$ dm, hallar C y A.
(d) $d = 3$ dm, hallar C y A.
(c) $d = 4$ dm, hallar C y A.
(d) $d = 20$ dm, hallar C y A.
(e) $d = 12$ dm, hallar C y A.

NOTA: Existen manuales con tablas en las que se dan A y C para cada valor de d.

(f) Si $C = 21{,}41593$ dm, calcular d y dibujar el círculo. Hallar A.
(g) Si $C = 113{,}0973$ dm, calcular d y dibujar el círculo. Hallar A.
(h) Si $A = 201{,}0619$ dm^2, calcular d y dibujar el círculo. Hallar C.
(i) Si $A = 3{,}141593$ dm^2, calcular d y dibujar el círculo. Hallar C.

25-13. Hallar el área de la sección transversal de una barra cilíndrica de 1 cm de diámetro.

NOTA: «Sección transversal» quiere decir la superficie de un extremo de la barra, si está cortada perpendicularmente a su eje.

25-14. Hallar el área de la corona circular de la sección transversal de una conducción, si su diámetro exterior es de 4 cm y el interior de 2 cm.

25-15. Hallar el área de la corona de la sección transversal de una conducción de agua, si el diámetro exterior del tubo es de 18 cm y su espesor de 1 cm.

El ángulo central de un círculo formado por dos radios se puede calcular mediante la fórmula siguiente:

$$\frac{\text{Arco abarcado}}{\text{Circunferencia}} = \frac{\text{Ángulo central}}{360}$$

25-16. Si el ángulo central mide 15° y el radio 10 cm, hallar la longitud del arco que abarca.

25-17. Si el ángulo central es de 30° y $r = 10$ cm, hallar la longitud del arco que abarca.

25-18. Si el ángulo central es de 45° y la longitud del arco que abarca es π cm, hallar r.

25-19. Si el ángulo central es de 270° y el arco que abarca mide 3π cm, hallar r.

25-20. ¿Cuánto mide el arco que abarca un ángulo central de 30° en un círculo de 6 cm de radio? ¿Cuánto mide el arco que abarcan los lados de un ángulo inscrito de 90°, en el mismo círculo?

25-21. El diámetro de la válvula de seguridad de una caldera es de 3 cm. ¿Qué fuerza total actúa sobre la válvula, si la presión del vapor es de 300 Kg/cm^2?

25-22. Si el diámetro de un pistón es de 30 cm, ¿cuál es la fuerza que actúa sobre él, si la presión del vapor es de 250 Kg/cm^2?

25-23. Una hoja circular de acero de 60 cm de diámetro, cuando se eleva la temperatura a un cierto valor, aumenta su diámetro en 0,015 cm.

(**a**) Hallar el incremento de la superficie de la hoja.

(**b**) Hallar el tanto por ciento del incremento de la superficie.

25-24. ¿Cuántas veces, el agua transportada por un tubo de 1 cm de diámetro, puede transportar un tubo de conducción de agua de 6 cm de diámetro?

Solución: Área del tubo de 6 cm = $0{,}7854 \times 6^2$ cm
Área del tubo de 1 cm = $0{,}7845 \times 1^2$ cm

$$\frac{\text{Área del tubo de 6 cm}}{\text{Área del tubo de 1 cm}} = \frac{0{,}7854 \times 6^2}{0{,}7854 \times 1^2} = \frac{6^2}{1^2} = 36$$

El cociente, o la razón de las áreas de dos círculos, puede hallarse también dividiendo los cuadrados de los diámetros o de los radios. En este caso hemos aplicado a los círculos el principio siguiente: Las áreas de dos figuras semejantes están en la misma razón que los cuadrados de sus dimensiones correspondientes.

25-25. Hallar la razón de las áreas de las secciones transversales de los siguientes alambres (ver Ejercicio 25-24).

(**a**) Un alambre de 1 cm de diámetro y otro de 0,5 cm.

(**b**) Un alambre de $^1/_8$ cm de diámetro y otro de $^1/_2$ cm.

(**c**) Un alambre de $^1/_{16}$ in de diámetro y otro de 1 in.

(**d**) Un alambre de s cm de diámetro y otro de S cm.

25-26. ¿Cuántos tubos de 3 dm de diámetro se necesitan para sustituir a otro de 18 dm de diámetro?

25-27. En una chapa de acero de 3 m por $2\,^1/_2$ m, se hacen 26 agujeros de 14 cm de diámetro. ¿Qué superficie de metal queda?

25-28. Si la rueda motriz de una locomotora mide 165 cm de diámetro, ¿cuántas revoluciones por minuto (rpm) son precisas para que circule a 80 Km/h?

Solución: $\dfrac{80 \times 1\,000 \times 100}{60 \times 165 \times 3{,}1416} = 257{,}22$ rpm

NOTA: Este tipo de problemas suele resolverse simplificando primero la fracción todo lo posible. El numerador son los centímetros que recorre el tren en una hora; el denominador es la longitud de la circunferencia de la rueda, multiplicada por 60 que es el factor que trasforma los centímetros por hora en centímetros por minuto.

25-29. La circunferencia de la rueda motriz de una locomotora es de 4,8 m. Si el tren ha de circular a 100 Km/h, ¿cuántas revoluciones por minuto ha de dar la rueda?

25-30. La rueda de una locomotora de 1,5 m de diámetro ha dado 18 000 vueltas en 85 Km. ¿Qué distancia ha deslizado la rueda?

25-31. Un depósito de 15 m de diámetro tiene 32 aros que pesan 3 Kg por metro de longitud. ¿Cuánto pesan todos los aros?

25-32. El lado de un cuadrado mide 20 cm. Hallar:

(**a**) Longitud de la circunferencia y el área del círculo inscrito.

(**b**) Longitud de la circunferencia y área del círculo circunscrito.

(**c**) El área de la corona circular formada por dichos círculos.

25-33. ¿Qué superficie se pierde al cortar de una chapa de acero de 17 por 20 cm la mayor pieza circular posible?

25-34. El minutero del reloj de una torre mide 1,8 m. ¿Qué distancia recorrerá su extremo en 30 minutos?

25-35. El área de un cuadrado es 49 dm. Hallar la longitud de la circunferencia y el área del círculo inscritos en él.

25-36. Hallar la arista de la mayor viga cuadrada que puede cortarse de un tronco de 70 cm de diámetro.

25-37. Tomando como valor del radio de la Tierra en el Ecuador como 6 730 Km, ¿cuál será la longitud en metros de 1 segundo (1″) de arco?

NOTA: 1° = 60 minutos (60′) de arco.
1 minuto de arco = 60 segundos (60″) de arco.

25-38. Tomando el radio de la Tierra como 6 700 Km, hallar la longitud en metros de un arco de 1 minuto (**a**) en el paralelo 45° Norte; (**b**) en el paralelo 60° Norte.

SUGERENCIA: (Ver figura 25-16.) Para el paralelo 45° Norte, el radio es *CB*. Pero además, *CB* = *OC* ya que el triángulo *OCB* es un triángulo rectángulo con dos ángulos iguales.

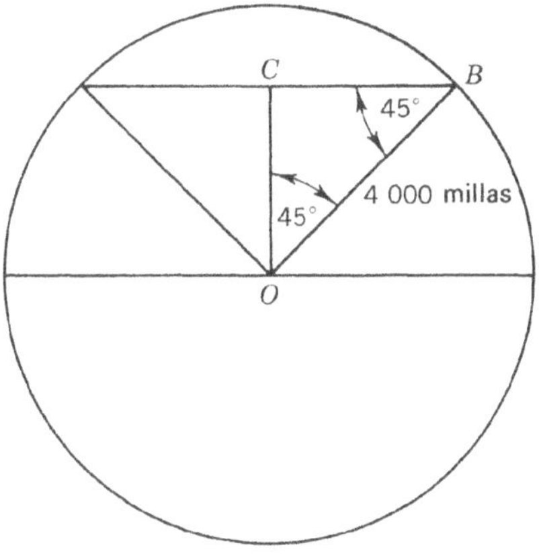

Figura 25-16. Ejercicio 25-38.

25-39. Un tubo de 10 cm de diámetro se bifurca en otros dos tubos iguales, ¿cuál será el diámetro de cada uno de estos tubos sabiendo que la suma de sus áreas es igual a la del primero?

25-40. Si la rueda de un automóvil tiene 70 cm de diámetro, ¿cuántas revoluciones da por minuto, si el automóvil circula a 100 Km/h?

25-41. Hallar la longitud de correa que está en contacto con una rueda de 105 cm de diámetro, si el ángulo de contacto es de 210°.

25-42. Igual que en el Ejercicio 25-41, hallar la longitud del arco de contacto, si es de 120° y el diámetro de la polea es de 40 cm.

25-9 ÁREA DEL SECTOR CIRCULAR

El área de un sector circular es igual a la fracción del área del círculo que resulta de dividir los grados de su ángulo por 360. Es decir, si el ángulo del sector es 90°, el área del sector es $^{90}/_{360}$ o $^{1}/_{4}$ del área del círculo.

Ejemplo: Hallar el área de un sector de 60° en un círculo de 10 cm de radio.

Solución: Ver la figura 25-17. El sector *AOB* tiene un ángulo de 60°. Su área es igual a $^{60}/_{360} \times \pi r^2$. Si el radio es 10 cm, el área del sector es

$$A = {}^{1}/_{6} \times 3{,}1416 \times 10^2 = 52{,}36 \text{ cm.}$$

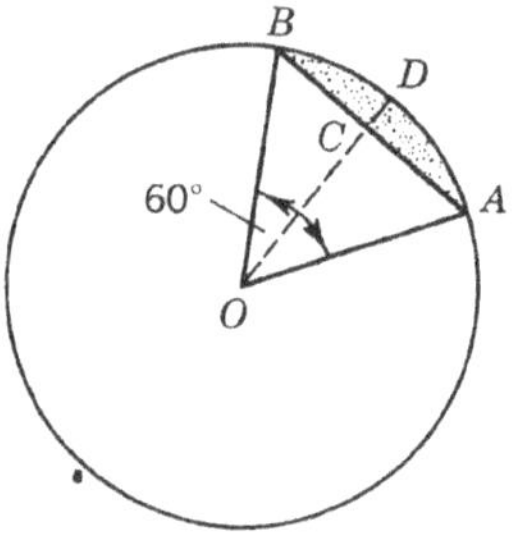

Figura 25-17. Ejemplo: Cálculo del área de un sector.

Si θ (la letra griega theta) es el número de grados que mide el ángulo del sector, su área viene dada por la fórmula

$$A = \left(\frac{\theta}{360}\right)\pi r^2$$

Siguiendo el mismo razonamiento que el usado para calcular el área de círculo (Sec. 25-6), *el área de un sector es igual a la mitad de la longitud del arco por el radio del círculo:*

$$A = ({}^{1}/_{2} \text{ arco})r$$

25-10 ÁREA DEL SEGMENTO CIRCULAR

Es evidente que el área del segmento circular *ABD* (la parte sombreada) en la figura 25-17 es igual al área del sector *AOB* menos el área del triángulo *AOB*. Para hallar el área de un triángulo si sólo se conocen dos lados y un ángulo, o para hallar el área de un sector cuando no se conoce el ángulo, hacen falta algunos conocimientos de Trigonometría. Sin embargo, si en la figura se miden el ángulo y los lados del segmento, pueden hallarse el área del sector y del triángulo. La diferencia entre las dos áreas es el área del segmento circular.

Ejemplo 1: En un círculo de 14 cm de radio, hallar el área del segmento subtendido por un ángulo de 105°.

Solución: Las dimensiones son las que aparecen en la figura 25-18; en este caso, las longitudes desconocidas se han calculado aproximadamente haciendo un dibujo a escala y

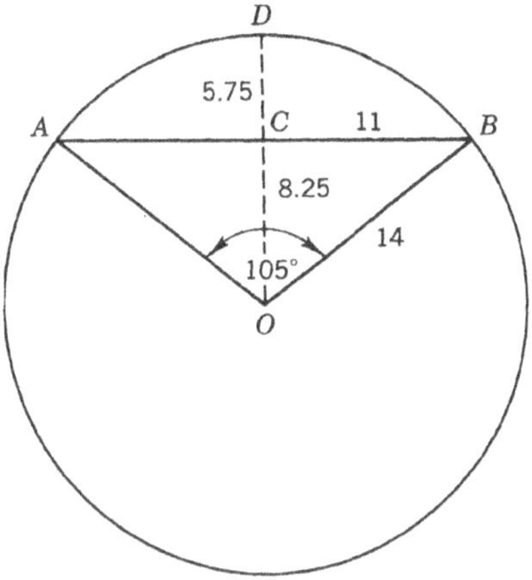

Figura 25-18. Ejemplo 1: Área de un segmento.

midiéndolas.

El área del sector *OADB* = $^{105}/_{360}$ del área del círculo. Por lo tanto,

Área del sector = $^{105}/_{360} \times 3{,}1416 \times (14)^2 = 179{,}67$ cm².
Área del triángulo = $^{1}/_{2} \times 22 \times 8{,}25 = 90{,}75$ cm².
Área del segmento = área del sector − área del triángulo
= 179,67 cm² − 90,75 cm².
= 88,92 cm².

Existen varias fórmulas para calcular *aproximadamente* el área de un segmento circular. Dos de las más corrientes son:

$$A = \frac{2hw}{3} + \frac{h^3}{2w}$$

$$A = \frac{4h^2}{3}\sqrt{\frac{2r}{h} - 0{,}608}$$

En estas fórmulas, *A* representa el área del segmento circular, *h* su altura, y *w* la anchura del segmento; *r* es el radio del círculo al que pertenece el segmento.

Si la altura del segmento es menor que la décima parte del radio, la primera fórmula puede simplificarse:

$$A = \tfrac{2}{3}hw$$

En Ingeniería, cuando se quiera calcular la superficio de un segmento cuya altura es grande comparada con el radio, como por ejemplo, el área del segmento *CnD* de la figura 25-19, se halla primero la superficie del semicírculo *AnB* y se le resta la superficie de la parte *ACDB* considerada como un rectángulo. El área del segmento es aproximadamente igual a esta diferencia.

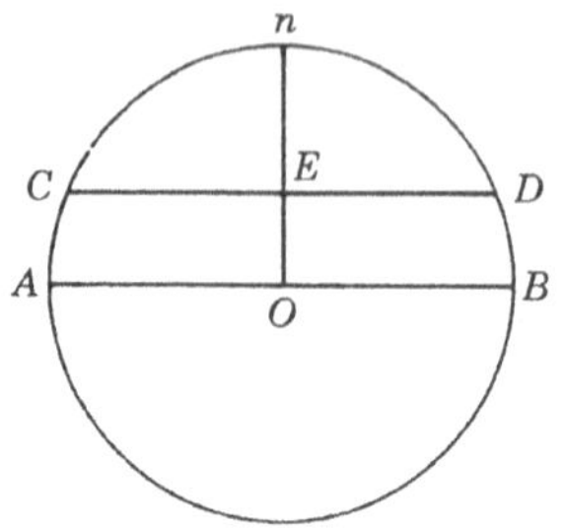

Figura 25-19. Cálculo del área de un segmento CnD.

Ejemplo 2: Hallar el área de un segmento cuya cuerda mide 10 m y su altura 1,5 m.

Solución: Aplicando la fórmula,

$$A = \frac{2hw}{3} + \frac{h^3}{2w}$$

$$A = \left(\frac{2}{3}\right)(1,5)(10) + \left(\frac{1,5^3}{2 \times 10}\right) = 10,17 \text{ m}^2$$

Aplicando la fórmula,

$$A = \frac{4h^2}{3}\sqrt{\frac{2r}{h} - 0,608}$$

Calculando en primer lugar r mediante la fórmula:

$$r = \frac{(\frac{1}{2}w)^2 + h^2}{2h}$$

$$r = \frac{5^2 + 1,5^2}{2 \times 1,5} = 9,083$$

$$A = \left(\frac{4}{3}\right)(1,5^2)\sqrt{\frac{2 \times 9,083}{1,5} - 0,608} = 10,175$$

$$A = 10,175 \text{ m}^2$$

Ejercicios

25-43. Hallar el área de los siguientes sectores circulares (*en primer lugar dibujar la figura, después dar un valor aproximado* del área, según se vea gráficamente, y por último, calcular el área):

(a) Radio = 5 cm, ángulo del sector = 30°.
(b) Radio = 10 cm, ángulo del sector = 120°.
(c) Radio = 20 cm, ángulo del sector = 225°.
(d) Radio = 43,17 m, arco del sector = 49,79 m.

(e) Radio = 10 ft, arco del sector = 10 ft.

25-44. Hallar las áreas de los siguientes segmentos circulares:

(a) Cuerda = 20 cm, altura = 3 dm.

(b) Cuerda = 2,1 dm, altura = 1 cm.

25-45. ¿Cuántos litros de agua pasarán por un desagüe circular de 60 cm de diámetro, en una hora, si la altura del agua es 20 cm y el agua se mueve a una velocidad de 2 m por minuto?

25-11 LA ELIPSE

Una *elipse* es una curva formada por todos los puntos tales que la suma de sus distancias a dos puntos fijos es una constante dada.

En la figura 25-20, *F* y *F'* son los dos puntos fijos. Estos dos puntos se llaman *focos* de la elipse. El punto *O* es el *centro* de la elipse. *NA* es el *eje mayor*, y *MB* es el *eje menor*. *OA* y *OB* son los *semiejes*.

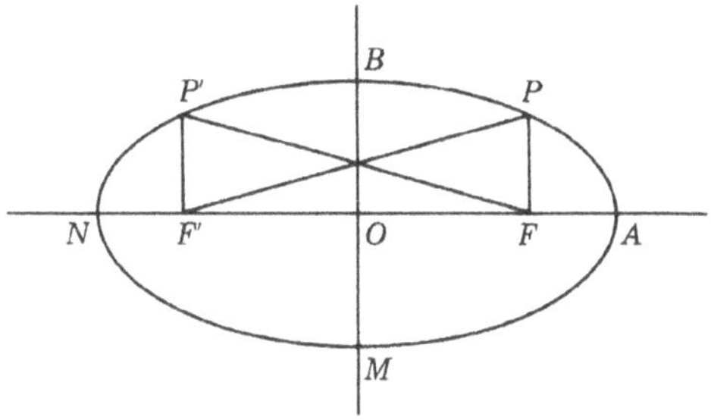

Figura 25-20. Elipse y sus elementos.

La curva de una elipse está trazada de tal modo que la suma de las distancias desde uno cualquiera de sus puntos a los focos *F* y *F'* es una constante. Por ejemplo, en la figura 25-20, *PF* + *PF'* es una constante.

Para dibujar una elipse, se puede usar este método: Se atan los extremos de un hilo cuya longitud sea el doble de la longitud del eje mayor de la elipse que queremos trazar. Sobre el papel se colocan dos alfileres a una distancia un poco menor que la longitud del eje mayor de la elipse (los puntos donde están clavados los alfileres serán los focos *F* y *F'*). Se coloca el hilo de modo que los dos alfileres queden dentro de él. Para trazar la elipse basta tensar el hilo con un lápiz y desplazarlo siguiendo una curva de forma que el hilo está siempre igual de tenso. La curva que dibuje el lápiz es una elipse.

La elipse es una curva estrechamente relacionada con el círculo. Por ejemplo, si cortamos oblicuamente un tubo circular, la sección es una elipse.

25-12 USOS DE LA ELIPSE

La elipse se emplea tanto en las aplicaciones prácticas como en la Matemática teórica. También hay ejemplos de elipse en la Naturaleza. Kepler (1571-1630) afirmó que las órbitas de los planetas son elípticas, y Newton (1642-1727) demostró que, como consecuencia de la ley de la gravitación universal, las órbitas tenían que ser elípticas.

En Arquitectura se emplea frecuentemente la elipse por la belleza de sus formas. Algunas obras famosas se han construido con forma elíptica; por ejemplo, el Coliseo de Roma. La elipse se ha utilizado también para estructuras de puentes; muchos de los puentes famosos de arcos de piedra, están formados por arcos de elipse. Además, estas estructuras elípticas tienen una gran resistencia.

En maquinaria, se utilizan ruedas dentadas de forma elíptica, cuando se necesitan distintas velocidades de marcha, como en las máquinas afiladoras, limadoras, mortajadoras o cepilladoras, en las que la velocidad de corte es menor que la velocidad de retorno.

En el estudio de Mecánica y Electricidad, la elipse aparece también con frecuencia.

25-13 ÁREA DE LA ELIPSE

El área del círculo viene dada por la fórmula $A = \pi r^2$, que puede escribirse como $A = \pi rr$. Si aplastamos un círculo, tomaría forma de elipse; y los semiejes de esta elipse (como *OA* y *OB* de la figura 25-20) serían un radio alargado y un radio acortado. Si *a* representa la longitud *OA* y *b* la longitud *OB*, se puede demostrar que el área de la elipse puede hallarse sustituyendo el producto *rr* por el producto *ab* en la fórmula del área del círculo. Tenemos entonces la siguiente fórmula para calcular el área de una elipse:

$$A = \pi ab$$

donde

a es el semieje mayor, o sea, la mitad del eje mayor
b es el semieje menor, o sea, la mitad del eje menor.

Ejemplo: Hallar el área de una elipse cuyos dos ejes miden 30 y 26 m.

Solución: Teniendo en cuenta la fórmula $A = \pi ab$ y sustituyendo en ella los datos,

$$A = 3{,}1416 \times 15 \times 13 = 612{,}612 \text{ m}^2$$

25-14 PERÍMETRO DE LA ELIPSE

Así como el área de una elipse se puede calcular fácilmente cuando se conocen las longitudes de los dos ejes, su perímetro, sin embargo, es difícil de calcular con exactitud. Hay varías fórmulas aproximadas para hallar la longitud de la elipse. Si la elipse tiene la forma casi igual a la del círculo (es decir, si los dos ejes son prácticamente iguales), entonces

$$(1) \quad P = \pi(a + b)$$

donde *P* es el perímetro, la longitud de la elipse,
a es el semieje mayor,
b es el semieje menor.

Cuando la elipse difiere mucho del círculo (es decir, cuando la diferencia entre los dos ejes es considerable), se pueden usar las dos fórmulas siguientes:

$$(2)\ P = \pi[\tfrac{3}{2}(a + b) - \sqrt{ab}]$$

$$(3)\ P = \pi\sqrt{2(a^2 + b^2)}$$

El valor obtenido utilizando la fórmula (2) es menor que el valor real de la longitud, y el obtenido mediante la fórmula (3) es un poco mayor. Sin embargo, hallando el promedio o media aritmética de los dos resultados, se tiene un resultado que difiere muy poco del verdadero valor.

Ejemplo: Hallar la longitud de una elipse cuyo eje mayor es de 18 cm y cuyo eje menor mide 6 cm.

Solución: En este caso $a = 9$ y $b = 3$. Utilizando las tres fórmulas para calcular P se obtienen

$$(1)\ P = 3{,}1416(9 + 3) = 37{,}699 \text{ cm}$$

$$(2)\ P = 3{,}1416[\tfrac{3}{2}(9 + 3) - \sqrt{9 \times 3}] = 40{,}225 \text{ cm}$$

$$(3)\ P = 3{,}1416\sqrt{2(9^2 + 3^2)} = 42{,}148 \text{ cm}$$

La fórmula (2) es la que da resultados más aproximados cuando los dos ejes no son aproximadamente iguales.

NOTA: La media de los resultados obtenidos con la fórmula (1) y la fórmula (3) es 39,974 cm, que es muy aproximado al resultado obtenido mediante la fórmula (2).

Ejercicios

25-46. Un jardín tiene forma de elipse, y sus ejes mayor y menor miden 22 m y 18 m respectivamente. Hallar el área del jardín.

25-47. Un tubo elíptico tiene un eje mayor de 16 cm y el eje menor de 10 cm. ¿Qué diámetro tendría un tubo circular de la misma sección?

25-48. Un tubo horizontal pasa a través de un tejado de flecha $^1/_2$, si el tubo tiene 8 cm de diámetro, ¿cuánto medirán los ejes de la elipse que hay que perforar en el tejado?

SUGERENCIA: El agujero debe ser una elipse con el eje menor de 8 cm y el eje mayor, teniendo en cuenta la inclinación del tejado, debe medir $8\sqrt{2}$ cm.

25-49. Una chimenea de 25 cm de diámetro, se corta formando un ángulo de 45°. Usando el promedio de las fórmulas $P = \pi(a + b)$ y $P = \pi[^3/_2(a + b) - \sqrt{ab}]$ hallar el perímetro de la sección.

25-50. La planta del Coliseo de Roma es una elipse, con un eje mayor de 189 m y un eje menor de 155,4 m. Hallar su área y su perímetro.

25-51. Demostrar que el área del círculo que tiene como diámetro la hipotenusa de un triángulo rectángulo, es igual a la suma de las áreas de los círculos que tienen como diámetros cada uno de los catetos.

SUGERENCIA: Dibujar estos círculos sobre los lados de un triángulo rectángulo y designarlos con las mismas letras que en la figura 25-21.

Área del círculo sobre la hipotenusa $= {}^1/_4\pi c^2$
Área del círculo sobre el cateto $BC = {}^1/_4\pi a^2$
Área del círculo sobre el cateto $AC = {}^1/_4\pi b^2$

Por el teorema de Pitágoras,

$$c^2 = a^2 + b^2$$

Multiplicando por $\frac{1}{4}\pi$,

$$\tfrac{1}{4}\pi c^2 = \tfrac{1}{4}\pi a^2 + \tfrac{1}{4}\pi b^2$$

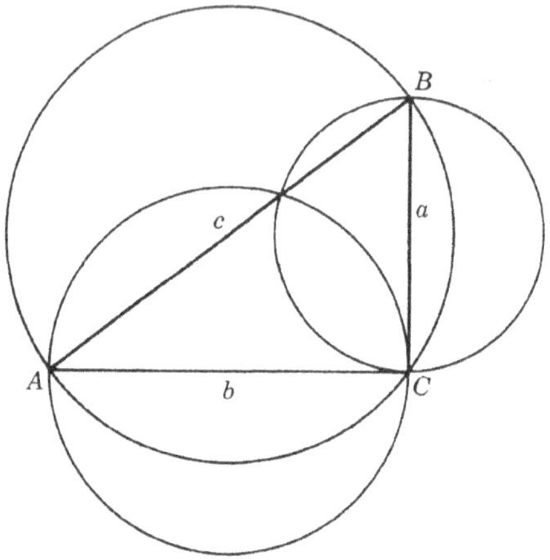

Figura 25-21. Ejercicio 25-51.

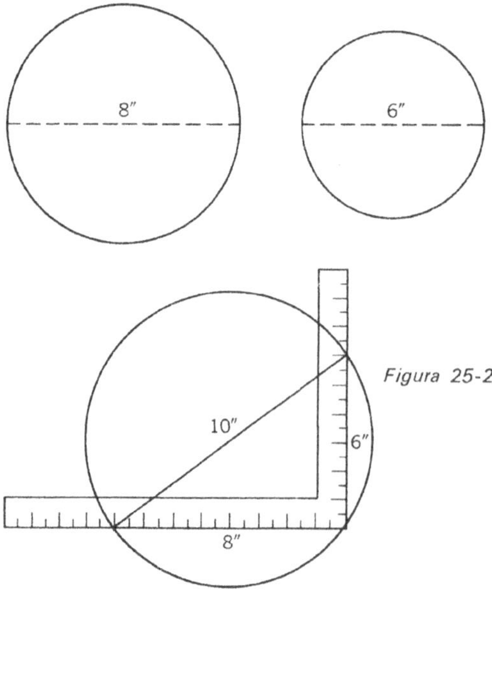

Figura 25-22. Ejercicio 25-52.

25-52. Indicar, utilizando las propiedades de la escuadra de carpintero, cómo se puede hallar el diámetro de un círculo cuya área sea la suma de las áreas de dos círculos dados.

NOTA: Supongamos que uno de los círculos tiene 6 in de diámetro y el otro 8 in. Como se ve en la figura 25-22, en uno de los brazos de la escuadra se mide una longitud de 6 in y en el otro una longitud de 8 in. La recta que une los extremos de estos dos segmentos, es decir, la hipotenusa del triángulo rectángulo, es el diámetro del círculo que tiene la misma área que los otros dos juntos. Esto ya ha sido probado en el Ejercicio 25-51.

25-53. Si se juntan dos tubos de diámetros 12 cm y 8 cm respectivamente ¿qué diámetro deberá tener el único tubo que continúa la conducción, para que pueda canalizar los dos caudales? (Ver figura 25-23.)

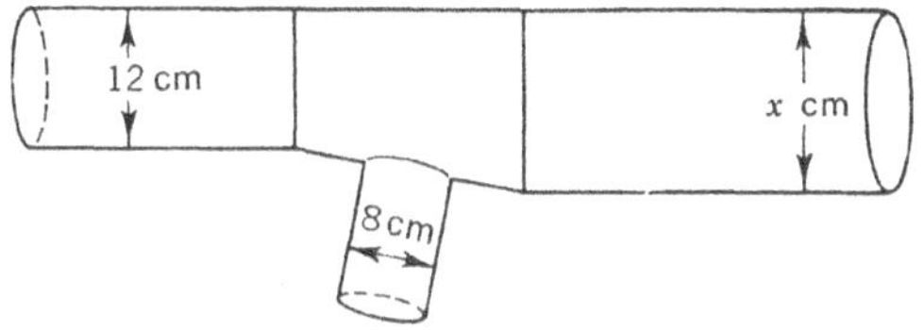

Figura 25-23. Ejercicio 25-53.

NOTA: Si los radios de los tubos que se unen son R y r, deducir una fórmula para hallar el valor de x.

25-54. Demostrar, usando la escuadra de carpintero, la forma de hallar el diámetro de un círculo que tenga como área la suma de las áreas de un número cualquiera de círculos dados.

25-55. Si un arco de circunferencia tiene la misma longitud que el radio ¿cuál es el valor del ángulo central correspondiente?

SUGERENCIA: La circunferencia mide $2\pi r$. Un arco de longitud r será $r/2\pi r$ o $1/2\pi$ de la circunferencia. La medida de ángulo central correspondiente a este arco será la misma fracción de 360°. Por lo tanto, el ángulo central mide

$$\frac{1}{2\pi} \times 360^\circ = \frac{180^\circ}{\pi} = \frac{180^\circ}{3{,}14159} = 57{,}2958^\circ$$

NOTA: Por definición, 57,2958° = 1 radián; el radián es otra unidad de medida de ángulos.

25-56. Un hexágono regular de 42 m de perímetro está inscrito en un círculo. Hallar el área del círculo.

25-57. La máxima velocidad tangencial que tolera un volante de hierro fundido es de 27 m por segundo. ¿Cuál será el número máximo de revoluciones por minuto que puede dar un volante de hierro fundido de 2,7 m de diámetro?

25-58. Un disco de esmeril puede tener una velocidad tangencial de 1 830 m por minuto. ¿Cuántas revoluciones por minuto puede dar un disco de esmeril de 22 cm de diámetro?

25-59. La velocidad tangencial de una muela de afilar no puede exceder de 47 ft por segundo. Hallar el número de revoluciones por minuto que puede dar una muela de 3 ft de diámetro.

25-60. Cuatro tubos iguales, del mayor diámetro posible, están dentro de una caja cuadrada de 18 cm de lado. ¿Qué tanto por ciento del volumen ocupan los tubos?

25-61. Tres círculos iguales están encerrados en un triángulo equilátero. Si los círculos tiene 10 cm de radio, hallar la medida de los lados del triángulo.

25-62. El peso que resiste un hilo de cáñamo viene dado por la fórmula

$$P = 100s,$$

siendo P el peso en kilogramos,

s el área de la sección transversal del hilo en centímetros cuadrados.

¿Qué diámetro habrá de tener un cordón de cáñamo para soportar un peso de 1 100 Kg?

25-63. Hallar el diámetro de un solo tubo que permita el paso del mismo caudal que tres tubos de 1,5 cm; 2,5 cm y 3,5 cm de diámetro.

25-64. Dibujar una figura como la que aparece en la figura 25-24. La longitud AB es aproximadamente igual a la de un cuadrante de circunferencia. Hallar el tanto por ciento del error cometido cuando se toma la longitud AB en lugar de BN.

25-65. Justificar si es cierta, o en caso contrario hallar el tanto por ciento de error cometido al aplicar la siguiente regla que usan los hojalateros: Se divide el radio AO (ver figura 25-25) en cuatro partes iguales, y se coloca una de estas partes en los extremos de los dos diámetros perpendiculares, desde A hasta C en el punto A y desde B hasta D en el punto B. Se unen los puntos C y D. Esta recta será el lado de un cuadrado que tiene la misma área que el círculo.

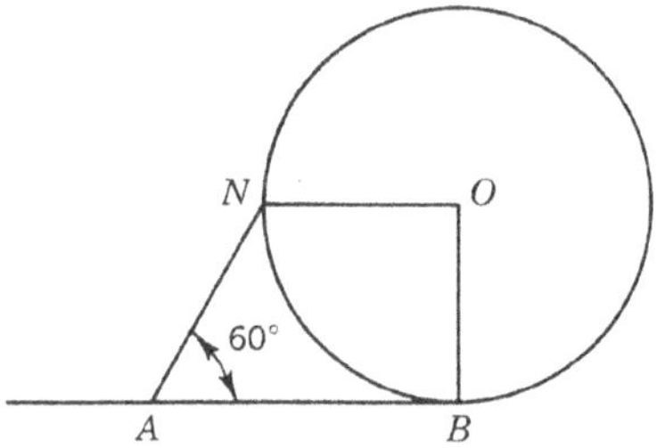

Figura 25-24. Ejercicio 25-64.

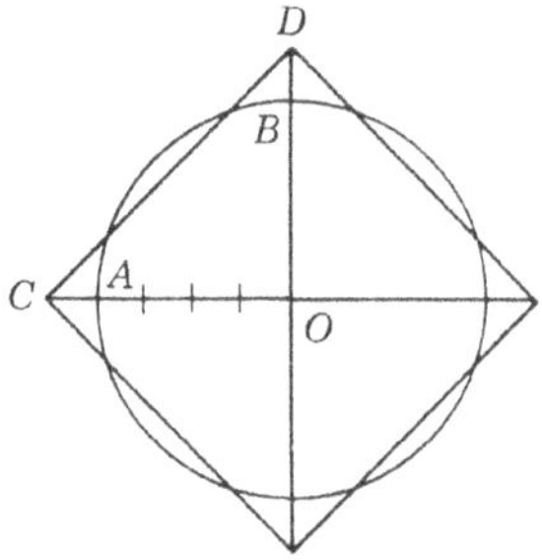

Figura 25-25. Ejercicio 25-65.

25-66. El vástago de una válvula de seguridad de 4 cm de diámetro (véase figura 25-26), está a 2,75 cm del punto de apoyo de la palanca. Suponiendo que la válvula se abre cuando el manómetro marca 7 Kg y no hay ningún peso en el otro brazo de la palanca (es decir, que una presión de 7 Kg/cm^2 equilibra el peso del brazo de la palanca), ¿a qué presión se abrirá la válvula, si colocamos en la palanca un peso de 75 Kg a 32 cm del punto de apoyo?

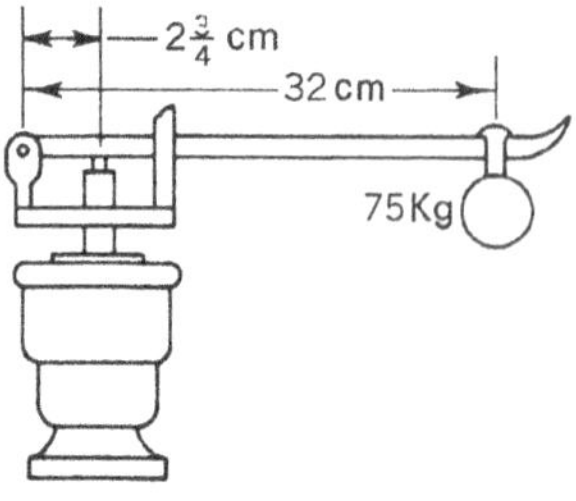

Figura 25-26. Ejercicio 25-66

25-67. ¿Qué peso habrá que colocar en el brazo de la válvula del Ejercicio 25-66 para que se abra a una presión de 80 Kg/cm²?

25-68. Si en el Ejercicio 25-66 utilizamos el peso de 75 Kg, ¿a qué distancia del punto de apoyo habrá que colocarlo para que la válvula se abra cuando la presión sea de 80 Kg/cm²?

25-69. Una fórmula aproximada para hallar el número de círculos inscritos, tangentes, todos iguales (como en la figura 25-27) es

$$N = 0{,}907\left(\frac{D}{d} - 0{,}94\right)^2 + 3{,}7$$

donde N es el número de círculos,
D el diámetro del círculo en el que se inscriben,
d el diámetro de los círculos inscritos.

Aplicando esta fórmula, hallar cuántos tubos de 0,5 cm de diámetro pueden colocarse en un tubo de 5 cm de diámetro.

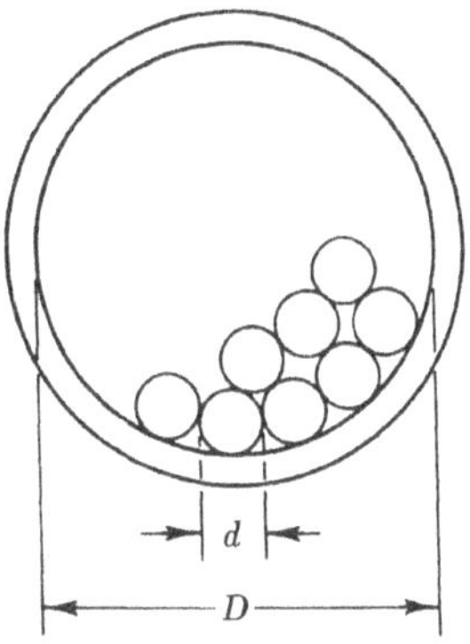

Figura 25-27. Ejercicio 25-69.

25-70. ¿Cuántas bolas de acero de 0,4 cm de diámetro caben en el fondo de una caja cilíndrica de 2,5 cm de diámetro?

25-71. De la fórmula del Ejercicio 25-69, puede deducirse:

$$D = d\left(0{,}94 + \sqrt{\frac{N - 3{,}7}{0{,}907}}\right)$$

Obtener esta fórmula. Aplicarla para hallar el diámetro de un cable formado por 50 alambres de 0,075 cm de diámetro.

25-72. Un arco gótico está formado por dos arcos de circunferencia unidos, cada uno de ellos igual a la sexta parte de la circunferencia. El centro de cada una de ellas está en el extremo opuesto de la anchura del arco, es decir, los dos radios son iguales a la anchura del arco. Hallar el área de un arco gótico de 6 m de radio (ver figura 25-28).

25-73. Cuatro calderas de vapor se alimentan por tubos de 6 cm de diámetro, que parten de un único tubo. Hallar el diámetro del tubo mayor si tiene la misma capacidad que los cuatro tubos de 6 cm.

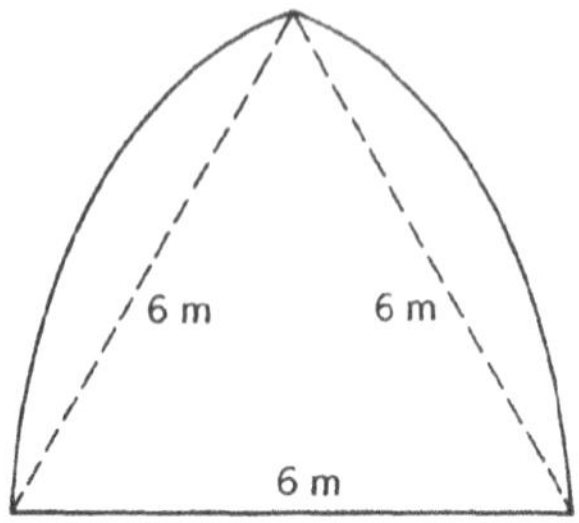

Figura 25-28. Ejercicio 25-72.

25-74. La cuchilla de una fresadora tiene $4\,{}^{1}/_{2}$ pulgadas de diámetro y corta hierro dulce a una velocidad de 45 pies por minuto. ¿Cuántas revoluciones por minuto da?

25-75. ¿Cuántas revoluciones por minuto debe dar una broca de 1,2 cm de diámetro para que la velocidad de corte en los filos de sus estrías sea de 12 m por minuto?

25-76. La distancia entre el punto de giro de la biela *c*, y el centro del volante *D* es de 50 cm. ¿Cuál será la longitud de la carrera del pistón? Si el volante gira a 144 rpm (revoluciones por minuto), ¿cuál será la velocidad del pistón en metros por minuto?

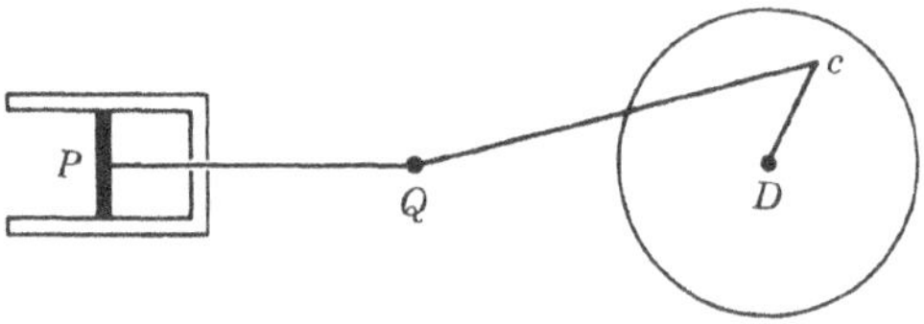

Figura 25-29. Ejercicio 25-76.

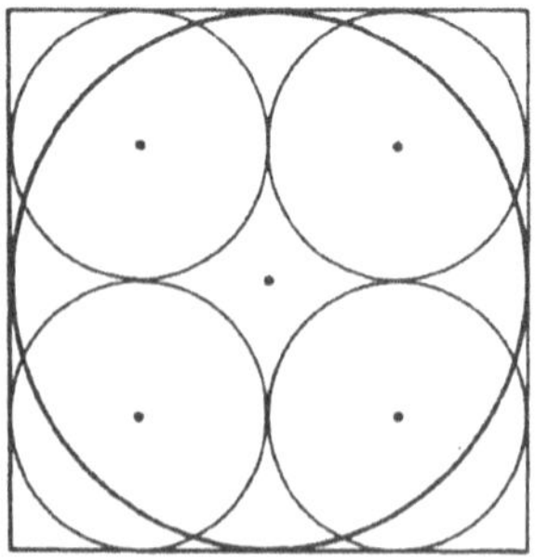

Figura 25-30. Ejercicio 25-77.

25-77. ¿Qué ocupa la mayor parte del cuadrado de la figura 25-30, el círculo grande o los cuatro círculos pequeños?

25-78. Las ruedas motrices de una locomotora giran a 210 rpm y tienen un diámetro de 1,90 m. ¿Cuál será la velocidad de la locomotora en kilómetros por hora, si las pérdidas por deslizamiento son del 2%?

25-79. La fuerza que debe desarrollar el pistón del cilindro de freno debe ser de 8 100 Kg. ¿Cuál debe ser el diámetro del cilindro si funciona a una presión de 60 Kg/cm^2?

25-80. ¿Cuál será la superficie del hueco abierto en un horno para que pase aire frío para suplir el aire caliente que se va por siete tubos de 9 cm de diámetro y uno de 14 cm, si la superficie de la entrada de aire frío debe ser $^3/_4$ partes de la superficie de salida del aire caliente?

25-81. En la práctica, los aros de los pistones (ver figura 25-31) para los motores de gasolina se construyen de esta forma: se tornean unos aros iniciales cuyo diámetro sea un 1,5% mayor que el del cilindro, después se les corta un arco y se colocan en su lugar. Hallar el diámetro inicial para un aro de un cilindro de 10 cm de diámetro. Hallar la longitud que debe cortarse para colocar el aro de forma que haya una distancia de 0,0125 cm entre sus extremos. Dar los resultados con tres cifras decimales.

Figura 25-31. Ejercicio 25-81.

25-82. Hallar la velocidad de una correa que gira sobre una polea de 55 cm de diámetro que da 320 rpm, si las pérdidas por deslizamiento son del 2%.

25-83. El orificio de acceso a una caldera es elíptico y sus diámetros mayor y menor son de 775 mm y 675 mm. Hallar su superficie.

25-84. Dado un tubo de sección elíptica, de eje mayor 16 cm y de eje menor 10 cm, hallar el diámetro del tubo circular cuya sección tenga la misma superficie que el tubo dado.

25-85. ¿Cuál será la potencia en caballos de un motor de explosión, si tiene un pistón de 11,25 cm de diámetro, con una carrera de 16,25 cm que da 1 000 rpm, con una presión media de 30 Kg/cm^2? ($CV = PLAN/4\,500$, siendo P la presión media, L la carrera del pistón, A su superficie y N las revoluciones por minuto.)

25-15 POLÍGONOS REGULARES Y CÍRCULOS

A veces es necesario hallar las dimensiones de un polígono regular inscrito o circunscrito en una circunferencia dada, o al revés, determinar el radio de la circunferencia inscrita o circunscrita a un polígono dado.

Este tipo de problemas, puede resolverse fácilmente por Trigonometría, y algunos pueden resolverse con métodos de Geometría. También hay manuales que dan reglas para hacer estos cálculos. En el Apéndice, al final del libro, y en la Tabla 25-1, se han recopilado algunos de estos datos para polígonos regulares.

Estos datos pueden aplicarse a polígonos regulares de cualquier tamaño (no es necesario que su lado mida 1); el modo de aplicarlos es el siguiente:

*Tabla 25-1. Polígonos regulares**

(1) NÚMERO DE LADOS	(2) POLÍGONO	(3) ÁREA MANDO EL LADO=1	(4) RADIO DEL CÍRCULO CIRCUNSCRITO — SI LA PERPENDICULAR DESDE EL CENTRO=1	(5) RADIO DEL CÍRCULO CIRCUNSCRITO — SI LADO=1	(6) RADIO DEL CÍRCULO INSCRITO SI LADO=1	(7) LONGITUD DE LOS LADOS SI RADIO DEL CÍRCULO CIRCUNSCRITO=1	(8) ÁNGULO EN EL CENTRO	(9) ÁNGULO ENTRE LADOS ADYACENTES
3	Triángulo	0,4330127	2	0,5773	0,2887	1,732	120°	60°
4	Cuadrado	1	1,414	0,7071	0,5	1,4142	90°	90°
5	Pentágono	1,7204774	1,238	0,8056	0,6882	1,1756	72°	108°
6	Hexágono	2,5980762	1,156	1	0,866	1	60°	120°
7	Heptágono	3,6339124	1,11	1,1524	1,0383	0,8677	51°26′	128°34²⁄₇′
8	Octágono	4,8284271	1,083	1,3066	1,2071	0,7653	45°	135°
9	Eneágono	6,1818242	1,064	1,4619	1,3737	0,684	40°	140°
10	Decágono	7,6942088	1,051	1,6180	1,5388	0,618	36°	144°
12	Dodecágono	11,1961524	1,037	1,9319	1,866	0,5176	30°	150°

* Ver Tabla 12, Apéndice

Para hallar el área de un polígono regular cuando se conoce la longitud de su lado, se multiplica el cuadrado de esta longitud por el número que aparece en la columna (3) de la Tabla 25-1.

Esta regla es una aplicación más de que la razón entre las áreas de dos figuras semejantes, es el cuadrado de la razón entre sus dimensiones correspondientes.

Ejemplo: Hallar el área de un pentágono regular cuyo lado mide 7 cm.

$$\text{Área} = 7^2 \times 1{,}7204774 \text{ cm}^2 = 84{,}30339 \text{ cm}^2$$

Para hallar el lado de un polígono regular conociendo su área, se divide el área del polígono por el número de la columna (3). La raíz cuadrada del cociente será el lado del polígono.

Ejemplo: El área de un octágono regular es 4 376 dm²; hallar la longitud de su lado.

$$\text{Lado} = \sqrt{4\,376 : 4{,}828} = 30{,}106 \text{ dm}$$

Para hallar el radio de la circunferencia circunscrita a un polígono cuando se conoce la longitud de su lado, se multiplica esta longitud por el número de la columna (5).

Este dato puede servirnos para dibujar un polígono regular conociendo la longitud de su lado.

Ejemplo: Construir un decágono regular de 2,5 cm de lado.

Radio de la circunferencia circunscrita = 2,5 × 1,618 cm = 4,045 cm. Con un compás, se construye una circunferencia con este radio. Entonces, con el compás abierto a una distancia de 2,5 cm, empezando en un punto cualquiera de la circunferencia, se señalan puntos que estén cada uno a esa distancia del siguiente; estos puntos dividirán a la circunferencia en 10 partes iguales. Uniendo estos puntos mediante líneas rectas, tendremos construido el polígono.

Para hallar el radio del círculo inscrito cuando se conoce la longitud del lado del polígono regular, se multiplica la longitud del lado por el número de la columna (6).

Para hallar la longitud del lado de un polígono regular cuando se conoce el radio del círculo circunscrito, se multiplica el radio dado por el número de la columna (7).

Ejemplo: Construir un heptágono regular en un círculo de radio 3 cm. El lado del polígono = 3 × 0,8677 cm = 2,6 cm.

Con una abertura de compás igual a 2,6 cm se trazan siete puntos en la circunferencia, que estará entonces dividida en 7 partes iguales. Uniendo cada uno de estos puntos con el siguiente por medio de líneas rectas, tendremos el polígono pedido.

Ejercicios

Resolver estos ejercicios utilizando la Tabla 25-1.

25-86. Un eje de transmisión redondo tiene D cm de diámetro. Su extremo se ha tallado formando un polígono regular de lado S cm. Hallar S cuando el polígono regular es:

- **(a)** Un triángulo, y $D = 4$ cm.
- **(b)** Un cuadrado, y $D = 4$ cm.
- **(c)** Un hexágono, y $D = 4$ cm.
- **(d)** Un octágono, y $D = 4$ cm.

25-87. Los tableros de unas mesas son polígonos regulares, de lado S. Se han hecho tapetes redondos para estas mesas. Hallar el radio R de los tapetes si los tableros son:

- **(a)** Triangular, y $S = 50$ cm.
- **(b)** Cuadrado, y $S = 75$ cm.
- **(c)** Hexagonal, y $S = 1$ m.

25-88. Hallar el diámetro de los cojinetes redondos que pueden tallarse en un eje cuya sección es un polígono regular, en los casos siguientes:

- **(a)** Eje triangular de lado 1 cm; de lado s cm.
- **(b)** Eje hexagonal de lado 1 cm; de lado s cm.
- **(c)** Eje decagonal de lado 1 cm; de lado s cm.
- **(d)** Eje dodecagonal de lado 1 cm; de lado s cm.

25-89. El dibujo de un pavimento está formado por dos círculos concéntricos con un cuadrado inscrito en cada uno de ellos. Si el radio del círculo mayor es 1,80 m y el del círculo menor 1,20 m, hallar la razón entre las áreas de los dos cuadrados. ¿Cuál será la razón entre las áreas de los círculos?

25-90. El área de un hexágono regular inscrito en una circunferencia es $24\sqrt{3}$. Hallar la longitud de la circunferencia y el área de su círculo.

25-91. Un cuadrado de 0,875 cm de lado ha de convertirse en un eje cilíndrico de radio máximo. ¿Cuál será el diámetro del círculo torneado?

25-92. Un tubo cilíndrico de 10 cm de diámetro, está empalmado con un tubo de sección hexagonal, de forma que los dos tubos tienen la misma sección transversal. Hallar el eje del hexágono de la sección transversal del segundo tubo.

25-16 APLICACIÓN PRÁCTICA: TORNEADO Y TALADRADO

La *velocidad de corte* de una herramienta es la velocidad a que ésta pasa sobre la superficie que está cortando (la velocidad tangencial). Se define de la misma forma para el torno en el que se trabaja una pieza, por ejemplo el arbol de transmisión de un coche, o para una broca que se usa para taladrar agujeros de cualquier tamaño, en el metal.

La velocidad de corte a la que puede trabajar la herramienta sin que se estropee o pierda el filo, depende del material en que esté construida, del tipo del material que está trabajando y del tamaño del corte que esté haciendo.

Para determinar la velocidad de corte de la herramienta en metros por minuto, se multiplica la circunferencia de la pieza que se esté torneando o de la broca, por el número de revoluciones por minuto. Esta regla se aplica a los trabajos de torneado en el torno y a la broca de una máquina de taladrar.

De esta regla se deduce otra para calcular el número de revoluciones por minuto que puede dar la pieza o la broca: Se divide la velocidad de corte en metros por minuto, por la circunferencia de la pieza trabajada, o de la broca, en metros. Este cociente nos proporciona el número de revoluciones por minuto que pueden darse.

En el sistema inglés de medidas, la velocidad de corte se da en pies por minuto.

25-17 AVANCE

El *avance* es una forma de medir la traslación paralela al eje de la pieza o la de la broca, de una herramienta de corte. Se puede expresar de cualquiera de estas formas:

1. *Como el número de milímetros que avanza en cada vuelta de la pieza o de la broca* (por ejemplo, un avance de 2 mm por vuelta).
2. *El número de revoluciones necesarias para avanzar un centímetro* (como, un avance de 50 vueltas por centímetro).
3. *El número de milímetros que avanza en un minuto* (por ejemplo, un avance de 18 mm por minuto).

En el sistema inglés de medidas, todos los avances se refieren a pulgadas.

Así, para tornear un eje de transmisión, por ejemplo, puede darse la última pasada con un avance de 5 mm —es decir, la cuchilla del torno avanza 5 mm a lo largo del eje por cada vuelta que da éste—. Entonces, la pieza tendrá que dar dos vueltas para tornear 1 cm de eje.

25-18 VELOCIDAD DE CORTE

Las velocidades de corte para herramientas de acero al carbono son de unos 10 m por minuto para el acero, 12 m por minuto para el hierro colado (o fundición) y de 20 a 35 m por minuto para el latón. La regla general para herramientas de alta velocidad es que, para el acero, la velocidad es aproximadamente el doble, y para la fundición, el triple, que las velocidades de las herramientas de acero al carbono.

La máxima velocidad de corte de una herramienta debe limitarse según la densidad y la dureza del material que se ha de cortar y el estado de conservación de la herramienta.

El avance de una broca suele variar entre 0,1 mm y 0,25 mm por vuelta.

Los valores que intervienen en los trabajos de torno se suelen representar de la forma siguiente:

d = diámetro de la pieza que gira, cm,
n = número de revoluciones por minuto,
t = tiempo que gira la pieza, en minutos,
a_1 = avance, expresado en milímetros por vuelta,

a_2 = avance, expresado en revoluciones necesarias para avanzar un centímetro,
a_3 = avance, expresado en milímetros que se avanzan en un minuto.

Ejercicios

25-93. En los casos **(a)**, **(b)**, **(c)** y **(d)**, hallar los valores de d, n, t, a_1, a_2, a_3. Hallar todos los valores cuando sea posible.

(a) Se está torneando una pieza de acero de 3,3 m de longitud y 1,8 cm de diámetro en un torno, a 30 rpm con $a_1 = 75$ mm.

(b) Un eje de hierro de 5 cm de diámetro y 75 cm de largo se está torneando con una velocidad de corte de 8 m por minuto y un avance de 6 mm.

(c) Una barra de bronce de 5 cm de diámetro, con una velocidad de corte de 33 m por minuto. La longitud es 3,3 m.

(d) Un torno gira a 60 rpm, y se desplaza a lo largo de la pieza 20 cm por minuto.

25-94. Calcular las revoluciones por minuto que debe dar un torno para bruñir un casquillo de fundición de 10,5 cm de diámetro, utilizando una cuchilla de acero de alta velocidad, que puede alcanzar una velocidad de corte de 60 m por minuto.

25-95. Para tornear una rueda de locomotora de 1,95 m de diámetro ¿qué número de revoluciones por minuto ha de dar para que la velocidad de corte sea de 3,3 m por minuto?

25-96. Para tornear un árbol de acero duro (el acero que se emplea generalmente para las herramientas) se utiliza una herramienta de acero al carbono. La velocidad de corte es de 6 m por minuto. ¿Cuántas revoluciones por minuto ha de dar si el diámetro del árbol es de 7,5 cm?

25-97. Una broca de 18 mm de diámetro, puede perforar el hierro colado a una velocidad de corte de 13 m por minuto. ¿Cuántas revoluciones por minuto puede dar?

25-98. ¿Cuánto se tardará en tornear la llanta de una rueda de automóvil de 10 cm de ancho y 38 cm de diámetro si la velocidad de corte es de 5 m por minuto y el avance 3 mm?

25-99. ¿Cuánto se tardará en dar una «pasada» con el torno sobre la superficie de un árbol de acero duro de 5 cm de diámetro y 25 cm de longitud, si la velocidad de corte es de 6 m por minuto y el avance del torno es 0,16 cm por vuelta?

25-100. En los manuales técnicos vienen algunas fórmulas para resolver algebraicamente los problemas de la velocidad de corte:

d = diámetro de la pieza que gira en milímetros (o en pulgadas),
n = número de revoluciones por minuto,
V = velocidad de corte, en metros por minuto (o en pies por minuto).

Entonces,

$$V = \frac{\pi \times d \times n}{1\,000} \quad \text{(m/min)}$$

$$n = \frac{1\,000 \times V}{\pi \times d} \quad \text{rpm}$$

$$d = \frac{1\,000 \times V}{\pi \times n} \quad \text{mm}$$

En el sistema inglés de medidas, comprobar que estas fórmulas son ciertas.

25-101. Para tornear una rueda de automóvil de 90 cm de diámetro, la máxima velocidad de corte que se puede alcanzar es de 13 m por minuto. ¿Cuántas revoluciones por minuto se pueden dar?

25-102. Para tornear el eje de un automóvil se emplea un torno con una velocidad de corte de 9 ft por minuto. Si el eje mide $4\,^1/_2$ in de diámetro ¿cuántas revoluciones por minuto puede dar?

25-19 APLICACIÓN PRÁCTICA: CORREAS DE TRANSMISIÓN, POLEAS Y RUEDAS DENTADAS

Las relaciones entre las velocidades y los diámetros de dos ruedas dentadas, motriz y movida, son las mismas que para dos poleas unidas por una correa de transmisión. En los cálculos para engranajes con ruedas dentadas se puede usar el diámetro de círculo exterior o el número de dientes, según convenga.

Un mecánico o un técnico deben saber calcular rápida y exactamente la velocidad (revoluciones por minuto) de cualquier eje de una máquina o el tamaño de la polea adecuada para que el eje o la máquina giren a un número determinado de revoluciones por minuto. Para ello debe dominar perfectamente los principios de los que se deducen las reglas y fórmulas adecuadas y saberlas aplicar. Para el alumno, lo mejor es hacer muchos problemas de velocidades de poleas antes de utilizar fórmulas especiales. Este método le ayudará a comprender bien los principios y poderlos aplicar independientemente de las fórmulas. Así, también será capaz de deducir las fórmulas y de demostrarlas.

NOTA: Para un estudio más detenido sobre las cuestiones relativas a correas de transmisión es aconsejable consultar algún manual de Ingeniería mecánica.

En los problemas de poleas o engranajes, los datos fundamentales son el diámetro y las revoluciones por minuto de la rueda motriz (o transmisora) y de la rueda movida (o receptora). El movimiento puede transmitirse de una a otra por medio de correas, engranajes, o cadenas.

Es conveniente recordar también que el número de revoluciones por minuto de la máquina receptora puede variarse de dos formas: cambiando el número de revoluciones por minuto del eje motor, como se hace al pisar el acelerador de un coche, o variando la razón entre los diámetros de las poleas motriz y receptora, como se hace en la caja de cambios del coche.

Ejercicios

25-103. El eje de un motor gira a 840 rpm y va acoplado a una polea de 15 cm de diámetro. Si se desea que la velocidad se reduzca a 320 rpm en el eje receptor, sin variar el movimiento del eje motor ¿qué diámetro ha de tener la polea acoplada al eje receptor?

Solución: Si la polea de 15 cm de diámetro gira a 840 rpm, un punto de la correa se mueve a una velocidad igual a 15 × 3,1416 × 840 cm por minuto. Entonces, para conseguir un giro de 320 rpm, la polea del eje receptor debe tener una circunferencia de 15 × 3,1416 × 840/320 cm. Por consiguiente,

$$\text{diámetro} = \frac{15 \times 3{,}1416 \times 840}{3{,}1416 \times 320} = 39{,}375 \text{ cm.}$$

25-104. Una dinamo debe girar a 1 700 rpm; en su eje lleva una polea de 10 cm de diámetro, unida por una correa a un motor que gira a 500 rpm. ¿Cuál debe ser el diámetro de la polea del motor?

25-105. Un eje tiene dos poleas de 8 cm de diámetro. La velocidad de giro del eje es 400 rpm. ¿Cuál debe ser el diámetro de las poleas de dos máquinas si, cuando son movidas por dicho eje, una de ellas gira a 300 rpm y la otra a 900 rpm?

25-106. La polea acoplada al cabezal de un torno tiene 3 pulgadas de diámetro. Se halla unida a una polea de 8 pulgadas de diámetro, acoplada a un motor que gira a 420 rpm. ¿A qué velocidad girará un taco de madera fijado al mandril del torno?

25-107. En dos poleas conectadas, o en dos ruedas dentadas engranadas, D es el diámetro de la rueda motriz, d el diámetro de la rueda movida o receptora, R el número de revoluciones por minuto de la rueda motriz y r las revoluciones por minuto de la rueda movida; hallar r en función de los valores de D, d y R.

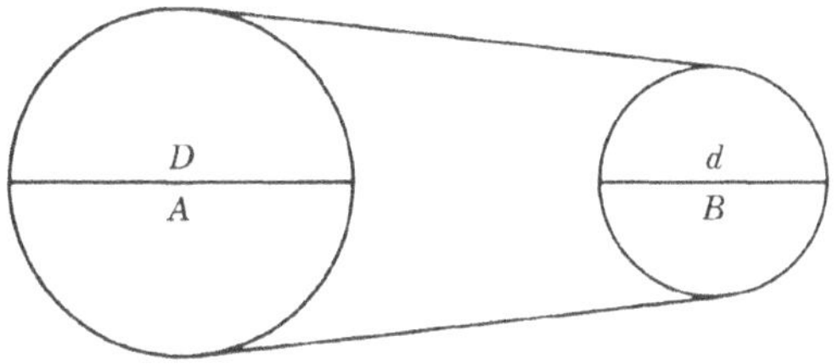

Figura 25-32. Ejercicio 25-107.

EXPLICACIÓN: En la figura 25-32, A es la polea motriz y B la polea movida. Es evidente que como se supone que la correa no debe deslizar, un punto de la circunferencia B debe recorrer en un minuto lo mismo que un punto de la circunferencia A. Como A gira a R rpm, un punto de su circunferencia recorrerá en un minuto RD unidades. Por la misma razón, un punto de la circunferencia B recorrerá en un minuto rd unidades. Luego,

$$R\pi D = r\pi d$$

o

$$RD = rd \qquad \text{y} \qquad r = \frac{RD}{d}$$

25-108. El número de revoluciones por minuto a que debe girar el regulador de una máquina diesel, es un dato que suele darlo el fabricante. Si la velocidad del regulador es de 1 200 rpm y el tamaño de su polea es 20 cm de diámetro, hallar el diámetro de la polea que se debe colocar en el árbol de la máquina para que, unida al regulador, haga girar al árbol a una velocidad de 900 rpm.

25-109. Una sierra sinfin gira sobre poleas de 120 cm de diámetro (como se ve en la figura 25-33) a una velocidad de 180 rpm. ¿Cuántas revoluciones por minuto habrán de dar éstas, si se disminuye su diámetro en 45 cm, para que la velocidad tangencial de la sierra no varíe?

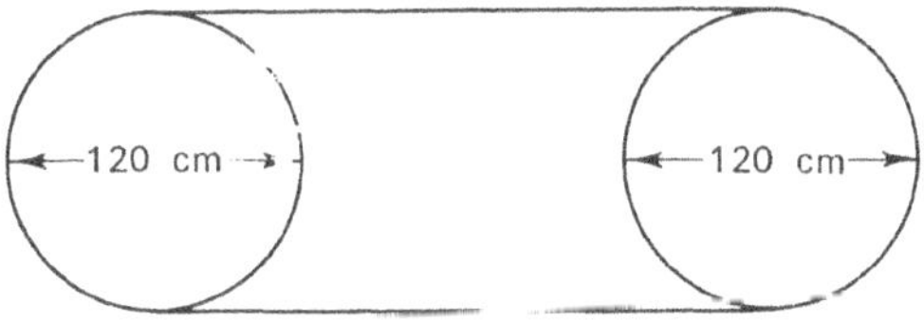

Figura 25-33. Ejercicio 25-109.

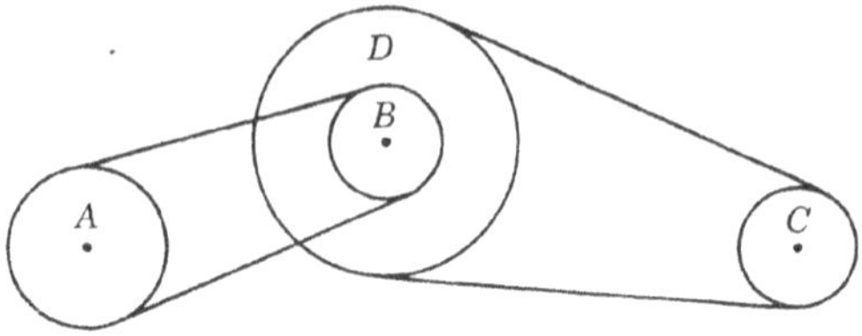

Figura 25-34. Ejercicio 25-110.

25-110. Una serie de poleas están conectadas como se ve en la figura 25-34. La polea *A* es la motriz, gira a 192 rpm y tiene un diámetro de 35 cm. La polea *B* tiene un diámetro de 20 cm. La polea *C* tiene un diámetro de 15 cm y ha de girar a 1 400 rpm. Hallar el diámetro de la polea *D* fijada en el mismo eje que *B*, para que *C* dé ese número de rpm.

25-111. Hallar las revoluciones por minuto de la última rueda de la figura 25-35, si la rueda motriz que tiene 84 dientes gira a 36 rpm.

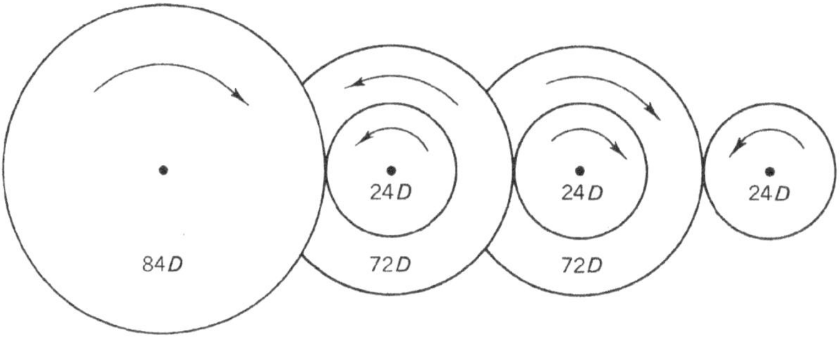

Figura 25-35. Ejercicio 25-111.

25-112. En la figura 25-36, una polea de 160 cm de diámetro unida al eje de la máquina motor, transmite el movimiento a una polea de 60 cm de diámetro, que está acoplada al mismo eje que otra polea de 40 cm de diámetro. Esta última, transmite el movimiento a otra polea de 18 cm de diámetro, unida al eje de contramarcha. Hallar el número de revoluciones por minuto del eje de contramarcha, si el primer eje gira a 80 rpm.

25-113. El eje motor del cono de poleas que aparece en la figura 25-37, gira a 1 200 rpm. Hallar las velocidades tangenciales de las tres poleas del eje movido, con las medidas que se dan en la figura 25-37.

25-114. En dos conos de poleas, el eje motor tiene cuatro poleas de diámetros 11 cm, 9 cm, 7 cm y 5 cm; y el eje movido tiene cuatro poleas de 5 cm, 7 cm, 9 cm y 11 cm. Si el eje motor gira a 425 rpm, hallar las velocidades del eje movido, si la correa se pasa de un par de poleas a otro.

25-115. La figura 25-38 es un esquema de un torno elevador. Si las manivelas giran a 20 rpm, hallar la velocidad en metros por minuto a que sube el peso. Los números que aparecen en la figura, son los dientes de cada rueda dentada.

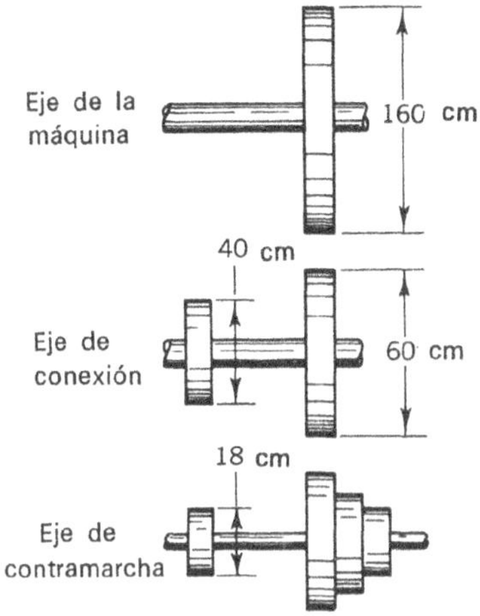

Figura 25-36. Ejercicio 25-112.

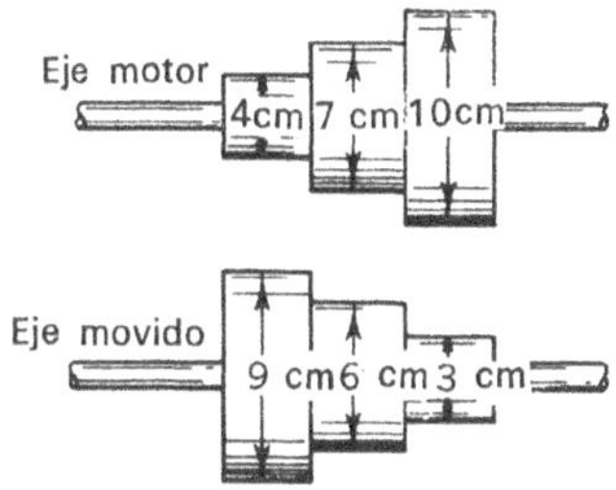

Figura 25-37. Ejercicio 25-113.

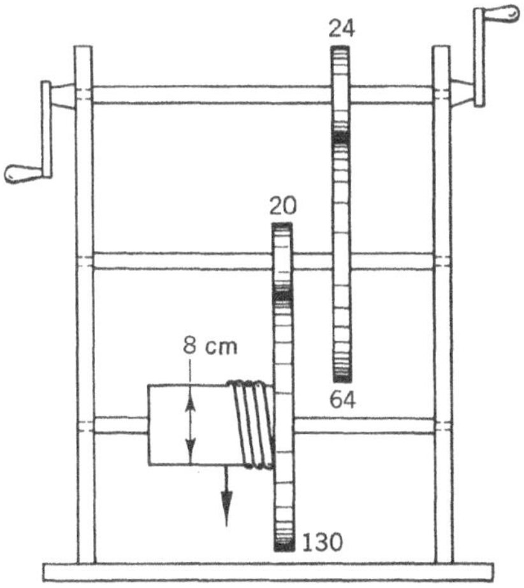

Figura 25-38. Ejercicio 25-115.

25-116. Un disco de esmeril de 45 cm de diámetro tiene una velocidad de corte (velocidad tangencial) de 1 400 m por minuto. El disco se mueve por medio de una polea de 10 cm de diámetro unida a su mismo eje, que recibe el movimiento de otra polea de 25 cm de diámetro unida al eje motor. ¿Cuántas revoluciones por minuto da el eje motor?

25-117. Un volante de 6 m de diámetro gira a 60 rpm y da movimiento a una contramarcha cuya polea tiene 1,2 m de diámetro. ¿Cuál debe ser el diámetro de la otra polea de la contramarcha para que una polea unida a ella de 60 cm de diámetro gire a 400 rpm?

25-118. Una polea de 16 cm de diámetro, unida al eje motor, gira a 160 rpm y mueve a otra polea de 12 cm de diámetro unida al eje de contramarcha (árbol de transmisión). Una muela de afilar, con una polea de 20 cm de diámetro, debe girar a 75 rpm recibiendo el movimiento de otra polea colocada en el eje de contramarcha. Hallar el diámetro de dicha polea.

25-20 LA MILÉSIMA CIRCULAR

Los cables y alambres que se utilizan como conductores eléctricos, suelen tener sección circular. Sus diámetros se suelen medir en milésimas y las áreas de sus secciones en milésimas circulares. La *milésima* es una unidad de longitud igual a la milésima parte de una pulgada. La *milésima circular* (mil cir) es una unidad de superficie igual al área de un círculo que tenga un diámetro de una milésima. Estas unidades de medida se usan sobre todo en los países anglosajones, y simplifican bastante los cálculos. El área de un círculo sabemos que se halla mediante la fórmula $A = {}^1/_4\pi d^2$, y por definición, el área de un círculo que tenga una milésima de diámetro es una milésima circular.

Por lo tanto,

$$1 \text{ mil cir} = \frac{\pi}{4} = 0{,}7854 \text{ mil}$$

Si A es el área de un círculo en milésimas circulares y d es su diámetro en milésimas, entonces un círculo cuyo diámetro mida 1 mil, tiene un área de 1 mil cir. Tenemos entonces la siguiente proporción

$$\frac{1}{A} = \frac{1^2}{d^2}$$

Es decir, la razón de las áreas de dos círculos es el cuadrado de la razón de sus diámetros. Como consecuencia:

$$A = d^2$$

Expresado verbalmente, este principio es: *El área de un círculo en milésimas circulares es igual al cuadrado de su diámetro medido en milésimas de pulgada.*

Por ejemplo, un alambre del número 0000 de la marca B. & S. tiene un diámetro de 0,46 in = 460 mil; por lo tanto, su área es $460^2 = 211\ 600$ mil cir.

Si conocemos el área en milésimas circulares de un círculo, su diámetro se puede calcular tomando la raíz cuadrada del área. O sea,

$$d = \sqrt{A}$$

La milésima circular equivale a 0,000506709 mm.

25-21 LA MILÉSIMA CUADRADA

La *milésima cuadrada* (mil^2) es una unidad de superficie, igual al área de un cuadrado que tenga una milésima de pulgada de lado. Como el área del círculo es 0,7854 d^2, se puede deducir fácilmente que 0,7854 mil^2 = 1 mil cir.

Ejercicios

25-119. Un cable tiene una sección de 225 000 mil cir. ¿Cuánto mide su diámetro en milésimas?

25-120. Un alambre tiene un diámetro en su sección de 112 mil. ¿Cuánto mide el área de su sección en milésimas circulares?

25-121. ¿Cuántas milésimas cuadradas mide la sección de una barra de $^1/_2$ in de diámetro en su sección? ¿Y de $^3/_8$ in?

25-122. ¿Cuántas milésimas circulares son 20 000 mil^2?

25-123. Hallar el diámetro, en milésimas y en pulgadas, de una varilla circular cuya sección mide 237 600 mil cir.

25-124. ¿Cuánto mide el área de la sección transversal en milésimas circulares, de un alambre del tipo 0000 de la marca B. & S.? (El diámetro de un alambre del tipo 0000 B. & S. es 0,46 in.)

26/Prismas

26-1 PRISMAS

Un *prisma* es un sólido geométrico (o un cuerpo geométrico). Este tipo de cuerpos, que estudiaremos en este capítulo, se utilizan con frecuencia en la construcción de edificios, puentes, máquinas y otras estructuras, y en proyectos de Arquitectura, Ingeniería y en distintas artes. En este capítulo trataremos, sobre todo, de las áreas y volúmenes de estos sólidos.

26-2 DEFINICIONES

Se dice que dos planos son paralelos cuando no se cortan, considerados totalmente. Todos los puntos de uno de los planos están a la misma distancia del otro.

Una recta es paralela a un plano cuando no corta nunca al plano, considerados la recta y el plano totalmente.

Una recta es perpendicular a un plano cuando le corta en un punto, llamado pie y, además, es perpendicular a cualquier recta del plano que pase por su pie.

Un *prisma* es un sólido geométrico cuyos extremos, o *bases*, son polígonos paralelos y cuyos lados o *caras* laterales son paralelogramos.

En la figura 26-1 vemos un prisma. Las bases *ABCD* y *EFGH* son polígonos paralelos. Las caras laterales *AEFB*, *BFGC*, etc., son paralelogramos. Las rectas *AB*, *BC*, etc., y *EF*, *FG*, etc., son las *aristas de las bases*. Las rectas *AE*, *BF*, etc., son las *aristas laterales*. Si las aristas laterales son perpendiculares a las bases, el prisma es un *prisma recto*. Si las aristas laterales no son perpendiculares a las bases, el prisma se llama *prisma oblicuo*. En un prisma oblicuo las caras laterales son paralelogramos; en un prisma recto son rectángulos.

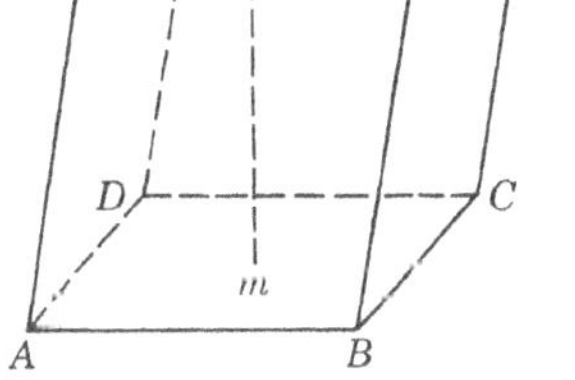

Figura 26-1. Prisma.

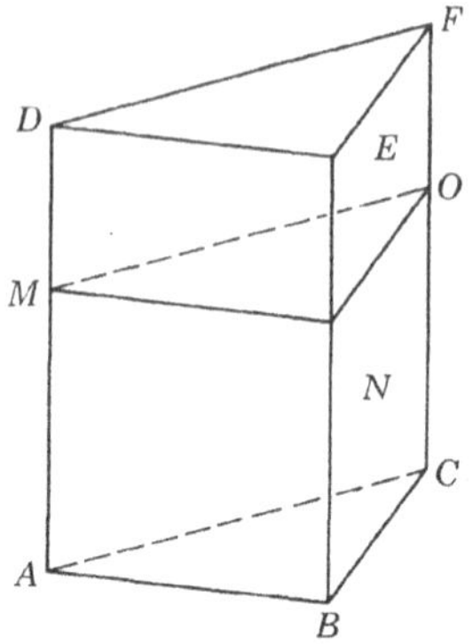

Figura 26-2. Sección recta de un prisma.

NOTA: Los cálculos y ejemplos de este capítulo tratan siempre sobre *prismas rectos* solamente. (Para ejemplos y fórmulas para prismas oblicuos, consultar algún manual de Ingeniería.)

Un prisma se llama triangular, cuadrangular, rectangular, hexagonal, etc., según que sus bases sean triángulos, cuadrados, rectángulos, hexágonos, etc. En la figura 26-2 aparece un prisma triangular recto.

Una *sección recta* de un prisma es el polígono que resulta al cortarlo perpendicularmente a sus aristas laterales. En la figura 26-2, *MNO* y las dos bases, son secciones rectas del prisma.

La suma de las longitudes de las aristas de una base es el *perímetro* de esa base.

La *altura* de un prisma es la longitud de una recta perpendicular trazada desde una base a otra. (Como *mn* en la figura 26-1.) En un prisma recto, la longitud de la altura es la misma que la de las aristas laterales. En un prisma oblicuo, sin embargo, esto no es cierto.

Un prisma recto cuyas bases sean rectángulos, se llama *ortoedro*, o *paralelepípedo recto* (figura 26-3 *a*). El *cubo* es un ortoedro cuyas seis caras son cuadrados (figura 26-3 *b*).

26-3 SUPERFICIES

Los prismas rectos aparecen con frecuencia en los trabajos prácticos, y con frecuencia es necesario hallar el área de sus superficies.

El *área lateral* de un prisma recto es el área de sus caras laterales, *sin* incluir las bases. El área de cada una de las caras es el producto de su base por su altura, y la suma de estas áreas –el área lateral– del prisma, puede hallarse por esta regla:

El área lateral de un prisma recto es igual al producto del perímetro de la base por la altura.

Así, el área lateral del prisma recto que aparece en la figura 26-2, es la suma de las tres áreas *ABED*, *BCFE*, y *CADF*. Si estas superficies se separasen del prisma y se desplegaran juntas es un plano, el área del rectángulo total sería el perímetro de la base ($AB + BC + CA$) multiplicado por la altura *AD*. Es decir, el área lateral de un prisma es igual al área de un rectángulo cuya base mida lo mismo que el perímetro de la base del prisma y cuya altura sea igual a la altura del prisma. Para ver gráficamente este proceso de separar las caras laterales del prisma, ver la figura 27-4, en la que se ha representado para un cilindro.

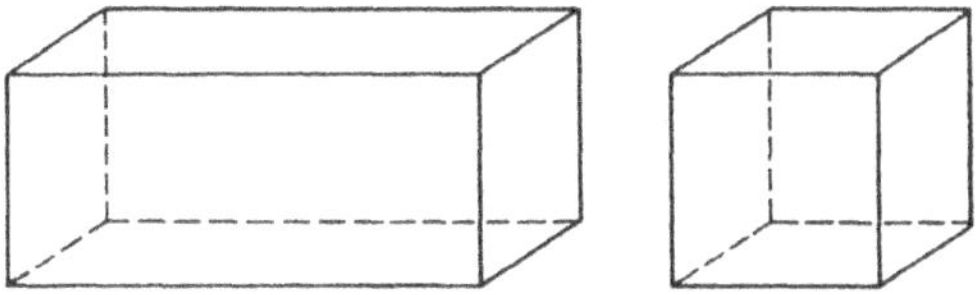

Figura 26-3. (a) Ortoedro; (b) cubo

El área total de un prisma recto es igual a la suma del área lateral más las áreas de las dos bases.

Como el cubo tiene seis caras cuadradas iguales, el área total del cubo es seis veces el cuadrado de su arista.

Si S representa el área lateral, T el área total, A el área de cada una de las bases, p el perímetro de la base, h la altura del prisma y a la longitud de la arista (del cubo), estas reglas pueden expresarse mediante estas cinco fórmulas:

$$S = ph$$
$$T = ph + 2A$$
$$T = 6a^2 \text{ (para el cubo)}$$
$$p = \frac{S}{h}$$
$$h = \frac{S}{p}$$

Ejemplo: Hallar el área total de un prisma triangular recto cuya altura es 20 cm y las aristas de sus bases miden 2 cm, 3 cm y 4 cm.

Solución:

$$p = 2 + 3 + 4 = 9$$
$$A = \sqrt{s(s-a)(s-b)(s-c)}$$
$$s = \tfrac{1}{2}(2 + 3 + 4) = 4\tfrac{1}{2}$$
$$s - a = 4\tfrac{1}{2} - 2 = 2\tfrac{1}{2}$$
$$s - b = 4\tfrac{1}{2} - 3 = 1\tfrac{1}{2}$$
$$s - c = 4\tfrac{1}{2} - 4 = \tfrac{1}{2}$$

Luego,

$$A = \sqrt{4{,}5 \times 2{,}5 \times 1{,}5 \times 0{,}5} = \sqrt{8{,}4375} = 2{,}9047$$

Y como $T = ph + 2A$, se tiene

$$T = 9 \times 20 + 2 \times 2{,}9047 = 185{,}81\text{– cm}^2$$

26-4 VOLÚMENES

Consideremos el prisma recto (ortoedro) de la figura 26-4. Sobre la base *ABCD* hay tantos cubos de lado unidad como cuadrados de lado unidad hay en su superficie. Como, además, hay tantos pisos de cubos de lado unidad como unidades hay en la altura *AE*, el número total de cubos de lado unidad que hay dentro del prisma, puede hallarse multiplicando el número de unidades cuadradas de la base por el número de unidades de la altura. El volumen de cualquier prisma recto puede hallarse de la misma forma que el volumen del ortoedro; luego tenemos la siguiente regla:

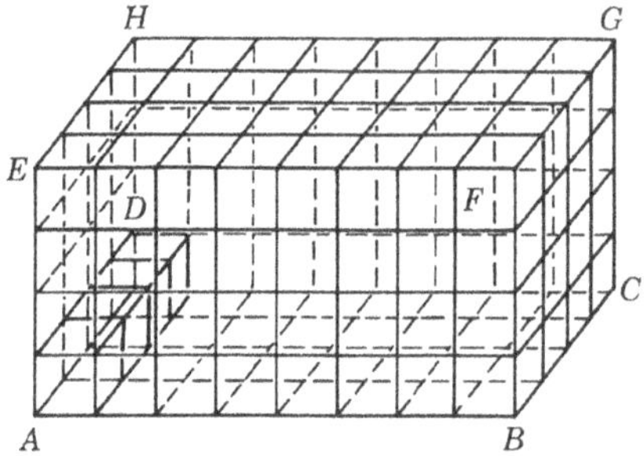

Figura 26-4. Volumen del prisma.

El volumen de un prisma recto es igual al producto del área de la base por al altura.

Si el prisma es un ortoedro, la regla se puede expresar así:

El volumen de un ortoedro es igual al producto de la longitud, por la anchura, por la altura.

Si *V* representa el volumen del prisma recto, y las restantes letras representan lo mismo que en la Sección 26-3, tenemos las fórmulas siguientes:

$V = Ah$, para cualquier prisma recto,

$V = a^3$, para el cubo

$$h = \frac{V}{A}$$

$$A = \frac{V}{h}$$

Ejemplo 1: Uno de los pilares de hormigón que sostiene un piso de un edificio, tiene como sección recta un hexágono regular de 0,20 m de lado. La altura del pilar es de 3,6 m. Hallar el peso del pilar si el peso del hormigón es 2 200 Kg/m.

Solución: El volumen se puede calcular por la fórmula $V = Ah$. En este caso h, la altura, es 3,6 m, y A es el área de un hexágono regular de 0,20 m de lado. Para calcular A,

$A = 6\,(^1/_2 s)^2 \sqrt{3},$
$A = 6 \times (0{,}10)^2 \times 1{,}732\ \text{m}^2,$
$V = 3{,}6 \times 6 \times (0{,}10) \times 1{,}732\ \text{m}^3,$
$\text{Peso} = 3{,}6 \times 6 \times (0{,}10) \times 1{,}732 \times 2\,200\ \text{Kg},$
$\text{Peso} = 823\ \text{Kg}.$

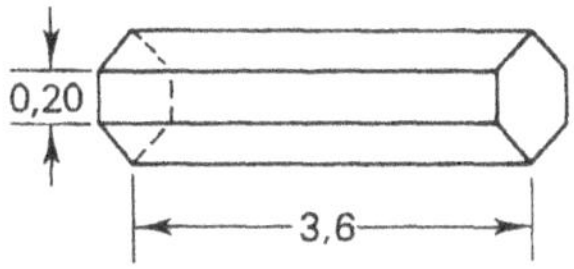

Figura 26-5. Ejemplo 1: Cálculo del volumen.

Ejemplo 2: Un prisma hexagonal ha de contener 100 m³. ¿Cuál ha de ser su altura si la arista de la base mide 4 m?

Solución:

$$h = \frac{V}{A}$$

$V = 100\ \text{m}^3,$
A = área del hexágono regular de 4 m de lado,
$A = 6 \times (^1/_2 s)^2 \sqrt{3},$
$A = 6\,(2)^2 \times 1{,}732 = 41{,}568\ \text{m}^2$

Por lo tanto,

$$h = \frac{100}{41{,}568} = 2{,}405\ \text{m}$$

Ejercicios

21-1. Un depósito rectangular de estaño mide 12 dm × 6 dm × 3 dm. Demostrar que si se hubiese empleado el mismo material para hacer un depósito cúbico, el volumen contenido sería 56 dm³ más.

26-2. Un cubo tiene 10 cm de arista. Si el mismo material se hubiese empleado en hacer un ortoedro de x por x por $2x$, ¿qué volumen se habría perdido?

26-3. Los siguientes guardarropas de metal «graneado» son ortoedros. Hallar su volumen y el precio por metro cúbico de cada uno:

(a) 150 cm por 45 cm por 50 cm; precio total 4 280 ptas.
(b) 150 cm por 45 cm por 60 cm; precio total 5 280 ptas.
(c) 150 cm por 60 cm por 50 cm; precio total 6 290 ptas.

26-4. Hallar los precios por metro cúbico de los siguientes armarios:

(a) 125 cm por 60 cm por 27,5 cm; precio total 3 840 ptas.
(b) 132,5 cm por 60 cm por 30 cm; precio total 4 790 ptas.
(c) 160 cm por 65 cm por 30 cm; precio total 5 950 ptas.

26-5. Un aparato de radio mide 41 cm por 27 cm por 14 cm. Hallar su superficie exterior Hallar su superficie exterior, si carece de tapa posterior.

26-6. Un aula mide 13 m por 8 m por 4 m. Si en ella hay 36 alumnos, ¿qué volumen de aire le corresponde a cada uno?

26-7. Dos cajas de detergente de 22,5 cm por 8 cm por 15,5 cm una, y de 21 cm por 7,8 cm por 16,5 cm otra, se compran al mismo precio. ¿Cuál de los dos detergentes es más barato?

26-8. Una caja de 16,25 cm por 6,25 cm por 8,75 cm se llena de azúcar y pesa 1 Kg. ¿Cuánto pesará 1 cm de ese azúcar? ¿Cuántos azucarillos de 3 cm de esta clase de azúcar entrarán en medio kilo?

26-9. Un ladrillo americano suele medir 2 in por 4 in por 8 in. Hallar el número de ladrillos que habrá en una pila de $8\,^1/_2$ ft por 4 ft por 10 ft. (Resolverlo simplificando términos en las fracciones.)

26-10. ¿Cuántos ortoedros de 3 in por 4 in por 9 in cabrán en una caja de 4 ft por 6 ft por 9 ft?

26-11. Para construir un depósito cúbico, sin tapa superior, se emplean 180 m^2 de cinc. ¿Cuántos litros de agua puede contener este depósito?

26-12. Un vagón de 12,25 m por 3,75 m (medidas interiores) puede llenarse de trigo hasta una altura de 1,80 m. ¿Cuántos hectólitros de trigo caben en su interior?

26-13. Una lata de aceite mineral mide 14 cm por 7,5 cm por 5 cm y tiene una capacidad de medio litro. Habida cuenta que la base inferior tiene una curvatura hacia adentro, ¿cuántos mililitros de capacidad le resta la curvatura?

26-14. Una piscina mide 12 m de largo y 6 m de ancho. Si su profundidad es de 1 m en un extremo y el fondo va descendiendo uniformemente hasta medir 3 m en el otro extremo. ¿Cuántos litros de agua hacen falta para llenar la piscina?

NOTA: El volumen será $12 \times 6 \times 1 + {}^1/_2(12 \times 6 \times 2)$. ¿Por qué?

26-15. ¿Cuántos decímetros cúbicos de material para solar se emplearán para pavimentar un paseo de 50 m por 100 m, si el suelo tiene un espesor de 3 cm en un extremo y decrece gradualmente hasta tener 1,5 cm en el otro extremo?

SUGERENCIA: Una sección longitudinal vertical del paseo sería un trapecio de 3 y 1,5 cm de bases y 100 cm de altura.

26-16. Hallar los metros cúbicos de grava necesarios para el firme de una carretera, con las dimensiones de la sección transversal dadas en la figura 26-6, y 1 Km de longitud.

Solución: El área de la sección vertical será, dado que está formada por dos trapecios iguales de bases 1 m y 80 cm:

Área de la sección recta $= 2 + {}^1/_2\,(1 + 0{,}8) \times 10 = 18$ m^2

Volumen $= 18 \times 1\,000 = 18\,000$ m^3 de grava.

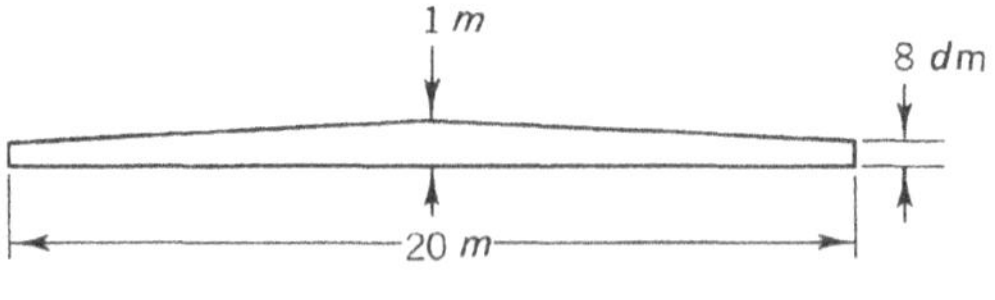

Figura 26-6. Ejercicio 26-16.

26-17. Un cubo tiene los mismos decímetros cuadrados de superficie que decímetros cúbicos de volumen. Hallar la longitud de su arista.

26-18. ¿Qué longitud de una barra de 0,5 cm por 1,25 cm de sección recta debemos cortar, para tener un decímetro cúbico de material?

26-19. La base de un prisma es un triángulo de lados 12, 15 y 17 m; su altura es 8,5 m.

¿Cuál será el área lateral del prisma?

26-20. Calcular el volumen del prisma del Ejercicio 26-19.

26-21. Hallar el volumen del cubo cuya diagonal mida 8 cm.

SUGERENCIA: Si *a* es la longitud de la arista, se tiene

$$\text{Diagonal} = \sqrt{a^2 + a^2 + a^2} = a\sqrt{3}$$

Por lo tanto,

$$a\sqrt{3} = 8$$

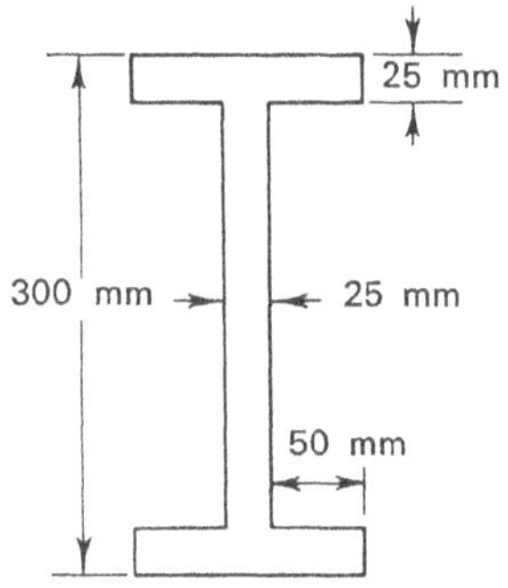

Figura 26-7. Ejercicio 26-22.

26-22. Calcular el peso de la viga cuya sección aparece en la figura 26-7, si tiene 7 m de longitud y el peso del hierro es 8 gramos por centímetro cúbico.

27/Cilindros

27-1 CILINDROS

Entre los objetos que manejamos todos los días, hay muchos con forma cilíndrica. Vemos cilindros en los alambres, tubos, depósitos, pilares, algunas piezas de máquinas, etc. En este capítulo estudiaremos la forma de calcular el área y el volumen del cilindro. Las reglas para hacer estos cálculos para los cilindros son muy semejantes a las de los prismas.

27-2 DEFINICIONES

Un *cilindro circular recto* o *cilindro de revolución*, es un sólido geométrico formado por un rectángulo al girar sobre uno de sus lados, que hace el papel de eje. Se puede ver gráficamente en la figura 27-1; el rectángulo *OABO'* ha girado alrededor de *OO'* (el eje) para formar el cilindro.

De esta definición se deduce que las dos *bases* de un cilindro circular recto son dos círculos y que la superficie lateral es una superficie curva. El *eje* del cilindro es la recta (*OO'* en la figura 27-1) que une los centros de sus bases; por lo tanto, es igual a la *altura* del cilindro, que es la distancia perpendicular entre sus bases. La *sección recta* de un cilindro de revolución es una sección perpendicular a su eje, y es, evidentemente, un círculo.

Un cilindro está *inscrito* en un prisma, cuando sus bases están inscritas en las bases del prisma. En la figura 27-2, aparece un cilindro inscrito en un prisma pentagonal. Entonces, un prisma está *circunscrito* a un cilindro, cuando sus bases están circunscritas a las bases del cilindro. Un cilindro está *circunscrito* a un prisma, o el prisma *inscrito* en el cilindro, cuando las bases del prisma están inscritas en las bases del cilindro.

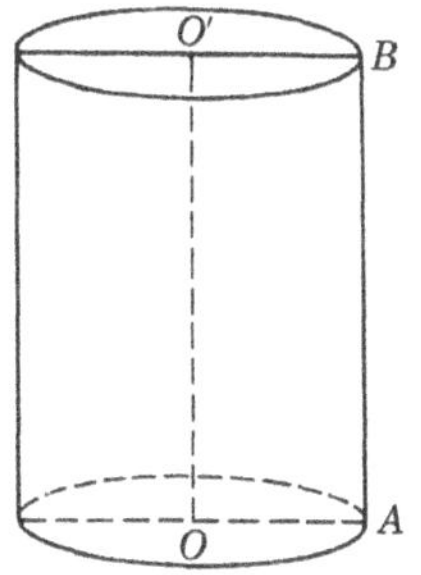

Figura 27-1. Cilindro circular recto.

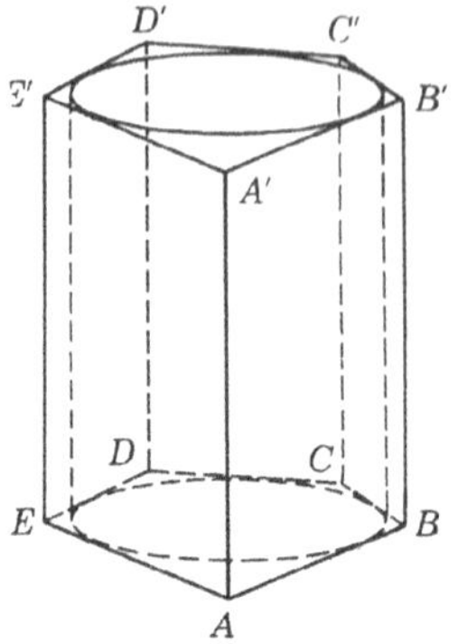

Figura 27-2. Cilindro inscrito en un prisma.

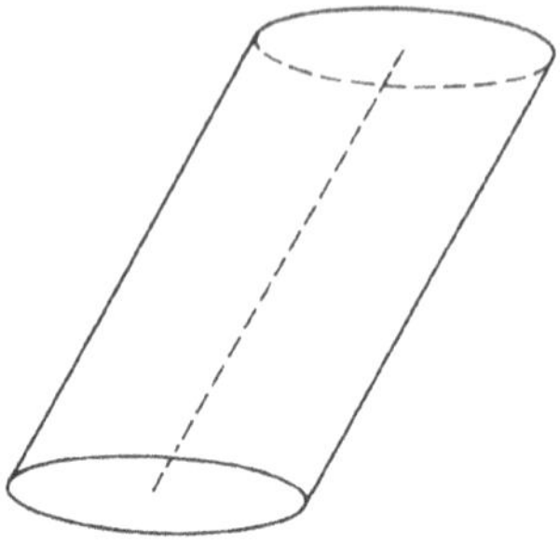

Figura 27-3. Cilindro oblicuo.

Hay cilindros rectos que no tienen bases circulares. Por ejemplo, un cilindro puede tener por bases dos elípses.

También los cilindros pueden ser oblicuos, como el de la figura 27-3.

27-3 ÁREA Y VOLUMEN

Si desprendemos del cilindro su superficie lateral abriéndola por la línea de puntos y la extendemos sobre un plano, como se ve en la figura 27-4, resultará un rectángulo que tiene de altura la misma altura del cilindro, y de base la longitud de la circunferencia de la base del cilindro. De aquí podemos deducir la siguiente regla:

El área de la superficie lateral de un cilindro recto es igual a la longitud de la circunferencia de la base (el perímetro de la base) *multiplicada por la altura.*

El área *total* es igual a la suma del área lateral y las áreas de las dos bases.

NOTA: Para que esta regla sea válida, no hace falta que la base del cilindro sea un círculo, pero es imprescindible que el *cilindro* sea *recto.*

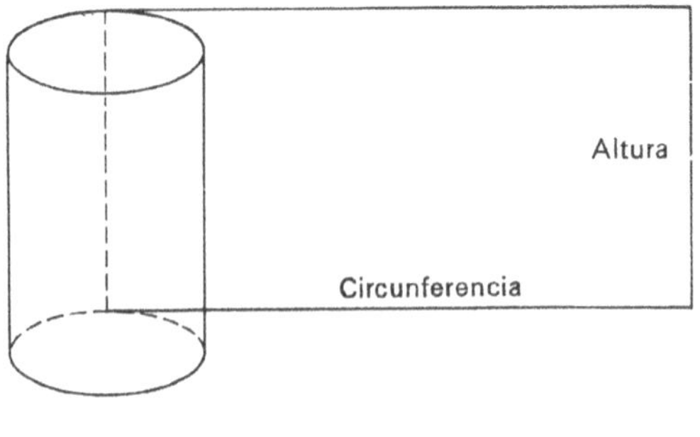

Figura 27-4. Área del cilindro.

Con un razonamiento totalmente análogo al seguido para el caso del prisma, obtendríamos la siguiente regla para calcular el volumen de un cilindro recto:

El volumen de un cilindro es igual al producto del área de la base por la altura.

Estas analogías entre el cilindro y el prisma se comprenden mejor, si nos damos cuenta de que el cilindro se puede aproximar por un prisma cuya base tenga un número muy grande de lados.

NOTA: La regla anterior para hallar el volumen del cilindro sirve para todos los cilindros rectos, aunque sus bases no sean circulares.

Como el producto de la altura por el área de la base es el volumen del cilindro, la altura es igual al cociente del volumen dividido por el área de la base, y el área de la base es igual al volumen dividido por la altura.

Si S representa el área lateral, V el volumen, A el área de la base y h la altura del cilindro, las reglas expuestas anteriormente se pueden expresar mediante estas fórmulas:

$$S = Ch = \pi dh = 2\pi rh$$

$$V = Ah = \pi r^2 h = \tfrac{1}{4}\pi d^2 h$$

$$h = \frac{V}{A} = \frac{V}{\pi r^2}$$

$$A = \frac{V}{h}$$

Ejemplo 1: Hallar el área lateral y el volumen de un cilindro de revolución cuyo radio mide 3 m y su altura 8 m.

Solución: Por la fórmula $S = 2\pi rh$, se tiene

$$S = 2 \times 3{,}1416 \times 3 \times 8 = 150{,}8 \text{ m}^2$$

Por la fórmula $V = \pi r^2 h$, se tiene

$$V = 3{,}1416 \times 3^2 \times 8 = 226{,}2 \text{ m}^3$$

Ejemplo 2: Hallar la superficie efectiva de calentamiento de una caldera de 5 m de diámetro y 16 m de longitud que contiene 54 tubos de 3,5 cm de diámetro, suponiendo que la superficie efectiva de calentamiento es la mitad de la superficie total.

Solución: La superficie efectiva de calentamiento de la cubierta, que es un cilindro circular recto, será

$$\begin{aligned} &\tfrac{1}{2}(\pi dh + 2 \times \tfrac{1}{4}\pi d^2) \\ &= \tfrac{1}{2}(3{,}1416 \times 5 \times 16 + 2 \times 0{,}7854 \times 5^2) \\ &= 145{,}299 \text{ m}^2 \end{aligned}$$

La superficie efectiva de calentamiento de los 54 tubos, que también son cilindros de revolución será

$$0{,}035 \times 3{,}1416 \times 54 \times 16 = 95{,}002 \text{ m}^2$$

Por lo tanto, la superficie efectiva de calentamiento será, en total,

$$145{,}299 + 95{,}002 = 240{,}3 \text{ m}^2 \text{ aproximadamente}$$

Ejemplo 3: ¿Cuál será el peso de una columna de mármol de 1,57 m de circunferencia y 9 m de altura?

Solución:

$$r\,(\text{radio}) = \frac{C}{2\pi}$$

$$= \frac{1{,}57}{2 \times 3{,}1416} = 0{,}25 \text{ m}$$

$$V\,(\text{volumen}) = \pi r^2 h$$

$$= 3{,}1416 \times 0{,}25^2 \times 9 = 1{,}76715 \text{ m}^3$$

$$\text{Peso} = 2{,}7 \times 1\,000 \times 1{,}76715 = 4\,711,\ 305 \text{ Kg.}$$

El peso aproximado será de 4 771 Kg, ya que 2,7 es la densidad relativa del mármol y un metro cúbico de agua pesa 1 000 Kg.

27-4 CILINDRO HUECO

El volumen de un cilindro hueco (ver figura 27-5) puede hallarse restando el volumen del hueco (volumen del cilindro interior) del volumen del cilindro exterior. Si R es el radio exterior del cilindro y r el radio interior, entonces el volumen del cilindro hueco es

$$V = \pi R^2 h - \pi r^2 h = \pi h(R^2 - r^2) = \pi h(R + r)(R - r)$$

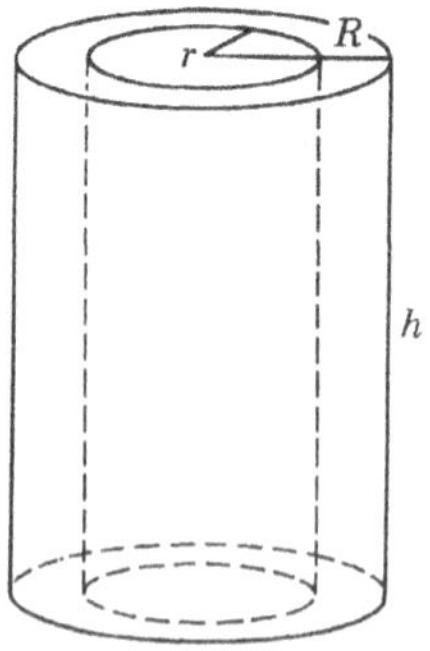

Figura 27-5. Volumen de un cilindro hueco.

Ejemplo 1: Hallar el volumen de cobre que hay en un cilindro hueco de 7 cm de largo, 6 cm de diámetro interior y 8 cm de diámetro exterior.

Solución: Aplicando la fórmula,

$$V = \pi h(R + r)(R - r)$$

Por consiguiente,

$$V = 3{,}1416 \times 7(4 + 3)(4 - 3) = 153{,}938 \text{ cm}^3$$

Ejercicios

27-1. Un muchacho midió dos botes cilíndricos de café y dio las siguientes dimensiones:

(a) Bote de media libra: altura 7 cm, diámetro 9,85 cm.

(b) Bote de una libra: altura 8,5 cm, diámetro 12,4 cm.

¿Pueden aceptarse estas medidas como aproximadamente correctas? Comprobarlo hallando las razones correspondientes.

27-2. Una lámina rectangular de hierro de 625 cm^2 de superficie se curva para hacer un cilindro de 9 cm de diámetro. Hallar la altura y el volumen del cilindro.

27-3. Comparar las áreas laterales de los botes del Ejercicio 27-1.

27-4. 1 dm^3 de cobre se convierte en un alambre de 1,5 mm de diámetro. ¿Qué longitud tendrá el alambre?

27-5. Comparar el área total del cubo de cobre de 1 dm de lado con el área lateral de alambre del Ejercicio 27-4.

27-6. Una varilla de cobre de 1 cm de diámetro y 8 cm de longitud se convierte en 200 dm de cable de diámetro constante. ¿Cuánto mide su diámetro?

27-7. Comparar las áreas laterales de la varilla y del cable del Ejercicio 27-6.

27-8. Si r, d, h, A, S, y V representan los mismos valores que se les han asignado en la Sección 27-3,

(a) Si $h = 16$ cm, $A = 48$ cm^2, hallar r, S y V.

(b) Si $A = 160$ dm^2 y $V = 4\,800$ dm^3, hallar d y S.

27-9. Si V, R, r y h representan los mismos valores que se les han asignado en la Sección 27-4,

(a) Si $R = 5$ cm, $r = 4$ cm y $h = 10$ cm, hallar V.

(b) Si $V = \pi r^2 h$, hallar la razón de R a r.

NOTA: Interpretar **(b)** por medio de un dibujo.

27-10. Utilizando la igualdad 4,211 ft^3 = 1 bbl, hallar el número de barriles que caben en los siguientes depósitos cilíndricos:

(a) $h = 20$ ft y $r = 15$ ft.

(b) $h = 9$ ft y $r = 4$ ft.

27-11. Un recipiente de $d = 2{,}25$ cm y $h = 3{,}4$ cm pesa 6 gr lleno de harina. Despreciando el peso del recipiente ¿cuánto pesaría medio litro de harina?

27-12. 1 dm^3 de vidrio se emplea para hacer un cilindro hueco de $R = 4{,}5$ mm y $r = 3$ mm. ¿Qué longitud tendrá el tubo de vidrio?

27-13. La parte inferior de un estuche es un cubo de 2 dm de arista y la parte superior es un cilindro de 2 dm de diámetro y 2 dm de altura. Hallar el volumen y el área total del estuche (ver la figura 27-6 *a*).

27-14. La parte inferior de una caja es un cilindro de revolución con $d = h$. La parte superior es un cubo en el que la diagonal de la base tiene la misma longitud que el diámetro del cilindro. Hallar el volumen y el área lateral de la caja. (Ver la figura 27-6 *b*.)

27-15. Un bote mide 20 cm de diámetro y 20 cm de altura. Otro bote mide 19 cm de diámetro y tiene la misma capacidad que el primero. ¿Cuál es su altura?

NOTA: Se ha demostrado que, para un volumen dado, el cilindro que tiene el área total más pequeña es el que tiene el diámetro igual a la altura.

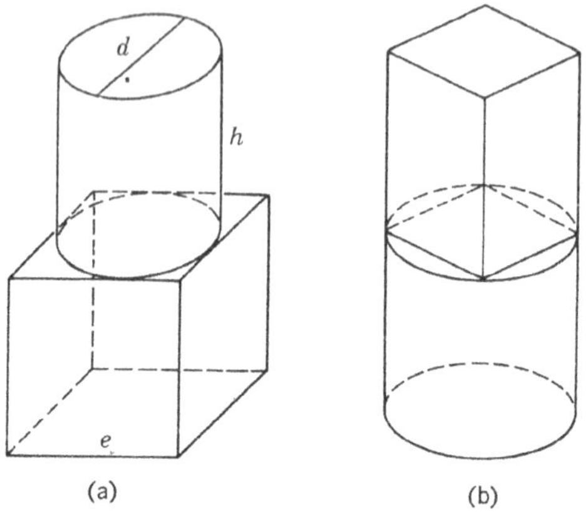

Figura 27-6. (*a*) *Ejercicio 27-13.* (*b*) *Ejercicio 27-14.*

27-16. El diámetro exterior de un eje hueco de hierro colado es de 18 cm y el diámetro interior es de 10 cm. Calcular su peso, si mide 7 m de longitud y la fundición pesa 7,2 gr/cm.

27-17. Por un tubo de 16 cm de diámetro fluye agua a una velocidad de 10 Km/h, yendo a parar a un depósito rectangular de 197 dm por 87 dm. ¿Cuánto tardará el agua en alcanzar una altura de 3 cm en el depósito?

SUGERENCIA: 10 Km/h = 1 000/60 = 166,7 m por minuto. Calcúlense los metros cúbicos de agua por minuto que llegan al depósito y los metros cúbicos que representan una altura de 3 cm. Efectuando el cociente entre el número de metros cúbicos y el de m^3 por minuto, obtendremos el tiempo en minutos.

27-18. En una tabla que da pesos y tamaños para las tuercas cuadradas para pernos, una tuerca cuadrada de 2 in en el lado del cuadrado, $1\ ^1/_4$ in de espesor y con un agujero de $1\ ^1/_{16}$ in de diámetro, tiene un peso de 1,042 lb. Hallar la densidad del hierro forjado en libras por pulgada cúbica.

27-19. Hallar la longitud de un rollo de cable de 0,01 cm de diámetro, si pesa 25 Kg (1 cm^3 de cobre pesa 8,4 gr).

27-20. Hallar el peso de un cilindro de plomo de 30 cm de largo y 2,5 cm de diámetro si su densidad es de 11,4 gr/cm^3.

27-21. Hallar el peso de 400 m de tubería de plomo de diámetro interior 11 mm y de diámetro exterior 22 mm.

27-22. En el centro de una autopista hay una protección de seguridad de cemento. Su transversal es un trapecio rematado por un semicírculo. Las bases del trapecio son 45 cm la mayor y la menor, que es también el diámetro del semicírculo, es de 15 cm. Si la distancia entre las bases es de 30 cm ¿cuántos metros cúbicos de hormigón hay en un kilómetro de protección?

27-23. Un depósito de gasolina de 9 m de largo y 5 de diámetro se ha de hacer de volumen doble, variando únicamente el radio. ¿Cuánto ha de medir el nuevo diámetro?

27-24. En el Ejercicio 27-23, si sólo se variase la longitud para conseguir un volumen doble ¿cuál sería la nueva longitud?

27-25. Si en el Ejercicio 27-23 se variasen en igual proporción de longitud y el radio ¿cuáles serían las nuevas medidas para que el volumen fuera doble?

27-26. Una arandela de hierro mide 8,75 cm de diámetro y tiene una perforación de 3,75 cm de diámetro, siendo su espesor de 4 mm. ¿Cuántas arandelas habrá en 100 Kg, si un centímetro cúbico de hierro pesa 7,2 gr?

27-27. ¿Cuántos centímetros cúbicos de metal tiene un tubo de 10 m de longitud y 5 cm de diámetro interior, si sus paredes tienen un espesor de 6 mm?

27-28. La figura 27-7 muestra la sección recta de una conducción hecha con tubos de hormigón. ¿Cuántos metros cúbicos de hormigón entrarán en 500 m de conducción?

27-29. En una tabla que da pesos y secciones rectas de barras redondas de acero, indica que una barra de $^3/_8$ in de diámetro tiene un área en la sección de 0,1104 in^2 y un peso de 0,376 libras por pie lineal. Comprobar estos datos, si el acero pesa 489,6 libras por pie cúbico.

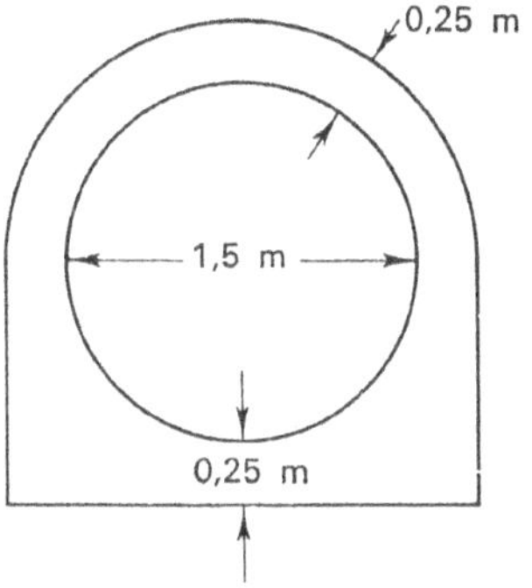

Figura 27-7. Ejercicio 27-28.

27-30. Un depósito cilíndrico de agua contiene 10 Hl (hectólitros) y su radio es de 3 m. ¿Cuál será su altura?

27-31. Se bombea agua a través de un tubo de 15 cm de diámetro y a una velocidad de 1 m por segundo. ¿Cuántos litros se bombean en una hora?

27-32. En un cilindro circular recto $d = h = 10$ dm. Hallar que cantidad se ha de añadir a d y h para que el área lateral sea doble.

27-33. Resolver el Ejercicio 27-32, restando a h la misma cantidad que se añada a d. Discutir esta solución.

27-34. El depósito de agua de un autocar tiene la sección recta que aparece en la figura 27-8, y una longitud de 52" (pulgadas). Hallar su capacidad en galones.

SUGERENCIA: Considerar la parte comprendida entre la línea recta y la curva, como un segmento circular. Hallar su área usando la fórmula $A = {}^2/_3\,wh$

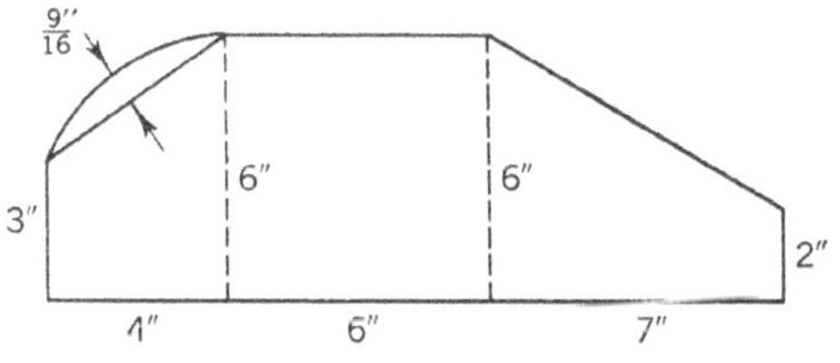

Figura 27-8. Ejercicio 27-34.

27-35. El agua que cae sobre una terraza de 22 m por 36 m se recoge en una cisterna de 8 m de diámetro. ¿Cuántos litros de lluvia por metro cuadrado han caído cuando la cisterna se ha llenado hasta una altura de 7,5 m?

27-36. Para comprobar el caudal de agua que puede pasar a través de una boquilla de 6 mm de diámetro, se vaciaron 60 litros en un tiempo de 10 minutos. ¿Cuál es el caudal en m por segundo?

27-37. Hallar la resistencia a tracción de un alambre de cobre del tipo 0000 de la marca B. & S. (Ver las tablas 6 y 8 del Apéndice págs. 597 y 599).

NOTA: La *resistencia a tracción* es la carga mínima que, suspendida del cable, hace que éste se rompa. En las tablas suele darse la resistencia a tracción de un cable en forma de cilindro o de prisma, que tenga una sección de una pulgada cuadrada o de un centímetro cuadrado. Al resolver este problema, podemos saber también cuánto peso puede suspenderse verticalmente del cable, sin que se rompa.

27-38. Determinar el tamaño de la sección de una barra cuadrada de hierro forjado que debe soportar un peso de 19 500 Kg, sabiendo que la resistencia a tracción del hierro forjado es de 3 500 Kg para una sección de 1 cm^2.

27-39. ¿Cuál será el diámetro de una barra redonda de fundición que ha de soportar un peso de 13 600 Kg, si el peso que soporta es de 170 Kg por centímetro cuadrado de sección?

27-40. Calcular la carga por centímetro cuadrado necesaria para romper una barra de 62 mm de diámetro que se ha roto con un peso de 122 000 Kg?

27-41. Si una barra de hierro forjado de sección recta rectangular de 5 cm por 3,2 cm se rompe con un peso de 57 000 Kg, hallar el peso necesario para que se rompa una barra cilíndrica del mismo material de 6,4 cm de diámetro.

27-42. Un cilindro de 9 cm de diámetro está inscrito en un prisma cuadrado. Si la altura del cilindro y el prisma es de 10 cm, ¿cuál será la capacidad del prisma?

27-43. Hallar la razón entre los volúmenes del cilindro y el prisma del ejercicio anterior.

27-44. Una barra de fundición tiene una sección recta en forma elíptica de 15 cm de eje mayor y 10 cm de eje menor. Hallar la carga que soporta por cm^2 de sección si la barra soporta un peso total de 57 000 Kg.

27-45. Una barra de hierro forjado de 600 m de longitud y 3,75 cm de diámetro se halla suspendida verticalmente de su extremo superior. ¿Cuál es la tracción total sobre su extremo superior y cuál es la carga que soporta por cm^2 de sección?

27-46. Calcular la longitud de una barra de hierro forjado que, suspendida verticalmente de su extremo superior, se rompería por su propio peso.

27-47. A 160 ptas el kilogramo, hallar el precio del material de un depósito cilíndrico de cobre de 1 m de altura y 0,5 m de diámetro, sin tapa superior, si el depósito está hecho de una chapa de cobre que pesa 50 Kg por metro cuadrado.

27-48. Un bloque de madera, en forma de ortoedro, de dimensiones a, b, y c tiene un orificio circular de d cm de diámetro, perpendicular a las caras de dimensiones a y b. Escribir una fórmula para calcular el volumen V del bloque de madera.

27-49. Un bloque de madera, en forma de ortoedro, tiene de dimensiones a, b y c. Cada una de sus aristas de longitud b se redondea formando un cuadrante de circunferencia de radio r. Hallar el volumen del bloque resultante.

27-50. Un cilindro de enfriar asfalto mide 1,20 m de diámetro y 2,70 m de longitud y da 4 rpm. El asfalto caliente cubre la superficie del cilindro con una capa de 3 mm de espesor. ¿Cuántos kilogramos de asfalto se enfrían en una hora, si la densidad relativa del asfalto es 0,9? Supóngase que el asfalto se renueva totalmente en cada vuelta del cilindro.

27-51. Si un depósito de 1,5 m de diámetro y 3 m de altura contiene 4 500 Kg de aceite de soja, ¿qué altura necesitará otro depósito de 0,9 m de diámetro para contener 900 Kg del mismo aceite? Si este segundo depósito tiene una envoltura en el fondo y la cara lateral, a 7,5 cm de la superficie del depósito (como se ve en la figura 27-9), ¿cuántos litros de agua caben entre

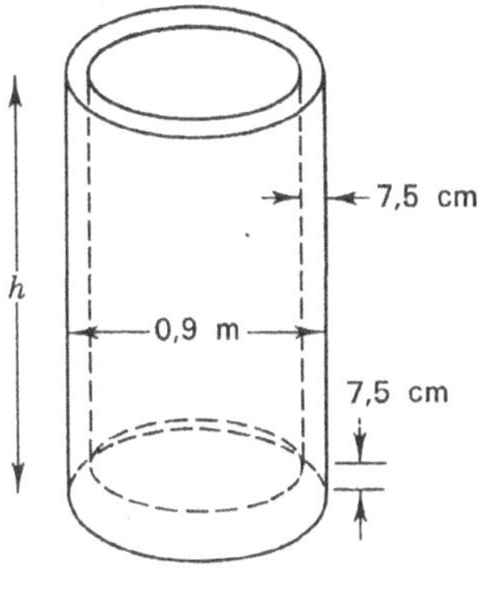

Figura 27-9. Ejercicio 27-51.

el depósito y la envoltura?

27-52. Hallar el volumen de un depósito de gasolina cuyo fondo tiene forma de rectángulo con un semicírculo en cada extremo. El rectángulo mide 25 cm por 35 cm, y los semicírculos van en los lados de menor longitud. La altura del depósito es 40 cm.

27-53. Hallar la altura de una caldera de 50 litros de capacidad, cuya base mide 10 cm de anchura, con dos semicírculos en los extremos, y la parte recta entre los dos semicírculos mide 9 cm.

27-54. Cierto manual americano da las reglas siguientes para hallar el volumen en galones de un depósito cilíndrico:

(a) Si V es el volumen en galones, d el diámetro en pies y h la altura en pies, $V = d^2 \times 5\,^7/_8 \times h$

(b) Si V es el volumen en galones, d el diámetro en pies y h la altura en pulgadas, $V = d^2 \times {}^1/_2(h - 2\%h)$

Hallar el porcentaje de error al aplicar cada una de estas reglas.

NOTA: La segunda regla permite hacer rápidamente un cálculo aproximado, si se desprecia el 2% de la altura. En Estados Unidos se aplica con mucha frecuencia, sobre todo para hacer cálculos preliminares.

27-55. Al diseñar el modelo de un tipo especial de depósito para contener 6 litros, se ha decidido que tenga una base elíptica de ejes 25 cm y 18 cm. Hallar su altura.

27-56. ¿Qué dimensiones tendrá la chapa de cobre necesaria para hacer el depósito anterior?

27-57. **(a)** Hallar la superficie de chapa metálica necesaria para construir un depósito elíptico cuya base tiene 42 cm de eje mayor y 32 cm de eje menor y cuya altura es 40 cm, si el depósito tiene fondo, pero no tiene tapa superior. **(b)** Hallar la capacidad del depósito.

27-58. Para perforar hierro dulce, una broca de 40 mm de diámetro gira a 37 rpm con un avance de 0,3 mm por vuelta. Hallar el volumen de hierro cortado en 3 minutos y medio.

27-59. Una broca de 10 mm de diámetro gira a 310 rpm con un avance de 0,2 mm por vuelta. Hallar el volumen que corta en tres minutos y medio.

27-60. **(a)**, **(b)** y **(c)**. Hallar los kilogramos de viruta de hierro colado que cortará un torno en una hora, en las condiciones de la Tabla 27-1. (Considérese que el torno corta sobre una superficie plana.)

27-61. La cubierta de una caldera de vapor es un rectángulo de 105 por 60 cm. ¿Cuántas

Tabla 27-1. Ejercicio 27-60

	Velocidad en m por minuto	Profundidad del corte en cm	Anchura del corte en mm
(a)	12,5	0,32	0,38
(b)	8,5	0,038	3,2
(c)	7,7	0,12	1,2

barras de 3 cm de diámetro harán falta para sujetar la cubierta, si la presión efectiva del vapor es de 11,6 Kg/cm^2? Suponer que las barras soportan una carga máxima de 800 Kg/cm^2 de sección.

Solución:

105 × 60 × 11,6 = 73 080 Kg = fuerza total.
73.080 : 800 = 91,35 cm^2 = superficie de la sección total de todas las barras.
0,7854 × 3 = 7,0686 cm^2 = área de la sección de una barra.
91,35 : 7,0686 = 12,9.

Se precisan por lo menos 13 barras. Como lo usual es instalar un número *par* de barras, harían falta 14 barras.

27-62. Las bridas de unión de los extremos de dos tubos de conducción de vapor de 22,5 cm de diámetro interior están unidas por 12 tornillos de 19 mm de diámetro. Si la presión en los tubos es 14,5 Kg/cm^2, ¿a qué tensión está sometido cada tornillo, por centímetro cuadrado de sección? Supóngase que los tornillos son de rosca de paso 10 (10 vueltas para avanzar una pulgada) del tipo que se usa en Estados Unidos. Equivale a un diámetro de 15,7 mm en el núcleo. (Ver figura 27-10.)

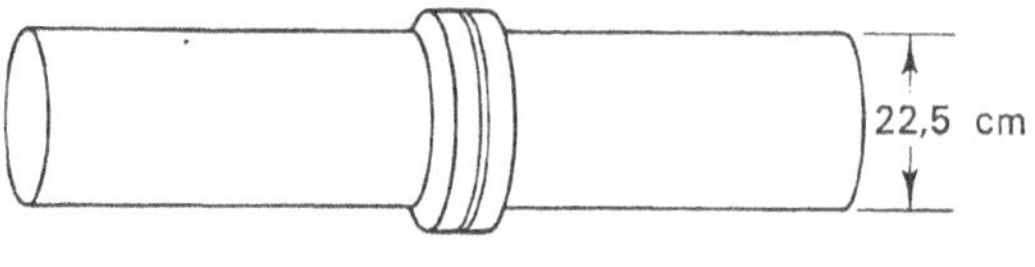

Figura 27-10. Ejercicio 27-62.

27-63. Si en el ejercicio anterior los tubos tienen un diámetro de 45 cm y la presión es la misma, ¿cuántos tornillos de 28,5 mm harían falta para que la tensión por centímetro cuadrado sea la misma que en el ejercicio anterior? Un tornillo de este tipo de los que se usan en Estados Unidos tiene un diámetro de 24 mm en el núcleo.

27-64. La siguiente regla se usa con frecuencia para hallar la superficie de calentamiento de un haz de tubos de una caldera en metros cuadrados: se multiplica el número de tubos n por el diámetro de cada tubo en centímetros, por la longitud en metros por el factor 0,013635. Usando esta regla, hallar la superficie de calentamiento de 66 tubos de 7,5 cm de diámetro y 6 m de largo. ¿Es exacto este resultado?

27-65. Para hallar el volumen de agua de una caldera horizontal con tubos, se hallan los dos tercios del volumen de la caldera y se le resta el volumen de todos los tubos. Calcular la cantidad de agua que contendrá una caldera de 5,55 m de longitud y 1,65 m de diámetro, con 72 tubos de 7,5 cm de diámetro.

27-66. La capacidad de una caldera de vapor se calcula también, de forma más sencilla, tomando un tercio del volumen total de la caldera. Hallar el volumen de agua que habrá en una caldera de vapor de 6 m de longitud y 195 cm de diámetro.

27-67. Usar la regla siguiente para hallar la superficie de calentamiento de una caldera de 1,52 m de diámetro y 3,65 m de longitud, con 52 tubos de 6,25 cm de diámetro.

REGLA: Para hallar la superficie de calentamiento de una caldera horizontal, se toma de la mitad a los dos tercios del área lateral de la caldera; se le suma el área lateral de todos los tubos; se suma de la mitad a los dos tercios del área de los extremos de la caldera y se resta del total el área de los extremos de los tubos.

27-68. Una caldera de 180 cm de diámetro y 6 m de longitud contiene 70 tubos de 10 cm de diámetro. Hallar su superficie de calentamiento usando la regla del Ejercicio 27-67 (tomar la mitad del área lateral de la caldera).

27-69. Hallar el volumen de vapor que contiene una caldera de 1,2 m de diámetro y 4,8 m de longitud si la altura del segmento ocupado por el vapor es de 45 cm.

27-70. El cilindro de una bomba mide 15 cm de diámetro y 20 cm de carrera, y da 160 emboladas por minuto. Hallar los metros cúbicos de agua que elevará en un minuto, si la bomba es de doble efecto; es decir, si el cilindro se llena completamente de agua en cada embolada.

27-71. Si el émbolo de una bomba de mano mide 7,5 cm de longitud y ha de subir agua de 7,5 m de altura, ¿qué fuerza habrá que hacer en el extremo de la palanca si ésta mide 60 cm de longitud y el vástago del émbolo dista 8 cm del punto de apoyo?

27-72. ¿Cuál será el peso de un tubo de fundición de 10 m de longitud, 2 m de diámetro exterior si tiene un espesor de 5 cm? (Peso de la fundición, 7,2 gr por centímetro cúbico.)

27-73. La casa Cleveland Twist Drill Company, probando una broca de $1\,^1/_4$ in de diámetro, modelo «Paragon» de alta velocidad, hizo un taladro de 70,56 in^3 de fundición por minuto. La penetración por minuto fue $57\,^1/_2$ in, y el avance $^1/_{10}$ in por vuelta. ¿Cuántas revoluciones dio por minuto?

27-74. Un camión cisterna con un depósito cilíndrico de 8 ft de diámetro y 34 ft de longitud, ¿cuántos galones puede contener? ¿Qué peso de aceite de 0,94 de densidad relativa puede llevar?

27-75. Hallar la altura de un depósito cilíndrico de 30 in de diámetro que tiene una capacidad de 4 bbl. (Ver los valores de las unidades de medida del sistema inglés.)

27-76. Si una barra de 3,75 cm de diámetro pesa 8,2 Kg por metro de longitud, hallar el peso de una barra del mismo material de sección cuadrada de 3,75 cm de lado, por metro de longitud.

27-77. Hallar el peso de una barra hueca hexagonal (figura 27-11) de 4,8 m de longitud, si

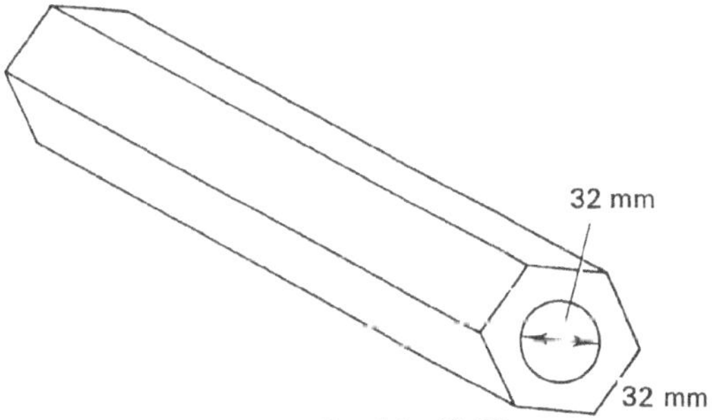

Figura 27-11. Ejercicio 27-77.

su peso es de 7,5 gr por centímetro cúbico. La sección recta es un hexágono regular de 32 mm de lado con un orificio circular de 32 mm de diámetro en el centro.

27-78. Un depósito cilíndrico de 7 m de largo y 2 m de diámetro se halla en posición horizontal, apoyado sobre una generatriz. Hallar el volumen de aceite que contiene cuando la altura del aceite es de 20 cm; cuando el nivel del aceite es de 45 cm; cuando el nivel de aceite es de 75 cm.

27-79. El segmento de la figura 27-12 es un contrapeso de 14 cm de espesor. Hallar su peso, si está hecho de hierro colado de densidad 7,2 gr por centímetro cúbico.

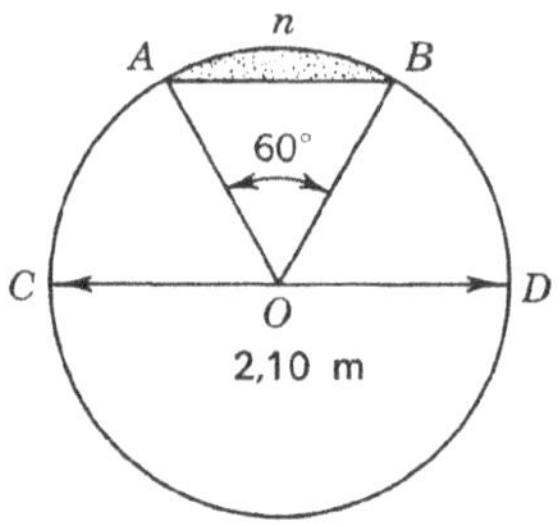

Figura 27-12. Ejercicio 27-79.

Solución:

Área del segmento AnB = Área del sector $AOBn$ − área del triángulo AOB.
Área del sector $AOBn = \frac{1}{2} \times 210^2 \times 0{,}7854 = 5\,772{,}69$ cm².
Área del triángulo $AOB = \frac{1}{2} \times 105 \times 52{,}5 \times \sqrt{3} = 4.768{,}31$ cm².
Área del segmento $AnB = 5\,772{,}69$ cm² − $4{,}768{,}31$ cm² = $1\,004{,}38$ cm².
Volumen del contrapeso = $1\,004{,}38 \times 14 = 14\,061{,}32$ cm³.
Peso del contrapeso = $14{,}061{,}32 \times 7{,}2 = 101{,}2415$ Kg.

27-80. Como el diámetro de la caña de un tornillo es algo mayor que el de la parte fileteada del mismo, las dos partes del tornillo tienen distinta resistencia a la tracción. Por eso, cuando el tornillo tiene que soportar una carga considerable, suele romperse por la unión entre la rosca y la caña. Para evitar esto, algunos tornillos llevan un hueco cilíndrico hasta el comienzo de la rosca, de forma que la sección de las dos partes del tornillo sea la misma.

¿Qué diámetro ha de tener el taladro que ha de perforarse en un tornillo de $^3/_4$ in de diámetro, con 10 vueltas por pulgada, de rosca americana normal?

27-81. Para calcular la presión a que debe trabajar una caldera de vapor, con garantías de seguridad, se emplea un factor de seguridad de 5. Es decir, la presión de trabajo de la caldera es un quinto de la presión que haría explotar la caldera. La presión a la que la caldera explotaría se calcula mediante la fórmula

$$P = \frac{Rek}{r}$$

donde P = presión que haría reventar la caldera en Kg/cm,
R = resistencia del material a la rotura por tracción, en Kg/cm,
e = espesor de las planchas de la caldera en cm,

r = radio interior de la parte cilíndrica de la caldera, en cm,

k = una constante que depende del tipo de remachado de las planchas de la caldera (0,56 para juntas con una sola hilera de remaches, 0,70 para doble hilera de remaches, y 0,80 para juntas con triple hilera de remaches).

(a) Deducir la fórmula anterior.

SUGERENCIA: Las tensiones en la sección de la caldera, en los extremos de cualquier diámetro AB de la figura 27-13, son iguales a la presión ejercida sobre la mitad de la caldera, perpendicularmente a este diámetro. Esta presión es la misma que se ejercería sobre un rectángulo de anchura igual al diámetro de la caldera y de longitud, la longitud de la misma.

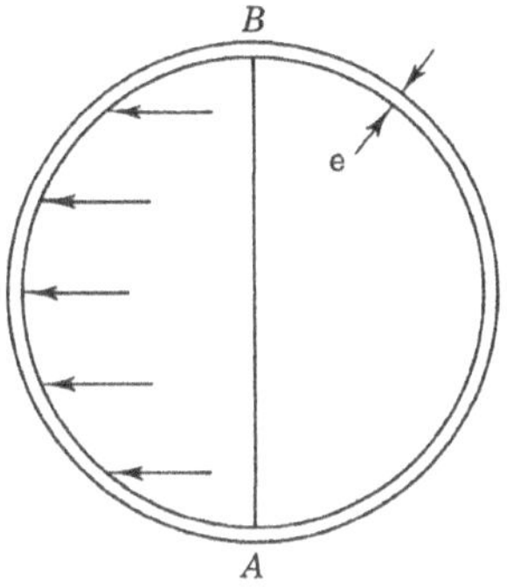

Figura 27-13. Ejercicio 27-81.

(b) Calcular la presión de explosión de una caldera con remaches sencillos en las juntas, de 150 cm de diámetro y de espesor de las planchas 6 mm, siendo la resistencia a tracción del material de 1 400 Kg/cm².

27-82. Hallar la presión de explosión y la presión de trabajo de una caldera con doble hilera de remaches en cada junta, de 165 cm de diámetro y la plancha de 8 mm de espesor, si la resistencia a tracción del material es 3 500 Kg/cm².

27-83. ¿A qué presión (en Kg/cm²) se romperá un tubo de hierro forjado de 75 mm de diámetro y 3,2 mm de espesor en las paredes? Usar como resistencia a la rotura por tracción 2 800 Kg/cm².

27-84. En las planchas metálicas, los agujeros se abren a veces mediante punzones aplicados a gran presión sobre la chapa. Esta presión suele calcularse a razón de 4 225 Kg por centímetro cuadrado de superficie cilíndrica (o prismática) taladrada por el punzón. Por ejemplo, para hacer un agujero de 5 cm de circunferencia en una plancha de 12,5 mm de espesor se necesitará una presión de $5 \times 1{,}25 \times 4\,225$ Kg – es decir, el área de la superficie lateral del cilindro en cm² por 4 225 Kg.

Hallar la presión necesaria para hacer un orificio de 1,25 cm de diámetro en una plancha de 3 mm de espesor.

27-85. Calcular la presión necesaria para hacer de una sola vez dos orificios, uno redondo de 1,9 cm de diámetro y otro rectangular de 1,9 cm por 0,6 cm en una plancha de acero de 12,5 mm de espesor.

27-86. Hallar la presión necesaria para perforar de un solo golpe la caja que aparece en la figura 27-14. Las dimensiones son las que se dan en dicha figura, y el espesor de la chapa de acero 0,8 mm.

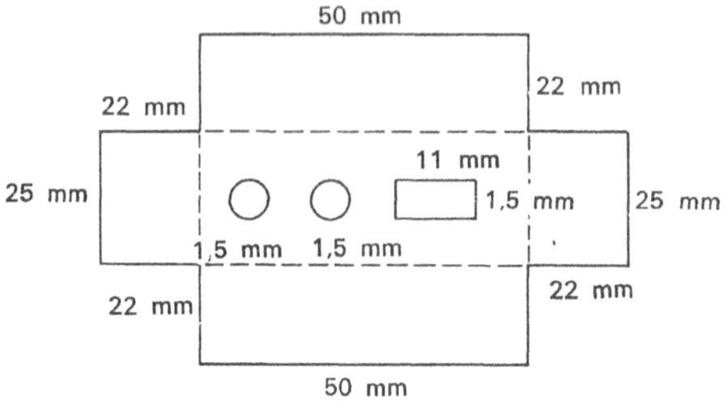

Figura 27-14. Ejercicio 27-86.

27-87. Muchos de los objetos metálicos de uso diario se moldean cortando a presión con un taladro o presionando sobre un troquel con la forma adecuada, aplicándole la presión necesaria. El disco de metal que se utiliza suele tener la misma superficie que el objeto ya terminado. Por ejemplo, para troquelar un bote cilíndrico de 2,5 cm de diámetro y 5 cm de altura (figura 27-15) habría que tomar un disco que tenga un área igual a la suma del área lateral y el fondo del bote. Hallar el área y el diámetro del disco de metal necesario para troquelar este bote.

Solución:

$$\text{Área del bote} = 0{,}7854 \times (2{,}5)^2 + 3{,}1416 \times 2{,}5 \times 5 = 44{,}1787 \text{ cm}^2$$
$$\text{Diámetro del disco} = \sqrt{44{,}1787 : 0{,}7854} = 7{,}5 \text{ cm.}$$

NOTA: En objetos de poca profundidad, como tapas para botes, el diámetro del disco se suele calcular sumando al diámetro de la tapa el doble de su profundidad.

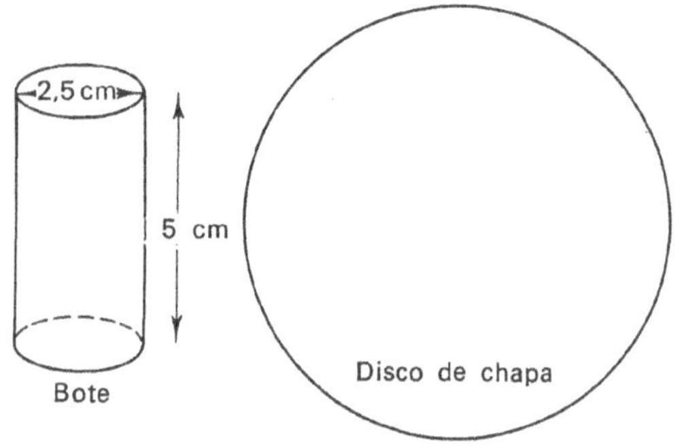

Figura 27-15. Ejercicio 27-87.

27-88. Hallar el diámetro de la chapa necesaria para troquelar una tapa de 20 cm de diámetro y 1,8 cm de altura.

27-89. El casquillo de aluminio para hacer un envase de pegamento tiene las dimensiones que aparecen en la figura 27-16. Hallar el diámetro del disco en el que se troqueló.

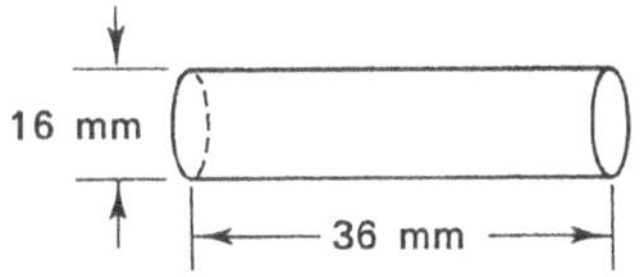

Figura 27-16. Ejercicio 27-89.

27-90. Una caja de betún para el calzado tiene un diámetro de 7,5 cm y una altura de 2,5 cm. ¿Cuál será el diámetro de la chapa de que se obtuvo?

27-91. La altura de un cilindro circular recto es de 6 cm y su área total es 100 cm^2. Hallar el radio de la base.

27-92. Un cilindro circular recto tiene una altura de 4 m. Dos planos paralelos a su eje producen dos secciones rectangulares de 6 m^2 y $4\,^2/_3$ m^2 de área. Si estos dos cortes distan entre sí $^1/_6$ m, ¿cuál es el volumen del cilindro?

28/Pirámide, conos y troncos

28-1 LA PIRÁMIDE

Una *pirámide* es un sólido geométrico cuya base es un polígono y sus lados (o *caras laterales*) son triángulos que tienen sus vértices en un mismo punto. Este punto se llama *vértice* o *cúspide* de la pirámide. La pirámide se denomina según el polígono de su base; así, una *pirámide triangular* es una pirámide cuya base es un triángulo; una *pirámide cuadrada* es una pirámide que tiene por base un cuadrado; etc.

Una *pirámide recta* o *pirámide regular*, es una pirámide cuya base es un polígono regular y cuyas caras laterales son triángulos isósceles iguales. En la figura 28-1, aparece una pirámide regular de base cuadrada.

En una pirámide regular el *eje* –la recta que va desde el vértice al centro de la base– es perpendicular a la base. Esta línea es la *altura* de la pirámide. En la figura 28-1, *OF* es la altura. La *altura de las caras* o *apotema* de una pirámide regular es la recta que une el vértice de la pirámide con el punto medio de la arista de la base. En la figura 28-1, *EF* es la altura de las caras. Una *arista lateral* es la recta en que se cortan dos caras; *BF* en la figura 28-1 es una arista lateral.

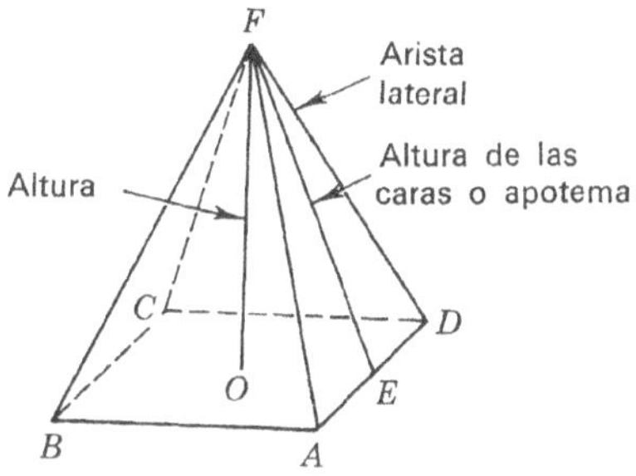

Figura 28-1. Pirámide.

28-2 EL CONO

Un *cono circular* es un cuerpo geométrico cuya base es un círculo y cuya superficie lateral converge uniformemente a un punto; este punto se llama *vértice* o *cúspide* del cono. El *eje* del cono es la recta que une su vértice con el centro de la base.

Un *cono circular recto* es un cono cuya base es un círculo y cuyo eje es perpendicular a la base. En la figura 28-2 aparece un cono circular recto, *F-ABC*. Un cono de este tipo puede definirse también como el cuerpo que engendra un triángulo rectángulo al girar sobre uno de sus catetos, tomado como eje; también se llama *cono de revolución.*

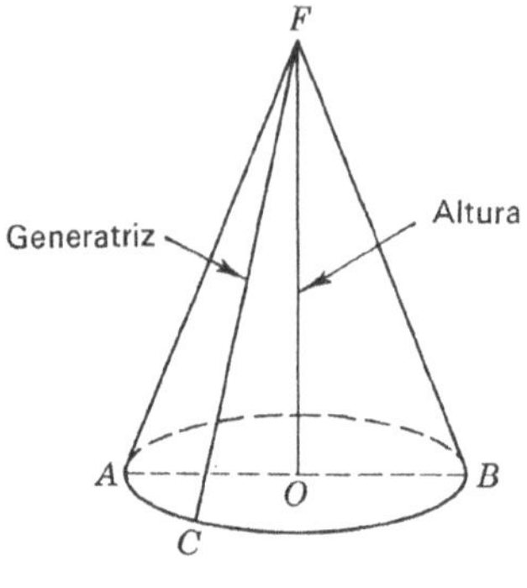

Figura 28-2. Cono circular recto.

La *altura* de un cono es la perpendicular trazada desde el vértice a la base (*OF* en la figura 28-2). La *generatriz* del cono es una recta trazada desde el vértice a un punto de la circunferencia de la base (*CF* en la figura 28-2).

28-3 TRONCOS DE PIRÁMIDE Y DE CONO

Si cortamos la parte superior de una pirámide o de un cono por un plano paralelo a la base, el cuerpo resultante es un *tronco* de pirámide o de cono. En la figura 28-3, aparecen un tronco de pirámide cuadrado y un tronco de cono.

La *altura* de un tronco es la distancia perpendicular entre sus bases (*NM* en la figura 28-3 *a* y *b*). La *altura de las caras* de un tronco de pirámide regular, o la *apotema* es la distancia más corta entre los perímetros de las dos bases (debe ser entonces perpendicular a ambos perímetros). En la figura 28-3 *a*, *PQ* es la apotema del tronco de pirámide. La generatriz de un tronco de cono circular recto, es la distancia mínima entre las circunferencias de las dos bases. En un

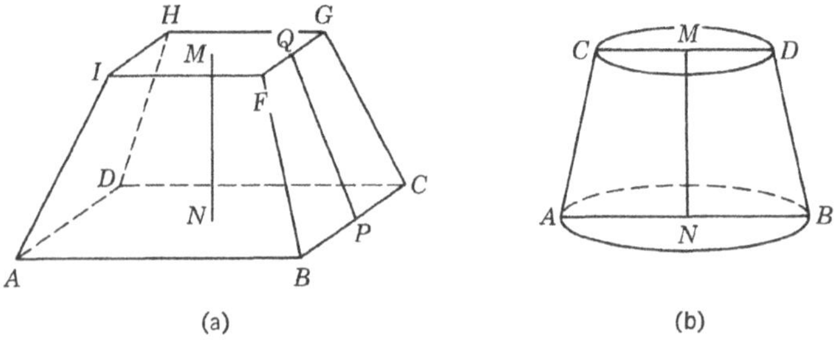

Figura 28-3. (a) Tronco cuadrado. (b) Tronco de cono.

tronco de pirámide regular, como la apotema es perpendicular a los perímetros de las dos bases, es la altura de los trapecios que forman las caras del tronco.

28-4 ÁREAS DE PIRÁMIDES, CONOS Y TRONCOS

El *área lateral* de una pirámide recta es la suma de las áreas de los triángulos que forman las caras laterales de la pirámide. En una pirámide recta, por definición, estas caras laterales son triángulos iguales. También por definición, la base de una pirámide recta es un polígono regular. Por consiguiente, las bases de las caras triangulares son todas iguales; y sus alturas son iguales a la apotema de la pirámide. Tenemos, entonces, las reglas siguientes:

El área lateral de una pirámide recta es igual al producto del perímetro de la base por la apotema, dividido por dos.

El área lateral de un cono recto es igual al producto de la circunferencia de la base por la generatriz, dividido por dos.

El área total es igual al área lateral más el área de la base.

Estas reglas para hallar la superficie de un cono, se comprenden fácilmente si se considera que el cono se puede aproximar por una pirámide cuya base es un polígono con un gran número de lados. También nos ayudará a comprenderlo si nos damos cuenta de que, si la superficie lateral del cono se desprende del mismo y se extiende sobre un plano, se transforma en un sector circular, tal como se ve en la figura 28-4. La generatriz del cono sería el *radio* del sector, y la circunferencia de la base del conc sería el *arco* del sector.

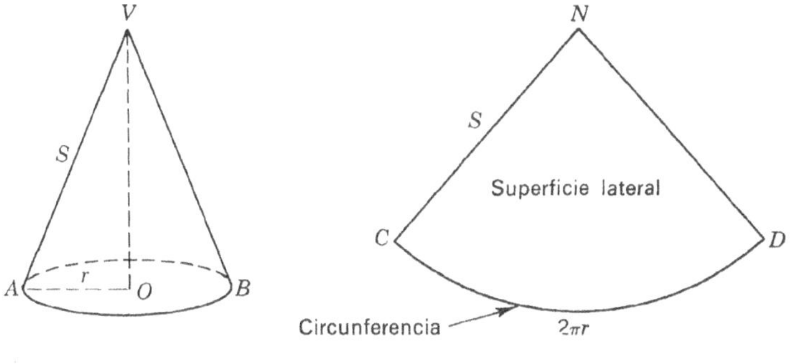

Figura 28-4. Área del cono.

El área lateral de un tronco de pirámide regular es igual a la semisuma de los perímetros de sus bases, por la apotema del tronco.

El área lateral de un tronco de cono circular recto es igual al producto de las semisuma de las longitudes de las circunferencias de las bases por la generatriz del tronco.

El área total de un tronco de pirámide o de cono es igual a la suma del área lateral y las áreas de las dos bases.

Para comprender por qué estas reglas se pueden aplicar al tronco de cono, basta tener presente que el cono puede aproximarse por pirámides cuyas bases tengan un gran número de lados.

Representamos por S el área lateral, T el área total, h la altura, s la apotema de la pirámide o el tronco de pirámide, s la generatriz del cono o el tronco de cono, p el perímetro de la base de la pirámide o la longitud de la circunferencia de la base del cono, P y p los perímetros o las longitudes de las circunferencias de las bases del tronco, A el área de la base de la pirámide o el cono, B y b las áreas de las bases del tronco de pirámide o de cono, las reglas anteriores se pueden expresar mediante las fórmulas siguientes:

$S = {}^1/_2 ps$ para la pirámide y el cono,
$T = {}^1/_2 ps + A$, para la pirámide y el cono,
$S = {}^1/_2 (P + p)s$, para los troncos de pirámide y de cono,
$T = {}^1/_2 (P + p)s + B + b$, para los troncos de pirámide y de cono.

Ejemplo 1: Una pirámide regular tiene una apotema de 10 cm y su base es un triángulo equilátero de 6 cm de lado. Hallar su área lateral.

Solución: En este caso $s = 10$ cm y $p = 3 \times 6$ cm $= 18$ cm.
Sustituyendo en la fórmula $S = {}^1/_2 ps$,

$$S = {}^1/_2 \times 18 \times 10 = 90 \text{ cm}^2$$

Ejemplo 2: Hallar el área total del tronco de un cono recto de 8 cm de generatriz y de radios de las bases 5 cm y 3 cm.

Solución: En este caso, $s = 8$ cm; $P = 2\pi \times 5$ cm; $p = 2\pi \times 3$ cm; $B = \pi \times 5^2$ cm^2; y $b = \pi \times 3^2$ cm^2. Aplicamos la fórmula $T = {}^1/_2 (P + p)s + B + b$. Entonces

$$T = ½(2\pi \times 5 + 2\pi \times 3)8 + \pi \times 5^2 + \pi \times 3^2 = 307{,}9 \text{ cm}^2$$

28-5 VOLÚMENES DE PIRÁMIDES, CONOS Y TRONCOS

Como ejemplo para el cálculo de volúmenes de pirámides y conos, consideremos el cubo de la figura 28-5. Los vértices opuestos del cubo pueden unirse mediante líneas rectas y todas estas rectas se cortarán en el centro O del cubo. Estas rectas, dividen al cubo en seis pirámides iguales. El volumen del cubo es igual al área de la base $ABCD$ por la altura PQ. El volumen de cada una de las seis pirámides cuadradas, como O-$ABCD$, será una sexta parte del volumen del cubo, y por lo tanto el volumen de la pirámide es igual al área de la base $ABCD$ por la tercera parte de la altura PO. En general, tenemos la regla siguiente:

El volumen de una pirámide o un cono es igual a la tercera parte del volumen de un prisma o un cilindro que tenga la misma base y la misma altura. Esto significa que si un prisma o un cilindro se corta para darles forma de pirámide o de cono, se le quitan exactamente dos tercios de su volumen primitivo.

El volumen de una pirámide o un cono es igual al área de la base por la altura dividido por tres. Esta regla puede escribirse mediante la fórmula:

$$\mathbf{V} = ⅓\mathbf{A}h$$

El volumen de un tronco de pirámide o de cono puede calcularse mediante la fórmula:

$$\mathbf{V} = ⅓h(B + b + \sqrt{Bb})$$

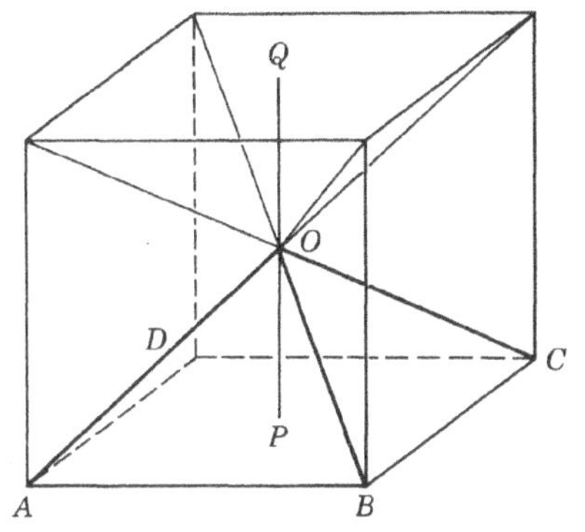

Figura 28-5. Volumen de una pirámide.

El volumen de un tronco de cono suele calcularse más fácilmente mediante estas fórmulas:

$$V = \tfrac{1}{3}\pi h(R^2 + r^2 + Rr)$$
$$V = \tfrac{1}{12}\pi h(D^2 + d^2 + Dd)$$

donde R es el radio de la base inferior, D el diámetro de la base inferior, r el radio de la base superior y d el diámetro de la base superior.

Ejemplo: Hallar el volumen y el área de un cono recto de 16 cm de diámetro y 12 cm de altura.

Solución:

$$A = \pi r^2 = 3{,}1416 \times 8^2 = 201{,}0624 \text{ cm}^2$$
$$V = \tfrac{1}{3}Ah = \tfrac{1}{3} \times 201{,}0624 \times 12 = 804{,}25 \text{ cm}^3$$

Como la altura, el radio y la generatriz del cono forman un triángulo rectángulo (AOP en la figura 28-6),

$$S = \tfrac{1}{2}ps = \pi rs = 3{,}1416 \times 8 \times 14{,}422 = 362{,}465 \text{ cm}^2$$

$$s = \sqrt{12^2 + 8^2} = 14{,}422 \text{ cm}$$

Ejercicios

28-1. Dos monumentos tienen el mismo volumen. Uno es un cubo de 6 m de arista y el otro es una pirámide regular de base cuadrada de 6 m de lado. Hallar la altura, la apotema y la longitud de la arista lateral de la pirámide.

28-2. Dos monumentos del mismo material tienen el mismo peso. Uno es un cilindro circular recto de 6 m de diámetro y 6 m de altura, y el otro es un cono circular recto de 6 m de diámetro. Hallar la altura y la generatriz del cono.

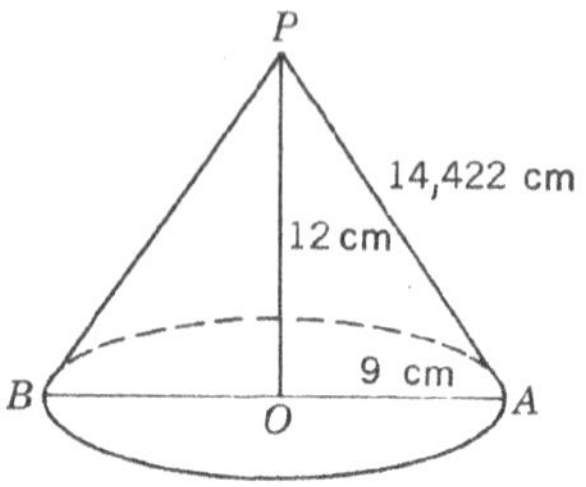

Figura 28-6. Ejemplo: Cálculo del volumen y el área de un cono recto.

28-3. Cortar tres semicírculos de papel de radios 3 cm, 6 cm y 9 cm. Formar con ellos tres conos. Comparar sus alturas, sus generatrices y sus áreas laterales. ¿Qué conclusiones se pueden deducir de los resultados obtenidos?

28-4. Un alumno de dibujo industrial ha recibido un cilindro circular recto y le han pedido que modele un cono circular recto, con la misma base y la misma altura que el cilindro. Comparar los pesos de la pieza terminada y de la pieza original.

28-5. Una pirámide hexagonal regular tiene una altura de 12 cm y cada arista de la base mide 9 cm. Dos planos paralelos a la base dividen su altura en tres partes iguales. Hallar la razón entre los volúmenes de los tres cuerpos obtenidos. Hallar la apotema de cada uno.

28-6. Resolver el Ejercicio 28-5 para un cono circular recto en lugar de la pirámide hexagonal. (Tomar altura = 12 cm y radio = 9 cm.)

28-7. Un triángulo equilátero cuyos catetos miden 3 cm y 4 cm y su hipotenusa 5 cm, gira alrededor de cada uno de sus catetos y de la hipotenusa; hallar el área lateral y el volumen de cada uno de los cuerpos formados.

NOTA: *Si en un triángulo rectángulo trazamos la perpendicular desde el vértice del ángulo recto hasta la hipotenusa* (es decir, la altura sobre la hipotenusa), *ésta divide al triángulo rectángulo en dos triángulos rectángulos semejantes, y cada uno de ellos semejante al triángulo rectángulo primitivo.*

28-8. En un cono circular recto, sean

r = radio de la base,
p = longitud de la circunferencia de la base,
s = generatriz,
h = altura,
S = área lateral,
T = área total,
V = volumen.

Resolver los ejercicios siguientes. Dibujar el cono en cada caso y dar un valor aproximado del volumen antes de calcularlo.

(a) Si $h = 8$ cm, $r = 6$ cm; hallar S, T, y V.
(b) Si $p = 12$ cm, $h = 8$ cm; hallar s, S, T y V.
(c) Si $s = 2$ cm, $p = 2$ cm; hallar r, h, S, T y V.
(d) Si $S = 256$ cm^2, $s = 16$ cm; hallar r y h.
(e) Si $V = 400$ cm^3, $r = 8$ cm; hallar h.
(f) Si $T = 500$ cm^2, $r = 5$ cm; hallar s y h.

28-9. Un caldero de 5 litros de capacidad tiene 15 cm de diámetro en la parte inferior y 20 cm de diámetro en la parte superior. ¿Cuántos centímetros cuadrados de plástico hacen falta para construir 100 cubos como éste?

28-10. La pirámide de Cheops tiene una base cuadrada de 720 ft de lado y 480 ft de altura. Hallar su volumen en yardas cúbicas (1 yarda cúbica = 27 pies cúbicos).

28-11. Deducir una fórmula para hallar la altura de un cono en función de su volumen y su radio.

28-12. Una boya tiene forma de un sólido engendrado por un triángulo rectángulo (de catetos a y b y de hipotenusa c) al girar alrededor de su hipotenusa. Hallar S y V en función de a, b y c.

NOTA: Ver la nota del Ejercicio 28-7.

28-13. El fondo de una aceitera es un cilindro circular recto y su parte superior un cono circular recto. Hallar S y T en función del diámetro D, la altura H del fondo, y la altura h de la parte superior.

28-14. Supóngase en el Ejercicio 28-13 que el radio del cono es los tres cuartos de su altura; se sabe que el mínimo material necesario para la misma capacidad, corresponde a $H = h$. Sustituir estos valores y simplificar las fórmulas obtenidas en el Ejercicio 28-13.

28-15. Hallar el diámetro del disco de chapa necesario para troquelar el recipiente que muestra la figura 28-7. La altura es de 2 cm; el fondo tiene un diámetro de 5 cm; la parte superior tiene un diámetro de 6 cm en la parte interior y un reborde de $^1/_2$ cm.

SUGERENCIA: El disco tiene que tener una superficie igual a la superficie total del recipiente. El área del reborde es el área de la corona comprendida entre dos círculos concéntricos. La generatriz es la hipotenusa de un triángulo rectángulo de 1 cm de base y 2 cm de altura.

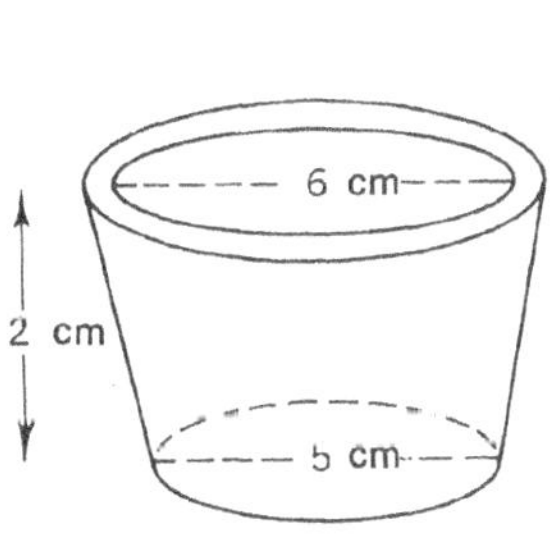

Figura 28-7. Ejercicio 28-15.

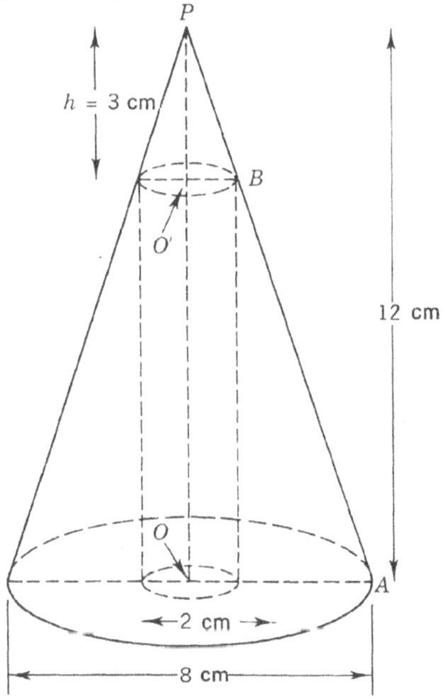

Figura 28-8. Ejercicio 28-16.

28-16. Un cono de 12 cm de altura, con una base circular de 8 cm de diámetro tiene un taladro cilíndrico de 2 cm de diámetro con el eje coincidiendo con la recta que une el centro de la base del cono con su vértice. Hallar el volumen de la parte restante del cono.

SUGERENCIA: La parte que se ha cortado está formada por un cilindro de 9 cm de altura y un cono de 3 cm de altura (como puede verse en la figura 28-8). La altura del cono pequeño puede hallarse por semejanza de triángulos; los triángulos *AOP* y *BO'P* son semejantes y se verifica en ellos la proporción siguiente:

$$AO:BO' = OP:O'P$$
$$4:1 = 12:O'P$$

Por lo tanto,

$$O'P = 3$$

28-17. Se sabe que de todos los cilindros circulares rectos que se pueden inscribir en un cono circular recto, el de mayor volumen es el que tiene como altura un tercio de la altura del cono. Hallar el volumen del cilindro circular recto de mayor volumen que se puede inscribir en un cono circular recto con $d = 12$ dm y $h = 9$ dm. (Ver Ejercicio 28-16.)

28-18. Hallar el peso del tronco de un abeto de 72 m de largo, 1,5 m de diámetro en la base y 50 cm de diámetro en el extremo superior. La densidad relativa de la madera es 0,78.

28-19. El carbón de coque, duro, al apilarlo forma un talud natural de 30° de inclinación respecto a la horizontal. (Ver la figura 28-9.) Calcular el número de toneladas que habrá en una pila cónica de 3 m de altura. Este tipo de carbón pesa 610 Kg por metro cúbico.

28-20. Hallar las toneladas métricas de carbón de coque (en trozos de forma ovoide) que habrá en una pila de 6 m de anchura y 30 m de longitud, cuyos extremos tienen forma circular. (Se supone el mismo talud que en el ejercicio anterior y el mismo peso para el carbón.)

28-21. Hallar el peso de una chimenea de ladrillo de perfil en forma de tronco de cono de 3 m de diámetro interior, cuyas paredes tienen un espesor de 1,2 m en la base y 0,45 m en la boca, si su altura es de 58 m. Un metro cúbico de fábrica de ladrillo pesa 1 800 Kg.

28-22. Las proporciones de una tienda cónica, para una capacidad dada y empleando el menor material posible son $h = r\sqrt{2}$. Hallar la mínima cantidad de lona necesaria para construir una tienda cónica cuyo volumen sea $(1\,000\ \pi\sqrt{2})/3$ pies cúbicos.

28-23. Una maza de fundición en forma de tronco de pirámide cuadrada se utiliza en una máquina de hincar pilotes. Hallar el peso de la maza, si la superficie de la cara inferior es de 100 cm², la superficie de la cara superior es 43,75 cm² y su altura 20 cm (densidad del material 7,2 Kg/dm³).

28-24. Una polea de forma cónica, de fundición, mide 34 cm de larga. El diámetro de un extremos es 12 cm y el del otro extremo 5 cm. A lo largo de su eje va taladrada con un orificio circular de 2 cm de diámetro. Hallar el peso de la polea.

28-25. Determinar las dimensiones de la chapa de estaño que habrá que cortar para hacer el cono de estaño que aparece en la figura 28-10, con las dimensiones que se dan allí.

SUGERENCIA: El radio del sector es 10 cm. El ángulo θ del sector es la misma fracción de 360° que la circunferencia de la base del cono sea de la circunferencia de radio 10.

$$20\pi : 7{,}5\pi = 360^\circ : \theta$$

o

$$\theta = 135^\circ$$

La chapa que se debe cortar es un sector de 135° de un círculo de 10 cm de radio.

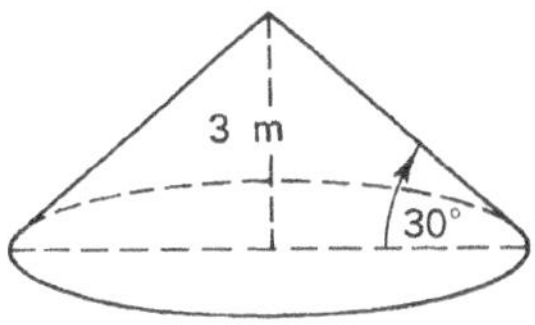

Figura 28-9. Ejercicio 28-19.

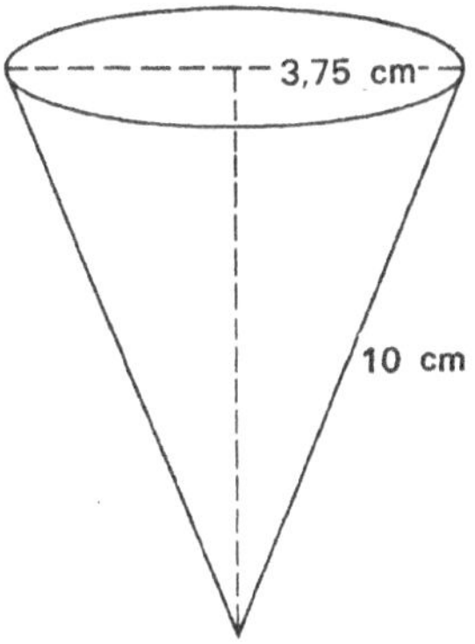

Figura 28-10. Ejercicio 28-25.

28-26. Determinar las dimensiones del patrón para cortar la parte superior de un embudo con las dimensiones que se dan en la figura 28-11. El diámetro en *B* es de 1 cm y el diámetro es *A* es de 0,5 cm.

SUGERENCIA: Llamemos *x* a la longitud *OP*, podremos determinarla de la siguiente forma:

$$x:(x + 3) = 1:4$$
$$x = 1$$

El radio del modelo será entonces 4 cm.

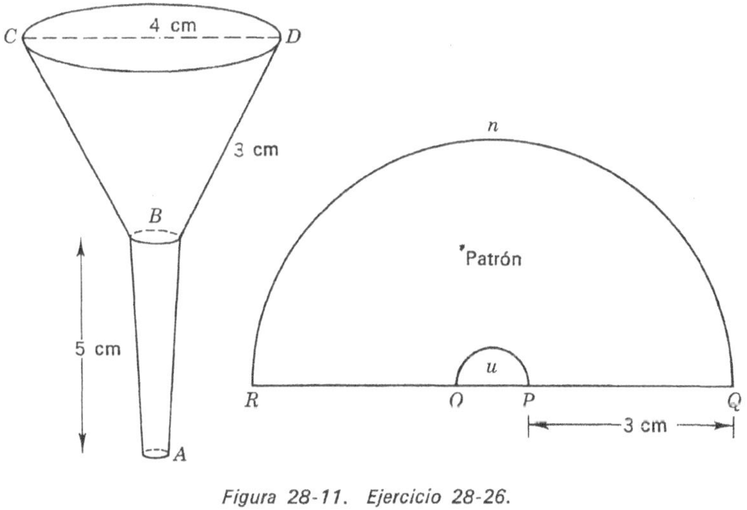

Figura 28-11. Ejercicio 28-26.

Para determinar el ángulo central θ seguiremos el mismo razonamiento que en la solución del ejercicio anterior, entonces

$$\text{arc } QnR : 8\pi = \theta : 360°$$

Arc $QnR = 4$ cm, que, sustituyendo en la proporción anterior nos da $\theta = 180°$.

28-27. Determinar las dimensiones del patrón para la parte inferior del embudo que se ve en la figura 28-11.

28-28. ¿Cuántos centímetros cuadrados de material hacen falta para construir el embudo de la figura 28-11?

29/La esfera

29-1 DEFINICIONES

Una *esfera* es un sólido geométrico limitado por una superficie curva tal, que cada uno de sus puntos está a la misma distancia de un punto interior. Este punto interior se llama *centro*. La recta que une dos puntos de la superficie pasando por el centro de la esfera, se llama *diámetro*. La recta que une el centro con un punto de la superficie, se llama *radio*.

Si se corta una esfera por un plano, la sección es siempre un círculo. Si el plano de corte pasa por el centro de la esfera, la sección se llama *círculo máximo;* si no pasa por el centro de la esfera, se llama *círculo menor*. La *circunferencia de una esfera* es la circunferencia de un círculo máximo. En la figura 29-1, los círculos *ACB* y *NCS* son círculos máximos y *MER* es un círculo menor.

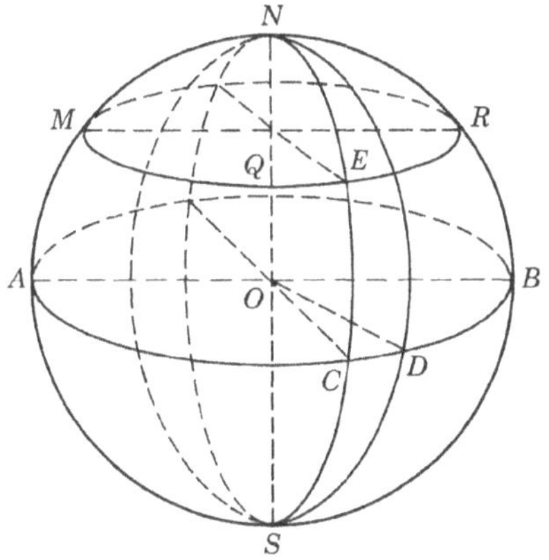

Figura 29-1. Esfera y sus elementos.

29-2 ÁREA DE LA ESFERA

El área de la superficie de una esfera es igual a cuatro veces el área de un círculo que tenga el mismo radio.

$$S = 4\pi r^2 = \pi d^2$$

donde S es el área de la superficie esférica,
r es el radio de la esfera,
d es el diámetro de la esfera.

29-3 VOLUMEN DE LA ESFERA

El volumen de una esfera es igual al área de su superficie por un tercio del radio.

$$V = \tfrac{1}{3}Sr = \tfrac{4}{3}\pi r^3 = \tfrac{1}{6}\pi d^3 = 0{,}5236d^3$$

29-4 SEGMENTO ESFÉRICO, CASQUETE ESFÉRICO Y ZONA ESFÉRICA

La parte del sólido de la esfera comprendido entre dos planos paralelos, se llama *segmento esférico*, si los dos planos cortan a la esfera. Si uno de ellos no corta a la esfera o es tangente a ella, la parte del sólido de la esfera comprendida entre ellos se llama *casquete esférico*. En la figura 29-2, la parte de la esfera comprendida entre los planos ABC y DEF es un segmento esférico. La parte de la esfera que queda encima del plano DEF *es un casquete esférico*, o *segmento esférico de una base.*

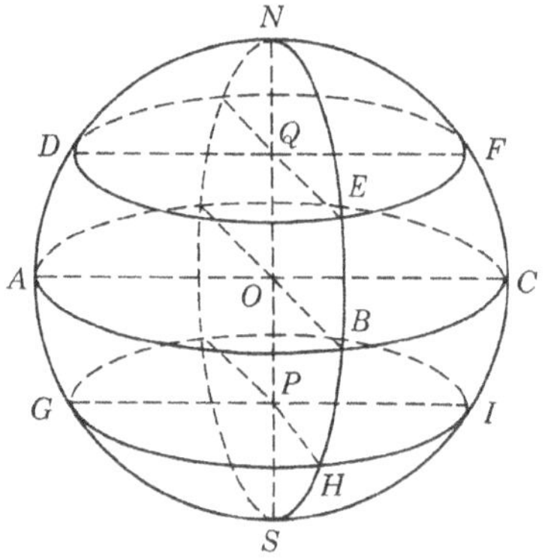

Figura 29-2. Segmento esférico y zona esférica.

La parte de superficie esférica comprendida entre dos planos paralelos se llama *zona esférica*. La altura de un segmento esférico o zona esférica es la distancia perpendicular entre los dos planos paralelos. La altura entre los planos ABC y DEF en la figura 29-2 es OQ.

El área de la zona esférica es igual a la longitud de la circunferencia del círculo máximo de la esfera por la altura de la zona, es decir

$$Z = 2\pi rh$$

donde Z es el área de la zona esférica,
h la altura,

r el radio de la esfera.

De esta fórmula se puede deducir que las áreas de dos zonas cualesquiera de la misma esfera o de esferas iguales están en la misma proporción que sus alturas. También se puede deducir que la razón entre el área de una zona esférica y su altura es la misma que entre la de la superficie de la esfera y el diámetro.

Si se corta una esfera por varios planos paralelos que estén todos a la misma distancia, como los planos de la figura 29-2, entonces todas las zonas esféricas que determinan tienen la misma área. En la Tierra, por ejemplo, los paralelos de 30° de latitud Norte y 30° de latitud Sur son los planos que dividen en dos partes iguales a los radios que unen el Polo Norte y el Polo Sur y, por tanto, la cuarta parte de la superficie de la Tierra está comprendida entre el Ecuador y el paralelo 30° de latitud Norte o el paralelo de 30° latitud Sur.

El volumen de un segmento esférico (figura 29-3) se determina mediante la fórmula:

$$V = \tfrac{1}{2}h\pi(r_1^2 + r_2^2) + \tfrac{1}{6}\pi h^3$$

donde V es el volumen,
h la altura,
r_1 y r_2 los radios de las bases del segmento.

En el caso un casquete esférico se utiliza la misma fórmula teniendo en cuenta que uno de los dos radios es cero.

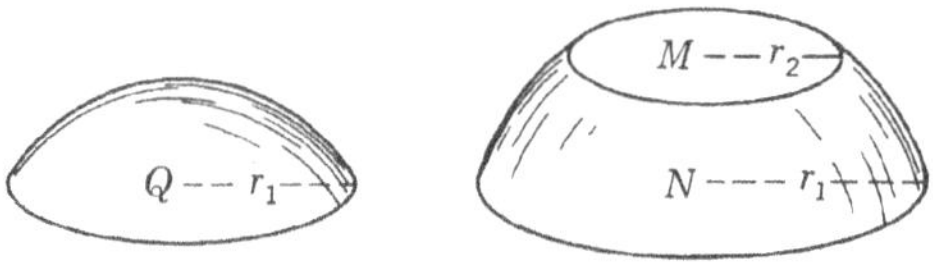

Una base
Casquete esférico

Dos bases
Segmento esférico

Figura 29-3. Volumen de un segmento o un casquete esféricos.

Ejemplo 1: Calcular la superficie, el volumen y el peso de una bola de fundición de 12,5 cm de radio.

Solución:

$$S = 4\pi r^2 = 4 \times 3{,}1416 \times 12{,}5^2$$
$$= 1\,963{,}5 \text{ cm}^2.$$
$$V = \tfrac{1}{3}Sr$$
$$V = \frac{1\,963{,}5}{3} \times 12{,}5 = 8\,181{,}25 \text{ cm}^3.$$

Como un centímetro cúbico de fundición pesa 7,2 gr, el peso de la bola será:
8 181,25 × 7,2 = 58,905 gr = 58,905 Kg.

Ejemplo 2: La esfera de la figura 29-4 se corta por dos planos paralelos, uno a 2 cm del centro de la esfera y otro a 6 cm del centro. Hallar el área de la zona esférica y el volumen del segmento esférico comprendidos entre los dos planos, si ambos están al mismo lado del centro.

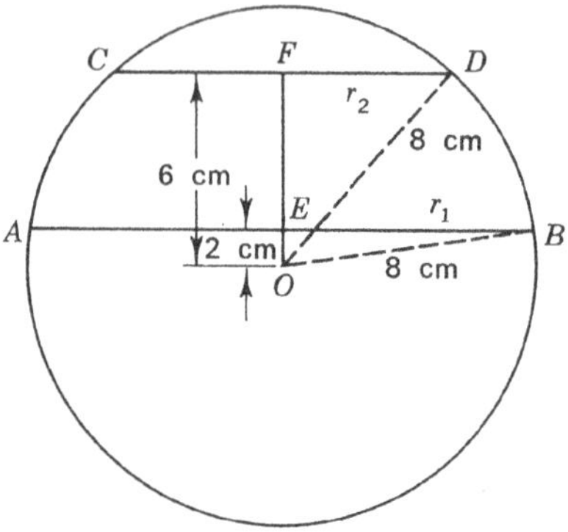

Figura 29-4. Ejemplo: Cálculo del área de la zona esférica y del volumen del segmento esférico.

Solución:

$$Z = 2\pi rh = 2 \times 3{,}1416 \times 8 \times 4 = 201{,}06 \text{ cm}^2.$$
$$r_1 = \sqrt{(OB)^2 - (OE)^2} = \sqrt{8^2 - 2^2} = \sqrt{60}$$
$$r_2 = \sqrt{(OD)^2 - (OF)^2} = \sqrt{8^2 - 6^2} = \sqrt{28}$$
$$V = \tfrac{1}{2}h\pi(r_1^2 + r_2^2) + \tfrac{1}{6}\pi h^3$$
$$V = \tfrac{1}{2} \times 4 \times 3{,}1416(60 + 28) + \tfrac{1}{6} \times 3{,}1416 \times 4^3$$
$$V = 586{,}43 \text{ cm}^3.$$

Ejercicios

29-1. Una pieza de arte está formada por una parte inferior que es una pirámide regular cuadrada cuya base mide 15 cm de lado y su altura 30 cm; la parte superior es una esfera de 15 cm de diámetro. Hallar la razón entre los pesos de las dos partes de la pieza.

29-2. ¿Cuántos metros cuadrados de superficie total de barniz harán falta para 100 objetos como el descrito en el Ejercicio 29-1?

29-3. Los adornos de la parte superior de los postes laterales de una puerta son dos esferas de 20 cm de diámetro. Si las dos esferas se han tallado en dos cubos de 20 cm de arista, ¿qué fracción de volumen se habrá perdido?

29-4. La parte inferior de un recipiente es una semiesfera de 1,2 m de diámetro. La parte superior es un cono circular recto con $r = h = 0{,}6$ m. ¿Cuántos metros cúbicos de capacidad tiene?

29-5. ¿Cuántos metros cuadrados de superficie habrá que pintar en 20 recipientes como el anterior? Sólo se pinta la superficie exterior.

29-6. ¿Podría una persona llevar 10 bolas de plomo de 75 mm de diámetro? Un metro cúbico de plomo pesa 11 420 Kg.

29-7. La parte delantera del fuselaje de un avión es una semiesfera de 1,2 m de diámetro. En su vértice hay un orificio de 15 cm de radio. Hallar el área de la zona esférica restante.

29-8. Un tapacubos es una semiesfera dividida en tres zonas distintas. El radio del tapacubos es R cm y este radio está dividido en tres partes iguales por planos paralelos a la parte plana del tapacubos. Hallar la razón de las áreas de las tres zonas esféricas formadas.

29-9. Una bola de hierro colado de 3 cm de diámetro está recubierta por una capa de hielo de 1 cm de espesor. Hallar el peso del hielo.

29-10. Una esfera hueca de cobre, que se usa como flotador, pesa 280 gramos y tiene un diámetro de 12,5 cm. ¿Qué peso podrá soportar sumergida en el agua?

29-11. Si el radio de la Tierra es 6 370 Km y sólo la cuarta parte de su superficie es tierra firme, ¿cuántas hectáreas de tierra firme hay en la superficie de la Tierra?

29-12. Si el radio de la Tierra es 6 730 Km y el de la Luna 1 735 Km, hallar la razón entre las áreas de la Tierra y su satélite.

29-13. Hallar el volumen de un cilindro de 2 m de diámetro y 2 m de altura; de una esfera de 2 m de diámetro; y de un cono de 2 m de diámetro y 2 m de altura. Comparar los tres volúmenes y comprobar que están en la proporción 3 : 2 : 1; es decir, que el volumen de la esfera es los dos tercios del volumen del cilindro, y el volumen del cono es un tercio del volumen del cilindro.

29-14. Una bola de plomo de 2 cm de diámetro se aplasta hasta formar con ella un disco de 0,01 cm de espesor. ¿Cuál será el volumen del disco?

29-15. Un depósito de agua de 2 m de longitud total y 45 cm de diámetro tiene forma de cilindro circular recto con dos semiesferas en los extremos. Hallar su capacidad.

29-16. Si un cubo y una esfera tienen un volumen de 1 cm^3, hallar la razón entre sus áreas.

NOTA: Se sabe que de todos los sólidos de igual volumen la esfera es el de menor superficie.

29-17. Un silo tiene forma cilíndrica con un tejado semiesférico. Si el diámetro del silo es igual a su altura total, hallar su área total. (Tómese el diámetro igual a d metros.)

NOTA: Se sabe que de todos los tipos de construcciones de silos éste es el más económico (es decir, el que necesita menor cantidad de material para la misma capacidad).

29-18. En el Ejercicio 29-17, si el suelo del silo fuese el doble de grueso que las paredes y el techo del mismo, entonces la construcción más económica sería aquella en que la altura del cilindro fuese igual a su diámetro. Hallar los pies de tablón necesarios para construir este silo si el suelo tuviera un espesor de 2 in y el radio fuese r in.

29-19. Un jardín circular de un parque tiene 8 m de diámetro y una altura de 75 cm en su centro, formando un casquete esférico. ¿Cuántas cargas de tierra habrá habido que llevar para construirlo si cada carga era de 1,15 metros cúbicos?

29-20. Hallar el porcentaje de error al aplicar la regla siguiente. Para hallar el peso de una bola de fundición, se multiplica el cubo de su diámetro en pulgadas por 0,1377; el producto será el peso en libras.

29-21. Hallar el porcentaje de error cometido al aplicar esta regla: Para hallar el peso en gramos de una bola de fundición se multiplica el cubo de su diámetro en centímetros por 3,8.

30/Cuerpos geométricos especiales

30-1 EL TORO

El cuerpo geométrico formado al curvar un cilindro uniendo sus bases y dando a su eje forma circular, se llama *toro* o *anillo circular*. La figura 30-1 nos muestra un toro. La longitud media de la barra que lo forma es la longitud de la circunferencia de radio ON. Cualquier sección transversal de un toro será un círculo. Como el toro es un cilindro colocado en forma circular el área de su superficie es el área lateral del cilindro que lo ha formado y es igual a $2\pi \times ON \times$ la longitud de la circunferencia de una sección recta. Si $ON = R$, y el radio de la sección recta $NM = r$, tenemos la fórmula siguiente para calcular el área del toro:

$$A = (2\pi R)(2\pi r) = 4\pi^2 Rr$$

Su volumen es igual al volumen del cilindro que tenga de altura la longitud media del toro y por base el círculo de la sección recta; tenemos por lo tanto la fórmula siguiente:

$$V = (2\pi R)(\pi r^2) = 2\pi^2 Rr^2$$

Estas dos reglas pueden generalizarse para aplicarlas a cualquier anillo de eje circular. En general, *el área de la superficie de un anillo de eje circular es igual al perímetro de la sección recta por la longitud de la circunferencia formada por los centros de gravedad de todas sus secciones rectas. El volumen es igual al producto del área de la sección recta por la longitud de la circunferencia formada por todos los centros de gravedad de sus secciones rectas.* Esta regla puede aplicarse para cualquier tipo de sección recta, como un cuadrado, un triángulo u otra figura cualquiera; sin embargo, es necesario saber calcular el centro de gravedad de la sección recta.

Podemos comprender el significado del término «centro de gravedad», por lo menos para una figura plana; el centro de gravedad es el punto tal que si apoyamos sólo en él la figura plana, ésta permanece en equilibrio. Por ejemplo, si queremos apoyar un disco de estaño sobre la

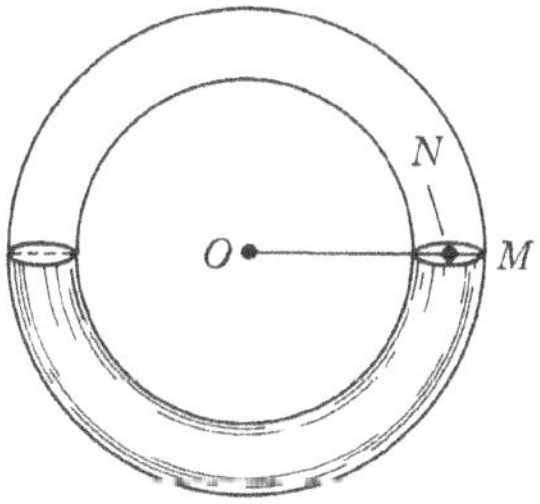

Figura 30-1. Toro.

punta de un lapicero, sólo si lo apoyamos sobre su centro, no se caerá. Una chapa cuadrada de estaño también estará en equilibrio, si apoyamos precisamente su centro sobre la punta del lapicero. Un triángulo estará en equilibrio, si apoyamos sobre la punta del lapicero el punto del triángulo en el que se cortan las tres medianas.

Para una superficie plana de forma irregular, el punto tal que al apoyarlo sobre el lapicero la superficie estaría en equilibrio, es decir, su *centro de gravedad*, puede determinarse experimentalmente. Todos los cuerpos geométricos tienen también centro de gravedad, aunque en algunos casos no sea fácil determinarlo. Pero una varilla, un bate de «baseball», o un taco de billar pueden ponerse en equilibrio, en posición horizontal, apoyados sobre un solo dedo, el centro de gravedad del cuerpo geométrico estará en la vertical que pasa por el punto donde se apoya sobre el dedo.

Ejercicios

30-1. La sección recta de una alianza es un círculo de 1,5 mm de radio. El radio interior de este toro es 9 mm. Si el anillo es macizo y de oro, hallar su peso (peso específico del oro 19,3).

30-2. Si el toro de la figura 30-1 es un salvavidas de corcho con *ON* igual a 30,5 cm y *NM* igual a 10 cm, hallar su peso. (Peso específico del corcho 0,24.)

30-3. Si hay que pintar mil salvavidas como el del Ejercicio 30-2, ¿cuántos metros cuadrados de superficie habrá que pintar?

30-4. La boca de una chimenea es un toro circular. La sección recta tiene un radio de 10 cm. El radio interior del toro es 1 m. ¿Cuánto hormigón se precisó para construirla?

30-5. La sección recta de la llanta de un volante de hierro colado es un rectángulo de 15 cm por 20 cm, con la menor dimensión colocada en el diámetro del volante. El diámetro exterior del volante es de 7 m. Hallar el volumen de la llanta y su peso (peso específico de la fundición 7,2).

30-6. Hallar el peso de una conducción de agua de fundición de 4 m de longitud, 0,6 m de diámetro exterior y 2,5 cm de espesor. Resolver el problema considerando el tubo como un toro y como un cilindro hueco.

30-7. Hallar el área de la superficie y el volumen de un anillo de 10 cm de diámetro formado con un redondo de hierro de 1 cm de diámetro. ¿Cuál es su peso si el hierro del redondo pesa 7,4 gr por cm^3?

30-8. Un toro de 13 cm de diámetro exterior construido con un redondo de hierro de 1,25 cm de diámetro, tiene el mismo volumen que una barra de 1,25 cm por 1,5 cm de sección recta. ¿Cuál será la longitud de la barra?

30-9. Hallar el peso de un toro de fundición cuyo diámetro exterior es 1 m y cuya sección recta tiene un diámetro de 15 cm (peso específico de la fundición 7,2).

30-2 PRISMATOIDE

Un *prismatoide* es un cuerpo geométrico cuyas bases son polígonos paralelos y sus caras laterales cuadriláteros o triángulos. Dos casos particulares importantes son los siguientes: (1) Una de las dos bases se reduce a un punto, entonces el prismatoide es una pirámide. (2) Si una de las dos bases se reduce a una línea, en este caso el prismatoide es una *cuña*, o un sólido cuneiforme. La regla para hallar el volumen de un prismatoide puede usarse en muchos casos, incluso cuando las caras laterales se transforman en superficies curvas y el prismatoide se convierte entonces en un cono, un tronco de cono, un cilindro, una esfera, un huso o varias formas distintas que aquí no es posible describir. La regla y la fórmula son las siguientes:

Para hallar el volumen de un prismatoide se suman las áreas de sus dos bases más cuatro veces el área de la sección paralela a ellas y equidistante de las dos, entonces se multiplica esta suma por un sexto de la distancia perpendicular entre sus bases. Esta regla puede expresarse mediante la fórmula:

$$V = \tfrac{1}{6}h(B_1 + 4M + B_2)$$

donde B_1 y B_2 son las áreas de las dos bases
M es el área de la sección paralela a ellas equidistante de las dos.

En la figura 30-2 aparecen algunos cuerpos para los que se puede aplicar la regla anterior para calcular su volumen. Las dimensiones de la sección media entre sus bases puede hallarse midiendo directamente o por medio de algún cálculo.

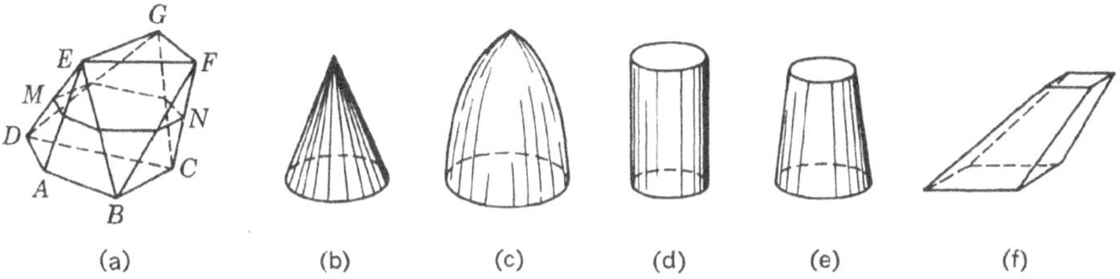

Figura 30-2. Para estos cuerpos. $V = \tfrac{1}{6}h(B_1 + 4M + B_2)$.

Ejemplo: Hallar el volumen de un tronco de pirámide cuyas bases son hexágonos regulares de 10 cm y 6 cm de lado respectivamente, y cuya altura es 18 cm. (Ver la figura 30-3.)

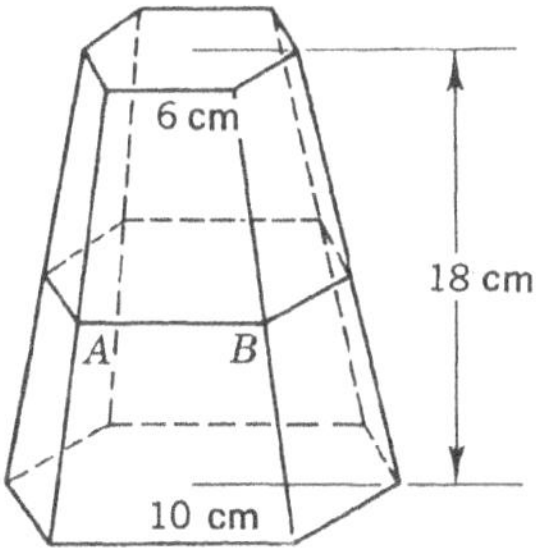

Figura 30-3. Ejemplo: Cálculo del volumen de un tronco de pirámide.

Solución:

$$V = \frac{h}{6}(B_1 + 4M + B_2)$$
$$AB = \tfrac{1}{2}(10 + 6) = 8 \text{ cm.}$$

Área de la base inferior $= 5^2 \times 1{,}732 \times 6 = B_1$
Área de la base superior $= 3^2 \times 1{,}732 \times 6 = B_2$
$4 \times$ área de la media sección $= 4 \times 4^2 \times 1{,}732 \times 6 = 4\ M$.

Por lo tanto

$$B_1 + 4\ M + B_2 = 1\ 018{,}416\ \text{cm}^2$$

y

$$V = {}^1/_6 \times 18 \times 1\ 018{,}416 = 3\ 055{,}2\ \text{cm}^3.$$

Ejercicios

30-10. Utilizando la fórmula para hallar el volumen de un prismatoide, hallar los volúmenes de los sólidos siguientes:

(a) Un cubo de arista x.
(b) Un cilindro circular recto de radio r y altura h.
(c) Un cono circular recto de radio r y altura h.
(d) Una semiesfera de radio r.

30-11. Hallar el volumen del sólido que muestra la figura 30-4.

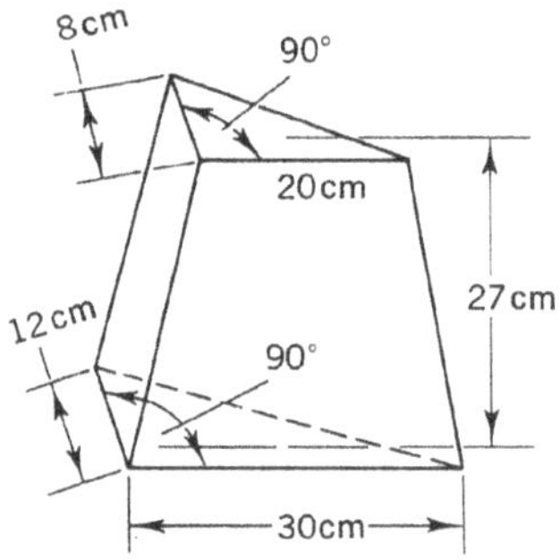

Figura 30-4. Ejercicio 30-11.

30-12. Hallar el volumen del sólido que muestra la figura 30-5.

30-13. Un pilar de cemento para un puente de ferrocarril tiene las dimensiones que muestra la figura 30-6. Las bases son dos rectángulos con un semicírculo en uno de los lados. Hallar los metros cúbicos de hormigón necesarios para hacer 20 pilares como éste.

30-14. La trinchera de un ferrocarril tiene las dimensiones que aparecen en la figura 30-7, que nos muestra la sección vertical de la trinchera y tres secciones rectas, la del centro y las de los dos extremos. Hallar los metros cúbicos de tierra que hubo que remover.

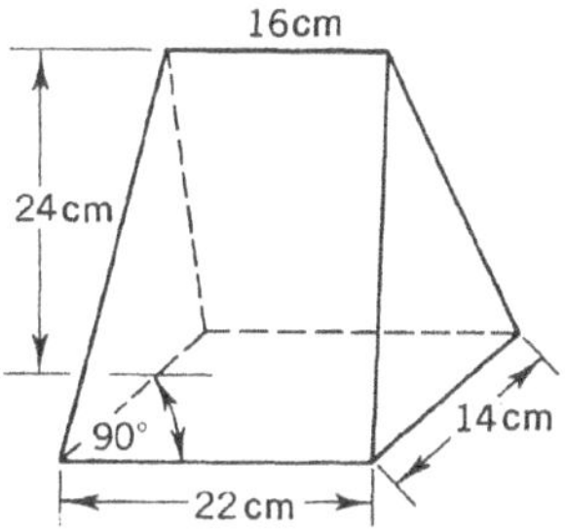

Figura 30-5. Ejercicio 30-12.

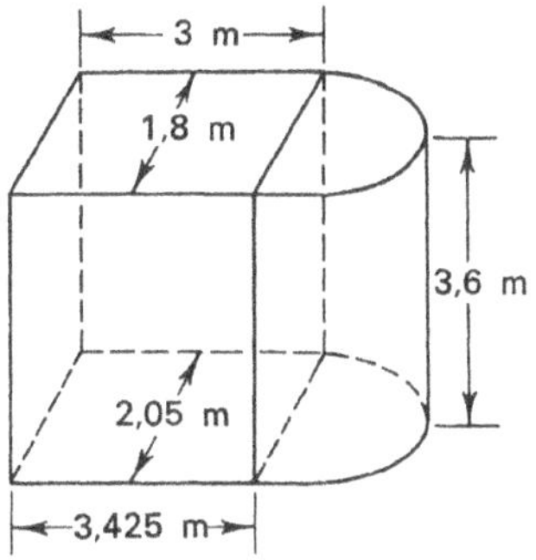

Figura 30-6. Ejercicio 30-13.

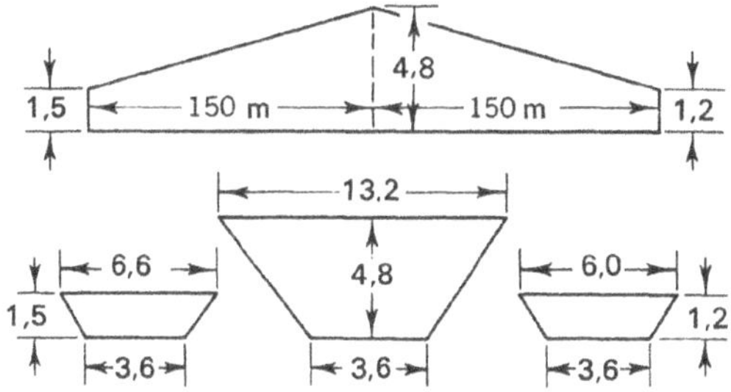

Figura 30-7. Ejercicio 30-14.

30-3 LOS CINCO POLIEDROS REGULARES

Un *poliedro* es un sólido o cuerpo geométrico limitado sólo por planos. Un *poliedro regular* es un poliedro cuyas caras son todas polígonos regulares iguales. La figura 30-8 nos muestra los poliedros regulares. Las rectas de intersección de las caras son las *aristas* del poliedro; los puntos donde se cortan las aristas son los *vértices;* y las superficies planas comprendidas entre las aristas son las *caras* del poliedro. Una recta que une dos vértices cualesquiera del poliedro que no estén en la misma cara, se llama *diagonal* del poliedro.

Existen solamente cinco poliedros convexos regulares. Son los siguientes:

1. El *tetraedro regular* tiene cuatro caras que son triángulos equiláteros iguales; en cada vértice se cortan tres caras. Tiene cuatro vértices y seis aristas.

2. El *hexaedro regular* o *cubo,* tiene seis caras que son cuadrados iguales; en cada vértice se cortan tres caras. Tiene ocho vértices y doce aristas.

3. El *octaedro regular* tiene ocho caras que son triángulos equiláteros iguales; en cada vértice se cortan cuatro caras. Tiene seis vértices y doce aristas.

4. El *dodecaedro regular,* tiene doce caras que son pentágonos regulares iguales; en cada vértice se cortan tres caras. Tiene veinte vértices y treinta aristas.

5. El *icosaedro regular* tiene veinte caras que son triángulos equiláteros iguales; en cada vértice se cortan cinco caras. Tiene doce vértices y treinta aristas.

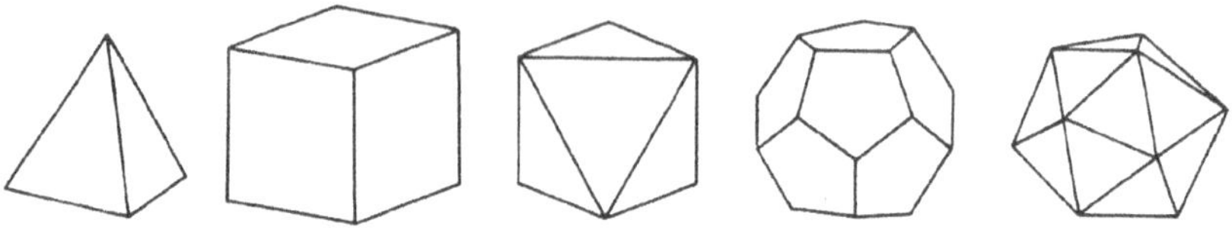

(a) (b) (c) (d) (e)

Figura 30-8. (*a*) *Tetraedro;* (*b*) *Hexaedro;* (*c*) *Octaedro;* (*d*) *Dodecaedro;* (*e*) *Icosaedro.*

Es aconsejable que el alumno construya unos modelos de los cinco poliedros regulares convexos, como se indica en la figura 30-9. Basta cortar unas piezas de cartulina con la forma que se indica y doblar por las líneas de puntos, que son las aristas del poliedro. Para poder hacer los pliegues más fácilmente, cortar la cartulina por las líneas de puntos hasta la mitad del espesor. Con goma o papel de pegar transparente se fijan los vértices y el resto de las aristas del poliedro.

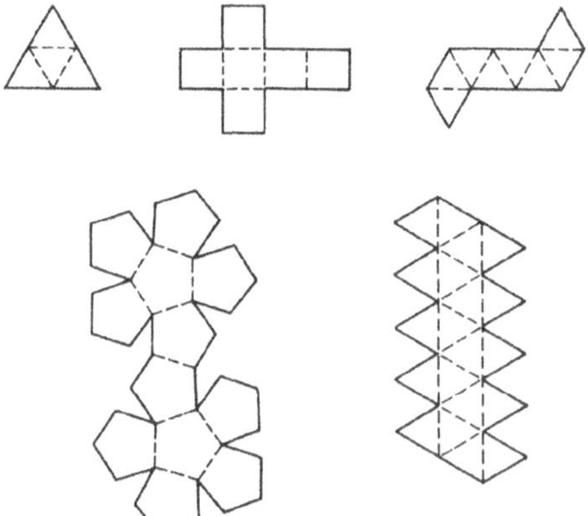

Figura 30-9. Desarrollos de los poliedros regulares.

4

TRIGONOMETRÍA

31/Introducción

31-1 TRIGONOMETRIA

Como el alumno ha podido comprobar según avanza en el estudio de las Matemáticas, cada nuevo tema de estudio se basa en los temas precedentes, y con los nuevos conocimientos matemáticos, más tipos de problemas se pueden resolver y, además, de forma más sencilla.

Esta parte del libro está dedicada al estudio de la Trigonometría. Para este estudio aplicaremos la Aritmética, el Álgebra y la Geometría; por eso, algunos de los errores que cometa el alumno al manejar la Trigonometría serán en realidad errores de Aritmética, Álgebra y Geometría. Pero esto no debe inquietar al alumno; al corregir estos errores aumentará sus conocimientos y entenderá mejor los temas que ha estudiado ya.

La palabra «Trigonometría» proviene de dos palabras griegas: *trigonon* que significa triángulo; y *metría* que significa «medida». Esta etimología parece reducir el objeto de la Trigonometría a los triángulos, pero la medida de triángulos es sólo uno de los objetivos de la Trigonometría, en la que se estudian otras cuestiones diversas, relativas a los ángulos.

31-2 ÁNGULOS

Como la Trigonometría es un estudio de los ángulos, es preciso que el alumno tenga una idea muy clara del concepto y la medida de los ángulos.

En Geometría, la definición de ángulo da una idea clara de lo que es un ángulo solamente para ángulos pequeños. En Trigonometria manejaremos ángulos de cualquier tamaño y también ángulos positivos y *negativos*. Por lo tanto, necesitaremos una definición más general de ángulo.

Si una semirrecta gira alrededor de uno de sus extremos sin salirse de un plano, se dice que *genera*, *describe* o *barre* un ángulo. La manecilla de un reloj puede tomarse como ejemplo de una semirrecta que gira alrededor de un punto y describe un ángulo.

La *magnitud* o el *tamaño* de un ángulo viene determinado por la *cantidad que ha girado* la recta.

Si la recta gira en *sentido contrario a las agujas del reloj* el ángulo que describe se llama *positivo*. Si la recta gira en el *sentido de las agujas del reloj*, el ángulo que barre se llama *negativo*.

La posición que ocupaba la semirrecta antes de girar se llama *recta* o *lado inicial* y la posición que ocupa después de realizar el giro se llama *recta* o *lado final*. Una flecha en forma de arco que se dibuja entre el lado inicial y el lado final del ángulo, con la punta al lado de la recta final nos indica el *sentido* del ángulo —es decir, la dirección del giro— y el *tamaño* del ángulo. En la figura 31-1 *a*, la recta *OX* puede imaginarse como fija en el punto *O* y girando en sentido contrario a las agujas del reloj hasta ocupar la posición *OP*. El ángulo que ha barrido es un ángulo *positivo* y se denomina «ángulo *XOP*». Obsérvese que la recta inicial es la que se lee en primer lugar.

En la figura 31-1 *b*, la recta *OX* ha girado en el mismo sentido que las agujas del reloj; entonces ha descrito un ángulo *negativo*, *XOP*.

De acuerdo con la definición anterior, es evidente que un ángulo puede tener cualquier

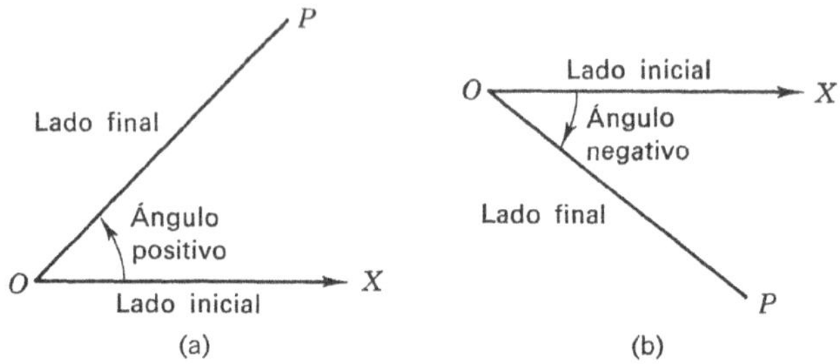

Figura 31-1. (*a*) *Ángulo positivo;* (*b*) *ángulo negativo.*

valor concreto. Así, un ángulo de 467° es una vuelta completa más 107°. La figura 31-2 *a*, nos muestra un ángulo de esta medida. Un ángulo de − 229° es el producido por un giro de 229° en sentido negativo (el mismo que el de las agujas del reloj); en la figura 31-2 *b* aparece este ángulo. Un ángulo de 3 760° es un ángulo correspondiente a un giro de 10 vueltas completas y 160° más, en sentido contrario al de las agujas del reloj.

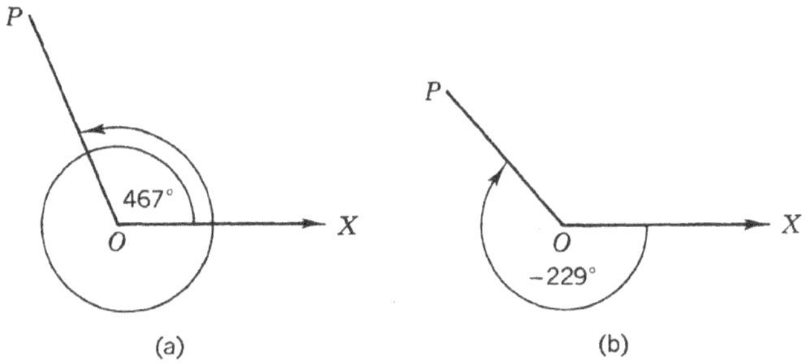

Figura 31-2. (*a*) *Ángulo de 467°;* (*b*) *ángulo de − 229°.*

31-3 CUADRANTES

Todos los ángulos se localizan en uno de los cuatro cuadrantes. En la figura 31-3 se ve gráficamente: en ella se ven dos rectas, *X'X* e *Y'Y* perpendiculares, es decir, que se cortan formando cuatro ángulos de 90°. La parte limitada por *XOY* se llama «primer cuadrante», la limitada por *YOX'* se llama «segundo cuadrante», la limitada por *X'OY'* es el «tercer cuadrante» y la limitada por *Y'OX* es el «cuarto cuadrante». Si la parte positiva del eje *X*, es decir, *OX*, se toma como lado inicial del ángulo, se dice que el ángulo está en el primer cuadrante, si su lado final están entre las rectas *OX* y *OY*. No hay que tener en cuenta el número de vueltas completas que ha dado. Así, los ángulos de 40°, 400°, 760° están todos en el *primer cuadrante*

Del mismo modo, si el lado final del ángulo está entre *OY* y *OX'*, el ángulo se dice que está en el *segundo cuadrante*. Si el lado final se encuentra entre *OX'* y *OY'*, el ángulo se encuentra en el *tercer cuadrante*. Si el lado final del ángulo está entre *OY'* y *OX*, el ángulo está en el *cuarto*

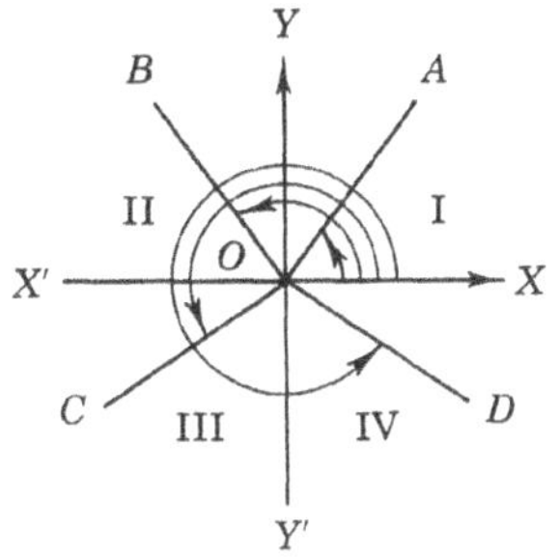

Figura 31-3. Cuadrantes.

cuadrante. En la figura 31-3 el ángulo *XOA* está en el primer cuadrante, *XOB* está en el segundo cuadrante, *XOC* en el tercer cuadrante y *XOD* en el cuarto cuadrante.

Si el lado final del ángulo coincide con *OX, OY, OX'* u *OY'* se dice que el ángulo está entre dos cuadrantes. Esto sucede con los ángulos de 0°, 90°, 180°, 270°, 360°, 450°, y así sucesivamente.

Puesto que el sentido y la magnitud de un ángulo no varían cuando se coloca el ángulo en distintas posiciones en el plano, cualquier ángulo puede colocarse de forma que su vértice sea *O* y su lado inicial la parte positiva del eje *X*, es decir, *OX*. Para determinar el sentido y la magnitud de un ángulo es conveniente situarlo en esa posición; un ángulo colocado así, se dice que está en la *posición de referencia* o *posición normal*.

31-4 MEDIDA DE ÁNGULOS

Para medir el tamaño o la magnitud de un ángulo se usan tres unidades de medida: el *grado*, el *ángulo recto*, y el *radián*.

El *grado* se define como el valor del ángulo formado dividiendo una vuelta completa, o el círculo, en 360° partes iguales. En la figura 31-4, se ve gráficamente un ángulo de 1°. El ángulo *ABC* representa un grado (1°), ya que el lado final ha girado $^1/_{360}$ de vuelta completa.

Cuando la línea *BC* de la figura 31-4 ha girado $^1/_4$ de vuelta completa, el ángulo que forma es un *ángulo recto;* como la rotación que ha hecho es de $^1/_4$ de vuelta, el ángulo recto es igual a 90°. El ángulo *XOY* de la figura 31-3 es un ángulo recto. Si la línea *CB* de la figura 31-4 gira media vuelta, forma un ángulo llano. Entonces, un ángulo llano es igual a la suma de dos ángulos rectos o 180°. El ángulo *XOX'* de la figura 31-3 es un ángulo llano. Si *CB* girase tres cuartos de vuelta, formaría un ángulo igual a tres ángulos rectos, o 270°. ¿Podéis comprender por qué?

Figura 31-4. El grado.

Es muy importante comprender bien que el tamaño de un ángulo viene determinado por el

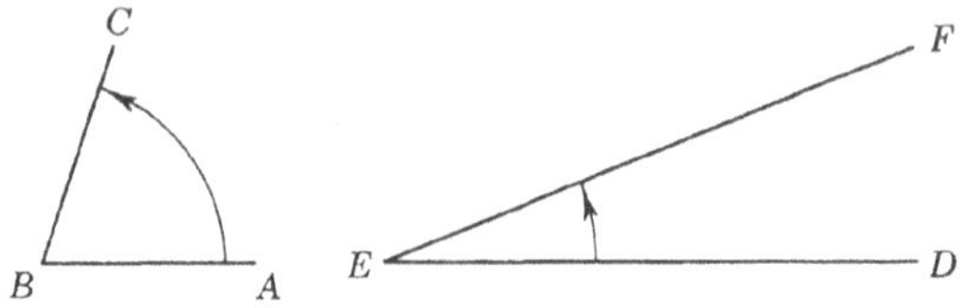

Figura 31-5. $\angle ABC$ *es mayor que* $\angle DEF$.

giro que ha efectuado la recta, y *no* por la longitud de los lados que lo representan. Por ejemplo, en la figura 31-5 el ángulo *ABC* es mayor que el ángulo *DEF*, ya que el lado final *BC* ha girado más que el lado final *EF*.

El grado está a su vez dividido en *minutos* y *segundos*, para que la medida de los ángulos pueda darse con mayor aproximación. El grado se divide en 60 partes iguales llamadas *minutos*, y el minuto se divide en 60 partes iguales llamadas *segundos*. Los grados, minutos y segundos de arco o de ángulos se expresan con los símbolos °, ′, ″, respectivamente. Un ángulo de 27 grados, 47 minutos y 35 segundos se escribiría 27° 47′ 35″. Entonces 1° = 60′, 1′ = 60″.

La tercera unidad para medida de ángulos es el *radián*. El radián se define como el ángulo central de un círculo al que corresponde un arco de longitud a la del radio de la circunferencia. Esta definición se ve gráficamente en la figura 31-6, en la que la longitud del arco *AB* es igual al radio *OA* del círculo. El ángulo *AOB* es igual a un radián.

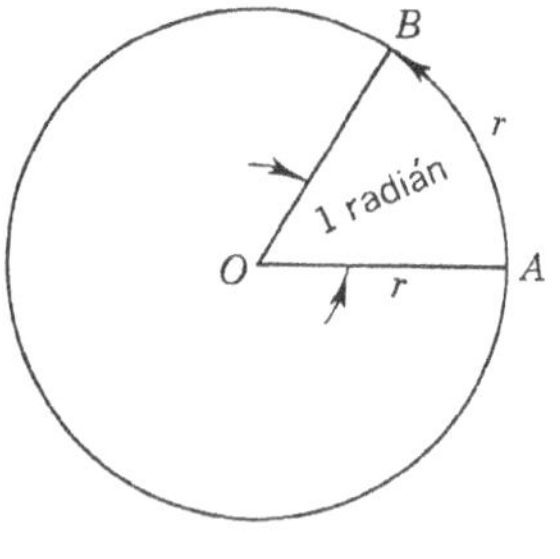

Figura 31-6. El radián.

31-5 RELACIÓN ENTRE EL RADIÁN Y EL GRADO

La relación entre estas dos unidades de medida puede determinarse fácilmente, porque la longitud de la circunferencia es igual a 2π por su radio; es decir $C = 2\pi r$.

El círculo de la figura 31-6 se ha formado al girar la recta *OB* un ángulo de 360°. La circunferencia ha sido trazada por el punto *B* de la línea *OB* al girar dicho ángulo. Como el ángulo descrito por la recta *OB* para formar el círculo es de 360°, y corresponde a una longitud $C = 2\pi r$ sobre la circunferencia, se tiene

$$360° = 2\pi \text{ radianes}$$

o

$$2\pi \text{ radianes} = 360°$$

$$2(3{,}1416) \text{ radianes} = 360°$$

$$1 \text{ radián} = \frac{360}{2(3{,}14159)} = \frac{180}{3{,}14159} = 57{,}29578°$$

$$= 206264{,}8'' + = 57°17'44{,}8'' +$$

Para la mayoría de los cálculos se suele tomar 1 radián igual a 57,3°.

También, como 360° = 2π radianes,

$$1° = \frac{2\pi}{360} = \frac{\pi}{180} = \frac{3{,}14159}{180} = 0{,}017453 \text{ radianes}$$

Como $60' = 1°$,

$$1' = \frac{0{,}017543}{60} \text{ radianes}$$

$$1' = 0{,}00029 + \text{ radianes}$$

y como $60'' = 1'$, $1'' = 0{,}0000048$ radianes.

Resumiendo las relaciones anteriores:

Para convertir los radianes en grados, se multiplica el número de radianes por $180/\pi$, *o* 57,29578.

Para convertir los grados en radianes se multiplica el número de grados por $\pi/180$, *o* 0,017453.

Ejemplo 1: Convertir 2,5 radianes en grados, minutos y segundos.

Solución: Como 1 radián = 57,29578°,

$$2{,}5 \text{ radianes} = 2{,}5 \times 57{,}29578 = 143{,}2394°$$

Para calcular el número de minutos, se multiplica la parte decimal del número de grados por 60.

$$0{,}2394° = 60 \times 0{,}2394 = 14{,}364'$$

Para calcular el número de segundos, se multiplica la parte decimal de este número por 60.

$$0{,}364' = 60 \times 0{,}364 = 21{,}8''$$

Por lo tanto, hasta un segundo de aproximación,

$$2{,}5 \text{ radianes} = 143°14'22''$$

Ejemplo 2: Convertir 22° 36′ 30″ en radianes.

Solución: Escribiendo los grados en forma decimal:

$$22°36'30'' = 22{,}6083 + °$$

Como 1° = 0,017453 + radianes,

$$22{,}6083+^{\circ} = 22{,}6083 \times 0{,}017453 = 0{,}3946 \text{ radianes}$$

La medida de un ángulo en radianes se suele llamar *medida circular* o *π medida.*

Varios de los ángulos de uso más frecuente se suelen expresar en radianes en función de π. Al dar los valores de esta forma, se expresan de modo más exacto y se evita el uso de decimales con muchas cifras. Además, como 2π radianes = 360°, π radianes = 180°. Cuando el número de grados es una fracción de 180° con un denominador sencillo, es preferible usar para expresar el ángulo en radianes. Así 90° = $^1/_2\,\pi$ radianes, 60° = $^1/_3\,\pi$ radianes, 270° = $^3/_2\,\pi$ radianes, y así sucesivamente.

Cuando se utiliza la medida circular para ángulos, la palabra «radián» se suele omitir. Es decir, si escribimos un ángulo cuyo valor es π, $^1/_2\,\pi$, $^1/_4\,\pi$, 3, 0,5 la palabra «radianes» se sobreentiende en cada caso.

Ejercicios

En los ejercicios siguientes, todos los ángulos se hallan en la posición de referencia o posición normal. Indicar mediante una flecha en forma de arco, el sentido y la magnitud de los ángulos. Usar el transportador para dibujar los ángulos, cuando la medida venga dada en grados.

31-1. Dibujar ángulos positivos, uno en cada cuadrante y uno entre cada dos cuadrantes.

31-2. Dibujar ángulos negativos, uno en cada cuadrante y uno entre cada dos cuadrantes.

31-3. Dibujar los ángulos siguientes y decir en qué cuadrante o entre qué cuadrantes están sus lados finales:

65°	375°	1 020°	−1 200°
240°	210°	630°	−145°
374°	15°	−100°	−225°
180°	790°	−315°	−800°

31-4. En el Ejercicio 31-3 elegir dos ángulos cuya suma esté **(a)** en el primer cuadrante; **(b)** en el segundo cuadrante; **(c)** en el tercer cuadrante; y **(d)** en el cuarto cuadrante.

NOTA: La suma de 210° y − 110° será un ángulo que estará en el segundo cuadrante.

31-5. Dibujar el lado final del ángulo de 60°. Dar cuatro ángulos positivos distintos de éste que tengan su lado final en el mismo sitio que el ángulo de 60°. Dibujar cuatro ángulos negativos que tengan el mismo lado final que el ángulo de 60°. Dar sus valores.

31-6. Dibujar el ángulo de − 215°. ¿Cuál es el ángulo positivo más pequeño que tenga el mismo lado final de éste? ¿Cuántos ángulos existen que tengan este mismo lado final?

31-7. Dibujar los siguientes pares de ángulos, usando el mismo lado inicial para cada pareja: 170° y − 190°; − 40° y 320°; 150° y − 210°.

31-8. Dibujar los ángulos siguientes y sus complementarios: 30°; 210°; − 45°; − 300°; 0°.

31-9. Mostrar en un dibujo la posición de la línea que gira cuando ha engendrado cada uno de los ángulos siguientes: dos ángulos rectos; $2\,^1/_2$ ángulos rectos; $1\,^1/_3$ ángulos rectos; $4\,^1/_3$ ángulos rectos.

31-10. Expresar los siguientes ángulos como múltiplos de π radianes (o π radio). Por ejemplo, 54° = $^{54}/_{180}\,\pi$ radio = $^3/_{10}\,\pi$ radianes: 18°, 20°, 30°, 36°, 45°, 60°, 72°, 90°, 120°, 135°, 180°, 210°, 225°, 270°, 300°, 315°, 330°, 360°, 540°, 720°, 1 080°.

31-11. Reducir los ángulos siguientes a radianes:

(a) 18°	**(f)** 75°30′
(b) 147°	**(g)** 16°43′10″
(c) 130°	**(h)** 95°10′10″
(d) 185°	**(i)** 125°46′30″
(e) 62°40′	**(j)** 127°41′50″

31-12. Los ángulos siguientes están expresados en radianes. Reducirlos (1) a grados y decimales de grado hasta cuatro cifras decimales; (2) a grados, minutos y segundos.

(a) $\frac{1}{10}\pi$	**(f)** 3π
(b) $\frac{1}{6}\pi$	**(g)** 2,236
(c) $\frac{1}{3}\pi$	**(h)** 4,23
(d) $\frac{2}{3}\pi$	**(i)** 0,125
(e) $\frac{3}{4}\pi$	

31-13. Expresar los ángulos de los polígonos regulares siguientes en grados y en radianes: **(a)** de tres lados; **(b)** de cuatro lados; **(c)** de cinco lados; **(d)** de seis lados; **(e)** de ochos lados; **(f)** de doce lados.

31-14. Si un hombre camina siguiendo un círculo hasta dar una vuelta completa, ¿cuántos radianes ha girado? Si el radio del círculo es 10 m, ¿cuántos metros anduvo?

31-15. En 3 horas, ¿cuántos radianes ha girado el minutero de un reloj? ¿Y la aguja que marca las horas? ¿Y el segundero?

31-16. ¿Cuántos radianes miden cada uno de los ángulos de un triángulo rectángulo, si uno de los ángulos agudos mide 36° 47′?

31-17. ¿Cuántos grados miden cada uno de los ángulos de un triángulo isósceles, si el ángulo del vértice mide $^1/_6\,\pi$ radianes?

31-18. Dos ángulos de un triángulo miden $^2/_3$ y $^2/_5$ radianes. Hallar la medida en radianes y en grados del tercer ángulo.

32/Funciones trigonométricas

32-1 LAS FUNCIONES TRIGONOMÉTRICAS

Todos los cálculos de Trigonometría se realizan basándose en ciertas razones; estas razones son seis: seno, coseno, tangente, cotangente, secante y cosecante. Estas razones se llaman *funciones trigonométricas.* El alumno debe comprender perfectamente las definiciones de estas seis funciones.

32-2 LAS SEIS FUNCIONES

Consideremos la figura 32-1. Si dibujamos un ángulo agudo *XOA*, y desde un punto cualquiera *P* de la recta *OA* se traza la perpendicular *QP* a la recta *OX*, se formará un triángulo rectángulo *QOP*. La razón de la longitud *QP* a la de *OP* se llama *seno* del ángulo θ, y se escribe normalmente sen θ. O sea, la razón *QP*/*OP* se llama *seno* del ángulo θ (se escribe sen θ), o *QP*/*OP* = sen θ. El valor numérico de sen θ puede determinarse para cualquier ángulo, desde 0 hasta cualquier número de grados.

Es posible determinar con un dibujo a escala, el valor del seno de un ángulo cualquiera. Por ejemplo, para determinar el valor de sen θ cuando $\theta = 30°$, construimos un ángulo de 30° (como en la figura 32-2), medimos una distancia conveniente *OP* y trazamos la perpendicular *PQ* a la recta *OQ*. Determinamos las dos longitudes *OP* y *QP* y sustituimos sus valores en la fórmula *QP*/*OP* = sen θ.

En la figura 32-2, *OP* = 2,9 cm y *PQ* = 1,45 cm. Entonces

$$\text{sen } 30° = \frac{QP}{OP} = \frac{1{,}45}{2{,}9} = 0{,}500, \text{ o sen } 30° = 0{,}500$$

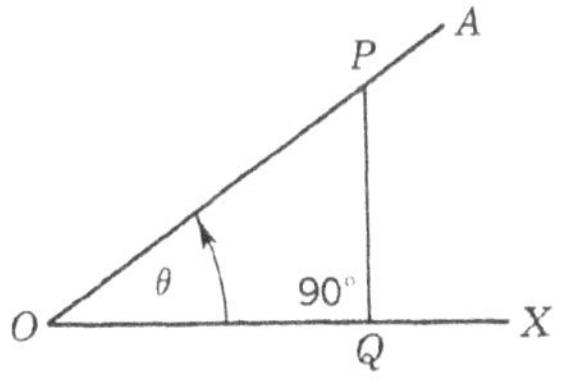

Figura 32-1. $QP/OP = \text{sen } \theta$.

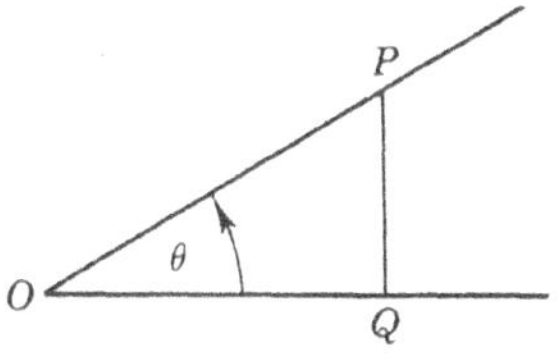

Figura 32-2. Cálculo de sen θ cuando θ = 30°.

El seno de 30° es *siempre* igual a 0,500; esta razón es constante. El alumno puede comprobar que esta razón es constante construyendo varios triángulos y calculando el valor de sen θ en cada uno de los triángulos que construya.

Si θ tiene el mismo valor en cada uno de los triángulos rectángulos que construyamos, estos triángulos serán semejantes. Como los lados correspondientes de los triángulos semejantes son proporcionales, la razón de QP a OP será una constante para cada valor de θ.

Las seis razones trigonométricas pueden definirse ahora en función de las líneas de la figura 32-2:

La razón QP/OP se llama *seno* del ángulo θ; se escribe sen θ.
La razón OQ/OP se llama *coseno* del ángulo θ; se escribe cos θ.
La razón QP/OQ se llama *tangente* del ángulo θ; se escribe tag θ o tg θ.
La razón OQ/QP se llama *cotangente* del ángulo θ; se escribe cotg θ o ctg θ.
La razón OP/OQ se llama *secante* del ángulo θ; se escribe sec θ.
La razón OP/QP se llama *cosecante* del ángulo θ; se escribe cosec θ.

Observemos que las tres últimas funciones ctg θ, sec θ, y cosec θ, son las inversas de tg θ, cos θ, y sen θ, respectivamente. Por lo tanto, sólo es necesario recordar la definición de las tres primeras y recordar que el valor de las tres últimas es el inverso del valor de éstas.

32-3 FUNCIONES DE UN ÁNGULO CUALQUIERA

Dibujemos cuatro ángulos cualesquiera, uno en cada cuadrante, como se ve en la figura 32-3. En este caso los cuatro ángulos formados son XOP_1, XOP_2, XOP_3, y XOP_4. En los cuatro lados finales de estos ángulos, elegimos cuatro puntos P_1, P_2, P_3, y P_4 a una distancia conveniente del punto O (la distancia puede ser cualquiera) y dibujemos las perpendiculares desde estos puntos al eje X. La distancia desde O a lo largo del lado final de estos ángulos hasta los puntos P_1, P_2, P_3, y P_4 la representaremos por r; estas distancias se consideran *siempre positivas*.

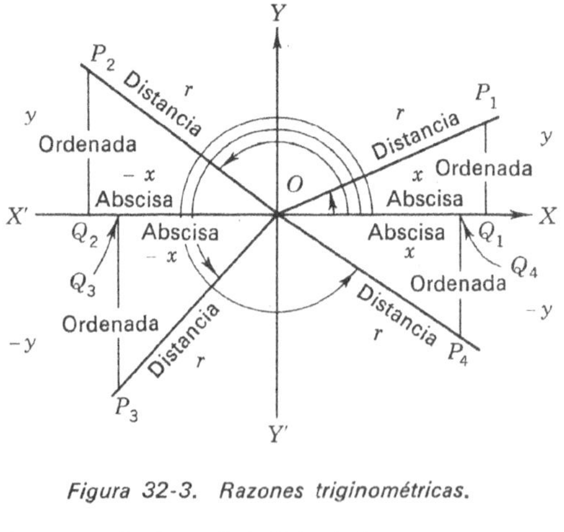

Figura 32-3. Razones triginométricas.

Las longitudes de las perpendiculares al eje X desde los cuatro puntos, son precisamente las ordenadas de los puntos P_1, P_2, P_3, y P_4. Las ordenadas P_1Q_1 y P_2Q_2 son longitudes *positivas*, ya que se encuentran por encima del eje X. Las ordenadas P_3Q_3 y P_4Q_4 se consideran *negativas*, ya que se encuentran por debajo del eje X.

Las distancias OQ_1 y OQ_4 se consideran *positivas* porque se encuentran a la derecha del eje *Y*. Las distancias OQ_2 y OQ_3 son *negativas* ya que se encuentran a la izquierda del eje *Y*.

Las razones para cualquiera de los ángulos dibujados, o para un ángulo cualquiera, son:

$$\text{sen } \theta = \frac{y}{r} \qquad \text{cosec } \theta = \frac{r}{y}$$

$$\cos \theta = \frac{x}{r} \qquad \sec \theta = \frac{r}{x}$$

$$\text{tg } \theta = \frac{y}{x} \qquad \text{ctg } \theta = \frac{x}{y}$$

32-4 SIGNOS DE LAS SEIS FUNCIONES

El seno de un ángulo θ se define como y/r, siendo la distancia r siempre positiva. Para un ángulo menor de 90°, y sería también positiva y el signo de la razón sería *positivo*. Para un ángulo mayor de 90° pero menor de 180°, la razón también será *positiva* ya que y es positiva.

Para los ángulos mayores de 180° pero menores de 270°, el seno será *negativo* porque y es negativa. Para ángulos mayores de 270° pero menores de 360°, el seno será negativo porque y es negativa.

El signo algebraico de las restantes funciones trigonométricas para el ángulo θ se determinan de la misma manera. Estos signos aparecen en la Tabla 32-1. El alumno puede comprobar los signos que se dan en la Tabla 32-1, estudiando la figura 32-3.

Tabla 32-1. Signos algebraicos de las funciones de θ.

CUADRANTE	SEN θ	COS θ	TG θ	CTG θ	SEC θ	COSEC θ
I	+	+	+	+	+	+
II	+	−	−	−	−	+
III	−	−	+	+	−	−
IV	−	+	−	−	+	−

Ejercicios

NOTA: Téngase en cuenta que estas razones trigonométricas son números reales y por tanto pueden ser positivas, negativas, o nulas, según en qué cuadrante se encuentre el lado final del ángulo.

32-1. Para cada uno de los siguientes casos, indicar el cuadrante o los cuadrantes en que se encuentra el lado final de los ángulos y dibujar la figura:

(a) Cuando sen θ es positivo.
(b) Cuando sen θ es negativo.
(c) Cuando sen θ es cero.
(d) Cuando cos θ es positivo.
(e) Cuando cos θ es negativo.
(f) Cuando cos θ es cero.
(g) Cuando tg θ es (1) positiva, (2) negativa, (3) nula.
(h) Contestar las tres preguntas del Ejercicio 32-1*g* para sec θ, cosec θ, y ctg θ.
(i) Cuando todas las funciones trigonométricas son positivas.
(j) Cuando todas las funciones trigonométricas son negativas.

32-2. ¿Cuáles son las dos funciones positivas para los ángulos del segundo cuadrante?

32-3. ¿Cuáles son las cuatro funciones negativas para los ángulos del cuarto cuadrante?

32-4. ¿En qué cuadrante es positivo sen θ y cos θ es negativo?

32-5. ¿En qué cuadrante es negativo sen θ y cos θ es positivo?

32-6. ¿En qué cuadrante es cos θ positivo y tg θ negativa?

32-7. ¿En qué cuadrante es sec θ negativa y cosec θ positiva?

32-8. ¿En qué cuadrante es ctg θ positiva y sec θ positiva?

32-9. Cuando el lado final del ángulo está en el eje X, ¿qué funciones trigonométricas son nulas? ¿Qué funciones valen 1? ¿Qué funciones no están definidas?

NOTA: La división por cero no está definida.

32-10. Cuando el lado final del ángulo coincide con el eje Y, ¿qué funciones trigonométricas son nulas? ¿Qué funciones valen 1? ¿Qué funciones no están definidas?

32-11. ¿Qué funciones trigonométricas son iguales para los ángulos que tienen el mismo lado final que el de 45°? ¿Qué el de 225°?

32-12. Dar los signos algebraicos de cada una de las razones trigonométricas de los ángulos siguientes (dibujar la figura):

(a) 30°	**(d)** 315°	**(g)** −45°	**(j)** $\frac{1}{4}\pi$
(b) 120°	**(e)** 420°	**(h)** −150°	**(k)** $-\frac{5}{6}\pi$
(c) 225°	**(f)** 750°	**(i)** −300°	**(l)** $\frac{2}{3}\pi$

32-13. Demostrar que el seno y el coseno de un ángulo nunca tomán valores mayores que + 1, ni menores que − 1.

32-14. Demostrar que la secante y la cosecante de un ángulo nunca toman valores comprendidos entre − 1 y + 1.

32-15. Demostrar que la tangente y la cotangente de un ángulo pueden tomar cualquier valor.

32-16. ¿Existe algún ángulo cuya tangente sea positiva y su cotangente negativa? ¿Existe algún ángulo que tenga la secante positiva y el coseno negativo? ¿Existe algún ángulo que tenga la secante positiva y la cosecante negativa?

32-17. Dibujar un par de ejes coordenados y en ellos un ángulo de 60°. Tomar, en el lado final del ángulo, un punto situado a 2 cm del origen, y hallar la abscisa y la ordenada de este punto. Finalmente, dar el valor de las funciones trigonométricas de 60°.

SUGERENCIA: En este caso la distancia al origen es 2; la abscisa es 1; y la ordenada es $\sqrt{3}$.

32-18. Repetir los mismos pasos que en el Ejercicio 32-17, esta vez para 120°: observar que la abscisa es ahora − 1.

32-5 CÁLCULO DE FUNCIONES TRIGONOMÉTRICAS

Hay dos triángulos rectángulos para los que conocemos por Geometría las relaciones que existen entre sus lados y sus ángulos. Son el triángulo rectángulo isósceles, cuyos ángulos agudos miden cada uno 45°, y el triángulo rectángulo cuyos ángulos agudos miden 30° y 60°. Las funciones trigonométricas para los ángulos de 30°, 45°, y 60° puede calcularse, ya que las relaciones entre los lados de estos dos triángulos son conocidas o pueden determinarse fácilmente.

32-6 *FUNCIONES TRIGONOMÉTRICAS DE 30°

En un triángulo rectángulo cuyos ángulos agudos miden 30° y 60°, la hipotenusa es doble que el lado menor. En cualquier triángulo rectángulo, el cuadrado de la hipotenusa es igual a la suma de los cuadrados de los catetos.

Para calcular las funciones trigonométricas de un ángulo de 30°, dibujaremos un ángulo $XOP = 30°$ como en la figura 32-4. Localizamos un punto P en el lado final del ángulo, a una distancia de dos unidades del punto O, y trazamos la perpendicular PM desde el punto P a la recta OX. La distancia PM medirá entonces una unidad. Para calcular la longitud OM:

$$\begin{aligned}(OP)^2 &= (PM)^2 + (OM)^2\\ 2^2 &= 1^2 + (OM)^2\\ 4 &= 1 + (OM)^2\\ 3 &= (OM)^2\\ \sqrt{3} &= OM\end{aligned}$$

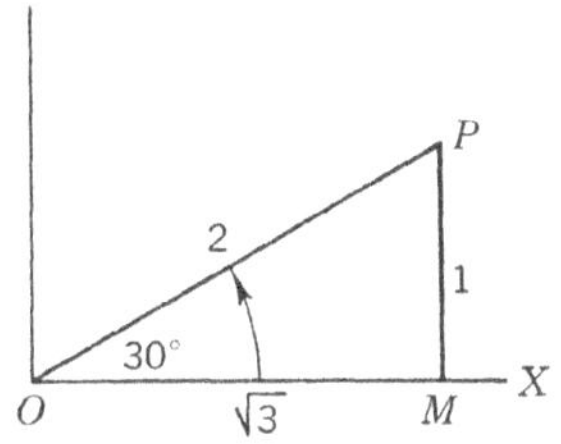

Figura 32-4. Cálculo de las funciones del ángulo de 30°.

Como todas las longitudes de la figura 32-4 son conocidas, podemos calcular las seis razones trigonométricas para el ángulo de 30°:

$$\text{sen } 30° = \frac{y}{r} = \frac{1}{2}, \text{ o } 0{,}5 \qquad \text{cosec } 30° = \frac{r}{y} = \frac{2}{1}, \text{ o } 2$$

$$\cos 30° = \frac{x}{r} = \frac{\sqrt{3}}{2}, \text{ o } \frac{1}{2}\sqrt{3} \qquad \sec 30° = \frac{r}{x} = \frac{2}{\sqrt{3}}, \text{ o } \frac{2}{3}\sqrt{3}$$

$$\text{tg } 30° = \frac{y}{x} = \frac{1}{\sqrt{3}}, \text{ o } \frac{\sqrt{3}}{3} \qquad \text{ctg } 30° = \frac{x}{y} = \frac{\sqrt{3}}{1}, \text{ o } \sqrt{3}$$

32-7 FUNCIONES TRIGONOMÉTRICAS DE 45°

En un triángulo rectángulo cuyos ángulos agudos miden 45°, los dos catetos tienen la misma longitud. Como en cualquier triángulo rectángulo el cuadrado de la hipotenusa es igual a la suma de los cuadrados de los catetos, podemos determinar el valor de los tres lados de un triángulo rectángulo isósceles.

Para calcular las funciones trigonométricas de un ángulo de 45° dibujaremos un ángulo $XOP = 45°$, como en la figura 32-5.

Localizamos un punto M en la recta OX, a una distancia uno del punto O, y trazamos la perpendicular MP por el punto M a la recta OX. Entonces MP medirá también una unidad, tendrá la misma longitud que OM. Para calcular OP:

$$(OP)^2 = (OM)^2 + (MP)^2$$

$$(OP)^2 = 1^2 + 1^2$$
$$(OP)^2 = 2$$
$$OP = \sqrt{2}$$

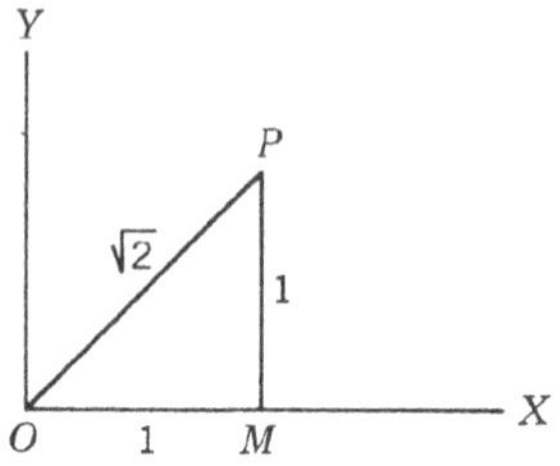

Figura 32-5. Cálculo de las funciones del ángulo de 45°.

Como ya conocemos todas las longitudes de la figura 32-5, podemos calcular las seis razones trigonométricas del ángulo de 45°:

$$\text{sen } 45° = \frac{y}{r} = \frac{1}{\sqrt{2}}, \text{ o } \frac{1}{2}\sqrt{2} \qquad \text{cosec } 45° = \frac{r}{y} = \frac{\sqrt{2}}{1}, \text{ o } \sqrt{2}$$

$$\cos 45° = \frac{x}{r} = \frac{1}{\sqrt{2}}, \text{ o } \frac{1}{2}\sqrt{2} \qquad \sec 45° = \frac{r}{x} = \frac{\sqrt{2}}{1}, \text{ o } \sqrt{2}$$

$$\text{tg } 45° = \frac{y}{x} = \frac{1}{1}, \text{ o } 1 \qquad \text{ctg } 45° = \frac{x}{y} = \frac{1}{1}, \text{ o } 1$$

32-8 FUNCIONES TRIGONOMÉTRICAS DE OTROS ÁNGULOS

Es posible determinar los valores de las funciones trigonométricas de los ángulos de 0°, 45°, 60°, 90°, 120°, 135° y otros valores, usando el mismo método que en las dos últimas secciones. Pero este método sólo puede usarse cuando las longitudes de los lados del triángulo rectángulo son conocidas o pueden calcularse fácilmente. Los valores de las funciones trigonométricas de un ángulo de 33°, por ejemplo, deben determinarse mediante una tabla.

Los métodos que se emplean para calcular los valores de las funciones trigonométricas de los ángulos que no aparecen en la lista anterior, están fuera del alcance de este texto y por lo tanto no los explicaremos. Usaremos las tablas para determinar estos valores.

32-9 APLICACIONES A TRIÁNGULOS RECTÁNGULOS

Cuando un ángulo es agudo, la abscisa, la ordenada, y la distancia desde el punto *O* al punto elegido en el lado final del ángulo, determinan un triángulo rectángulo en el que el ángulo dado es uno de los ángulos agudos del triángulo. Como los triángulos rectángulos tienen muchas aplicaciones en Trigonometría, vamos a establecer de nuevo las definiciones de las funciones trigonométricas haciendo referencia a los triángulos rectángulos.

Dibujaremos un triángulo rectángulo *ABC*, como en la figura 32-6, con el vértice *A* en el punto *O* y el lado *AC* sobre el eje *OX*. Las letras minúsculas *a*, *b*, y *c* representan las longitudes de los tres lados del triángulo rectángulo: el lado opuesto al vértice *A* se designa por *a*; el lado

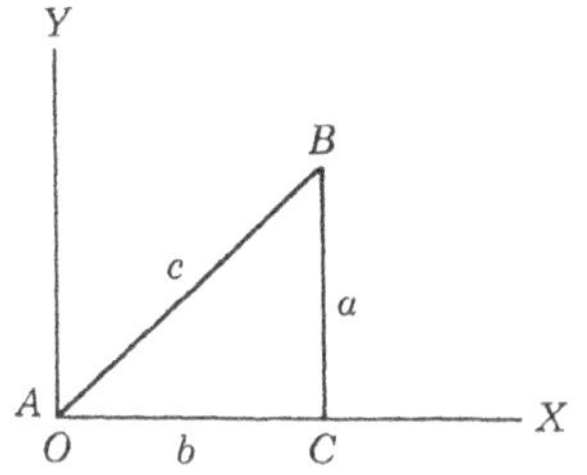

Figura 32-6. Funciones en un triángulo rectángulo.

opuesto al ángulo *B* se designa por *b*; y el lado opuesto al vértice *C* se designa por *c*.

Por definición, las seis razones trigonométricas del ángulo *A* son:

$$\operatorname{sen} A = \frac{\text{ordenada}}{\text{distancia}} = \frac{a}{c} = \frac{\text{cateto opuesto}}{\text{hipotenusa}}$$

$$\cos A = \frac{\text{abscisa}}{\text{distancia}} = \frac{b}{c} = \frac{\text{cateto adyacente}}{\text{hipotenusa}}$$

$$\operatorname{tg} A = \frac{\text{ordenada}}{\text{abscisa}} = \frac{a}{b} = \frac{\text{cateto opuesto}}{\text{cateto adyacente}}$$

$$\operatorname{ctg} A = \frac{\text{abscisa}}{\text{ordenada}} = \frac{b}{a} = \frac{\text{cateto adyacente}}{\text{cateto opuesto}}$$

$$\sec A = \frac{\text{distancia}}{\text{abscisa}} = \frac{c}{b} = \frac{\text{hipotenusa}}{\text{cateto adyacente}}$$

$$\operatorname{cosec} A = \frac{\text{distancia}}{\text{ordenada}} = \frac{c}{a} = \frac{\text{hipotenusa}}{\text{cateto opuesto}}$$

La expresión sen *A* = cateto opuesto/hipotenusa ha de leerse «el seno de un ángulo agudo de un triángulo rectángulo es igual a la longitud del cateto opuesto al ángulo, dividida por la longitud de la hipotenusa». También sen *B* = *b*/*c*, ya que *b* es el cateto opuesto al ángulo *B* y *c* es la hipotenusa.

Las seis funciones trigonométricas para el ángulo *B* de la figura 32-6 son:

$$\operatorname{sen} B = \frac{\text{cateto opuesto}}{\text{hipotenusa}} = \frac{b}{c}$$

$$\cos B = \frac{\text{cateto adyacente}}{\text{hipotenusa}} = \frac{a}{c}$$

$$\operatorname{tg} B = \frac{\text{cateto opuesto}}{\text{cateto adyacente}} = \frac{b}{a}$$

$$\operatorname{ctg} B = \frac{\text{cateto adyacente}}{\text{cateto opuesto}} = \frac{a}{b}$$

$$\sec B = \frac{\text{hipotenusa}}{\text{cateto adyacente}} = \frac{c}{a}$$

$$\text{cosec } B = \frac{\text{hipotenusa}}{\text{cateto opuesto}} = \frac{c}{b}$$

Las seis funciones trigonométricas para estos dos ángulos aparecen en la Tabla 32-2. Observemos que en la Tabla 32-2, sen $A = a/c$ y cos $B = a/c$. Entonces se deduce que sen A = =cos B. Los ángulos A y B son complementarios –es decir, su suma vale 90°. También se cumple que cos $A = b/c$ y sen $B = b/c$; por consiguiente cos A = sen B; y así puede hacerse otras comparaciones con los valores de la Tabla 32-2. Por lo tanto, el seno, coseno, tangente, cotangente, secante y cosecante de un ángulo agudo son, respectivamente, el coseno, seno, cotangente, tangente, cosecante y secante de su ángulo complementario.

Veamos algunos ejemplos de esta afirmación:

$$\cos 75° = \text{sen}\,(90 - 75)° = \text{sen}\,15°$$
$$\text{tg}\,80° = \text{ctg}\,(90 - 80)° = \text{ctg}\,10°$$

Figura 32-2. Funciones de los ángulos complementarios.

Ángulo A	Ángulo B
$\text{sen}\,A = \frac{a}{c}$	$\frac{a}{c} = \cos B$
$\cos A = \frac{b}{c}$	$\frac{b}{c} = \text{sen}\,B$
$\text{tg}\,A = \frac{a}{b}$	$\frac{a}{b} = \text{ctg}\,B$
$\text{ctg}\,A = \frac{b}{a}$	$\frac{b}{a} = \text{tg}\,B$
$\sec A = \frac{c}{b}$	$\frac{c}{b} = \text{cosec}\,B$
$\text{cosec}\,A = \frac{c}{a}$	$\frac{c}{a} = \sec B$

Estas relaciones nos permiten resolver problemas más fácilmente, ya que cualquier función trigonométrica de un ángulo agudo mayor de, 45° puede transformarse en otra función trigonométrica de un ángulo menor de 45°.

NOTA: La palabra «coseno» no se empleó hasta comienzos del siglo XVII. Anteriormente se empleaba la expresión «seno del complemento» (en latín *complementi sinus*), «coseno» es una contracción de esta expresión. Análogamente sucedió con las palabras «cotangente» y «cosecante» que son contracciones de las expresiones latinas *complementi tangens* y *complementi secans*.

32-10 DETERMINACIÓN DE FUNCIONES TRIGONOMÉTRICAS POR CONSTRUCCIÓN Y MEDIDA

Es posible determinar el valor aproximado de las funciones trigonométricas de ángulos por construcción y medida. Como ejemplo de este método, vamos a calcular el valor aproximado del seno, el coseno y la tangente del ángulo de 40°.

Dibujaremos un ángulo *XOP* = 40°, como en la figura 32-7. Tomando una distancia conveniente *OP* en el lado final del ángulo, trazamos la perpendicular *QP* a la recta *OX* por el punto *P*. Medimos a continuación las longitudes de los lados del triángulo rectángulo *OP, PQ*, y *OQ*.

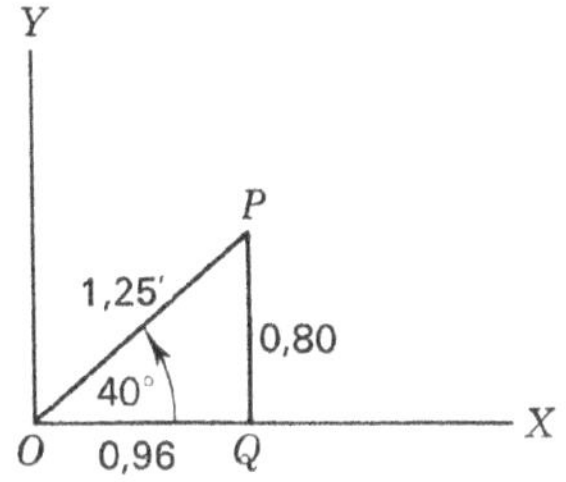

Figura 32-7. Determinación de las funciones por construcción y medida.

$$\text{El seno de } 40° = \frac{\text{cateto opuesto}}{\text{hipotenusa}} = \frac{PQ}{OP} = \frac{0,80}{1,25} = 0,64.$$

$$\text{El coseno de } 40° = \frac{\text{cateto adyacente}}{\text{hipotenusa}} = \frac{OQ}{OP} = \frac{0,96}{1,25} = 0,77.$$

$$\text{La tangente de } 40° = \frac{\text{cateto opuesto}}{\text{cateto adyacente}} = \frac{PQ}{OQ} = \frac{0,80}{0,96} = 0,83.$$

Determinar por construcción y medida el seno, coseno y la tangente de los ángulos que

Tabla 32-3.

Ángulo sen tg cos	Ángulo sen tg cos
10°	50°
15°	55°
20°	60°
25°	65°
30°	70°
35°	75°
40°	80°
45°	85°

figuran en la Tabla 32-3. Cuando el alumno haya completado la tabla, debe comparar los valores del seno y el coseno de 10° y 80°, 15° y 75°, 20° y 70°, y así sucesivamente. En cada uno de estos casos, el seno y el coseno han de tener el mismo valor; o sea, sen 10° = cos 80°, etc. Como ya hemos dicho, una función trigonométrica de un ángulo es la cofunción de su complementario. Luego cualquier función de un ángulo mayor de 45° es la cofunción de un ángulo menor de 45°. Por ejemplo, para completar la Tabla 32-3, hallar el valor de la cotangente de 5°.

Si disponemos de una tabla para los valores de las funciones trigonométricas de los ángulos menores de 45°, podemos usarla también, por lo dicho anteriormente, para calcular los valores de las funciones trigonométricas de los ángulos comprendidos entre 45° y 90°. La tabla de funciones trigonométricas incluida en el Apéndice (Tabla 11) está construida de esta forma.

Ejercicios

32-19. Decir de palabra cuáles son las seis razones trigonométricas de cada uno de los ángulos agudos de los triángulos rectángulos de la figura 32-8.

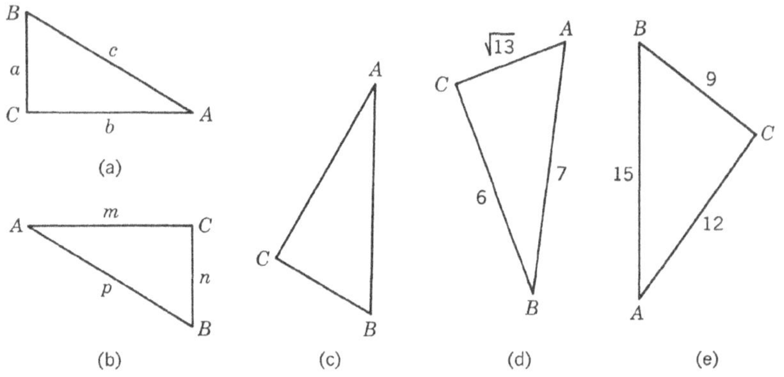

Figura 32-8. Ejercicio 32-19.

32-20. En un triángulo rectángulo hallar a si sen $A = {}^2/_5$ y $c = 3{,}45$.

Solución: Sustituyendo en la fórmula sen $A = a/c$, obtenemos ${}^2/_5 = a/3{,}45$; y despejando a, $a = 1{,}38$.

32-21. En un triángulo rectángulo hallar a si sen $A = {}^3/_4$ y $c = 1$.
32-22. En un triángulo rectángulo hallar b si cos $A = {}^2/_3$ y $c = 2$.
32-23. En un triángulo rectángulo hallar a si tg $A = 2$ y $b = 4$.
32-24. En un triángulo rectángulo hallar c si sen $A = {}^5/_{16}$ y $a = 8$.
32-25. En un triángulo rectángulo hallar b si sen $B = {}^3/_7$ y $c = 16$.
32-26. En un triángulo rectángulo hallar a y c si sen $B = {}^2/_3$ y $b = 48$.
32-27. En un triángulo rectángulo hallar a y b si sen $A = 0{,}245$ y $c = 100$.
32-28. Expresar las funciones siguientes como funciones de los ángulos complementarios: sen 60°; sen 20°; cos 45°; tg 70°; sec 27°; cosec 42°; sen θ; ctg $(90° - \theta)$.
32-29. Si sen θ = cos 2θ, ¿cuál es la suma de θ y 2θ?
32-30. Si sen θ = cos 60°, hallar θ.
32-31. Si tg 20° = ctg ${}^1/_2\theta$, hallar θ.

32-32. Si tg 40° = ctg θ, hallar θ.

32-33. Si tg θ = ctg 3θ, hallar θ.

32-34. Si cos $^1/_2\theta$ = sen $^3/_4\theta$, hallar θ.

32-25. Expresar cada una de las funciones siguientes como funciones de ángulos menores de 45°: cos 70°; sen 80°; ctg 82° 26′; tg 61° 42′ 56″.

33/Tablas trigonométricas

33-1 INTRODUCCIÓN

En el capítulo anterior hemos definido las seis funciones trigonométricas. Hemos hallado los valores de estas funciones, o razones; para los ángulos de 30° y 45°. También hemos visto un método aproximado para hallar los valores de las funciones trigonométricas para un ángulo de 40°, hemos dado otra definición de las razones trigonométricas y hemos demostrado que las funciones de un ángulo son iguales a las respectivas cofunciones del ángulo complementario.

Las razones trigonométricas son números abstractos (no se miden en ningunas unidades) y, por lo general, no pueden expresarse como un decimal exacto. Para comodidad en los cálculos, los valores de estas funciones o razones vienen dados en unas tablas parecidas a las tablas de logaritmos. En estas tablas, las funciones pueden venir con un número cualquiera de cifras decimales. De ordinario, cuanto mayor sea el número de cifras decimales que nos den las tablas, mayor será la aproximación con que obtengamos las soluciones de los problemas en que las utilizemos.

33-2 TABLA DE FUNCIONES

La Tabla 11 del Apéndice es una tabla de funciones naturales y de logaritmos de las funciones para ángulos comprendidos entre 0° y 90° tabuladas de 10′ en 10′. Examinemos la Tabla 11: observemos que la primera y la última columna llevan en el encabezamiento la palabra ÁNGULOS. Sumando los ángulos que aparecen en la misma fila y en las columnas primera y última, la suma vale siempre 90°. Las cuatro columnas intermedias van encabezadas por las palabras SENOS, COSENOS, TANGENTES y COTANGENTES. La base de cada columna lleva también un rótulo; la columna encabezada por la palabra SENOS lleva en la base COSENOS; la columna encabezada por la palabra COSENOS lleva en la base SENOS. Las columnas encabezadas con TANGENTES y COTANGENTES tienen en la base las palabras COTANGENTES y TANGENTES, respectivamente.

Los rótulos que aparecen en la parte superior de la tabla deben utilizarse para los ángulos que se leen en la columna de la izquierda. Si buscamos el último valor que aparece en esta co-

Tabla 33-1. Parte de la Tabla 11

ÁNGULOS	SENOS		COSENOS		TANGENTES		COTANGENTES		ÁNGULOS
	NAT	LOG	NAT	LOG	NAT	LOG	NAT	LOG	
3°00′	0,0523	8,7188	0,9986	9,9994	0,0524	8,7194	19,081	1,2806	87°00′
ÁNGULOS	COSENOS		SENOS		COTANGENTES		TANGENTES		ÁNGULOS

lumna de la izquierda, es 45°. Para ángulos mayores de 45° debe utilizarse la columna de la derecha; el mayor ángulo que aparece en ella es 90°.

Los rótulos que aparecen en la base de cada columna se refieren a la columna de la derecha.

Una parte de la Tabla 11 aparece en la Tabla 33-1, para ángulos de 3° 00′ y de 87° 00′.

En la Tabla 33-1 observemos en primer lugar que la suma de los dos ángulos que aparecen en la misma fila es 3° 00′ más 87° 00′ igual a 90°. En segundo lugar observemos también que los logaritmos que en ella aparecen son los logaritmos decimales de los valores de las funciones naturales.

El seno de un ángulo de 3° 00′ es 0,0523; el coseno de un ángulo de 87° 00′ es también 0,0523. Luego sen 3° 00′ es igual a cos 87° 00′. Ésta es precisamente la igualdad entre la función de un ángulo y la correspondiente cofunción del complementario, que se refleja en la distribución de la tabla izquierda y derecha, parte superior e inferior, descrita anteriormente.

Observamos también que todos los logaritmos que aparecen en la tabla son positivos. Por ejemplo, el logaritmo del sen 3° 00′ es 8,7188. Sen 3° 00′ es 0,0523; la característica de su logaritmo es, por lo tanto, $\bar{2}$, y la mantisa 0,7188. Para que no aparezcan en la tabla características negativas, se suma 10 a $\bar{2}$, y el resultado (8,1788) es el que aparece en la tabla. El valor completo y exacto del logaritmo de sen 3° 00′ es 8,1788 − 10, ya que se ha sumado 10 a $\bar{2}$. Entonces, debemos restar siempre 10 a las características que aparecen en la tabla.

En esta tabla aparece un nuevo símbolo, ∞ (infinito). Este símbolo se emplea cuando hay indicada una división por cero. Por ejemplo, la tangente de 90° es el cateto opuesto, que tiene un valor real, dividido por el cateto adyacente. Para un ángulo de 90°, el cateto adyacente es cero, como se ve en la figura 33-1:

$$\text{tg}\ \theta = \frac{PQ}{OQ}$$

Pero como $OQ = 0$,

$$\text{tg}\ \theta = \frac{PQ}{0}$$

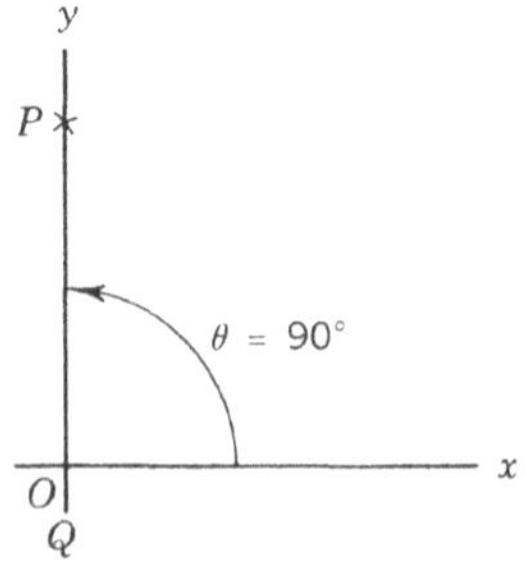

Figura 31-1. tg θ = ∞.

La división por cero no puede efectuarse, y para representarla se emplea el símbolo ∞: indicándose que esta división es infinito, es decir, que no es un número finito.

33-3 DETERMINACIÓN DE LA FUNCIÓN DE UN ÁNGULO CON LAS TABLAS

Veremos a continuación la forma de determinar el valor de la función de un ángulo o el logaritmo de esta función mediante las tablas, con algunos ejemplos; usaremos la Tabla 11 del Apéndice. La forma de leer esta tabla es casi igual que para leer una tabla de logaritmos. Veamos a continuación varios ejemplos.

Cuando el ángulo figura en la tabla

Ejemplo 1: Hallar la tangente de 23° 20'.

Localizamos el ángulo 23° 20' en la columna de la izquierda de la página y, en la misma línea horizontal, leemos 0,4314 en la columna encabezada por TANGENTES NATURAL. Por lo tanto,

$$\text{tg } 23°20' = 0{,}4314$$

Ejemplo 2: Hallar el coseno de 86° 40'.

Localizamos 86° 40' en la columna de la derecha de la página y leemos 0,0581 en la columna que lleva COSENO, NATURAL en la parte inferior. Luego

$$\cos 86°40' = 0{,}0581$$

Cuando el ángulo no figura en la tabla

Ejemplo 3: Hallar sen 17° 27'.

Hallamos sen 17° 20' = 0,2979 en la tabla. Hallamos la diferencia tabular entre el seno del siguiente ángulo que aparece y este que hemos calculado. Esta diferencia es 0,0028. Como esta diferencia corresponde a una diferencia entre los ángulos de 10', la diferencia correspondiente para una diferencia de 7' entre los ángulos es 0,7 × 0,0028 = 0,0020. Luego,

$$\text{sen } 17°27' = 0{,}2979 + 0{,}0020 = 0{,}2999$$

NOTA: El proceso de interpolación es muy parecido al seguido en el caso de los logaritmos y, por lo general, da sólo resultados aproximados.

Ejemplo 4: Hallar tg 69° 43,6'.

Hallamos en la tabla tg 69° 40' = 2,6985. La diferencia tabular para 10' es 0,0243. La diferencia para 3,6' será 0,0243 × 0,36 = 0,0087. Luego,

$$\text{tg } 69°43{,}6' = 2{,}7072$$

Ejemplo 5: Hallar cos 37° 57,3'.

Hallamos cos 37° 50' = 0,7898 en la tabla. La diferencia tabular para 10' es 0,0018. La diferencia para 7,3' será entonces 0,0018 × 0,73 = 0,0013. Luego,

$$\cos 37°57{,}3' = 0{,}7898 - 0{,}0013 = 0{,}7885$$

Observemos que en la interpolación para calcular un coseno o una cotangente se debe *restar*, mientras que en la interpolación para calcular el seno o la tangente de un ángulo se debe *sumar*. Esto es debido a que cuando el ángulo crece desde 0° a 90°, el seno y la tangente del ángulo crecen, pero el coseno y la cotangente disminuyen.

Ejemplo 6: Hallar log sen 34° 16′.
Hallamos log sen 34° 10′ = 9,7494 − 10 en la tabla. La diferencia tabular para 10′ es 0,0019. La diferencia para 6′ será 0,0019 × 0,6 = 0,0011. Luego,

$$\log \operatorname{sen} 34°16' = 9{,}7494 - 10 + 0{,}0011 = 9{,}7505 - 10$$

Podríamos obtener el mismo resultado hallando en las tablas sen 34° 16′ = 0,5630 y después, en las tablas de logaritmos, hallando log 0,5630 = 9,7505 − 10.

33-4 HALLAR EL ÁNGULO QUE CORRESPONDE A UNA FUNCIÓN

Cuando la función figura en la tabla

Ejemplo 1: Hallar x si sen x = 0,2728.
Buscamos 0,2728 en la columna que lleva el rótulo SENOS, NATURAL y leemos 15° 50′ en la columna donde dice ÁNGULO. Luego,

$$x = 15°50'$$

Cuando la función no figura en la tabla

Ejemplo 2: Hallar x si tg x = 1,5725.
En la columna donde pone TANGENTES, NATURAL, buscamos el mayor valor que es más pequeño que 1,5725. Este valor es 1,5697 y es la tangente de 57° 30′. La diferencia tabular entre este valor y el siguiente es 0,0101. La diferencia entre 1,5697 y 1,5725 es 0,0028. Como una diferencia de 10′ entre los ángulos da una diferencia entre las correspondientes razones de 0,0101, para obtener una diferencia entre las razones de 0,0028 tendremos que tomar una diferencia en minutos de $^{28}/_{101}$ × 10′ = 2,8′. Por lo tanto,

$$x = 57°30' + 2{,}8' = 57°32{,}8'$$

Observemos otra vez que el procedimiento de interpolación es semejante al del caso de los logaritmos.

Ejemplo 3: Hallar x sabiendo que cos x = 0,7396.
Como el coseno disminuye cuando crece el ángulo, buscamos la menor razón que es mayor que la dada. Este coseno es cos 42° 10′ = 0,7412.

La diferencia tabular = 0,0020.

0,7412 − 0,7396 = 0,0016.

$$\frac{16}{20} \times 10 = 8'$$

Luego,

$$x = 42°10' + 8' = 42°18'$$

Ejemplo 4: Hallar x sabiendo que log sen $x = 9{,}3762 - 10$.
En la tabla encontramos log sen 13° 40′ = 9,3734 (se sobreentiende 9,3734 − 10).

$$9{,}3762 - 9{,}3734 = 0{,}0028$$

Diferencia tabular = 0,0052

$$\frac{28}{52} \times 10' = 5{,}4'$$

Por lo tanto,

$$13°40' + 5{,}4' = 13°45{,}4'$$

Ejercicios

33-1. Hallar el seno, coseno y tangente de **(a)** 40° 10′; **(b)** 59° 50′; **(c)** 76° 30′; **(d)** 5° 40′.

33-2. Hallar el seno, coseno y tangente de **(a)** 17° 36′; **(b)** 29° 29′; **(c)** 76° 14′; **(d)** 83° 33′; **(e)** 63° 47′.

33-3. Hallar los ángulos que tienen los siguientes senos: 0,5807; 0,2725; 0,4986; 0,9127; 0,0276.

33-4. Hallar los ángulos que tengan los cosenos siguientes: 0,3764; 0,8642; 0,9091; 0,4848; 0,0986.

33-5. Hallar los ángulos que tienen las tangentes siguientes: 0,2256; 1,7624; 2,8427; 0,1111; 3; 0,6666.

33-6. Hallar sen 34° 40′, y hallar el logaritmo de su valor en la Tabla 10. Hallar log sen 34° 40′ en la Tabla 11 y comparar los resultados.

33-7. Comprobar con las tablas los valores siguientes:
log sen 56° 35′ = 9,9215
log tg 34° 15,6′ = 9,8332
log cos 27° 55′ = 9,9426
log cos 19° 53,4′ = 9,9733
log sen 17° 9′ = 9,4696
log tg 75° 56,8′ = 0,6015

33-8. Hallar x en las igualdades siguientes:
- **(a)** log cos $x = 9{,}8236$.
- **(b)** log sen $x = 9{,}4737$.
- **(c)** log tg $x = 0{,}4293$.
- **(d)** log ctg $x = 9{,}4236$.

33-5 CÁLCULO DE FÓRMULAS

Las fórmulas que se utilizan en muchos tipos de problemas contienen a menudo funciones trigonométricas. Como las demás fórmulas, puede calcularse su valor con logaritmos o sin logaritmos. Pero, como ya hemos dicho, los logaritmos son una herramienta que ahorra mucho trabajo, deben usarse cuando resulte oportuno.

Para indicar la potencia de una función trigonométrica, el exponente se coloca antes del valor del ángulo. Así, $\text{sen}^2 30°$ significa $(\text{sen } 30°)$ elevado al cuadrado.

NOTA: Los logaritmos de las funciones trigonométricas se buscan en la Tabla 11; los logaritmos de los números en la Tabla 10.

Ejemplo 1: Hallar $\sqrt[3]{\text{sen } 47° + \text{tg}^3 36°}$.

Solución: Buscando en la Tabla 11,

$$\text{sen } 47° = 0{,}7314$$
$$\log \text{ tg } 36° = 9{,}8613 - 10$$

Luego,

$$\log \text{tg}^3 36° = 9{,}5839 - 10 \; (= 3 \log \text{ tg } 36°)$$

Por lo tanto, buscando en la Tabla 10,

$$\text{tg}^3 36° = 0{,}3836$$

De donde,

$$\text{sen } 47° + \text{tg}^3 36° = 0{,}7314 + 0{,}3836 = 1{,}1150$$
$$\log 1{,}1150 = 0{,}0473$$
$$\log \sqrt[3]{1{,}1150} = 0{,}0158 = \tfrac{1}{3} \log 1{,}1150$$

Por lo tanto,

$$\sqrt[3]{1{,}1150} = 1{,}037$$

Luego,

$$\sqrt[3]{\text{sen } 47° + \text{tg}^3 36°} = 1{,}037$$

Ejemplo 2: Dado $x = (\text{tg } 72° 34')/69° 40'$, hallar el valor de x con dos cifras decimales.

NOTA: En estos casos se ha acordado que el denominador, 69° 40′, debe reducirse a radianes antes de hacer la división.

Solución:

$$\text{tg } 72° 34' = 3{,}1846$$

$$69°40' = 69\tfrac{2}{3}° = 69\tfrac{2}{3} \times 0{,}01745 \text{ radián} = 1{,}216 \text{ radianes}$$

$$\frac{3{,}1846}{1{,}216} = 2{,}62$$

Luego,

$$x = 2{,}62$$

NOTA: Para resolver ejercicios como éste, también pueden usarse logaritmos.

Ejercicios

NOTA: Las fórmulas de los Ejercicios desde 33-9 a 33-13 son importantes en la teoría de curvatura.

33-9. Dada la fórmula $R = 0{,}75\, a \operatorname{sen}^2 {}^1/_3 x$, hallar R si $a = 4$ y $x = 66°\ 30'$.

33-10. Dada la fórmula $R = 2a/(\cos^3 0{,}5x)$, hallar R si $a = 16$ y $x = 16°\ 20'$.

33-11. Dada la fórmula $R = 3a \operatorname{sen} x \cos x$, hallar R si $a = 2$ y $x = 15°$.

33-12. Dada la fórmula $R = [a(5 - 4 \cos x)^{1,5}]/(9 - 6 \cos x)$, hallar R si $a = 100$ y $x = 18°$.

33-13. Dada la fórmula $R = [a(1 - e^2)(1 - 2e \cos x + e^2)^{1,5}]/(1 - e \cos x)^3$, hallar R si $a = 5$, $e = 0{,}4$ y $x = 4°\ 40'$.

33-14. Hallar el valor numérico de $r^2/_3 (s^2 - t^2) \operatorname{tg} \theta$, cuando $r = 25{,}2$, $s = 90$, $t = 49{,}6$, y $\theta = 31°\ 52'$.

33-15. Hallar el valor de $ae^{-bt} \operatorname{sen} (ct + \theta)$ si $a = 5$, $b = 200$, $c = 600$, $\theta = -0{,}1745$ radianes, $e = 2{,}718$, y $t = 0{,}001$.

SUGERENCIA:

$$(ct + \theta) = 0{,}6 + (-0{,}1745) = 0{,}4255 \text{ radianes}$$
$$0{,}4255 \times 57{,}296° = 24{,}379° = 24°22{,}7'$$

33-16. Dado $x = (\operatorname{sen} 45°\ 56'\ 20'')/36°\ 20'$, hallar el valor de x con tres cifras decimales.

SUGERENCIA: Primero reducir 36° 20′ a radianes.

33-17. Dado $x = (\operatorname{tg} 1{,}3788)/(\sqrt{3} + {}^4/_3\pi)$, hallar x con cuatro cifras decimales.

SUGERENCIA: En este caso el ángulo está expresado en radianes, y es necesario en primer lugar reducir 1,3788 radianes a grados y minutos para hallar su tangente.

33-18. Si a y b son las longitudes de los dos lados de un triángulo que forman el ángulo C, la longitud del tercer lado c se puede calcular mediante la fórmula

$$c = \sqrt{a^2 + b^2 - 2ab \cos C}$$

Hallar c si $a = 748$, $b = 375$, y $C = 63°\ 35{,}5'$.

33-19. En la construcción de lentes se emplea la fórmula

$$n = \frac{\operatorname{sen} [(A + D)/2]}{\operatorname{sen} (A/2)}$$

Hallar n si $A = 41°\ 8'$ y $D = 34°\ 52'$.

33-20. Para determinar la altura a que se encuentra un objeto (como, por ejemplo, un aeroplano) se puede usar la fórmula

$$h = \frac{s}{(\operatorname{ctg} A - \operatorname{ctg} B)}$$

Hallar h si $A = 09°\ 40'$, $B = 80°$, y $s = 1$ Km.

33-21. Hallar el valor de las expresiones siguientes:

(a) $\text{sen}^2 33° + \cos^2 33°$

(b) $\text{sen}^2 41° + \cos^2 41°$

(c) $\text{sen}^2 68°10' + \cos^2 68°10'$

(d) $\text{sen}^2 83°40' + \cos^2 83°40'$

Comparar los resultados. ¿Se puede deducir alguna conclusión?

33-22. La velocidad v de un cuerpo que se desliza una distancia s por un plano inclinado que forma un ángulo φ con la horizontal, viene dada por la fórmula

$$v = \sqrt{2gs \, \text{sen}\, \varphi}$$

donde $g = 9{,}8$ m/seg. Ver la figura 33-2. Hallar v cuando $s = 22$ m y $\varphi = 27° 16'$.

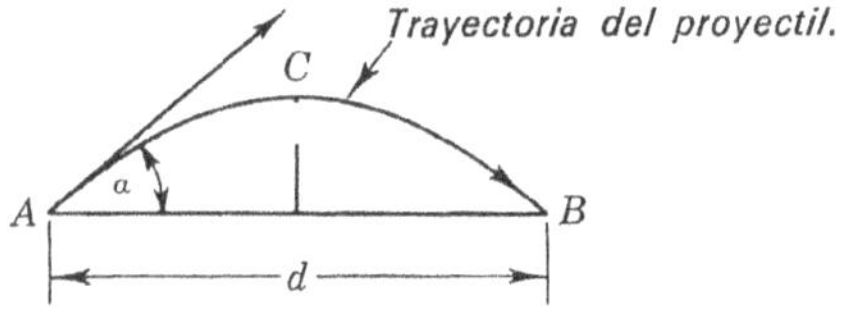

Figura 33-2. Ejercicio 33-22.

Figura 33-3. Ejercicio 33-23.

33-23. Si se desprecia la resistencia del aire, la distancia que alcanza un proyectil en un plano horizontal viene dada por la fórmula

$$d = \frac{v^2 \text{sen}\, 2\alpha}{g}$$

donde v es la velocidad a que se lanza el proyectil, en metros por segundo.

α es el ángulo que forma la dirección en que se lanza con la horizontal,

d es la distancia que alcanza (el alcance) en el plano horizontal.

(Ver la figura 33-3.) El valor de g es 9,8 m/seg. Hallar d si v es 270 m/seg y α es 5°. Con el mismo valor para la velocidad v, hallar d cuando α es 20°, 30°, 40°, y 45°. Comprobar que el alcance es máximo, si el ángulo es 45°.

33-24. Despreciando la resistencia del aire, la altura máxima que alcanza el proyectil en su trayectoria viene dada por la fórmula

$$y = \frac{v^2 \text{sen}^2 \alpha}{2g}$$

Hallar la altura máxima de la trayectoria de un proyectil que se lanza con una velocidad inicial de 700 m/seg y α toma los valores sucesivos 5°, 10°, 20°, 30°, 45°, 60°, y 90°.

33-25. La altura y a que se encuentra un proyectil cuando está a una distancia horizontal x del punto de tiro, si ha sido lanzado con una velocidad inicial v en una dirección que forma un ángulo α con la horizontal, viene dada por la fórmula siguiente:

$$y = x \ \operatorname{tg} \alpha - \frac{gx^2}{2v^2 \cos^2 \alpha}$$

Hallar y cuando $x = 900$ m, $v = 600$ m/seg, $\alpha = 5°$, y $g = 9{,}8$ m/seg.

33-26. Si se desprecia la resistencia del aire, el máximo alcance que puede obtenerse con un proyectil, se logra cuando el ángulo de tiro (ángulo que forma la dirección en que se lanza con la horizontal) es de 45°. Hallar el máximo alcance que se puede obtener con una bala que tenga una velocidad inicial de 700 m/seg.

33-27. Si F es la fuerza necesaria para elevar un peso W por un plano inclinado que forma con la horizontal un ángulo α y μ es el coeficiente de rozamiento, entonces

$$F = W \frac{\operatorname{sen} \alpha + \mu \cos \alpha}{\cos \alpha - \mu \operatorname{sen} \alpha}$$

Calcular F si $W = 200$ Kg, $\alpha = 30°$, y $\mu = 0{,}2$.

33-28. Para calcular la intensidad de iluminación sobre una superficie que no es perpendicular a la dirección de los rayos que parten del foco luminoso (ver la figura 33-4), se utiliza la fórmula siguiente:

$$E = \frac{I}{d^2} \cos \varphi$$

donde E es la intensidad de iluminación en cada punto de la superficie, en bujías-metro,
I es la intensidad luminosa del foco S, en bujías,
d es la distancia al foco luminoso, al punto que se considere, en metros,
φ el ángulo que forma el rayo incidente con la perpendicular a la superficie PQ.

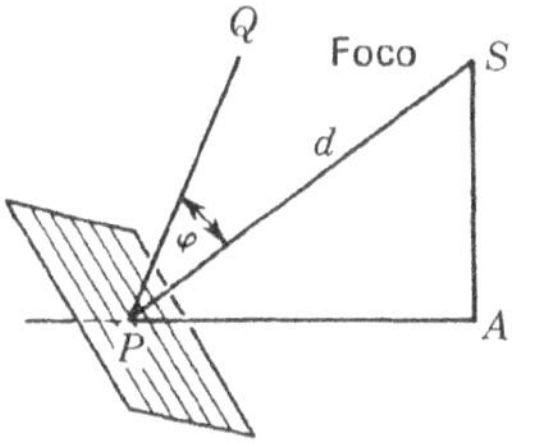

Figura 33-4. Ejercicio 33-28.

Despejar d e I de la fórmula anterior, y obtener las fórmulas siguientes:

$$d = \sqrt{\frac{I \cos \varphi}{E}}; \qquad I = \frac{Ed^2}{\cos \varphi}$$

33-29. Por medio de las fórmulas del ejercicio anterior, calcular:

(a) E cuando $I = 50$, $d = 10$, y $\varphi = 75°$.
(b) d cuando $I = 60$, $E = 0{,}25$, y $\varphi = 65°$.
(c) I cuando $E = 4$, $d = 8$, y $\varphi = 45°$.

33-30. ¿En cuáles se transformarían las fórmulas del Ejercicio 33-28 cuando $\varphi = 0°$? Es decir, si los rayos inciden normalmente (perpendicularmente) sobre la superficie.

33-31. Para calcular la intensidad de iluminación sobre una superficie horizontal producida por un foco luminoso, cuando se conoce la distancia vertical entre el foco y la superficie (ver la figura 33-5), se utiliza la siguiente fórmula:

$$E_h = \frac{1}{h^2} \cos^3 \varphi$$

donde E_h es la intensidad de iluminación en un punto de la superficie horizontal (expresada en bujías-metro),
I la intensidad luminosa del foco, en bujías,
h la distancia vertical entre el foco y la superficie horizontal, en metros,
φ el ángulo que forma el rayo incidente con la línea vertical.

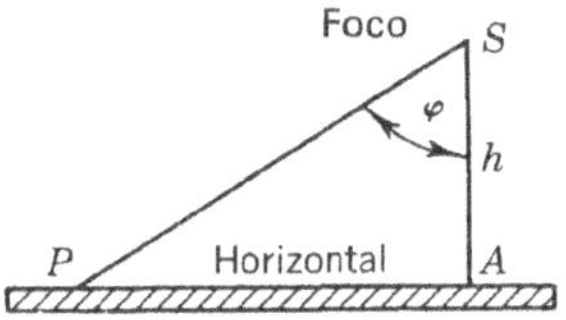

Figura 33-5. Ejercicio 33-31.

Despejar de esta fórmula h e I y obtener las expresiones siguientes:

$$h = \sqrt{\frac{I \cos^3 \varphi}{E_h}}$$

$$I = \frac{E_h h^2}{\cos^3 \varphi}$$

33-32. Utilizando las fórmulas anteriores, calcular:
(a) E_h cuando $I = 250$, $h = 12$, y $\varphi = 55°$.
(b) h cuando $I = 100$, $E = 65$, y $\varphi = 12°$.
(c) I cuando $E_h = 0{,}85$, $h = 8$, y $\varphi = 37°$.

33-33. El perímetro P y el área A de un polígono regular de n lados inscrito en una circunferencia de radio R vienen dados por estas fórmulas:

$$P = 2nR \operatorname{sen} \frac{180°}{n}$$

$$A = nR^2 \left(\operatorname{sen} \frac{\pi}{n}\right)\left(\cos \frac{\pi}{n}\right)$$

Hallar el perímetro y el área de un polígono regular inscrito en la circunferencia de radio unidad en los siguientes casos:
(a) $n = 3$.
(b) $n = 4$.
(c) $n = 100$. [Comparar los resultados de los casos **(a)**, **(b)** y **(c)** con la longitud de la circunferencia y el área del círculo.]

34/Relaciones entre las funciones trigonométricas

34-1 INTRODUCCIÓN

Si conocemos una de las funciones trigonométricas que hemos definido, se pueden calcular las cinco restantes. Es decir, las funciones trigonométricas son funciones *dependientes*, que están relacionadas unas con otras. Para resolver problemas de Mecánica, Física o Electricidad es conveniente conocer estas relaciones entre las funciones trigonométricas. Hay muchas de estas relaciones, pero en este capítulo estudiaremos sólo las más importantes.

34-2 RELACIONES ENTRE LAS FUNCIONES DE UN ÁNGULO

En el triángulo rectángulo que aparece en la figura 34-1, las longitudes de los tres lados se han representado por x, y, y r; las seis razones trigonométricas del ángulo θ se pueden definir en función de estas tres longitudes:

$$\operatorname{sen}\theta = \frac{y}{r} \qquad \cos\theta = \frac{x}{r}$$

$$\operatorname{tg}\theta = \frac{y}{x} \qquad \operatorname{ctg}\theta = \frac{x}{y}$$

$$\sec\theta = \frac{r}{x} \qquad \operatorname{cosec}\theta = \frac{r}{y}$$

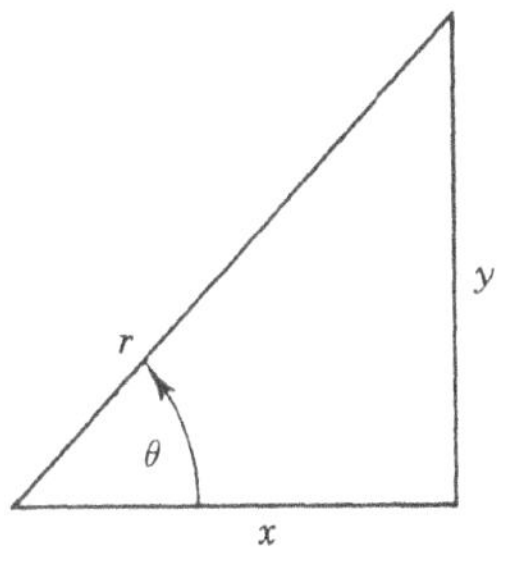

Figura 34-1. Funciones de un ángulo.

También, en este triángulo rectángulo, $r^2 = x^2 + y^2$; esta igualdad es el teorema de Pitágoras, que hemos estudiado ya en Geometría. Con esta fórmula y las definciones de las seis funciones, es posible encontrar algunas relaciones entre las funciones trigonométricas.

Examinando las seis definiciones, como podemos observar fácilmente, podemos obtener algunas relaciones sencillas.

La secante es el inverso o recíproco del coseno y viceversa, ya que *sec* $\theta = r/x$ y *cos* $\theta = x/r$, o $1/(\sec\theta) = \cos\theta$. La demostración, además de examinar las definiciones, puede completarse sustituyendo $\sec\theta$ por r/x y $\cos\theta$ por x/r en la fórmula $1/(\sec\theta) = \cos\theta$.

$$\frac{1}{r/x} = \frac{x}{r}; \quad \cdot \quad \frac{x}{r} = \frac{x}{r}$$

Por lo tanto, $1/(\sec\theta) = \cos\theta$.

Dada la igualdad $r^2 = x^2 + y^2$, dividiendo los dos miembros de la ecuación por r^2:

$$\frac{r^2}{r^2} = \frac{x^2}{r^2} + \frac{y^2}{r^2}$$

$$1 = \left(\frac{x}{r}\right)^2 + \left(\frac{y}{r}\right)^2$$

Pero, por otra parte,

$$\frac{x}{r} = \cos\theta \quad \text{y} \quad \frac{y}{r} = \operatorname{sen}\theta$$

Luego

$$1 = \cos^2\theta + \operatorname{sen}^2\theta$$

Esta fórmula es una *identidad* ya que es cierta para cualquier valor del ángulo θ.

NOTA: Observemos otra vez la posición del exponente, 2 en la identidad anterior. Se coloca arriba y a la derecha de las funciones sen y cos. Es decir, $\cos^2\theta = \cos\theta \times \cos\theta$. (Ver también Sec. 33-5.)

Veamos también como demostración empírica, la comprobación en un caso concreto.

Supongamos que $\theta = 30°$; entonces sen $30 = 1/2$, y cos $30° = \sqrt{3}/2$. Sustituyendo sen θ y cos θ por estos valores en la fórmula $1 = \operatorname{sen}^2\theta + \cos^2\theta$, se tiene

$$1 = \left(\frac{\sqrt{3}}{2}\right)^2 + \left(\frac{1}{2}\right)^2$$

$$1 = \frac{\sqrt{3}}{2} \times \frac{\sqrt{3}}{2} + \frac{1}{2} \times \frac{1}{2}$$

$$1 = \frac{\sqrt{9}}{4} + \frac{1}{4}$$

$$1 = \frac{3}{4} + \frac{1}{4}$$

$$1 = 1$$

Otras muchas relaciones pueden deducirse y demostrarse de la misma forma; pero es más sencillo para el alumno demostrar una relación ya propuesta.

Por ejemplo, $\sec^2\theta = 1 + \operatorname{tg}^2\theta$.

Sustituyendo sec θ por r/x y tg θ por y/x:

$$\left(\frac{r}{x}\right)^2 = 1 + \left(\frac{y}{x}\right)^2$$

$$\frac{r^2}{x^2} = 1 + \frac{y^2}{x^2}$$

$$\frac{r^2}{x^2} = \frac{x^2 + y^2}{x^2}$$

Multiplicando los dos miembros por x^2:

$$r^2 = x^2 + y^2$$

Como esta igualdad ya ha sido demostrada anteriormente –es el teorema de Pitágoras–, la identidad $\sec^2 \theta = 1 + \operatorname{tg}^2 \theta$ es verdadera.

Las dos identidades demostradas aparecen en la lista siguiente con otras seis más:

$$\operatorname{sen}^2 \theta + \cos^2 \theta = 1 \qquad (1)$$

$$\sec^2 \theta = 1 + \operatorname{tg}^2 \theta \qquad (2)$$

$$\operatorname{cosec}^2 \theta = 1 + \operatorname{ctg}^2 \theta \qquad (3)$$

$$\operatorname{cosec} \theta = \frac{1}{\operatorname{sen} \theta}; \quad \text{y} \quad \operatorname{sen} \theta = \frac{1}{\operatorname{cosec} \theta} \qquad (4)$$

$$\sec \theta = \frac{1}{\cos \theta}; \quad \text{y} \quad \cos \theta = \frac{1}{\sec \theta} \qquad (5)$$

$$\operatorname{ctg} \theta = \frac{1}{\operatorname{tg} \theta}; \quad \text{y} \quad \operatorname{tg} \theta = \frac{1}{\operatorname{ctg} \theta} \qquad (6)$$

$$\operatorname{tg} \theta = \frac{\sin \theta}{\cos \theta} \qquad (7)$$

$$\operatorname{ctg} \theta = \frac{\cos \theta}{\operatorname{sen} \theta} \qquad (8)$$

Existen otras muchas identidades, pero las ocho que figuran en esta lista son, probablemente, las más importantes.

Estas fórmulas trigonométricas y otras muchas, pueden manejarse como las fórmulas algebraicas si es conveniente para resolver un problema. Al estudiar Álgebra, hemos aprendido que $(a^2 - b^2) = (a + b)(a - b)$. La expresión $\cos^2 \theta - \operatorname{sen}^2 \theta$ puede descomponerse en factores de la misma forma, es decir,

$$\cos^2 \theta - \operatorname{sen}^2 \theta = (\cos \theta + \operatorname{sen} \theta)(\cos \theta - \operatorname{sen} \theta),$$

$$\begin{array}{lr}
\cos \theta + \operatorname{sen} \theta & \\
\underline{\cos \theta - \operatorname{sen} \theta} & \\
\cos^2 \theta + \operatorname{sen} \theta \cos \theta & \\
\underline{\qquad - \operatorname{sen} \theta \cos \theta} & \underline{- \operatorname{sen}^2 \theta} \\
\cos^2 \theta & - \operatorname{sen}^2 \theta
\end{array}$$

Muchos estudiantes no reparan en estas aplicaciones del Álgebra para resolver problemas de Trigonometría; el alumno debe esforzarse por percibir estas aplicaciones —realmente, debería buscarlas.

Con las identidades de la lista anterior, es posible probar nuevas relaciones o identidades. Veamos un ejemplo:

Ejemplo: Probar la identidad (tg θ + ctg θ) sen θ cos θ = 1.
Sustituyendo tg θ por sen θ/cos θ, y ctg θ por cos θ/sen θ, se tiene

$$\left(\frac{\operatorname{sen}\theta}{\cos\theta} + \frac{\cos\theta}{\operatorname{sen}\theta}\right)\operatorname{sen}\theta\cos\theta = 1$$

Simplificando los factores comunes del numerador y el denominador,

$$\left(\frac{\operatorname{sen}^2\theta + \cos^2\theta}{\cancel{\operatorname{sen}\theta\cos\theta}_{1}}\right)\overset{1}{\cancel{\operatorname{sen}\theta\cos\theta}} = 1$$

Y entonces

$$\operatorname{sen}^2\theta + \cos^2\theta = 1$$

Como esta identidad ya ha sido demostrada, luego

$$(\operatorname{tg}\ \theta + \cot\theta)\operatorname{sen}\theta\cos\theta = 1$$

también es cierta.

Observar que las dos fracciones sen θ/cos θ y cos θ/sen θ se han reducido a un común denominador, sen θ cos θ, de la misma forma que en Álgebra y en Aritmética.

Ejercicios

34-1. Comprobar la fórmula (1) para $\theta = 60°$.
34-2. Comprobar la fórmula (3).
34-3. Despejar de la fórmula (1) sen θ y cos θ.
34-4. Despejar de la fórmula (2) sec θ y tg θ.
34-5. Despejar de la fórmula (3) ctg θ y cosec θ.
34-6. Con las relaciones dadas, o con las definiciones de las funciones trigonométricas, comprobar que las siguientes relaciones son verdaderas:

- **(a)** sen θ cosec θ = 1.
- **(b)** cos θ sen θ = 1.
- **(c)** tg θ ctg θ = 1.
- **(d)** $\sec^2\theta - \operatorname{tg}^2\theta = 1$.

34-7. Demostrar que (cos θ cosec θ)/(ctg θ) = 1.
34-8. Demostrar que (sen θ sec θ)/(tgθ) = 1.
34-9. Demostrar que tg θ = sec θ/cosec θ.
34-10. Demostrar que [(sec θ/sen θ) − tg θ] sen θ = cos θ.
34-11. Demostrar que (tg θ − sen θ)(tg θ + sen θ) = (tg θ sen $\theta)^2$.
34-12. Demostrar que $\sec^2\theta + \operatorname{cosec}^2\theta = \sec^2\theta\ \operatorname{cosec}^2\theta$.
34-13. Demostrar que $(\operatorname{sen}\theta + \cos\theta)^2 + (\operatorname{sen}\theta - \cos\theta)^2 = 2$.

34-3 FÓRMULAS DE LAS FUNCIONES TRIGONOMÉTRICAS DE UN ÁNGULO CONOCIENDO UNA CUALQUIERA DE ELLAS

Las fórmulas matemáticas se estudian para resolver distintos tipos de problemas. Muchas veces, las fórmulas de este texto se pueden utilizar directamente y sin ninguna modificación para calcular la solución de los problemas. Pero otras veces los datos del problema no son precisamente los mismos que aparecen en la fórmula; en estos casos la fórmula debe modificarse antes de aplicarla en ese problema. Por esto, es necesario que el alumno estudie y aprenda bien las relaciones dadas en la sección anterior y que vaya extendiendo sus conocimientos con nuevas relaciones. El propósito de esta sección es desarrollar otras nuevas relaciones entre las funciones trigonométricas.

Ejemplo 1: Expresar todas las razones trigonométricas de un ángulo θ mediante fórmulas en las que aparezca sólo sen θ.

Solución: Construyamos un ángulo θ en el primer cuadrante, como en la figura 34-2, y elijamos un punto *P* en su lado final, de coordenadas dadas por *OM* y *MP*. El triángulo *OMP* es un triángulo rectángulo por construcción.

Por definición, sen $\theta = MP/OP$, y si $OP = 1$, $\overline{MP}$ = sen θ. Como suponemos que *OP* es igual a 1, la distancia *MP* es igual a sen θ.

En un triángulo rectángulo, el cuadrado de la hipotenusa es igual a la suma de los cuadrados de los catetos (teorema de Pitágoras). Entonces

$$(OP)^2 = (PM)^2 + (OM)^2$$

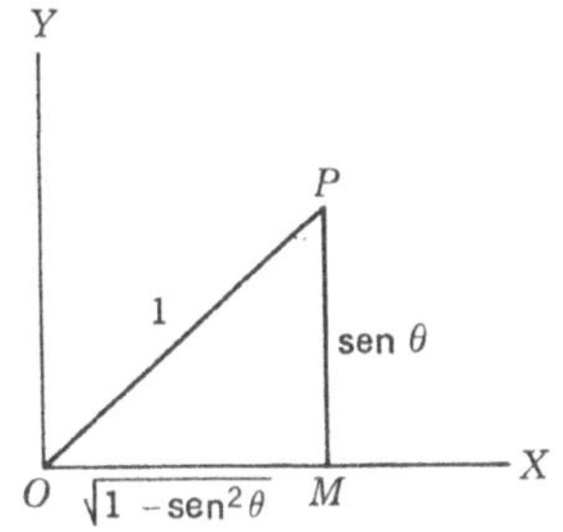

Figura 34-2. Ejemplo 1: Razones en función de sen θ.

Sustituyendo los valores $OP = 1$ y PM = sen θ,

$$(1)^2 = (\text{sen}\,\theta)^2 + OM^2$$
$$1 - \text{sen}^2\,\theta = OM^2$$
$$\sqrt{1 - \text{sen}^2\,\theta} = OM$$

La distancia *OM* es, entonces, igual a $\sqrt{1 - \text{sen}^2\,\theta}$.

Las cinco razones trigonométricas pueden escribirse como función de sen θ. Por ejemplo,

$$\cos \theta = \frac{\text{cateto adyacente}}{\text{hipotenusa}} = \frac{OM}{OP} = \frac{\sqrt{1 - \text{sen}^2 \theta}}{1} = \sqrt{1 - \text{sen}^2 \theta}$$

El coseno de θ está ya expresado mediante una fórmula en la que sólo aparece el seno de θ, es decir, como función de sen θ. Las razones trigonométricas restantes vienen a continuación expresadas como función de sen θ, sin escribir la explicación completamente detallada:

$$\text{tg}\,\theta = \frac{MP}{OM} = \frac{\text{sen}\,\theta}{\sqrt{1 - \text{sen}^2 \theta}}; \quad \text{ctg}\,\theta = \frac{OM}{OP} = \frac{\sqrt{1 - \text{sen}^2 \theta}}{\text{sen}\,\theta}$$

$$\sec \theta = \frac{OP}{OM} = \frac{1}{\sqrt{1 - \text{sen}^2 \theta}}; \text{cosec}\,\theta = \frac{OP}{MP} = \frac{1}{\text{sen}\,\theta}$$

Ejemplo 2: Expresar todas las razones trigonométricas como función de $\cos \theta$.

Solución: Construimos un ángulo θ en el primer cuadrante, como en la figura 34-3, y elegimos también un punto *P* en el lado final del ángulo, de coordenadas *OM* y *MP*.

$$\text{Cos}\,\theta = OM/OP, \text{ y si tomamos } OP = 1,\ OM = \cos \theta.$$

$$(OP)^2 = (OM)^2 + (PM)^2$$

$$1 = \cos^2 \theta + (PM)^2$$

$$\sqrt{1 - \cos^2 \theta} = PM$$

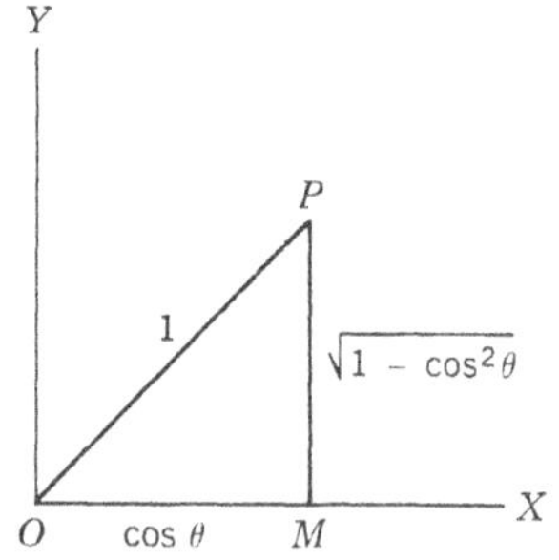

Figura 34-3. Ejemplo 2: Razones en función de cos θ.

Entonces la distancia $PM = \sqrt{1 - \cos^2 \theta}$, y siguiendo el mismo método que hemos utilizado en el ejemplo anterior,

$$\text{sen}\,\theta = \frac{PM}{OP} = \sqrt{1 - \cos^2 \theta}; \qquad \text{cosec}\,\theta = \frac{OP}{PM} = \frac{1}{\sqrt{1 - \cos^2 \theta}}$$

$$\text{tg}\,\theta = \frac{PM}{OM} = \frac{\sqrt{1 - \cos^2 \theta}}{\cos \theta}; \qquad \text{ctg}\,\theta = \frac{OM}{PM} = \frac{\cos \theta}{\sqrt{1 - \cos^2 \theta}}$$

$$\sec \theta = \frac{OP}{OM} = \frac{1}{\cos \theta}$$

Las fórmulas restantes, expresando todas las razones trigonométricas de un ángulo en función de cada una de las razones restantes −tg, ctg, sec y cosec− pueden obtenerse siguiendo el mismo método que en estos dos ejemplos.

Las fórmulas para las seis funciones trigonométricas aparecen en la Tabla 34-1. La Tabla 34-1 está preparada para ángulos agudos. Si el ángulo θ está en otro cuadrante, estas fórmulas sólo nos dan el valor absoluto de las razones trigonométricas, hay que anteponerles el signo que corresponda a cada una de ellas según el cuadrante en que se encuentre el ángulo.

Tabla 34-1

SEN θ	$\text{sen}\,\theta$	$\sqrt{1-\cos^2\theta}$	$\frac{\text{tg}\,\theta}{\sqrt{1+\text{tg}^2\theta}}$	$\frac{1}{\sqrt{1+\text{ctg}^2\theta}}$	$\frac{\sqrt{\sec^2\theta-1}}{\sec\theta}$	$\frac{1}{\text{cosec}\,\theta}$
COS θ	$\sqrt{1-\text{sen}^2\theta}$	$\cos\theta$	$\frac{1}{\sqrt{1+\text{tg}^2\theta}}$	$\frac{\text{ctg}\,\theta}{\sqrt{1+\text{ctg}^2\theta}}$	$\frac{1}{\sec\theta}$	$\frac{\sqrt{\text{cosec}^2\theta-1}}{\text{cosec}\,\theta}$
TAG θ	$\frac{\text{sen}\,\theta}{\sqrt{1-\text{sen}^2\theta}}$	$\frac{\sqrt{1-\cos^2\theta}}{\cos\theta}$	$\text{tg}\,\theta$	$\frac{1}{\text{ctg}\,\theta}$	$\sqrt{\sec^2\theta-1}$	$\frac{1}{\sqrt{\text{cosec}^2\theta-1}}$
CTG θ	$\frac{\sqrt{1-\text{sen}^2\theta}}{\text{sen}\,\theta}$	$\frac{\cos\theta}{\sqrt{1-\cos^2\theta}}$	$\frac{1}{\text{tg}\,\theta}$	$\text{ctg}\,\theta$	$\frac{1}{\sqrt{\sec^2\theta-1}}$	$\sqrt{\text{cosec}^2\theta-1}$
SEC θ	$\frac{1}{\sqrt{1-\text{sen}^2\theta}}$	$\frac{1}{\cos\theta}$	$\sqrt{1+\text{tg}^2\theta}$	$\frac{\sqrt{1+\text{ctg}^2\theta}}{\text{ctg}\,\theta}$	$\sec\theta$	$\frac{\text{cosec}\,\theta}{\sqrt{\text{cosec}^2\theta-1}}$
COSEC θ	$\frac{1}{\text{sen}\,\theta}$	$\frac{1}{\sqrt{1-\cos^2\theta}}$	$\frac{\sqrt{1+\text{tg}^2\theta}}{\text{tg}\,\theta}$	$\sqrt{1+\text{ctg}^2\theta}$	$\frac{\sec\theta}{\sqrt{\sec^2\theta-1}}$	$\text{cosec}\,\theta$

34-4 FUNCIONES DE LOS ÁNGULOS MAYORES DE 90°

Ya hemos demostrado que la función de un ángulo agudo es igual a la cofunción de su complementario. Conociendo esta relación, cada número de los que figuran en la tabla de funciones trigonométricas tiene dos significados; por ejemplo, el sen 13° es a la vez el cos 77°. Gracias a estas igualdades, podemos usar una tabla más pequeña; si estas relaciones no se cumplieran, una tabla de funciones trigonométricas tendría que tener un tamaño doble del que tienen las que manejamos.

Los ángulos, además, pueden tener cualquier medida −como 127°, 350°, o −130°−. Podría hacerse una tabla para muchos valores de ángulos, pero tendría muchísimas páginas −muchas más, evidentemente, que la tabla incluida en el Apéndice−. Y, lo que es más importante, nunca podría hacerse una tabla en la que figurasen todos los ángulos posibles.

Sin embargo, la tabla que aparece en el Apéndice, es suficiente, ya que se pueden desarrollar fórmulas para calcular con ella las razones trigonométricas de un ángulo de cualquier medida e incluso de ángulos negativos.

34-5 FUNCIONES DE UN ÁNGULO EN EL SEGUNDO CUADRANTE

El ángulo $90° + \theta$, siendo θ un ángulo agudo, es un ángulo que está en el segundo cuadrante.

En la figura 34-4, θ es un ángulo agudo. Localizamos *P* sobre el lado final del ángulo θ. Localizamos *P'* en el lado final del ángulo $90° + \theta$, de forma que $OP = OP'$. Los triángulos *OPM* y *OP'M'* son dos triángulos rectángulos por construcción; es decir *P'M'*, y *PM* deben formar ángulos rectos con la recta. El ángulo *M'P'O* es igual al ángulo *POM*. ¿Se ve, por qué?

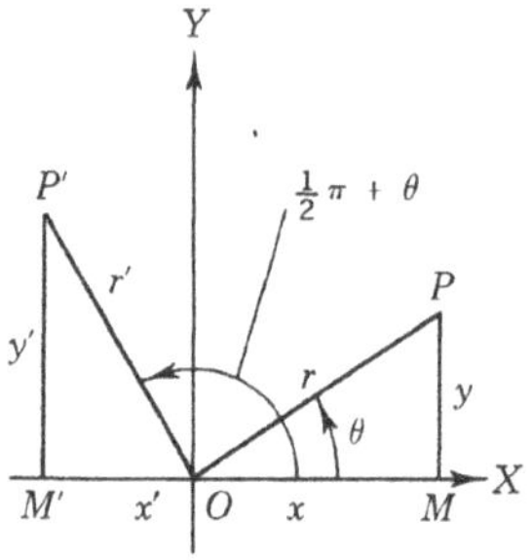

Figura 34-4. Funciones de un ángulo en el segundo cuadrante.

NOTA: El ángulo *P'OP* es un ángulo recto por construcción. El ángulo *M'OP'* es igual al ángulo *OPM*. Entonces los triángulos rectángulos *M'P'O* y *MPO* son iguales y por lo tanto $y' = x$, $x' = -y$, y $r' = r$.

$$\text{sen}\ (90° + \theta) = \frac{\text{ordenada}}{\text{distancia}} = \frac{y'}{r'}$$

Como $y' = x$ y $r = r'$,

$$\text{sen}\,(90° + \theta) = \frac{x}{r}$$

Y como $\frac{x}{r}$ es precisamente $\cos\theta$,

$$\text{sen}\ (90° + \theta) = \cos\theta$$

Las cinco funciones restantes tienen los valores siguientes:

$$\cos\ (90° + \theta) = \frac{x'}{r'} = \frac{-y}{r} = \frac{-y}{r} = -\text{sen}\,\theta$$

$$\text{tg}\ (90° + \theta) = \frac{y'}{x'} = \frac{x}{-y} = -\frac{x}{y} = -\text{ctg}\ \theta$$

$$\text{ctg}\,(90^\circ + \theta) = \frac{x'}{y'} = \frac{-y}{x} = -\frac{y}{x} = -\ \text{tg}\ \theta$$

$$\sec\,(90^\circ + \theta) = \frac{r'}{x'} = \frac{r}{-y} = -\frac{r}{y} = -\text{cosec}\,\theta$$

$$\text{cosec}\,(90^\circ + \theta) = \frac{r'}{y'} = \frac{r}{x} = \sec\theta$$

Observemos que en cada una de las fórmulas anteriores, la función que figura en el último miembro de la igualdad es la correspondiente cofunción de la que aparece en el primer miembro de la igualdad. Es decir, sen $(90° + \theta) = \cos\theta$, por ejemplo.

Aplicaciones:

$$\text{sen}\ 130^\circ = (90^\circ + 40) = \cos 40^\circ = 0{,}7660$$
$$\text{sen}\ 130^\circ = 0{,}7660$$
$$\text{ctg}\ 110^\circ = \text{ctg}\ (90^\circ + 20^\circ) = -\ \text{tg}\ 20^\circ = -0{,}3640$$
$$\text{ctg}\ 110^\circ = -0{,}3640$$

Luego es posible determinar los valores de las razones trigonométricas de los ángulos comprendidos entre 90° y 180°, utilizando las tablas que hay en este texto.

34-6 FUNCIONES DE UN ÁNGULO EN EL TERCER CUADRANTE

Hasta aquí, hemos incluido en todas las explicaciones y demostraciones las seis funciones trigonométricas. Sin embargo, en las restantes secciones de este capítulo, al igual que en las tablas de funciones trigonométricas que aparecen en el Apéndice, sólo vamos a incluir cuatro de estas funciones, sen, cos, tg y ctg.

En la figura 34-5, θ es un ángulo agudo. Construimos el ángulo $180° + \theta$; tomamos las distancias OP' y OP de forma que $OP' = OP$; y representamos las partes restantes de la figura como muestra la figura 34-5.

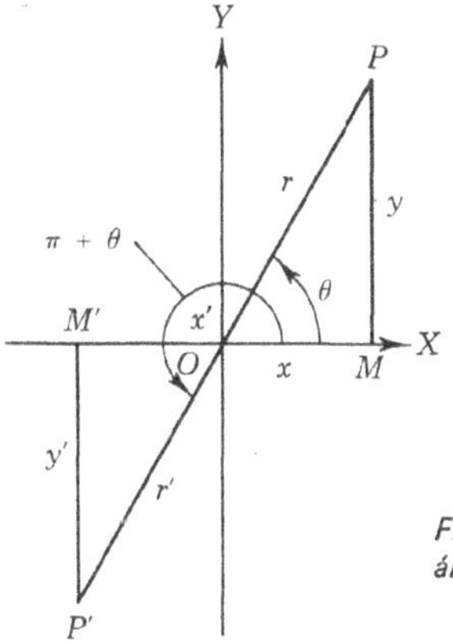

Figura 34-5. Funciones de un ángulo en el tercer cuadrante.

Entonces $x' = -x$, $y' = -y$, y $r' = r$; y tenemos

$$\text{sen}\,(180^\circ + \theta) = \frac{y'}{r'} = \frac{-y}{r} = -\frac{y}{r} = -\text{sen}\theta$$

$$\cos\,(180^\circ + \theta) = \frac{x'}{r'} = \frac{-x}{r} = -\frac{x}{r} = -\cos\theta$$

$$\text{tg}\,(180^\circ + \theta) = \frac{y'}{x'} = \frac{-y}{-x} = \frac{y}{x} = \text{tg}\,\theta$$

$$\text{ctg}\,(180^\circ + \theta) = \frac{x'}{y'} = \frac{-x}{-y} = \frac{x}{y} = \text{ctg}\,\theta$$

Observemos que en estas últimas fórmulas, en cada igualdad aparece la misma función en el primer y última miembros.

Ejemplos:

$$\text{tg}\,230^\circ = \text{tg}\,(180^\circ + 50^\circ) = \text{tg}\,50^\circ$$
$$\cos 205^\circ = \cos\,(180^\circ + 25^\circ) = -\cos 25^\circ$$

34-7 FUNCIONES DE UN ÁNGULO EN EL CUARTO CUADRANTE

El ángulo $270^\circ + \theta$, donde θ es un ángulo agudo es un ángulo que está en el cuarto cuadrante. En la figura 34-6, θ es un ángulo agudo. Construimos el ángulo $270^\circ + \theta$; tomamos los puntos P y P' de forma que $OP' = OP$; y se representan las partes restantes como muestra la figura 34-6.

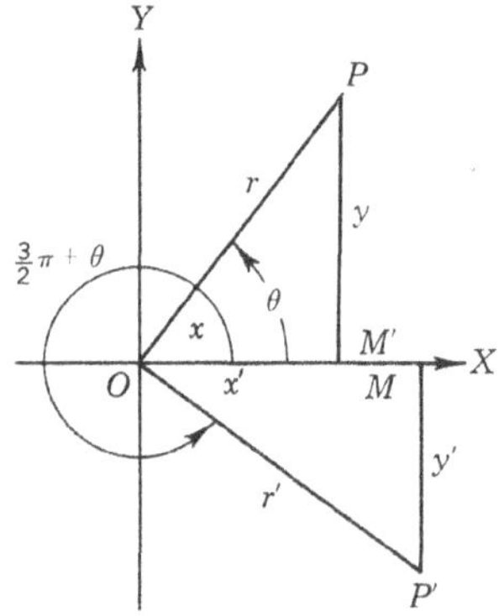

Figura 34-6. Funciones de un ángulo en el cuarto cuadrante.

Entonces $y' = -x$; $x' = y$; y $r' = r$; y tenemos

$$\text{sen}\,(270° + \theta) = \frac{y'}{r'} = \frac{-x}{r} = -\frac{x}{r} = -\cos\theta$$

$$\cos\,(270° + \theta) = \frac{x'}{r'} = \frac{y}{r} = \text{sen}\,\theta$$

$$\text{tg}\,(270° + \theta) = \frac{y'}{x'} = \frac{-x}{y} = -\frac{x}{y} = -\text{ctg}\,\theta$$

$$\text{ctg}\,(270° + \theta) = \frac{x'}{y'} = \frac{y}{-x} = -\frac{y}{x} = -\ \text{tg}\,\theta$$

Observemos que en las fórmulas anteriores, la función que aparece al final de cada igualdad es la correspondiente cofunción de la que aparece en el primer miembro de la igualdad.

Ejemplo:

$$\text{ctg}\,310° = \text{ctg}\,(270° + 40°) = -\ \text{tg}\,40°$$

34-8 FUNCIONES DE UN ÁNGULO NEGATIVO

Es necesario poder hallar también las funciones trigonométricas de un ángulo negativo. Las fórmulas siguientes se demuestran para $-\theta$, si θ es un ángulo agudo, pero también se puede demostrar que sirven para cualquier valor de $-\theta$.

Construimos los ángulos θ y $-\theta$ como en la figura 34-7; tomamos los puntos P y P' de forma que $OP' = OP$; y representamos las restantes líneas de la figura.

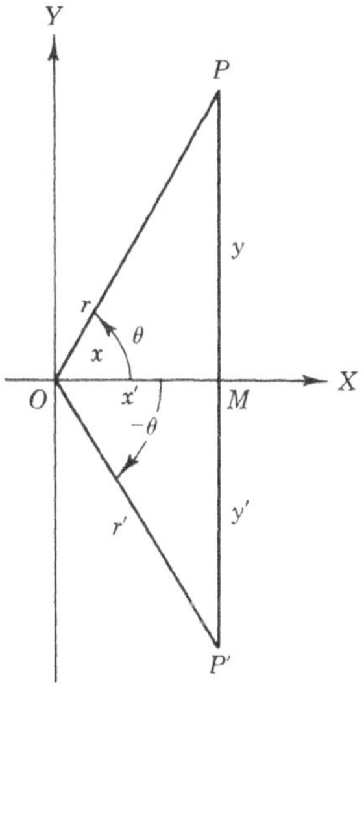

Figura 34-7. Funciones de un ángulo negativo.

Entonces $x' = x$; $y' = -y$; y $r' = r$; y tenemos

$$\operatorname{sen}(-\theta) = \frac{y'}{r'} = \frac{-y}{r} = -\frac{y}{r} = -\operatorname{sen}\theta$$

$$\cos(-\theta) = \frac{x'}{r'} = \frac{x}{r} = \cos\theta$$

$$\operatorname{tg}(-\theta) = \frac{y'}{x'} = \frac{-y}{x} = -\frac{y}{x} = -\operatorname{tg}\theta$$

$$\operatorname{ctg}(-\theta) = \frac{x'}{y'} = \frac{x}{-y} = -\frac{x}{y} = -\operatorname{ctg}\theta$$

Estas fórmulas son fáciles de recordar; observemos que la función del ángulo negativo es la misma función del ángulo positivo pero con el signo opuesto –salvo el coseno, que conserva el signo–.

Ejemplos:

$$\operatorname{sen}(-40°) = -\operatorname{sen} 40°$$
$$\cos(-145°) = \cos 145°$$
$$\operatorname{tg}(-240°) = -\operatorname{tg} 240°$$

34-9 RESUMEN: FÓRMULAS DE REDUCCIÓN

En el segundo cuadrante, podemos también escribir el ángulo de la forma $180° - \theta$, siendo θ un ángulo agudo; en el tercer cuadrante podemos escribirlos de la forma $270° - \theta$; y en el cuarto cuadrante de la forma $360° - \theta$. Las funciones trigonométricas de estos ángulos, junto con las del ángulo $90° - \theta$ y las que hemos deducido anteriormente, están resumidas en la Tabla 34-2.

Tabla 34-2. Fórmulas de reducción

$\operatorname{sen}(90° - \theta) = \cos\theta$	$\operatorname{sen}(90° + \theta) = \cos\theta$
$\cos(90° - \theta) = \operatorname{sen}\theta$	$\cos(90° + \theta) = -\operatorname{sen}\theta$
$\operatorname{tg}(90° - \theta) = \operatorname{ctg}\theta$	$\operatorname{tg}(90° + \theta) = -\operatorname{ctg}\theta$
$\operatorname{ctg}(90° - \theta) = \operatorname{tg}\theta$	$\operatorname{ctg}(90° + \theta) = -\operatorname{tg}\theta$
$\operatorname{sen}(180° - \theta) = \operatorname{sen}\theta$	$\operatorname{sen}(180° + \theta) = -\operatorname{sen}\theta$
$\cos(180° - \theta) = -\cos\theta$	$\cos(180° + \theta) = -\cos\theta$
$\operatorname{tg}(180° - \theta) = -\operatorname{tg}\theta$	$\operatorname{tg}(180° + \theta) = \operatorname{tg}\theta$
$\operatorname{ctg}(180° - \theta) = -\operatorname{ctg}\theta$	$\operatorname{ctg}(180° + \theta) = \operatorname{ctg}\theta$
$\operatorname{sen}(270° - \theta) = -\cos\theta$	$\operatorname{sen}(270° + \theta) = -\cos\theta$
$\cos(270° - \theta) = -\operatorname{sen}\theta$	$\cos(270° + \theta) = \operatorname{sen}\theta$
$\operatorname{tg}(270° - \theta) = \operatorname{ctg}\theta$	$\operatorname{tg}(270° + \theta) = -\operatorname{ctg}\theta$
$\operatorname{ctg}(270° - \theta) = \operatorname{tg}\theta$	$\operatorname{ctg}(270° + \theta) = -\operatorname{tg}\theta$

Tabla 34-2 (continuación)

$\operatorname{sen}(360° - \theta) = -\operatorname{sen}\theta$	$\operatorname{sen}(-\theta) = -\operatorname{sen}\theta$
$\cos(360° - \theta) = \cos\theta$	$\cos(-\theta) = \cos\theta$
$\operatorname{tg}(360° - \theta) = -\operatorname{tg}\theta$	$\operatorname{tg}(-\theta) = -\operatorname{tg}\theta$
$\operatorname{ctg}(360° - \theta) = -\operatorname{ctg}\theta$	$\operatorname{ctg}(-\theta) = -\operatorname{ctg}\theta$

Aunque las demostraciones de todas las fórmulas de la Tabla 34-2 suelen hacerse suponiendo que θ es un ángulo agudo, son válidas para todos los valores de θ y se pueden deducir para cualquier valor de θ de la misma forma que cuando θ es un ángulo agudo.

34-10 FUNCIONES DE UN ÁNGULO MAYOR DE 360°

Cualquier ángulo α mayor de 360° tiene las mismas razones trigonométricas que α menos un múltiplo entero de 360°, ya que $(\alpha - n)(360°)$ tiene el mismo lado inicial y el mismo lado final que el ángulo α. Es decir, las funciones trigonométricas de α son iguales a la misma función de $(\alpha - n)(360°)$, siempre que n es un número entero. En otras palabras, una función trigonométrica de un ángulo mayor de 360° puede hallarse dividiendo el ángulo por 360° y hallando la misma función del resto de la división.

Ejemplo 1: Hallar cos 1 240°.

Solución:

$$1\,240° = 3 \times 360° + 160°$$

$$\cos 1\,240° = \cos 160°$$
$$\cos 160° = \cos(90° + 70°) = -\operatorname{sen} 70° = -0{,}9397$$

Ejemplo 2: Hallar tg (− 684°).

Solución:

$$\operatorname{tg}(-684°) = -\operatorname{tg} 684° = -\operatorname{tg} 324°$$
$$= -\operatorname{tg}(270° + 54°) = -(-\cot 54°) = 0{,}7265$$

Casi todos los profesores tienen su propio método para resumir los pasos indicados en las secciones precedentes. El resumen siguiente es quizá tan bueno como otro cualquiera. Para resumir todo lo dicho en las Secciones 34-5 hasta 34-10:

1. Construir el ángulo. Entonces, según el cuadrante en que se encuentre su lado final, determinar el signo de cada una de sus funciones que se quieran calcular. Si el ángulo es mayor de 360°, aplicar el método explicado en la Sección 34-10, como se ha hecho en el Ejemplo 1.

2. Para reducir el ángulo a otro menor de 90°, es necesario restarle 90°, 180° o 270°. Si se le ha restado 90° o 270°, se toma la cofunción de la diferencia (la cofunción de la función que queramos determinar). Sin embargo, si se le ha restado 180°, para calcular una determinada función se toma la misma función de la diferencia, que la del ángulo original.

3. Si el ángulo original es negativo, se aplica primero la Sección 34-8, y después se siguen los pasos 1 y 2.

NOTA: Estudiar con cuidado los dobles signos algebraicos que aparecen en el Ejemplo 2 de la Sección 34-10.

Ejercicios

34-14. Utilizando las tablas de funciones naturales, hallar el seno, coseno y la tangente de cada uno de los ángulos siguientes.

NOTA: Es necesario aplicar las fórmulas de la Sección 34-8 o el resumen dado en los pasos 1, 2 y 3 de la Sección 34-9.

(a) 140°	**(g)** 460°
(b) 170°	**(h)** 1 220°
(c) 190°	**(i)** 3 890°
(d) 250°	**(j)** −1 190°
(e) 280°	**(k)** −915°
(f) 340°	**(l)** −1 420°40′

34-15. Hallar el ángulo *A*, menor de 360°, positivo, para el que son ciertas las igualdades siguientes:

(a) $\operatorname{sen} 20° = \operatorname{sen} A$

(b) $\cos 130° = \cos A$

(c) $\operatorname{tg} 250° = \operatorname{tg} A$

(d) $\operatorname{sen} 20° = \cos A$

(e) $\cos 130° = \operatorname{sen} A$

(f) $\operatorname{tg} 250° = \operatorname{ctg} A$

35/Triángulos rectángulos

35-1 INTRODUCCIÓN

En los capítulos precedentes, el alumno ha estudiado las funciones trigonométricas, el uso de las tablas trigonométricas, y las relaciones entre las distintas funciones. El objetivo de este capítulo es aplicar estos conocimientos a la resolución de problemas. Algunos de los problemas propuestos serán puramente rutinarios, para ayudar al alumno a adquirir habilidad en aplicar los conocimientos adquiridos; otros serán problemas verbales en los que se pedirá al alumno que aplique estos conocimientos.

Calcular la altura de un edificio, la dirección de una carretera, o la anchura de un río son ejemplos de problemas que se pueden resolver por Trigonometría. Con objeto de resolverlos, estos problemas y otros similares se representan como problemas de triángulos rectángulos.

35-2 EL TRIÁNGULO RECTÁNGULO

El triángulo rectángulo es un polígono de tres lados que tiene uno de sus tres ángulos recto. En la figura 35-1 aparece un triángulo rectángulo; en este caso ABC es un triángulo rectángulo en el que el ángulo ACB es el ángulo recto. Se suele designar a los tres ángulos de un triángulo por medio de tres letras mayúsculas (en este caso A, B, y C) y a los tres lados con la letra minúscula correspondiente al vértice opuesto (en este caso, a, b, y c). El lado a es el opuesto al

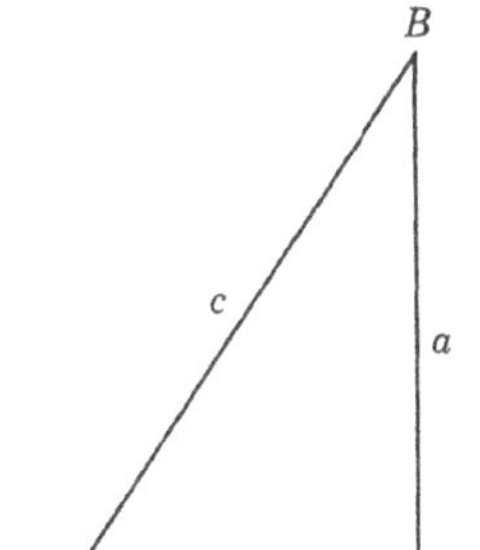

Figura 35-1. Triángulo rectángulo.

ángulo A; el lado b el opuesto al ángulo B; y el lado c el opuesto al ángulo C.

Si el ángulo C ($\angle C$) es igual a 90°, entonces $\angle A + \angle B = 90°$ ya que $\angle A + \angle B + \angle C = 180°$. En un triángulo rectángulo, si conocemos uno de los ángulos agudos, el otro ángulo se puede determinar restando el ángulo conocido de 90°. Por ejemplo, si $\angle A = 60°$, entonces $\angle B = 30°$, porque $\angle A + \angle B = 90°$.

Debemos recordar también que $c^2 = a^2 + b^2$; es decir, en un triángulo rectángulo el cuadrado de la hipotenusa es igual a la suma de los cuadrados de los catetos.

Hacen falta seis datos para conocer completamente un triángulo rectángulo: tres lados y tres ángulos. Para poder calcular estos seis datos, debemos conocer, por lo menos, tres y uno de ellos ha de ser necesariamente un lado.

35-3 RESOLUCIÓN DE PROBLEMAS SOBRE TRIÁNGULOS RECTÁNGULOS

Cuando tengamos que resolver un problema sobre triángulos rectángulos, conviene dibujar el triángulo, anotar los datos conocidos, y después, elegir la ecuación o las ecuaciones adecuadas para calcular los datos restantes.

Veamos varios ejemplos para aplicar este método.

Ejemplo 1: En el triángulo rectángulo *ABC* de la figura 35-2, dados $\angle A = 32° 20'$ $b = 10$ m; hallar *B*, *a*, y *c*.

Solución: En la figura 35-2,

$$\operatorname{sen} A = \frac{a}{c}, \cos A = \frac{b}{c}, \quad \operatorname{tg} A = \frac{a}{b}, \quad \text{y} \quad \operatorname{ctg} A = \frac{b}{a}$$

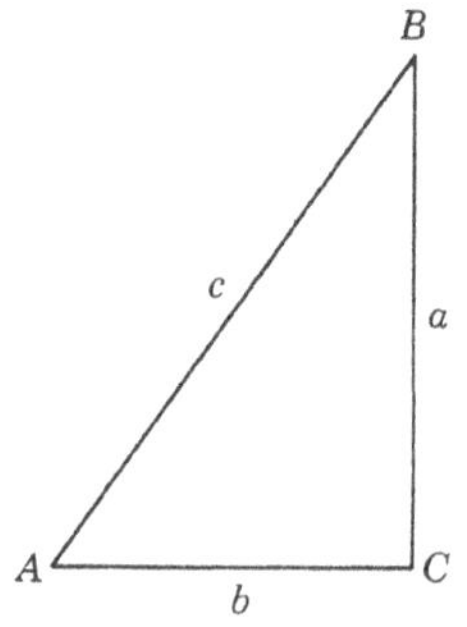

Figura 35-2. Ejemplo 1: Hallar B, a, c.

Las fórmulas en que aparezcan la secante y la cosecante de un ángulo no deben utilizarse, ya que en las tablas trigonométricas no aparecen estas dos funciones. Sin embargo, no son necesarias, puesto que la secante de un ángulo es el valor inverso del coseno y la cosecante de un ángulo es el valor inverso del seno.

Para determinar

$$\angle B = ?$$
$$c = ?$$
$$a = ?$$

Como $\angle A + \angle B = 90°$ y conocemos A, podemos calcular B: $32° 20' + \angle B = 90°$; entonces, restando $\angle B = 90° - 32° 20' = 57° 40'$.

En la fórmula $\operatorname{tg} A = a/b$, conocemos dos datos –el ángulo A y el lado b; entonces, el tercer dato, el lado a, puede calcularse sustituyendo A y b por los dos valores conocidos:

$$\operatorname{tg} A = \frac{a}{b}$$
$$\operatorname{tg} 32°20' = \frac{a}{10}$$
$$10 \times \operatorname{tg} 32°20' = a$$
$$10 \times 0{,}6330 = a$$
$$6{,}33 \text{ m} = a$$

En la fórmula $\cos A = b/c$, también conocemos dos datos –el lado b y el ángulo A–; el tercer dato, el lado c, podemos también calcularlo:

$$\cos A = \frac{b}{c}$$
$$\cos 32°20' = \frac{10}{c}$$
$$0{,}8450 = \frac{10}{c}$$
$$c = \frac{10}{0{,}8450} = 11{,}83 \text{ m}$$

Entonces, hemos calculado los tres valores desconocidos:

$$\angle B = 57°40'$$
$$c = 11{,}83 \text{ m}$$
$$a = 6{,}33 \text{ m}$$

Podemos comprobar la exactitud de los resultados. La primera comprobación, o prueba, es para las longitudes de los tres lados:

$$c^2 = a^2 + b^2$$
$$(11{,}83)^2 = (6{,}33)^2 + (10)^2$$
$$139{,}95 = 140{,}06$$

Los dos resultados son bastante parecidos y, por lo tanto, las longitudes de los tres lados se aceptan como correctas. Si hubiéramos usado una tabla de cinco o seis cifras para calcular la tangente y el coseno del ángulo, la diferencia entre los dos resultados sería aún más pequeña.

La segunda comprobación, o prueba, es para el ángulo agudo B:

$$\text{sen } B = \frac{\text{cateto opuesto}}{\text{hipotenusa}}$$

$$\text{sen } B = \frac{b}{c} = \frac{10}{11{,}83} = 0{,}8453 = \text{sen } 57^\circ\ 40' \ \text{(aproximadamente)}$$

La resta que habíamos hecho para calcular B ha sido comprobada, y las soluciones obtenidas para el ángulo B y los lados c y a se aceptan como correctas.

Los pasos que debemos seguir para resolver los problemas sobre triángulos rectángulos, pueden resumirse así:

1. Dibujar el triángulo.
2. Anotar los datos conocidos.
3. Anotar los datos que debemos calcular.
4. Elegir las fórmulas que han de aplicarse.
5. Resolver las ecuaciones planteadas.
6. Comprobar los cálculos.

En el Ejemplo 1, hemos usado las funciones naturales para calcular la solución; pero también se puede emplear logaritmos. Repetimos a continuación el segundo paso de la solución usando logaritmos.

$$c = \frac{b}{\cos A}$$

$$\log c = \log b - \log \cos A$$

$$\begin{aligned}
\log 10 &= 11{,}000 - 10 \\
\log \cos 32^\circ 10' &= \underline{9{,}9268 - 10} \\
\log c &= 1{,}0732 \\
c &= 11{,}83 + \text{ m}
\end{aligned}$$

Esta solución coincide con la que habíamos obtenido anteriormente.

Es conveniente que el alumno rehaga el Ejemplo 1, buscando cada uno de los valores en la tabla de funciones y comprobando todos los cálculos.

NOTA: También es posible comprobar los resultados construyendo el triángulo con un transportador y una regla.

Ejemplo 2: Dados $A = 67^\circ\ 42{,}8'$ y $c = 23{,}47$ cm, hallar B, a, y b (figura 35-3.)

Solución: Fórmulas:

(1) $A + B = 90^\circ$; luego $B = 90^\circ - A$

(2) $\text{sen } A = \frac{a}{c}$; luego, $a = c \text{ sen } A$

(3) $\cos A = \frac{b}{c}$; luego, $b = c \cos A$

Calculando por logaritmos:

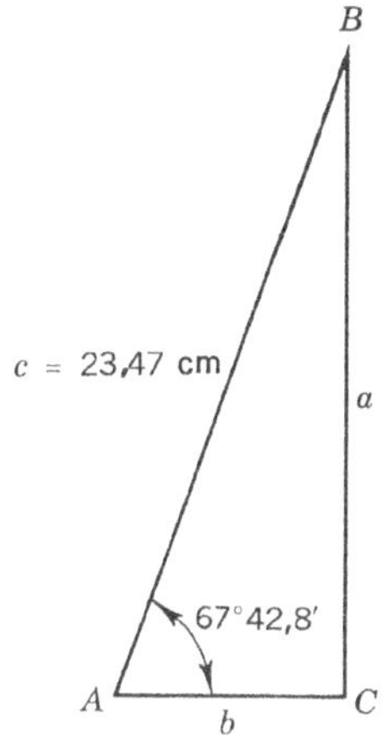

Figura 35-3. Ejemplo 2: Construcción.

Por (1), $B = 90° - 67° \, 42{,}8' = 22° \, 17{,}2'$
Por (2), $a = 23{,}47 \text{ sen } 67° \, 42{,}8'$
Por (3), $b = 23{,}47 \cos 67° \, 42{,}8'$

Entonces,

$$\begin{aligned} \log 23{,}47 &= 11{,}3705 - 10 \\ \log \text{sen} \, 67°42{,}8' &= \underline{\ 9{,}9663 - 10\ } \\ \log a &= 1{,}3368 \\ a &= 21{,}72 \\ \log 23{,}47 &= 11{,}3705 - 10 \\ \log \cos 67°42{,}8' &= \underline{\ 9{,}5789 - 10\ } \\ \log b &= 0{,}9494 \\ b &= 8{,}90 \end{aligned}$$

Ejemplo 3: Dados $c = 35{,}62$ m y $a = 23{,}85$ m, determinar b, A y B (ver figura 35-4).

Solución:

$$\text{sen} \, A = \frac{a}{c} = \frac{23{,}85}{35{,}62}$$

$$\begin{aligned} \log \text{sen} \, A &= \log 23{,}85 - \log 35{,}62 \\ \log 23{,}85 &= 1{,}3775 \\ \log 35{,}62 &= 1{,}5517 \\ \log \text{sen} \, A &= 9{,}8258 - 10 \end{aligned}$$

$$A = 42°2{,}1'$$

$$\cos B = \frac{\text{cateto adyacente}}{\text{hipotenusa}} = \frac{a}{c} = \frac{23{,}85}{35{,}62}, \text{ luego}$$

$$\log \cos B = 9{,}8258 - 10$$
$$B = 47°57{,}9'$$

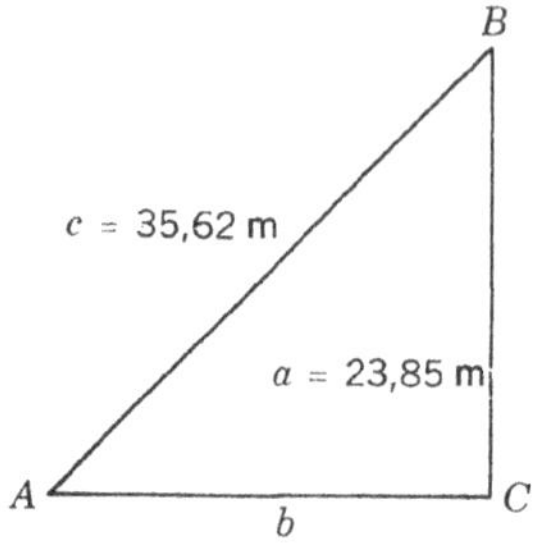

Figura 35-4. Ejemplo 3: Halla b, A, B.

Comprobación:

$$A + B = 90°$$
$$42°2{,}1' + 47°57{,}9' = 90°$$
$$90° = 90°$$

NOTA: Observar que en este ejemplo, con un sólo cálculo hemos determinado los valores de los ángulos *A* y *B*. ¿Por qué es esto posible? Porque las cofunciones de los ángulos complementarios son iguales. También, observar que cuando un cálculo nos sirve para calcular dos valores, las soluciones están ya comprobadas.

El resto de la solución viene a continuación:

$$\text{tg}\, A = \frac{a}{b}$$

$$b = \frac{a}{\text{tg}\, A}$$

$$\log b = \log a - \log\ \text{tg}\, A$$
$$\log 23{,}85 = 11{,}3775 - 10$$
$$\log\ \text{tg}\, A = \underline{9{,}9549 - 10}$$
$$\log b = 1{,}4226$$
$$b = 26{,}46 \text{ m}$$

Comprobación:

$$c^2 = b^2 + a^2$$
$$(35{,}62)^2 = (26{,}46)^2 + (23{,}85)^2$$
$$2 \times \log 35{,}62 = 2 \times 1{,}5517 = 3{,}1034 = 1\,269$$

$$2 \times \log 26{,}46 = 2 \times 1{,}4226 = 2{,}8452 = 700$$
$$2 \times \log 23{,}85 = 2 \times 1{,}3775 = 2{,}7550 = 569$$

Otra comprobación:

$$c^2 = b^2 + a^2$$
$$1\,269 = 700 + 569$$
$$1\,269 = 1\,269$$

La segunda comprobación es necesaria porque los cálculos se han basado en el valor que hemos calculado para A —este valor no es un dato.

Ejercicios

35-1. Dados $A = 68^\circ\ 13'$, $c = 200$ m; hallar B, a, y b.
35-2. Dados $B = 66^\circ\ 30'$, $b = 575$ dm; hallar A, a, y c.
35-3. Dados $A = 13^\circ\ 41'$, $a = 992$ dm; hallar B, b, y c.
35-4. Dados $B = 52^\circ\ 4'$, $b = 4$ m; hallar A, a, y c.
35-5. Dados $A = 53^\circ\ 30'$, $c = 30{,}69$ m; hallar B, a, y b.
35-6. Dados $A = 63^\circ$, $c = 43$ dm; hallar B, a, y b.
35-7. Dados $B = 36^\circ\ 45'$, $a = 1\,758$ m; hallar A, b, y c.
35-8. Dados $B = 85^\circ\ 25'$, $a = 637$ cm; hallar A, b, y c.
35-9. Dados $A = 86^\circ$, $a = 0{,}0008$ Km; hallar B, b, y c.
35-10. Dados $A = 21^\circ\ 8'$, $a = 73$ m; hallar B, b, y c.
35-11. Dados $a = 2$ m, $b = 2$ m; hallar A, B, y c.
35-12. Dados $c = 8$ m, $b = 4$ m; hallar A, B, y a.
35-13. Dados $a = 8{,}49$ m, $c = 9{,}35$ m; hallar A, B, y b.
35-14. Dados $b = 16{,}926$ m, $a = 13{,}690$ m; hallar A, B, y c.
35-15. Dados $a = 2{,}19$ cm, $c = 91{,}92$ cm; hallar A, B, y b.
35-16. Dados $c = 2.194$ m, $b = 1\,312{,}7$ m; hallar A, B, y a.
35-17. Dados $b = \sqrt[3]{2}$ m, $c = \sqrt{3}$ m; hallar A, B, y a.

35-4 PROBLEMAS VERBALES SOBRE TRIÁNGULOS RECTÁNGULOS

Los problemas y los ejemplos anteriores eran problemas mecánicos o de rutina. Los problemas verbales, o de trabajo, son más difíciles. La habilidad del alumno para resolver estos nuevos problemas es la mejor prueba de sus conocimientos de Trigonometría.

A continuación damos las soluciones de varios de estos problemas verbales; observar bien que el primer paso en todos los casos es hacer un dibujo del problema. Algunos de estos ejercicios serán muy difíciles o casi imposibles de resolver para el alumno, si no hace previamente un dibujo del problema.

Ejemplo 1: Si un muro mide 6 m de altura y el suelo a su alrededor es perfectamente liso, y la elevación del Sol es de 64°, ¿cuánto medirá la sombra que proyecta?

Solución: La figura 35-5 es un dibujo de este problema; la figura 35-6 es el mismo dibujo, pero con los ángulos y los lados designados por letras.

Dos datos son conocidos: $A = 64^\circ$ y $a = 6$ m; b (la longitud de la sombra del muro) es el dato que debemos calcular.

$$\text{ctg}\,A = \frac{b}{a}$$

$$a\,\text{ctg}\,A = b$$

El lado *a* es un dato, y la cotangente de *A* puede hallarse en las tablas.

$$\begin{aligned} \log a &= 0{,}7782 \\ \log \text{ctg}\,A &= \underline{9{,}6882 - 10} \\ \log b &= 10{,}4664 - 10 \\ b &= 2{,}927 \text{ m} \end{aligned}$$

El muro proyectará, entonces, una sombra de 2,927 m de longitud.

Para comprobar este problema, se puede calcular también el valor de *c* y utilizando la fórmula $c^2 = b^2 + a^2$, y calculando el ángulo *B* usando la igualdad $\angle A + \angle B = 90°$. Se puede comprobar también construyendo un triángulo a escala.

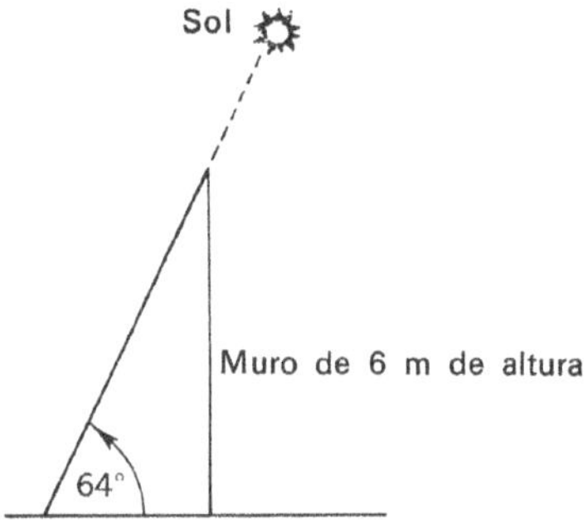

Figura 35-5. Ejemplos: Esquema.

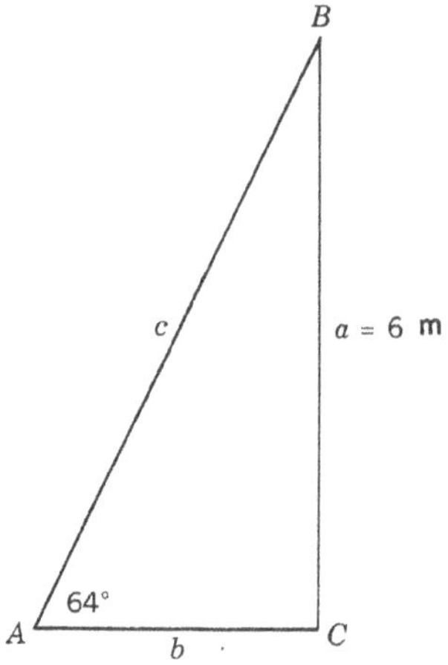

Figura 35-6. Ejemplos: Ángulos y lados.

Ejemplo 2: ¿Qué ángulo formarán con la horizontal los pares de una cubierta que tiene una montea de 6 m y una luz de 24 m?

Solución: La figura 35-7 es un dibujo de este problema, y la figura 35-8 es el mismo dibujo en el que los lados y los ángulos han sido denominados con las letras usuales.

Para determinar *A*, el ángulo que forma el par con la horizontal,

$$\text{tg}\,A = \frac{a}{b} = \frac{6}{12} = 0{,}5000$$

$$A = 26°33{,}9'$$

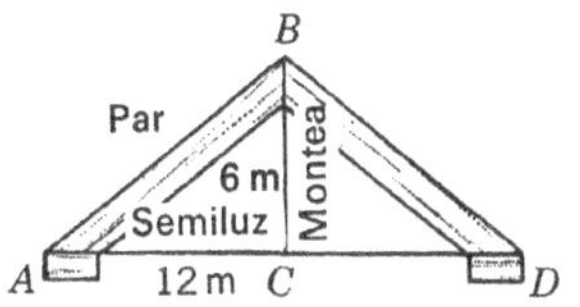

Figura 35-7. Ejemplo 2: Esquema.

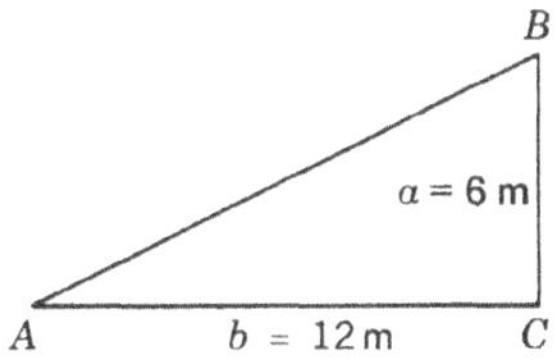

Figura 35-8. Ejemplo 2: Ángulos y lados.

Ejemplo 3: Para determinar la anchura de un río, hemos tomado como punto de referencia un árbol en la orilla opuesta del río que se hallaba enfrente de nosotros, mirando perpendicularmente al río. El ángulo de elevación con que se veía la cima del árbol desde nuestra orilla del río era 32°; a 150 m de la orilla del río, en la misma dirección, la cima del árbol se veía con una elevación de 21°. ¿Cuál es la anchura del río?

Solución: La figura 35-9 es un dibujo del problema. Podemos plantear un sistema de dos ecuaciones con dos incógnitas —la altura del árbol (*Y*) y la anchura del río (*X*):

$$(1) \quad \text{tg } 32° = \frac{Y}{X}$$

$$(2) \quad \text{tg } 21° = \frac{Y}{150 + X}$$

NOTA: Este ejemplo es, por supuesto, una aplicación de la definición de tangente:

$$\text{tg } A = \frac{\text{cateto opuesto}}{\text{hipotenusa}}$$

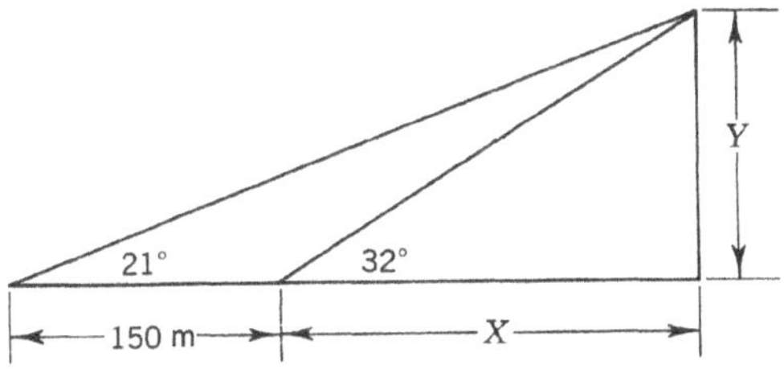

Figura 35-9. Ejemplo 3.

Con este ejemplo vemos también que hacer un esquema del problema no sólo nos ayuda a comprenderlo sino también —y esto es aún más importante— dirige nuestra atención hacia el método adecuado para hallar la solución, en este caso, la aplicación de la definición de tangente.

Como tenemos un sistema de dos ecuaciones con dos incógnitas, podemos resolver el problema. Las dos ecuaciones se resuelven por cualquiera de los métodos ya conocidos.

$$(1)\quad \operatorname{tg} 32^\circ = \frac{Y}{X}$$

$$(2)\quad \operatorname{tg} 21^\circ = \frac{Y}{150 + X}$$

Despejando Y de la ecuación (1)

$$X \operatorname{tg} 32^\circ = Y$$

Sustituyendo este valor de Y en la ecuación (2):

$$\operatorname{tg} 21^\circ = \frac{X \operatorname{tg} 32^\circ}{150 + X}$$

Despejando X de esta ecuación:

$$0{,}3839 = \frac{0{,}6249X}{150 + X}$$

$$0{,}3839(150 + X) = 0{,}6249X$$
$$57{,}585 + 0{,}3839X = 0{,}6249X$$
$$57{,}585 = 0{,}2410X$$
$$239 \text{ m} = X$$

La altura del árbol puede calcularse también si es necesario.

Los tres ejemplos sirven para darnos cuenta de la importancia de dibujar un esquema del problema y aplicar después las definiciones trigonométricas para resolverlo. El alumno habrá reparado también en la aplicación de los principios aprendidos en Álgebra.

Ejercicios

35-18. Un edificio de 200 m de altura se observa bajo un ángulo de 5°. ¿A qué distancia del pie del edificio se encuentra el observador?

35-19. Si el edificio del Ejercicio 35-18 es el Empire State Building, cuya altura es 1.248 pies, resolver el problema.

35-20. La parte inferior de un cuadro está en la misma horizontal que los ojos del observador. Si el cuadro tiene 2 m de altura, y el ángulo bajo el que se ve el borde superior es de 20°, ¿a qué distancia están los ojos del observador del borde inferior del cuadro?

35-21. ¿Cuál es la inclinación respecto a la vertical de un muro que tiene un talud de $^1/_8$? Un talud de $^1/_8$ significa que el muro se inclina hacia atrás 1 cm por cada 8 cm de altura vertical.

35-22. ¿Qué inclinación respecto al suelo tiene una escalera cuyos peldaños tienen una huella (anchura) de 20 cm y una contrahuella (altura) de 16 cm?

35-23. Hallar los ángulos que forman los pares con la horizontal en una cubierta con las siguientes razones entre montea y semiluz: dos tercios; un medio; un tercio; un cuarto.

35-24. Uno de los dos lados iguales de un triángulo isósceles mide 4,2 cm y cada uno de los ángulos de la base mide 27° 15′; hallar su base y su altura.

35-25. La base de un triángulo isósceles mide 60 dm, y el ángulo del vértice mide 58° 30′;

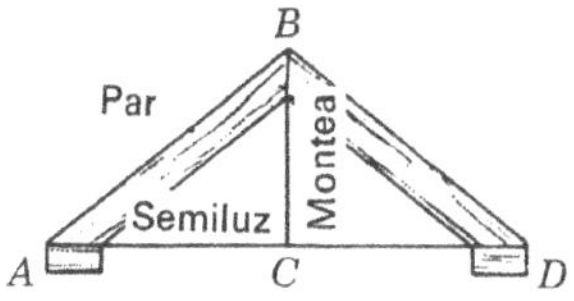

Figura 35-10. Ejercicio 35-23.

hallar los dos lados iguales y los ángulos de la base.

35-26. Si estamos a 1 000 m de un objeto de 1 m de altura, ¿qué ángulo subtiende el objeto? Este ángulo es aproximadamente una milésima, que es una unidad de medida de ángulos que suele utilizarse en artillería.

NOTA: Usar la tangente. Observar que la tabla de cuatro cifras tiene en este caso poca utilidad.

35-27. Una carretera de montaña (de pendiente uniforme) asciende 1 Km por cada 6 Km de longitud de la misma. ¿Qué ángulo forma con la horizontal?

35-28. Una pendiente de una carretera del 1 % significa que la carretera sube 1 m por cada 100 m de distancia horizontal. ¿Qué ángulo formará con la horizontal una carretera con una pendiente del 5 %? ¿Y de 0,25 %?

35-29. Una carretera sube 400 m en una distancia horizontal de 2 600 m. Hallar el tanto por ciento de pendiente y el ángulo de inclinación con la horizontal.

35-30. Un hombre que tiene los ojos a 1,65 m del suelo, colocado en un terreno horizontal, se halla a 50 m del mástil de una bandera, de 24 m de altura. ¿Qué ángulo formará con la horizontal la línea que sigue su mirada (la visual) cuando mira al extremo superior del mástil?

35-31. Efectuando un levantamiento topográfico, se han tomado las medidas que aparecen en la figura 35-11. Hallar la distancia en línea recta entre *A* y *E*.

35-32. El lado de un pentágono regular es 12 cm. Hallar el radio del círculo inscrito en él y el área del pentágono.

SUGERENCIA: Dibujar el pentágono e inscribir en él un círculo, como en la figura 35-12. El ángulo *AOB* mide 72°. El triángulo *AOB* es un triángulo isósceles. Tenemos entonces que tg 36° = 6/*r*. Por lo tanto, *r* = 6 : tg 36°. ¿Podríamos haber resuelto fácilmente este problema sólo por Geometría?

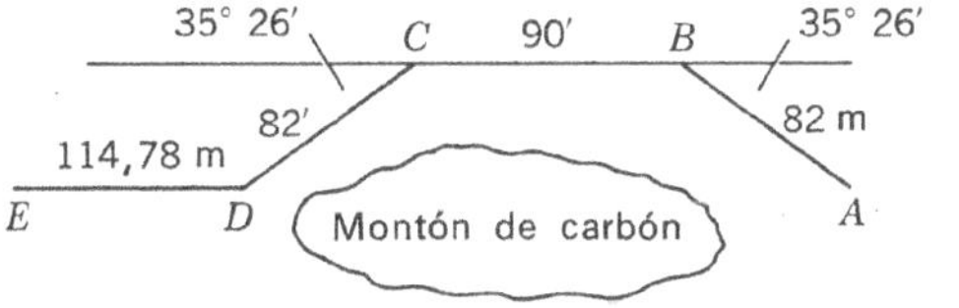

Figura 35-11. Ejercicio 35-31.

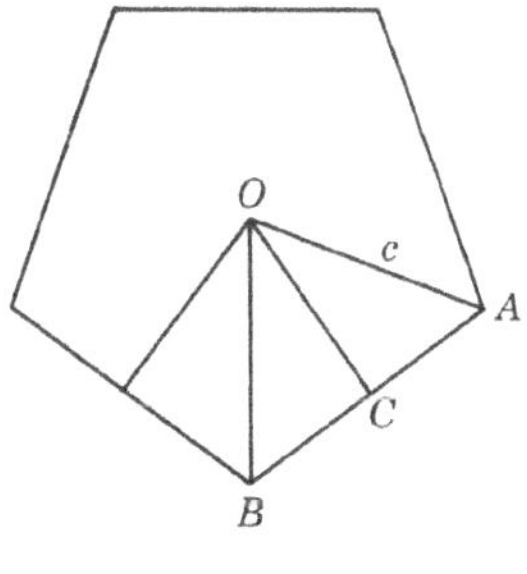

Figura 35-12. Ejercicio 35-32.

35-33. Hallar la longitud del lado de un octágono regular circunscrito a una circunferencia de 20 dm de diámetro.

35-34. Un edificio se levanta sobre un terreno horizontal. Desde un punto *A* del suelo se ve el antepecho de la ventana del segundo piso, que está a 6 m sobre el suelo, bajo un ángulo de 40°. Si desde el mismo punto *A* se mira a lo alto del edificio, se ve bajo un ángulo de 70°. Hallar la altura del edificio.

35-35. Un globo cautivo está sujeto a un punto *A* del suelo. Al mismo nivel horizontal que *A*, se eligen dos puntos *B* y *C* de forma que los tres puntos estén sobre la misma recta y que la distancia *BC* sea de 300 m. Desde los puntos *B* y *C* los ángulos de elevación del globo son 40° y 30° respectivamente. Hallar la altura del globo.

SUGERENCIA: Plantear un sistema de dos ecuaciones con dos incógnitas.

35-36. Hallar la menor de las dos alturas y el área de un paralelogramo cuyos lados miden 10 dm y 25 dm y el ángulo entre ellos 75°.

35-37. Dos puntos *C* y *B* están uno enfrente de otro en las dos márgenes de un río. Una línea *AC* forman un ángulo recto con *CB* y mide 40 m de longitud. Al medir el ángulo *CAB* se obtuvo 41° 40′. Hallar la anchura del río.

35-38. Un barco navega hacia el Este a una velocidad de 16 millas por hora. A las 8 h 30 m de la mañana se divisa al Sur un faro. A las 9 h 45 m la situación del faro era Suroeste 38° 30′. Hallar la distancia entre el barco y el faro a las 8 h 30′.

35-39. Para situar exactamente los agujeros que han de hacerse en una pieza, se fija ésta al tablero de una fresadora. El tablero está construido de tal forma que puede moverse en dos direcciones perpendiculares entre sí. Para taladrar cinco agujeros situados exactamente en los vértices de un pentágono regular inscrito en un círculo de radio 2,5 cm, hay que determinar las longitudes *OF*, *FB*, *OG*, y *GC* de la figura 35-13. Dar los resultados con tres cifras decimales.

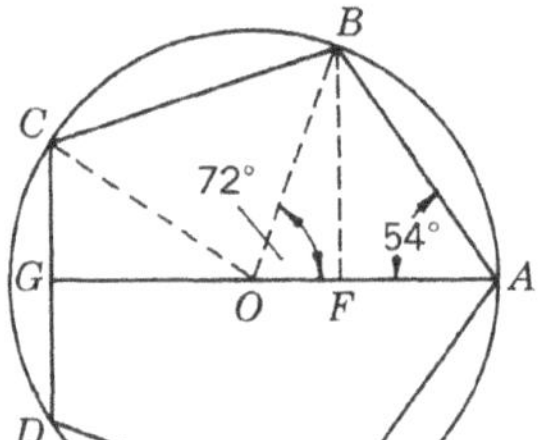

Figura 35-13. Ejercicio 35-39.

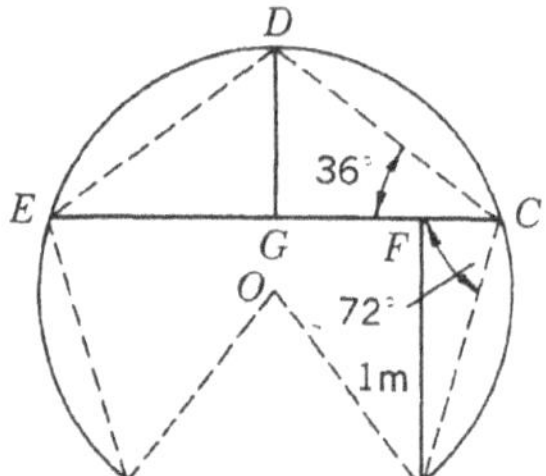

Figura 35-14. Ejercicio 35-40.

35-40. Localizar los agujeros de la misma pieza del ejercicio anterior determinando las longitudes *AB*, *BF*, *FC*, *EC*, *EG*, y *GD* de la figura 35-14 y dar los resultados con tres cifras decimales.

35-41. Localizar exactamente los centros de los agujeros *B* y *C* de la figura 35-15 hallando las coordenadas de cada uno de ellos respecto al punto *O*. El radio del círculo es 4 cm. Dar los resultados con tres cifras decimales exactas.

35-42. Para taladrar exactamente los orificios *A*, *B*, y *C* de la figura 35-16 es necesario conocer las distancias *AC* y *CB*. Dar los resultados con tres cifras decimales exactas.

35-43. Para perforar los orificios *A*, *B*, y *C* de la figura 35-17, determinar las longitudes *AD*, *DC* y *DB* con tres cifras decimales exactas.

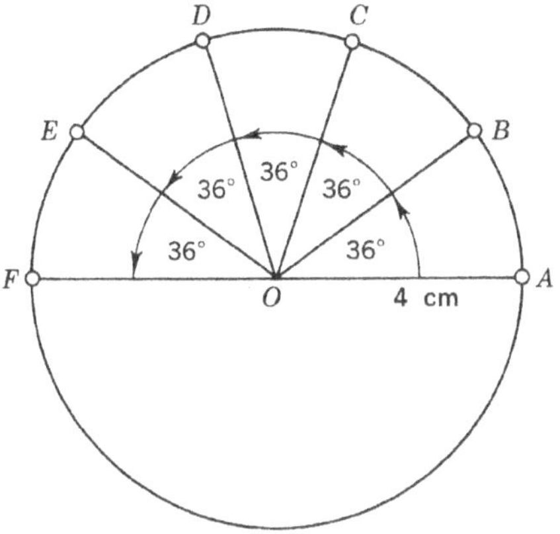

Figura 35-15. Ejercicio 35-41.

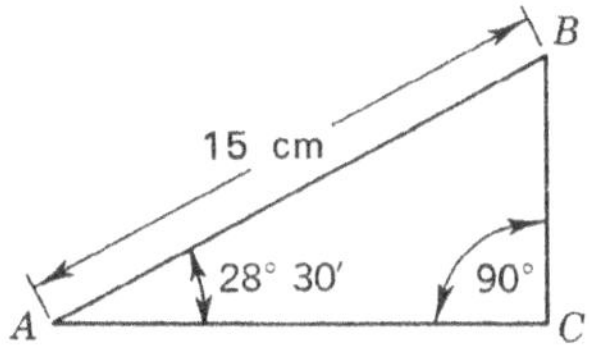

Figura 35-16. Ejercicio 35-42.

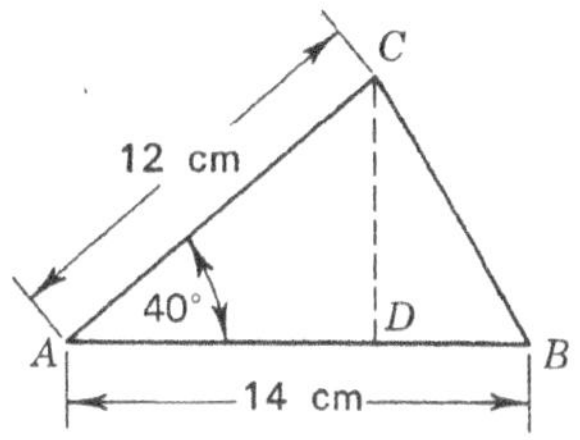

Figura 35-17. Ejercicio 35-43.

35-44. El lado de un pentágono regular inscrito en un círculo mide 8 cm; hallar el radio del círculo.

35-45. El lado de un octágono regular inscrito en un círculo mide 10 cm; hallar el radio del círculo.

35-46. Un hombre al examinar una mina mide una longitud AB = 220 m en dirección Este con un buzamiento de 6° 15′; después una longitud BC = 325 m en dirección Sur con un buzamiento de 10° 45′. ¿Cuántos metros más bajo se halla el punto C que el punto A?

35-47. Al pie de una colina cuya ladera tiene una inclinación de 32° se perfora un túnel que desciende formando con la horizontal un ángulo de 12° 15′. ¿A qué distancia bajo la superficie de la colina se encuentra un punto del túnel situado a 115 m de su boca?

35-48. El ángulo de elevación de un globo, visto desde un punto que se encuentra al Sur del mismo, es de 60°; desde otro punto situado a 1 Km al Oeste del primero el ángulo de elevación es 45°. Hallar la altura del globo.

35-49. Desde la cumbre de una montaña de 1.050 m de altura, se ven dos edificios en línea recta con el pie de la montaña. El ángulo de depresión del primero de los edificios es 35°, y el ángulo del segundo es 24°. Hallar la distancia entre los edificios.

35-50. Una cuerda de 2 cm de longitud está en un círculo de 3 cm de radio. Hallar la longitud del arco subtendido por la cuerda y su número de grados.

SUGERENCIA: Ver la figura 35-18. En este dibujo la cuerda AB = 2 cm y el radio OA = 3 cm; además, el ángulo central AOB tiene la misma medida en grados que el arco AnB.

35-51. Hallar el ángulo que forman la diagonal de un cubo y una de las diagonales de una cara que se corte con ella.

35-52. ¿Cuál será el tamaño de un blanco que a 30 m de distancia se ve bajo el mismo ángulo que otro de 4 m de diámetro situado a 3.000 m? Hallar el ángulo que subtienden los dos blancos.

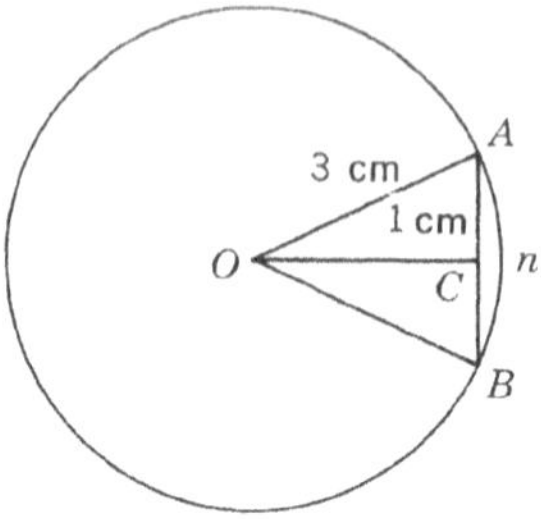

Figura 35-18. Ejercicio 35-50.

35-53. Un globo de observación tiene un ángulo de elevación de 42° 30′ desde un punto *A* situado en la horizontal del punto a que está sujeto el globo y un ángulo de elevación de 36° 45′ desde un punto *B* situado verticalmente sobre *A*. Si la altura *AB* es 66 m, hallar la altura del globo y la distancia entre *A* y el punto al que está sujeto el globo.

35-54. Desde un cierto punto el ángulo de elevación del pico de una montaña es 44° 30′; desde otro punto, 3 Km más lejos de la montaña que el primero, pero en el mismo plano horizontal que éste, el ángulo de elevación es 29° 45′. Hallar la distancia desde la cima de la montaña al plano horizontal de ambos puntos y la distancia horizontal desde el primer punto de observación al pico de la montaña.

35-55. Desde un cierto punto el ángulo de elevación del pico de una montaña es α; desde un punto *B*, situado *a* Km más lejos de la montaña pero en la misma horizontal que *A*, el ángulo de elevación es β. Si *h* representa la distancia de la cima de la montaña al plano horizontal donde están *A* y *B* y *x* representa la distancia horizontal entre la cima y el punto *A*, deducir las fórmulas siguientes:

$$h = \frac{a \ \operatorname{tg} \alpha \ \operatorname{tg} \beta}{\operatorname{tg} \alpha - \operatorname{tg} \beta}$$

$$x = \frac{a \ \operatorname{tg} \beta}{\operatorname{tg} \alpha - \operatorname{tg} \beta}$$

NOTA: Para manejar estas fórmulas es conveniente utilizar las funciones naturales.

35-56. Hallar la altura de un árbol si el ángulo de elevación varía desde 35° a 64° 30′ cuando nos acercamos 50 m en horizontal, en línea recta con su base.

35-57. Un hombre que camina en un plano horizontal hacia una torre, observa que, en cierto punto, el ángulo de elevación del punto más alto de la torre es 28° y después de avanzar 80 m directamente hacia la torre, el ángulo de elevación es 48°. Hallar la altura de la torre teniendo en cuenta que el punto de observación está las dos veces a una altura de 1,5 m sobre el suelo.

35-5 VECTORES

Para resolver muchos problemas de Mecánica, Ingeniería eléctrica, o Diseño de máquinas, se utilizan con frecuencia vectores o diagramas vectoriales. Las líneas que se usan en los diagramas vectoriales sirven para representar la dirección y la magnitud de la fuerza que actúa sobre una pieza de una máquina. Estos diagramas pueden dibujarse a escala, en cuyo caso podemos obtener una solución aproximada del problema, o bien podemos aplicar los principios ya estudiados para la resolución de problemas de triángulos rectángulos.

La figura 35-19 nos muestra un segmento rectilíneo *OP* que representa una fuerza de 10 Kg que actúa formando un ángulo con la horizontal de 30°. El segmento *OP* se llama *vector*. *O* es el origen del vector y *P* su extremo. El vector *OP* se puede dibujar a escala; por ejemplo, 4 cm = = 10 Kg. La punta de la flecha indica el sentido en que actúa la fuerza. A veces es necesario descomponer la fuerza en dos componentes, una componentes horizontal y otra componente vertical. La figura 35-20 nos muestra la fuerza *OP* con su componente horizontal *OQ* y su componente vertical *OR*.

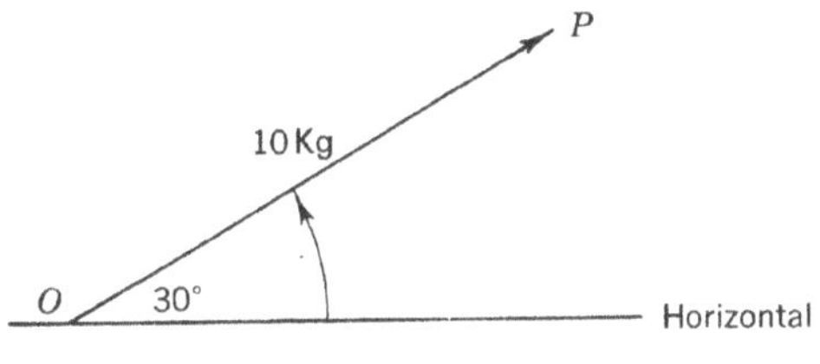

Figura 35-19. Vector.

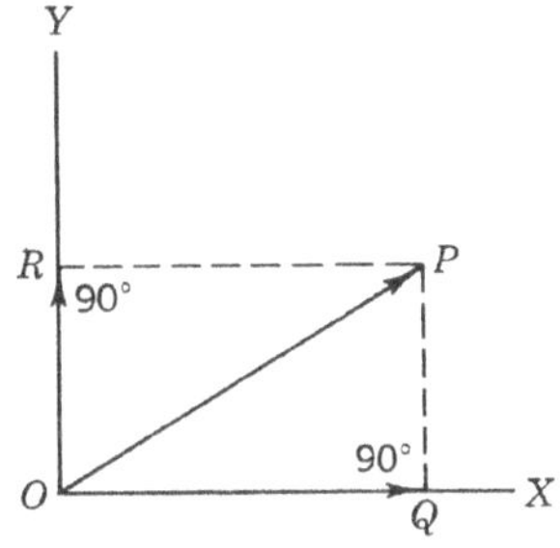

Figura 35-20. Vectores.

Si la línea *OP* representa una fuerza de 10 Kg dibujada a escala y el resto de la figura se ha dibujado con exactitud, podemos determinar sus componentes horizontal y vertical midiendo *OQ* y *OR*. Pero podemos determinarlas con más exactitud –y de forma más fácil– si las calculamos por Trigonometría.

$$\frac{OQ}{OP} = \cos 30°; \; OQ = OP \cos 30°$$

$$OQ = 10 \times 0{,}8660 = 8{,}66 \text{ Kg}$$

Y

$$\frac{OR}{OP} = \operatorname{sen} \theta; \; OR = OP \operatorname{sen} 30°$$

$$OR = 10 \times 0{,}5 = 5 \text{ Kg}$$

El vector *OP* se llama *resultante* de las dos fuerzas representadas por *OQ* y *OR*. Es, por lo tanto, posible descomponer la fuerza resultante en sus componentes y hallar la fuerza resultante, si conocemos sus dos componentes. Las mismas propiedades pueden volver a escribirse sustituyendo la palabra «fuerza» por «velocidad» o «aceleración».

Veamos algunos ejemplos.

Ejemplo 1: Un automóvil se mueve por un plano inclinado, que forma un ángulo de 35°

con la horizontal, y a una velocidad de 26 m por segundo. ¿Cuáles son sus velocidades horizontal y vertical?

Solución: Ver la figura 35-21. En este caso, *OQ* es la velocidad horizontal y *OR* la velocidad vertical. Entonces

$$\frac{OQ}{OP} = \cos 35° \qquad OQ = OP \cos 35°$$

$$OQ = 26 \times 0{,}8192 \qquad OQ = 21{,}2992 \text{ m por segundo}$$

$$\frac{OR}{OP} = \operatorname{sen} 35° \qquad OR = OP \operatorname{sen} 35°$$

$$OR = 26 \times 0{,}5736 \qquad OR = 14{,}9136 \text{ m por segundo}$$

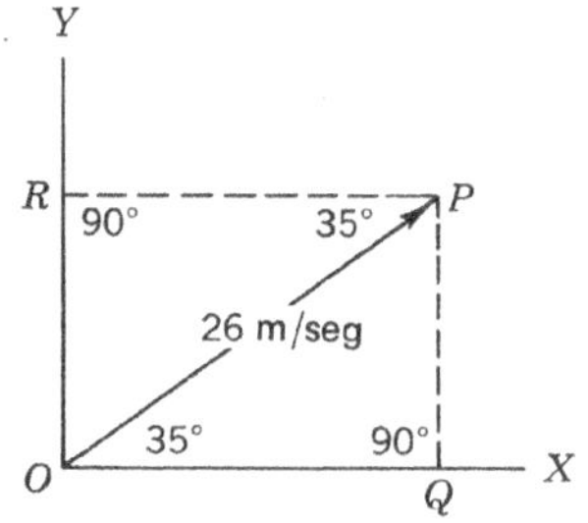

Figura 35-21. Ejemplo 1.

Ejemplo 2: Un peso *W* descansa sobre una superficie horizontal rugosa, tal como nos muestra la figura 35-22. Supongamos que sobre este peso actúa una fuerza de 40 Kg formando un ángulo de 20° con la horizontal. ¿Cuál es la fuerza horizontal que actúa sobre el peso? ¿Y la fuerza vertical?

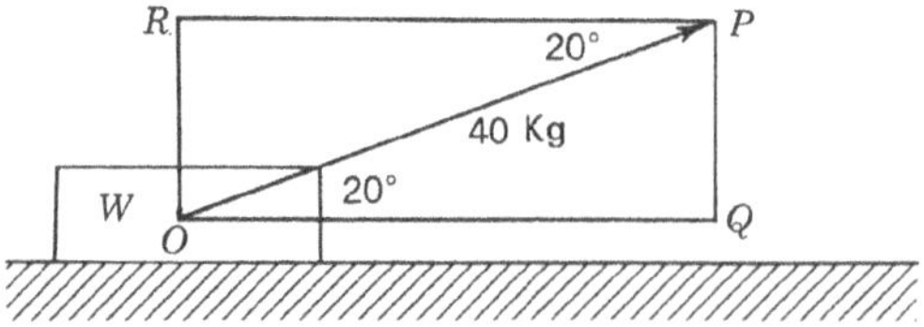

Figura 35-22. Ejemplo 2.

Solución: En este caso la fuerza horizontal sería *OQ* y la fuerza vertical *OR*. Entonces

$$\frac{OQ}{OP} = \cos 20° \qquad OQ = OP \cos 20°$$

$OQ = 40 \times 0{,}9397$ $\qquad$ $OQ = 37{,}588$ Kg

$\frac{OR}{OP} = \text{sen } 20°$ $\qquad$ $OR = OP \text{ sen } 20°$

$OR = 40 \times 0{,}3420$ $\qquad$ $OR = 13{,}68$ Kg

Ejercicios

35-58. Dos rectas *OX* y *OY* son perpendiculares en el punto *O*. Un segmento rectilíneo *PQ* mide 10 cm de longitud y está en el mismo plano que *OX* y *OY*. Si *PQ* forman un ángulo de 67° con *OX*, hallar su proyección sobre *OX* (componente). Hallar su proyección sobre *OY*.

35-59. En el Ejercicio 35-58 hallar la proyección de *PQ* sobre la línea que forma un ángulo de 45° con *OX*. [Proyección = 10 cos (67° − 45°). ¿Por qué?]

35-60. Un coche se mueve hacia el Norte con una velocidad de 60 Km/h. ¿Cuánto se ha movido hacia el Este? ¿Cuánto se mueve hacia el Sureste?

35-61. Una pelota de golf se lanza formando un ángulo de 15° con la horizontal con una fuerza de *p* Kg. ¿Qué fuerza es la que la impulsará horizontalmente? ¿Cuál es la fuerza que la lanza hacia arriba despreciando la acción de la gravedad?

35-62. Las componentes Este y Norte de la velocidad de un barco son, respectivamente, 5,5 nudos y 10,6 nudos. Hallar la dirección y la velocidad con que se mueve el barco.

35-63. Un tejado tiene una inclinación de 33° 30′. El viento sopla en dirección horizontal con una fuerza de 1.800 Kg Kg. Hallar la fuerza perpendicular al tejado.

35-64. Un tejado de 20 m por 25 m, tiene un ángulo de inclinación de 27° 25′ con la horizontal. ¿Cuánto mide su área?

35-65. Una fuerza de 300 Kg actúa sobre un cuerpo que se encuentra apoyado sobre un plano horizontal, en una dirección que forma un ángulo de 20° con la horizontal. ¿Cuál es la fuerza que tiende a elevar el cuerpo sobre el plano? ¿Cuál es la fuerza que tiende a mover el cuerpo a lo largo del plano?

35-66. Un cuerpo que pesa 45 Kg permanece sobre una mesa horizontal y está afectado por una fuerza de 50 Kg que forma un ángulo de 25° 15′ con la superficie de la mesa. ¿Qué fuerza ejerce el peso sobre la mesa?

35-67. Un cuerpo que pesa 75 Kg descansa sobre una mesa horizontal y actúa sobre él una fuerza de 100 Kg que forma un ángulo de −36° 30′ con la superficie de la mesa. ¿Cuál es la fuerza que ejerce sobre la mesa?

35-68. Las componentes horizontal y vertical de una fuerza son, respectivamente, 245,8 Kg y 325,6 Kg. ¿Cuál es la magnitud de la fuerza y qué ángulo forma su dirección con la horizontal?

35-69. Las componentes horizontal y vertical de una fuerza son, respectivamente, 125,5 Kg y − 189,6 Kg. ¿Cuál es la magnitud de la fuerza y qué ángulo forma su línea de acción con la horizontal?

35-70. Un río corre en dirección Sur a una velocidad de 4 Km/h. Un hombre parte de la orilla Oeste y rema perpendicularmente al río con una velocidad de 3 Km/h. ¿En qué dirección se mueve la barca?

35-71. Un transbordador de un río parte de una orilla de 0,5 millas de anchura y debe llegar a otro punto situado en la orilla opuesta, perpendicularmente al río. Si la corriente es de 3,5 millas por hora y el transbordador navega a 7,6 millas por hora. ¿Qué dirección debe llevar el transbordador?

35-72. Dos hombres levantan una piedra hacia arriba por medio de cuerdas que pasan por una polea y que trabajan en el mismo plano vertical. Uno de los hombres tira con una fuerza de 42,5 Kg en una dirección que forma un ángulo de 23° con la vertical; y el otro tira con una fuerza de 62,5 Kg en una dirección que forma un ángulo de 42° con la vertical. Hallar el peso de la piedra.

35-73. Dos fuerzas de 240 Kg y 180 Kg actúan en el mismo plano vertical sobre un cuerpo pesado, la primera forma un ángulo de 40° con la horizontal y la segunda un ángulo de 65°. Hallar la fuerza total que tiende a mover el cuerpo horizontalmente. Hallar la fuerza total que tiende a levantar al cuerpo verticalmente.

36/Representación gráfica de las funciones trigonométricas

36-1 INTRODUCCIÓN

En los capítulos anteriores el alumno ha estudiado las definiciones de varias funciones trigonométricas y las relaciones existentes entre ellas. Ahora ya ha adquirido cierta práctica para aplicar las definiciones aprendidas y, al hacer estas aplicaciones prácticas, ha tenido que utilizar la tabla de funciones trigonométricas.

Los valores de las funciones incluidas en la tabla varían de una forma concreta. Tres de las funciones trigonométricas crecen en valor cuando el ángulo crece desde 0° a 90°. Las tres funciones restantes disminuyen su valor cuando el ángulo crece desde 0° a 90°.

En este capítulo representaremos gráficamente las funciones trigonométricas.

36-2 LA CURVA DEL SENO (SINUSOIDE)

Examinemos la tabla de funciones trigonométricas; observemos que el valor del seno es cero precisamente para un ángulo de cero grados y que va creciendo hasta alcanzar el valor máximo de 1, para el ángulo de 90°. Los valores del seno correspondientes a ángulos comprendidos entre 90° y 360° puede calcularse para ángulos de 120°, 135°, 150°, 180°, 210°, 240°, 270°, 300°, 330°, y 360° por los métodos explicados en el Capítulo 34. Cuando hemos leído en la tabla o calculado estos valores, podemos representarlos en el plano y trazar la *curva del seno* o *gráfica del seno* o *sinusoide;* la gráfica que resulta aparece en la figura 36-1.

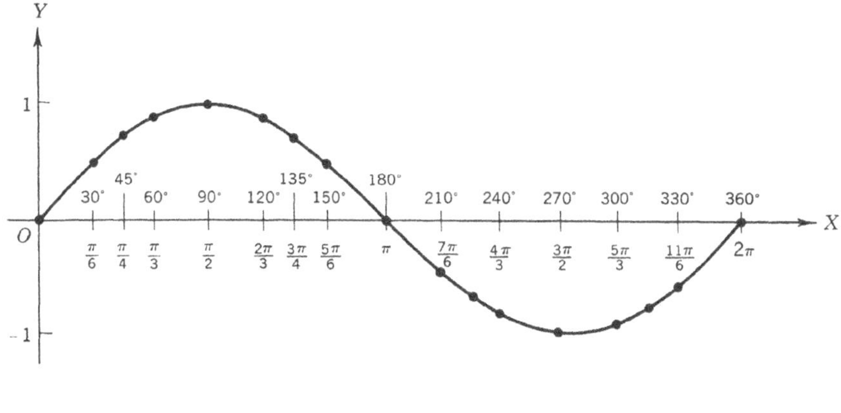

Figura 36-1. Sinusoide.

Los valores del seno (hallados en la tabla o calculados) se han representado en el eje *Y*, y los valores de los ángulos en el eje *X*.

Para ángulos mayores de 360°, la forma de la curva del seno se repite exactamente igual, por cada 360° que avanzamos en el eje *X*. Para los ángulos negativos ocurre lo mismo, si representamos los valores de los ángulos y de sus senos. La figura 36-2 nos muestra la gráfica del seno para ángulos mayores de 360° y para ángulos negativos.

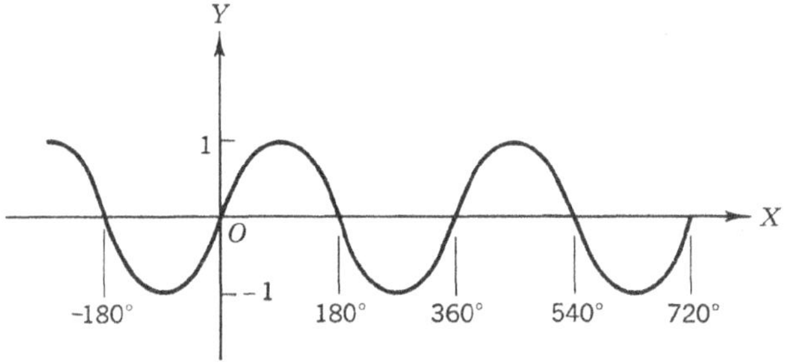

Figura 36-2. Sinusoide.

Si dibujamos gráficamente el voltaje generado por un alternador (generador de corriente alterna), obtenemos también una sinusoide. El voltaje es cero al comienzo de cada ciclo y entonces va aumentando hasta un cierto valor máximo; desde ese punto decrece otra vez hasta cero, luego empieza a crecer, en sentido contrario, hasta volver a alcanzar el mismo valor máximo (pero de signo contrario) y vuelve a decrecer hasta cero. La rotación a lo largo de los 360°. se llama *ciclo*. La corriente alterna que se utiliza en Europa es de 50 Hz (Hertz) o ciclos por segundo; en los Estados Unidos la corriente alterna utilizada es de 60 Hz o ciclos por segundo, En la corriente alterna de 50 Hz, la corriente eléctrica varía 100 veces de sentido en un segundo, ya que en cada ciclo la corriente cambia dos veces de sentido. Si la corriente alterna fuera de 25 ciclos por segundo, se vería perfectamente oscilar la luz de las lámparas según variase el voltaje.

Si representásemos las variaciones de la intensidad de corriente (los amperios) de una corriente alterna, también obtendríamos una sinusoide. En este caso representaríamos en el eje *Y* los amperios.

36-3 LA CURVA DEL COSENO (COSINUSOIDE)

La figura 36-3 es la gráfica de la ecuación $y = \cos x$; esta gráfica es la *cosinusoide*, *curva del coseno* o *gráfica del coseno*. Esta gráfica se ha construido de la misma forma que la gráfica del seno.

La figura 36-4 nos muestra las gráficas de $y = \operatorname{sen} x$ e $y = \cos x$; la línea continua es la gráfica de $y = \operatorname{sen} x$; la línea de trazos es la gráfica de $y = \cos x$. Observemos que las dos curvas tienen la misma forma en un recorrido de 360°. Observemos también que si una de las dos curvas se desplaza 90° (a la derecha la de trazos y hacia la izquierda la continua) las dos curvas coincidirían perfectamente; llegarían a ser la misma curva.

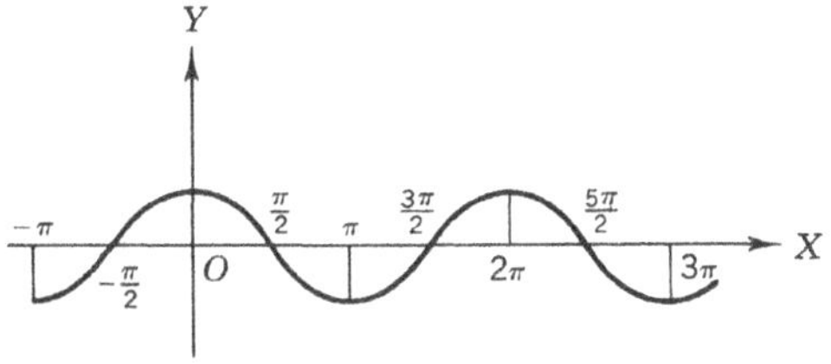

Figura 36-3. Cosinusoide. ($y = \cos x$).

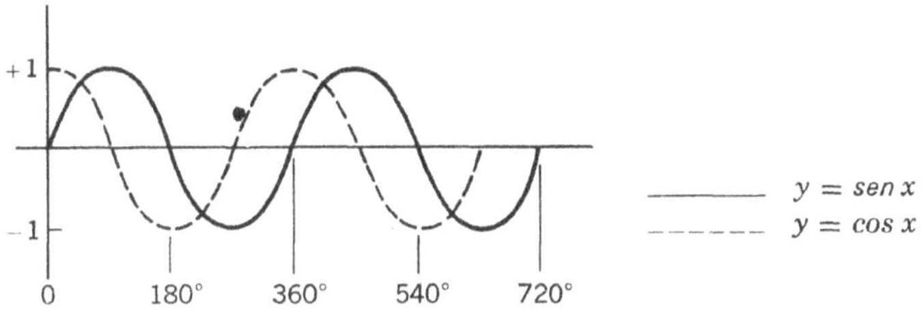

Figura 36-4.

36-4 CURVAS DE LA TANGENTE, COTANGENTE, SECANTE Y COSECANTE

La figura 36-5 nos muestra las gráficas de $y = \text{tg } x$ e $y = \text{ctg } x$. Las dos gráficas se han trazado utilizando los valores leídos en la tabla de funciones trigonométricas y los métodos estudiados en el Capítulo 34. Las curvas correspondientes a tg x y ctg x de la figura 36-5 no son continuas, ya que, por ejemplo el valor de tg 90°, infinito, no se puede representar. El valor de ctg 0° también es infinito y no se puede representar tampoco.

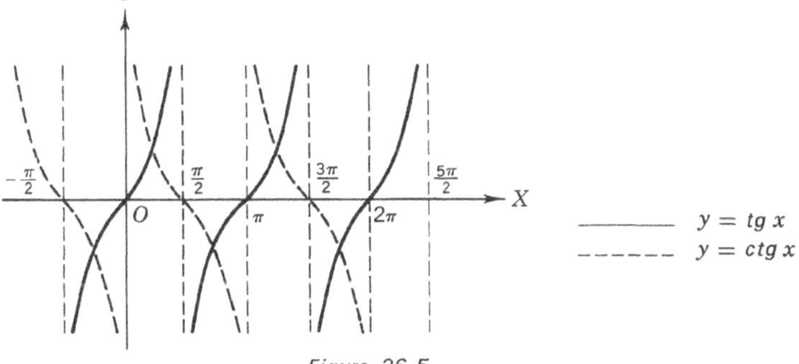

Figura 36-5.

La figura 36-6 nos muestra las gráficas de $y = \sec x$ e $y = \text{cosec}\, x$. Los valores de la secante y la cosecante no vienen en las tablas trigonométricas, pero pueden calcularse fácilmente, puesto que ya sabemos que $\text{cosec}\, x = 1/(\text{sen}\, x)$ y $\sec x = 1/(\cos x)$. Los valores se han calculado siguiendo estas dos reglas y las dos gráficas resultantes son las que aparecen en dicha figura.

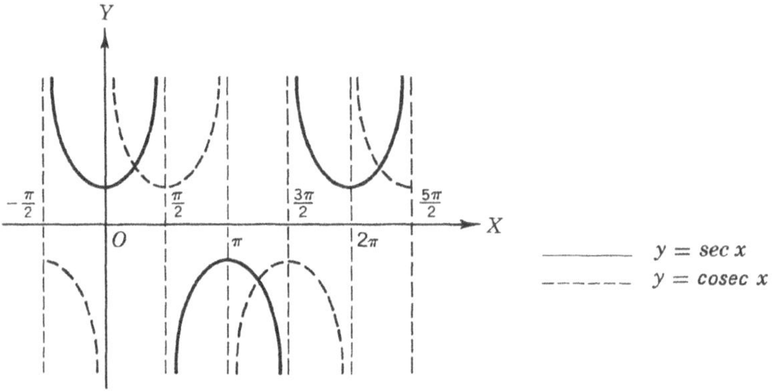

Figura 36-6.

Observemos que también estas dos curvas son discontinuas, ya que algunos valores de la secante y la cosecante son infinitos y no se pueden representar.

Ejercicios

36-1. Representar gráficamente $y = \text{sen}\, \theta$.

36-2. Representar gráficamente $y = \cos \theta$. Usar los mismos ejes coordenados que en el Ejercicio 36-1.

36-3. Comparar las dos curvas trazadas en los Ejercicios 36-1 y 36-2. ¿Son idénticas? ¿Qué se debe hacer para que coincidan?

36-4. Representar gráficamente $y = \text{tg}\, \theta$.

36-5. Representar gráficamente $y = \text{ctg}\, \theta$.

36-6. Comparar las curvas representadas en los Ejercicios 36-4 y 36-5. ¿Son idénticas? ¿Qué debe hacerse para que coincidan?

36-7. Representar gráficamente $y = \sec \theta$.

36-8. Representar gráficamente $y = \text{cosec}\, \theta$.

36-9. Comparar las dos curvas representadas en los Ejercicios 36-7 y 36-8. ¿Son idénticas? ¿Qué debe hacerse para que coincidan?

36-10. Utilizando las curvas representadas en los Ejercicios 36-1, 36-2, 36-4, 36-5, 36-7 y 36-8 contestar a estas preguntas:

- **(a)** ¿Cuál es el valor máximo del seno? ¿Y del coseno?
- **(b)** ¿Cuál es el valor mínimo del seno? ¿Y del coseno?
- **(c)** ¿Cuáles son los valores máximo y mínimo de la tangente y la cotangente?
- **(d)** ¿Cuáles son los valores máximo y mínimo de la secante y la cosecante?

36-11. Dibujar la gráfica de la función $y = \text{sen}\, x + \cos x$.

SUGERENCIA: Representar $y = \text{sen}\, x$ e $y = \cos x$ en el mismo par de ejes coordenados. Hallar la ordenada para los puntos de la curva $y = \text{sen}\, x + \cos x$ sumando los valores de y (las ordenadas) para varios valores de x.

37/Triángulos oblicuángulos

37-1 INTRODUCCIÓN

En el Capítulo 35 hemos expuesto en líneas generales varios métodos para resolver problemas sobre triángulos rectángulos. En este capítulo expondremos algunos métodos para resolver problemas relativos a triángulos oblicuángulos. Llamaremos *triángulos oblicuángulos* a aquellos polígonos de tres lados que no tienen ningún ángulo recto. Un triángulo tiene siempre tres lados y tres ángulos. Para poder resolver un problema sobre triángulos oblicuángulos tenemos que conocer tres de los seis datos y uno de ellos debe ser un lado. Si sólo conociéramos los tres ángulos podríamos trazar muchos triángulos distintos con esos tres ángulos. Por ejemplo, el triángulo ABC de la figura 37-1 tiene los tres ángulos iguales a 60°. Podemos construir un número

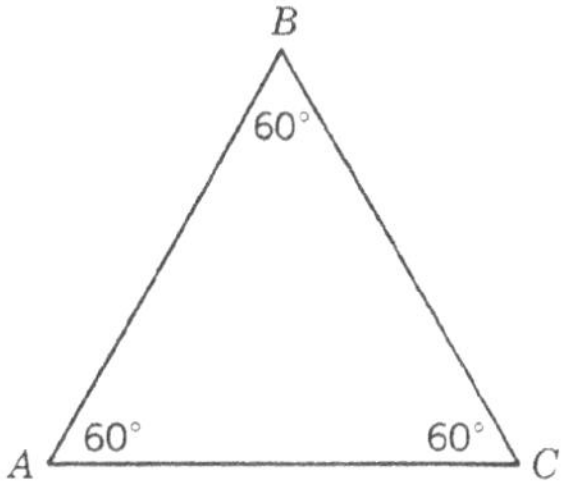

Figura 37-1. Triángulo equilátero.

infinito de triángulos con los tres ángulos iguales a 60°, con los lados de distintas longitudes. Por lo tanto, si queremos con los datos del problema construir un *único* triángulo que cumpla esas condiciones (uno y sólo un triángulo) debemos conocer por lo menos la longitud de un lado.

Tenemos definido un único triángulo:

Si conocemos los tres lados
Si conocemos dos lados y el ángulo comprendido entre ellos
Si conocemos dos ángulos y el lado comprendido entre ellos
Si conocemos dos ángulos y el lado opuesto a uno de ellos.

El alumno también podía intentar construir un triángulo conociendo dos lados y el ángulo opuesto a uno de ellos. Es decir, construir un triángulo ABC conociendo a, c y A. En los dos triángulos de la figura 37-2 $a = a'$, $c = c'$ y $A = A'$, y sin embargo son distintos. Es evidente entonces que dos lados y el ángulo opuesto a uno de ellos definen más de un triángulo que cumple esas condiciones. Pero en los problemas reales o concretos, se puede eliminar una de las dos soluciones, o uno de los dos triángulos, como imposible y aceptar el otro triángulo como verdadera solución.

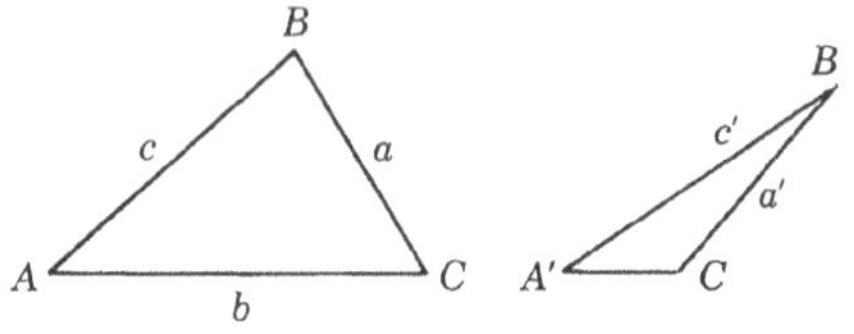

Figura 37-2.

$$a = a', c = c', \text{ y } \angle A = \angle A'$$

37-2 TEOREMA DEL SENO

El enunciado del teorema del seno es el siguiente: *En un triángulo cualquiera, las longitudes de los lados son proporcionales a los senos de sus ángulos opuestos.* Este teorema incluye varias relaciones o fórmulas. La demostración de estas fórmulas viene a continuación.

Dibujemos dos triángulos *ABC* como en la figura 37-3 *a* y *b*. Las alturas de los dos triángulos deben ser iguales; es decir, $h = h$.

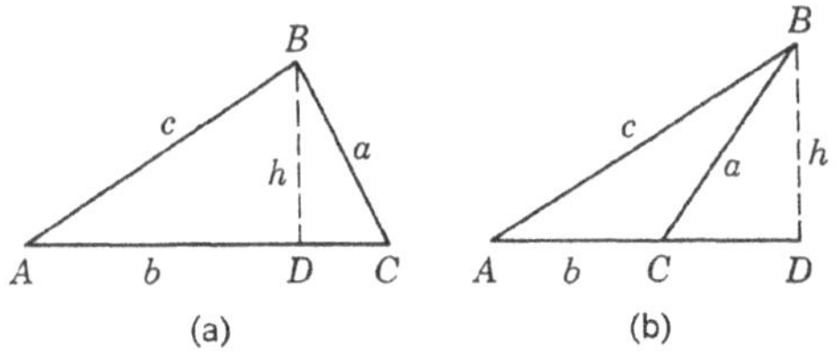

Figura 37-3. h en (a) igual a h en (b).

En cada triángulo,

$$\frac{h}{c} = \text{sen}\, A \qquad \frac{h}{a} = \text{sen}\, C$$

$$h = c\, \text{sen}\, A \qquad h = a\, \text{sen}\, C$$

Luego

$$c\, \text{sen}\, A = a\, \text{sen}\, C$$

Dividiendo los dos miembros de la igualdad por sen *A* sen *C*:

$$\frac{c}{\text{sen } C} = \frac{a}{\text{sen } A}$$

De la misma forma, construyendo la altura desde el vértice *C* sobre el lado *AB*,

$$\frac{a}{\text{sen } A} = \frac{b}{\text{sen } B}$$

Por lo tanto

$$\frac{a}{\text{sen} A} = \frac{b}{\text{sen } B} = \frac{c}{\text{sen } C}$$

y

$$\begin{aligned} c \,\text{sen } A &= a \text{ sen } C \\ a \,\text{sen } B &= b \text{ sen } A \\ b \text{ sen } C &= c \text{ sen} B \end{aligned}$$

En la fórmula

$$\frac{a}{\text{sen} A} = \frac{c}{\text{sen } C},$$

si $C = 90°$, entonces el seno de *C* vale 1 y la fórmula se transforma en

$$\frac{a}{\text{sen } A} = \frac{c}{1} \qquad \frac{a}{c} = \text{sen } A$$

NOTA: El alumno recordará perfectamente que la fórmula $a/c = \text{sen } A$ se utilizaba para resolver problemas sobre triángulos rectángulos.

Ejemplo 1: En el triángulo *ABC* de la figura 37-4, dados $a = 45$, $B = 36°$, y $C = 86°$; hallar *b*, *c*, y *A*.

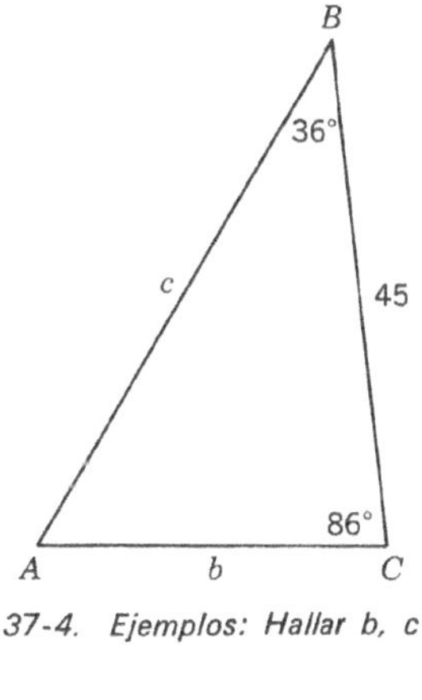

Figura 37-4. Ejemplos: Hallar b, c y ∠ A.

Solución:

$$A + B + C = 180°$$
$$A + 36° + 86° = 180°$$
$$A = 58°$$

$$\frac{a}{\text{sen}\,A} = \frac{b}{\text{sen}\,B}$$

$$\frac{45}{\text{sen}\,58°} = \frac{b}{\text{sen}\,36°}$$

$$b = \frac{45\,\text{sen}\,36°}{\text{sen}\,58°}$$

$$b = \frac{45 \times 0{,}5878}{0{,}8480} = \frac{26{,}45}{0{,}8480} = 31{,}19$$

$$\frac{a}{\text{sen}\,A} = \frac{c}{\text{sen}\,C}$$

$$\frac{45}{\text{sen}\,58°} = \frac{C}{\text{sen}\,86°}$$

$$c = \frac{45\,\text{sen}\,86°}{\text{sen}\,58°}$$

$$c = \frac{45 \times 0{,}9976}{0{,}8480} = \frac{44{,}892}{0{,}8480} = 52{,}93$$

Entonces

$$c = 52{,}93$$
$$b = 31{,}19$$
$$A = 58°$$

Ejemplo 2: En el triángulo *ABC* de la figura 37-5, dados $a = 450$, $A = 10°\,20'$, $B = 47°\,40'$; hallar *b, c,* y *C*.

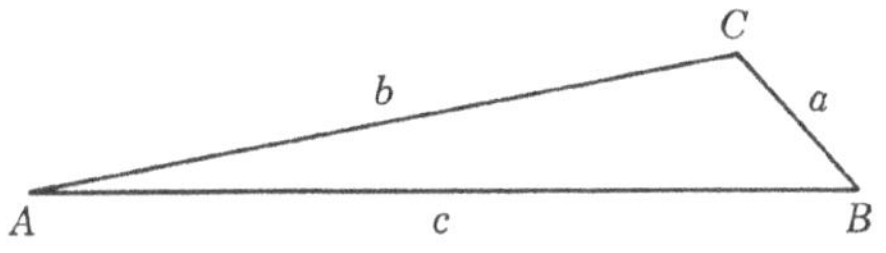

Figura 37-5. Ejemplo 2: Hallar b, c y ∠ C.

Solución:

$$A + B + C = 180°$$
$$C = 180° - 10°20' - 47°40'$$
$$C = 122°$$

$$\frac{a}{\text{sen}\,A} = \frac{b}{\text{sen}\,B}$$

$$b = \frac{a\ \text{sen}\,B}{\text{sen}\,A} = \frac{450 \times \text{sen}\,47°40'}{\text{sen}\,10°20'}$$

$$\log b = \log a + \log \text{sen}\,B - \log \text{sen}\,A$$

$$\log 450 = \ \ 2{,}6532$$

$$\log \text{sen}\,47°40' = \frac{9{,}8688 - 10}{12{,}5220 - 10}$$

$$\log \text{sen}\,10°20' = \underline{\ 9{,}2538 - 10\ }$$

$$\log b = \ \ 3{,}2682$$

$$b = 1\,854$$

$$\frac{a}{\text{sen}\,A} = \frac{c}{\text{sen}\,C}; \qquad c = \frac{a\ \text{sen}\,C}{\text{sen}\,A}$$

$$\log c = \log a + \log \text{sen}\,C - \log \text{sen}\,A$$

$$\log 450 = \ \ 2{,}6532$$

$$\log \text{sen}\,122° = \frac{9{,}9284 - 10}{12{,}5816 - 10}$$

$$\log \text{sen}\,10°20' = \underline{\ 9{,}2538 - 10\ }$$

$$\log c = \ \ 3{,}3278$$

$$c = 2\,127$$

$$C = 122°$$
$$b = 1\,854$$
$$c = 2\,127$$

Para resolver el Ejemplo 1, se han usado las funciones naturales; en el Ejemplo 2, se han usado logaritmos. Puede utilizarse cualquiera de los dos métodos, pero generalmente es más sencillo hacer los cálculos mediante logaritmos.

37-3 ECUACIONES DE MOLLWEIDE

Hay dos ecuaciones muy convenientes para comprobar la precisión de las soluciones obtenidas en los problemas semejantes a los anteriores y que se conocen con el nombre de «ecuaciones de Mollweide». Estas ecuaciones son:

$$(1)\quad \frac{a - b}{c} = \frac{\text{sen}\,½(A - B)}{\cos ½C}$$

$$(2)\quad \frac{a + b}{c} = \frac{\cos ½(A - B)}{\text{son}\,½C}$$

NOTA: En cada fórmula intervienen los seis elementos del triángulo, los tres ángulos y los tres lados.

Vamos a comprobar las soluciones del Ejemplo 1 de la Sección 37-2 mediante la fórmula (1).

$$(1)\quad \frac{a-b}{c}=\frac{\text{sen } \tfrac{1}{2}(A-B)}{\cos \tfrac{1}{2}C}$$

En el Ejemplo 1,

$$\begin{array}{ll} a = 45 & A = 58^\circ \\ b = 31{,}19 & B = 36^\circ \\ c = 52{,}93 & C = 86^\circ \end{array}$$

Entonces

$$\frac{45{,}00-31{,}19}{52{,}93}=\frac{\text{sen } \tfrac{1}{2}(58-36)}{\cos \tfrac{1}{2}(86)}$$

$$\frac{13{,}81}{52{,}93}=\frac{\text{sen } 11^\circ}{\cos 43^\circ}$$

$$\frac{13{,}81}{52{,}93}=\frac{0{,}1908}{0{,}7314}$$

$$0{,}2609 = 0{,}2609$$

Vamos a comprobar las soluciones obtenidas en el Ejemplo 2 utilizando la fórmula (2).

$$(2)\quad \frac{a+b}{c}=\frac{\cos \tfrac{1}{2}(A-B)}{\text{sen } \tfrac{1}{2}C}$$

En el Ejemplo 2.

$$\begin{array}{ll} a = 450 & A = 10^\circ 20' \\ b = 1\,854 & B = 47^\circ 40' \\ c = 2\,127 & C = 122^\circ \end{array}$$

Entonces

$$\frac{450+1\,854}{2\,127}=\frac{\cos \tfrac{1}{2}(10^\circ 20' - 47^\circ 40')}{\text{sen } \tfrac{1}{2}(122^\circ)}$$

$$\frac{2\,304}{2\,127}=\frac{\cos \tfrac{1}{2}(-37^\circ 20')}{\text{sen } \tfrac{1}{2}(122^\circ)}$$

$$\frac{2\,304}{2\,127}=\frac{\cos(-18^\circ 40')}{\text{sen } 61^\circ}$$

$$\frac{2\,304}{2\,127}=\frac{0{,}9474}{0{,}8746}$$

$$1{,}083+ = 1{,}083+$$

Otra comprobación es construir un triángulo utilizando los tres datos y los otros tres elementos calculados. Una construcción de este tipo es sólo una comprobación aproximada, pero si el alumno ha resuelto el problema con cuidado debería hacerla además de la comprobación por alguna de las fórmulas anteriores. En realidad, es mejor en todo caso construir el triángulo usando sólo los tres datos del problema, por las razones que expondremos en la sección siguiente.

37-4 PRUEBAS DE CONSTRUCCIÓN

Si construimos un triángulo antes de calcular los datos pedidos en el problema, podemos determinar (1) si la solución es imposible; (2) si hay dos soluciones; y (3) si hay una única solución.

Ejemplo 1: Dados $a = 12$, $c = 20$, $A = 62°$; calcular b, B, y C.

Solución: Ver figura 37-6.

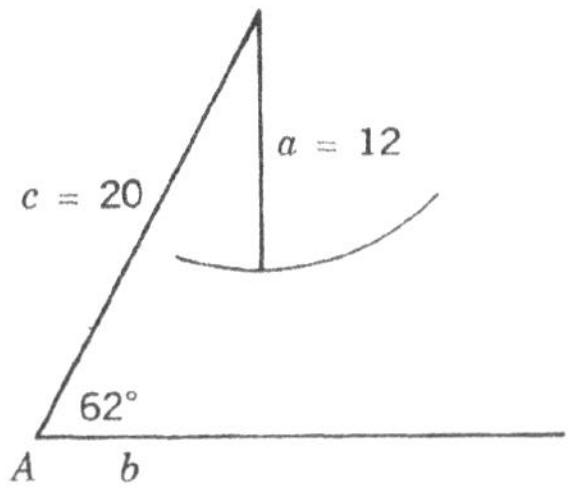

Figura 37-6. Ejemplo 1: Determinar un triángulo.

1. Se traza una recta b a la derecha de A, de una longitud conveniente. Como la longitud de b es aún desconocida, es una longitud indeterminada.
2. Se dibuja en el punto A un ángulo de 62°.
3. Se toma, en el lado final del ángulo A, la longitud del lado c, 20.
4. Se dibuja el lado a, opuesto al ángulo A. Con un compás, abierto con una distancia de 12 entre sus puntas, haciendo centro en el punto final del lado c, se traza un arco (de radio 12).
5. Como el arco trazado en el paso 4 no corta a la recta b, el lado a no es lo suficientemente largo como para determinar un triángulo, y la solución es en este caso imposible.
6. Si el arco dibujado en el paso 4 es tangente a la recta b, entonces ABC es un triángulo; es decir, $\angle C = 90°$, y la solución es única en este caso.
7. Si el arco dibujado en el paso 4 corta a b en dos puntos distintos, entonces hay dos soluciones posibles.
8. Si el arco trazado en el paso 4 corta a la recta b en un solo punto (es decir, si es tangente o la corta en dos puntos, pero uno de ellos está a la izquierda del punto A) entonces hay una única solución.

La contrucción del triángulo, entonces, es una comprobación aproximada de las soluciones que hemos calculado y, además, nos da la clave para conocer el número de soluciones posibles.

37-5 TEOREMA DEL COSENO

El enunciado del teorema del coseno es éste: *En un triángulo cualquiera, el cuadrado de uno cualquiera de sus lados es igual a la suma de los cuadrados de los otros dos menos el doble producto de los otros dos lados por el coseno del ángulo que forman.* A continuación viene la demostración de las tres fórmulas que expresa este teorema.

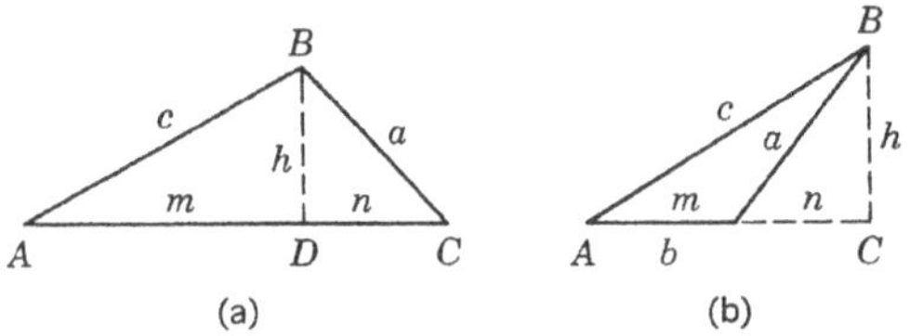

Figura 37-7. h en (a) igual a h en (b).

Dibujemos dos triángulos cualesquiera ABC con $h = h$, como en la figura 37-7 *a* y *b*. En cada uno de los triángulos,

$$a^2 = h^2 + n^2$$

En (*a*)

$$n = b - m \qquad m = c \cos A$$
$$n = b - c \cos A$$

En (*b*)

$$n = m - b \qquad m = c \cos A$$
$$n = c \cos A - b$$

En los dos casos, $n^2 = b^2 - 2bc \cos A + c^2 \cos^2 A$. En los dos casos (*a*) o (*b*), $h/c = \operatorname{sen} A$; $h = c \operatorname{sen} A$; y $h^2 = c^2 \operatorname{sen}^2 A$. Sustituyendo estos valores de n^2 y h^2 en la primera fórmula,

$$a^2 = h^2 + n^2$$
$$a^2 = c^2 \operatorname{sen}^2 A + b^2 - 2bc \cos A + c^2 \cos^2 A$$
$$a^2 = b^2 + c^2 \operatorname{sen}^2 A - 2bc \cos A + c^2 \cos^2 A$$
$$a^2 = b^2 + c^2 (\operatorname{sen}^2 A + \cos^2 A) - 2bc \cos A$$

Como $\operatorname{sen}^2 A + \cos^2 A = 1$, tenemos

$$a^2 = b^2 + c^2 - 2bc \cos A$$
$$a = \sqrt{b^2 + c^2 - 2bc \cos A} \qquad (1)$$

Análogamente,

$$b^2 = a^2 + c^2 - 2ac \cos B$$

$$b = \sqrt{a^2 + c^2 - 2ac\cos B} \qquad (2)$$

$$c^2 = a^2 + b^2 - 2\,ab\cos C$$

$$c = \sqrt{a^2 + b^2 - 2ab\cos C} \qquad (3)$$

Examinando las tres fórmulas que establece el teorema de los cosenos, nos daremos cuenta de que son las más adecuadas para resolver un triángulo cuando se conocen dos lados y un ángulo. De hecho, no pueden utilizarse directamente más que cuando se conocen dos lados.

NOTA: Es interesante observar que en el triángulo ABC de la figura 37-8, si $C = 90°$, entonces la fórmula (3), $c = \sqrt{a^2 + b^2 - 2ab\cos C}$, se reduce a $c = \sqrt{a^2 + b^2}$, ya que $\cos 90° = 0$. Es, naturalmente, el teorema de Pitágoras.

Es posible utilizar estas tres fórmulas para calcular los tres ángulos, cuando se conocen los tres lados del triángulo, despejando de ellas el coseno de cada ángulo.

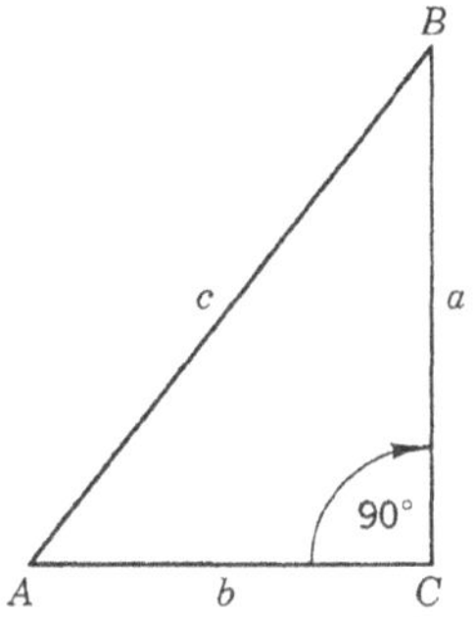

Figura 37-8. $C = 90°;\ c = \sqrt{a^2 + b^2}$.

Por ejemplo, en la fórmula (3):

$$c^2 = a^2 + b^2 - 2ab\cos C$$

$$2ab\cos C + c^2 = a^2 + b^2$$

$$2ab\cos C = a^2 + b^2 - c^2$$

$$\cos C = \frac{a^2 + b^2 - c^2}{2ab}$$

Análogamente,

$$\cos A = \frac{b^2 + c^2 - a^2}{2bc}$$

$$\cos B = \frac{a^2 + c^2 - b^2}{2ac}$$

Ejemplo 1: Dados $a = 10$, $b = 12$, y $c = 15$; hallar A, B, y C. Ver figura 37-9.

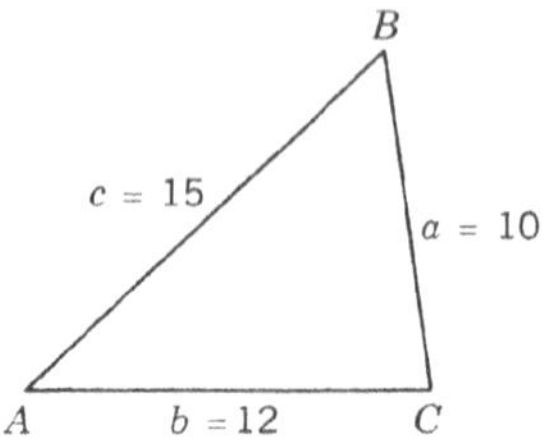

Figura 37-9. Ejemplo 1: Hallar A, B y C.

Solución:

$$\cos A = \frac{b^2 + c^2 - a^2}{2bc}$$

$$\cos A = \frac{12^2 + 15^2 - 10^2}{2 \times 12 \times 15} = 0{,}7472$$

$$A = 41°39'$$

$$\cos B = \frac{a^2 + c^2 - b^2}{2ac}$$

$$\cos B = \frac{10^2 + 15^2 - 12^2}{2 \times 10 \times 15} = 0{,}6033$$

$$B = 52°53{,}5'$$

$$\cos C = \frac{a^2 + b^2 - c^2}{2ab}$$

$$\cos C = \frac{10^2 + 12^2 - 15^2}{2 \times 10 \times 12} = 0{,}0792$$

$$C = 85°27{,}6'$$

Comprobación:

$$A + B + C = 180°$$

$$41°39' + 52°53{,}5' + 85°27{,}6' = 180°0{,}1'$$

Ejemplo 2: Dados $a = 56{,}7$, $b = 45{,}2$, y $C = 47° 45'$; hallar c, A, y B. Ver figura 37-10.

Solución: Como conocemos a, b, y C, usaremos el teorema del coseno para calcular c.

$$c = \sqrt{a^2 + b^2 - 2ab \cos C}$$

$$c = \sqrt{56{,}7^2 + 45{,}2^2 - 2(56{,}7)(45{,}2) \cos 47°45'}$$

$$c = 42{,}56$$

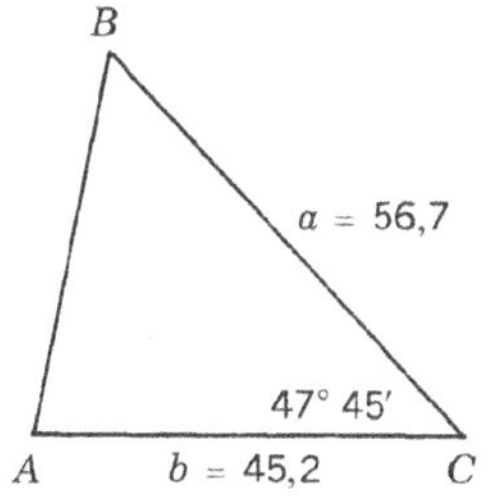

Figura 37-10. Ejemplo 2: Hallar c, A y B.

$$\frac{a}{\operatorname{sen} A} = \frac{c}{\operatorname{sen} C}$$

$$\operatorname{sen} A = \frac{a \operatorname{sen} C}{c}$$

$$\operatorname{sen} A = \frac{56,7 \times 0,7402}{42,56} = 0,9861$$

$$A = 80°26'$$

$$\frac{b}{\operatorname{sen} B} = \frac{c}{\operatorname{sen} C}$$

$$\operatorname{sen} B = \frac{b \operatorname{sen} C}{c}$$

$$\operatorname{sen} B = \frac{45,2 \times 0,7402}{42,56} = 0,7861$$

$$B = 51°49'$$

Comprobación:

$$A + B + C = 180°$$
$$80°26' + 51°49' + 47°45' = 180°$$
$$180° = 180°$$

La comprobación anterior es solamente parcial; lo mejor es usar una de las fórmulas de Mollweide para una comprobación completa:

$$\frac{a - b}{c} = \frac{\operatorname{sen} \tfrac{1}{2}(A - B)}{\cos \tfrac{1}{2}C}$$

$$\frac{56,7 - 45,2}{42,56} = \frac{\operatorname{sen} \tfrac{1}{2}(80°26' - 51°49')}{\cos \tfrac{1}{2}(47°45')}$$

$$\frac{11,5}{42,56} = \frac{\operatorname{sen} \tfrac{1}{2}(28°37')}{\cos \tfrac{1}{2}(47°45')}$$

$$\frac{11{,}5}{42{,}56} = \frac{\text{sen } 14°18{,}5'}{\cos 23°52{,}5'}$$

$$\frac{11{,}5}{42{,}56} = \frac{0{,}2472}{0{,}9150}$$

$$0{,}2702 = 0{,}2702$$

La comprobación por medio de una de las fórmulas de Mollweide es la mejor prueba, o comprobación, de las soluciones, ya que en ellas intervienen los seis elementos del triángulo.

Ejemplo 3: Dos autopistas rectas se cortan en un punto *A* formando un ángulo de 43° 30′. La distancia entre *A* y *B* a lo largo de una autopista es 10 Km; de *A* a *C*, por la otra autopista, hay una distancia de 15 Km. Una tercera autopista recta une *B* con *C*. ¿Cuánto tardaría un cohe a una velocidad de 80 Km/h en ir desde *A* a *B*, de *B* a *C* y desde *C* volver a *A*?

Solución: Esquema del problema (ver figura 37-11).

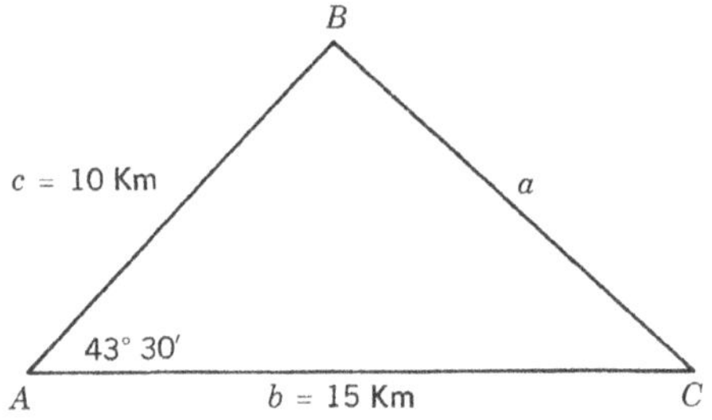

Figura 37-11. Ejemplo 3: Esquema.

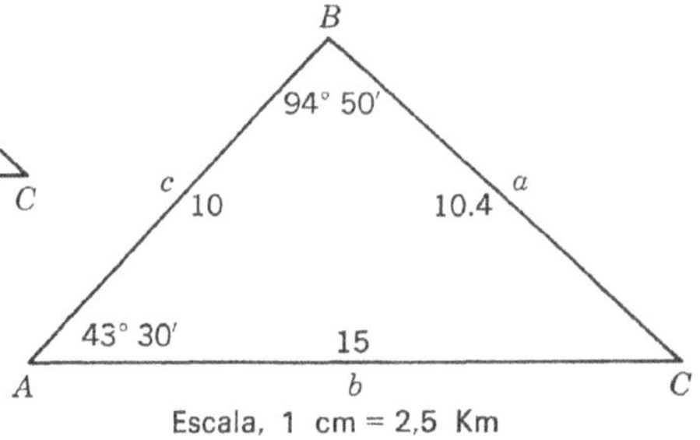

Figura 37-12. Ejemplo 3: Comprobación por construcción.

Tenemos que calcular la distancia *BC*, o *a*, para calcular la distancia total recorrida. Por el teorema del coseno,

$$a = \sqrt{b^2 + c^2 - 2bc \cos A}$$

$$a = \sqrt{15^2 + 10^2 - 2 \times 15 \times 10 \times 0{,}7254}$$

$$a = \sqrt{225 + 100 - 217{,}62}$$

$$a = \sqrt{107{,}38}$$

$$a = 10{,}36 \text{ Km.}$$

Entonces

$$\text{Distancia total recorrida} = 10 + 15 + 10{,}36 \text{ Km} \\ = 35{,}36 \text{ Km}$$

Como la velocidad es 80 Km/h,

$$\frac{35{,}36}{80} = 0{,}442 \text{ horas} = 26{,}52 \text{ minutos} = 26 \text{ min. } 31{,}2 \text{ seg.}$$

Comprobación 1: Por construcción; ver figura 37-12. La distancia entre *B* y *C* y el ángulo *B* pueden determinarse midiéndolos. La distancia medida, 10,4 Km, coincide con el valor calculado, 10,36 Km.

Comprobación 2: Por cálculo,

$$\frac{b}{\text{sen } B} = \frac{a}{\text{sen } A} \qquad \text{sen } B = \frac{b \text{ sen } A}{a}$$

$$\text{sen } B = \frac{15 \times 0{,}6884}{10{,}36} = 0{,}9964$$

Como sen *B* es positivo, el ángulo *B* puede tener dos valores, 85° 10′ o 94° 50′. Esto es cierto, ya que los senos de los ángulos suplementarios son iguales. Como la construcción hecha a partir de los datos del problema indica que el ángulo *B* es mayor de 90°, debemos rechazar la solución 85° 10′ y aceptar 94° 50′. Si el alumno tiene dificultad para comprender por qué rechazamos la primera solución, debe dibujar dos ángulos de 94° 50′ y 85° 10′ y escribir ecuaciones para el valor de los dos senos.

$$\angle C = 180° - 43°30' - 94°50' \\ = 180 - 138°20' \\ = 41°40'$$

$$\frac{a + b}{c} = \frac{\cos \tfrac{1}{2}(A - B)}{\text{sen } \tfrac{1}{2}C}$$

$$\frac{10{,}36 + 15}{10} = \frac{\cos \tfrac{1}{2}(43°30' - 94°50')}{\text{sen } \tfrac{1}{2}(41°40')}$$

$$\frac{25{,}36}{10} = \frac{\cos \tfrac{1}{2}(-51°20')}{\text{sen } 20°50'}$$

$$2{,}536 = \frac{\cos(-25°40')}{\text{sen } 20°50'}$$

$$2{,}536 = \frac{0{,}9013}{0{,}3557}$$

$$2{,}536 = 2{,}534$$

Es verdad que la comprobación es más larga que el problema; pero también es verdad que se aprende tanta Trigonometría haciendo la comprobación como resolviendo el problema. En estos ejemplos, hemos podido comprobar también la utilidad de un dibujo sobre el problema con una escala precisa.

37-6 FÓRMULAS DE ÁNGULOS

El teorema de los cosenos tiene el inconveniente de que no se pueden aplicar logaritmos para resolver las fórmulas. Sin embargo, es posible desarrollar un conjunto de fórmulas en las que se pueden usar logaritmos. En estas fórmulas, que aparecen a continuación, s es el semiperímetro del triángulo, es decir, $s = (a + b + c)/2$, y $r = \sqrt{[(s-a)(s-b)(s-c)]/s}$.

$$\text{sen } \tfrac{1}{2}A = \sqrt{\frac{(s-b)(s-c)}{bc}}$$

$$\text{sen } \tfrac{1}{2}B = \sqrt{\frac{(s-a)(s-c)}{ac}}$$

$$\text{sen } \tfrac{1}{2}C = \sqrt{\frac{(s-a)(s-b)}{ab}}$$

$$\cos \tfrac{1}{2}A = \sqrt{\frac{s(s-a)}{bc}}$$

$$\cos \tfrac{1}{2}B = \sqrt{\frac{s(s-b)}{ac}}$$

$$\cos \tfrac{1}{2}C = \sqrt{\frac{s(s-c)}{ab}}$$

$$\text{tg } \tfrac{1}{2}A = \frac{r}{s-a}$$

$$\text{tg } \tfrac{1}{2}B = \frac{r}{s-b}$$

$$\text{tg } \tfrac{1}{2}C = \frac{r}{s-c}$$

Veamos un ejemplo del uso de la primera fórmula. En la figura 37-13, hallar A.

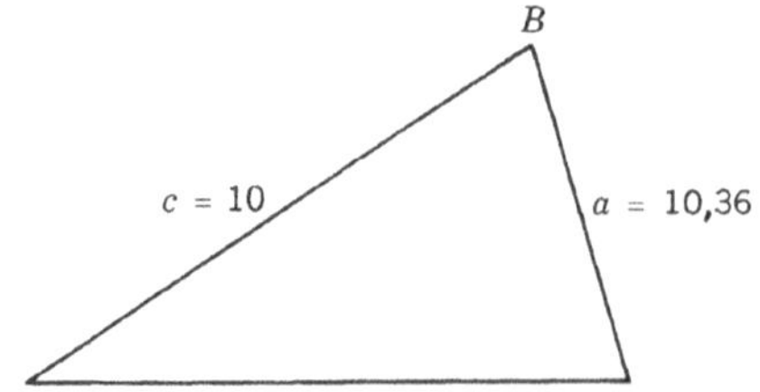

Figura 37-13. $\text{Sen } \tfrac{1}{2}A = \sqrt{\frac{(s-b)(s-c)}{bc}}$

Cálculos:

$$\text{sen } \tfrac{1}{2}A = \sqrt{\frac{(s-b)(s-c)}{bc}}$$

$$s = \frac{a+b+c}{2} = \frac{15 + 10 + 10{,}36}{2} = \frac{35{,}36}{2} = 17{,}68$$

$$\text{sen}\, \tfrac{1}{2}A = \sqrt{\frac{(17{,}68 - 15)(17{,}68 - 10)}{15 \times 10}}$$

$$\text{sen}\, \tfrac{1}{2}A = \sqrt{\frac{(2{,}68)(7{,}68)}{150}}$$

$$\log \text{sen}\, \tfrac{1}{2}A = (\log 2{,}68 + \log 7{,}68 - \log 150) : 2$$

$$\begin{aligned} \log 2{,}68 &= 0{,}4281 \\ \log 7{,}68 &= \underline{0{,}8854} \\ & 11{,}3135 - 10 \\ \log 150 &= \underline{2{,}1761} \\ & 9{,}1374 - 10 \end{aligned}$$

$$2\overline{)9{,}1374 - 10} = 4{,}5687 - 5$$

$$\begin{aligned} \log \text{sen}\, \tfrac{1}{2}A &= 4{,}5687 - 5 \\ \text{sen}\, \tfrac{1}{2}A &= 0{,}3704 \\ \tfrac{1}{2}A &= 21°45' \\ A &= 43°30' \end{aligned}$$

37-7 ÁREA DEL TRIÁNGULO

El área del triángulo es igual a la mitad del producto de la base por la altura, o

$$K = \tfrac{1}{2}bh$$

donde *K* es el área, *b* es la base, y *h* la altura del triángulo.

Las fórmulas siguientes se pueden utilizar para calcular el área de un triángulo:

$$K = \tfrac{1}{2}bc\, \text{sen}\, A = \tfrac{1}{2}ac\, \text{sen}\, B = \tfrac{1}{2}ab\, \text{sen}\, C$$

y

$$K = \sqrt{s(s-a)(s-b)(s-c)}$$

donde $s = (a + b + c)/2$.

Ejemplo: Hallar el área del triángulo de la figura 37-14.

Solución:

$$\begin{aligned} K &= \tfrac{1}{2}\, bc\, \text{sen}\, A \\ K &= \tfrac{1}{2}\,(15)\,(10)\,(0{,}6884) \\ K &= 51{,}6\ \text{Km}^2 \end{aligned}$$

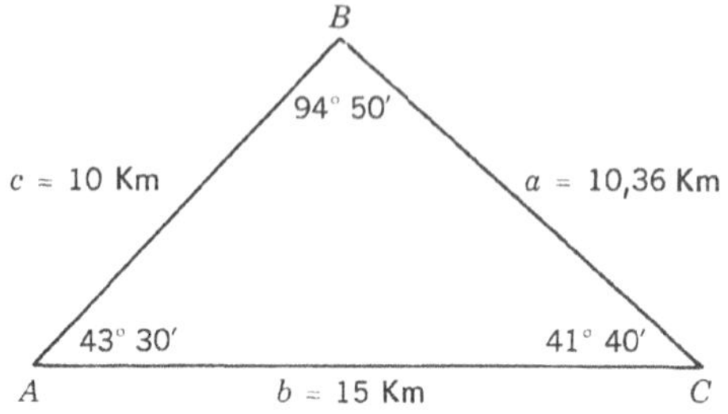

Figura 37-1. Cálculo del área.

o bien:

$$K = \sqrt{s(s-a)(s-b)(s-c)}$$

$$s = \frac{a+b+c}{2} = \frac{35,36}{2} = 17,68$$

$$K = \sqrt{(17,68)(17,68-10,36)(17,68-15)(17,68-10)}$$

$$K = \sqrt{(17,68)(7,32)(2,68)(7,68)}$$

$$\begin{aligned} \log 17,68 &= 1,2475 \\ \log 7,32 &= 0,8645 \\ \log 2,68 &= 0,4281 \\ \log 7,68 &= \underline{0,8854} \\ & 3,4255 \\ 3,4255 : 2 &= 1,7127 \\ \log K &= 1,7127 \\ K &= 51,6 \text{ Km}^2 \end{aligned}$$

Para resolver problemas sobre triángulos oblicuángulos, los datos conocidos o dados en el enunciado del problema deben ponerse en una lista antes de empezar. Debe hacerse otra lista con los datos que queremos determinar. El tercer paso consiste en construir un triángulo a escala. Teniendo en cuenta los datos conocidos, deben elegirse las fórmulas más adecuadas y después calcular los valores desconocidos. Antes de aceptar los valores calculados se harán tres pruebas o comprobaciones: una, midiendo los datos calculados en el triángulo hecho a escala; dos, aplicar las ecuaciones de Mollweide; tres, comprobar la solución o soluciones comparadas con las condiciones originales del problema —las soluciones deberán concordar con los datos del problema.

Ejercicios

37-1. Resolver o comprobar los ejercicios siguientes:

(a) Dados $A = 33°$, $B = 72° 30'$, $a = 10$; hallar C, c, y b.

(b) Dados $A = 10° 12'$, $B = 46° 36'$, $a = 50$; hallar C, b, y c.

(c) Dados $A = 12° 49'$, $B = 141° 59'$, $a = 82$; hallar C, b, c, y K.

(d) Dados $B = 77°$, $C = 65° 2'$, $b = 99,9$; hallar A, a, c, y K.

(e) Dados $A = 99° 55'$, $C = 35° 4'$, $a = 80,4$; hallar B, b, c, y K.

(f) Dados $B = 34° 47{,}3'$, $C = 109° 26{,}3'$, $a = 322{,}4$; hallar $b = 314{,}7$, $c = 520{,}1$, $A = 35° 46{,}4'$, $K = 47{,}833$.

(g) Dados $A = 144° 8{,}4'$, $B = 25° 19{,}2'$, $b = 430{,}1$; hallar $a = 589{,}1$, $c = 184$, $C = 10° 32{,}4'$, $K = 23{,}174$.

37-2. Resolver o comprobar los ejercicios siguientes:

(a) Dados $a = 840$, $b = 485$, $A = 21° 31'$; hallar B, C, y c.

(b) Dados $A = 51° 9{,}1'$, $a = 91{,}06$, $b = 77{,}04$; hallar B, C, y c.

(c) Dados $b = 978{,}7$, $c = 871{,}6$, $C = 38° 14{,}2'$; hallar $A = 97° 44{,}3'$, $B = 44° 1{,}5'$, $a = 1.395$; y $A' = 5° 47{,}3'$, $B' = 135° 58{,}5'$, $a' = 142$.

(d) Dados $B = 16° 15{,}6'$, $a = 75$ m, $b = 29$ m; hallar la diferencia entre las áreas de los dos triángulos correspondientes.

37-3. Resolver o comprobar los siguientes problemas:

(a) Dados $a = 4$, $c = 6$, $B = 60°$; hallar b, A, y C.

(b) Dados $a = 17$, $b = 12$, $C = 59° 17'$; hallar A, B, y c.

(c) Dados $A = 80°$, $b = 872{,}5$, $c = 632{,}7$; hallar $B = 60° 45'$, $C = 39° 15'$, $a = 984{,}8$.

(d) Sabiendo que dos lados de un triángulo miden cada uno 6 y forman un ángulo de 120°; hallar el tercer lado.

37-4. Resolver los problemas siguientes, y comprobar usando la fórmula $A + B + C = 180°$:

(a) Dados $a = 4$, $b = 6$, $c = 8$; hallar A, B, y C.

(b) Dados $a = 19$, $b = 34$, $c = 49$; hallar A, B, y C.

(c) Dados $a = 51$, $b = 65$, $c = 20$, hallar $A = 38° 52{,}8'$, $B = 126° 52{,}2'$, $C = 14° 15'$.

(d) Dados $a = 40$ m, $b = 13$ m, $c = 37$ m; hallar $K = 240$ m^2.

37-5. Hallar el área de un triángulo en el que dos lados miden 12,5 m y 17,05 m y forman un ángulo de 106° 36,3'.

37-6. Hallar el área de un triángulo cuyos tres lados miden 46,45, 27,3, y 32,75 m de longitud.

37-7. Hallar la distancia AB a través de un lago, como muestra la figura 37-15, donde se han medido los datos siguientes: $a = 748$ Dm, $b = 375$ Dm, y $C = 63° 35{,}5'$. Calcular la distancia AB.

37-8. Calcular la distancia inaccesible AB de la figura 37-16 en la que se han medido los datos siguientes: $b = 1.113{,}8$ m, $A = 78° 19'$, y $C = 47° 14'$.

37-9. Dos puntos P y Q en la figura 37-17 están en los lados opuestos de un río y no se ven entre sí debido a una isla que hay en el río. Desde el punto Q se ha recorrido una recta AB y se han tomado las medidas siguientes: $AQ = 824$ m, $QB = 662$ m, ángulo $QAP = 42° 34{,}4'$, y ángulo $QBP = 57° 45'$. Calcular QP.

37-10. Dos cabos P y Q están separados por el agua. Para calcular la distancia que los separa, se ha elegido un tercer punto A desde el que pueden verse perfectamente P y Q, y se han medido los siguientes datos: $AP = 1.140$ m, $AQ = 1.846$ m, y el ángulo $PAQ = 58° 30'$. Hallar la distancia PQ.

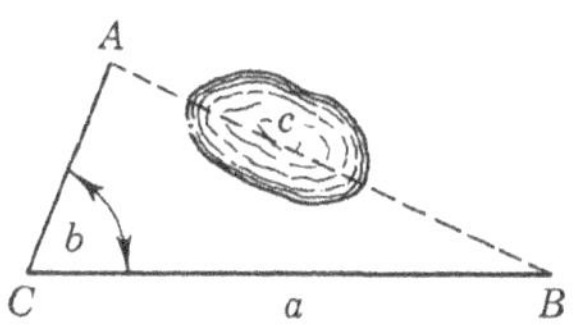

Figura 37-15. Ejercicio 37-7.

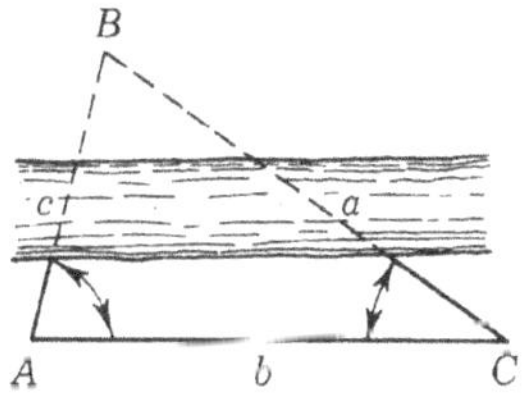

Figura 37-16. Ejercicio 37-8.

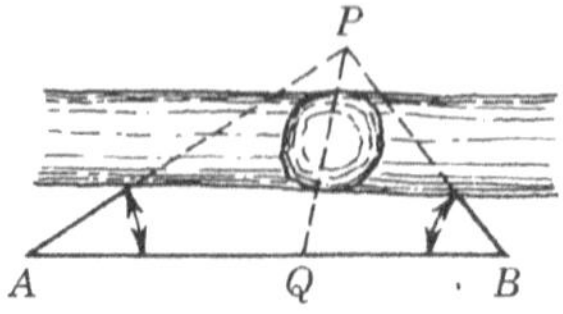

Figura 37-17. Ejercicio 37-9.

37-11. Una chimenea vertical arroja una sombra de 24 m de larga sobre la falda de una montaña que forma un ángulo de 10° con la horizontal. Si el ángulo de elevación del Sol es de 49°, hallar la altura de la chimenea.

37-12. Un solar triangular se vende a 1 000 ptas el metro cuadrado. Los lados del solar miden 10 m, 18 m, y 20 m. Hallar el precio total del solar.

37-13. Un tapiz está colgado en una pared de forma que desde un punto sobre el suelo el ángulo de elevación de la parte superior del tapiz es de 60° y el ángulo de elevación del borde inferior del tapiz es 30°. Demostrar que la distancia entre los bordes superior e inferior del tapiz, medida verticalmente, es el doble de la distancia vertical desde el suelo al borde inferior del tapiz.

37-14. Un oficial de artillería desea saber la distancia existente entre el emplazamiento A de un cañón, hasta una trinchera D (ver figura 37-18). Puede medir la distancia a y los ángulos α y β. Hallar la distancia AD. Hallar las distancias x e y, y entonces comprobar el resultado obtenido para AD viendo si $x^2 + y^2 = AD^2$.

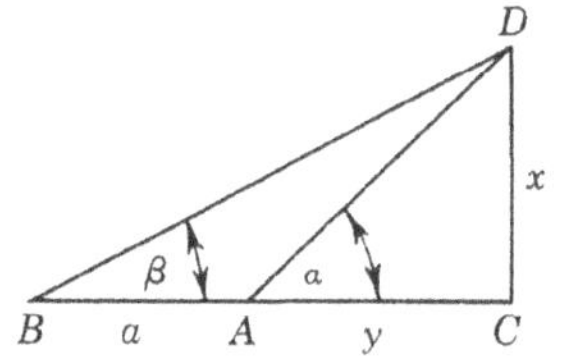

Figura 37-18. Ejercicio 37-14.

SUGERENCIA:

$$ADB = \alpha - \beta$$

$$AD = \frac{a \operatorname{sen} \beta}{\operatorname{sen}(\alpha - \beta)}$$

$$CD = AD \operatorname{sen} \alpha = \frac{a \operatorname{sen} \alpha \operatorname{sen} \beta}{\operatorname{sen}(\alpha - \beta)}$$

$$AC = AD \cos \alpha = \frac{a \cos \alpha \operatorname{sen} \beta}{\operatorname{sen}(\alpha - \beta)}$$

37-15. Dos observadores situados en los lados opuestos de un globo de observación lo ven con dos ángulos de elevación de 44° 56′ y 36° 4′. La distancia entre ellos es de 700 m. Hallar la altura del globo.

37-16. Para hallar la distancia entre dos puntos inaccesibles *A* y *B*, se mide una línea de base *CD* = 800 m, en el mismo plano que *A* y *B*, y se midieron los ángulos *DCA* = 106°, *DCB* = 39°, *CBD* = 122°, y *CDA* = 41°. Calcular la distancia *AB*.

37-17. Demostrar que el área de cualquier cuadrilátero es igual a la mitad del producto de sus diagonales por el seno del ángulo que forman.

37-18. Desde un punto en un plano horizontal, el ángulo de elevación de la cima de una colina es 23° 46′ y una torre de 45 m que está sobre la cima de la colina subtiende un ángulo de 5° 16′. Hallar la altura de la colina.

37-19. Dos observadores *A* y *B*, separados entre sí 200 m en el mismo plano horizontal observan un avión en el mismo instante. El ángulo de elevación con que se ve el avión desde el punto *A* es 68° 58,2′. Las proyecciones de las líneas visuales de los dos observadores sobre el plano horizontal forman con la recta *AB* dos ángulos de 43° 27′ en *A* y 23° 45′ en *B*. Hallar la altura del avión.

37-20. *B* está a 42 Km de *A* en la dirección N 68° O, y *C* está a 58 Km de *A* en la dirección N 17° E. ¿Cuál es la posición de *C* con respecto a *B*?

37-21. Desde un punto *C* se ven dos puntos inaccesibles *A* y *B*, pero no hay ningún otro punto desde el que se vean a la vez *A* y *B*. Sin embargo, desde el punto *P* son visibles los dos puntos *A* y *C*, y desde el punto *Q* pueden verse los puntos *B* y *C*. (Ver la figura 37-19.) Hallar *AB* si *CP* = 425,3 m, *CQ* = 405,4 m, ángulo *APC* = 37° 15,4′, ángulo *ACP* = 42° 35,3″, ángulo *BQC* = 53° 14,8′, ángulo *BCQ* = 58° 4,7′, y ángulo *ACB* = 65° 10,5′.

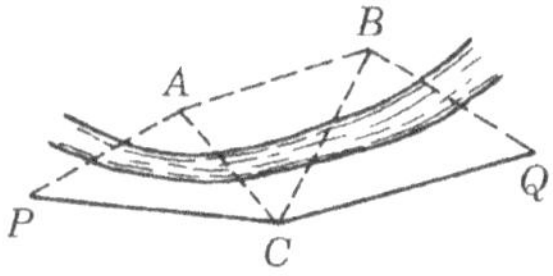

Figura 37-19. Ejercicio 37-21.

37-22. Desde un punto situado a 100 m sobre el nivel de un lago y a cierta distancia de uno de sus lados, un observador mide los ángulos de depresión de los dos extremos del lago que son 4° 15′ y 3° 30′. El ángulo entre ambas visuales es 58° 45′. Hallar la longitud del lago.

37-8 DIÁMETRO DEL CÍRCULO CIRCUNSCRITO A UN TRIÁNGULO

Dibujamos un triángulo con un círculo circunscrito a él, como muestra la figura 37-20. Los lados del triángulo son *a*, *b*, y *c*, y *R* es el radio del circuito. Dibujamos la recta *OE* perpendicular a *AC*, y los radios *OA*, *OB* y *OC*. Entonces *OE* corta a *AC* en el punto medio y el ángulo *AOD* es igual al ángulo *B*. En el triángulo *AOD*, *AD*/*AO* = sen *AOD*, $AD = {}^1/_2\, b$, *AO* = *R*, y $\angle\, AOD = \angle\, B$. Sustituyendo,

$$\frac{b/2}{R} = \operatorname{sen} B, \text{ o } R = \frac{\frac{1}{2}b}{\operatorname{sen} B}$$

$$2R = \frac{b}{\operatorname{sen} B}$$

La longitud 2*R* es igual al diámetro del círculo; el diámetro del círculo circunscrito a un tri-

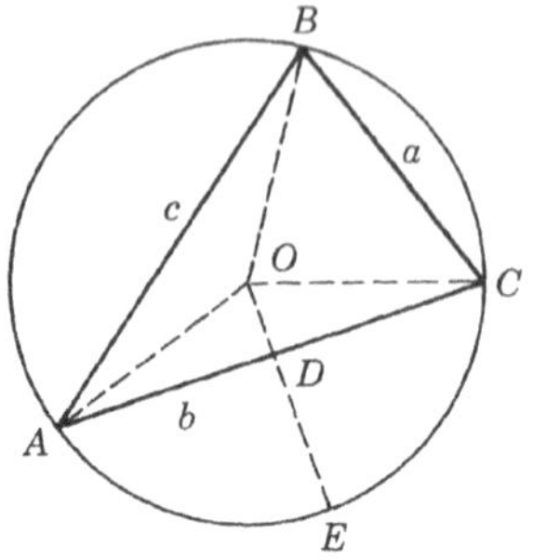

Figura 37-20. Diámetro = $\dfrac{b}{\text{sen } B}$.

ángulo es, pues, igual a la razón entre cualquiera de los lados del triángulo y el seno del ángulo opuesto.

37-9 RADIO DEL CÍRCULO INSCRITO EN UN TRIÁNGULO

Dibujamos un triángulo con un círculo inscrito en él, como muestra la figura 37-21. Dibujamos los radios *OD, OE,* y *OF* y las tres rectas *OA, OB,* y *OC*. El área del triángulo *ABC* es igual

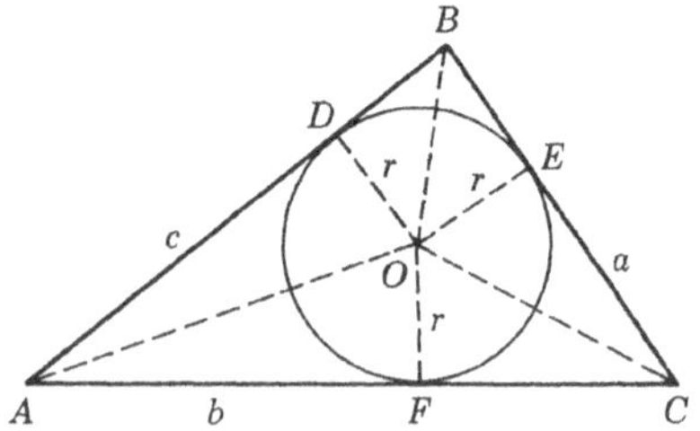

Figura 37-21.

Radio = $\sqrt{\dfrac{(s-a)(s-b)(s-c)}{s}}$

a la suma de las áreas de los tres triángulos *BOC, AOC,* y *AOB;* o

$$\text{Área } ABC = \text{área } BOC + \text{área } AOC + \text{área } AOB$$
$$\text{Área } BOC = \tfrac{1}{2}ra; \text{ área } AOC = \tfrac{1}{2}rb; \text{ área } AOB = \tfrac{1}{2}rc$$
$$\text{Área } ABC = \tfrac{1}{2}ra + \tfrac{1}{2}rb + \tfrac{1}{2}rc$$
$$K \text{ (área del triángulo)} = \sqrt{s(s-a)(s-b)(s-c)}$$

Luego

$$\begin{aligned}\sqrt{s(s-a)(s-b)(s-c)} &= \tfrac{1}{2}ra + \tfrac{1}{2}rb + \tfrac{1}{2}rc \\ &= \tfrac{1}{2}r(a+b+c) \\ &= rs \\ \sqrt{s(s-a)(s-b)(s-c)} &= rs \\ \frac{\sqrt{s(s-a)(s-b)(s-c)}}{s} &= r \\ \sqrt{\frac{(s-a)(s-b)(s-c)}{s}} &= r\end{aligned}$$

o

$$r = \sqrt{\frac{(s-a)(s-b)(s-c)}{s}}$$

Recordamos otra vez que $s = (a + b + c)/2$.

Ejercicios

37-23. Un diseño artístico está formado por un triángulo equilátero de 20 cm de lado, el círculo inscrito en él y el círculo circunscrito a él. Hallar los radios de los dos círculos.

37-24. Una pieza triángular de estaño mide de lados 6 cm, 7 cm y 10 cm. Hallar el radio del mayor círculo que se puede cortar de este triángulo.

37-25. La vía de un automóvil diminuto es una circunferencia que pasa por los tres vértices de un triángulo cuyos lados miden 6 cm, 12 cm, y 16 cm. Hallar el radio de esta vía circular.

SUGERENCIA: Para hallar un ángulo, utilizar la fórmula

$$\text{sen}\, \tfrac{1}{2}A = \sqrt{\frac{(s-b)(s-c)}{bc}}$$

37-10 RESULTANTE DE FUERZAS

Supongamos que dos fuerzas actúan sobre la pieza de una máquina que está representada en la figura 37-22. Es necesario conocer la fuerza total y la dirección en que actúa para poder diseñar el perno que ha de adaptarse en el agujero *P*.

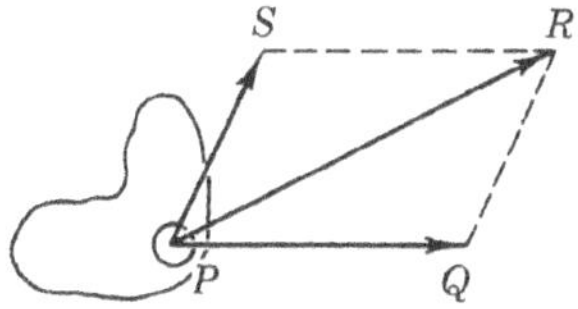

Figura 37-22. Resultante de fuerzas.

Las dos fuerzas se representan mediante los vectores *PQ* y *PS*.

Construimos el paralelogramo *PSRQ* trazando por el punto *Q* una paralela *RQ* a *PS* y por el punto *S* una paralela *SR* al vector *PQ*.

PR, la diagonal del paralelogramo, es la fuerza resultante de las dos fuerzas. La *resultante* de un cierto número de fuerzas en una sola fuerza que produce el mismo efecto que los efectos combinados de todas las demás fuerzas; es decir, es el resultado de aplicar todas las otras fuerzas.

Si *PQ* y *PS* estuvieran construidas a escala, entonces la fuerza resultante se puede determinar midiendo la longitud *PR*. El ángulo de la resultante podría medirse usando el transportador. Por supuesto, las soluciones obtenidas por este método son sólo tan aproximadas como la construcción.

Es posible combinar un número cualquiera de fuerzas en una sola resultante, como se ve en un *diagrama vectorial*. La figura 37-23 es un diagrama vectorial. Es un ejemplo de aplicación de los diagramas vectoriales a un problema de diseño de una máquina sencilla. Los diagramas vectoriales se usan también en los problemas de electricidad, pero entonces las «fuerzas», los vectores, pueden ser la caída de potencial, el voltaje, o la capacitancia. El principio —es decir, la aplicación de la Trigonometría— es la misma; simplemente, los números llevan a continuación distintos nombres, es decir, expresan distintas unidades.

En la figura 37-23, r_1 es la resultante de las fuerzas *a* y *b*; r_2 es la resultante de *c* y r_1; r_3 es la resultante de *d* y r_2. Una fuerza, entonces, ha sustituido a las cuatro fuerzas *a*, *b*, *c*, y *d*. Esta reducción supone una gran simplificación en los problemas de diseño de máquinas.

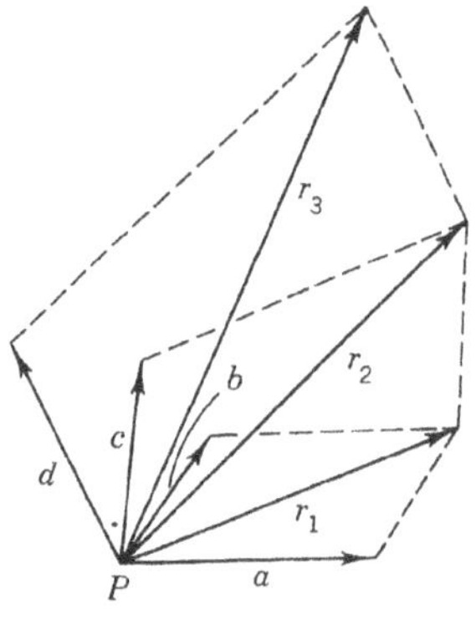

Figura 37-23. Diagrama vectorial.

37-11 CÁLCULO DE UNA RESULTANTE

Una resultante se puede calcular aplicando las fórmulas de Trigonometría. Por ejemplo, en la figura 37-24 determinar la resultante *PR*.

El ángulo θ es el ángulo comprendido entre las dos fuerzas. El ángulo ϕ más el ángulo θ es igual a 180°; luego si conocemos el valor de θ, podemos calcular ϕ restando. Los lados *b* y *b'* son iguales, ya que son los lados opuestos de un paralelogramo. El lado *b*, o *PS*, representa la intensidad de una fuerza; *a*, o *PQ*, representa la segunda fuerza. Aplicando el teorema del coseno.

$$r = \sqrt{a^2 + b'^2 - 2ab' \cos \phi}$$

Y como $\phi = 180° - \theta$ y $\cos\phi = \cos(180° - \theta) = -\cos\theta$, entonces

$$r = \sqrt{a^2 + b^2 + 2ab\cos\theta}$$

El ángulo comprendido entre la resultante y cada una de las fuerzas puede hallarse mediante el teorema del seno.

Las velocidades pueden combinarse exactamente de la misma forma.

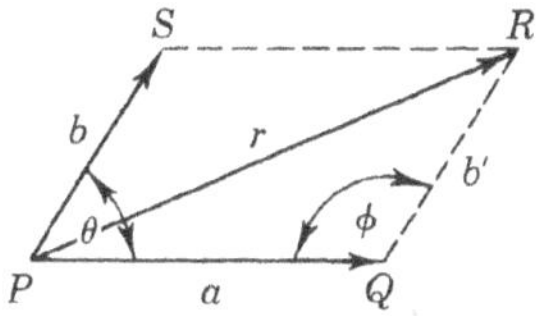

Figura 37-24. Hallar la resultante PR.

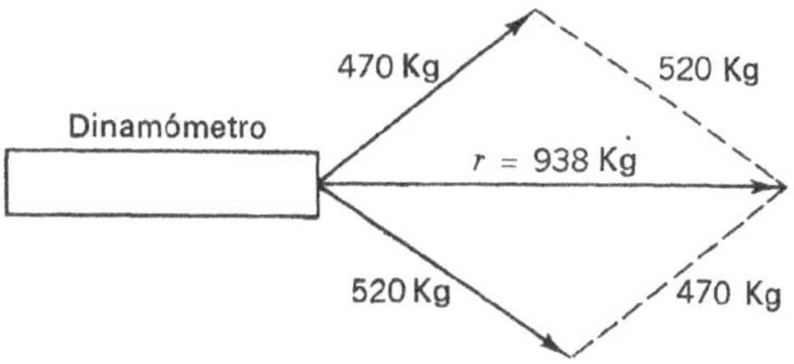

Figura 37-25. Dirección de las fuerzas.

Ejemplo: Una fuerza F_1 de 470 Kg y una segunda fuerza F_2 de 520 Kg actúan sobre un dinamómetro que registra una fuerza de 938 Kg. Hallar el ángulo que forman las fuerzas F_1 y F_2. La figura 37-25 es un esquema del problema.

Solución: En el paralelogramo de fuerzas, $QR = PS$ y $PQ = SR$.

$$r = \sqrt{a^2 + b^2 + 2ab\cos\theta}$$

$$r^2 = a^2 + b^2 + 2ab\cos\theta$$

$$\frac{r^2 - a^2 - b^2}{2ab} = \cos\theta$$

$$\frac{938^2 - 520^2 - 470^2}{(2)(520)(470)} = \cos\theta$$

$$\frac{879\,844 - 270\,400 - 220\,900}{488\,800} = \cos\theta$$

$$\frac{388\,544}{488\,800} = \cos\theta$$

$$0{,}7949 = \cos\theta$$

$$37°20{,}5' = \theta$$

Ejercicios

37-26. Hallar la magnitud y la dirección de la fuerza resultante F si sobre un objeto actúan dos fuerzas F_1 de 40 Kg y F_2 de 60 Kg de las formas siguientes:

(**a**) En la misma dirección y el mismo sentido.
(**b**) En la misma dirección y en sentidos opuestos.
(**c**) Formando un ángulo de 90°.
(**d**) Formando un ángulo de 30°.

37-27. Un coche está atascado en un banco de nieve. Una fuerza de 500 Kg actuando hacia el Norte y otra fuerza de 700 Kg actuando hacia el Noreste consiguen poner el coche en movimiento. Hallar la fuerza resultante, su dirección y su magnitud, que está moviendo el coche.

37-28. Si en el Ejercicio 37-27 una de las fuerzas es de 410 Kg y la otra fuerza es de 320 Kg, y si actúan formando un ángulo de 51° 37′, hallar la fuerza resultante, en dirección y magnitud, que es el movimiento del coche.

37-29. Una fuerza F_1 de 128 Kg y otra fuerza F_2 que no conocemos actúan sobre un dinamómetro de muelle que registra una fuerza de 200 Kg. Si el ángulo que forman la fuerza F_1 y la dirección del muelle del dinamómetro es 18° 24′, hallar la magnitud y la dirección de F_2.

37-30. Dos fuerzas iguales actúan sobre un objeto formando un ángulo A. Hallar la magnitud y la dirección de la fuerza resultante.

38/Aplicaciones

38-1 FACTOR DE POTENCIA

Para calcular la potencia consumida o necesaria en un circuito de corriente alterna (ca) se utiliza la fórmula $P = EI \cos\theta$. La potencia medida en watios es igual al producto de la tensión eléctrica (el potencial, o la diferencia de potencial) en voltios por la intensidad de corriente en amperios por el coseno de θ. El ángulo θ es la medida del desfase entre la intensidad y la tensión. En muchos circuitos la intensidad y el voltaje están desfasados y este desfase (el ángulo θ) se mide en grados. Si este ángulo de desfase es cero, entonces $\cos\theta$ es igual a 1 y la fórmula se reduce a $P = EI$. El coseno del ángulo θ se conoce con el nombre de *factor de potencia;* se puede calcular midiendo la potencia real en watios y dividiéndola por la potencia aparente del circuito en watios.

$$\text{Factor de potencia} = \cos\theta = \frac{\text{potencia real}}{\text{potencia aparente}} = \frac{P}{EI};\ \text{o}\ P = EI\cos\theta.$$

Si conocemos el $\cos\theta$, entonces podemos calcular θ con ayuda de las tablas trigonométricas.

Ejemplo 1: Calcular la potencia en un circuito de corriente alterna de 115 voltios si la intensidad de corriente es de 15 amperios (amp) y $\theta = 10°$.

Solución:

$$P = EI\cos\theta$$
$$P = 115 \times 15 \times 0{,}9848$$
$$P = 1\,698{,}8 \text{ watios}$$

Ejemplo 2: Determinar el factor de potencia si la potencia real de un circuito es 1.500 watios con una tensión de 150 voltios y la intensidad $10\,^1/_3$ amperios.

Solución:

$$P = EI\cos\theta$$
$$1\,500 = 150 \times 10\tfrac{1}{3}\cos\theta$$
$$\frac{\overset{10}{\cancel{1\,500}}}{\underset{1}{\cancel{150}} \times 10\tfrac{1}{3}} = \cos\theta$$

$$0{,}9681 = \cos\theta = PF \text{ o } \theta = 14°30'$$

Es posible que en una corriente alterna el desfase sea de 90°; en este caso la potencia aprovechable sería cero, ya que cos 90° = 0. Es, pues, razonable suponer que, en la mayoría de los circuitos, el factor de potencia deberá ser próximo a 1 y el ángulo tan próximo a cero como sea posible; es decir, la intensidad y el voltaje deben estar en fase.

Ejercicios

38-1. Por un circuito de corriente alterna circulan 20 amperios a 230 voltios. Si el factor de potencia es 0,90, ¿cuál es la potencia en watios?

38-2. ¿Cuál es el factor de potencia si la potencia real es 200 watios y la potencia aparente 225 watios?

38-3. ¿Cuál es el ángulo θ en el Problema 38-2?

38-4. Por un motor de corriente alterna circulan 10 amp a 440 voltios. Un watímetro (aparato para medir la potencia en watios) marca 4 200 watios. ¿Cuánto vale cos θ? ¿Cuánto vale θ?

38-5. El ángulo θ es 5°; el voltaje es 220 voltios; y la intensidad es 10 amperios. ¿Cuál es la potencia en watios?

38-6. Nos han dicho que en un circuito de corriente alterna *P* es 500 watios, *E* es 250 voltios, *I* es 3 amperios, y $\theta = 0°$. ¿Podemos aceptar estos datos? ¿Por qué?

38-7. ¿Cuál es la potencia en watios si θ es 6° 30', el voltaje es 440 voltios, y la intensidad es 12 amperios?

38-2 REFRACCIÓN DE LA LUZ

La trayectoria que sigue un rayo de luz en un solo medio homogéneo, como por ejemplo el aire, es una línea recta. Pero cuando el rayo de luz incide sobre una superficie pulimentada, como un espejo, se refleja de acuerdo con una ley muy conocida: *el ángulo de incidencia es igual al ángulo de reflexión.*

En la figura 38-1, el rayo de luz *SQ* incide sobre la superficie pulimentada y se refleja siguiendo la dirección *QR*. La recta *PQ* es la perpendicular a la superficie en el punto *Q*. El ángulo *SQR*, o ángulo *i*, es el ángulo de incidencia; y el ángulo *RQP*, o ángulo *r*, es el ángulo de reflexión. Los ángulos *SQP* y *RQP* son iguales.

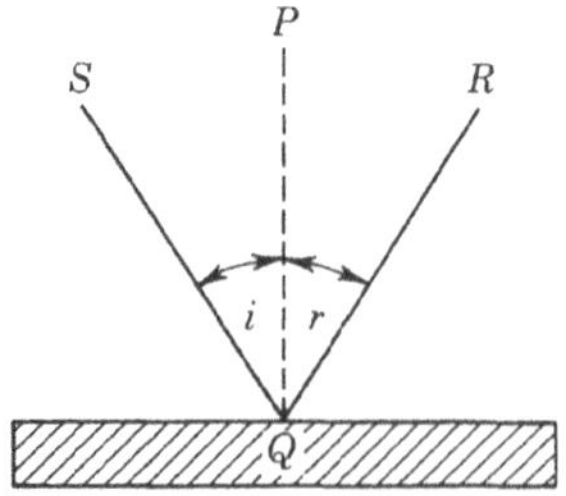

Figura 38-1. Reflexión de la luz.

Cuando un rayo de luz pasa de un medio transparente a otro también transparente, que es más o menos denso que el primero, su dirección cambia; es decir, es desviado o refractado. Esto sucede porque la velocidad de la luz es distinta en el segundo medio que en el primero.

En la figura 38-2, un rayo de luz *SQ* que pasa por el aire, corta a la superficie del cristal en el punto *Q* y se refracta acercándose a la normal, o perpendicular, *QP'*. El rayo de luz continúa en la dirección *QT* hasta que corta a la otra cara del cristal en el punto *T*. En *T* se refracta otra vez, pero esta vez se aleja de la perpendicular y vuelva a pasar por el aire en la dirección *TR*. Si las dos caras del cristal son paralelas, *SQ* y *TR* son paralelos. Las rectas *QP* y *QP'* son perpendiculares a la primera cara del cristal en el punto *Q*. El ángulo *SQP* es el ángulo de incidencia; el ángulo *P'QT* (ángulo *r*) es el ángulo de refracción. En esta figura el ángulo *i* y el ángulo *r* pueden ser iguales o distintos.

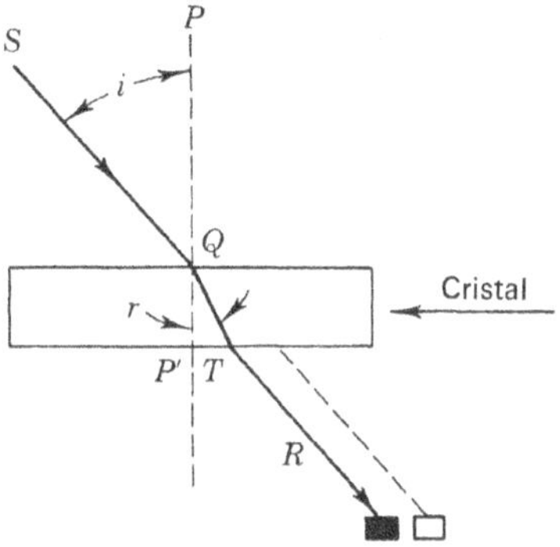

Figura 38-2. Refracción de la luz.

Se puede ver en la figura 38-2 que un objeto (rectángulo negro) observado a través del cristal formando un cierto ángulo (es decir, no mirado perpendicularmente) no aparecerá en su verdadera posición (rectángulo blanco). El alumno puede comprobarlo fácilmente con un lapicero, un objeto pequeño, y un recipiente bastante hondo, de agua. Colóquese el objeto en el fondo del recipiente con agua y entonces inténtese tocar el objeto con el lapicero.

Se ha comprobado experimentalmente que, para cada tipo concreto de cristal, la razón

$$\frac{\text{sen } i}{\text{sen } r} = n$$

es una constante, cualquiera que sea el ángulo de incidencia. Esto significa que para un cierto tipo de cristal, si el ángulo de incidencia varía, entonces el ángulo de refracción también varía, pero de forma que la razón entre los senos es constante. Para un rayo de luz que pase del aire al cristal, esta razón vale prácticamente $^3/_2$; para un rayo que pase del aire al agua, vale $^4/_3$.

El valor de la razón (sen *i*)/(sen *r*) = *n* se llama *índice de refracción* del cristal con respecto a algún otro medio.

Se deduce que el índice de refracción del aire con respecto al cristal es el inverso del índice de refracción del cristal con respecto al aire. Es decir, si el índice de refracción del cristal con respecto al aire es *n*, entonces el índice de refracción del aire con respecto al cristal es $1/n$. Esta regla sirve para dos medios transparentes cualesquiera.

Cuando un rayo de luz pasa a un medio menos denso —por ejemplo, del vidrio al aire— el rayo de luz se refracta alejándose de la perpendicular. Se comprende entonces que si el ángulo de incidencia es suficientemente grande, el rayo no pasará al segundo medio, al aire, sino que se produce el fenómeno de *reflexión interna*. Este hecho se ve gráficamente en la figura 38-3.

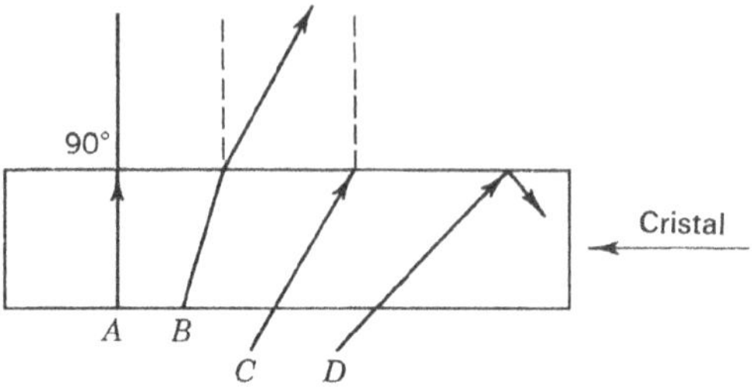

Figura 38-3. Reflexión interna.

En este caso el rayo *A* pasa del vidrio al aire sin refractarse, porque incide perpendicularmente a la superficie que separa los dos medios. El rayo *B* se refracta, o se inclina alejándose de la perpendicular. El rayo *C* forma con la superficie el ángulo crítico; el rayo desviado o refractado sale siguiendo la superficie del cristal. El rayo *D* incide con un ángulo mayor que el ángulo crítico y se refleja retrocediendo hacia el interior del cristal.

NOTA: Los principios incluidos en este párrafo se usan en el diseño de prismáticos.

Ejercicios

38-8. Si $n = 1{,}167$, hallar el ángulo de refracción en los casos siguientes:

(a) Si el ángulo de incidencia es 9° 15′.

(b) Si el ángulo de incidencia es 18° 30′.

Solución:

$$\text{sen}\, r = \frac{\text{sen}\, i}{n} = \frac{\text{sen}\, 18°30'}{1{,}167}$$

$$\begin{aligned}\log \text{sen}\, r &= \log \text{sen}\, 18°30' - \log 1{,}167\\ &= (9{,}5015 - 10) - 0{,}0671 = 9{,}4344 - 10\end{aligned}$$

Por lo tanto,

$$r = 15°\ 46{,}6'$$

(c) Si el ángulo de incidencia es 37°.

38-9. El seno del ángulo crítico es igual al inverso del índice de refracción. Hallar *n* (el índice de refracción) en los casos siguientes:

(a) Para el agua; el ángulo crítico es 48° 28′.

(b) Para el vidrio; el ángulo crítico es 41° 10′.

(c) Para el diamante; el ángulo crítico es 24° 26′.

NOTA: Para las piedras preciosas que se tallan con facetas regulares, el ángulo crítico es muy pequeño, y la mayor parte de la luz que incide sobre ellas se refleja internamente. De ahí viene el resplandor de los diamantes.

38-10. Mirando con los ojos a 25 cm de un espejo, un objeto parece estar a 20 cm dentro del espejo. La visual forma con el espejo un ángulo de 32° 30′ con el espejo. Hallar la dirección y la distancia en que se encuentra el objeto desde los ojos del observador.

38-11. Un rayo de luz recorre la trayectoria *ABCD* (figura 38-4) pasando a través de la lámina de vidrio *MN* de 0,525 cm de espesor. ¿Cuál es el desplazamiento *CE* si el rayo incide sobre el vidrio con un ángulo *ABP* de 43° 15′ y el índice de refracción es $^3/_2$?

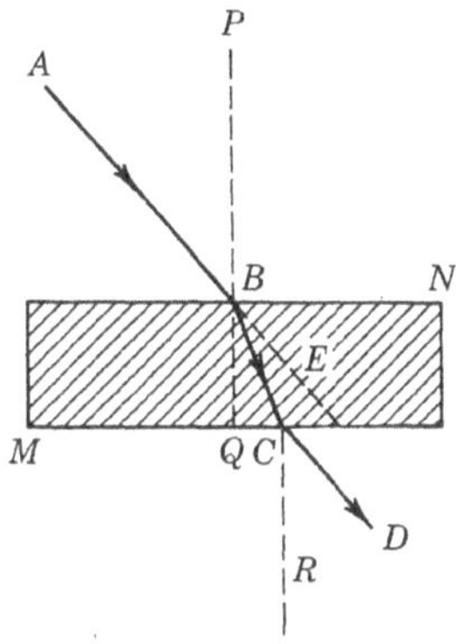

Figura 38-4. Ejercicio 38-11.

Solución: En este caso $n = {}^3/_2 = 1{,}5$, e $i = 43°\,15'$. Por lo tanto,

$$\text{sen } r = \frac{\text{sen } 43°15'}{1{,}5} = 0{,}4568 \quad \text{y} \quad r = 27°10{,}1'$$

$$BC = \frac{BQ}{\cos r} = \frac{0{,}525}{\cos 27°10{,}1'} = 0{,}590 \text{ cm}$$

$$\text{Ángulo } CBE = 43°\,15' - 27°\,10{,}1' = 16°\,4{,}9'$$

$$CE = BC \text{ sen } CBE = 0{,}590 \text{ sen } 16°\,4{,}9' = 0{,}1634 \text{ cm.}$$

38-12. Un foco luminoso está bajo el agua. ¿Cuál es el máximo ángulo que puede formar un rayo de este foco con la normal y pasar al aire? Para un ángulo mayor, el rayo sería totalmente reflejado (sufriría reflexión interna).

SUGERENCIA: Como este rayo pasa del agua al aire, se refracta alejándose de la normal. Cuando el ángulo que forma el rayo con la normal en el aire es de 90°, el rayo no saldrá fuera del agua. Si el rayo forma con la normal un ángulo incidente mayor que el necesario para formar en el aire un ángulo de 90°, el rayo se reflejará totalmente en la superficie del agua.

$$\frac{\text{sen } i}{\text{sen } 90°} = \frac{3}{4}$$

Por lo tanto,

$$i = 48^\circ\ 35{,}4'$$

38-13. Si miramos desde debajo del agua, ¿cuál es el mayor ángulo que puede formar con el cénit una estrella para que podamos verla?

38-14. Una barca está parcialmente sumergida en el agua. La imagen en el agua parece que forma con la superficie un ángulo de 40°. Hallar la inclinación de la barca con la superficie del agua si el índice de refracción es $^4/_3$.

38-3 GONIÓMETRO DE SENOS O BARRA DE SENOS

Un goniómetro de senos puede utilizarse para medir ángulos, cuando la precisión necesaria es de 5′ o menor. Este instrumento de medida está formado por una barra de acero cuyos extremos están elaborados a máquina de forma que pueden descansar sobre unos rodamientos cilíndricos del mismo diámetro. Esta barra suele medir 5 o 10 pulgadas de longitud y es la hipotenusa de un triángulo rectángulo. Se suele utilizar con una superficie plana, ya que se necesita para manejarlo una superficie completamente lisa. La figura 38-5 muestra un goniómetro de senos o barra de senos, de 5 in de longitud. En este caso el ángulo que se desea medir o determinar es θ; la distancia vertical X se mide con un calibrador. El goniómetro de senos puede

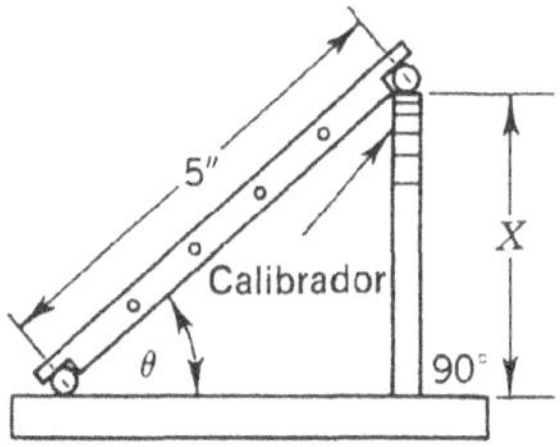

Figura 38-5. Goniómetro o barra de senos.

utilizarse para determinar un ángulo θ o la distancia X para cualquier valor del ángulo θ con ayuda de una tabla de funciones naturales.

Ejemplo 1: ¿Cuánto mide X cuando θ es 25° 20′?

Solución:

$$\operatorname{sen}\theta = \frac{X}{5}$$

$$\operatorname{sen} 25^\circ 20' = \frac{X}{5}$$

$$X = 5 \operatorname{sen} 25^\circ 20' = 5(0{,}4279)$$

$$X = 2{,}1395 \text{ in.}$$

El calibrador ha de situarse entonces de forma que mida 2,1395 in.

Ejemplo 2: ¿Cuánto vale θ si X es 1,750 in?

Solución:

$$\operatorname{sen}\theta = \frac{X}{5}$$

$$\operatorname{sen}\theta = \frac{1{,}750}{5}$$

$$\operatorname{sen}\theta = 0{,}3500$$

$$\theta = 20°30', \text{ con aproximación de minutos}$$

Como la longitud de la barra de acero es constante, se puede hacer una tabla especial de forma que no haga falta realizar todos los cálculos (como los que hemos visto) para determinar X o θ. Los manuales para talleres de máquinas suelen incluir una de estas tablas para goniómetros de senos de 5 in, o barras de senos de 5 in.

Ejercicios

NOTA: Hacer un dibujo de cada problema antes de resolverlo. Suponer que se trata siempre de un goniómetro de senos con una barra de 5 in de longitud.

38-15. Calcular X si θ es 10° 30'.

38-16. Calcular θ si X es 2,5 in.

38-17. Calcular X si θ es 35° 20'.

38-18. Calcular X si θ es 47° 10'.

38-19. Construir una tabla para una barra de senos de 5 in de longitud poniendo en la lista los siguientes valores de θ:

(a) 5°	**(d)** 20°	**(g)** 35°	**(j)** 50°	**(m)** 65°	**(p)** 80°
(b) 10°	**(e)** 25°	**(h)** 40°	**(k)** 55°	**(n)** 70°	**(q)** 85°
(c) 15°	**(f)** 30°	**(i)** 45°	**(l)** 60°	**(o)** 75°	

38-20. ¿Podríamos calcular una tabla análoga a la anterior para una barra de senos de 10 in de longitud multiplicando todos los valores obtenidos en el Ejercicio 38-19 por 2 (ya que $2 \times 5 = 10$)? Comprobar la respuesta calculando algunos valores.

38-21. Escribir las ecuaciones básicas del goniómetro de senos para una barra de 10 in de longitud.

38-4 ÁREAS DE SECTORES Y SEGMENTOS CIRCULARES

En la parte de Geometría de este texto ya hemos estudiado el cálculo de áreas de sectores y segmentos circulares. Ahora nos volvemos a ocupar de ellas como parte de la Trigonometría

Como consecuencia de la definición de radián, es evidente que la medida en radianes de un ángulo central de un círculo se puede calcular dividiendo la longitud de su arco por la longitud del radio. Es decir,

$$\text{Número de radianes de un ángulo} = \frac{\text{Arco}}{\text{Radio}}$$

En la figura 38-6,

$$\text{Ángulo } AOB \text{ (en radianes)} = \frac{\text{Arco } AB}{\text{Radio } OA} = \frac{s}{r}$$

$$\theta = \frac{s}{r}$$

$$s = r\theta$$

$$r = \frac{s}{\theta}$$

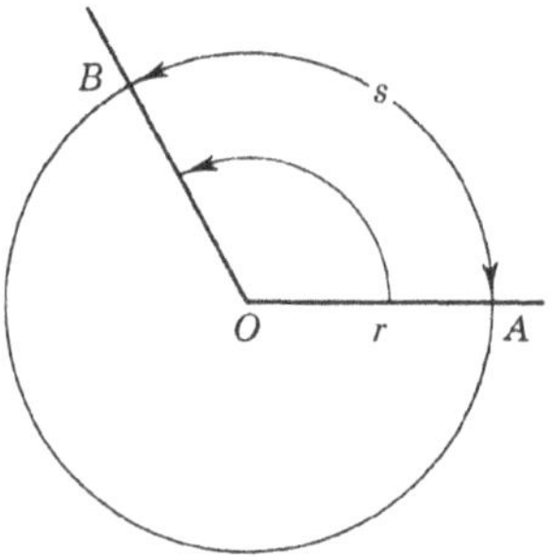

Figura 38-6. θ radianes $= \frac{s}{r}$

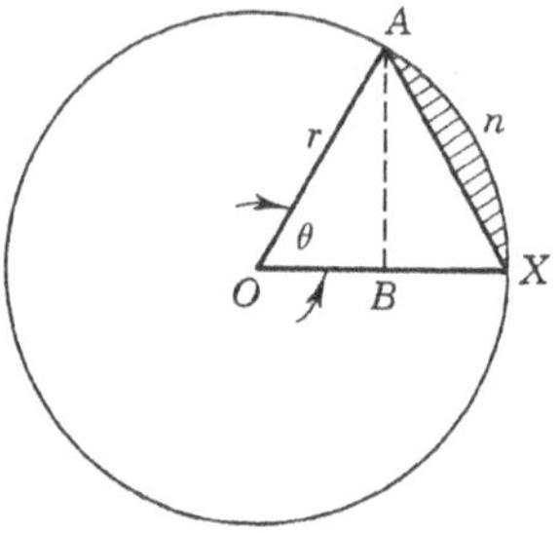

Figura 38-7. Hallar el área del segmento AnX.

Como ejemplo, en la figura 38-7 se pide hallar el área del segmento circular *AnX* (es decir, el área rayada).

El área del sector *AOXn* menos el área del triángulo *AOX* será igual al área del segmento *AnX*. Sea *A* el área del segmento, *P* el área del sector y *T* el área del triángulo. Entonces

$$A = P - T$$

El área del triángulo es igual a $^1/_2\, bh$; por lo tanto, $T = {}^1/_2\,(OX)(AB)$. Como $OX = r$ (el radio) y $AB = r$ sen θ, sustituyendo estos valores, el área del triángulo $AOX = T = {}^1/_2\,(r)(r \text{ sen } \theta) =$ $= {}^1/_2 r^2$ sen θ.

El área del sector *P*, además, es igual a la mitad del producto del arco por el radio; o $P = {}^1/_2$ arco × *r*. Arco $s = r\theta$; sustituyendo este valor del arco en la ecuación $P = {}^1/_2$ arco × *r*, la ecuación se transforma en

$$P = \tfrac{1}{2} \times r\theta \times r = \tfrac{1}{2} r^2\theta$$

Sustituyendo los valores de *P* y *T* en la ecuación original $A = P - T$,

$$A = \tfrac{1}{2} r^2\theta - \tfrac{1}{2} r^2 \text{ sen } \theta = \tfrac{1}{2} r^2(\theta - \text{sen } \theta)$$

NOTA: Una llamada de atención sobre estas fórmulas: Recordar siempre que θ está expresado en radianes. El ejemplo siguiente aclara este punto.

Ejemplo: Hallar el área de un segmento circular de un círculo de 16 cm de radio que tiene un ángulo central de 78° 30′.

Solución: Transformar el ángulo dado en radianes:

$$\theta = 78°30' = 78{,}5 = 78{,}5 \times 0{,}017453 = 1{,}3701 \text{ radianes}$$
$$\text{sen } 78°30' = 0{,}9799$$

Sustituyendo en la fórmula,

$$A = \tfrac{1}{2} r^2(\theta - \text{sen}\,\theta)$$
$$A = \tfrac{1}{2} \times 16^2(1{,}3701 - 0{,}9799) = 49{,}94$$
$$A = 49{,}94 \text{ cm}^2$$

Ejercicios

38-22. Hallar el área de un sector de un círculo de 8 m de radio con un ángulo central de 60°. Hallar el área del segmento.

38-23. Hallar el área del segmento circular cuya cuerda mide 4 m en un círculo de 10 m de diámetro.

38-24. Hallar el área de un segmento circular cuya cuerda mide 12 m y su altura 2 m.

38-25. En un círculo de 60 cm de radio, hallar el área de un segmento que tiene un ángulo de 63° 15'. Hallar la longitud de la cuerda y su altura; tomar $^2/_3$ de su producto y comparar el resultado con el área obtenida.

38-26. Un depósito cilíndrico que está en posición horizontal está lleno de agua hasta una altura de 25 cm del fondo. Hallar los metros cúbicos de agua que contiene. El depósito mide 5 m de longitud y 2 m de diámetro.

38-5 CURVAS DE FERROCARRIL

En Europa se definen las curvas de ferrocarril por su radio, en metros, y por la longitud de sus dos tangentes sobre las partes rectas que son enlazadas por la curva; el ángulo exterior que forman dichas alineaciones es igual al ángulo central abarcado por la curva.

En cambio, en los Estados Unidos, las curvas de ferrocarril se determinan por su grado. El grado o «tamaño» de una curva es el ángulo central subtendido por una cuerda de 100 pies de longitud. Es decir, una curva de ferrocarril de 5° es una curva en la que una cuerda de 100 pies subtiende un ángulo central de 5°. En la figura 38-8, el ángulo $AOB = 5°$ y $AB = 100$ ft. En dicha figura se representa una curva de ferrocarril de 5°. El arco AB y la cuerda AB miden prác-

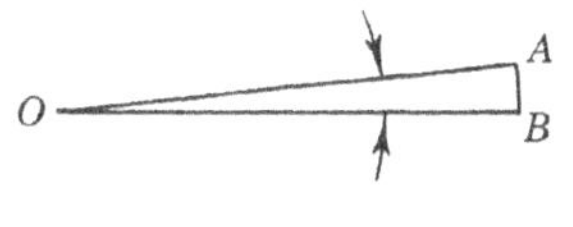

Figura 38-8. Curva de ferrocarril de 5°.

ticamente lo mismo y, en consecuencia, el error que se comete si se usa la longitud del arco en lugar de la longitud de la cuerda, es muy pequeño.

El radio de una curva de ferrocarril se puede calcular mediante la fórmula dada en la sección precedente: $s = r\theta$, o $r = s/\theta$. Entonces, suponiendo que 1 radián = 57,30°, el radio de una curva de 1° se calcula como se ve a continuación:

$$r = \frac{s}{\theta}$$

$$\theta = \frac{1}{57{,}30}$$

$$s = 100 \text{ ft}$$

$$r = 100 : \frac{1}{57{,}30} = 100 \times 57{,}30 = 5{,}730 \text{ ft}$$

Por consiguiente, una curva de ferrocarril de un grado podría trazarse «dibujando» una circunferencia de 5 730 ft de radio. Una curva mayor –por ejemplo, una curva de 5°– ¿necesitaría un radio mayor o menor de 5 730 ft? ¿Puede usarse esta cifra de 5 730 ft como constante? Es decir, ¿podremos determinar el radio de una curva de 5° dividiendo 5 730 por 5?

$$r = \frac{s}{\theta} = 100 : \frac{5}{57{,}30} = \frac{57{,}30 \times \overset{20}{\cancel{100}}}{\underset{1}{\cancel{5}}} = 1\,146 \text{ ft}$$

o

$$5\,730 : 5 = 1\,146 \text{ ft}$$

Ejercicios

38-27. Si un ángulo central de 126° tiene un arco de 226 m hallar el radio del círculo.

Solución: Usando la fórmula $r = s/\theta$.

$$\theta = 126 \times 0{,}017453 = 2{,}199$$
$$r = 226 \times 2{,}199 = 102{,}77$$

Por lo tanto, el radio es 102,77 m.

38-28. Un volante de 6 m de diámetro tiene una velocidad angular de 3π por segundo. Hallar la velocidad de su llanta.

38-29. La velocidad tangencial recomendada por los fabricantes de muelas de esmeril, es de 1.675 m/min. Hallar la velocidad angular en radianes, por segundo, para una muela de 25 cm de diámetro.

SUGERENCIA: Utilizar la fórmula $\theta = s/r$

38-30. Resolver los siguientes problemas de velocidades, parecidos a los anteriores:

- **(a)** Muelas de Ohio; velocidad recomendada 800 m/min.
- **(b)** Muelas de Huron; velocidad recomendada 1 100 m/min.
- **(c)** Ruedas de bruñir, de madera con forro de cuero; 2 300 m/min.
- **(d)** Ruedas de bruñir Walrus, de cuero; 2 700 m/min.
- **(e)** Discos de trapo; 2 300 m/min.
- **(f)** Cepillos de cerdas para el pelo; 4 000 m/min.

38-31. Un volante con un radio de 4 dm gira en sentido contrario a las agujas de reloj con una velocidad tangencial de 75 dm por segundo. Hallar la velocidad angular en radianes por segundo.

Solución:

$$\frac{75 \times 2\pi}{8\pi} = 18\tfrac{3}{4}$$

38-32. Un tren circula por una curva de 800 m de radio a una velocidad de 50 Km/h. ¿Qué ángulo habrá recorrido en 45 segundos? Dar la solución en radianes y en grados.

Solución: Supongamos que el tren recorre desde A hasta C (figura 38-9) en 45 segundos. En el punto A se mueve en la dirección AB; en el punto C se mueve en la dirección CD. El ángulo que ha variado la dirección es BQD y es igual al ángulo AOC o θ.

En 45 segundos, el tren habrá recorrido (50 : 3.600) 45 = 0,625 Km = 625 m. Para calcular θ, aplicaremos la fórmula $\theta = s/r$:

$$\theta = 625 : 800 = 0{,}78125 \text{ radianes} = 44^\circ\ 45'\ 44{,}4''.$$

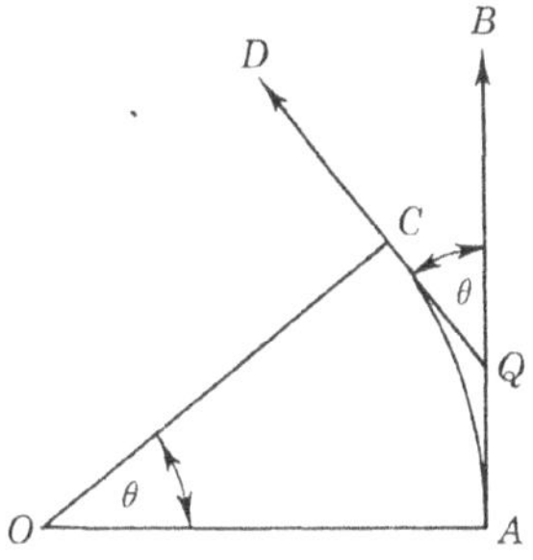

Figura 38-9. Ejercicio 38-32.

38-33. Hallar el radio de un círculo en el que un arco de 6 m mide un ángulo de 2,3 radianes en el centro del círculo. En este círculo, hallar el ángulo central correspondiente a un arco de 1,1 m de longitud.

38-34. Hallar la velocidad angular por minuto del minutero de un reloj. Expresarla en grados y en radianes.

38-35. Un tren de coches circula por una curva de 200 m de radio a una velocidad de 24 Km/h; hallar su velocidad angular en radianes por minuto.

38-36. Un volante de 7 m de diámetro gira con una velocidad angular de 9 radianes por segundo. Hallar la velocidad por minuto a que gira un punto de la circunferencia.

38-37. Hallar la longitud de un arco que, a una distancia de 1 Km subtiende un ángulo de 10′; hallar la longitud de un arco que subtiende un ángulo de 1″ en las mismas condiciones.

38-38. El radio de la órbita terrestre, que mide aproximadamente 149 000 000 Km, subtiende desde la estrella Sirio un ángulo de unos 4″. Hallar la distancia aproximada de Sirio a la Tierra.

38-39. ¿Qué radio tiene una curva de ferrocarril de 5°? ¿Una de 3° 15′? Si el radio de una curva de ferrocarril es de 4 550 pies, ¿cuál es el grado de la curva?

38-6 DISTANCIA Y DEPRESIÓN DEL HORIZONTE

A veces es necesario calcular la distancia al horizonte desde una posición elevada. Esta posición elevada puede ser un avión o el puesto de observación en los palos de un barco, o sobre la cima de una torre, colina o montaña.

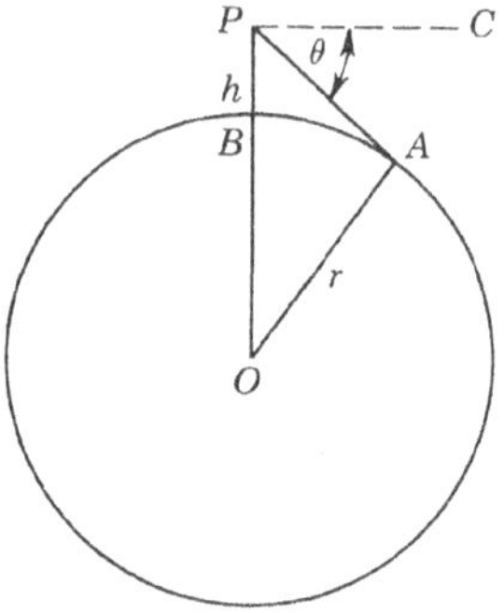

Figura 38-10. Hallar la distancia PA.

En la figura 38-10, O es el centro de la Tierra, r el radio de la superficie terrestre, y h es la altura del punto P sobre la superficie. Para calcular la distancia PA, sabemos que

$$(PA)^2 = (OP)^2 - (OA)^2$$

Como por otra parte $OP = OB + h$, $OB = r$, y $OA = r$,

$$\begin{aligned} OP &= r + h \\ (PA)^2 &= (r + h)^2 - (r)^2 \\ (PA)^2 &= r^2 + 2rh + h^2 - r^2 \\ (PA)^2 &= 2rh + h^2 \\ PA &= \sqrt{2rh + h^2} \end{aligned}$$

Para la mayoría de las posiciones elevadas que el hombre puede alcanzar sobre la superficie de la Tierra h^2 es muy pequeño comparado con $2rh$. Entonces, para resolver los problemas podemos despreciar el sumando h^2, y usaremos la fórmula

$$PA = \sqrt{2rh}$$

En la fórmula anterior PA, r y h están expresadas en las mismas unidades. Podemos transformarla en otra que nos dé directamente PA en kilómetros conociendo r en kilómetros (6 370 Km) y h en metros:

$$PA = \sqrt{2 \times 6\,370 \times \frac{h}{1\,000}} = 3{,}57 \times \sqrt{h}$$

Es decir, la distancia al horizonte en kilómetros es aproximadamente igual a 3,57 por la raíz cuadrada en h en metros.

Esta última fórmula es adecuada para muchos problemas, pero si h viene dado en kilómetros o h^2 no es despreciable al lado de $2rh$ se pueden usar las otras dos fórmulas $PA = \sqrt{2rh}$ o $PA = \sqrt{2rh + h^2}$ (como, por ejemplo, en los problemas de naves espaciales).

El ángulo θ, o APC, en la figura 38-10 se llama *depresión* del horizonte; podemos calcularlo aplicando una fórmula sencilla de Trigonometría:

$$\text{tg } APC = \text{tg } \theta = \frac{PA}{r}$$

Ejercicios

38-40. Un acantilado está a 600 m de altura sobre la orilla del mar; ¿a qué distancia se encuentra el horizonte? ¿Cuál es la depresión del horizonte?

38-41. Hallar la máxima distancia desde la que podrá verse un faro desde el puente de un buque, si la luz del faro está a 25 m sobre el nivel del mar y el puente del buque está a 9 m sobre el agua.

38-42. Hallar el radio del horizonte divisado por un observador que se encuentra a 375 m sobre la superficie terrestre. ¿Cuál sería el radio si el observador se encontrase a 5 Km sobre la superficie?

38-43. ¿A qué altura sobre la superficie terrestre debemos situarnos para poder ver un punto situado a 60 Km de distancia?

38-44. Dos faros, uno con la linterna a 28 m sobre el mar y otro con la linterna a 24 m sobre el mar son visibles entre sí rasando sus luces con la superficie del agua. ¿A qué distancia se encuentran?

38-45. Un astronauta está en su cápsula espacial a 160 Km sobre la superficie de la Tierra. ¿A qué distancia está la cápsula del horizonte? ¿Cuál sería el error si aplicamos la fórmula $PA = \sqrt{2rh}$ para determinar esta distancia?

38-7 PENDIENTE DE UNA RECTA EN UN PLANO INCLINADO, QUE FORMA UN ÁNGULO DADO CON LA LÍNEA DE MÁXIMA PENDIENTE

Cuando se traza una carretera sobre un terreno pendiente, o sobre la falda de un monte, es necesario determinar su dirección de forma que la pendiente de la carretera no sea excesiva.

En la figura 38-11 el plano RQ está inclinado, formando un ángulo ϕ con el plano horizontal. AD es la línea de máxima pendiente del plano RQ pasando por el punto A, y forma con la horizontal un ángulo también igual a ϕ. La recta AB está en el plano RQ pero formando un ángulo α con AD. Evidentemente, el ángulo que forma AB con la horizontal es menor que el ángulo ϕ; la recta AB forma con la horizontal un ángulo θ.

Para calcular el ángulo θ,

$$\text{sen } \theta = \frac{BC}{AB}$$

$$\cos \alpha = \frac{AD}{AB}; \text{ o } AB = \frac{AD}{\cos \alpha}$$

$$\text{sen } \phi - \frac{DE}{AD}; \text{ o } DE = BC = AD \text{ sen } \phi$$

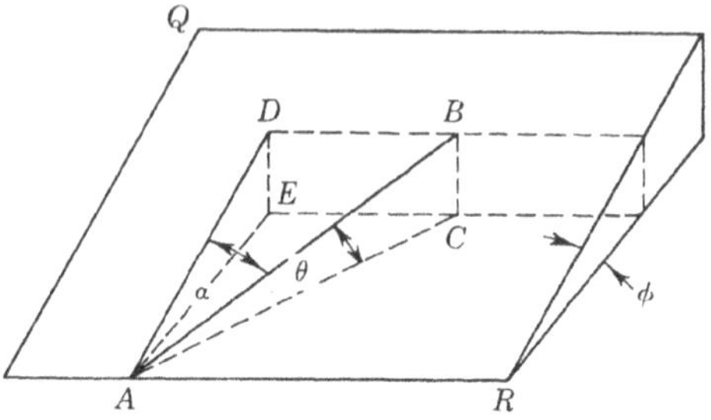

Figura 38-11. Hallar el ángulo θ.

Sustituyendo *BC* por *AD* sen ϕ y *AB* por *AD*/(cos α),

$$\text{sen}\,\theta = \frac{BC}{AB} = \frac{AD\,\text{sen}\,\phi}{AD/(\cos\alpha)}$$

$$\text{sen}\,\theta = \overset{1}{\cancel{AD}}\,\text{sen}\,\phi \times \frac{\cos\alpha}{\underset{1}{\cancel{AD}}}$$

$$\text{sen}\,\theta = \text{sen}\,\phi\,\cos\alpha$$

El ángulo θ podemos calcularlo mediante esta fórmula, si conocemos α y ϕ. También, si conocemos dos cualesquiera de los tres ángulos, esta fórmula nos permite calcular el tercero.

Ejercicios

38-46. La pendiente de un tejado es 30°. Hallar el ángulo θ que forma con la horizontal una recta *AB* dibujada sobre el tejado, si forma un ángulo de 35° con la línea de máxima pendiente.

38-47. Una colina tiene una pendiente de 32°. Un sendero asciende por ella formando un ángulo de 45° con la línea de máxima pendiente. ¿Cuál es la pendiente del sendero?

38-48. Dos faldones de una cubierta tienen sus caballetes perpendiculares uno al otro y ambos faldones forman con la horizontal un ángulo de 30°. Hallar el ángulo que forma su intersección con la horizontal.

38-49. La ladera de una montaña tiene una pendiente de 30°. Se quiere trazar una carretera por esta ladera, con una pendiente del 6%. Hallar el ángulo que debe formar con la línea de máxima pendiente.

38-50. Una carretera que forma un ángulo de 7° con la horizontal, sube por la ladera de una montaña que forma con la horizontal un ángulo de 20°. Hallar el ángulo que forma la carretera con la línea de máxima pendiente.

38-51. Una carretera con una pendiente de 6% está trazada en la ladera de una montaña que tiene una pendiente del 35%. Hallar el ángulo que forma la carretera con la línea de máxima pendiente.

5

LA REGLA DE CÁLCULO

39/Introducción

39-1 LA REGLA DE CÁLCULO

La regla de cálculo es una herramienta muy útil para realizar cualquier tipo de operaciones aritméticas excepto la suma y la resta. Por el gran ahorro de tiempo que supone es muy utilizada por ingenieros, matemáticos, físicos, proyectistas y, en general, por todas aquellas personas que han de realizar muchos cálculos rápidamente y con bastante aproximación. Hay reglas de cálculo de distintos tamaños; el precio de una regla de cálculo depende del número de escalas que lleve. Las reglas que tienen menos escalas suelen ser más baratas, y las que tengan más escalas serán más caras.

El número de escalas de la regla que se vaya a manejar, dependerá del tipo de cálculos que se quieran hacer con ella. Por ejemplo, una regla con escalas log log, permite calcular rápidamente raíces de números no enteros. En una regla que no tenga escalas log log, estos cálculos han de hacerse con la escala log, pero se tardará más tiempo.

Las reglas de uso más frecuente son las de 10 pulgadas, unos 25 cm, si bien se emplean también las reglas de 5 pulgadas y de 20 pulgadas. Si el alumno quiere comprar una regla de cálculo, le recomendamos una de 10 pulgadas con escalas log log.

La regla de cálculo consta de tres partes: la *regla*, la *reglilla* y el *cursor*. La figura 39-1 nos muestra las tres partes de la regla de cálculo. En muchas reglas el cursor está formado por dos armaduras metálicas unidas en sus dos extremos por tornillos. Cada armadura metálica lleva un cristal (o un plástico transparente) con una línea vertical que facilita el trabajo de plantear las operaciones y leer las soluciones. El cursor se puede ajustar, y una simple observación del aparato nos permite ver como se traslada la línea vertical.

En la mayor parte de las reglas también se puede ajustar su parte superior, y la forma de ajustarla es colocar bien los tornillos que pasan por las hendiduras. Para comprobar si la regla y el cursor están bien ajustados, hay que alinear los números iniciales de la reglilla con los números iniciales de la regla. Colocando la línea vertical del cursor sobre estos números iniciales, la línea vertical debe coincidir exactamente sobre todos los números iniciales de los dos lados de la regla. Una regla correctamente ajustada aparece en la figura 39-2. Hay que comprobar la regla;

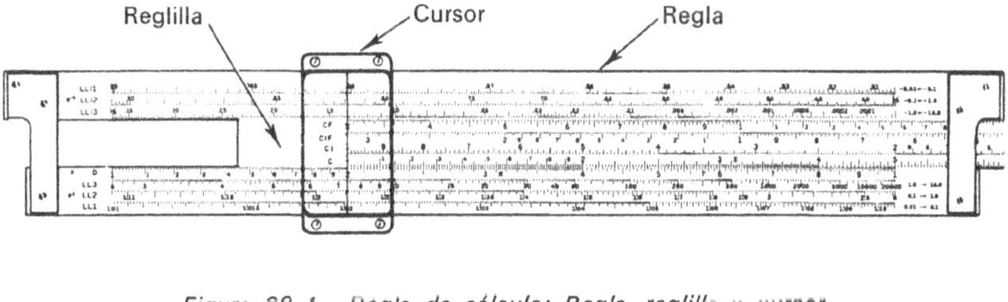

Figura 39-1. Regla de cálculo: Regla, reglilla y cursor.

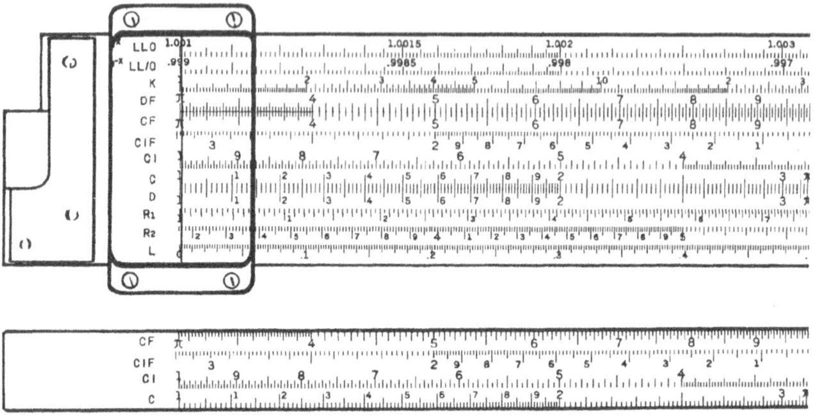

si no está bien ajustada, se aflojan los tornillos y después se deslizan la regla y el cursor todo lo que sea necesario. La regla ha de adaptarse de forma que la reglilla pueda moverse fácilmente con un esfuerzo pequeño. Si la regla está demasiado prieta, será difícil mover la reglilla; si está demasiado floja, la reglilla se movería sola al manejar la regla y produciría errores en los resultados.

39-2 LECTURA DE LA REGLA

Las distintas operaciones que se pueden hacer con la regla de cálculo son sencillas y fáciles de explicar. Sin embargo, la lectura correcta de la regla es más difícil. Un error frecuente es leer 120 en lugar de 102 o 250 en lugar de 205.

Sacar la reglilla de la regla y examinar la escala *C*. Hay diez divisiones mayores que las demás en esta escala; estas divisiones van señaladas con los números 1, 2, 3, 4, 5, 6, 7, 8, 9, y 1. Estas divisiones mayores aparecen en la figura 39-3. Observemos también que la distancia entre estas divisiones es desigual. El 1 que aparece a la izquierda de la escala puede ser 1,0; 10; 100 y así sucesivamente. El 2 puede ser 2,0; 30; 200 y así sucesivamente.

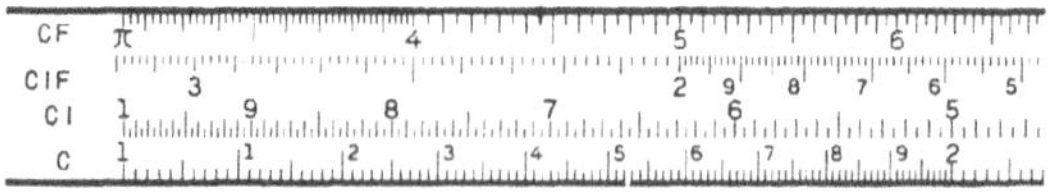

Figura 39-4. División de la escala C.

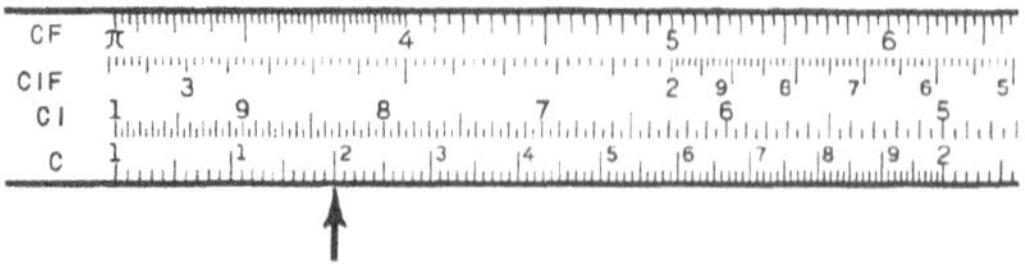

Figura 39-5. Lectura de la escala C.

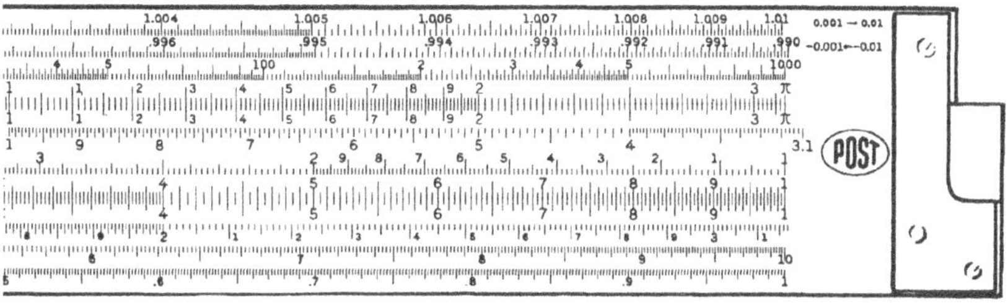

Figura 39-2. Regla correctamente ajustada.

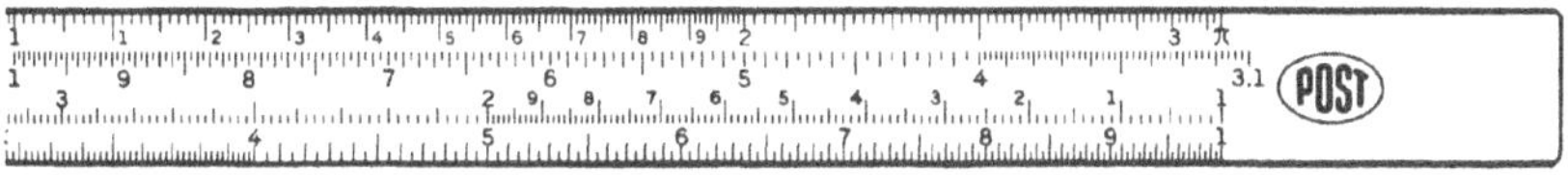

Figura 39-3. Divisiones mayores de la regla.

Estas diez divisiones mayores están a su vez subdivididas, y las subdivisiones tienen también distinta longitud. Las diez subdivisiones entre 1 y 2 están señaladas con los números 1, 2, 3, 4, 5, 6, 7, 8, y 9. La figura 39-4 nos muestra estas nuevas divisiones de la escala *C*.

Si la distancia entre 1 y 2 se ha dividido en diez partes, entonces cada subdivisión vale $^1/_{10}$, o 0,1 de la distancia entre 1 y 2. La flecha de la figura 39-5 indica entonces 1,2, y la flecha de la figura 39-6 indica 1,6. En otras palabras, la flecha de la figura 39-5 indica 0,2 de la distancia entre 1 y 2, y la flecha de la figura 39-6 indica 0,6 de la distancia entre 1 y 2.

Cada una de estas subdivisiones está dividida en otras diez partes, pero estas nuevas líneas no llevan ya ningún número. Comparar la regla propia con la figura 39-7. Obsérvese que la quinta subdivisión de las que no van numeradas es algo más larga que las demás. Es para hacer más fácil plantear las operaciones y leer el resultado.

En la figura 39-8, ¿qué número indica la flecha? La respuesta es 1,33; ¿por qué? La flecha está a 0,3 de la distancia entre 1 y 2 y a 0,3 de la distancia entre 3 y 4. Este número puede sig-

Figura 39-6. Lectura de la escala C.

Figura 39-7. Últimas subdivisiones de la regla.

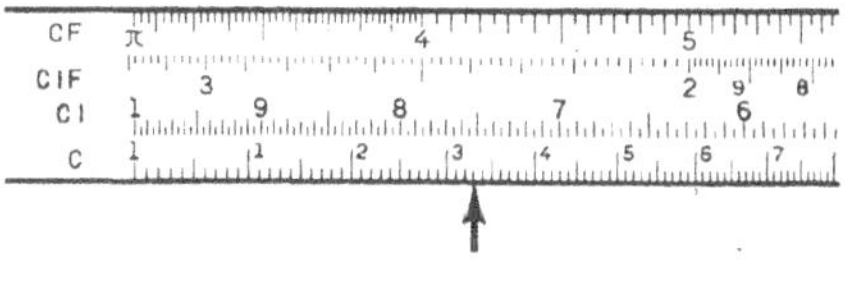

Figura 39-8. Lectura de la escala C.

nificar 0,133; 0,33; 13,3; 133; 1330 y así sucesivamente. El lugar de la coma decimal en la solución ha de determinarse en cada caso por el que hace la operación.

Obsérvense ahora las divisiones de la reglilla que hay entre 2 y 3. Hay diez divisiones sin señalar con ningún número, y cada una de ellas está subdivida en otras cinco. En la figura 39-9, la flecha que está entre 2 y 3 indica entonces el número 2,34. ¿Por qué? La flecha está a $^{3}/_{10}$, o, 0,3 de la distancia entre 2 y 3, y a $^{2}/_{5}$ o 0,4 de la distancia entre 3 y 4, es decir, de la distancia entre las divisiones tercera y cuarta.

Entre 3 y 4 la regla está dividida de la misma forma que entre 2 y 3 y la lectura se hace exactamente igual.

Las divisiones 4-5, 5-6, 6-7, 7-8, 8-9, y 9-1 están divididas en diez subdivisiones cada una, y cada subdivisión de éstas, está a su vez dividida en dos partes. En la figura 39-10, la flecha indica el número 4,6; en la figura 39-11, el número que indica la flecha de la reglilla es 7,65.

En estas explicaciones anteriores, las divisiones mayores han sido consideradas como números enteros, es decir, como 1, 2, 3, 4, 5, 6, 7, 8, 9, y 10. Estas mismas divisiones pueden significar 0,01; 0,1; 10; 100; 1 000; 0,002; 0,02; 0,2; 2; 20; 200; 2 000; 20 000; etc. Al leer la respuesta en la escala *C* de la reglilla, hay que colocar también en su sitio la coma decimal. Cuando situamos los números en la escala *C*, debemos hacerlo siempre como si no tuviera coma decimal. Por ejemplo, la flecha de la figura 39-12 puede indicar 0,0222, 2,22, 22,2, 222, o 2 220, y así sucesivamente.

NOTA: La regla de cálculo también suele darnos ayuda para colocar la coma decimal en la solución.

Localizar ahora la escala *D* en la regla. Colocad la reglilla dentro de la regla de forma que las escalas *C* y *D* queden una junto a otra. Observad que las dos escalas son idénticas; tienen las dos las mismas divisiones y subdivisiones y están señaladas con los mismos números. Las escalas *C* y *D* se utilizan para hacer multiplicaciones y divisiones.

La tercera parte de la regla, el cursor, tiene una línea vertical, o línea de lectura, que nos ayuda para plantear los problemas y leer las soluciones. Localizar esta línea de lectura en vuestra regla; en la figura 39-13, se ha utilizado para localizar el número 32, y en la figura 39-14 ha servido para localizar el número 975 (ver estas dos figuras).

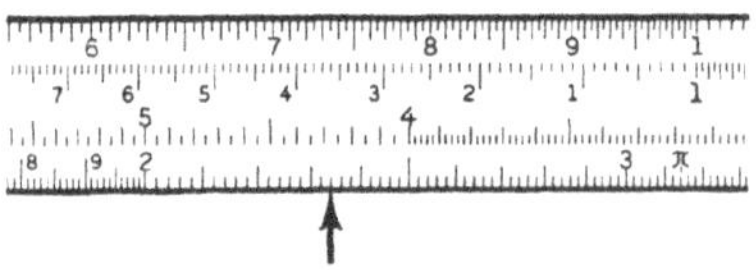

Figura 39-9. Lectura de la escala C.

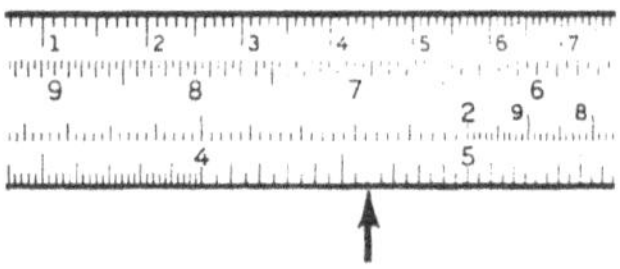

Figura 39-10.

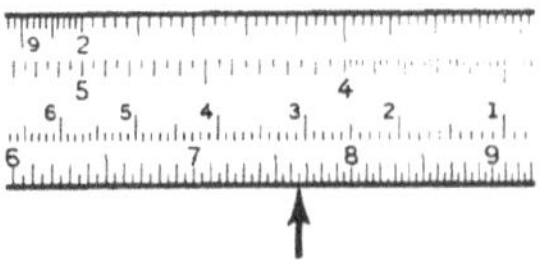

Figura 39-11.

Figura 39-12.

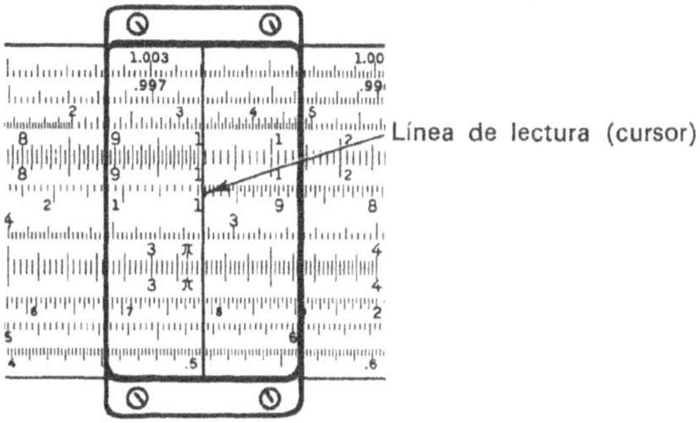

Figura 39-13. Lectura de la escala C.

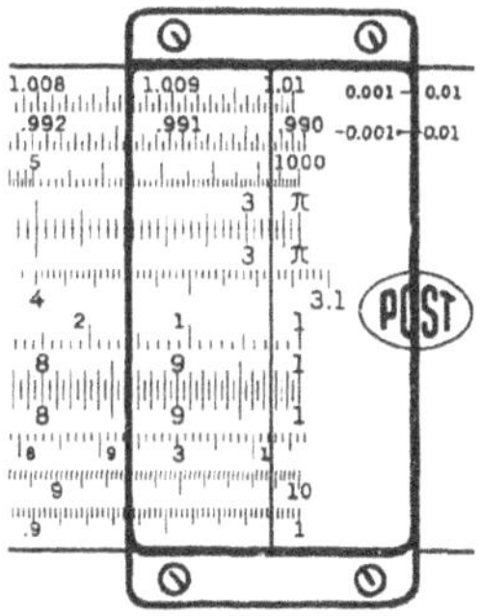

Figura 39-14.

Ejercicios

39-1. (a) a **(i)**. Leer los números que indica la línea vertical en las figuras desde 39-15 hasta 39-23.

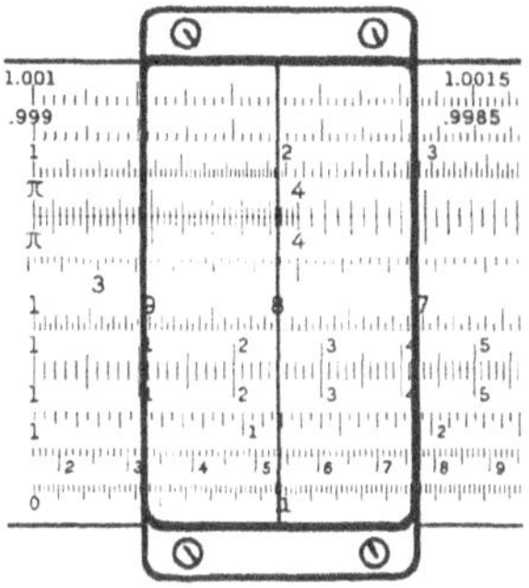

Figura 39-15.
Ejercicio 39-1 a.

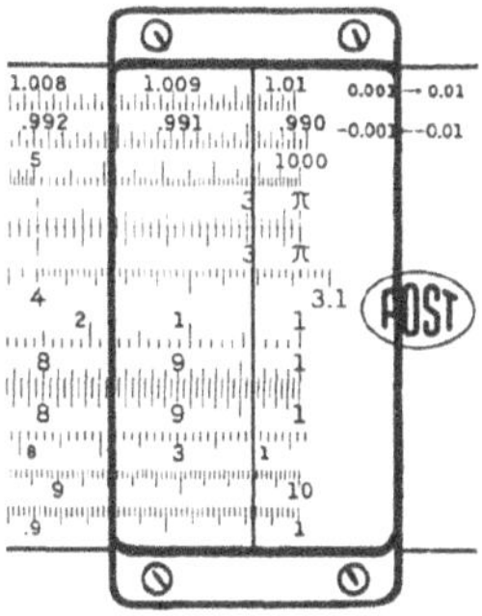

Figura 39-16.
Ejercicio 39-18 b.

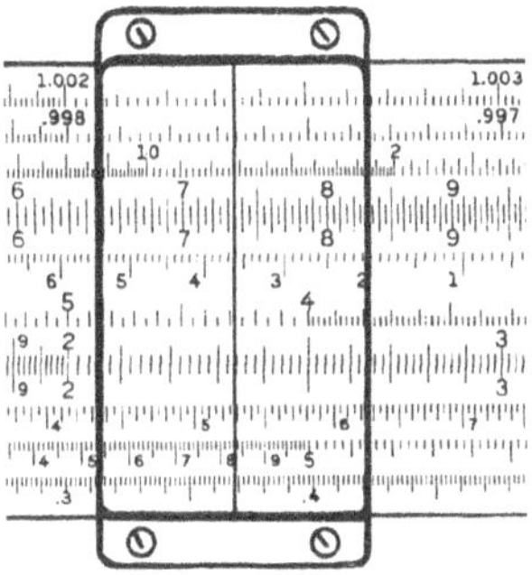

Figura 39-17.
Ejercicio 39-1 c.

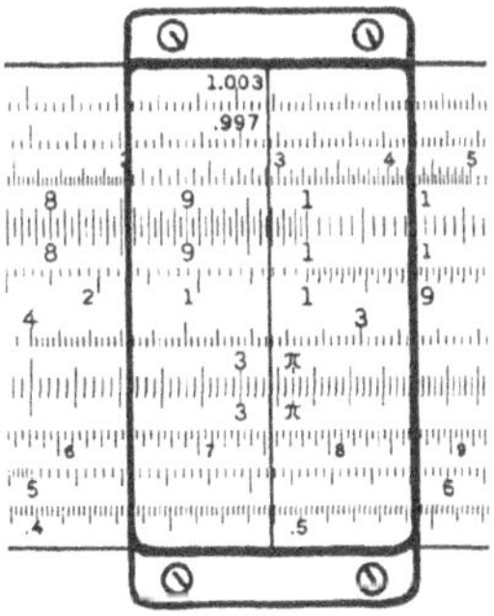

Figura 39-18.
Ejercicio 39-1 d.

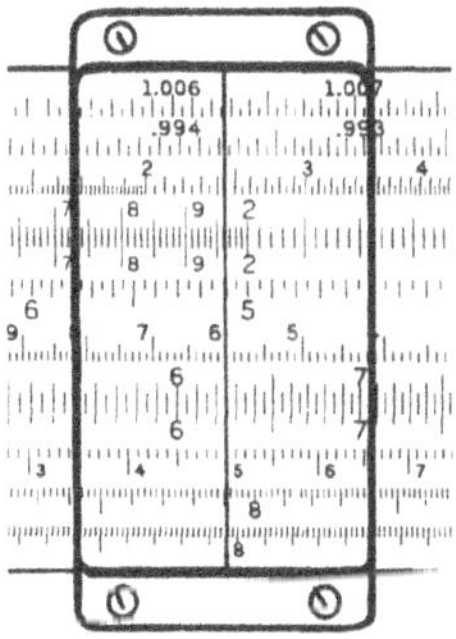

Figura 39-19.
Ejercicio 39-1 e.

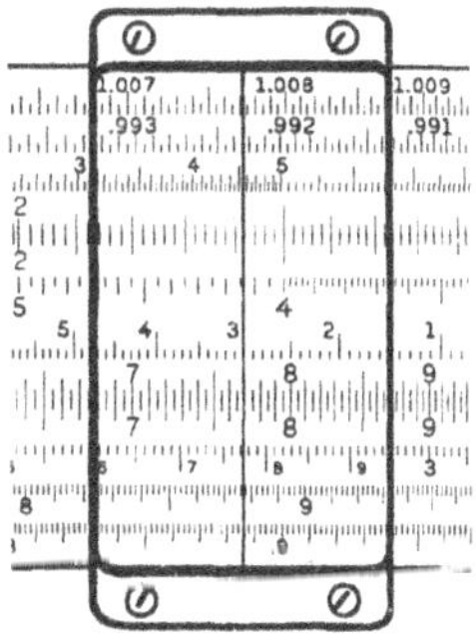

Figura 39-20.
Ejercicio 39-1 f.

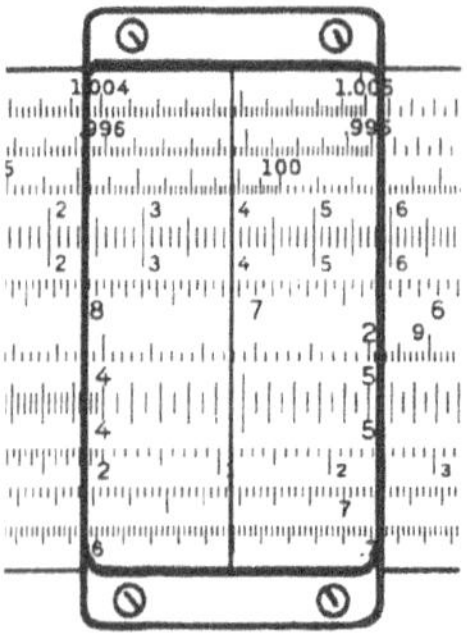

Figura 39-21.
Ejercicio 39-1 g.

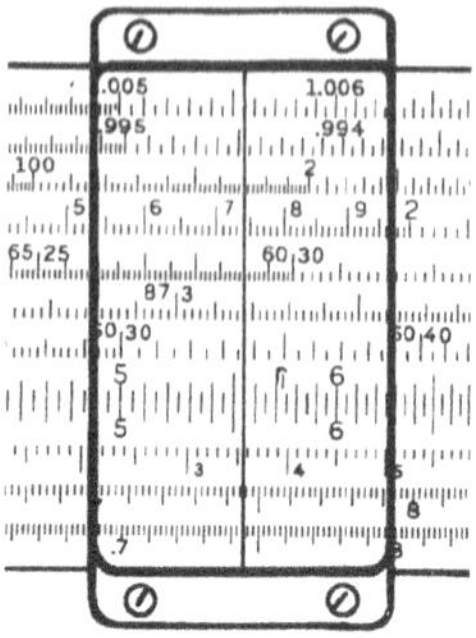

Figura 39-22.
Ejercicio 39-1 h.

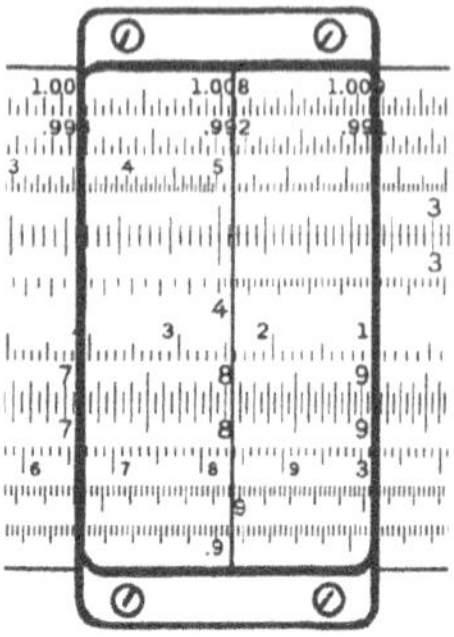

Figura 39-23.
Ejercicio 39-1 i.

39-3 LECTURAS APROXIMADAS

En la explicación precedente, todos los ejemplos y problemas se referían a números que podían leerse directamente. Cuando estemos haciendo un problema concreto, esto ocurre muy pocas veces. Generalmente es necesario aproximar la parte final del número, ya que con frecuencia la línea de lectura no coincidirá exactamente con alguna de las divisiones de la regla.

En la figura 39-24, el número que indica la línea de lectura es 1 143. El número 114 se lee directamente en la regla. El 3 se ha aproximado y se ha colocado en un lugar «razonable» porque la línea de lectura aparece a 0,3 de la distancia entre 114 y 115. En la figura 39-25 el número indicado por la línea de lectura es 723. 72 se lee directamente en la escala; el 3 se ha aproximado y resulta razonable ya que la línea de lectura está a 0,3 de la distancia entre 72 y 73.

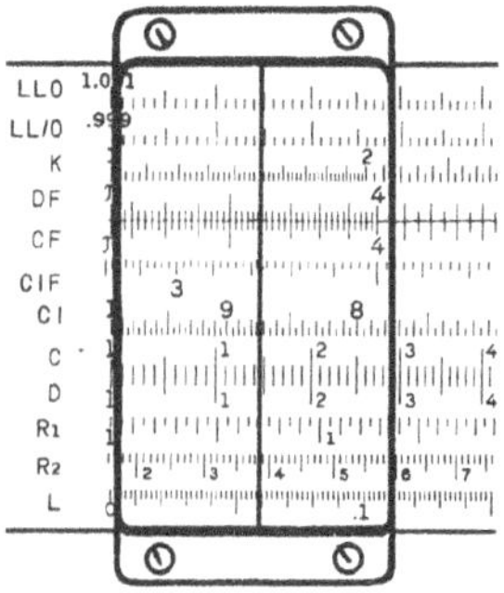

Figura 39-24. Lectura aproximada.

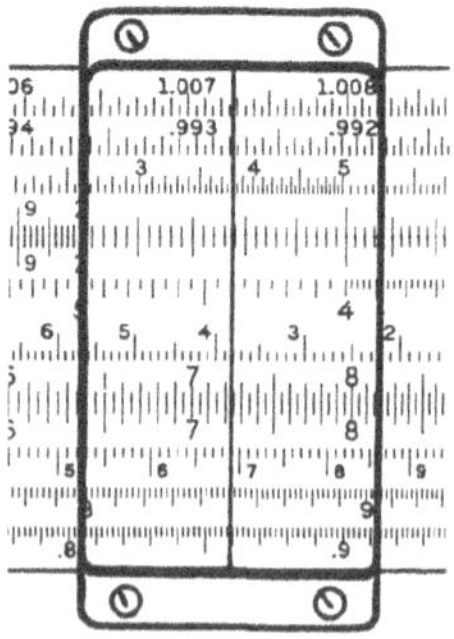

Figura 39-25.

Ejercicios

39-2. (**a**) a (**j**). Leer los números indicados por la línea vertical del cursor en las figuras 39-26 hasta 39-35.

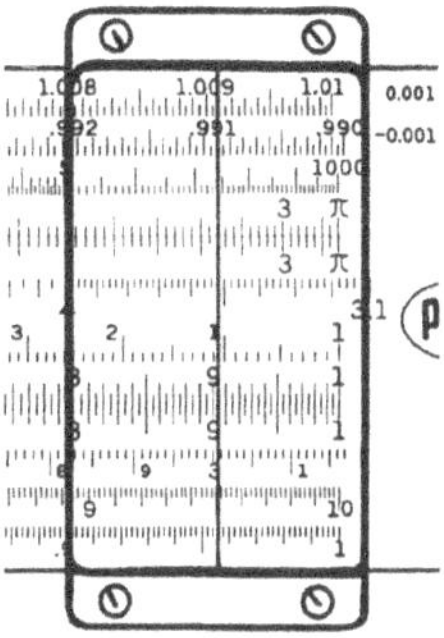

Figura 39-26.
Ejercicio 39-2 a.

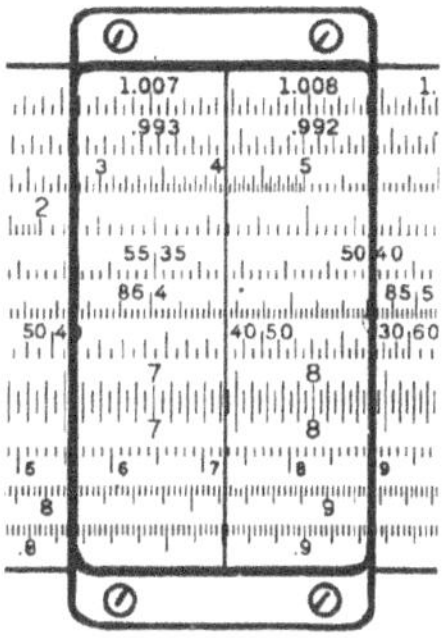

Figura 39-27.
Ejercicio 39-2 b.

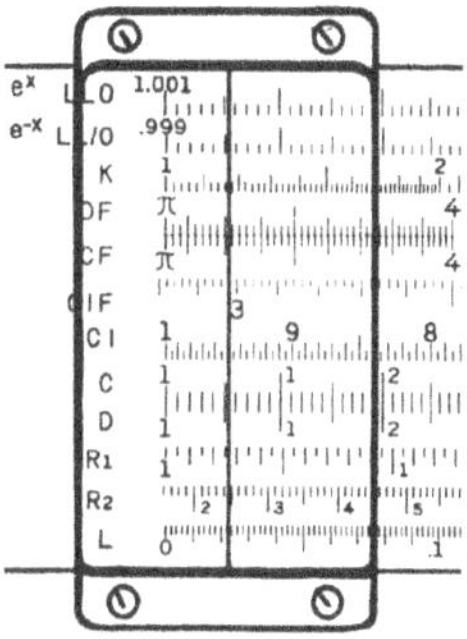

Figura 39-28.
Ejercicio 39-2 c.

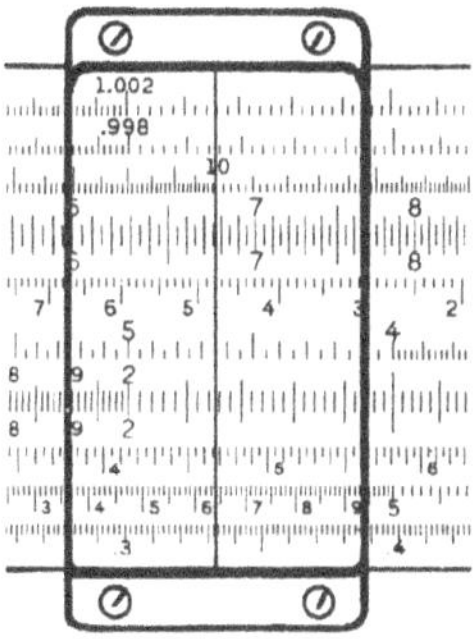

Figura 39-29.
Ejercicio 39-2 d.

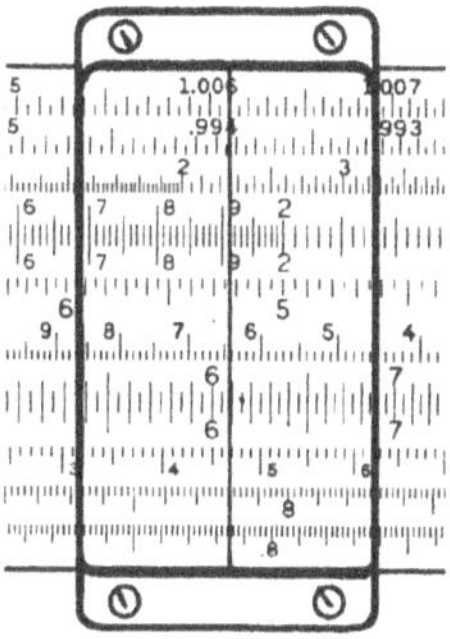

Figura 39-30.
Ejercicio 39-2 e.

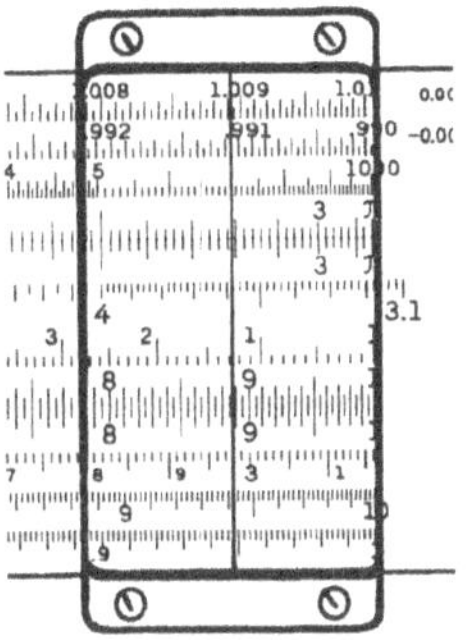

Figura 39-31.
Ejercicio 39-2 f.

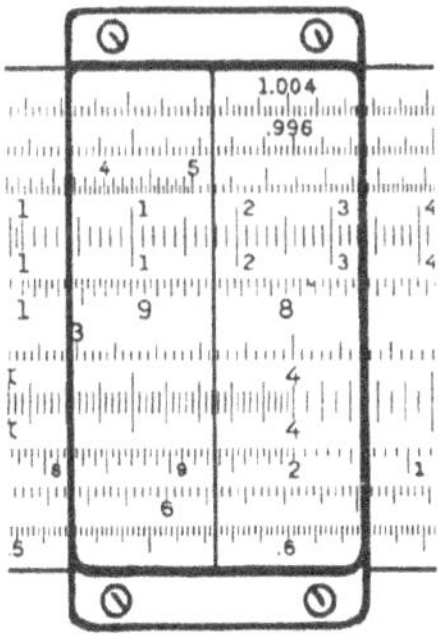

Figura 39-32.
Ejercicio 39-2 g.

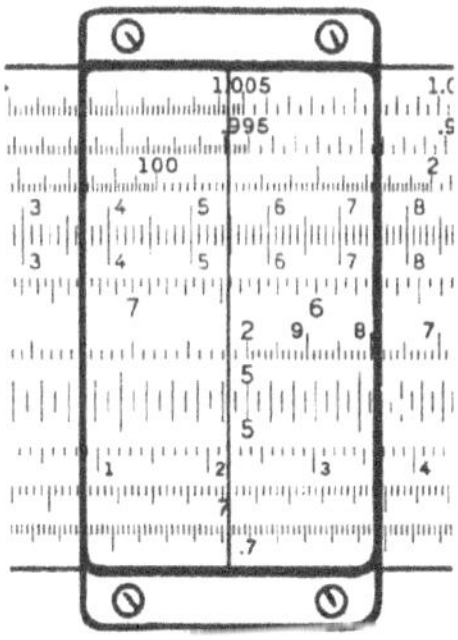

Figura 39-33.
Ejercicio 39-2 h.

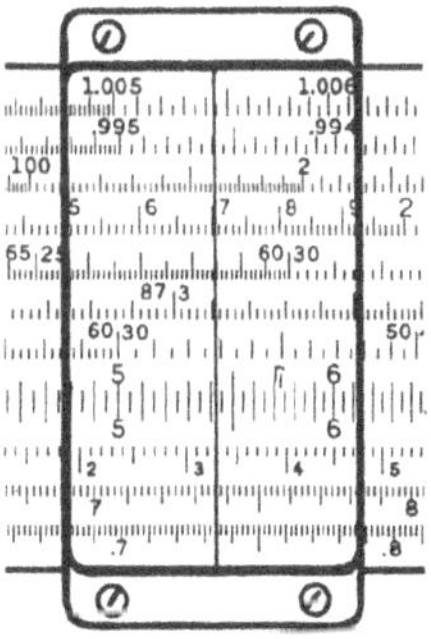

Figura 39-34.
Ejercicio 39-2 i.

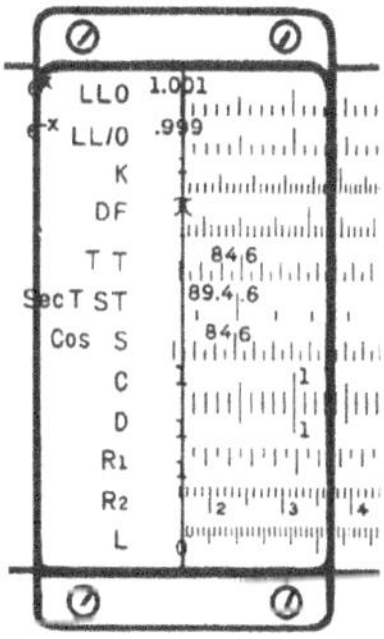

Figura 39-35.
Ejercicio 39-2 j.

40/Multiplicación y división

40-1 INTRODUCCIÓN

Las operaciones manuales que hay que hacer para multiplicar y dividir con una regla de cálculo son muy fáciles de aprender –probablemente más fáciles que el método que se emplea para colocar la coma decimal en la solución–. El alumno debe hacer con su regla todos los ejemplos incluidos en este capítulo; esto le ayudará a comprender las explicaciones y le servirá de comprobación para los resultados que obtenga. Las multiplicaciones y divisiones se hacen con la regla de cálculo mucho más rápidamente que por cualquier otro método. Por tanto, la regla de cálculo supone un gran ahorro de tiempo.

40-2 MULTIPLICACIÓN CON LAS ESCALAS C Y D

Las escalas *C* y *D* se utilizan para multiplicar. La multiplicación con las escalas *C* y *D* puede resumirse en estos cuatro pasos:

1. Localizar el multiplicando en la escala *D* con la línea de lectura del cursor.
2. Colocar el 1 de la escala *C* al lado del multiplicando, bajo la línea vertical del cursor, moviendo la reglilla hacia la izquierda o hacia la derecha.

NOTA: Si se mueve la reglilla en la dirección equivocada, el problema no se puede hacer (la solución estaría fuera de la regla). Entonces hay que trasladar la reglilla hacia el otro lado para completar la multiplicación.

3. Localizar el multiplicador en la escala *C* y mover el cursor hasta que la línea vertical coincida sobre este número.
4. Leer el producto bajo la línea de lectura en la escala *D*.

Ejemplo 1: Multiplicar 24 × 5.

1. Localizar 24 en la escala *D*.
2. Colocar el 1 de la escala *C* junto al 24.
3. Localizar 5 en la escala *C*.
4. Leer la solución, 120, sobre la escala *D*, junto al 5 de la escala *C*.

La regla de cálculo, como la solución bajo la línea de lectura, aparece en la figura 40-1.

Ejemplo 2: Multiplicar 125 por 6.

1. Localizar 125 en la escala *D*.
2. Colocar el 1 de la escala *C* junto al 125 de la escala *D*.

3. Localizar 6 en la escala *C*.
4. Leer la solución, 750, en la escala *D*.

La figura 40-2 nos muestra la regla de cálculo con la solución correcta bajo la línea de lectura.

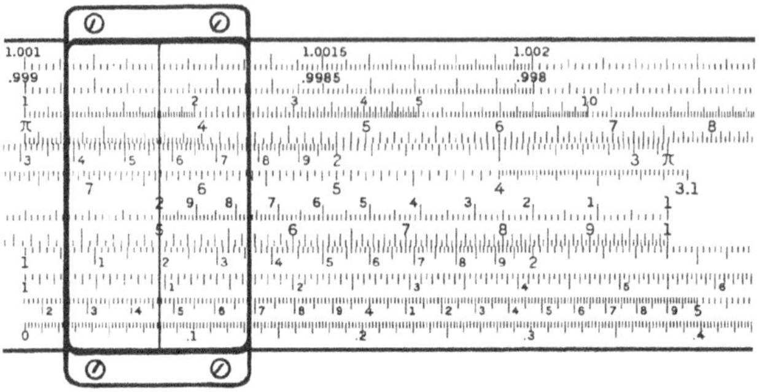

Figura 40-1. Ejemplo 1: 24×5

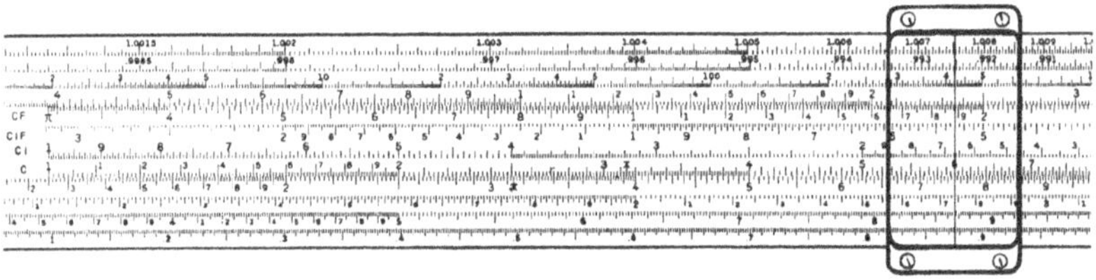

Figura 40-2. Ejemplo 2: 125×6

Ejercicios

Efectuar las multiplicaciones siguientes:

40-1. 6×25	**40-6.** 13×7
40-2. 3×33	**40-7.** 44×23
40-3. 57×2	**40-8.** 115×7
40-4. 17×92	**40-9.** 17×16
40-5. 51×7	**40-10.** 105×3

NOTA: Al hacer el Ejercicio 40-10, asegurarse bien de localizar 105, no 150. Este es un error muy frecuente. Se puede reconocer este error examinando la solución y viendo si es razonable.

40-3 SITUACIÓN DE LA COMA DECIMAL EN LA MULTIPLICACIÓN

En algunas multiplicaciones, la colocación de la coma decimal es evidente. Por ejemplo, en 24 × 5, la solución es 120; el 12 se lee directamente en la escala *D* y el cero se añade para obtener la solución correcta, 120. Cuando hay que multiplicar números como 0,00124 × 31,2, es más difícil situar correctamente la coma decimal en la solución.

La coma decimal se puede localizar correctamente en la solución, contando los números dígitos de las cantidades que hayan de multiplicarse. Para determinar cómo se cuentan los dígitos de cualquier número, conviene seguir las reglas siguientes:

1. Para números mayores que 1, se cuenta un dígito positivo por cada dígito que aparezca a la izquierda de la coma decimal.
2. Para los números menores que 1 pero mayores que 0,1, se cuentan cero dígitos.
3. Para los números menores que 0,1 se cuenta un dígito negativo por cada cero que haya después de la coma decimal pero antes del primer número significativo.

En la Tabla 40-1 aparecen varios ejemplos de como se cuentan los dígitos de un número.

Tabla 40-1. Número de dígitos.

NÚMERO	DÍGITOS
4 837,63	+4
107,07	+3
0,19307	0
0,00239	−2
0,0000401	−4

El número de dígitos que se cuentan en cada caso es, desde luego, similar a la característica del logaritmo del número correspondiente. Si al hacer la multiplicación, la reglilla se ha trasladado, o asoma por la izquierda, el número de dígitos de la solución se determina sumando los dígitos de los dos factores. Si al hacer la multiplicación, la reglilla se ha trasladado, o asoma por la derecha, el número de dígitos se determina sumando los dígitos de los números que se han multiplicado y restando 1 de dicha suma.

Ejemplo 1: Multiplicar 167 por 33.

167 = 3 dígitos
33 = 2 dígitos

La reglilla asoma por la derecha de la regla. El número de dígitos de la solución es, por lo tanto, 3 + 2 − 1 = 4.

La solución es 5 510

Ejemplo 2: Multiplicar 0,00203 por 127,3.

0,00203 = − 2 dígitos
127,3 = 3 dígitos

La reglilla se ha deslizado hacia la derecha. El número de dígitos de la solución es − 2 + 3 − − 1 = 0.

La solución es 0,258

Ejemplo 3: Multiplicar 865 por 0,0031.

865 = 3 dígitos
0,0031 = − 2 dígitos

La reglilla se ha deslizado, asoma por la izquierda de la regla. El número de dígitos de la solución es 3 − 2 = 1.

La solución es 2,68.

40-4 DIVISIÓN CON LAS ESCALAS C Y D

Como la división es la operación inversa de la multiplicación, el procedimiento para dividir con las escalas *C* y *D* es el inverso del usado para multiplicar con estas dos escalas. La división con estas dos escalas puede resumirse en estos tres pasos:

1. Localizar el dividendo en la escala *D*.
2. Localizar el divisor en la escala *C*. Colocar este número sobre el dividendo de la escala *D*.
3. Leer la solución en la escala *D*, justamente debajo del 1 de la escala *C*.

Ejemplo 1: Dividir 160 por 4.

1. Localizar 160 en la escala *D*.
2. Localizar 4 en la escala *C* y colocar 4 junto al 160 de la escala *D*.
3. Leer la respuesta, 40, en la escala *D* debajo del de la escala *C*.

La figura 40-3 nos muestra la regla de cálculo, con la solución debajo de la línea de lectura.

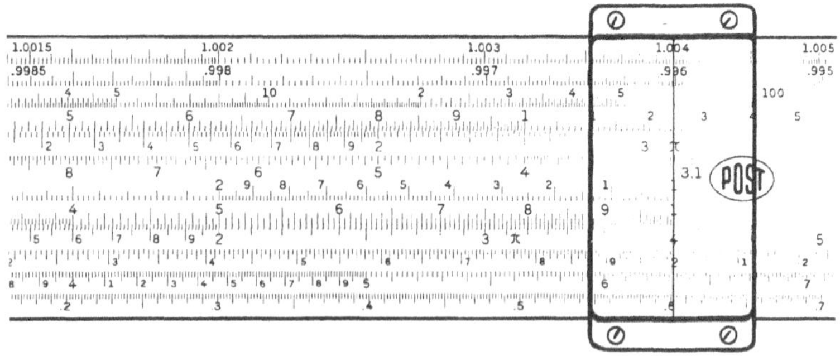

Figura 40-3. Ejemplo 1: (160: 4).

Ejemplo 2: Dividir 350 por 50.

1. Localizar 350 en la escala *D*.
2. Localizar 50 en la escala *C* y colocarlo sobre 350 en la escala *D*.
3. Leer la respuesta, 7, en la escala *D*, bajo 1 de la escala *C*.

40-5 SITUACIÓN DE LA COMA DECIMAL EN LA DIVISIÓN

Como el número de dígitos del producto se determina sumando, el número de dígitos del cociente debe determinarse restando. Para localizar la coma decimal en el resultado de una división, hay que seguir estas dos reglas:

1. Si la reglilla se desplaza hacia la izquierda, si asoma por la izquierda de la regla, se restan los dígitos del divisor de los dígitos del dividendo; la diferencia es el número de dígitos del cociente.
2. Si la reglilla se desplaza hacia la derecha, se restan los dígitos del divisor de los dígitos del dividendo y se suma 1 a la diferencia para obtener el número de dígitos del cociente.

Ejemplo 1: Dividir 144 por 1,2.
Los dígitos que debemos contar para 144 son 3 y los dígitos de 1,2 son 1. La reglilla se ha desplazado hacia la derecha. Los dígitos del cociente serán, pues, 3 − 1 + 1 = 3; y la solución es 120.

Ejemplo 2: Dividir 1,75 entre 0,0025.
Los dígitos de 1,75 son 1 y los dígitos de 0,0025 son − 2. La reglilla se ha desplazado hacia la izquierda, luego los dígitos de la solución son 1 − (− 2) = 1 + 2 = 3; la solución es 700.

Ejercicios
Realizar estas divisiones:

40-11. 144 : 12
40-12. 2,75 : 15
40-13. 0,0225 : 0,015
40-14. 1,750 : 25
40-15. 2,05 : 1,05
40-16. 0,866 : 13,3
40-17. 1,250 : 0,0625
40-18. 0,0075 : 0,00150
40-19. 1,875 : 0,00225
40-20. 9,23 : 0,027
40-21. 8,05 : 0,0001005
40-22. 6,280 : 73,820

40-6 TEORÍA BÁSICA

Es importante comprender bien la teoría en que se basa la regla de cálculo. Si el alumno ha comprendido bien la teoría de la multiplicación y la división que hemos hecho con las escalas *C* y *D*, le resultará entonces sencillo manejar nuevas escalas y diferentes reglas de cálculo.

Para comprender bien la teoría en que se basan las operaciones con la regla de cálculo, debemos aplicar los principios de los logaritmos. En primer lugar, recordaremos que un logaritmo vulgar es un exponente para la base 10. Para multiplicar mediante logaritmos, teníamos que sumar los logaritmos de los factores; para dividir con logaritmos, debíamos restarlos. La regla de cálculo hace esta suma y esta resta por nosotros, con la ventaja de que, además, no necesitamos determinar los logaritmos de los números que vamos a multiplicar y dividir, ni tampoco precisamos buscar el antilogaritmo de la solución.

Al examinar las escalas *C* y *D*, el alumno habrá notado que las divisiones tienen distinta longitud. Estas divisiones tienen longitudes desiguales, porque cada división (cada distancia) representa la mantisa de un logaritmo. El 1 que aparece a la izquierda de la reglilla y de la regla, representa el punto «cero» de las escalas *C* y *D*, puesto que la mantisa del logaritmo de 1 es cero. La distancia entre 1 y 2 es una representación a escala de la diferencia entre las mantisas de los logaritmos de 1 y 2; la distancia entre 2 y 3 es una representación a escala de la diferencia entre las mantisas de los logaritmos de 2 y 3; y así sucesivamente. La desigualdad de estas diferencias queda clara con el ejemplo siguiente:

Mantisa del log. de 2 = 0,3010	Mantisa del log. de 3 = 0,4771
Mantisa del log. de 1 = 0,0000	Mantisa del log. de 2 = 0,3010
Diferencia = 0,3010	Diferencia = 0,1761

Como la diferencia 0,3010 es casi el doble de la diferencia 0,1761, la distancia entre 1 y 2 es casi el doble de la distancia entre 2 y 3.

Como las distancias en las escalas *C* y *D* representan las mantisas, para multiplicar sumamos las distancias y al restarlas lo que hacemos es dividir los números. Puede verse, como es natural, que este principio se halla estrechamente relacionado con los principios que aprendimos al estudiar los logaritmos: para multiplicar números se suman las mantisas y para restar números mediante logaritmos, se restan sus mantisas.

Ejemplo 1: Multiplicar 25 × 2.

1. Localizar 25 en la escala *D.*
2. Colocar el 1 de la escala *C* sobre el 25 de la escala *D.*
3. Leer la solución, 50, en la escala *D*, bajo el 2 de la escala *C.*

La distancia entre 1 y 25 representa la mantisa de 25. Debemos *sumarle* la mantisa de 2 (en la escala *C*), que está representada por la distancia entre 1 y 2 de la escala. La distancia entre 1 y 5, representa la mantisa del logaritmo de la solución, 50. Este ejercicio aparece ilustrado en la figura 40-4.

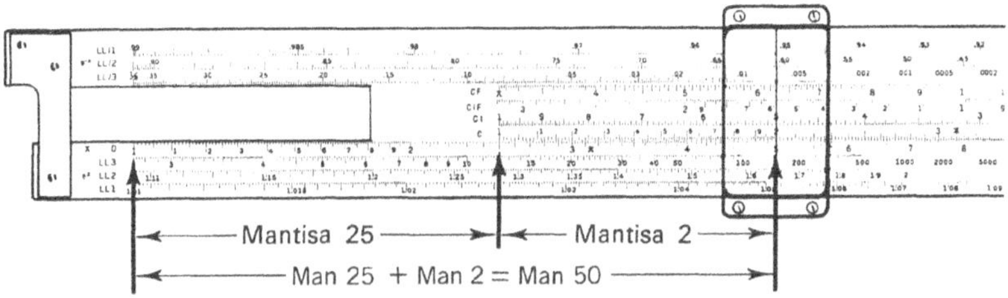

Figura 40-4. Ejemplo 1: 25×2

Ejemplo 2: Dividir 60 por 3.

1. Localizar 60 en la escala *D.*
2. Localizar 3 en la escala *C* y colocarlo sobre 60 de la escala *D.*
3. Leer la solución, 20, en la escala *D*, bajo 1 de la escala *C.*

La distancia entre 1 y 6 representa la mantisa del logaritmo de 60. De esta distancia, debemos restar la mantisa del logaritmo de 3, o la distancia entre 1 y 3, y entonces leemos la solución, 20.

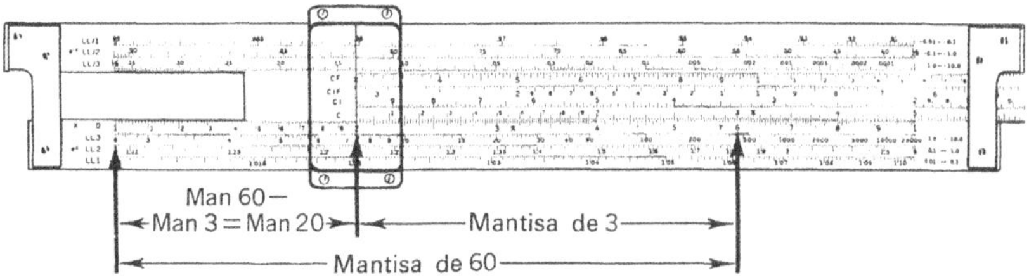

Figura 40-5. Ejemplo 2:(60: 3).

La figura 40-5 nos muestra este ejercicio.

La forma de contar los dígitos para situar la coma decimal en la solución, es un proceso parecido al de determinar la característica del logaritmo. ¿Son los dos procesos exactamente iguales?

Cuando el alumno haya comprendido bien esta base teórica, será capaz de hacer los problemas de forma más rápida y de adaptar los métodos que exponemos más adelante para problemas especiales.

40-7 MULTIPLICACIÓN DE VARIOS NÚMEROS

Las multiplicaciones de más de dos números puede hacerse manejando la regla de tal forma, que sólo tengamos que leer el número correspondiente a la solución final. La línea vertical del cursor se utiliza para evitar todas las lecturas intermedias y como ayuda para leer la solución final.

Ejemplo 1: Multiplicar 68 × 17 × 63.

1. Localizar 68 en la escala *D*.
2. Colocar el 1 de la reglilla de forma que coincida sobre el 68 de la escala *D*.
3. Mover el cursor hasta que la línea de lectura coincida sobre el 17 de la escala *C*.
4. El número que hay en la escala *D* bajo la línea de lectura es el producto 68 × 17.
5. Mover de nuevo la reglilla de forma que el 1 de la escala *C* coincida bajo la línea de lectura.
6. Localizar 63 en la escala *C*.
7. Leer la solución en la escala *D*: 72 800.

Para situar la coma decimal en la solución, se cuentan los dígitos de cada número. En este caso cada número debe contar como dos dígitos. Como la reglilla se desplaza una vez hacia la izquierda y otra vez hacia la derecha, los dígitos de la solución son 2 + 2 + 2 − 1 = 5. La solución es 72 800.

Ejemplo 2: Multiplicar 1,07 × 32,87 × 0,0037.

1. Localizar 107 en la escala *D*.

2. Colocar el 1 de la reglilla sobre 107.
3. Mover el cursor hasta que la línea de lectura coincida sobre 32,87 de la escala *C*. Como 32,87 no puede localizarse exactamente, localizar el número más próximo, 32,9, en la escala *C*.
4. El número de la escala *D* que figura bajo la línea del cursor es el producto de 1,07 × 32,87.
5. Mover la reglilla de forma que el 1 de la escala *C* coincida bajo la línea de lectura.
6. Localizar 37 en la escala *C*.
7. Leer la solución, 0,1302 en la escala *D*, bajo el 37 de la escala *C*.

Para colocar la coma decimal en la solución, determinar los dígitos de cada factor.

$$1{,}07 = 1$$
$$32{,}87 = 2$$
$$0{,}0037 = -2$$

Como la reglilla se ha movido una vez hacia la derecha y otra vez hacia la izquierda, los dígitos de la solución será 1 + 2 − 2 − 1 = 0.

Por supuesto, también es posible hacer cada uno de los ejercicios anteriores como dos problemas de multiplicación por separado, leyendo la respuesta intermedia. Pero no es necesario para obtener una solución precisa.

Ejercicios

Efectuar las multiplicaciones siguientes:

40-23. 17×220 **40-26.** $0{,}0023 \times 1{,}720$ **40-29.** $27{,}2 \times 3{,}69 \times 0{,}026$
40-24. $410 \times 1{,}7$ **40-27.** $0{,}00007 \times 0{,}189$ **40-30.** $9{,}08 \times 0{,}00873 \times 0{,}627$
40-25. $66 \times 1{,}07$ **40-28.** $18{,}907 \times 0{,}107$ **40-31.** $1{,}001 \times 16{,}2 \times 2{,}15$

40-8 MÉTODOS ESPECIALES

Como ya hemos dicho anteriormente, es posible encontrar caminos más cortos y adaptar los métodos para un problema particular. A continuación exponemos uno de estos métodos adaptados como ejemplo.

Supongamos que es necesario dividir una serie de números distintos por el mismo número −por ejemplo, dividir 728, 623, 101, 17, 0,107, y 0,0023 por 2,32−. Por supuesto, es posible hacerlo calculando las seis divisiones separadamente: 728 : 2,32, 623 : 2,32, 101 : 2,32, 17 : 2,32, 0,107 : 2,32 y 0,0023 : 2,32. Pero es más breve si hacemos una sola división y completamos el problema multiplicando. Las seis divisiones se pueden escribir de la forma $^1/_{2,32} \times 728$, $^1/_{2,32} \times 623$, $^1/_{2,32} \times 101$, $^1/_{2,32} \times 17$, $^1/_{2,32} \times 0{,}107$, $^1/_{2,32} \times 0{,}0023$. El cociente $^1/_{2,32}$ aparece en todos los productos; cuando hayamos hecho esta división, todas las demás pueden hacerse con un solo movimiento de la reglilla. Los pasos para resolver el problema son:

1. Dividir $^1/_{2,32} = 0{,}432$.
2. Localizar esta solución con la línea de lectura.
3. Solamente es necesario *localizar* esta solución; *no* es necesario leerla. [Se ha escrito en el paso 1 (0,432) sólo como ayuda para que el alumno puede seguir este ejemplo con su regla de cálculo.]
4. Multiplicar $^1/_{2,32} \times 728$ localizando 728 en la escala *C* y leyendo la solución en la escala *D*: 314.
5. Multiplicar $^1/_{2,32} \times 623$ localizando 623 en la escala *C* y leyendo la solución en la escala *D*: 259.

6. Multiplicar $^1/_{2,32} \times 101$. Retener el cociente $^1/_{2,32}$ (0,432) con ayuda de la línea de lectura y localizar el 1 de la izquierda de la escala *C* y colocarlo bajo la línea de lectura.

7. Completar la multiplicación $^1/_{2,32} \times 101$ localizando 101 en la escala *C* y leyendo la solución en la escala *D*: 43,6. Multiplicar $^1/_{2,32} \times 0{,}0023$ localizando 0,0023 en la escala *C* y leyendo la solución en la escala *D*: 0,000995.

8. Multiplicar $^1/_{2,32} \times 17$ localizando 17 en la escala *C* y leyendo la solución en la escala *D*: 7,33.

9. Multiplicar $^1/_{2,32} \times 0{,}107$ localizando 0,107 en la escala *C* y leyendo la solución en la escala *D*: 0,0462.

40-9 PROBLEMAS COMPUESTOS

Los problemas compuestos de multiplicaciones y divisiones pueden resolverse fácil y rápidamente con la regla de cálculo. Por ejemplo, consideremos este problema:

$$\frac{187 \times 2{,}3}{1{,}7}$$

Este problema puede resolverse con un solo movimiento de la reglilla. Los pasos para resolverlo son:

1. Localizar 187 en la escala *D*
2. Localizar 1,7 en la escala *C* y colocarlo sobre 187.
3. Localizar 2,3 en la escala *C*.
4. Leer el resultado, 253, en la escala *D*, bajo el 2,3 de la escala *C*.

Para los problemas como éste, la solución intermedia de la división de 187 por 1,7 *no* debe leerse. Podría haberse leído en la escala *D* después del paso 2.

En este tipo de problemas compuestos, a veces es necesario conservar las soluciones intermedias. Esto se hace con la línea de lectura.

Ejemplo:

$$\frac{261 \times 8{,}25}{18}$$

1. Localizar 261 en la escala *D*.
2. Localizar 18 en la escala *C* y colocarlo sobre 261.
3. Localizar 8,25 en la escala *C*. Como 8,25 aparece ya fuera de la escala *D*, es imposible leer la solución con un solo movimiento.
4. Con la línea de lectura, localizar la solución de la división efectuada en el paso 2.
5. Colocar el 1 de la derecha, moviendo la reglilla, y colocarlo bajo la línea de lectura.
6. Localizar 8,25 en la escala *C*.
7. Leer la solución 119,8 en la escala *D*, bajo 8,25 de la escala *C*.

Ejercicios

Completar los cálculos indicados.

40-32. Dividir 207, 1 110, 0,0123, y 12,7 por 1,72.

40-33. Dividir 363, 405, 6 170, 0,705 y 0,008 por 2,05.
40-34. Dividir 18,03, 352, 1,005, y 6 070 por 0,0805.

40-35. $\dfrac{187 \times 0{,}023}{17} = ?$

40-36. $\dfrac{216 \times 0{,}0212}{34{,}6 \times 5{,}23} = ?$

40-37. $\dfrac{3{,}53 \times 4{,}78}{60{,}8} = ?$

40-38. $\dfrac{5{,}63 \times 63{,}2}{71{,}5} = ?$

40-39. $\dfrac{888 \times 909}{1\,020} = ?$

40-40. $\dfrac{1{,}70 \times 2{,}05}{0{,}485} = ?$

40-41. $\dfrac{990 \times 1{,}02}{303 \times 0{,}17} = ?$

41/Raíces y potencias

41-1 INTRODUCCIÓN

Extraer una raíz y calcular una potencia con la regla de cálculo son dos operaciones no mucho más difíciles que la multiplicación y la división. Para realizar estas nuevas operaciones hav que aprender a leer varias escalas adicionales: las escalas *A, B, LL 0, LL 1, LL 2, LL 3.* Como hay distintas reglas de cálculo, algunas llevan una escala más, la escala *LL 00;* pero las explicaciones que daremos, sirven también para esta escala.

NOTA: Cuando se utilice una escala de una regla de cálculo para la que no hayamos dado ninguna explicación, es conveniente hacer con ella varios problemas con solución conocida. Este procedimiento sirve para comprobar nuestro manejo de la regla de cálculo y la forma de leer la nueva escala.

41-2 ELEVACIÓN AL CUADRADO Y EXTRACCIÓN DE LA RAÍZ CUADRADA

Para elevar al cuadrado y extraer raíces cuadradas con la regla de cálculo se manejan las escalas *A, B, C* y *D.* Localizar estas escalas en la regla, examinarlas y compararlas con las escalas *C* y *D.* En primer lugar obsérvese que las cuatro escalas tienen la misma longitud total. En segundo lugar, nótese que las escalas *A* y *B* son idénticas; tienen el mismo número de divisiones, la misma distancia entre éstas, y la misma numeración. Se ha de observar también que ambas escalas *A* y *B* están señaladas con los números 1, 2, 3, 4, 5, 6, 7, 8, 9, 1, 2, 3, 4, 5, 6, 7. 8, 9, y 1.

Esta repetición de los números del 1 al 9 y del 1 al 9 otra vez, sugiere que las distancias en las escalas *A* y *B* son la mitad de las distancias entre los números correspondientes en las escalas *C* y *D.* ¿Qué sugiere esto? Debemos recordar que, para extraer una raíz cuadrada mediante logaritmos, dividíamos el logaritmo del número original por 2. Por ejemplo, determinar $\sqrt{25}$.

1. Logaritmo de 25 = 1,3979.
2. Dividir este logaritmo por 2; 1,3979 : 2 = 0,6990.
3. Determinar el antilogaritmo de 0,6990; este antilogaritmo es 5.

La distancia entre 1 y 2 en las escalas *A* y *B* está dividida en diez subdivisiones, y cada subdivisión está divida en 5 partes. Esta parte de las escalas *A* y *B* está dividida en el mismo número de divisiones que las distancias entre 2 y 3 y entre 3 y 4 de la escala *C* y se lee de la misma forma.

Las distancias entre 2 y 3 y entre 3 y 4 y entre 4 y 5 de las escalas *A* y *B* están divididas en diez subdivisiones y cada subdivisión dividida a su vez en 2 partes. Estos tres intervalos de las escalas *A* y *B* están divididos en el mismo número de partes que las distancias entre 5 y 6 en las escalas *C* y *D,* y se leen también del mismo modo.

Las divisiones de 5 a 6, de 6 a 7, de 7 a 8, de 8 a 9 y de 9 a 1 están divididas en diez subdivisiones; la quinta de estas subdivisiones está indicada por una línea un poco más larga que las restantes, para ayudarnos a leer la escala. La figura 41-1 nos muestra las divisiones de 5 a 6 de la escala *A*. Si esta distancia está dividida en diez subdivisiones, entonces cada una de estas será igual a $^1/_{10}$ de la distancia entre 5 y 6. El número 55 está a $^5/_{10}$ (o $^1/_2$) de la distancia entre 5 y 6. El número 55 está indicado por la flecha en la figura 41-2.

Para localizar un número con tres dígitos (tres cifras significativas) la tercera cifra debe ser aproximada. El número 865 está localizado por la flecha de la figura 41-3; en este caso 8 está determinado por el número estampado en la regla, 6 se ha determinado o leído tomando seis de las diez divisiones que hay entre 8 y 9. El 5, entonces, se ha aproximado, tomando la mitad de la distancia entre 86 y 87.

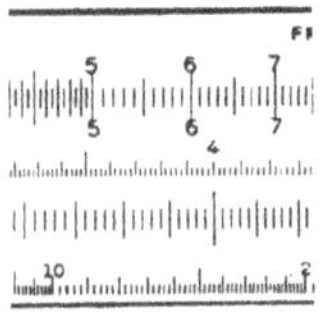

Figura 41-1. Escala A, divisiones de 5 a 6.

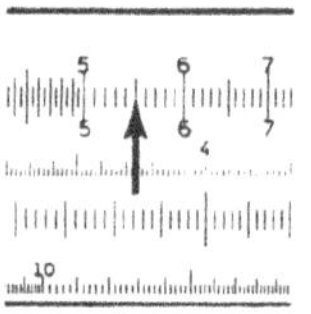

Figura 41-2. Lectura de las divisiones 5-6.

Figura 41-3. Aproximación de la tercera cifra.

41-3 EXTRACCIÓN DE LA RAÍZ CUADRADA

Para extraer la raíz cuadrada de un número cualquiera, el primer paso es derteminar la parte de la escala *A* que debemos utilizar. La primera mitad (la mitad de la izquierda) de la escala −1, 2, 3, 4, 5, 6, 7, 8, 9, y 1− se utiliza para extraer raíces cuadradas de los números mayores que 1 pero menores que 10. La segunda (mitad de la derecha) mitad de la escala se utiliza para las raíces cuadradas de los números mayores que 10, pero menores que 100. Para los números comprendidos entre 100 y 1 000 se utiliza la mitad de la izquierda; para los números comprendidos entre 1 000 y 10 000 se utiliza la mitad de la derecha. La forma de elegir la mitad adecuada de la escala aparece ilustrada en la figura 41-4.

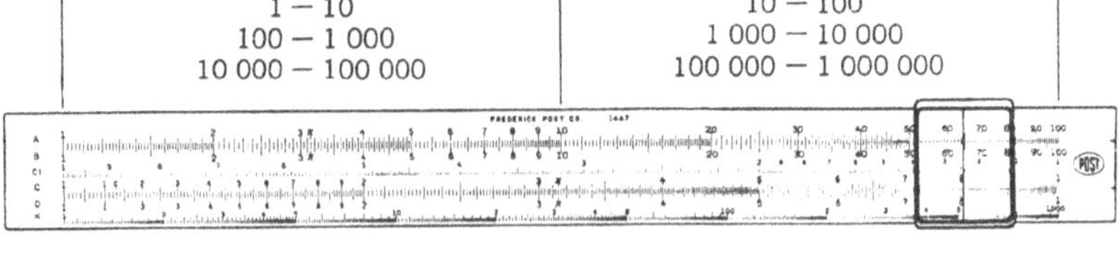

Figura 41-4. La escala A para las raíces cuadradas.

Ejemplo 1: Determinar $\sqrt{9}$.

1. Como 9 es mayor que 1 pero menor que 10, se utiliza la mitad izquierda de la escala *A*.
2. Localizar 9 en esta mitad de la escala *A*.

3. Colocar la línea de lectura sobre el 9.
4. Leer la solución, 3, en la escala *D*.

Ejemplo 2: Determinar $\sqrt{125}$.

1. Como 125 es una centena (está comprendido entre 100 y 1 000) hay que usar la mitad de la izquierda de la escala *B*.
2. Localizar 125 en esta mitad de la escala *B*.
3. Colocar la línea de lectura sobre 125.
4. Leer la solución, 11,2, en la escala *D*.

Ejemplo 3: Determinar $\sqrt{63}$.

1. Como 63 es una decena (está comprendido entre 10 y 100), hay que utilizar la mitad de la derecha de la escala *B*.
2. Localizar 63 en esta mitad de la escala *B*.
3. Colocar la línea de lectura sobre 63.
4. Leer la solución, 7,93, en la escala *D*.

41-4 ELEVACIÓN AL CUADRADO

Para hallar el cuadrado de un número se puede utilizar cualquiera de las escalas *A* y *B* con una de las escalas *C* y *D*. Se puede obtener el resultado con mayor exactitud usando las escalas *C* y *D* para resolver esta clase de problemas de multiplicación, ya que x^2 significa $x \times x$. Sin embargo, haremos aquí un ejercicio como ejemplo del manejo de estas dos escalas para hallar el cuadrado de un número.

Ejemplo: Calcular $(1{,}2)^2$.

1. Localizar 1,2 en la escala *D*.
2. Colocar la línea de lectura sobre 1,2.
3. Leer la solución, 1,44, en la escala *A*.

Ejercicios

Calcular estas raíces cuadradas:

41-1. $\sqrt{17}$	**41-4.** $\sqrt{1070}$	**41-7.** $\sqrt{4{,}45}$
41-2. $\sqrt{170}$	**41-5.** $\sqrt{606}$	**41-8.** $\sqrt{50{,}5}$
41-3. $\sqrt{107}$	**41-6.** $\sqrt{3{,}27}$	**41-9.** $\sqrt{8{,}91}$

41-5 EXTRACCIÓN DE LA RAÍZ CÚBICA

Para extraer la raíz cúbica se utiliza la escala *K*. Localizar la escala *K* en vuestra regla de cálculo;

observar que está dividida en tres partes iguales numeradas con la sucesión siguiente: 1, 2, 3, 4, 5, 6, 7, 8, 9, y 1, 2, 3, 4, 5, 6, 7, 8, 9, y 1, 2, 3, 4, 5, 6, 7, 8, 9, y 1. Esta repetición de los números del 1 al 9 tres veces sugiere que las distancias en la escala *K* serán un tercio de las distancias en las escalas *C* y *D*. Debemos recordar que, para extraer la raíz cúbica de un número mediante logaritmos, el logaritmo del radicando se dividía por 3. Como ejemplo vamos a ver el cálculo de $\sqrt[3]{17}$.

$$\begin{aligned} &\text{Logaritmo de } 17 = 1{,}2304 \\ &\log 17 : 3 \qquad\quad = 0{,}4101 \\ &\text{Antilogaritmo de } 0{,}4101 = 2{,}57 \\ &\qquad\qquad\qquad \sqrt[3]{17} = 2{,}57 \end{aligned}$$

Al leer en la escala *K*, el tercer número tiene que ser aproximado, puesto que esta escala contiene más números que las otras y las distancias para dividir son mucho más pequeñas.

El primer paso para extraer una raíz cúbica es elegir la parte de la escala *K* que se debe utilizar. La parte de la izquierda debe usarse para las unidades (números comprendidos entre 1 y 10), la parte central para las decenas, y la parte de la derecha para las centenas; la parte de la izquierda para las unidades de millar, y así sucesivamente. La elección de la parte adecuada en cada caso se ha ilustrado en la figura 41-5.

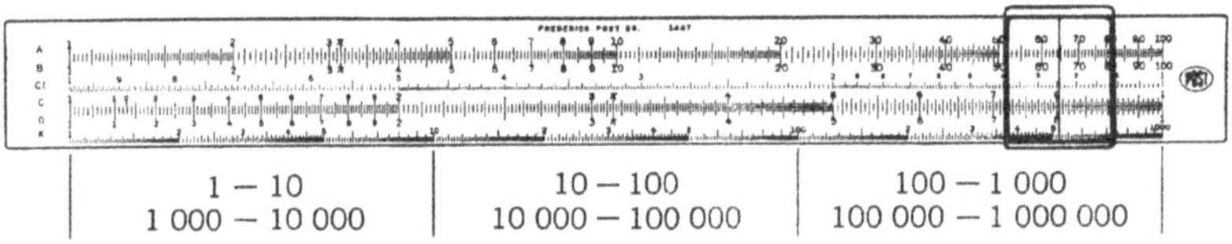

Figura 41-5. La escala K para raíces cúbicas.

Para extraer una raíz cúbica, hay que localizar en la escala *K* el radicando (número cuya raíz se quiere obtener) y con ayuda de la línea de lectura leer la solución en las escalas *C* o *D*.

Ejemplo 1: Determinar $\sqrt[3]{27}$.

1. Como 27 es una decena, utilizamos la parte central de la escala *K*.
2. Localizar 27 es la parte central.
3. Colocar la línea de lectura sobre 27.
4. Leer la solución, 3, en las escalas *C* o *D*.

La figura 41-6 nos muestra la solución de este problema.

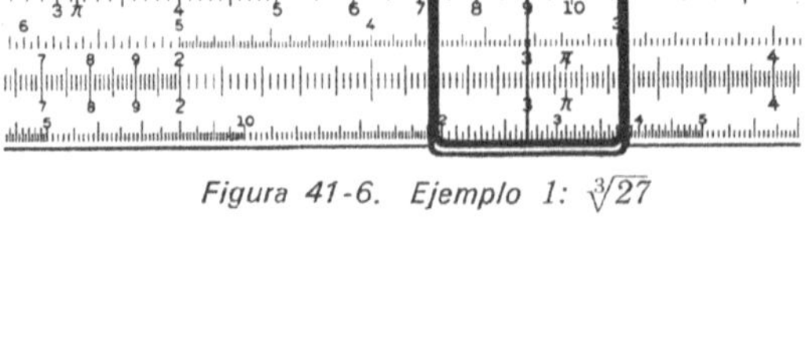

Figura 41-6. Ejemplo 1: $\sqrt[3]{27}$

Ejemplo 2: Determinar $\sqrt[3]{1\,728}$.

1. Como 1 728 es una unidad de millar, hay que usar la parte de la izquierda de la escala *K*.
2. Localizar 1 728 en la parte de la izquierda.
3. Colocar la línea de lectura sobre 1 728.
4. Leer la solución, 12, en las escalas *C* o *D*.

Naturalmente, es posible usar las escalas *K* y *C* para hallar el cubo de un número; pero como es mucho más aproximada la solución obtenida usando las escalas *C* y *D* (porque x^3 significa $x \times x \times x$), deben utilizarse siempre estas escalas para elevar un número al cubo.

Ejercicios

Calcular las siguientes raíces cúbicas:

41-10. $\sqrt[3]{1\,200}$ **41-13.** $\sqrt[3]{602}$ **41-16.** $\sqrt[3]{17}$

41-11. $\sqrt[3]{2{,}4}$ **41-14.** $\sqrt[3]{77}$ **41-17.** $\sqrt[3]{23{,}2}$

41-12. $\sqrt[3]{3{,}14}$ **41-15.** $\sqrt[3]{128}$ **41-18.** $\sqrt[3]{91{,}2}$

41-6 EXTRACCIÓN DE RAÍCES CUADRADAS DE LOS NÚMEROS MENORES QUE 1

En las explicaciones anteriores no hemos hecho mención de la extracción de raíces cuadradas o cúbicas de los números menores que 1. Para hacer estas operaciones, es necesario en primer lugar localizar la fracción decimal en la parte adecuada de la regla. La mitad de la derecha de las escalas *A* y *B* se utiliza para extraer raíces cuadradas de los números mayores que 0,10 pero menores que 1; la mitad de la izquierda para las raíces de los números mayores que 0,01 pero menores que 0,10; y así sucesivamente. La figura 41-7 nos muestra la forma de elegir la parte adecuada de la escala.

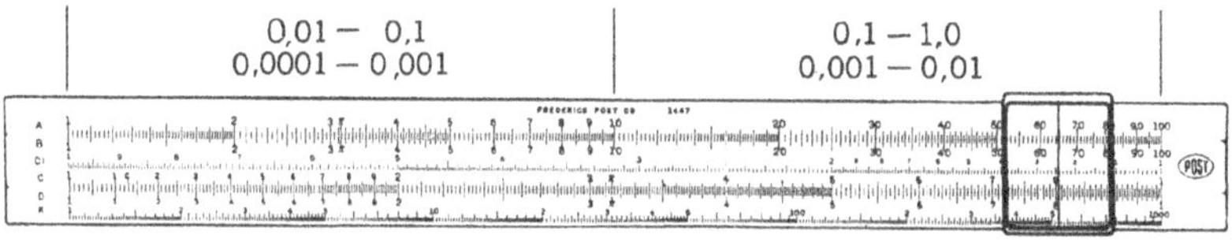

Figura 41-7. Escalas A o B para raíces cuadradas de números menores que 1.

Ejemplo 1: Calcular $\sqrt{0{,}81}$.

1. Como 0,81 es menor que 1 pero mayor que 0,1, hay que usar la mitad derecha de la escala *B*.
2. Localizar 81 en la escala *B*.
3. Colocar la línea de lectura sobre 81.
4. Leer la solución, 0,9, en la escala *C*.

Ejemplo 2: Calcular $\sqrt{0{,}0625}$.

1. Como 0,0625 es menor que 0,1 pero mayor que 0,01 hay que usar la mitad de la izquierda de la escala *B*.
2. Localizar 625 en la mitad de la izquierda de la escala *B*.
3. Colocar la línea de lectura sobre 625.
4. Leer la solución, 0,25, en la escala *C*.

Ejercicios

Calcular las siguientes raíces cuadradas:

41-19. $\sqrt{0{,}625}$	**41-22.** $\sqrt{0{,}000081}$	**41-25.** $\sqrt{0{,}905}$
41-20. $\sqrt{0{,}0023}$	**41-23.** $\sqrt{0{,}107}$	**41-26.** $\sqrt{0{,}0125}$
41-21. $\sqrt{0{,}64}$	**41-24.** $\sqrt{0{,}00076}$	**41-27.** $\sqrt{0{,}702}$

41-7 EXTRACCIÓN DE RAÍCES CÚBICAS DE NÚMEROS MENORES QUE 1

Para extraer la raíz cúbica de los números menores que 1, el primer paso es determinar la parte de la escala *K* que hay que utilizar. Para números comprendidos entre 0,1 y 1 hay que usar la parte de la derecha; la parte central se utiliza para números menores que 0,1 pero mayores que 0,01; y la parte de la izquierda se utiliza para los números menores que 0,01 pero mayores que 0,001; y así sucesivamente. La figura 41-8 nos muestra la forma de localizar los números menores que 1 en la escala *K* para extraer su raíz cúbica.

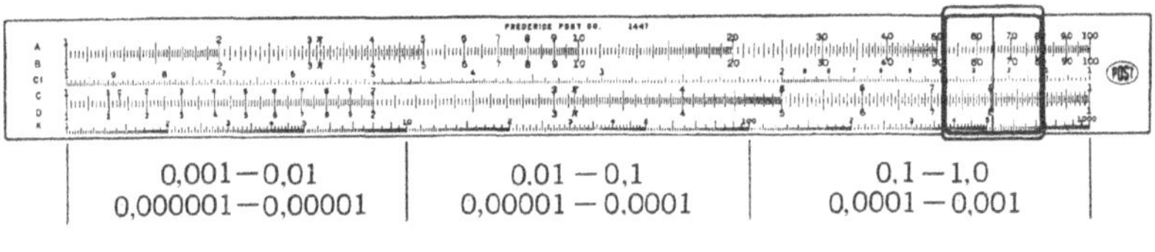

Figura 41-8. Escala K para raíces cúbicas de números menores que 1.

Ejemplo 1: Calcular $\sqrt[3]{0{,}125}$.

1. Como 0,125 es menor que 1 pero mayor que 0,1, hay que usar la parte de la derecha de la escala *K*.
2. Localizar 125 en la escala *K*.
3. Colocar la línea de lectura sobre 125.
4. Leer la solución, 0,5, en la escala *C*.

Ejemplo 2: Calcular $\sqrt[3]{0{,}008}$.

1. Como 0,008 es menor que 0,01 pero mayor que 0,001, hay que usar la parte de la izquierda de la escala *K*.
2. Localizar 8 en la parte de la izquierda de la escala *K*.
3. Colocar la línea de lectura sobre 8.
4. Leer la solución, 0,2, en la escala *C*.

Ejercicios

Calcular estas raíces cúbicas:

41-28. $\sqrt[3]{0{,}169}$	**41-31.** $\sqrt[3]{0{,}0000378}$	**41-34.** $\sqrt[3]{0{,}272}$
41-29. $\sqrt[3]{0{,}0064}$	**41-32.** $\sqrt[3]{0{,}675}$	**41-35.** $\sqrt[3]{0{,}093}$
41-30. $\sqrt[3]{0{,}063}$	**41-33.** $\sqrt[3]{0{,}00089}$	**41-36.** $\sqrt[3]{0{,}021}$

41-8 EXTRACCIÓN DE RAÍCES Y ELEVACIÓN A POTENCIAS CON LA ESCALA L

La situación de la escala *L* depende del tipo de regla que se utilice; puede encontrarse en la regla o en la reglilla. En primer lugar, obsérvese que todas las divisiones desde 1 a 10 tienen la misma longitud y que todas tienen el mismo número de subdivisiones. Estas subdivisiones son todas de la misma longitud. Por último, nótese que esta escala tiene un punto 0; este cero es, naturalmente, el logaritmo de 1.

En la escala *L* se leen las mantisas. La característica debe determinarla la persona que maneje la regla en cada caso, y debe sumarse a la mantisa determinada.

Para determinar el logaritmo de un número:

1. Localizar el número en la escala *C* o la escala *D*.
2. Leer la mantisa del logaritmo en la escala *L*, usando la línea de lectura.
3. Determinar la característica y sumarla a la mantisa.

Ejemplo 1: Determinar el logaritmo de 45.

1. Localizar 45 en la escala *C*.
2. Colocar la línea de lectura sobre 45.
3. Leer la mantisa del logaritmo de 45 en la escala *L*; es 0,653.
4. La característica del logaritmo de 45 es 1.
5. Luego el logaritmo de 45 es 1,653.

Ejemplo 2: Calcular el logaritmo de 0,000123.

1. Localizar 123 en la escala *C*.
2. Colocar la línea de lectura sobre 123.
3. Leer la mantisa en la escala *L*; es 0,090.
4. La característica del logaritmo de 0,000123 es -4.
5. Luego el logaritmo de 0,000123 es $\bar{4}{,}090$, o $6{,}090 - 10$.

41-9 EXTRACCIÓN DE LA RAÍZ DE UN NÚMERO

Para extraer una raíz de un número, el logaritmo se divide por el índice de la raíz, el resultado de la división se localiza en la escala *L*, y la solución se lee en cualquiera de las dos escalas *C* o *D*. Los pasos para extraer una raíz son entonces:

1. Determinar el logaritmo.
2. Dividir el logaritmo por el índice de la raíz.
3. Localizar en la escala *L* la mantisa del resultado del paso 2.
4. Leer la solución en la escala *C* o *D*.
5. Colocar la coma decimal en la solución.

Ejemplo: Calcular $\sqrt{64}$.

1. Localizar 64 en la escala *C*.
2. Colocar la línea de lectura sobre 64.
3. Leer la mantisa del logaritmo de 64 en la escala *L*; es 0,806.
4. La característica del logaritmo de 64 es 1. El logaritmo de 64 es, pues, 1,806.
5. Dividir 1,806 por 2 con las escalas *C* y *D*.
6. Localizar la solución obtenida en el paso 5 (0,903) en la escala *L*.
7. Colocar la línea de lectura sobre 0,903.
8. Leer la solución, 8, en la escala *D*.
9. La característica es cero; luego la coma decimal debe colocarse en la solución después de 8.

NOTA: Obsérvese que las reglas estudiadas para operar con logaritmos se aplican en este ejemplo.

Este primer problema para manejar la escala *L* podría haberse resuelto también con las escalas *A* y *B*. Los ejemplos siguientes son raíces con índices no enteros.

Ejemplo 1: Calcular $\sqrt[1,5]{81}$.

1. Localizar 81 en la escala *C*.
2. Colocar la línea de lectura sobre 81.
3. Leer la mantisa del logaritmo de 81 en la escala *L*; es 0,909.
4. Sumar a esta mantisa la característica de 81. El logaritmo completo de 81 es, pues, 1,909
5. Dividir 1,909 por 1,5 con las escalas *C* y *D*.
6. El resultado de la división es 1,272, y este número es el logaritmo de la solución; 1 es a característica, y 0,272 la mantisa.
7. Localizar 0,272 en la escala *L* y leer 187 en la escala *D*.
8. La característica es 1, y por lo tanto la coma decimal de la solución ha de colocarse entre 8 y 7; la solución final es 18,7.

Ejemplo 2: Calcular $\sqrt[3,1]{144}$.

1. Localizar 144 en la escala *C* y leer la mantisa, 0,158 en la escala *L*.
2. La característica del logaritmo de 144 es 2; el logaritmo de 144 es entonces, 2,158.
3. Dividir 2,158 por 3,1 con las escalas *C* y *D*.

4. El resultado de esta división, 0,697 es el logaritmo de la solución.
5. Localizar 0,697 en la escala *L* y leer 497 en la escala *D*.
6. La característica de 0,697 es 0 y, por consiguiente, la coma decimal de la solución debe colocarse entre 4 y 9; la solución final es 4,97.

Ejemplo 3: Calcular $\sqrt[0,56]{160}$.

1. Localizar 160 en la escala *C*.
2. Colocar la línea de lectura sobre 160 y leer la mantisa, 0,204, en la escala *L*.
3. La característica del logaritmo de 160 es 2; luego el logaritmo completo es 2,204.
4. Dividir 2,204 por 0,56 con las escalas *C* y *D*.
5. El resultado de la división, 3,94 es el logaritmo de la solución final.
6. Localizar la mantisa de este logaritmo, 0,94 en la escala *L*, y leer 872 en la escala *D*.
7. La característica es 3; y la solución final es 8 720.

41-10 ELEVACIÓN A POTENCIAS

Los pasos a seguir para calcular potencias son similares a los que hemos visto anteriormente y pueden resumirse así:

1. Localizar en la escala *L* la mantisa del logaritmo de la base.
2. Sumar la mantisa y la característica.
3. Multiplicar el logaritmo por el exponente.
4. Localizar en la escala *L* la mantisa de la solución obtenida en el paso 3.
5. Leer el número de la escala *C* o *D*.
6. Colocar la coma decimal en la solución.

Ejemplo 1: Calcular $(25)^2$

1. Localizar 25 en la escala *C* o *D*.
2. Colocar la línea de lectura sobre 25.
3. Leer la mantisa del logaritmo de 25 en la escala *L*; es 0,398.
4. La característica del logaritmo de 25 es 1. El logaritmo de 25 es, por tanto, 1,398.
5. Multiplicar 1,398 por el exponente, 2, con las escalas *C* y *D*. La solución es 2,796.
6. Localizar 0,796 en la escala *L*.
7. Colocar la línea de lectura sobre 0,796 y leer 625 en la escala *D*.
8. La característica es 2; y la solución es 625.

Ejemplo 2: Calcular $(3,75)^{1,25}$.

1. Localizar 3,75 en la escala *D*.
2. Colocar la línea de lectura sobre 375 y leer 0,574 en la escala *L*.
3. La característica del logaritmo de 3,75 es 0; luego el logaritmo es 0,574.
4. Multiplicar 0,574 por 1,25 con las escalas *C* y *D*. La solución es 0,716.
5. Localizar 716 en la escala *L*, usando la línea de lectura, leer 520 en la escala *D*.
6. La característica es 0; la coma decimal se coloca, por tanto, en la solución entre 5 y 2, y la solución final es 5,20.

41-11 EXTRACCIÓN DE RAÍCES Y ELEVACIÓN A POTENCIAS CON LAS ESCALAS LL

Con una regla que tenga las escalas log log, o *LL*, todos los ejemplos anteriores pueden hacerse con un solo movimiento de la regla. Localizar las escalas *LL* en la regla de cálculo; estarán designadas por *LL 0, LL 1, LL 2,* y *LL 3.* Examinar estas escalas atentamente. Estas cuatro escalas son escalas continuas; obsérvese que el extremo derecho de cada escala termina donde empieza el extremo izquierdo de la escala siguiente, la que lleva el número inmediato superior. Por ejemplo, la última división en el extremo derecho de la escala *LL 1* está marcado con 1,10, y la primera división de la izquierda de la escala *LL 2* está marcada con 1,11. La última división de la derecha de *LL 2* está marcada con 2,5 y la primera división de la izquierda de la escala *LL 3* está marcada con 3. Las escalas son, por tanto, continuas.

Las distintas divisiones de estas cuatro escalas son de diferente longitud; por tanto, se debe estudiar cuidadosamente cada división, cuando haya que leer en ellas. Observar la diferencia de longitud entre 1,25 y 1,3 en la escala *LL 2,* y la longitud entre 100 y 200 en la escala *LL 3.* También se ha de notar que varios de los números de estas escalas llevan coma decimal (posiblemente punto decimal, ya que en muchos países se utiliza el punto, en lugar de la coma, para separar la parte entera y la parte decimal de un número).

La forma de extraer una raíz de un número cualquiera con las escalas *LL* puede resumirse en estos seis pasos:

1. Localizar en la escala *LL* el radicando (el número cuya raíz queremos determinar).
2. Colocar la línea de lectura sobre este número.
3. Localizar el índice de la raíz en la escala *C.*
4. Colocar el índice de la raíz bajo la línea de lectura.
5. Trasladar la línea de lectura al índice 1 de la escala *C.*
6. Leer la solución, bajo la línea de lectura, en la escala *LL.*

NOTA: La solución puede estar o no estar en la misma escala *LL* que el radicando.

Ejemplo 1: Calcular $\sqrt{64}$.

1. Localizar 64 en la escala *LL 3.*
2. Colocar la línea de lectura sobre 64.
3. Localizar el índice de la raíz, 2, en la escala *C* y colocarlo bajo la línea de lectura.
4. Leer la solución, 8, bajo el 1 inicial de la escala *C,* en la escala *LL 3.*

La figura 41-9 muestra la regla de cálculo con la solución de este problema.

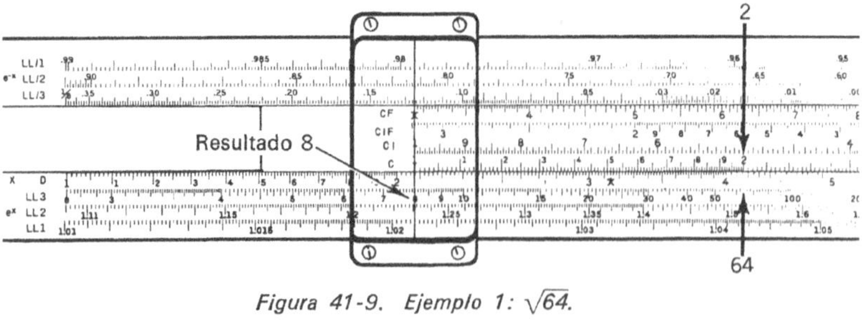

Figura 41-9. Ejemplo 1: $\sqrt{64}$.

Ejemplo 2: Calcular $\sqrt[1,5]{81}$.

1. Localizar 81 en la escala *LL 3*.
2. Colocar la línea de lectura sobre 81.
3. Localizar el índice de la raíz, 1,5, en la escala *C* de la reglilla.
4. Leer la solución, 18,7, bajo el 1 inicial de la escala *C*.

Ejemplo 3: Calcular $\sqrt{0,81}$.

1. Localizar 0,81 en la escala *LL 2*.
2. Colocar la línea de lectura sobre 0,81.
3. Localizar 2 en la escala *C*.
4. Colocar 2 bajo la línea de lectura.
5. Leer la solución, 0,90, en la escala *LL 2*.

La figura 41-10 nos muestra la regla de cálculo con la solución de este problema.

Ejemplo 4: Calcular $\sqrt{1\,600}$.

1. Localizar 1 600 en la escala *LL 3*.
2. Colocar 2 en la escala *C* sobre 1 600 de la escala *LL 3*.
3. Leer la solución, 40, en la escala *LL 3*.

Para elevar a potencias, se utilizan también las escalas *LL* y *C*, pero en inverso orden. Para calcular una potencia con estas escalas, hay que seguir los pasos que se resumen a continuación:

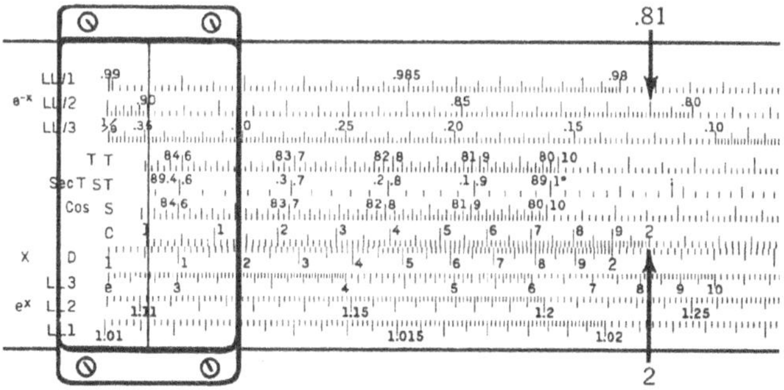

Figura 41-10. Ejemplo 3: $\sqrt{0,81}$.

1. Localizar la base en la escala *LL*.
2. Colocar la línea de lectura sobre dicho número.
3. Colocar el 1 de la escala *C* bajo la línea de lectura.
4. Leer la solución, en la escala *LL*, bajo el exponente en la escala *C*.

Ejemplo 1: Calcular $(25)^2$.

1. Localizar 25 en la escala *LL 3*.
2. Colocar la línea de lectura sobre 25.
3. Colocar el 1 de la escala *C* bajo la línea de lectura.
4. Leer la solución, 625, bajo el exponente 2, en la escala *LL 3*, con ayuda de la línea de lectura.

La figura 41-11 nos muestra la regla de cálculo con la solución de este problema.

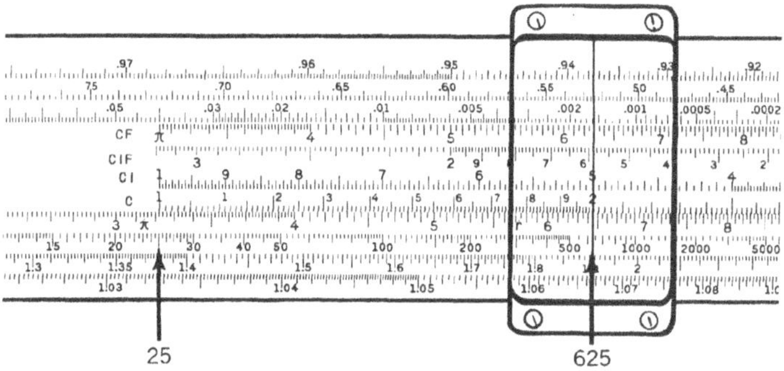

Figura 41-11. Ejemplo 1: $(25)^2$.

Ejemplo 2: Calcular $(1{,}53)^{1{,}4}$.

1. Localizar 1,53 en la escala *LL 2*.
2. Colocar la línea de lectura sobre 1,53.
3. Localizar 1,4 en la escala *C*.
4. Leer la solución, 1,815, en la escala *LL 2* con la línea de lectura.

Ejemplo 3: Calcular $(2{,}5)^2$.

1. Localizar 2,5 en la escala *LL 2*.
2. Colocar la línea de lectura sobre 2,5.
3. Colocar el 1 de la escala *C* bajo la línea de lectura.
4. Leer la solución, 6,25, bajo el exponente 2, en la escala *LL 3*.

La figura 41-12 muestra la regla de cálculo con la solución de este problema.

NOTA: En el ejemplo 3 debe usarse el 1 de la derecha de la escala *C*; la solución, 6,25 está dada en la escala *LL 3* y 2,5 está en la escala *LL 2*.

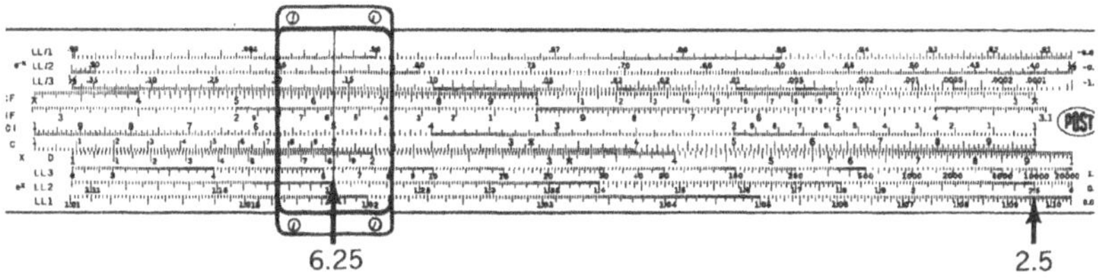

Figura 41-12. Ejemplo 3: $(2,5)^2$.

Ejercicios

Calcular las potencias y raíces indicadas, usando las escalas *L* y *LL*.

41-37. $\sqrt{144}$	**41-42.** $\sqrt[2,7]{205}$	**41-47.** $(1,27)^{2,87}$
41-38. $\sqrt[3]{12,5}$	**41-43.** $\sqrt[3,3]{8,13}$	**41-48.** $(2,35)^{3,1}$
41-39. $\sqrt[4]{16}$	**41-44.** $\sqrt[1,23]{7,05}$	**41-49.** $(\sqrt[2,7]{5,3})^{3,2}$
41-40. $\sqrt[2,1]{33}$	**41-45.** $(206)^{1,5}$	**41-50.** $(\sqrt[1,7]{2,25})^{5}$
41-41. $\sqrt[1,4]{3,78}$	**41-46.** $(1,735)^{2,2}$	**41-51.** $10,6^{3/2}$

41-12 LAS ESCALAS R_1 Y R_2

Algunas reglas de cálculo no tienen escalas *A* y *B*, pero tienen en su lugar dos escalas señaladas con R_1 y R_2. Las escalas R_1 y R_2 –con la escala *D*– se utilizan para extraer raíces cuadradas y calcular cuadrados.

Localícense estas tres escalas en la regla –en algunas reglas las escalas están una junto a otra–. Los pasos a seguir para extraer raíces cuadradas con estas escalas son los siguientes:

1. Localizar en la escala *D* el número cuya raíz cuadrada se desea obtener.
2. Colocar la línea de lectura sobre este número en la escala *D*.
3. Si el número tiene un número par de dígitos, leer la solución en la escala R_2.
4. Si el número tiene un número impar de dígitos, leer la solución en la escala R_1.

Ejemplo 1: Calcular $\sqrt{36}$.

1. Localizar 36 en la escala *D*.
2. Colocar la línea de lectura sobre 36.
3. Como 36 tiene un número par de dígitos (2), leer la solución, 6, en la escala R_2.

Ejemplo 2: Calcular $\sqrt{169}$.

1. Localizar 169 en la escala *D*.
2. Colocar la línea de lectura sobre 169.
3. Como 169 tiene un número impar de dígitos (3), leer la solución, 13, en la escala R_1.

Ejemplo 3: Calcular $\sqrt{0{,}0036}$.

1. Localizar 36 en la escala *D*.
2. Colocar la línea de lectura sobre 36.
3. Como 0,0036 tiene un número par de dígitos (− 2), leer la solución (0,06), en la escala R_2.

Para calcular el cuadrado de un número usando las escalas R_1 y R_2, y la escala *D*, hay que invertir este procedimiento. Es decir, localizar el número original en las escalas R_1 o R_2, y leer la solución en la escala *D*.

Ejemplo 4: Calcular $(7)^2$.

1. Localizar 7 en la escala R_2.
2. Colocar la línea de lectura sobre 7.
3. Leer la solución, 49, en la escala *D*.

Se debe examinar atentamente las escalas R_1 y R_2; observar que los números marcados en la escala R_1 empiezan con el índice 1 y terminan con 3,16 ($\sqrt{10}$), colocado bajo el índice de la parte derecha. La escala R_2 tiene como primer número 3,16 ($\sqrt{10}$), y el último número que figura a la derecha, bajo el índice de la parte derecha es 10.

Para extraer raíces cuadradas se obtiene mejor aproximación con las escalas *R* que con las escalas *A* y *B*, porque las escalas *R* tienen doble longitud. Esta doble longitud permite más precisión al localizar un número y al hacer una lectura.

A continuación viene una comparación de los métodos a seguir con las escalas *A* y *B* y las escalas *R*:

Extracción de Raíces Cuadradas

ESCALAS A-B	ESCALAS R_1 y R_2
1. Localizar el número en la escala *A-B*.	Localizar el número en la escala *D*.
2. Leer la solución en la escala *D*.	Leer la solución en la escala R_1 o R_2.

La escala *D* tiene doble longitud que las escalas *A-B*, y las escalas R_1 y R_2 tienen a su vez doble longitud, las dos juntas, que la escala *D*.

Ejercicios

Calcular las siguientes raíces cuadradas:

41-52. $\sqrt{10{,}5}$ **41-55.** $\sqrt{0{,}64}$ **41-58.** $\sqrt{3{,}27}$

41-53. $\sqrt{293}$ **41-56.** $\sqrt{0{,}036}$ **41-59.** $\sqrt{93{,}2}$

41-54. $\sqrt{6{,}25}$ **41-57.** $\sqrt{1\,025}$ **41-60** $\sqrt{107{,}5}$

41-13 SITUACIÓN DE LA COMA DECIMAL

La colocación de la coma decimal en la solución de un problema puede determinarse examinando los datos, para muchos problemas, o bien siguiendo las reglas expuestas en las Secciones 40-3 y 40-5.

Hay otro método, basado en las leyes de los exponentes, que puede usarse con mayor comodidad. El primer paso de este nuevo método consiste en transformar los números con los que debe operarse en otros equivalentes, de forma que tengamos un número por una potencia de 10.

Veremos dos ejemplos que nos servirán para comprender la aplicación de este nuevo método.

Ejemplo 1: Multiplicar $865 \times 0{,}0031$.

1. Cambiar estos números por otros equivalentes que sean producto de un número con un solo dígito, por una potencia de 10.
2. $865 \times 0{,}0031 = 8{,}65 \times 10^2 \times 3{,}1 \times 10^{-3}$.
3. Reagrupar el producto anterior en la forma $8{,}65 \times 3{,}1 \times 10^2 \times 10^{-3}$.
4. Multiplicar $8{,}65 \times 3{,}1 = 26{,}8$.
5. Multiplicar $10^2 \times 10^{-3}$ sumando los exponentes: resultado, 10^{-1}.
6. Completar la multiplicación, $26{,}8 \times 10^{-1} = 2{,}68$.

EXPLICACIÓN: La operación $865 \times 0{,}0031$ ha sido transformada en $8{,}65 = 3{,}1 \times 10^2 \times 10^{-3}$, una forma equivalente. La colocación de la coma decimal al multiplicar 8,65 por 3,1 es evidente. La colocación final de la coma decimal viene dada por la suma de los exponentes de 10^2 y 10^{-3}.

Ejemplo 2: Dividir 1,75 por 0,0025.

1. Transformamos de nuevo los dos números como producto de números de una sola cifra entera (un solo dígito) por potencias de 10.
2. Entonces, $1{,}75 : 0{,}0025 = 1{,}75 \times 10^0 : 2{,}5 \times 10^{-3}$.
3. Dividimos $1{,}75 : 2{,}5 = 0{,}7$.
4. Dividimos $10^0 : 10^{-3}$, restando los exponentes: $10^0 : 10^{-3} = 10^3$. Observad que se trata de una resta algebraica: $-(-3) = +3$.
5. Completamos la división multiplicando $0{,}7 \times 10^3 = 0{,}7 \times 1\,000 = 700$.

42/ π y escalas recíprocas

42-1 INTRODUCCIÓN

Para resolver muchos problemas técnicos se necesita multiplicar y dividir por π (3,1416). Por ejemplo, la longitud de una circunferencia se determina multiplicando el diámetro por π, o 3,1416. Recíprocamente, para calcular el diámetro de una circunferencia se divide su longitud por π (o 3,1416). La multiplicación y división de un número por π puede hacerse rápidamente con le regla de cálculo, con un solo movimiento, usando las escalas *CF* y *DF*.

42-2 MULTIPLICACIÓN DE UN NÚMERO POR π

Localizar las escalas π en vuestra regla de cálculo; van señaladas con las letras *CF* y *DF*. La escala *DF* está colocada en la regla y la escala *CF* en la reglilla. Observar en primer lugar, que los extremos de la izquierda y de la derecha de estas dos escalas llevan impreso el símbolo π. Colocar la reglilla en la regla de forma que las escalas *CF* y *DF* sean adyacentes y que los índices iniciales de la regla y la reglilla estén alineados. Los trazos π en los extremos de las escalas *CF* y *DF* coinciden sobre los índices 1 de los extremos de las escalas *C* y *D*. Puede comprobarse colocando la línea de lectura sobre ambos índices. Como 1 multiplicado por π es π (1 × 3,1416 = =3,1416), se deduce que para multiplicar un número por π, en primer lugar localizaremos el número en la escala *C* o *D* y leeremos la solución en cualquiera de las dos escalas, *CF* o *DF*. Vamos a comprobarlo haciendo algunos ejemplos.

Ejemplo 1: Multiplicar 2 por π.

1. Localizar 2 en la escala *C*.
2. Colocar la línea del cursor sobre 2.
3. Leer la solución, 6,28, en la escala *CF*.

Ejemplo 2: Multiplicar 4,75 por π.

1. Localizar 4,75 en la escala *C*.
2. Colocar la línea de lectura sobre 4,75.
3. Leer la solución, 14,93, en la escala *CF*.

La figura 42-1 nos muestra la solución del ejemplo 2.

Estas escalas son muy útiles, ya que permiten resolver estos productos tan frecuentes con un solo movimiento del cursor, sin necesidad de localizar el valor 3,1416 de π. Por supuesto, estos productos también puede hacerse manejando solamente las escalas *C* y *D*.

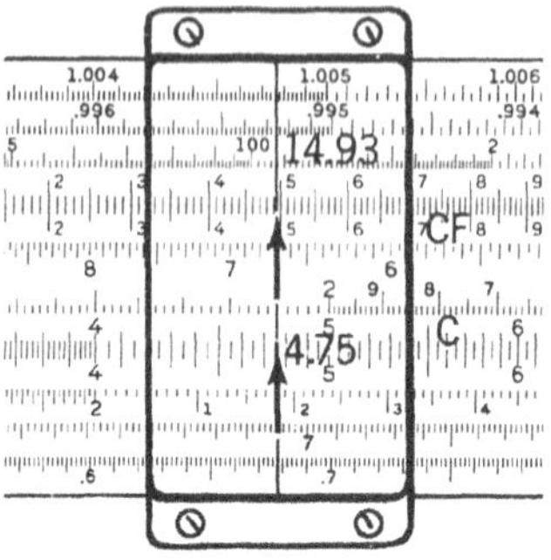

Figura 42-1. Ejemplo 2: 4,75π.

Ejercicios

Realizar estas multiplicaciones utilizando la escala *CF*:

42-1. 3π	**42-4.** 27π	**42-7.** $7,3\pi$
42-2. $6,12\pi$	**42-5.** $0,5\pi$	**42-8.** $5,25\pi$
42-3. $2,04\pi$	**42-6.** $9,1\pi$	**42-9.** $13,03\pi$

42-3 DIVISIÓN DE UN NÚMERO POR π

Como la división es la operación inversa de la multiplicación, se deduce que, para dividir un número por π, hay que localizarlo en las escalas *CF* o *DF* y leer la solución en las escalas *C* o *D*. Veamos dos ejemplos de esta regla:

Ejemplo 1: Dividir 12 por π.

1. Localizar 12 en la escala *CF* o *DF*.
2. Colocar la línea del cursor sobre 12.
3. Leer la solución, 3,82, en la escala *C* o *D*.

Ejemplo 2: Dividir 0,0175 por π.

1. Localizar 175 en la escala *CF* o *DF*.
2. Colocar la línea de lectura sobre 175.
3. Leer la solución, 557 en la escala *C* o *D*.
4. Colocar la coma decimal en la solución: 0,00557.

Ejercicios

Efectuar las divisiones siguientes:

42-10. $17 : \pi$	**42-15.** $0,00075 : \pi$

42-11. 0,0156 : π
42-12. 427 : π
42-13. 77 : π
42-14. 8 023 : π
42-16. 23 000 : π
42-17. 203 : π
42-18. 40,5 : π
42-19. 1,275 : π

42-4 LAS ESCALAS CF Y DF

Examinar estas dos escalas. Los extremos de la derecha y de la izquierda de las dos escalas llevan marcado el número π (ó 3,1416), como hemos dicho antes. Medir las distancias entre 1 y 2 en las escalas *CF* y *DF* y compararlas con la distancia entre 1 y 2 en las escalas *C* y *D*. Se comprueba que las dos distancias son iguales. Todos los intervalos entre dos números en las escalas *CF* y *DF* son idénticos a los intervalos entre los mismos números en las escalas *C* y *D*. Si las escalas *C* y *D* sirven para multiplicar, entonces las escalas *CF* y *DF* sirven también para lo mismo, ya que son iguales en un aspecto —los intervalos entre dos números tienen la misma longitud en ambos pares de escalas—.

Ejemplo 1: Multiplicar 25 por 7 con las escalas **CF** y **DF**.

1. Localizar 1 en la escala *CF* y colocarlo junto al *25* en la escala *DF*.
2. Localizar 7 en la escala *CF*.
3. Colocar la línea de lectura sobre 7.
4. Leer la solución, 175, en la escala *DF* bajo la línea del cursor.

La figura 42-2 nos muestra esta solución.

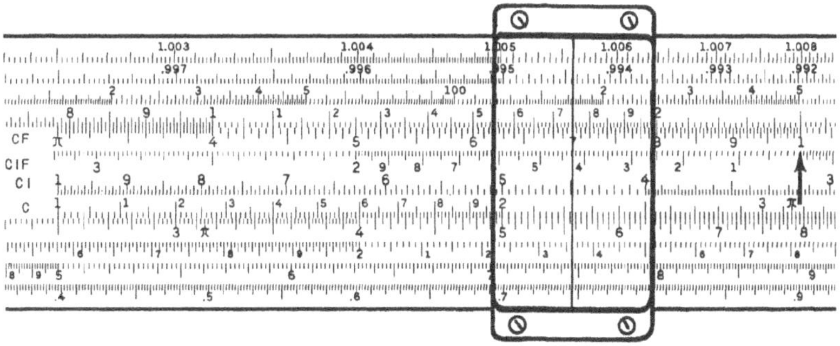

Figura 42-2. Ejemplo 1 : 25 × 7 (escalas CF y DF).

Ejemplo 2: Multiplicar 25 por 7 con las escalas *C* y *D*. La solución obtenida con estas dos escalas debe ser la misma: 175.

EXPLICACIÓN: Las escalas en la regla de cálculo representan logaritmos; y para multiplicar, se suman los logaritmos. En el Ejemplo 1 (con las escalas *CF* y *DF*) sumamos los mismos logaritmos que en el Ejemplo 2 (usando las escalas *C* y *D*), y obtenemos la misma solución (175). Puede comprobarse esta explicación midiendo los intervalos que se «suman».

La discusión anterior sugiere un empleo más de las escalas *C, D, DF* y *CF*. La multiplicación $\pi \times 7 \times 8$ requiere, por lo menos, dos movimientos de la reglilla, si la efectuamos sólo con las escalas *C* y *D*. Pero la misma multiplicación puede hacerse con un solo movimiento, si utilizamos las escalas *CF* y *DF*. Los pasos para obtener la solución de esta forma son los siguientes:

1. Localizar 7 en la escala *D*.
2. Colocar la línea del cursor sobre 7.
3. Colocar el 1 de la escala *CF* bajo la línea de lectura.
4. Localizar 8 en la escala *CF*.
5. Colocar la línea de lectura sobre 8.
6. Leer la solución, 175,9, en la escala *DF*.

La figura 42-3 nos muestra gráficamente esta solución. Obsérvese que no es necesario leer la solución intermedia $7 \times \pi$.

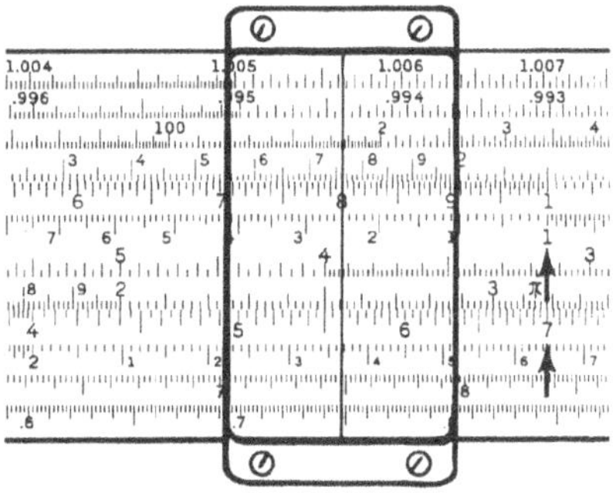

Figura 42-3. $\pi \times 7 \times 8$ *(Escalas CF y DF).*

Ejercicios

Realizar los productos siguientes utilizando las escalas *CF, DF,* y *D*.

42-20. $23 \times 6 \times \pi$	**42-23.** $302 \times 2 \times \pi$	**42-26.** π^2
42-21. $7 \times 7 \times \pi$	**42-24.** $18 \times 0{,}03 \times \pi$	**42-27.** π^3
42-22. $1{,}05 \times 2{,}2 \times \pi$	**42-25.** $9{,}2 \times 3{,}1 \times \pi$	**42-28.** $1\,020 \times 0{,}02 \times \pi$

42-5 LA ESCALA INVERSA

La escala inversa va señalada con las letras *CI* y aparece en la reglilla. Examinar esta escala; se observa que está orientada al revés que las demás —los números que se leen en ella crecen de derecha a izquierda—. Sacar la reglilla de la regla y comparar esta escala *CI* con la escala *D*; observar que la distancia entre 1 y 2 es la misma en ambas escalas. La distancia entre 2 y 3, 3 y 4, y así sucesivamente, son iguales en las dos escalas.

El inverso o recíproco de un número puede leerse directamente en la escala *CI*. Los pasos para determinar el inverso de un número pueden resumirse así:

1. Localizar en la escala *C* el número cuyo inverso se quiere calcular.
2. Colocar la línea de lectura sobre este número.
3. Leer la solución en la escala *CI*.

Ejemplo 1: Calcular el inverso de 5.

1. Localizar 5 en la escala *C*.
2. Colocar la línea de lectura sobre 5.
3. Leer la solución, 0,2, bajo la línea de lectura en la escala *CI*.

Ejemplo 2: Calcular el inverso de 2,5.

1. Localizar 2,5 en la escala *C*.
2. Colocar la línea del cursor sobre 2,5.
3. Leer la solución, 0,4 bajo la línea del cursor en la escala *CI*.

La figura 42-4 nos muestra el Ejemplo 2.

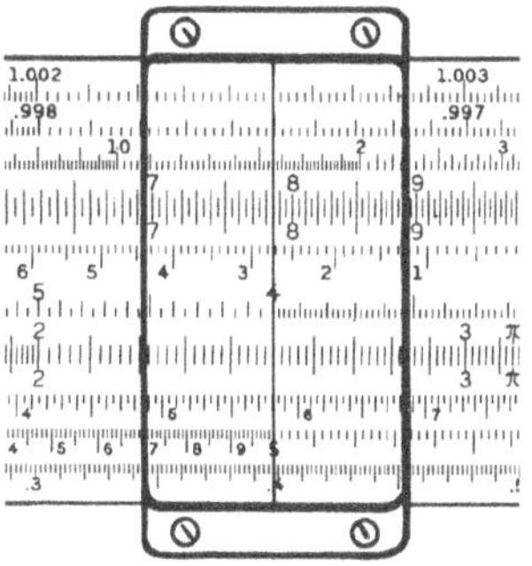

Figura 42-4. Ejemplo 2: Hallar el inverso de 2,5.

Esta escala se utiliza especialmente cuando es necesario dividir un mismo número, por una serie de números. Utilizando en este caso la escala *CI*, sólo se precisa leer la solución final.

Ejemplo: Dividir 8 por 6, 4, y 2.

1. Localizar 8 en la escala *D*.
2. Colocar la línea de lectura sobre 8.
3. Colocar el 1 de la derecha de la escala *CI* bajo la línea de lectura.
4. Localizar 6 en la escala *CI*.
5. Colocar la línea de lectura sobre 6.

6. Leer la solución, 1,33, en la escala *D*.
7. Localizar 4 en la escala *CI*.
8. Colocar la línea del cursor sobre 4.
9. Leer la solución, 2, en la escala *D*.
10. Localizar 2 en la escala *CI*.
11. Colocar la línea de lectura sobre 2.
12. Leer la solución, 4, en la escala *D*.

La figura 42-5 es una ilustración de este ejemplo.

Con esta escala es, pues, posible dividir y obtener una serie de soluciones con un solo movimiento de la regla. Estudiar la figura 42-5; observar que la distancia entre 1 y 8 en la escala *D* representa el logaritmo de 8, y las distancias en la escala *CI* representan los logaritmos de 6, 4, y 2. Estas longitudes se restan de la distancia que representa el logaritmo de 8, y así dividimos 8 por 6, 4, y 2.

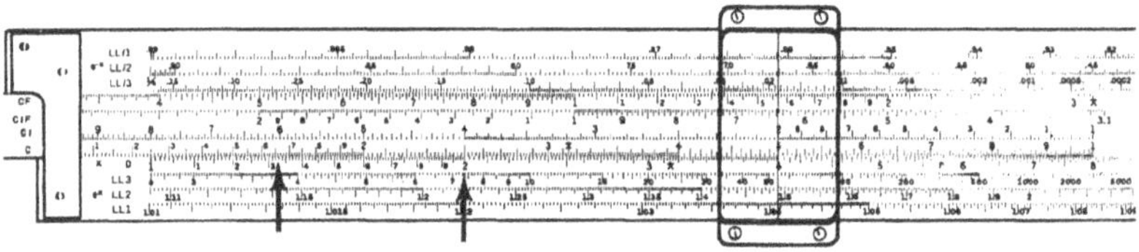

Figura 42-5. Ejemplo: Dividir 8 por 6, 4 y 2.

Ejercicios

Determinar los inversos de los números siguientes:

42-29. 107 | **42-33.** 0,5
42-30. 27 | **42-34.** 40,5
42-31. 45,3 | **42-35.** 377
42-32. 0,2

Efectuar las divisiones siguientes:

42-36. Dividir 76 por 7, 5,2, y 2,3.
42-37. Dividir 1 280 por 23, 14, y 8,2.

43/Escala de tangentes y senos

43-1 ESCALA DE TANGENTES

Los números que aparecen en las escalas de tangentes y senos representan logaritmos de tangentes y de senos. Localizar la escala de tangentes en la reglilla; esta escala se identifica mediante la letra *T* que puede estar colocada a la derecha de la escala, a su izquierda, o en los dos extremos. Localizar 30 en esta escala; leer 0,577 en la escala *D*; y leer 0,761 en la escala *L*. El 0,577 es la tangente de 30°; el 0,761 es la mantisa del logaritmo de tg 30°. La característica del logaritmo de 0,577 es $\bar{1}$; luego log tg 30° es, $\bar{1},761$. La figura 43-1 nos muestra este ejemplo.

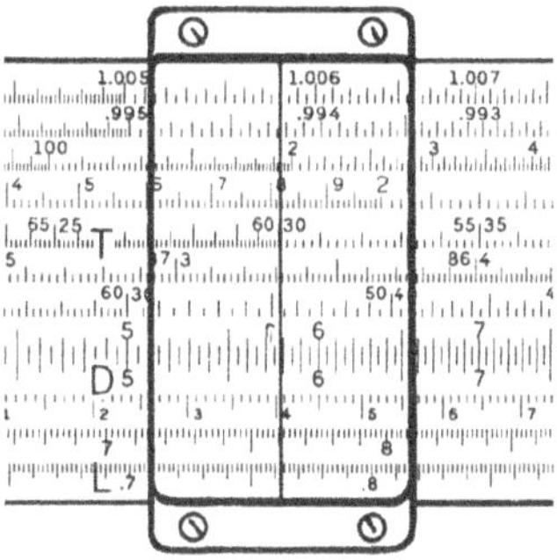

Figura 43-1. Lectura de la escala de tangentes.

Examinar la escala *T* o escala de tangentes. Observar que el primer número de esta escala es 6; representa 6°. El último número de esta escala es 45 y representa 45°. El 45 coincide sobre el 1 de la escala *D*; es lógico que suceda así, puesto que tg 45° = 1. El índice de la izquierda de la escala *D*, 0,100 es la tangente de un ángulo de 5,7°.

Algunas reglas llevan marcados otros números en la escala *T*. Estos números representan cotangentes; recuérdese que tg 30° = ctg 60°. Si no se está seguro de qué número se ha marcado en la escala *T*, comprobar los valores obtenidos en la escala *D* con los que aparecen en una tabla de funciones naturales. Comprenderemos mejor esto después de estudiar el ejemplo siguiente y la figura 43-2.

Ejemplo 1: Determinar la tangente de 17°.

1. De una tabla de funciones naturales obtenemos que la tangente de 17° es 0,3057.

2. Localizar 17 en la escala *T*.
3. Leer 0,306 en la escala *D*.
4. El 17 que aparece a la derecha de la división de la escala *T* es el valor de la tangente; el 73 sirve para la cotangente.
5. Todos los números de la derecha representan ángulos para hallar sus tangentes; los de la izquierda ángulos para hallar sus cotangentes.

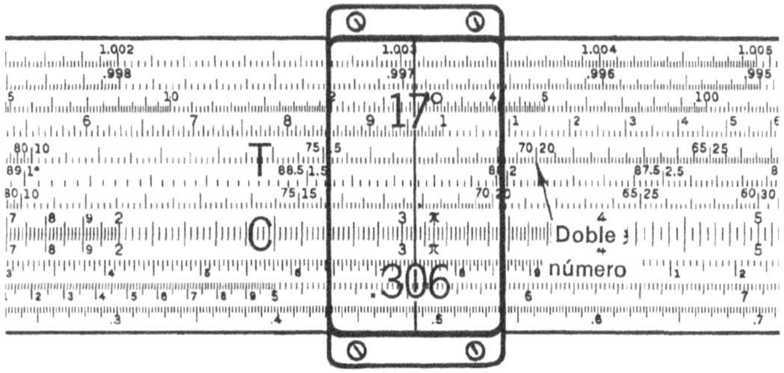

Figura 43-2. Ejemplo: Hallar la tangente de 17°.

Para calcular la tangente de un ángulo, entonces, se localiza en primer lugar el ángulo en la escala *T* y después se lee el valor de su tangente en la escala *C* o *D*. Para determinar el logaritmo de la tangente, se lee la solución en la escala *L*.

Ejemplo 2: Calcular la tangente y el logaritmo de la tangente de 15°.

1. Localizar 15° en la escala *T*.
2. Colocar la línea del cursor sobre 15°.
3. Leer la solución, 0,268 en las escalas *C* o *D*.
4. Leer la mantisa de log tg 15° en la escala *L*; es 0,428.
5. Uniéndole la característica, $\bar{1}$, resulta que log tg 15° = $\bar{1}$,428.

Puede ocurrir que la escala *L* esté en la misma o distinta cara de la reglilla que la escala *T*. Si no están en la misma cara, entonces para hacer la segunda lectura es preciso dar la vuelta a la reglilla; la línea de lectura, si está debidamente ajustada, nos permite hacer esta maniobra y leer entonces la mantisa del logaritmo.

La escala *T* puede usarse para resolver problemas trigonométricos y su disposición es tal que, con un simple deslizamiento de la reglilla, puede obtenerse la solución.

Ejemplo 1: (Ver figura 43-3.) Si $\angle A = 20°$ y $AC = 20$ m; calcular *BC*.

Solución:

$$\frac{BC}{AC} = \text{tg } A$$

$$BC = AC \text{ tg } A$$
$$BC = 20 \text{ tg } 20°$$

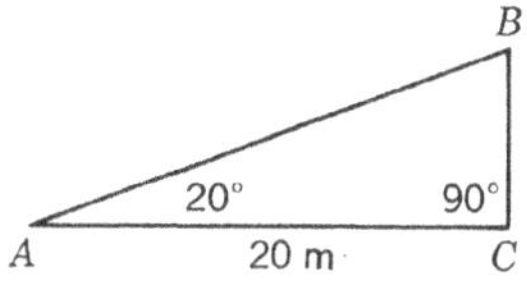

Figura 43-3. Ejemplo 1: Hallar BC.

Este problema se puede resolver determinando el valor de tg 20° con las tablas y multiplicando este valor por 20. También se puede resolver con un solo movimiento de la reglilla; los pasos son los siguientes:

1. Localizar 20° en la escala *T*.
2. Colocar la línea de lectura sobre 20°.
3. Colocar el índice 1 de la izquierda de la escala *C* bajo la línea de lectura.
4. Localizar 20 en la escala *C*.
5. Colocar la línea de lectura sobre 20.
6. Leer la solución, 7,28 m, en la escala *D*.

Podríamos leer también el valor de tg 20° en la regla, pero no es necesario; sólo hay que leer la solución final.

Ejemplo 2: (Ver figura 43-4.) En el triángulo rectángulo *ABC*, dados $BC = 24$ m y $AC = 30$ m; calcular $\angle A$.

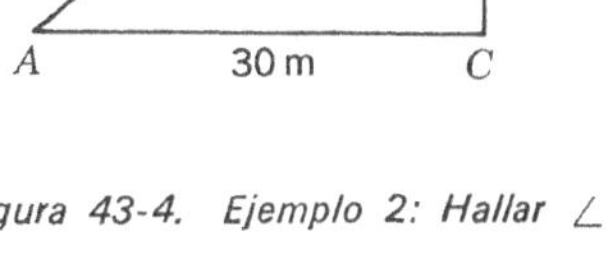

Figura 43-4. Ejemplo 2: Hallar $\angle A$.

Solución:

$$\frac{BC}{AC} = \text{tg } A$$

$$\frac{24}{30} = \text{tg } A$$

Dividiendo 24 por 30 con las escalas *C* y *D*:

$$0{,}800 = \text{tg } A$$

A continuación

1. Localizar 0,8 en la escala *C*.
2. Colocar la línea de lectura sobre 0,3.
3. Leer $\angle A$, o 38° 40′, en la escala *T*.

Como la escala *T* está numerada de 6 a 45 grados, puede usarse directamente para resolver problemas con ángulos comprendidos entre estos dos valores. También se puede utilizar esta escala para problemas con ángulos mayores o menores, puesto que la tangente y la cotangente son cofunciones. Leer y estudiar los ejemplos siguientes, que ilustran este tipo de soluciones.

Ejemplo 3: (Ver figura 43-5.) En el triángulo rectángulo *ABC*, dados *AC* = 25 m y $\angle A = 70°$; calcular *BC*.

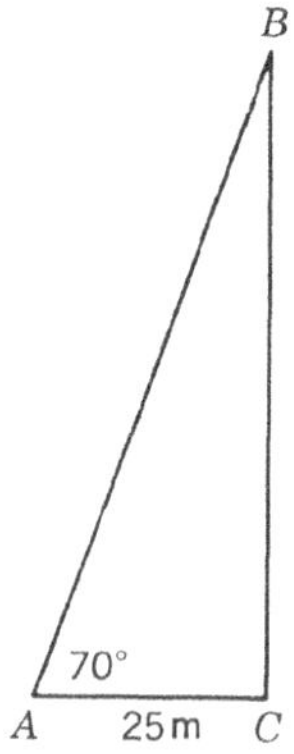

Figura 43-5. Ejemplo 3: Hallar BC.

Solución:
Si $\angle A = 70°$, entonces $\angle B = 20°$, y

$$\frac{AC}{BC} = \text{tg } 20°$$

$$\frac{AC}{\text{tg } 20°} = BC$$

$$\frac{25}{\text{tg } 20^\circ} = BC$$

Los pasos para resolver esta ecuación son los siguientes:

1. Localizar 25 en la escala *D*.
2. Colocar la línea de lectura sobre 25.
3. Colocar 20° de la escala *T* bajo la línea de lectura.
4. Leer la solución, 68,7 m, en la escala *D*.

Luego no es necesario tener una escala de tangentes para ángulos mayores de 45°; la solución puede obtenerse manejando su complementario, un ángulo menor de 45°.

43-2 ARCO Y TANGENTE DE UN NÚMERO

La escala *T* puede determinar el arco tangente de un número dado. El arco tangente de un número dado es el ángulo que tiene por tangente dicho número. En este tipo de problemas, cuando conocemos la tangente y hay que determinar el ángulo, la solución se calcula mediante los pasos siguientes:

1. Localizar el número dado (la tangente) en la escala *C*.
2. Colocar la línea de lectura sobre este número.
3. Leer el ángulo en la escala *T*.

Ejemplo 1: Calcular el arco tangente de 0,581.

1. Localizar 0,581 en la escala *C*.
2. Colocar la línea de lectura sobre 0,581.
3. Leer el ángulo, 30° 10′, en la escala *T*.

Ejemplo 2: Calcular el arco tangente de 0,357.

1. Localizar 0,357 en la escala *C*.
2. Colocar la línea de lectura sobre 0,357.
3. Leer el ángulo, 19° 40′, en la escala *T*.

El método de cálculo que hemos mostrado en estos dos ejemplos, sirve cuando se trata de números comprendidos entre 0,1 y 1, pero para los números mayores que 1, hay que usar otro método diferente. Recordar que la tangente y la cotangente son cofunciones; tg = 1/ctg, ctg = = 1/tg. Recordar también que la tangente de un ángulo es igual a la cotangente de su complementario; es decir, tg 30° = ctg 60°. Si la tangente es mayor que 1, el arco tangente se determina calculando el inverso de la tangente, determinando el arco tangente de este inverso, y restanto este valor de 90°. Este proceso se puede resumir en estos cuatro pasos:

1. Calcular el inverso de la tangente.
2. Localizar este inverso en la escala *C*.
3. Leer el ángulo en la escala *T*.
4. Restar el ángulo obtenido de 90°; el resultado es el arco tangente del valor dado.

Ejemplo: Determinar el arco tangente de 2,75.

1. Calcular el inverso de 2,75.
2. Este inverso es 0,364.
3. Localizar 0,364 en la escala *C*.
4. Colocar la línea de lectura sobre 0,364.
5. Leer 20° en la escala *T*.
6. Restar 20° de 90°, para obtener la solución, 70°.

Ahora comparar los valores de varios ángulos obtenidos con la escala *T*, con los correspondientes valores obtenidos en las tablas de funciones trigonométricas. Después de hacer varias de estas comparaciones, se ve que el 1 de la izquierda de la escala *C* o *D* representa 0,1 y el índice de la derecha es 1, y los valores intermedios representan 0,2, 0,3, 0,4, 0,5, 0,6, 0,7, 0,8 y 0,9.

Ejercicios

43-1. Calcular la tangente de 36°.
43-2. Calcular la tangente de 43°.
43-3. Calcular la cotangente de 73°.
43-4. Calcular ctg 62°.

En el triángulo rectángulo *ABC* de la figura 43-6, dados un ángulo y un cateto, o los dos catetos, calcular el lado o el ángulo indicados:

43-5. $AC = 12$ Dm, $\angle A = 20°$, calcular BC.
43-6. $AC = 107$ m, $BC = 97$ m; calcular $\angle A$.

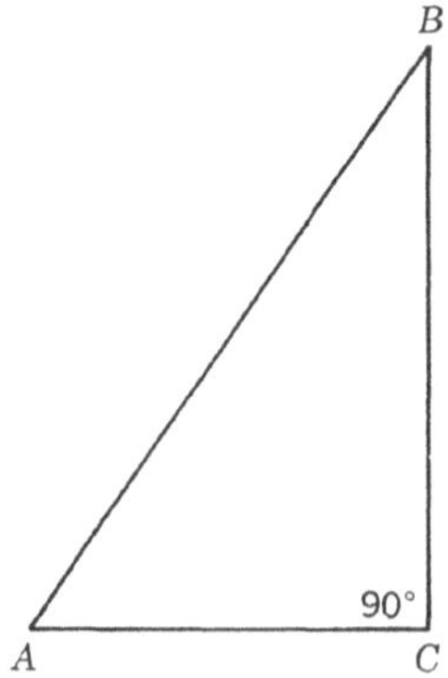

Figura 43-6. Ejercicios 43-5 a 43-9.

43-7. $BC = 27$ cm, $\angle A = 33°$; calcular AC.
43-8. $\angle B = 47°$, $AC = 10$ Km; calcular BC.
43-9. $AC = 27$ m, $BC = 36$ m; calcular $\angle A$.

43-10. Hallar el ángulo cuya tangente es 1,250.

43-11. Hallar el ángulo cuya tangente es 0,4250.
43-12. Hallar el ángulo cuya tangente es 2,600.

43-3 ESCALA DE SENOS

La escla de senos se identifica con la letra *S* y suele venir en la reglilla. Examinar esta escala; observar que las primeras divisiones de esta escala son 40′ y 50′, y que en el resto de la escala los números indican grados. Para determinar el seno de un ángulo, en primer lugar se localiza el ángulo en la escala *S* y el valor del seno se lee en la escala *B*. Como la escala *B* es una escala doble, cuando se lee en ella el valor de un seno, el índice de la izquierda se lee como 0,01, el índice central como 0,1 y el índice de la derecha como 1. Los números intermedios significan 0,02, 0,03, y así sucesivamente, si figuran en la mitad izquierda de la escala; y 0,2, 0,3, y así sucesivamente, si figuran en la mitad derecha de la escala.

Ejemplo 1: Calcular sen 25°.

1. Localizar 25° en la escala *S*.
2. Colocar la línea de lectura sobre 25°.
3. Leer la solución, 0,423, en la escala *A*.

Ejemplo 2: Calcular sen 12°.

1. Localizar 12° en la escala *S*.
2. Colocar la línea de lectura sobre 12°.
3. Leer la solución, 0,208 en la escala *A*.

Ejemplo 3: Calcular sen 5°.

1. Localizar 5° en la escala *S*.
2. Colocar la línea del cursor sobre 5°.
3. Leer la solución, 0,087, en la escala *A*.

La escala *S* puede utilizarse para resolver problemas trigonométricos y, generalmente, la solución de estos problemas se puede hacer con un solo movimiento de la reglilla.

Ejemplo: (Ver figura 43-7.) En el triángulo rectángulo *ABC*, dados $\angle A = 32°$ y $AB = 16$ m calcular *BC*.

Solución:

$$\frac{BC}{AB} = \text{sen}\, A$$

$$\frac{BC}{16} = \text{sen } 32°$$

$$BC = 16 \text{ sen } 32°$$

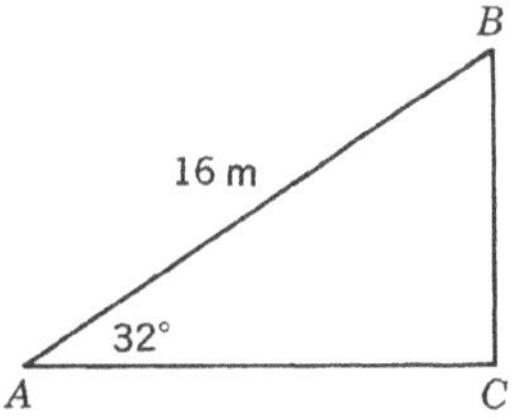

Figura 43-7. Ejemplo: Hallar BC.

A continuación

1. Localizar 32° en la escala *S*.
2. Colocar la línea de lectura sobre 32°.
3. Leer el valor del seno, 0,530, en la escala *A*.
4. Multiplicar 16 por 0,530 con las escalas *C* y *D*.
5. Leer la solución, 8,48, en la escala *D*.

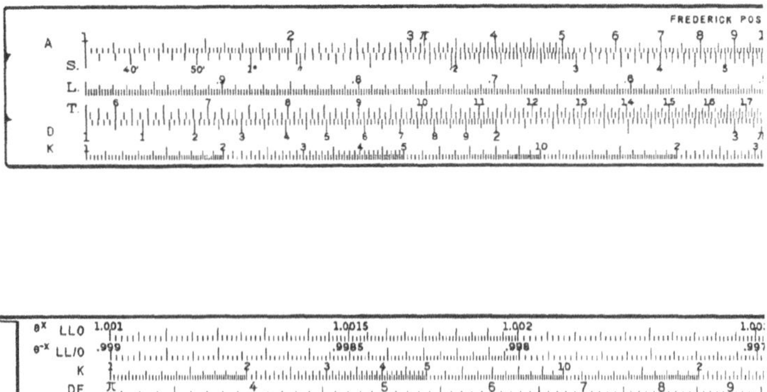

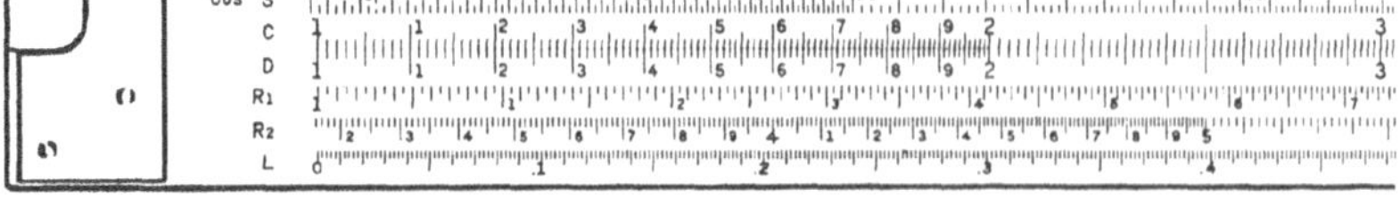

El procedimiento anterior es adecuado y debe usarse si la escala *S* de la regla está integrada (forma un todo) con la escala *A*. Pero algunas reglas actuales tienen integradas la escala *S* con las escalas *C* y *D*, y para estas reglas este método no es correcto.

En la regla que nos muestra la figura 43-8, las escalas *S* y *A* están integradas; en la regla de la figura 43-9 las escalas *S* y *C* y *D* son las que están integradas.

Obsérvese que la escala *S* en la regla de la figura 43-9 comienza en el ángulo de 6° y termina en el ángulo de 90°. El seno de un ángulo se determina en este caso localizando el ángulo en la escala *S* y efectuando la lectura del seno en la escala *D*.

Ejemplo: Calcular el seno y el logaritmo del seno de un ángulo de 16°.

1. Localizar 16° en la escala *S*.
2. Leer el seno, 0,276, en la escala *D*.
3. Leer la mantisa del logaritmo del seno, 0,440, en la escala *L*.
4. Log sen 16° = $\bar{1}$,440.

La figura 43-10 es una ilustración de este ejemplo.

43-4 ARCO SENO DE UN NÚMERO

Si conocemos el valor del seno, podemos determinar el ángulo. La determinación del ángulo, o arco seno del número dado, se puede hacer siguiendo estos tres pasos:

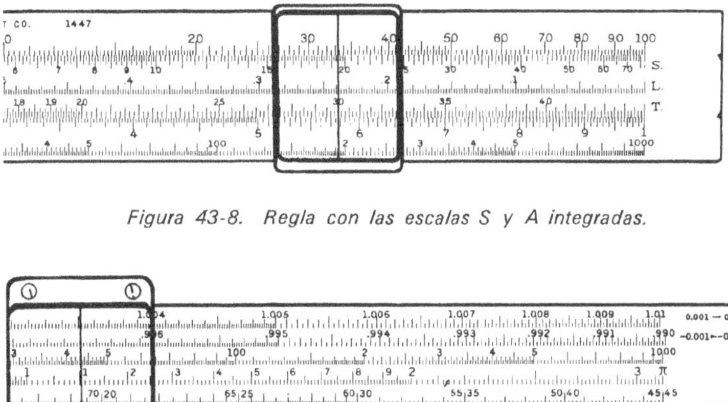

Figura 43-8. Regla con las escalas S y A integradas.

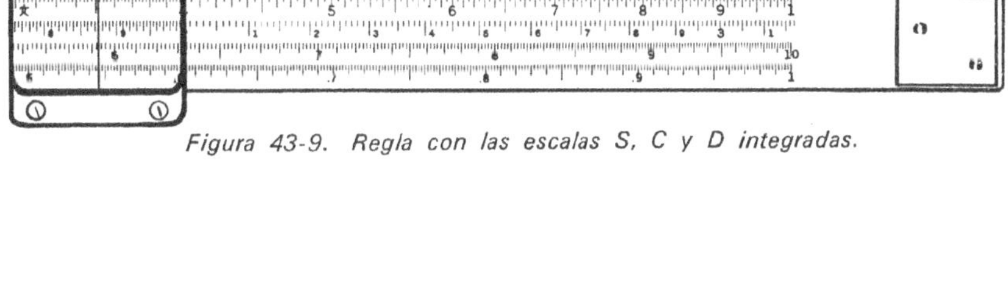

Figura 43-9. Regla con las escalas S, C y D integradas.

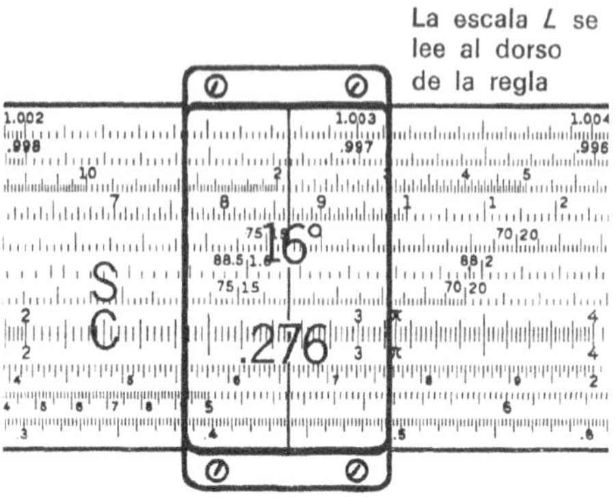

Figura 43-10. Ejemplo: Hallar el seno y el logaritmo del seno de 16°.

1. Localizar el seno en la escala *A*.
2. Colocar la línea de lectura sobre este número.
3. Leer el ángulo en la escala *S*.

Ejemplo 1: Calcular el arco seno de 0,518.

1. Localizar 0,518 en la parte derecha de la escala *A*.
2. Colocar la línea de lectura sobre 0,518.
3. Leer 31° 10′ en la escala *S*.

Ejemplo 2: Calcular el arco seno de 0,090.

1. Localizar 0,090 en la mitad izquierda de la escala *A*.
2. Colocar la línea del cursor sobre 0,090.
3. Leer 5° 10′ en la escala *S*.

El método anterior es el adecuado para una regla de cálculo que tenga integradas las escalas *S* y *A*. Si nuestra regla lleva integradas las escalas *S* y *C*, la solución se lee también en la escala *S*, pero el número dado hay que localizarlo en la escala *C*. La diferencia queda aclarada en el ejemplo siguiente:

Ejemplo: Calcular el arco seno de 0,518.

1. Localizar 0,518 en la escala *C*.
2. Colocar la línea de lectura sobre 0,518.
3. Leer 31° 10′ en la escala *S*.

43-5 LA ESCALA ST

Las reglas de cálculo que tienen integradas las escalas *S* y *C* y *D* suelen tener una escala señalada con las letras *ST*. La *S* de esta señal significa el seno y la *T* representa la tangente. Para los ángulos muy pequeños, se usa la escala *ST* para resolver aquellos problemas en los que intervengan el seno o la tangente del ángulo. Esto es posible porque el seno y la tangente de los ángulos muy pequeños tienen casi el mismo valor. Por ejemplo, el seno de 3° es 0,0523 y la tangente de 3° es 0,0524; el seno de 2° es 0,0349 y la tangente de 2° es 0,0349. El alumno puede hacer otras comparaciones similares con ayuda de la tabla de funciones naturales.

Deberíamos esperar que el valor de estas dos funciones fuera casi igual para ángulos muy pequeños. En el triángulo rectángulo *ABC* de la figura 43-11, sen $A = BC/AB$, y tg $A = BC/AC$. El numerador de estas dos fracciones es el mismo, *BC*. Los denominadores, *AB* y *AC*, tienen casi la misma longitud; por consiguiente BC/AB y BC/AC son aproximadamente iguales.

Figura 43-11. Seno y tangente de ángulos pequeños.

La escala *ST* puede entonces utilizarse para resolver problemas en los que intervengan el seno o la tangente de ángulos pequeños.

Ejemplo 1: Determinar el seno y el logaritmo del seno de 4° 30′.

1. Localizar 4° 30′ o 4,5° en la escala *ST*.
2. Colocar la línea del cursor sobre 4° 30′ ó 4,5°.
3. Leer el seno, 0,0785, en la escala *D*.
4. Leer la mantisa del logaritmo del seno en la escala *L*; es 0,895.
5. Determinar su característica, $\bar{2}$; luego el logaritmo del seno es $\bar{2}$,895.

Ejemplo 2: Determinar la tangente y el logaritmo de la tangente de 2° 20′.

1. Localizar 2° 20′ o 2,33° en la escala *ST*.
2. Colocar la línea de lectura sobre 2,33°.
3. Leer la tangente, 0,0407, sobre la escala *D*.
4. Leer la mantisa del logaritmo de la tangente en la escala *L*; es 0,610.
5. Determinar la característica, $\bar{2}$; luego el logaritmo de la tangente de 2,33° es $\bar{2}$,610.

Como las escalas *C* y *D* son idénticas, todas estas soluciones pueden leerse tanto en la escala *C* como en la escala *D*. Cuando estemos utilizando la escala *ST*, los valores que hay que leer en la escala *C* o *D* son 0,01, 0,02, 0,03, 0,04, 0,05, 0,06, 0,07, 0,08 y 0,09 para cada una de las divisiones mayores de estas dos escalas.

43-6 EL COSENO

La escala de senos puede utilizarse también para resolver problemas en los que intervenga el coseno de un ángulo. Debemos recordar que sen 20° = cos 70°. Es decir, el valor numérico de una función de un ángulo es igual a la cofunción de su complementario.

Para determinar el coseno de un ángulo utilizando la escala *S*, se lee el valor del seno de su complementario en las escalas *C* o *D*.

Ejemplo: Calcular cos 30°.

1. Cos 30° = sen 60°.
2. Localizar 60° en la escala *S*.
3. Colocar la línea de lectura sobre 60°.
4. Leer la solución, 0,866, en las escalas *C* o *D*.

43-7 LA COTANGENTE

La escala de tangentes, o la escala *T* puede utilizarse para resolver problemas en los que intervenga la cotangente de un ángulo. Otra vez, se ha de recordar que las cofunciones de los ángulos complementarios son iguales; es decir, tg 40° = ctg 50°.

Ejemplo: Calcular la cotangente de 70°.

1. Tg 20° = ctg 70°.
2. Localizar 20° en la escala *T*.
3. Leer la solución, 0,364, en la escala *C* o *D*.

43-8 LA ESCALA CIF

La escala *CIF* es una escala orientada en sentido inverso a las restantes; los números que hay en ella crecen de derecha a izquierda. Todos los números de la escala *CIF* son los inversos de los números de la escala *CF*. Con esta escala, expresiones análogas a $^1/_2\pi$ pueden calcularse con un solo movimiento de la reglilla.

Ejemplo: Calcular el valor de $1/2\pi$.

1. Localizar 2 en la escala *C*.
2. Colocar la línea del cursor sobre 2.
3. Leer la solución, 0,159 en la escala *CIF*.

En el paso 2 puede leerse la solución intermedia –el producto de 2 por π– en la escala *CF*, pero no es necesario leer este producto (6,28) para obtener la solución final.

Ejercicios

43-13. Calcular el seno de 82°.
43-14. Calcular el seno de 47°.
43-15. Calcular el coseno de 27°.
43-16. Calcular el coseno de 72°.

En un triángulo rectángulo ABC, dados los datos indicados, calcular el ángulo o el lado indicados.

43-17. $AB = 12$ m, $\angle A = 33°$; calcular BC.
43-18. $\angle B = 47°$, $AB = 127$ m; calcular BC.
43-19. $BC = 27$ m, $AB = 36$ m; calcular $\angle A$.
43-20. $BC = 100$ m, $AB = 127$ m; calcular $\angle B$.
43-21. $AC = 30$ cm, $AB = 37$ cm; calcular $\angle A$.

43-22. Calcular el ángulo cuyo seno es 0,832.
43-23. Calcular el ángulo cuyo seno es 0,475.
43-24. Calcular el ángulo cuyo seno es 0,574.
43-25. Calcular el ángulo cuyo seno es 0,1675.
43-26. Calcular el ángulo cuyo seno es 0,0870.
43-27. Calcular el valor de $1/\pi 2$.
43-28. Calcular el valor de $1/1{,}5\pi$.

44/Aplicaciones

Este capítulo está dedicado a resolver problemas de distintas Ciencias aplicadas, para poner ejemplos de varios usos de la regla de cálculo.

Algunas fórmulas sencillas como $E = IR$ y $P = EI$ pueden resolverse rápidamente con la regla de cálculo. En cada ecuación debemos conocer dos datos para calcular el tercero. Veamos dos ejemplos de esta aplicación.

Ejemplo 1: Calcular E si I es 12,5 amperios y R es 2,6 ohmios.

Solución:

$$E = IR$$
$$E = 12{,}5 \times 2{,}6$$
$$E = 32{,}5 \text{ voltios}$$

El producto puede hacerse, naturalmente, con las escalas C y D.

Ejemplo 2: Calcular I si el voltaje es 220 y la potencia en watios es 1 500.

Solución:

$$P = IE$$
$$I = \frac{P}{E}$$
$$I = \frac{1\,500}{220}$$
$$I = 6{,}82 \text{ amp}$$

La división de 1 500 por 220 se ha hecho con las escalas C y D.

Los ejemplos anteriores son ejemplos sencillos de multiplicaciones y divisiones con las escalas C y D. En los ejemplos siguientes hay que utilizar la escala S para determinar la solución.

Ejemplo 3: Calcular la potencia de una corriente alterna utilizando la fórmula $P = EI \cos \theta$, si $E = 115$ voltios, $I = 35$ amperios y $\theta = 10°$.

Solución:

$$P = EI \cos 10^\circ$$
$$P = 115 \times 35 \cos 10^\circ$$

Como cos 10° = sen 80°, la fórmula se puede transformar para poder utilizar la escala *S*,

$$P = 115 \times 35 \text{ sen } 80^\circ$$

Los pasos para resolver el problema son, entonces:

1. Localizar 80° en la escala *S*.
2. Colocar la línea de lectura sobre 80°.
3. Leer el valor de sen 80°; es 0,985.
4. Multiplicar 115 × 35 × 0,985 con las escalas *C* y *D*.
5. Leer la solución, 3 960 watios, en la escala *D*.

Ejemplo 4: En la fórmula $S = 4\pi r^2$, calcular *S* si *r* es 23.

Solución 1:

$$S = 4\pi r^2$$
$$S = 4\pi(23)^2$$

1. Localizar 4 en la escala *D*.
2. Colocar la línea de lectura sobre 4; leer el valor de 4π, 12,56, en la escala π.
3. Localizar 23 en la escala *C*.
4. Colocar la línea de lectura sobre 23 en la escala R_1; leer la solución $(23)^2$, 529, en la escala *C*.
5. Multiplicar 529 por 12,56 con las escalas *C* y *D*.
6. Localizar el índice de la izquierda de la escala *C* sobre 1256.
7. Colocar la línea de lectura sobre 529 de la escala *C*.
8. Leer la solución, 6 640, en la escala *D*.

Este problema también puede resolverse sin leer las soluciones intermedias. Una segunda solución del mismo problema es la siguiente.

Solución 2:

$$S = 4\pi r^2;\ r = 23$$
$$S = 4\pi(23)^2 = (23)^2 4\pi$$
$$S = 6\,640$$

Observar que, en esta segunda solución, los números se han dispuesto de forma distinta. Lo hemos hecho para que la explicación quede más clara. Los pasos de esta solución son éstos:

1. Multiplicar 23 × 23 con las escalas *C* y *D*.
2. Conservar esta solución con la línea de lectura, pero sin leerla.
3. Multiplicar este resultado $(23)^2$ por 4.

4. Colocar la línea de lectura sobre este producto.
5. Leer la solución, 6 640, en la escala *DF*.

NOTA: Este problema puede resolverse también utilizando solamente las escalas *C* y *D* escribiéndolas en la forma:

$$S = 4 \times 3{,}1416 \times 23 \times 23$$
$$S = 6\,640$$

Ejemplo 5: Si $V = \sqrt{2gh}$ y $g = 9{,}8$ y $h = 125$, ¿cuál es el valor de V?

Solución:

$$V = \sqrt{2gh}$$
$$V = \sqrt{2 \times 9{,}8 \times 125}$$

1. Efectuar el producto con las escalas *C* y *D*: $V = \sqrt{2\,450.}$
2. Extraer la raíz cuadrada de 2.450 con las escalas *B* y *C*.
3. Como el número es una unidad de millar, hay que usar la parte derecha de la escala *B*.
4. Localizar 2450 en esa parte de la escala *B*.
5. Colocar la línea de lectura sobre 2450.
6. Leer la solución, 49,5, en la escala *C*.

Los problemas de razones y proporciones pueden resolverse con un solo movimiento de la reglilla.

Ejemplo 6: El número de revoluciones de dos ruedas dentadas engranadas es inversamente proporcional al número de dientes de cada una de ellas. Si el número de dientes de dos ruedas engranadas es 15 y 48 y las revoluciones por minuto de la rueda pequeña son 40, hallar el número de revoluciones por minuto de la rueda mayor.

Solución 1: Sea x = número de revoluciones por minuto de la rueda mayor.

1. Plantear la proporción:

$$\frac{15}{48} = \frac{x}{40}, \text{ o } 15:48 = x:40$$

2. Despejar x:

$$x = \frac{40 \times 15}{48}$$

3. Localizar 40 en la escala *D*.
4. Colocar la línea de lectura sobre 40.
5. Localizar 48 en la escala *C*; colocarlo bajo la línea de lectura.
6. Localizar 15 en la escala *C*.

7. Colocar la línea de lectura sobre 15.
8. Leer la solución, 12,5 rpm, en la escala *D*.

El mismo problema puede resolverse con las escalas *CF* y *DF*.

Solución 2: Sea x = rpm de la rueda mayor. Entonces

$$x = \frac{40 \times 15}{48}$$

1. Localizar 40 en la escala *DF*.
2. Colocar la línea de lectura sobre 40.
3. Localizar 48 en la escala *CF*.
4. Colocar 48 bajo la línea de lectura.
5. Localizar 15 en la escala *ÁF*.
6. Colocar la línea de lectura sobre 15.
7. Leer la solución, 12,5 rpm, en la escala *DF*.

Comparar las dos soluciones del mismo problema: ¿Son realmente diferentes? Por supuesto que no; las escalas *CF* y *DF* se han ideado porque cada valor de los que aparecen en ellas comparado con los de las escalas *C* y *D* está multiplicado por π. Pero las escalas *CF, DF, C* y *D* tienen la misma longitud total entre 1 y 1. Luego, en realidad, hemos aplicado las dos veces el mismo método, y en ambas soluciones se ha dividido 40 por 48 y el resultado se ha multiplicado por 15

Ejemplo 7: En la ecuación $PV^{1,4} = 125$, despejar V si P es 25.

Solución:

$$PV^{1,4} = 125$$

$$25V^{1,4} = 125$$

$$V^{1,4} = \frac{125}{25}$$

$$V = \sqrt[1,4]{\frac{125}{25}}$$

1. Dividir 125 por 25 con las escalas *C* y *D*.
2. Extraer la raíz de índice 1,4 de 5 con las escalas *LL*.
3. Localizar 5 en la escala *LL 3*.
4. Colocar la línea de lectura sobre 5 de la escala *LL 3*.
5. Colocar 1,4 de la escala *C* bajo la línea del cursor.
6. Leer la solución, 3,16, alineado con el 1 de la escala *C*, en la escala *LL 3*.

Ejemplo 8: En un circuito de corriente alterna, la intensidad *i* en un instante cualquiera viene dada por la fórmula

$$i = I\left[1 - \frac{1}{e^{Rt/L}}\right]$$

Calcular *i* cuando *I* = 25 amperios, *R* = 6 ohmios, *t* = 0,5 segundos, y *L* = 2.

Solución:

$$i = 25\left[1 - \frac{1}{e^{(0,5 \times 6)/2}}\right]$$

$$i = 25\left[1 - \frac{1}{e^{1,5}}\right]$$

NOTA: El número *e* que aparece en la fórmula es 2,7182818 (con siete cifras decimales). El símbolo *e* aparece en fórmulas de Electricidad y Física; es la base del sistema de logaritmos naturales o neperianos.

Este número se localiza en el extremo de la izquierda de la escala *LL 3* y también en el extremo de la derecha de la escala *LL 2;* está, pues, situado entre el 2,5 de la escala *LL 2* y el 3 de la escala *LL 3.* Las escalas *LL* sirven para calcular *e* elevado a cualquier potencia.

Para calcular *e* elevado a una potencia cualquiera:

1. Trasladar la reglilla para que el 1 de la escala *C* coincida encima de el valor *e* de la escala *LL 3.*
2. Localizar el exponente en la escala *C* o *D.*
3. Leer la solución en la escala *LL.*

Para calcular $e^{1,5}$:

1. Colocar la reglilla como se ha indicado anteriormente.
2. Localizar 1,5 en la escala *C* o *D.*
3. Colocar la línea de lectura sobre 1,5.
4. Leer la solución, 4,48, en la escala *LL 3.*

Para completar el problema, sustituir $e^{1,5}$ por su valor, 4,48:

$$i = 25\left(1 - \frac{1}{4,48}\right)$$

$$i = 25(1 - 0,223)$$

$$i = 25(0,777)$$

$$i = 19,4$$

Ejercicios

44-1. La mayoría de las reglas tienen escalas *A* y *B* para extraer raíces cuadradas y una escala *K* para extraer raíces cúbicas. Describir cómo sería una escala diseñada para calcular raíces cuartas.

44-2. Diseñar una regla de cálculo que sirva para sumar y restar.

44-3. Diseñar una escala para calcular raíces cuadradas con más aproximación que las escalas *A* y *B*.

44-4. Describir cómo deben emplearse las escalas *DF* y *CF* para multiplicar y dividir.
44-5. En la ecuación $PV^{1,4} = K$, calcular *P* cuando $V = 15$ y $K = 220$. Calcular *V* cuando $P = 100$ y $K = 1\,200$.
44-6. Dada la fórmula $H = FWS/4\,500$ hallar *H* si $F = 90$, $W = 14$, y $S = 5\,000$.
44-7. Dada la fórmula $H = (D^2N)/2{,}5$, calcular *H* cuando $D = 4$ y $N = 6$.
44-8. Dada la fórmula $R = Lk/(d^2)$, calcular *R* si $L = 10\,560$, $k = 9{,}6$, y $d^2 = 6\,330$.
44-9. Dada la fórmula $V = (\pi r^2 h)/3$, calcular *r* si $h = 20$ y $V = 145$.
44-10. Dada la fórmula $W = (4bd^2k)/2L$, calcular *W* si $b = 6$, $d = 10$, $L = 192$, y $k = 1\,900$.
44-11. Dada la fórmula

$$P = \sqrt[3]{\frac{ABC}{1{,}4B + (A^2)/(C^2)}}$$

Calcular *P* cuando $A = 11$, $B = 1{,}71$, y $C = 1{,}3$.
44-12. Despejar *d* de la fórmula:

$$d = 68.5\sqrt[3]{\frac{90}{100 \times 50\,000/8}}$$

44-13. Dada la fórmula $e = (Gv^2)/(9{,}8\,R)$, calcular *e* si $G = 4{,}71$, $R = 5\,730$, y $v = 20$.
44-14. Dada la fórmula $V^2 = k(p/v)$, calcular *k* cuando $V = 1\,850$, $p = 5$, y $w = 10$.

CONCLUSIÓN

No todos los posibles usos de la regla de cálculo se han expuesto en los capítulos precedentes. Por ejemplo, también se pueden utilizar las escalas *A* y *B* para multiplicar y dividir. Es importante que el alumno recuerde dos cosas: que las distancias en la regla de cálculo representan logaritmos, y que al manejar la regla se aplican todos los principios de logaritmos. Si se ha comprendido la aplicación de los logaritmos a las escalas convencionales que se han explicado, entonces se pueden aplicar estos conocimientos a otros tipos de reglas de cálculo, como las reglas circulares, y aquellas otras que tengan más escalas de las descritas aquí o tengan las escalas dispuestas de forma diferente.

Apéndice tablas

Tabla 1. Formulario

[1] $A = ab$, rectángulo, paralelogramo.
[2] $a = A : b$, rectángulo, paralelogramo.
[3] $b = A : a$, rectángulo, paralelogramo.
[4] $A = \frac{1}{2}ab$, triángulo.
[5] $a = 2A : b$, triángulo.
[6] $b = 2A : a$, triángulo.
[7] $A = \sqrt{s(s-a)(s-b)(s-c)}$, donde $s = \frac{1}{2}(a+b+c)$, triángulo.
[8] $A = \frac{1}{2}(B+b) \times a$, trapecio.
[9] $c = \sqrt{a^2+b^2}$, triángulo rectángulo.
[10] $a = \sqrt{c^2-b^2}$, triángulo rectángulo.
[11] $b = \sqrt{c^2-a^2}$, triángulo rectángulo.
[12] $l : 1 = t : T$, piezas cónicas.
[13] $x = \frac{D-d}{2} \times \frac{L}{l}$, piezas cónicas.
[14] $D_1 = D - \frac{1{,}732}{N}$, roscas en V.
[15] $D_1 = D - \frac{1{,}299}{N}$, rosca americana normal.
[16] $r = \frac{(\frac{1}{2}w)^2 + h^2}{2h}$, segmento circular.
[17] $h = r - \sqrt{r^2 - (\frac{1}{2}w)^2}$, segmento circular.
[18] $w = 2\sqrt{h(2r-h)}$, segmento circular.
[19] $C = \pi d$, circunferencia.
[20] $d = C : \pi$, circunferencia.
[21] $C = 2\pi r$, circunferencia.
[22] $2r = C : \pi$, circunferencia.
[23] $A = \frac{1}{2}Cr$, círculo.
[24] $A = \pi r^2$, círculo.
[25] $A = \frac{1}{4}\pi d^2 = 0{,}7854d^2$, círculo.
[26] $r = \sqrt{A : \pi}$, círculo.
[27] $d = \sqrt{A : \frac{1}{4}\pi}$, círculo.
[28] $A_r = A - a = \pi R^2 - \pi r^2 = \pi(R^2 - r^2) = \pi(R+r)(R-r)$, corona circular.
[29 (a)] $A = \frac{\theta}{360} \times \pi r^2$, sector circular.
[29 (b)] $A = \frac{1}{2}\,\text{arc}\cdot r$, sector circular.
[30 (a)] $A = \frac{2}{3}hw + \frac{h^3}{2w}$, segmento circular.
[30 (b)] $A = \frac{4}{3}h^2\sqrt{\frac{2r}{h} - 0{,}608}$, segmento circular.
[31] $A = \pi ab$, elipse.
[32 (a)] $P = \pi(a+b)$, elipse.
[32 (*b*)] $P = \pi[\frac{3}{2}(a+b) - \sqrt{ab}]$, elipse.
[32 (c)] $P = \pi\sqrt{2(a^2+b^2)}$, elipse.
[33] $S = ph$, prisma.
[34] $T = ph + 2A$, prisma.
[35] $T = 6a^2$, cubo.
[36] $p = S : h$, prisma.
[37] $h = S : p$, prisma.
[38] $V = Ah$, prisma.

Tabla 1. Formulario (Continuación)

[39] $V = a^3$, cubo.
[40] $h = V : A$, prisma.
[41] $A = V : h$, prisma.
[42] $S = Ch = \pi dh = 2\pi rh$, cilindro.
[43] $V = Ah = \pi r^2 h = \frac{1}{4}\pi d^2 h$, cilindro.
[44] $h = V : A = V : \pi r^2$, cilindro.
[45] $A = V : h$, cilindro.
[46] $V = \pi R^2 h - \pi r^2 h = \pi h(R^2 - r^2) = \pi\, \pi h(R + r)(R - r)$, cilindro hueco.
[47] $S = \frac{1}{2}ps$, pirámide o cono.
[48] $T = \frac{1}{2}ps + A$, pirámide o cono.
[49] $S = \frac{1}{2}(P + p)s$, tronco de pirámide o de cono.
[50] $T = \frac{1}{2}(P + p)s + B + b$, tronco de pirámide o de cono.
[51] $V = \frac{1}{3}Ah$, pirámide o cono.
[52] $V = \frac{1}{3}h(B + b + \sqrt{Bb})$, tronco de pirámide o de cono.
[53] $V = \frac{1}{3}\pi h(R^2 + r^2 + Rr)$, tronco de cono.
[54] $V = \frac{1}{12}\pi h(D^2 + d^2 + Dd)$, tronco de cono.
[55] $S = 4\pi r^2 = \pi d^2$, esfera.
[56] $V = \frac{1}{3}Sr = \frac{4}{3}\pi r^3 = \frac{1}{6}\pi d^3$, esfera.
[57] $Z = 2\pi rh$ área de la zona esférica.
[58] $V = \frac{1}{2}\pi h(r_1^2 + r_2^2) + \frac{1}{6}\pi h^3$, volumen del segmento esférico.
[59] $A = 2\pi R \times 2\pi r = 4\pi^2 Rr$, toro.
[60] $V = 2\pi R \times \pi r^2 = 2\pi^2 Rr^2$, toro.
[61] $V = \frac{1}{6}h(B_1 + 4M + B_2)$, prismatoide
[62] $\text{sen}^2\,\theta + \cos^2\theta = 1$.
[63] $\sec^2\theta = 1 + \text{tg}^2\,\theta$.
[64] $\text{cosec}^2\,\theta = 1 + \text{cotg}^2\,\theta$.
[65] $\text{sen}\,\theta = \dfrac{1}{\text{cosec}\,\theta}$ o $\text{cosec}\,\theta = \dfrac{1}{\text{sen}\,\theta}$.
[66] $\cos\theta = \dfrac{1}{\sec\theta}$ o $\sec\theta = \dfrac{1}{\cos\theta}$.
[67] $\text{tg}\,\theta = \dfrac{1}{\text{ctg}\,\theta}$ o $\text{ctg}\,\theta = \dfrac{1}{\text{tg}\,\theta}$.
[68] $\text{tg}\,\theta = \dfrac{\text{sen}\,\theta}{\cos\theta}$.
[69] $\text{ctg}\,\theta = \dfrac{\cos\theta}{\text{sen}\,\theta}$.
[70] $\text{sen}\,(A + B) = \text{sen}\,A\cos B + \cos A\,\text{sen}\,B$.
[71] $\text{sen}\,(A - B) = \text{sen}\,A\cos B - \cos A\,\text{sen}\,B$.
[72] $\cos(A + B) = \cos A\cos B - \text{sen}\,A\,\text{sen}\,B$.
[73] $\cos(A - B) = \cos A\cos B + \text{sen}\,A\,\text{sen}\,B$.
[74] $\text{tg}\,(A + B) = \dfrac{\text{tg}\,A + \text{tg}\,B}{1 - \text{tg}\,A\,\text{tg}\,B}$.
[75] $\text{tg}\,(A - B) = \dfrac{\text{tg}\,A - \text{tg}\,B}{1 + \text{tg}\,A\,\text{tg}\,B}$.
[76] $\text{sen}\,2A = 2\,\text{sen}\,A\cos A$.
[77] $\cos 2A = \cos^2 A - \text{sen}^2 A = 1 - 2\,\text{sen}^2 A = 2\cos^2 A - 1$.
[78] $\text{tg}\,2A = \dfrac{2\,\text{tg}\,A}{1 - \text{tg}^2 A}$.
[79] $\text{sen}\,A = \pm\sqrt{\dfrac{1 - \cos 2A}{2}}$.
[80] $\cos A = \pm\sqrt{\dfrac{1 + \cos 2A}{2}}$.
[81] $\text{tg}\,A = \pm\sqrt{\dfrac{1 - \cos 2A}{1 + \cos 2A}} = \dfrac{\text{sen}\,2A}{1 + \cos 2A} = \dfrac{1 - \cos 2A}{\text{sen}\,2A}$.
[82] $\text{sen}\,A\cos B = \frac{1}{2}\text{sen}\,(A + B) + \frac{1}{2}\text{sen}\,(A - B)$.
[83] $\cos A\,\text{sen}\,B = \frac{1}{2}\text{sen}\,(A + B) - \frac{1}{2}\text{sen}\,(A - B)$.
[84] $\cos A\cos B = \frac{1}{2}\cos(A + B) + \frac{1}{2}\cos(A - B)$.

Tabla 1. Formulario (Continuación)

[85] $\operatorname{sen} A \operatorname{sen} B = -\frac{1}{2}\cos(A+B) + \frac{1}{2}\cos(A-B)$.

[86] $\operatorname{sen} A + \operatorname{sen} B = 2\operatorname{sen}\frac{1}{2}(A+B)\cos\frac{1}{2}(A-B)$.

[87] $\operatorname{sen} A - \operatorname{sen} B = 2\cos\frac{1}{2}(A+B)\operatorname{sen}\frac{1}{2}(A-B)$.

[88] $\cos A + \cos B = 2\cos\frac{1}{2}(A+B)\cos\frac{1}{2}(A-B)$.

[89] $\cos A - \cos B = -2\operatorname{sen}\frac{1}{2}(A+B)\operatorname{sen}\frac{1}{2}(A-B)$.

[90] $\dfrac{a}{\operatorname{sen} A} = \dfrac{b}{\operatorname{sen} B} = \dfrac{c}{\operatorname{sen} C}$.

[91] $a^2 = b^2 + c^2 - 2bc\cos A$.

[92] $b^2 = a^2 + c^2 - 2ac\cos B$.

[93] $c^2 = a^2 + b^2 - 2ab\cos C$.

[94] $\cos A = \dfrac{b^2 + c^2 - a^2}{2bc}$.

[95] $\cos B = \dfrac{a^2 + c^2 - b^2}{2ac}$.

[96] $\cos C = \dfrac{a^2 + b^2 - a^2}{2ab}$.

ECUACIONES DE MOLLWEIDE PARA COMPROBACIÓN EN TRIÁNGULOS

[97] $\dfrac{a-b}{c} = \dfrac{\operatorname{sen}\frac{1}{2}(A-B)}{\cos\frac{1}{2}C}$.

[98] $\dfrac{a+b}{c} = \dfrac{\cos\frac{1}{2}(A-B)}{\operatorname{sen}\frac{1}{2}C}$.

Sea $s = \dfrac{a+b+c}{2}$.

[99] $\operatorname{sen}\frac{1}{2}A = \sqrt{\dfrac{(s-b)(s-c)}{bc}}$.

[100] $\operatorname{sen}\frac{1}{2}B = \sqrt{\dfrac{(s-a)(s-c)}{ac}}$.

[101] $\operatorname{sen}\frac{1}{2}C = \sqrt{\dfrac{(s-a)(s-b)}{ab}}$.

[102] $\cos\frac{1}{2}A = \sqrt{\dfrac{s(s-a)}{bc}}$.

[103] $\cos\frac{1}{2}B = \sqrt{\dfrac{s(s-b)}{ac}}$.

[104] $\cos\frac{1}{2}C = \sqrt{\dfrac{s(s-c)}{ab}}$.

Sea $r = \sqrt{\dfrac{(s-a)(s-b)(s-c)}{s}}$.

[105] $\operatorname{tg}\frac{1}{2}A = \dfrac{r}{s-a}$.

[106] $\operatorname{tg}\frac{1}{2}B = \dfrac{r}{s-b}$.

[107] $\operatorname{tg}\frac{1}{2}C = \dfrac{r}{s-c}$.

[108] Área del triángulo $= \frac{1}{2}bc\operatorname{sen} A = \frac{1}{2}ac\operatorname{sen} B = \frac{1}{2}ab\operatorname{sen} C$.

[109] Área del triángulo $= \sqrt{s(s-a)(s-b)(s-c)}$.

Tabla 2. Equivalencias útiles

1 pie cúbico de agua pesa 62 5 libras (aproximadamente) = 1 000 onzas
1 galón de agua pesa $8\,^1/_3$ libras (aproximadamente)
1 atmósfera de presión = 147 libras por pulgada cuadrada = 2 116 libras por pie cuadrado =
= 103 Kilogramos por centímetro cuadrado
1 atmósfera de presión = 760 mm de mercurio
Una columna de agua de 23 ft de altura = una presión de 1 libra por pulgada cuadrada
1 galón = 231 pulgadas cúbicas
1 pie cúbico = $7\,^1/_2$ galones (aproximadamente) o mejor 7 48 galones
1 pie cúbico = $^4/_5$ bu (fanegas) (aproximadamente)
1 bbl (barril) = 4 221 – pies cúbicos (aproximadamente)
1 bu = 2.150,42 in^3 = 1,2446 – ft^3
1 bu = $^5/_4$ ft^3 (aproximadamente)
1 perch (pértica) = $24\,^3/_4$ ft^3 (pero usualmente se toma como 25 ft^3)
1 in = 25,4001 mm (aproximadamente)
1 ft = 30,4801 cm
1 m = 39,37 in
1 lb (libra avoir dupois) = 7 000 granos
1 lb (troy o apothecaries) = 5 760 granos
1 gramo = 15,432 granos
1 kg = 2,20462 lb (avoirdupois)
1 litro = 1 05668 cuartos (líquidos) = 0,90808 cuartos (áridos)
1 cuarto (líquidos) = 946,358 cm^3 = 0,946358 litros o dm^3
1 cuarto (áridos) = 1101,288 cm^3 = 1,101288 litros o dm^3
π = 3,14159265358979 + = 3 1416 = $^{355}/_{113}$ = $3\,^1/_7$ (todo aproximadamente)
1 radián = 57° 17′ 44 8″ = 57,2957795° +
1° = 0,01745329 radianes
Base de los logaritmos neperianos e = 2,718281828...
$\log_{10} e$ = 0,43429448...
$\log_e 10$ = 2,30258509...
1 HP-segundo = 550 ft-lb
1 HP-minuto = 33 000 ft-lb
1 CV-segundo = 75 Kgm (Kilográmetros)
$\sqrt{2}$ = 1,4142136
$\sqrt{3}$ = 1,7320508
$\sqrt{5}$ = 2,2360680
$\sqrt{6}$ = 2,4494897
$\sqrt[3]{2}$ = 1,2599210
$\sqrt[3]{3}$ = 1,4422496

Tabla 3. Decimales y fracciones equivalentes de partes de una pulgada

Octavos y Dieciseisavos	Treinta y dosavos	Sesenta y cuatroavos	
1 = 0,125	1 = 0,03125	1 = 0,015625	33 = 0,515625
2 = 0,250	3 = 0,09375	3 = 0,046875	35 = 0,546875
3 = 0,375	5 = 0,15625	5 = 0,078125	37 = 0,578125
4 = 0,500	7 = 0,21875	7 = 0,109375	39 = 0,609375
5 = 0,625	9 = 0,28125	9 = 0,140625	41 = 0,640625
6 = 0,750	11 = 0,34375	11 = 0,171875	43 = 0,671875
7 = 0,875	13 = 0,40625	13 = 0,203125	45 = 0,703125
16	15 = 0,46875	15 = 0,234375	47 = 0,734375
1 = 0,0625	17 = 0,53125	17 = 0,265625	49 = 0,765625
3 = 0,1875	19 = 0,59375	19 = 0,296875	51 = 0,796875
5 = 0,3125	21 = 0,65625	21 = 0,328125	53 = 0,828125
7 = 0,4375	23 = 0,71875	23 = 0,359375	55 = 0,859375
9 = 0,5625	25 = 0,78125	25 = 0,390625	57 = 0,890625
11 = 0,6875	27 = 0,84375	27 = 0,421875	59 = 0,921875
13 = 0,8125	29 = 0,90625	29 = 0,453125	61 = 0,953125
15 = 0,9375	31 = 0,96875	31 = 0,484375	63 = 0,984375

Tabla 4. Conversión de pulgadas en milímetros

In.	0	1/16	1/8	3/16	1/4	5/16	3/8	7/16	1/2	9/16	5/8	11/16	3/4	13/16	7/8	15/16
0	0.0	1.6	3.2	4.8	6.4	7.9	9.5	11.1	12.7	14.3	15.9	17.5	19.1	20.6	22.2	23.8
1	25.4	27.0	28.6	30.2	31.7	33.3	34.9	36.5	38.1	39.7	41.3	42.9	44.4	46.0	47.6	49.2
2	50.8	52.4	54.0	55.6	57.1	58.7	60.3	61.9	63.5	65.1	66.7	68.3	69.8	71.4	73.0	74.6
3	76.2	77.8	79.4	81.0	82.5	84.1	85.7	87.3	88.9	90.5	92.1	93.7	95.2	96.8	98.4	100.0
4	101.6	103.2	104.8	106.4	108.0	109.5	111.1	112.7	114.3	115.9	117.5	119.1	120.7	122.2	123.8	125.4
5	127.0	128.6	130.2	131.8	133.4	134.9	136.5	138.1	139.7	141.3	142.9	144.5	146.1	147.6	149.2	150.8
6	152.4	154.0	155.6	157.2	158.8	160.3	161.9	163.5	165.1	166.7	168.3	169.9	171.5	173.0	174.6	176.2
7	177.8	179.4	181.0	182.6	184.2	185.7	187.3	188.9	190.5	192.1	193.7	195.3	196.9	198.4	200.0	201.6
8	203.2	204.8	206.4	208.0	209.6	211.1	212.7	214.3	215.9	217.5	219.1	220.7	222.3	223.8	225.4	227.0
9	228.6	230.2	231.8	233.4	235.0	236.5	238.1	239.7	241.3	242.9	244.5	246.1	247.7	249.2	250.8	252.4
10	254.0	255.6	257.2	258.8	260.4	261.9	263.5	265.1	266.7	268.3	269.9	271.5	273.1	274.6	276.2	277.8
11	279.4	281.0	282.6	284.2	285.7	287.3	288.9	290.5	292.1	293.7	295.3	296.9	298.4	300.0	301.6	303.2
12	304.8	306.4	308.0	309.6	311.1	312.7	314.3	315.9	317.5	319.1	320.7	322.3	323.8	325.4	327.0	328.6
13	330.2	331.8	333.4	335.0	336.5	338.1	339.7	341.3	342.9	344.5	346.1	347.7	349.2	350.8	352.4	354.0
14	355.6	357.2	358.8	360.4	361.9	363.5	365.1	366.7	368.3	369.9	371.5	373.1	374.6	376.2	377.8	379.4
15	381.0	382.6	384.2	385.8	387.3	388.9	390.5	392.1	393.7	495.3	496.9	398.5	400.0	401.6	403.2	404.8
16	406.4	408.0	409.6	411.2	412.7	414.3	415.9	417.5	419.1	420.7	422.3	423.9	425.4	427.0	428.6	430.2
17	431.8	433.4	435.0	436.6	438.1	439.7	441.3	442.9	444.5	446.1	447.7	449.3	450.8	452.4	454.0	455.6
18	457.2	458.8	460.4	462.0	463.5	465.1	466.7	468.3	469.9	471.5	473.1	474.7	476.2	477.8	479.4	481.0
19	482.6	484.2	485.8	487.4	488.9	490.5	492.1	493.7	495.3	496.9	498.5	500.1	501.6	503.2	504.8	506.4
20	508.0	509.6	511.2	512.8	514.3	515.9	517.5	519.1	520.7	522.3	523.9	525.5	527.0	528.6	530.2	531.8
21	533.4	535.0	536.6	538.2	539.7	541.3	542.9	544.5	546.1	547.7	549.3	550.9	552.4	554.0	555.6	557.2
22	558.8	560.4	562.0	563.6	565.1	566.7	568.3	569.9	571.5	573.1	574.7	576.3	577.8	579.4	581.0	582.6
23	584.2	585.8	587.4	589.0	590.5	592.1	593.7	595.3	596.9	598.5	600.1	601.7	603.2	604.8	606.4	608.0

39,37 in. = 1 m = 10 dm = 100 cm = 1 000 mm

Tabla 5. Roscas americanas normales y roscas en V afilada

Diámetro del tornillo (pulgadas)	Filetes por pulgada	Profundidad de la rosca americana normal	Profundidad de la rosca en V	Diámetro de la raíz en la rosca americana normal	Diámetro de la raiz en la rosca en V
$\frac{1}{4}$	20	.03247	.04330	.1850	.1634
$\frac{5}{16}$	18	.03608	.04811	.2403	.2163
$\frac{3}{8}$	16	.04059	.05412	.2936	.2668
$\frac{7}{16}$	14	.04639	.06178	.3447	.3139
$\frac{1}{2}$	13	.04996	.06661	.4001	.3668
$\frac{9}{16}$	12	.05412	.07216	.4542	.4182
$\frac{5}{8}$	11	.05905	.07873	.5069	.4675
$\frac{3}{4}$	10	.06495	.08660	.6201	.5768
$\frac{7}{8}$	9	.07216	.09622	.7307	.6826
1	8	.08119	.10825	.8376	.7835
$1\frac{1}{8}$	7	.09277	.12371	.9394	.8776
$1\frac{1}{4}$	7	.09277	.12371	1.0644	1.0026
$1\frac{3}{8}$	6	.10825	.14433	1.1585	1.0863
$1\frac{1}{2}$	6	.10825	.14433	1.2835	1.2113
$1\frac{5}{8}$	$5\frac{1}{2}$	.11809	.15745	1.3888	1.3101
$1\frac{3}{4}$	5	.12990	.17325	1.4902	1.4035
$1\frac{7}{8}$	5	.12990	.17325	1.6152	1.5285
2	$4\frac{1}{2}$	.14433	.19244	1.7113	1.6151
$2\frac{1}{4}$	$4\frac{1}{2}$	.14433	.19244	1.9613	1.8651
$2\frac{1}{2}$	4	.16238	.21650	2.1752	2.0670
$2\frac{3}{4}$	4	.16238	.21650	2.4252	2.3170
3	$3\frac{1}{2}$	.18557	.24742	2.6288	2.5052
$3\frac{1}{4}$	$3\frac{1}{2}$	.18557	.24742	2.8788	2.7552
$3\frac{1}{2}$	$3\frac{1}{4}$	.19985	.26647	3.1003	2.9671
$3\frac{3}{4}$	3	.21666	.28866	3.3167	3.1727
4	3	.21666	.28866	3.5667	3.4227
$4\frac{1}{4}$	$2\frac{7}{8}$	.2259	.3012	3.7982	3.6476
$4\frac{1}{2}$	$2\frac{3}{4}$	.2362	.3149	4.0276	3.8712
$4\frac{3}{4}$	$2\frac{5}{8}$	.2474	.3299	4.2551	4.0901
5	$2\frac{1}{2}$	.2598	.3465	4.4804	4.3070
$5\frac{1}{4}$	$2\frac{1}{2}$	.2598	.3465	4.7304	4.5500
$5\frac{1}{2}$	$2\frac{3}{8}$	.2735	.3647	4.9530	4.7707
$5\frac{3}{4}$	$2\frac{3}{8}$	.2735	3647	5.2030	5.0207
6	$2\frac{1}{4}$	.2887	.3849	5.4226	5.2302

Nota: Si el diámetro se mide en centímetros y se da el número de filetes por centímetro, los datos para la rosca americana normal sirven para la rosca francesa.

Tabla 6. Números de catálogo de alambres y laminados normalizados en Estados Unidos. (El diámetro o el espesor vienen dados en décimas de pulgada)

Número de catálogo	Birminghain diámetro del alambre	American, Brown and Sharp (B. & S.)	Laminados de acero normalizado en EE UU	British Imperial	American Steel and Wire Co.
0000000	....	....	.5	.5	
000000	....	....	.46875	.464	
00000	....	....	.4375	.432	
0000	.454	.46	.40625	.400	.3938
000	.425	.409642	.375	.372	.3625
00	.380	.364796	.34375	.348	.3310
0	.340	.324861	.3125	.324	.3065
1	.300	.289297	.28125	.300	.2830
2	.284	.257627	.265625	.276	.2625
3	.259	.229423	.25	.252	.2437
4	.238	.204307	.234375	.232	.2253
5	.220	.181940	.21875	.212	.2070
6	.203	.162023	.203125	.192	.1920
7	.180	.144285	.1875	.176	.1770
8	.165	.128490	.171875	.160	.1620
9	.148	.114423	.15625	.144	.1483
10	.134	.101897	.140625	.128	.1350
11	.120	.090742	.125	.116	.1205
12	.109	.080808	.109375	.104	.1055
13	.095	.071962	.09375	.092	.0915
14	.083	.064084	.078125	.080	.0800
15	.072	.057068	.0703125	.072	.0720
16	.065	.050821	.0625	.064	.0625
17	.058	.045257	.05625	.056	.0540
18	.049	.040303	.05	.048	.0475
19	.042	.035890	.04375	.040	.0410
20	.035	.031961	.0375	.036	.0348
21	.032	.028462	.034375	.032	.03175
22	.028	.025346	.03125	.028	.0286
23	.025	.022572	.028125	.024	.0258
24	.022	.020101	.025	.022	.0230
25	.020	.017900	.021875	.020	.0204
26	.018	.015941	.01875	.018	.0181
27	.016	.014195	.0171875	.0164	.0173
28	.014	.012641	.015625	.0148	.0162
29	.013	.011257	.0140625	.0136	.0150
30	.012	.010025	.0125	.0124	.0140
31	.010	.008928	.0109375	.0116	.0132
32	.009	.007950	.01015625	.0108	.0128
33	.008	.007080	.009375	.0100	.0118
34	.007	.006305	.00859375	.0092	.0104
35	.005	.005615	.0078125	.0084	.0095
36	.004	.005000	.00703125	.0076	.0090
37	....	.004453	.006640625	.0068	
38	....	.003965	.00625	.0060	
39	....	.003531	....	.0052	
40	....	.003144	....	.0048	

Tabla 7. Pesos específicos y pesos por unidad de volumen de algunas sustancias

Nombre de la sustancia	Libras por pulgada cúbica	Libras por pie cúbico	Pie específico o gramos por centímetro cúbico
Acero	0,29	490	7,85
Agua destilada a 32° F (0° C)	......	62,417	0,9999
Agua destilada a 62° F (16,67° C)	......	62,355	0,9998
Agua destilada a 212° F (100° C)	......	59,7	0,9584
Agua destilada a 4° C	......	62,4	1
Aire	......	0,0795	0,001293
Aluminio	......	162	2,6
Antimonio	......	418	6,7
Antracita	......	52 a 60	0,83 a 0,96
Asfalto	......	87,3	1,4
Carbón bituminoso (hulla)	......	47 a 56	0 75 a 0,90
Cinc	......	438	6,8 a 7,2
Cobre fundido	......	542	8,6 a 8,8
Cobre laminado	0,319	555	8,8 a 9
Coque	......	23 a 32	0,35 a 0,51
Corcho	......	15	0,24
Corindón	......	243	3,9
Cuarzo	......	165	2,65
Estaño	......	459	7,2 a 7,5
Granito	......	170	2,56 a 2,88
Hielo	......	57,5	0,92
Hierro colado (fundición)	0,26	450	6,7 a 7 4
Hierro forjado o laminado	0,28	480	7,69
Ladrillo común	......	125	2
Ladrillo prensado	......	150	2,4
Latón fundido (cobre y cinc)	......	506	8,1
Latón laminado	......	525	8,4
Madera de abedul	......	41	0,65
Madera de arce	......	49	0,79
Madera de ébano	......	76	1,23
Madera de haya	......	46	0,73
Madera de nogal (americano)	......	53	0,85
Madera de olmo	......	35	0,56
Madera de pino amarillo	......	38	0,61
Madera de pino blanco	......	28	0,45
Madera de roble rojo	......	46	0,73 a 0,75
Mármol	......	168,7	2,7
Mercurio	0 49	849	13,6
Níquel	0,318	549	8,8
Oro	0,695	1 204	19,3
Pedernal	......	162	2,6
Plata	0,379	655	10,5
Platino	......	......	21,5
Plomo	0,412	712	11,42
Vidrio	......	186	2,5 a 3,45
Yeso	......	156	2,5

Densidades relativas respecto al Aire

Aire	1
Oxígeno	1,11
Hidrógeno	0,07
Cloro	2,44

Densidades relativas respecto al Hidrógeno

Hidrógeno	1
Aire	14,53
Oxígeno	15,95
Gas del alumbrado	6

Tabla 8. Resistencia de Materiales

Material	Resistencia máxima a tracción		Resistencia máxima a compresión		Coeficiente de dilatación lineal por °C*
	Libras por pulgada cuadrada †	Kg/cm^2 †	Libras por pulgada cuadrada •	Kg/cm^2 •	
Acero duro	100 000	7 030	120 000	8 430	0,00001170
Acero de construcción	60 000	4 200	60 000	4 200	0,00001170
Hierro forjado	50 000	3 500	50 000	3 500	0,00001206
Fundición	20 000	1 400	90 000	6 330	0,00001116
Cobre	30 000	2 100	......	......	0,00001602
Madera con nudos	8 000 a 25 000	560 a 1 750	4 000 a 12 000	280 a 850	0,00000504
Hormigón	300	21	3 000	210	0,00000990
Granito	......	......	11 000	780	0,00000900
Ladrillo	......	......	3 000	210	0,00000900

† Indica la tensión a tracción requerida para romper una barra de 1 in^2 (o cm^2) de sección.
• Indica la fuerza a compresión necesaria para romper una barra de 1 in^2 (o 1 cm^2) de sección.
* Indica la fracción de longitud que se alarga la barra por cada grado centígrado que aumenta su temperatura.

Tabla 9. Raíces cuadradas

N	0	1	2	3	4	5	6	7	8	9	1	2	3	4	5	6	7	8	9
1.0	1.000	1.005	1.010	1.015	1.020	1.025	1.030	1.034	1.039	1.044	0	1	1	2	2	3	3	4	4
1.1	1.049	1.054	1.058	1.063	1.068	1.072	1.077	1.082	1.086	1.091	0	1	1	2	2	3	3	4	4
1.2	1.095	1.100	1.105	1.109	1.114	1.118	1.122	1.127	1.131	1.136	0	1	1	2	2	3	3	4	4
1.3	1.140	1.145	1.149	1.153	1.158	1.162	1.166	1.170	1.175	1.179	0	1	1	2	2	3	3	3	4
1.4	1.183	1.187	1.192	1.196	1.200	1.204	1.208	1.212	1.217	1.221	0	1	1	2	2	2	3	3	4
1.5	1.225	1.229	1.233	1.237	1.241	1.245	1.249	1.253	1.257	1.261	0	1	1	2	2	2	3	3	4
1.6	1.265	1.269	1.273	1.277	1.281	1.285	1.288	1.292	1.296	1.300	0	1	1	2	2	2	3	3	4
1.7	1.304	1.308	1.311	1.315	1.319	1.323	1.327	1.330	1.334	1.338	0	1	1	2	2	2	3	3	3
1.8	1.342	1.345	1.349	1.353	1.356	1.360	1.364	1.367	1.371	1.375	0	1	1	1	2	2	3	3	3
1.9	1.378	1.382	1.386	1.389	1.393	1.396	1.400	1.404	1.407	1.411	0	1	1	1	2	2	3	3	3
2.0	1.414	1.418	1.421	1.425	1.428	1.432	1.435	1.439	1.442	1.446	0	1	1	1	2	2	2	3	3
2.1	1.449	1.453	1.456	1.459	1.463	1.466	1.470	1.473	1.476	1.480	0	1	1	1	2	2	2	3	3
2.2	1.483	1.487	1.490	1.493	1.497	1.500	1.503	1.507	1.510	1.513	0	1	1	1	2	2	2	3	3
2.3	1.517	1.520	1.523	1.526	1.530	1.533	1.536	1.539	1.543	1.546	0	1	1	1	2	2	2	3	3
2.4	1.549	1.552	1.556	1.559	1.562	1.565	1.568	1.572	1.575	1.578	0	1	1	1	2	2	2	3	3
2.5	1.581	1.584	1.587	1.591	1.594	1.597	1.600	1.603	1.606	1.609	0	1	1	1	2	2	2	3	3
2.6	1.612	1.616	1.619	1.622	1.625	1.628	1.631	1.634	1.637	1.640	0	1	1	1	2	2	2	2	3
2.7	1.643	1.646	1.649	1.652	1.655	1.658	1.661	1.664	1.667	1.670	0	1	1	1	2	2	2	2	3
2.8	1.673	1.676	1.679	1.682	1.685	1.688	1.691	1.694	1.697	1.700	0	1	1	1	1	2	2	2	3
2.9	1.703	1.706	1.709	1.712	1.715	1.718	1.720	1.723	1.726	1.729	0	1	1	1	1	2	2	2	3
3.0	1.732	1.735	1.738	1.741	1.744	1.746	1.749	1.752	1.755	1.758	0	1	1	1	1	2	2	2	3
3.1	1.761	1.764	1.766	1.769	1.772	1.775	1.778	1.780	1.783	1.786	0	1	1	1	1	2	2	2	3
3.2	1.789	1.792	1.794	1.797	1.800	1.803	1.806	1.808	1.811	1.814	0	1	1	1	1	2	2	2	2
3.3	1.817	1.819	1.822	1.825	1.828	1.830	1.833	1.836	1.838	1.841	0	1	1	1	1	2	2	2	2
3.4	1.844	1.847	1.849	1.852	1.855	1.857	1.860	1.863	1.865	1.868	0	1	1	1	1	2	2	2	2
3.5	1.871	1.873	1.876	1.879	1.881	1.884	1.887	1.889	1.892	1.895	0	1	1	1	1	2	2	2	2
3.6	1.897	1.900	1.903	1.905	1.908	1.910	1.913	1.916	1.918	1.921	0	1	1	1	1	2	2	2	2
3.7	1.924	1.926	1.929	1.931	1.934	1.936	1.939	1.942	1.944	1.947	0	1	1	1	1	2	2	2	2
3.8	1.949	1.952	1.954	1.957	1.960	1.962	1.965	1.967	1.970	1.972	0	1	1	1	1	2	2	2	2
3.9	1.975	1.977	1.980	1.982	1.985	1.987	1.990	1.992	1.995	1.997	0	1	1	1	1	2	2	2	2
4.0	2.000	2.002	2.005	2.007	2.010	2.012	2.015	2.017	2.020	2.022	0	0	1	1	1	1	2	2	2
4.1	2.025	2.027	2.030	2.032	2.035	2.037	2.040	2.042	2.045	2.047	0	0	1	1	1	1	2	2	2
4.2	2.049	2.052	2.054	2.057	2.059	2.062	2.064	2.066	2.069	2.071	0	0	1	1	1	1	2	2	2
4.3	2.074	2.076	2.078	2.081	2.083	2.086	2.088	2.090	2.093	2.095	0	0	1	1	1	1	2	2	2
4.4	2.098	2.100	2.102	2.105	2.107	2.110	2.112	2.114	2.117	2.119	0	0	1	1	1	1	2	2	2
4.5	2.121	2.124	2.126	2.128	2.131	2.133	2.135	2.138	2.140	2.142	0	0	1	1	1	1	2	2	2
4.6	2.145	2.147	2.149	2.152	2.154	2.156	2.159	2.161	2.163	2.166	0	0	1	1	1	1	2	2	2
4.7	2.168	2.170	2.173	2.175	2.177	2.179	2.182	2.184	2.186	2.189	0	0	1	1	1	1	2	2	2
4.8	2.191	2.193	2.195	2.198	2.200	2.202	2.205	2.207	2.209	2.211	0	0	1	1	1	1	2	2	2
4.9	2.214	2.216	2.218	2.220	2.223	2.225	2.227	2.229	2.232	2.234	0	0	1	1	1	1	2	2	2
5.0	2.236	2.238	2.241	2.243	2.245	2.247	2.249	2.252	2.254	2.256	0	0	1	1	1	1	2	2	2
5.1	2.258	2.261	2.263	2.265	2.267	2.269	2.272	2.274	2.276	2.278	0	0	1	1	1	1	2	2	2
5.2	2.280	2.283	2.285	2.287	2.289	2.291	2.293	2.296	2.298	2.300	0	0	1	1	1	1	2	2	2
5.3	2.302	2.304	2.307	2.309	2.311	2.313	2.315	2.317	2.319	2.322	0	0	1	1	1	1	2	2	2
5.4	2.324	2.326	2.328	2.330	2.332	2.335	2.337	2.339	2.341	2.343	0	0	1	1	1	1	1	2	2
N	**0**	**1**	**2**	**3**	**4**	**5**	**6**	**7**	**8**	**9**	**1**	**2**	**3**	**4**	**5**	**6**	**7**	**8**	**9**

Tabla 9. Raíces cuadradas (continuación)

N	0	1	2	3	4	5	6	7	8	9	1	2	3	4	5	6	7	8	9
5.5	2.345	2.347	2.349	2.352	2.354	2.356	2.358	2.360	2.362	2.364	0	0	1	1	1	1	1	2	2
5.6	2.366	2.369	2.371	2.373	2.375	2.377	2.379	2.381	2.383	2.385	0	0	1	1	1	1	1	2	2
5.7	2.387	2.390	2.392	2.394	2.396	2.398	2.400	2.402	2.404	2.406	0	0	1	1	1	1	1	2	2
5.8	2.408	2.410	2.412	2.415	2.417	2.419	2.421	2.423	2.425	2.427	0	0	1	1	1	1	1	2	2
5.9	2.429	2.431	2.433	2.435	2.437	2.439	2.441	2.443	2.445	2.447	0	0	1	1	1	1	1	2	2
6.0	2.449	2.452	2.454	2.456	2.458	2.460	2.462	2.464	2.466	2.468	0	0	1	1	1	1	1	2	2
6.1	2.470	2.472	2.474	2.476	2.478	2.480	2.482	2.484	2.486	2.488	0	0	1	1	1	1	1	2	2
6.2	2.490	2.492	2.494	2.496	2.498	2.500	2.502	2.504	2.506	2.508	0	0	1	1	1	1	1	2	2
6.3	2.510	2.512	2.514	2.516	2.518	2.520	2.522	2.524	2.526	2.528	0	0	1	1	1	1	1	2	2
6.4	2.530	2.532	2.534	2.536	2.538	2.540	2.542	2.544	2.546	2.548	0	0	1	1	1	1	1	2	2
6.5	2.550	2.551	2.553	2.555	2.557	2.559	2.561	2.563	2.565	2.567	0	0	1	1	1	1	1	2	2
6.6	2.569	2.571	2.573	2.575	2.577	2.579	2.581	2.583	2.585	2.587	0	0	1	1	1	1	1	2	2
6.7	2.588	2.590	2.592	2.594	2.596	2.598	2.600	2.602	2.604	2.606	0	0	1	1	1	1	1	2	2
6.8	2.608	2.610	2.612	2.613	2.615	2.617	2.619	2.621	2.623	2.625	0	0	1	1	1	1	1	2	2
6.9	2.627	2.629	2.631	2.632	2.634	2.636	2.638	2.640	2.642	2.644	0	0	1	1	1	1	1	2	2
7.0	2.646	2.648	2.650	2.651	2.653	2.655	2.657	2.659	2.661	2.663	0	0	1	1	1	1	1	2	2
7.1	2.665	2.666	2.668	2.670	2.672	2.674	2.676	2.678	2.680	2.681	0	0	1	1	1	1	1	1	2
7.2	2.683	2.685	2.687	2.689	2.601	2.693	2.694	2.696	2.698	2.700	0	0	1	1	1	1	1	1	2
7.3	2.702	2.704	2.706	2.707	2.700	2.711	2.713	2.715	2.717	2.718	0	0	1	1	1	1	1	1	2
7.4	2.720	2.722	2.724	2.726	2.728	2.729	2.731	2.733	2.735	2.737	0	0	1	1	1	1	1	1	2
7.5	2.793	2.740	2.742	2.744	2.746	2.748	2.750	2.751	2.753	2.755	0	0	1	1	1	1	1	1	2
7.6	2.757	2.759	2.760	2.762	2.764	2.766	2.768	2.769	2.771	2.773	0	0	1	1	1	1	1	1	2
7.7	2.775	2.777	2.778	2.780	2.782	2.784	2.786	2.787	2.789	2.791	0	0	1	1	1	1	1	1	2
7.8	2.793	2.795	2.796	2.798	2.800	2.802	2.804	2.805	2.807	2.809	0	0	1	1	1	1	1	1	2
7.9	2.811	2.812	2.814	2.816	2.818	2.820	2.821	2.823	2.825	2.827	0	0	1	1	1	1	1	1	2
8.0	2.828	2.830	2.832	2.834	2.835	2.837	2.839	2.841	2.843	2.844	0	0	1	1	1	1	1	1	2
8.1	2.846	2.848	2.850	2.851	2.853	2.855	2.857	2.858	2.860	2.862	0	0	1	1	1	1	1	1	2
8.2	2.864	2.865	2.867	2.869	2.871	2.872	2.874	2.876	2.877	2.879	0	0	1	1	1	1	1	1	2
8.3	2.881	2.883	2.884	2.886	2.888	2.890	2.891	2.893	2.895	2.897	0	0	1	1	1	1	1	1	2
8.4	2.898	2.900	2.902	2.903	2.905	2.907	2.909	2.910	2.912	2.914	0	0	1	1	1	1	1	1	2
8.5	2.915	2.917	2.919	2.921	2.922	2.924	2.926	2.927	2.929	2.931	0	0	1	1	1	1	1	1	2
8.6	2.933	2.934	2.936	2.938	2.939	2.941	2.943	2.944	2.946	2.948	0	0	1	1	1	1	1	1	2
8.7	2.950	2.951	2.953	2.955	2.956	2.958	2.960	2.961	2.963	2.965	0	0	1	1	1	1	1	1	2
8.8	2.966	2.968	2.970	2.972	2.973	2.975	2.977	2.978	2.980	2.982	0	0	1	1	1	1	1	1	2
8.9	2.983	2.985	2.987	2.988	2.990	2.992	2.993	2.995	2.997	2.998	0	0	1	1	1	1	1	1	2
9.0	3.000	3.002	3.003	3.005	3.007	3.008	3.010	3.012	3.013	3.015	0	0	0	1	1	1	1	1	1
9.1	3.017	3.018	3.020	3.022	3.023	3.025	3.027	3.028	3.030	3.032	0	0	0	1	1	1	1	1	1
9.2	3.033	3.035	3.036	3.038	3.040	3.041	3.043	3.045	3.046	3.048	0	0	0	1	1	1	1	1	1
9.3	3.050	3.051	3.053	3.055	3.056	3.058	3.059	3.061	3.063	3.064	0	0	0	1	1	1	1	1	1
9.4	3.066	3.068	3.069	3.071	3.072	3.074	3.076	3.077	3.079	3.081	0	0	0	1	1	1	1	1	1
9.5	3.082	3.084	3.085	3.087	3.089	3.090	3.092	3.094	3.095	3.097	0	0	0	1	1	1	1	1	1
9.6	3.098	3.100	3.102	3.103	3.105	3.106	3.108	3.110	3.111	3.113	0	0	0	1	1	1	1	1	1
9.7	3.114	3.116	3.118	3.119	3.121	3.122	3.124	3.126	3.127	3.129	0	0	0	1	1	1	1	1	1
9.8	3.130	3.132	3.134	3.135	3.137	3.138	3.140	3.142	3.143	3.145	0	0	0	1	1	1	1	1	1
9.9	3.146	3.148	3.150	3.151	3.153	3.154	3.156	3.158	3.159	3.161	0	0	0	1	1	1	1	1	1
N	**0**	**1**	**2**	**3**	**4**	**5**	**6**	**7**	**8**	**9**	**1**	**2**	**3**	**4**	**5**	**6**	**7**	**8**	**9**

Tabla 9. Raíces cuadradas (continuación)

N	0	1	2	3	4	5	6	7	8	9	1	2	3	4	5	6	7	8	9
10	3.162	3.178	3.194	3.209	3.225	3.240	3.256	3.271	3.286	3.302	2	3	5	6	8	9	11	12	14
11	3.317	3.332	3.347	3.362	3.376	3.391	3.406	3.421	3.435	3.450	1	3	4	6	7	9	10	12	13
12	3.464	3.479	3.493	3.507	3.521	3.536	3.550	3.564	3.578	3.592	1	3	4	6	7	8	10	11	13
13	3.606	3.619	3.633	3.647	3.661	3.674	3.688	3.701	3.715	3.728	1	3	4	5	7	8	10	11	12
14	3.742	3.755	3.768	3.782	3.795	3.808	3.821	3.834	3.847	3.860	1	3	4	5	7	8	9	11	12
15	3.873	3.886	3.899	3.912	3.924	3.937	3.950	3.962	3.975	3.987	1	3	4	5	6	8	9	10	11
16	4.000	4.012	4.025	4.037	4.050	4.062	4.074	4.087	4.099	4.111	1	2	4	5	6	7	9	10	11
17	4.123	4.135	4.147	4.159	4.171	4.183	4.195	4.207	4.219	4.231	1	2	4	5	6	7	8	10	11
18	4.243	4.254	4.266	4.278	4.290	4.301	4.313	4.324	4.336	4.347	1	2	3	5	6	7	8	9	10
19	4.359	4.370	4.382	4.393	4.405	4.416	4.427	4.438	4.450	4.461	1	2	3	5	6	7	8	9	10
20	4.472	4.483	4.494	4.506	4.517	5.528	4.539	4.550	4.561	4.572	1	2	3	4	6	7	8	9	10
21	4.583	4.593	4.604	4.615	4.626	4.637	4.648	4.658	4.669	4.680	1	2	3	4	5	6	8	9	10
22	4.690	4.701	4.712	4.722	4.733	4.743	4.754	4.764	4.775	4.785	1	2	3	4	5	6	7	8	9
23	4.796	4.806	4.817	4.827	4.837	4.848	4.858	4.868	4.879	4.889	1	2	3	4	5	6	7	8	9
24	4.899	4.909	4.919	4.930	4.940	4.950	4.960	4.970	4.980	4.990	1	2	3	4	5	6	7	8	9
25	5.000	5.010	5.020	5.030	5.040	5.050	5.060	5.070	5.079	5.089	1	2	3	4	5	6	7	8	9
26	5.099	5.109	5.119	5.128	5.138	5.148	5.158	5.167	5.177	5.187	1	2	3	4	5	6	7	8	9
27	5.196	5.206	5.215	5.225	5.235	5.244	5.254	5.263	5.273	5.282	1	2	3	4	5	6	7	8	9
28	5.292	5.301	5.310	5.320	5.329	5.339	5.348	5.357	5.367	5.376	1	2	3	4	5	6	7	7	8
29	5.385	5.394	5.404	5.413	5.422	5.431	5.441	5.450	5.459	5.468	1	2	3	4	5	5	6	7	8
30	5.477	5.486	5.495	5.505	5.514	5.523	5.532	5.541	5.550	5.559	1	2	3	4	4	5	6	7	8
31	5.568	5.577	5.586	5.595	5.604	5.612	5.621	5.630	5.639	5.648	1	2	3	3	4	5	6	7	8
32	5.657	5.666	5.675	5.683	5.692	5.701	5.710	5.718	5.727	5.736	1	2	3	3	4	5	6	7	8
33	5.745	5.753	5.762	5.771	5.779	5.788	5.797	5.805	5.814	5.822	1	2	3	3	4	5	6	7	8
34	5.831	5.840	5.848	5.857	5.865	5.874	5.882	5.891	5.899	5.908	1	2	3	3	4	5	6	7	8
35	5.916	5.925	5.933	5.941	5.950	5.958	5.967	5.975	5.983	5.992	1	2	2	3	4	5	6	7	8
36	6.000	6.008	6.017	6.025	6.033	6.042	6.050	6.058	6.066	6.075	1	2	2	3	4	5	6	7	7
37	6.083	6.091	6.099	6.107	6.116	6.124	6.132	6.140	6.148	6.156	1	2	2	3	4	5	6	7	7
38	6.164	6.173	6.181	6.189	6.197	6.205	6.213	6.221	6.229	6.237	1	2	2	3	4	5	6	6	7
39	6.245	6.253	6.261	6.269	6.277	6.285	6.293	6.301	6.309	6.317	1	2	2	3	4	5	6	6	7
40	6.325	6.332	6.340	6.348	6.356	6.364	6.372	6.380	6.387	6.395	1	2	2	3	4	5	6	6	7
41	6.403	6.411	6.419	6.427	6.434	6.442	6.450	6.458	6.465	6.473	1	2	2	3	4	5	5	6	7
42	6.481	6.488	6.496	6.504	6.512	6.519	6.527	6.535	6.542	6.550	1	2	2	3	4	5	5	6	7
43	6.557	6.565	6.573	6.580	6.588	6.595	6.603	6.611	6.618	6.626	1	2	2	3	4	5	5	6	7
44	6.633	6.641	6.648	6.656	6.663	6.671	6.678	6.686	6.693	6.701	1	2	2	3	4	5	5	6	7
45	6.708	6.716	6.723	6.731	6.738	6.745	6.753	6.760	6.768	6.775	1	1	2	3	4	4	5	6	7
46	6.782	6.790	6.797	6.804	6.812	6.819	6.826	6.834	6.841	6.848	1	1	2	3	4	4	5	6	7
47	6.856	6.863	6.870	6.877	6.885	6.892	6.899	6.907	6.914	6.921	1	1	2	3	4	4	5	6	7
48	6.928	6.935	6.943	6.950	6.957	6.964	6.971	6.979	6.986	6.993	1	1	2	3	4	4	5	6	6
49	7.000	7.007	7.014	7.021	7.029	7.036	7.043	7.050	7.057	7.064	1	1	2	3	4	4	5	6	6
50	7.071	7.078	7.085	7.092	7.099	7.106	7.113	7.120	7.127	7.134	1	1	2	3	4	4	5	6	6
51	7.141	7.148	7.155	7.162	7.169	7.176	7.183	7.190	7.197	7.204	1	1	2	3	4	4	5	6	6
52	7.211	7.218	7.225	7.232	7.239	7.246	7.253	7.259	7.266	7.273	1	1	2	3	3	4	5	6	6
53	7.280	7.287	7.294	7.301	7.308	7.314	7.321	7.328	7.335	7.342	1	1	2	3	3	4	5	5	6
54	7.348	7.355	7.362	7.369	7.376	7.382	7.389	7.396	7.403	7.409	1	1	2	3	3	4	5	5	6
N	0	1	2	3	4	5	6	7	8	9	1	2	3	4	5	6	7	8	9

Tabla 9. Raíces cuadradas (continuación).

N	0	1	2	3	4	5	6	7	8	9	1	2	3	4	5	6	7	8	9
55	7.416	7.423	7.430	7.436	7.443	7.450	7.457	7.463	7.470	7.477	1	1	2	3	3	4	5	5	6
56	7.483	7.490	7.497	7.503	7.510	7.517	7.523	7.530	7.537	7.543	1	1	2	3	3	4	5	5	6
57	7.550	7.556	7.563	7.570	7.576	7.583	7.589	7.596	7.603	7.609	1	1	2	3	3	4	5	5	6
58	7.616	7.622	7.629	7.635	7.642	7.649	7.655	7.662	7.668	7.675	1	1	2	3	3	4	5	5	6
59	7.681	7.688	7.694	7.701	7.707	7.714	7.720	7.727	7.733	7.740	1	1	2	3	3	4	4	5	6
60	7.746	7.752	7.759	7.765	7.772	7.778	7.785	7.791	7.797	7.804	1	1	2	3	3	4	4	5	6
61	7.810	7.817	7.823	7.829	7.836	7.842	7.849	7.855	7.861	7.868	1	1	2	3	3	4	4	5	6
62	7.874	7.880	7.887	7.893	7.899	7.906	7.912	7.918	7.925	7.931	1	1	2	3	3	4	4	5	6
63	7.937	7.944	7.950	7.956	7.962	7.969	7.975	7.981	7.987	7.994	1	1	2	3	3	4	4	5	6
64	8.000	8.006	8.012	8.019	8.025	8.031	8.037	8.044	8.050	8.056	1	1	2	2	3	4	4	5	6
65	8.062	8.068	8.075	8.081	8.087	8.093	8.099	8.106	8.112	8.118	1	1	2	2	3	4	4	5	5
66	8.124	8.130	8.136	8.142	8.149	8.155	8.161	8.167	8.173	8.179	1	1	2	2	3	4	4	5	5
67	8.185	8.191	8.198	8.204	8.210	8.216	8.222	8.228	8.234	8.240	1	1	2	2	3	4	4	5	5
68	8.246	8.252	8.258	8.264	8.270	8.276	8.283	8.289	8.295	8.301	1	1	2	2	3	4	4	5	5
69	8.307	8.313	8.319	8.325	8.331	8.337	8.343	8.340	8.355	8.361	1	1	2	2	3	4	4	5	5
70	8.367	8.373	8.379	8.385	8.390	8.396	8.402	8.408	8.414	8.420	1	1	2	2	3	4	4	5	5
71	8.426	8.432	8.438	8.444	8.450	8.456	8.462	8.468	8.473	8.479	1	1	2	2	3	4	4	5	5
72	8.485	8.491	8.497	8.503	8.509	8.515	8.521	8.526	8.532	8.538	1	1	2	2	3	3	4	5	5
73	8.544	8.550	8.556	8.562	8.567	8.573	8.579	8.585	8.591	8.597	1	1	2	2	3	3	4	5	5
74	8.602	8.608	8.614	8.620	8.626	8.631	8.637	8.643	8.649	8.654	1	1	2	2	3	3	4	5	5
75	8.660	8.666	8.672	8.678	8.683	8.689	8.695	8.701	8.706	8.712	1	1	2	2	3	3	4	5	5
76	8.718	8.724	8.729	8.735	8.741	8.746	8.752	8.758	8.764	8.769	1	1	2	2	3	3	4	5	5
77	8.775	8.781	8.786	8.792	8.798	8.803	8.809	8.815	8.820	8.826	1	1	2	2	3	3	4	4	5
78	8.832	8.837	8.843	8.849	8.854	8.860	8.866	8.871	8.877	8.883	1	1	2	2	3	3	4	4	5
79	8.888	8.894	8.899	8.905	8.911	8.916	8.922	8.927	8.933	8.939	1	1	2	2	3	3	4	4	5
80	8.944	8.950	8.955	8.961	8.967	8.972	8.978	8.983	8.989	8.994	1	1	2	2	3	3	4	4	5
81	9.000	9.006	9.011	9.017	9.022	9.028	9.033	9.039	9.044	9.050	1	1	2	2	3	3	4	4	5
82	9.055	9.061	9.066	9.072	9.077	9.083	9.088	9.094	9.009	9.105	1	1	2	2	3	3	4	4	5
83	9.110	9.116	9.121	9.127	9.132	9.138	9.143	9.149	9.154	9.160	1	1	2	2	3	3	4	4	5
84	9.165	9.171	9.176	9.182	9.187	9.192	9.198	9.203	9.209	9.214	1	1	2	2	3	3	4	4	5
85	9.220	9.225	9.230	9.236	9.241	9.247	9.252	9.257	9.263	9.268	1	1	2	2	3	3	4	4	5
86	9.274	9.279	9.284	9.200	9.295	9.301	9.306	9.311	9.317	9.322	1	1	2	2	3	3	4	4	5
87	9.327	9.333	9.338	9.343	9.349	9.354	9.359	9.365	9.370	9.375	1	1	2	2	3	3	4	4	5
88	9.381	9.386	9.391	9.397	9.402	9.407	9.413	9.418	9.423	9.429	1	1	2	2	3	3	4	4	5
89	9.434	9.439	9.445	9.450	9.455	9.460	9.466	9.471	9.476	9.482	1	1	2	2	3	3	4	4	5
90	9.487	9.492	9.497	9.503	9.508	9.513	9.518	9.524	9.529	9.534	1	1	2	2	3	3	4	4	5
91	9.539	9.545	9.550	9.555	9.560	9.566	9.571	9.576	9.581	9.586	1	1	2	2	3	3	4	4	5
92	9.592	9.597	9.602	9.607	9.612	9.618	9.623	9.628	9.633	9.638	1	1	2	2	3	3	4	4	5
93	9.644	9.649	9.654	9.659	9.664	9.670	9.675	9.680	9.685	9.690	1	1	2	2	3	3	4	4	5
94	9.695	9.701	9.706	9.711	9.716	9.721	9.726	9.731	9.737	9.742	1	1	2	2	3	3	4	4	5
95	9.747	9.752	9.757	9.762	9.767	9.772	9.778	9.783	9.788	9.793	1	1	2	2	3	3	4	4	5
96	0.798	9.803	9.808	9.813	9.818	9.823	9.829	9.834	9.839	9.844	1	1	2	2	3	3	4	4	5
97	9.849	9.854	9.859	9.864	9.869	9.874	9.879	9.884	9.889	9.894	1	1	2	2	3	3	4	4	5
98	9.899	9.905	9.910	9.915	9.920	9.925	9.930	9.935	9.940	9.945	1	1	1	2	2	3	3	4	4
99	9.950	9.955	9.960	9.965	9.970	9.975	9.980	9.985	9.990	9.995	0	1	1	2	2	3	3	4	4
N	**0**	**1**	**2**	**3**	**4**	**5**	**6**	**7**	**8**	**9**	**1**	**2**	**3**	**4**	**5**	**6**	**7**	**8**	**9**

Tabla 10. Logaritmos vulgares

N	0	1	2	3	4	5	6	7	8	9
10	0000	0043	0086	0128	0170	0212	0253	0294	0334	0374
11	0414	0453	0492	0531	0569	0607	0645	0682	0719	0755
12	0792	0828	0864	0899	0934	0969	1004	1038	1072	1106
13	1139	1173	1206	1239	1271	1303	1335	1367	1399	1430
14	1461	1492	1523	1553	1584	1614	1644	1673	1703	1732
15	1761	1790	1818	1847	1875	1903	1931	1959	1987	2014
16	2041	2068	2095	2122	2148	2175	2201	2227	2253	2279
17	2304	2330	2355	2380	2405	2430	2455	2480	2504	2529
18	2553	2577	2601	2625	2648	2672	2695	2718	2742	2765
19	2788	2810	2833	2856	2878	2900	2923	2945	2967	2989
20	3010	3032	3054	3075	3096	3118	3139	3160	3181	3201
21	3222	3243	3263	3284	3304	3324	3345	3365	3385	3404
22	3424	3444	3464	3483	3502	3522	3541	3560	3579	3598
23	3617	3636	3655	3674	3692	3711	3729	3747	3766	3784
24	3802	3820	3838	3856	3874	3892	3909	3927	3945	3962
25	3979	3997	4014	4031	4048	4065	4082	4099	4116	4133
26	4150	4166	4183	4200	4216	4232	4249	4265	4281	4298
27	4314	4330	4346	4362	4378	4393	4409	4425	4440	4456
28	4472	4487	4502	4518	4533	4548	4564	4579	4594	4609
29	4624	4639	4654	4669	4683	4698	4713	4728	4742	4757
30	4771	4786	4800	4814	4829	4843	4857	4871	4886	4900
31	4914	4928	4942	4955	4969	4983	4997	5011	5024	5038
32	5051	5065	5079	5092	5105	5119	5132	5145	5159	5172
33	5185	5198	5211	5224	5237	5250	5263	5276	5289	5302
34	5315	5328	5340	5353	5366	5378	5391	5403	5416	5428
35	5441	5453	5465	5478	5490	5502	5514	5527	5539	5551
36	5563	5575	5587	5599	5611	5623	5635	5647	5658	5670
37	5682	5694	5705	5717	5729	5740	5752	5763	5775	5786
38	5798	5809	5821	5832	5843	5855	5866	5877	5888	5899
39	5911	5922	5933	5944	5955	5966	5977	5988	5999	6010
40	6021	6031	6042	6053	6064	6075	6085	6096	6107	6117
41	6128	6138	6149	6160	6170	6180	6191	6201	6212	6222
42	6232	6243	6253	6263	6274	6284	6294	6304	6314	6325
43	6335	6345	6355	6365	6375	6385	6395	6405	6415	6425
44	6435	6444	6454	6464	6474	6484	6493	6503	6513	6522
45	6532	6542	6551	6561	6571	6580	6590	6599	6609	6618
46	6628	6637	6646	6656	6665	6675	6684	6693	6702	6712
47	6721	6730	6739	6749	6758	6767	6776	6785	6794	6803
48	6812	6821	6830	6839	6848	6857	6866	6875	6884	6893
49	6902	6911	6920	6928	6937	6946	6955	6964	6972	6981
50	6990	6998	7007	7016	7024	7033	7042	7050	7059	7067
51	7076	7084	7093	7101	7110	7118	7126	7135	7143	7152
52	7160	7168	7177	7185	7193	7202	7210	7218	7226	7235
53	7243	7251	7259	7267	7275	7284	7292	7300	7308	7316
54	7324	7332	7340	7348	7356	7364	7372	7380	7388	7396
N	0	1	2	3	4	5	6	7	8	9

Tabla 10. Logaritmos vulgares (continuación).

N	0	1	2	3	4	5	6	7	8	9
55	7404	7412	7419	7427	7435	7443	7451	7459	7466	7474
56	7482	7490	7497	7505	7513	7520	7528	7536	7543	7551
57	7559	7566	7574	7582	7589	7597	7604	7612	7619	7627
58	7634	7642	7649	7657	7664	7672	7679	7686	7694	7701
59	7709	7716	7723	7731	7738	7745	7752	7760	7767	7774
60	7782	7789	7796	7803	7810	7818	7825	7832	7839	7846
61	7853	7860	7868	7875	7882	7889	7896	7903	7910	7917
62	7924	7931	7938	7945	7952	7959	7966	7973	7980	7987
63	7993	8000	8007	8014	8021	8028	8035	8041	8048	8055
64	8062	8069	8075	8082	8089	8096	8102	8109	8116	8122
65	8129	8136	8142	8149	8156	8162	8169	8176	8182	8189
66	8195	8202	8209	8215	8222	8228	8235	8241	8248	8254
67	8261	8267	8274	8280	8287	8293	8299	8306	8312	8319
68	8325	8331	8338	8344	8351	8357	8363	8370	8376	8382
69	8388	8395	8401	8407	8414	8420	8426	8432	8439	8445
70	8451	8457	8463	8470	8476	8482	8488	8494	8500	8506
71	8513	8519	8525	8531	8537	8543	8549	8555	8561	8567
72	8573	8579	8585	8591	8597	8603	8609	8615	8621	8627
73	8633	8639	8645	8651	8657	8663	8669	8675	8681	8686
74	8692	8698	8704	8710	8716	8722	8727	8733	8739	8745
75	8751	8756	8762	8768	8774	8779	8785	8791	8797	8802
76	8808	8814	8820	8825	8831	8837	8842	8848	8854	8859
77	8865	8871	8876	8882	8887	8893	8899	8904	8910	8915
78	8921	8927	8932	8938	8943	8949	8954	8960	8965	8971
79	8976	8982	8987	8993	8998	9004	9009	9015	9020	9025
80	9031	9036	9042	9047	9053	9058	9063	9069	9074	9079
81	9085	9090	9096	9101	9106	9112	9117	9122	9128	9133
82	9138	9143	9149	9154	9159	9165	9170	9175	9180	9186
83	9191	9196	9201	9206	9212	9217	9222	9227	9232	9238
84	9243	9248	9253	9258	9263	9269	9274	9279	9284	9289
85	9294	9299	9304	9309	9315	9320	9325	9330	9335	9340
86	9345	9350	9355	9360	9365	9370	9375	9380	9385	9390
87	9395	9400	9405	9410	9415	9420	9425	9430	9435	9440
88	9445	9450	9455	9460	9465	9469	9474	9479	9484	9489
89	9494	9499	9504	9509	9513	9518	9523	9528	9533	9538
90	9542	9547	9552	9557	9562	9566	9571	9576	9581	9586
91	9590	9595	9600	9605	9609	9614	9619	9624	9628	9633
92	9638	9643	9647	9652	9657	9661	9666	9671	9675	9680
93	9685	9689	9694	9699	9703	9708	9713	9717	9722	9727
94	9731	9736	9741	9745	9750	9754	9759	9763	9768	9773
95	9777	9782	9786	9791	9795	9800	9805	9809	9814	9818
96	9823	9827	9832	9836	9841	9845	9850	9854	9859	9863
97	9868	9872	9877	9881	9886	9890	9894	9899	9903	9908
98	9912	9917	9921	9926	9930	9934	9939	9943	9948	9952
99	9956	9961	9965	9969	9974	9978	9983	9987	9991	9996
N	0	1	2	3	4	5	6	7	8	9

Tabla 11. Funciones trigonométricas

Angulos	Senos		Cosenos		Tangentes		Cotangentes		Angulos
	Nat.	Log.	Nat.	Log.	Nat.	Log.	Nat.	Log.	
0° 00'	.0000	∞	1.0000	0.0000	.0000	∞	0	∞	**90° 00'**
10	.0029	7.4637	1.0000	0000	.0029	7.4637	343.77	2.5363	**50**
20	.0058	7648	1.0000	0000	.0058	7648	171.89	2352	**40**
30	.0087	9408	1.0000	0000	.0087	9409	114.59	0591	**30**
40	.0116	8.0658	.9999	0000	.0116	8.0658	85.940	1.9342	**20**
50	.0145	1627	.9999	0000	.0145	1627	68.750	8373	**10**
1° 00'	.0175	8.2419	.9998	9.9999	.0175	8.2419	57.290	1.7581	**89° 00'**
10	.0204	3088	.9998	9999	.0204	3089	49.104	6911	**50**
20	.0233	3668	.9997	9999	.0233	3669	42.964	6331	**40**
30	.0262	4179	.9997	9999	.0262	4181	38.188	5819	**30**
40	.0291	4637	.9996	9998	.0291	4638	34.368	5362	**20**
50	.0320	5050	.9995	9998	.0320	5053	31.242	4947	**10**
2° 00'	.0349	8.5428	.9994	9.9997	.0349	8.5431	28.636	1.4569	**88° 00'**
10	.0378	5776	.9993	9997	.0378	5779	26.432	4221	**50**
20	.0407	6097	.9992	9996	.0407	6101	24.542	3899	**40**
30	.0436	6397	.9990	9996	.0437	6401	22.904	3599	**30**
40	.0465	6677	.9989	9995	.0466	6682	21.470	3318	**20**
50	.0494	6940	.9988	9995	.0495	6945	20.206	3055	**10**
3° 00'	.0523	8.7188	.9986	9.9994	.0524	8.7194	19.081	1.2806	**87° 00'**
10	.0552	7423	.9985	9993	.0553	7429	18.075	2571	**50**
20	.0581	7645	.9983	9993	.0582	7652	17.169	2348	**40**
30	.0610	7857	.9981	9992	.0612	7865	16.350	2135	**30**
40	.0640	8059	.9980	9991	.0641	8067	15.605	1933	**20**
50	.0669	8251	.9978	9990	.0670	8261	14.924	1739	**10**
4° 00'	.0698	8.8436	.9976	9.9989	.0699	8.8446	14.301	1.1554	**86° 00'**
10	.0727	8613	.9974	9989	.0729	8624	13.727	1376	**50**
20	.0756	8783	.9971	9988	.0758	8795	13.197	1205	**40**
30	.0785	8946	.9969	9987	.0787	8960	12.706	1040	**30**
40	.0814	9104	.9967	9986	.0816	9118	12.251	0882	**20**
50	.0843	9256	.9964	9985	.0846	9272	11.826	0728	**10**
5° 00'	.0872	8.9403	.9962	9.9983	.0875	8.9420	11.430	1.0580	**85° 00'**
10	.0901	9545	.9959	9982	.0904	9563	11.059	0437	**50**
20	.0929	9682	.9957	9981	.0934	9701	10.712	0299	**40**
30	.0958	9816	.9954	9980	.0963	9836	10.385	0164	**30**
40	.0987	9945	.9951	9979	.0992	9966	10.078	0034	**20**
50	.1016	9.0070	.9948	9977	.1022	9.0093	9.7882	0.9907	**10**
6° 00'	.1045	9.0192	.9945	9.9976	.1051	9.0216	9.5144	0.9784	**84° 00'**
10	.1074	0311	.9942	9975	.1080	0336	9.2553	9664	**50**
20	.1103	0426	.9939	9973	.1110	0453	9.0098	9547	**40**
30	.1132	0539	.9936	9972	.1139	0567	8.7769	9433	**30**
40	.1161	0648	.9932	9971	.1169	0678	8.5555	9322	**20**
50	.1190	0755	.9929	9969	.1198	0786	8.3450	9214	**10**
7° 00'	.1219	9.0859	.9925	9.9968	.1228	9.0891	8.1443	0.9109	**83° 00'**
10	.1248	0961	.9922	9966	.1257	0995	7.9530	9005	**50**
20	.1276	1060	.9918	9964	.1287	1096	7.7704	8904	**40**
30	.1305	1157	.9914	9963	.1317	1194	7.5958	8806	**30**
40	.1334	1252	.9911	9961	.1346	1291	7.4287	8709	**20**
50	.1363	1345	.9907	9959	.1376	1385	7.2687	8615	**10**
8° 00'	.1392	9.1436	.9903	9.9958	.1405	9.1478	7.1154	0.8522	**82° 00'**
10	.1421	1525	.9899	9956	.1435	1569	6.9682	8431	**50**
20	.1449	1612	.9894	9954	.1465	1658	6.8269	8342	**40**
30	.1478	1697	.9890	9952	.1495	1745	6.6912	8255	**30**
40	.1507	1781	.9886	9950	.1524	1831	6.5606	8169	**20**
50	.1536	1863	.9881	9948	.1554	1915	6.4348	8085	**10**
9° 00'	.1564	9.1943	.9877	9.9946	.1584	9.1997	6.3138	0.8003	**81° 00'**
	Nat.	Log.	Nat.	Log.	Nat.	Log.	Nat.	Log.	
Angulos	Cosenos		Senos		Cotangentes		Tangentes		Angulos

Tabla 11. Funciones trigonométricas (continuación)

Ángulos	Senos Nat.	Senos Log.	Cosenos Nat.	Cosenos Log.	Tangentes Nat.	Tangentes Log.	Cotangentes Nat.	Cotangentes Log.	Angulos
9° 00′	.1564	9.1943	.9877	9.9946	.1584	9.1997	6.3138	0.8003	81° 00′
10	.1593	2022	.9872	9944	.1614	2078	6.1970	7922	50
20	.1622	2100	.9868	9942	.1644	2158	6.0844	7842	40
30	.1650	2176	.9863	9940	.1673	2236	5.9758	7764	30
40	.1679	2251	.9858	9938	.1703	2313	5.8707	7687	20
50	.1708	2324	.9853	9936	.1733	2389	5.7694	7611	10
10° 00′	.1736	9.2397	.9848	9.9934	.1763	9.2463	5.6713	0.7537	80° 00′
10	.1765	2468	.9843	9931	.1793	2536	5.5764	7464	50
20	.1794	2538	.9838	9929	.1823	2609	5.4845	7391	40
30	.1822	2606	.9833	9927	.1853	2680	5.3955	7320	30
40	.1851	2674	.9827	9924	.1883	2750	5.3093	7250	20
50	.1880	2740	.9822	9922	.1914	2819	5.2257	7181	10
11° 00′	.1908	9.2806	.9816	9.9919	.1944	9.2887	5.1446	0.7113	79° 00′
10	.1937	2870	.9811	9917	.1974	2953	5.0658	7047	50
20	.1965	2934	.9805	9914	.2004	3020	4.9894	6980	40
30	.1994	2997	.9799	9912	.2035	3085	4.9152	6915	30
40	.2022	3058	.9793	9909	.2065	3149	4.8430	6851	20
50	.2051	3119	.9787	9907	.2095	3212	4.7729	6788	10
12° 00′	.2079	9.3179	.9781	9.9904	.2126	9.3275	4.7046	0.6725	78° 00′
10	.2108	3238	.9775	9901	.2156	3336	4.6382	6664	50
20	.2136	3296	.9769	9899	.2186	3397	4.5736	6603	40
30	.2164	3353	.9763	9896	.2217	3458	4.5107	6542	30
40	.2193	3410	.9757	9893	.2247	3517	4.4494	6483	20
50	.2221	3466	.9750	9890	.2278	3576	4.3897	6424	10
13° 00′	.2250	9.3521	.9744	9.9887	.2309	9.3634	4.3315	0.6366	77° 00′
10	.2278	3575	.9737	9884	.2339	3691	4.2747	6309	50
20	.2306	3629	.9730	9881	.2370	3748	4.2193	6252	40
30	.2334	3682	.9724	9878	.2401	3804	4.1653	6196	30
40	.2363	3734	.9717	9875	.2432	3859	4.1126	6141	20
50	.2391	3786	.9710	9872	.2462	3914	4.0611	6086	10
14° 00′	.2419	9.3837	.9703	9.9869	.2493	9.3968	4.0108	0.6032	76° 00′
10	.2447	3887	.9696	9866	.2524	4021	3.9617	5979	50
20	.2476	3937	.9689	9863	.2555	4074	3.9136	5926	40
30	.2504	3986	.9681	9859	.2586	4127	3.8667	5873	30
40	.2532	4035	.9674	9856	.2617	4178	3.8208	5822	20
50	.2560	4083	.9667	9853	.2648	4230	3.7760	5770	10
15° 00′	.2588	9.4130	.9659	9.9849	.2679	9.4281	3.7321	0.5719	75° 00′
10	.2616	4177	.9652	9846	.2711	4331	3.6891	5669	50
20	.2644	4223	.9644	9843	.2742	4381	3.6470	5619	40
30	.2672	4269	.9636	9839	.2773	4430	3.6059	5570	30
40	.2700	4314	.9628	9836	.2805	4479	3.5656	5521	20
50	.2728	4359	.9621	9832	.2836	4527	3.5261	5473	10
16° 00′	.2756	9.4403	.9613	9.9828	.2867	9.4575	3.4874	0.5425	74° 00′
10	.2784	4447	.9605	9825	.2899	4622	3.4495	5378	50
20	.2812	4491	.9596	9821	.2931	4669	3.4124	5331	40
30	.2840	4533	.9588	9817	.2962	4716	3.3759	5284	30
40	.2868	4576	.9580	9814	.2994	4762	3.3402	5238	20
50	.2896	4618	.9572	9810	.3026	4808	3.3052	5192	10
17° 00′	.2924	9.4659	.9563	9.9806	.3057	9.4853	3.2709	0.5147	73° 00′
10	.2952	4700	.9555	9802	.3089	4898	3.2371	5102	50
20	.2979	4741	.9546	9798	.3121	4943	3.2041	5057	40
30	.3007	4781	.9537	9794	.3153	4987	3.1716	5013	30
40	.3035	4821	.9528	9790	.3185	5031	3.1397	4969	20
50	.3062	4861	.9520	9786	.3217	5075	3.1084	4925	10
18° 00′	.3090	9.4900	.9511	9.9782	.3249	9.5118	3.0777	0.4882	72° 00′
	Nat.	Log.	Nat.	Log.	Nat.	Log.	Nat.	Log.	
Ángulos	Senos		Cosenos		Tangentes		Cotangentes		Angulos

Tabla 11. Funciones trigonométricas (continuación)

Ángulos	Senos		Cosenos		Tangentes		Cotangentes		Ángulos
	Nat.	Log.	Nat.	Log.	Nat.	Log.	Nat.	Log.	
18° 00′	.3090	9.4900	.9511	9.9782	.3249	9.5118	3.0777	0.4882	**72°** 00′
10	.3118	4939	.9502	9778	.3281	5161	3.0475	4839	50
20	.3145	4977	.9492	9774	.3314	5203	3.0178	4797	40
30	.3173	5015	.9483	9770	.3346	5245	2.9887	4755	30
40	.3201	5052	.9474	9765	.3378	5287	2.9600	4713	20
50	.3228	5090	.9465	9761	.3411	5329	2.9319	4671	10
19° 00′	.3256	9.5126	.9455	9.9757	.3443	9.5370	2.9042	0.4630	**71°** 00′
10	.3283	5163	.9446	9752	.3476	5411	2.8770	4589	50
20	.3311	5199	.9436	9748	.3508	5451	2.8502	4549	40
30	.3338	5235	.9426	9743	.3541	5491	2.8239	4509	30
40	.3365	5270	.9417	9739	.3574	5531	2.7980	4469	20
50	.3393	5306	.9407	9734	.3607	5571	2.7725	4429	10
20° 00′	.3420	9.5341	.9397	9.9730	.3640	9.5611	2.7475	0.4389	**70°** 00′
10	.3448	5375	.9387	9725	.3673	5650	2.7228	4350	50
20	.3475	5409	.9377	9721	.3706	5689	2.6985	4311	40
30	.3502	5443	.9367	9716	.3739	5727	2.6746	4273	30
40	.3529	5477	.9356	9711	.3772	5766	2.6511	4234	20
50	.3557	5510	.9346	9706	.3805	5804	2.6279	4196	10
21° 00′	.3584	9.5543	.9336	9.9702	.3839	9.5842	2.6051	0.4158	**69°** 00′
10	.3611	5576	.9325	9697	.3872	5879	2.5826	4121	50
20	.3638	5609	.9315	9692	.3906	5917	2.5605	4083	40
30	.3665	5641	.9304	9687	.3939	5954	2.5386	4046	30
40	.3692	5673	.9293	9682	.3973	5991	2.5172	4009	20
50	.3719	5704	.9283	9677	.4006	6028	2.4960	3972	10
22° 00′	.3746	9.5736	.9272	9.9672	.4040	9.6064	2.4751	0.3936	**68°** 00′
10	.3773	5767	.9261	9667	.4074	6100	2.4545	3900	50
20	.3800	5798	.9250	9661	.4108	6136	2.4342	3864	40
30	.3827	5828	.9239	9656	.4142	6172	2.4142	3828	30
40	.3854	5859	.9228	9651	.4176	6208	2.3945	3792	20
50	.3881	5889	.9216	9646	.4210	6243	2.3750	3757	10
23° 00′	.3907	9.5919	.9205	9.9640	.4245	9.6279	2.3559	0.3721	**67°** 00′
10	.3934	5948	.9194	9635	.4279	6314	2.3369	3686	50
20	.3961	5978	.9182	9629	.4314	6348	2.3183	3652	40
30	.3987	6007	.9171	9624	.4348	6383	2.2998	3617	30
40	.4014	6036	.9159	9618	.4383	6417	2.2817	3583	20
50	.4041	6065	.9147	9613	.4417	6452	2.2637	3548	10
24° 00′	.4067	9.6093	.9135	9.9607	.4452	9.6486	2.2460	0.3514	**66°** 00′
10	.4094	6121	.9124	9602	.4487	6520	2.2286	3480	50
20	.4120	6149	.9122	9596	.4522	6553	2.2113	3447	40
30	.4147	6177	.9100	9590	.4557	6587	2.1943	3413	30
40	.4173	6205	.9088	9584	.4592	6620	2.1775	3380	20
50	.4200	6232	.9075	9579	.4628	6654	2.1609	3346	10
25° 00′	.4226	9.6259	.9063	9.9573	.4663	9.6687	2.1445	0.3313	**65°** 00′
10	.4253	6286	.9051	9567	.4699	6720	2.1283	3280	50
20	.4279	6313	.9038	9561	.4734	6752	2.1123	3248	40
30	.4305	6340	.9026	9555	.4770	6785	2.0965	3215	30
40	.4331	6366	.9013	9549	.4806	6817	2.0809	3183	20
50	.4358	6392	.9001	9543	.4841	6850	2.0655	3150	10
26° 00′	.4384	9.6418	.8988	9.9537	.4877	9.6882	2.0503	0.3118	**64°** 00′
10	.4410	6444	.8975	9530	.4913	6914	2.0353	3086	50
20	.4436	6470	.8962	9524	.4950	6946	2.0204	3054	40
30	.4462	6495	.8949	9518	.4986	6977	2.0057	3023	30
40	.4488	6521	.8936	9512	.5022	7009	1.9912	2991	20
50	.4514	6546	.8923	9505	.5059	7040	1.9768	2960	10
27° 00′	.4540	9.6570	.8910	9.9499	.5095	9.7072	1.9626	0.2928	**63°** 00′
	Nat.	Log.	Nat.	Log.	Nat.	Log.	Nat.	Log.	
Ángulos	Senos		Cosenos		Tangentes		Cotangentes		Ángulos

Tabla 11. Funciones trigonométricas (continuación)

Ángulos	Senos		Cosenos		Tangentes		Cotangentes		Ángulos
	Nat.	Log.	Nat.	Log.	Nat.	Log.	Nat.	Log.	
27° 00	.4540	9.6570	.8910	9.9499	.5095	9.7072	1.9626	0.2928	63° 00′
10	.4566	6595	.8897	9492	.5132	7103	1.9486	2897	50
20	.4592	6620	.8884	9486	.5169	7134	1.9347	2866	40
30	.4617	6644	.8870	9479	.5206	7165	1.9210	2835	30
40	.4643	6668	.8857	9473	.5243	7196	1.9074	2804	20
50	.4669	6692	.8843	9466	.5280	7226	1.8940	2774	10
28° 00′	.4695	9.6716	.8829	9.9459	.5317	9.7257	1.8807	0.2743	62° 00′
10	.4720	6740	.8816	9453	.5354	7287	1.8676	2713	50
20	.4746	6763	.8802	9446	.5392	7317	1.8546	2683	40
30	.4772	6787	.8788	9439	.5430	7348	1.8418	2652	30
40	.4797	6810	.8774	9432	.5467	7378	1.8291	2622	20
50	.4823	6833	.8760	9425	.5505	7408	1.8165	2592	10
29° 00′	.4848	9.6856	.8746	9.9418	.5543	9.7438	1.8040	0.2562	61° 00′
10	.4874	6878	.8732	9411	.5581	7467	1.7917	2533	50
20	.4899	6901	.8718	9404	.5619	7497	1.7796	2503	40
30	.4924	6923	.8704	9397	.5658	7526	1.7675	2474	30
40	.4950	6946	.8689	9390	.5696	7556	1.7556	2444	20
50	.4975	6968	.8675	9383	.5735	7585	1.7437	2415	10
30° 00′	.5000	9.6990	.8660	9.9375	.5774	9.7614	1.7321	0.2386	60° 00′
10	.5025	7012	.8646	9368	.5812	7644	1.7205	2356	50
20	.5050	7033	.8631	9361	.5851	7673	1.7090	2327	40
30	.5075	7055	.8616	9353	.5890	7701	1.6977	2299	30
40	.5100	7076	.8601	9346	.5930	7730	1.6864	2270	20
50	.5125	7097	.8587	9338	.5969	7759	1.6753	2241	10
31° 00′	.5150	9.7118	.8572	9.9331	.6009	9.7788	1.6643	0.2212	59° 00′
10	.5175	7139	.8557	9323	.6048	7816	1.6534	2184	50
20	.5200	7160	.8542	9315	.6088	7845	1.6426	2155	40
30	.5225	7181	.8526	9308	.6128	7873	1.6319	2127	30
40	.5250	7201	.8511	9300	.6168	7902	1.6212	2098	20
50	.5275	7222	.8496	9292	.6208	7930	1.6107	2070	10
32° 00′	.5299	9.7242	.8480	9.9284	.6249	9.7958	1.6003	0.2042	58° 00′
10	.5324	7262	.8465	9276	.6289	7986	1.5900	2014	50
20	.5348	7282	.8450	9268	.6330	8014	1.5798	1986	40
30	.5373	7302	.8434	9260	.6371	8042	1.5697	1958	30
40	.5398	7322	.8418	9252	.6412	8070	1.5597	1930	20
50	.5422	7342	.8403	9244	.6453	8097	1.5497	1903	10
33° 00′	.5446	9.7361	.8387	9.9236	.6494	9.8125	1.5399	0.1875	57° 00′
10	.5471	7380	.8371	9228	.6536	8153	1.5301	1847	50
20	.5495	7400	.8355	9219	.6577	8180	1.5204	1820	40
30	.5519	7419	.8339	9211	.6619	8208	1.5108	1792	30
40	.5544	7438	.8323	9203	.6661	8235	1.5013	1765	20
50	.5568	7457	.8307	9194	.6703	8263	1.4919	1737	10
34° 00′	.5592	9.7476	.8290	9.9186	.6745	9.8290	1.4826	0.1710	56° 00′
10	.5616	7494	.8274	9177	.6787	8317	1.4733	1683	50
20	.5640	7513	.8258	9169	.6830	8344	1.4641	1656	40
30	.5664	7531	.8241	9160	.6873	8371	1.4550	1629	30
40	.5688	7550	.8225	9151	.6916	8398	1.4460	1602	20
50	.5712	7568	.8208	9142	.6959	8425	1.4370	1575	10
35° 00′	.5736	9.7586	.8192	9.9134	.7002	9.8452	1.4281	0.1548	55° 00′
10	.5760	7604	.8175	9125	.7046	8479	1.4193	1521	50
20	.5783	7622	.8158	9116	.7089	8506	1.4106	1494	40
30	.5807	7640	.8141	9107	.7133	8533	1.4019	1467	30
40	.5831	7657	.8124	9098	.7177	8559	1.3934	1441	20
50	.5854	7675	.8107	9089	.7221	8586	1.3848	1414	10
36° 00′	.5878	9.7692	.8090	9.9080	.7265	9.8613	1.3764	0.1387	**54° 00′**
	Nat.	Log.	Nat.	Log.	Nat.	Log.	Nat.	Log.	
Ángulos	Senos		Cosenos		Tangentes		Cotangentes		Ángulos

Tabla 11. Funciones trigonométricas (continuación)

Ángulos	Senos		Cosenos		Tangentes		Cotangentes		Ángulos
	Nat.	Log.	Nat.	Log.	Nat.	Log.	Nat.	Log.	
36° 00′	.5878	9.7692	.8090	9.9080	.7265	9.8613	1.3764	0.1387	**54° 00′**
10	.5901	7710	.8073	9070	.7310	8639	1.3680	1361	50
20	.5925	7727	.8056	9061	.7355	8666	1.3597	1334	40
30	.5948	7744	.8039	9052	.7400	8692	1.3514	1308	30
40	.5972	7761	.8021	9042	.7445	8718	1.3432	1282	20
50	.5995	7778	.8004	9033	.7490	8745	1.3351	1255	10
37° 00′	.6018	9.7795	.7986	9.9023	.7536	9.8771	1.3270	0.1229	**53° 00′**
10	.6041	7811	.7969	9014	.7581	8797	1.3190	1203	50
20	.6065	7828	.7951	9004	.7627	8824	1.3111	1176	40
30	.6088	7844	.7934	8995	.7673	8850	1.3032	1150	30
40	.6111	7861	.7916	8985	.7720	8876	1.2954	1124	20
50	.6134	7877	.7898	8975	.7766	8902	1.2876	1098	10
38° 00′	.6157	9.7893	.7880	9.8965	.7813	9.8928	1.2799	0.1072	**52° 00′**
10	.6180	7910	.7862	8955	.7860	8954	1.2723	1046	50
20	.6202	7926	.7844	8945	.7907	8980	1.2647	1020	40
30	.6225	7941	.7826	8935	.7954	9006	1.2572	0994	30
40	.6248	7957	.7808	8925	.8002	9032	1.2497	0968	20
50	.6271	7973	.7790	8915	.8050	9058	1.2423	0942	10
39° 00′	.6293	9.7989	.7771	9.8905	.8098	9.9084	1.2349	0.0916	**51° 00′**
10	.6316	8004	.7753	8895	.8146	9110	1.2276	0890	50
20	.6338	8020	.7735	8884	.8195	9135	1.2203	0865	40
30	.6361	8035	.7716	8874	.8243	9161	1.2131	0839	30
40	.6383	8050	.7698	8864	.8292	9187	1.2059	0813	20
50	.6406	8066	.7679	8853	.8342	9212	1.1988	0788	10
40° 00′	.6428	9.8081	.7660	9.8843	.8391	9.9238	1.1918	0.0762	**50° 00′**
10	.6450	8096	.7642	8832	.8441	9264	1.1847	0736	50
20	.6472	8111	.7623	8821	.8491	9289	1.1778	0711	40
30	.6494	8125	.7604	8810	.8541	9315	1.1708	0685	30
40	.6517	8140	.7585	8800	.8591	9341	1.1640	0659	20
50	.6539	8155	.7566	8789	.8642	9366	1.1571	0634	10
41° 00′	.6561	9.8169	.7547	9.8778	.8693	9.9392	1.1504	0.0608	**49° 00′**
10	.6583	8184	.7528	8767	.8744	9417	1.1436	0583	50
20	.6604	8198	.7509	8756	.8796	9443	1.1369	0557	40
30	.6626	8213	.7490	8745	.8847	9468	1.1303	0532	30
40	.6648	8227	.7470	8733	.8899	9494	1.1237	0506	20
50	.6670	8241	.7451	8722	.8952	9519	1.1171	0481	10
42° 00′	.6691	9.8255	.7431	9.8711	.9004	9.9544	1.1106	0.0456	**48° 00′**
10	.6713	8269	.7412	8699	.9057	9570	1.1041	0430	50
20	.6734	8283	.7392	8688	.9110	9595	1.0977	0405	40
30	.6756	8297	.7373	8676	.9163	9621	1.0913	0379	30
40	.6777	8311	.7353	8665	.9217	9646	1.0850	0354	20
50	.6799	8324	.7333	8653	.9271	9671	1.0786	0329	10
43° 00′	.6820	9.8338	.7314	9.8641	.9325	9.9697	1.0724	0.0303	**47° 00′**
10	.6841	8351	.7294	8629	.9380	9722	1.0661	0278	50
20	.6862	8365	.7274	8618	.9435	9747	1.0599	0253	40
30	.6884	8378	.7254	8606	.9490	9772	1.0538	0228	30
40	.6905	8391	.7234	8594	.9545	9798	1.0477	0202	20
50	.6926	8405	.7214	8582	.9601	9823	1.0416	0177	10
44° 00′	.6947	9.8418	.7193	9.8569	.9657	9.9848	1.0355	0.0152	**46° 00′**
10	.6967	8431	.7173	8557	.9713	9874	1.0295	0126	50
20	.6988	8444	.7153	8545	.9770	9899	1.0235	0101	40
30	.7009	8457	.7133	8532	.9827	9924	1.0176	0076	30
40	.7030	8469	.7112	8520	.9884	9949	1.0117	0051	20
50	.7050	8482	.7092	8507	.9942	9975	1.0058	0025	10
45° 00′	.7071	9.8495	.7071	9.8495	1.0000	0.0000	1.0000	0.0000	**45° 00′**
	Nat.	Log.	Nat.	Log.	Nat.	Log.	Nat.	Log.	
Ángulos	Senos		Cosenos		Tangentes		Cotangentes		Ángulos

Tabla 12. Polígonos regulares *

Número de lados	Área, A	Perímetro, P	Lado, s	Radio del círculo inscrito, r	Radio del círculo circunscrito, R
3	$\frac{\sqrt{3}}{4}s^2$	$3s$	s	$\frac{\sqrt{3}}{6}s$	$\frac{\sqrt{3}}{3}s$
	$3\sqrt{3}\,r^2$	$6\sqrt{3}\,r$	$2\sqrt{3}\,r$	r	$2r$
	$\frac{3\sqrt{3}}{4}R^2$	$3\sqrt{3}\,R$	$\sqrt{3}\,R$	$\frac{1}{2}R$	R
4	s^2	$4s$	s	$\frac{1}{2}s$	$\frac{\sqrt{2}}{2}s$
	$4r^2$	$8r$	$2r$	r	$\sqrt{2}\,r$
	$2R^2$	$4\sqrt{2}\,R$	$\sqrt{2}\,R$	$\frac{\sqrt{2}}{2}R$	R
5	$\frac{\sqrt{25+10\sqrt{5}}}{4}s^2$	$5s$	s	$\frac{\sqrt{25+10\sqrt{5}}}{10}s$	$\frac{\sqrt{50+10\sqrt{5}}}{10}s$
	$5\sqrt{5-2\sqrt{5}}\,r^2$	$10\sqrt{5-2\sqrt{5}}\,r$	$2\sqrt{5-2\sqrt{5}}\,r$	r	$(\sqrt{5}-1)r$
	$\frac{5}{8}\sqrt{10+2\sqrt{5}}\,R^2$	$\frac{5}{2}\sqrt{10-2\sqrt{5}}\,R$	$\frac{\sqrt{10-2\sqrt{5}}}{2}R$	$\frac{\sqrt{5}+1}{4}R$	R
6	$\frac{3\sqrt{3}}{2}s^2$	$6s$	s	$\frac{\sqrt{3}}{2}s$	s
	$2\sqrt{3}\,r^2$	$4\sqrt{3}\,r$	$\frac{2\sqrt{3}}{3}r$	r	$\frac{2\sqrt{3}}{3}r$
	$\frac{3\sqrt{3}}{2}R^2$	$6R$	R	$\frac{\sqrt{3}}{2}R$	R

* Compuesta por el Dr. G. H. Comfort.

Tabla 12. Polígonos regulares (continuación)

Número de lados	Área, A	Perímetro, P	Lado, s	Radio del círculo inscrito, r	Radio del círculo circunscrito, R
8	$2(\sqrt{2}+1)s^2$	$8s$	s	$\frac{\sqrt{2}+1}{2}s$	$\frac{\sqrt{4+2\sqrt{2}}}{2}s$
	$8(\sqrt{2}-1)r^2$	$16(\sqrt{2}-1)r$	$2(\sqrt{2}-1)r$	r	$\sqrt{4-2\sqrt{2}}\,r$
	$2\sqrt{2}\,R^2$	$8\sqrt{2-\sqrt{2}}\,R$	$\sqrt{2-\sqrt{2}}\,R$	$\frac{\sqrt{2+\sqrt{2}}}{2}R$	R
10	$\frac{5\sqrt{5+2\sqrt{5}}}{2}s^2$	$10s$	s	$\frac{\sqrt{5+2\sqrt{5}}}{2}s$	$\frac{\sqrt{5}+1}{2}s$
	$2\sqrt{25-10\sqrt{5}}\,r^2$	$4\sqrt{25-10\sqrt{5}}\,r$	$\frac{2\sqrt{25-10\sqrt{5}}}{5}r$	r	$\frac{\sqrt{50-10\sqrt{5}}}{5}r$
	$\frac{5\sqrt{10-2\sqrt{5}}}{4}R^2$	$5(\sqrt{5}-1)R$	$\frac{\sqrt{5}-1}{2}R$	$\frac{\sqrt{10+2\sqrt{5}}}{4}R$	R
12	$3(2+\sqrt{3})s^2$	$12s$	s	$\frac{2+\sqrt{3}}{2}s$	$\frac{\sqrt{6}+\sqrt{2}}{2}s$
	$12(2-\sqrt{3})r^2$	$24(2-\sqrt{3})r$	$2(2-\sqrt{3})r$	r	$(\sqrt{6}-\sqrt{2})r$
	$3R^2$	$6(\sqrt{6}-\sqrt{2})R$	$\frac{\sqrt{6}-\sqrt{2}}{2}R$	$\frac{\sqrt{6}+\sqrt{2}}{4}R$	R

Tabla 13. Poliedros regulares *

Número ce caras	Volumen, V	Superficie, S	Arista e	Radio de la esfera inscrita, r	Radio de la esfera circunscrita, R
4	$\frac{\sqrt{2}}{12}e^3$ $8\sqrt{3}\,r^3$ $\frac{8\sqrt{3}}{27}R^3$	$\sqrt{3}\,e^2$ $24\sqrt{3}\,r^2$ $\frac{8\sqrt{3}}{3}R^2$	e $2\sqrt{6}\,r$ $\frac{2\sqrt{6}}{3}R$	$\frac{\sqrt{6}}{12}e$ r $\frac{1}{3}R$	$\frac{\sqrt{6}}{4}e$ $3r$ R
6	e^3 $8r^3$ $\frac{8\sqrt{3}}{9}R^3$	$6e^2$ $24r^2$ $8R^2$	e $2r$ $\frac{2\sqrt{3}}{3}R$	$\frac{1}{2}e$ r $\frac{\sqrt{3}}{3}R$	$\frac{\sqrt{3}}{2}e$ $\sqrt{3}\,r$ R
8	$\frac{\sqrt{2}}{3}e^3$ $4\sqrt{3}\,r^3$ $\frac{4}{3}R^3$	$2\sqrt{3}\,e^2$ $12\sqrt{3}\,r^2$ $4\sqrt{3}\,R^2$	e $\sqrt{6}\,r$ $\sqrt{2}\,R$	$\frac{\sqrt{6}}{6}e$ r $\frac{\sqrt{3}}{3}R$	$\frac{\sqrt{2}}{2}e$ $\sqrt{3}\,r$ R

* Compuesta por el Dr. Edwin G. H. Comfort.

Tabla 13. Poliedros regulares (continuación)

Número de caras	Volumen, V	Superficie, S	Arista e	Radio de la esfera inscrita, r	Radio de la esfera circunscrita, R
12	$\frac{15 + 7\sqrt{5}}{4} e^3$	$3\sqrt{25 + 10\sqrt{5}}\, e^2$	e	$\frac{\sqrt{250 + 110\sqrt{5}}}{20} e$	$\frac{\sqrt{3} + \sqrt{15}}{4} e$
	$10\sqrt{130 - 58\sqrt{5}}\, r^3$	$30\sqrt{130 - 58\sqrt{5}}\, r^2$	$\sqrt{50 - 22\sqrt{5}}\, r$	r	$\sqrt{15 - 6\sqrt{5}}\, r$
	$\frac{2(5\sqrt{3} + \sqrt{15})}{9} R^3$	$2\sqrt{50 - 10\sqrt{5}}\, R^2$	$\frac{\sqrt{15} - \sqrt{3}}{3} R$	$\frac{\sqrt{75 + 30\sqrt{5}}}{15} R$	R
20	$\frac{5(3 + \sqrt{5})}{12} e^3$	$5\sqrt{3}\, e^2$	e	$\frac{3\sqrt{3} + \sqrt{15}}{12} e$	$\frac{\sqrt{10 + 2\sqrt{5}}}{4} e$
	$10(7\sqrt{3} - 3\sqrt{15}) r^3$	$30(7\sqrt{3} - 3\sqrt{15}) r^2$	$(3\sqrt{3} - \sqrt{15}) r$	r	$\sqrt{15 - 6\sqrt{5}}\, r$
	$\frac{2\sqrt{10 + 2\sqrt{5}}}{3} R^3$	$2(5\sqrt{3} - \sqrt{15}) R^2$	$\frac{\sqrt{50 - 10\sqrt{5}}}{5} R$	$\frac{\sqrt{75 + 30\sqrt{5}}}{15} R$	R

Índice alfabético

F

W

Z

Made in United States
Cleveland, OH
05 November 2026

47668882R00349